电子电路

基础、识图、检测与应用

刘春辛 主编

杨 博 张校铭 副主编

化学工业出版社

·北京·

内容简介

本书适应当前电子技术人员全面学习电子电路知识的需要，通过典型的电路应用实例，将电子元器件及基本电路、典型单元电路、整机电路、综合应用电路有机结合，详细介绍了电子电路（模拟电路、数字电路、集成电路、传感器电路、工控电路等）从元器件识别、应用到单元电路、整机电路深入分析和设计、应用应知应会的各项知识与技能。全书对各类型电子电路实例进行了透彻解析，对典型电路分析、设计、制作过程进行了视频讲解，读者可以扫描书中二维码观看教学视频直观学习，从而快速掌握电子电路相关的分析、识读与应用方法。

本书可供电子技术人员、电子爱好者以及电气维修人员阅读，也可供相关专业的院校师生参考。

图书在版编目（CIP）数据

电子电路基础、识图、检测与应用/刘春辛主编.
—北京：化学工业出版社，2020.11（2024.1重印）
ISBN 978-7-122-37671-8

Ⅰ. ①电… Ⅱ. ①刘… Ⅲ. ①电子电路-基本知识
Ⅳ. ①TN710

中国版本图书馆CIP数据核字（2020）第165782号

责任编辑：刘丽宏　　　　文字编辑：林　丹　毛亚囡
责任校对：李　爽　　　　装帧设计：刘丽华

出版发行：化学工业出版社（北京市东城区青年湖南街13号　邮政编码100011）
印　　装：北京印刷集团有限责任公司
787mm×1092mm　1/16　印张23¾　字数617千字　2024年1月北京第1版第3次印刷

购书咨询：010-64518888　　　　售后服务：010-64518899
网　　址：http://www.cip.com.cn
凡购买本书，如有缺损质量问题，本社销售中心负责调换。

定　　价：89.80元　

伴随电子信息技术的飞速发展，现代电子产品的应用已经深入人们生活的方方面面。因此，越来越多的技术人员开始从事电子技术、电子设计相关工作。电子技术是一项技术性很强的工作，要求从业人员既要有较高的理论知识水平，又要有较强的动手能力。电子电路是学习电子技术的基础。为了帮助广大电子爱好者、电子技术人员全面学习电子电路，掌握电子电路、电子技术的基础知识与分析、检测技能，作者结合多年电子设计与教学经验编写了本书。

本书内容具有如下特点：

● 内容覆盖面全

全书集模拟电路、数字电路、集成电路、传感器电路、工控电路等知识和技能为一体，把学习电子电路所需掌握的知识表现得淋漓尽致。

● 图文并茂，二维码高清视频教学

全书由浅入深，结合二维码视频讲解，通过各类型电路实例，透彻介绍了从电子单元电路、整机电路到各类民用、工控综合应用电路的识读与分析方法，帮助读者快速看懂各类型电子电路图并应用于实践。

● 注重应用，理论与实践相结合

众所周知，要想精通电子技术，必须要有深厚的理论知识，在遇到疑难问题时，才能迎刃而解，所以本书根据电子技术的发展过程，详细讲解了电子电路基础知识、模拟电路基础知识及单元电路分析、数字电路基础知识及单元电路分析、整机电路识图技巧及电路应用等内容，既授人以鱼，也授人以渔。

本书由刘春辛任主编，杨博、张校铭任副主编。全书由张伯虎统稿，参加本书编写的还有曹祥、王桂英、张振文、赵书芬、孔凡桂、曹振宇、张校珩、张胤涵、曹振华、曹铮、陈海燕、张书敏、焦凤敏、张伯龙、蔺书兰、路朝、周哲帅。

由于时间仓促和编写水平的限制，书中不足之处难免，恳请广大读者批评指正（欢迎关注下方二维码交流）。

编者

目录

第一章 电子电路入门 ………… 1

第二章 模拟电路基础及应用 ………… 12

第三章 模拟电路-单元电路 ······························ 92

第四章 模拟电路-整机电路 ······ 162

第五章 数字电路基础及应用 ······ 179

第六章 数字电路分析 ······ 245

视频讲解目录

第一章
电子电路入门

一、简单电路

简单的电路可理解为电路原理简单、应用电子元件少、容易理解的电路，在我们日常生活中有很多简单的电路，如基本照明用电路、门铃电路、二极管整流电路、彩灯电路等。

1.基本照明用电路

基本照明用电路是最简单的电路之一，如图1-1所示。所谓电路就是电流流过的回路，又称导电回路。最简单的电路是由电源、用电器（负载）、导线、开关等元器件组成的。

通路：电路导通并且通过负载做功叫作通路。只有通路，电路中才有电流通过。

开路：电路某一处断开叫作断路或者开路，即电流不能加入负载做功。开路（或断路）是允许的。

短路：如果电路中电源正负极间没有负载而是直接接通叫作短路，这种情况是决不允许的。还有一种短路是指某个元件的两端直接接通，此时电流从直接接通处流经而不会经过该元件，这种情况叫作该元件短路。短路决不允许，因为电源的短路会导致电源、用电器、电流表被烧坏等现象的发生。

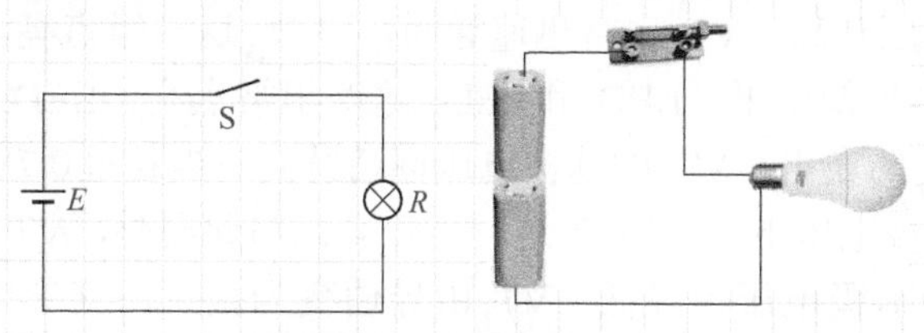

图1-1 基本照明用电路

2.门铃电路

门铃是很多家庭都有的电子电路，主要由电源、音乐集成电路（包括三极管和电阻等元器件）、扬声器、按钮开关以及外壳等部分组成，如图1-2所示。

用于制作门铃的音乐集成电路很多，常见的型号有9300、9300C、9301、KD132、KD153、KD153H、HFC482大规模集成电路等。不同的集成电路其信号输出端不同。

9300C、9301、KD153H等型号的集成电路带有高阻输出端，可直接驱动压电陶瓷发声装置使其发声，9300、KD152、KD153和HFC482等型号的集成电路，必须将输出信号用三极管放大后，才能使扬声器发声。

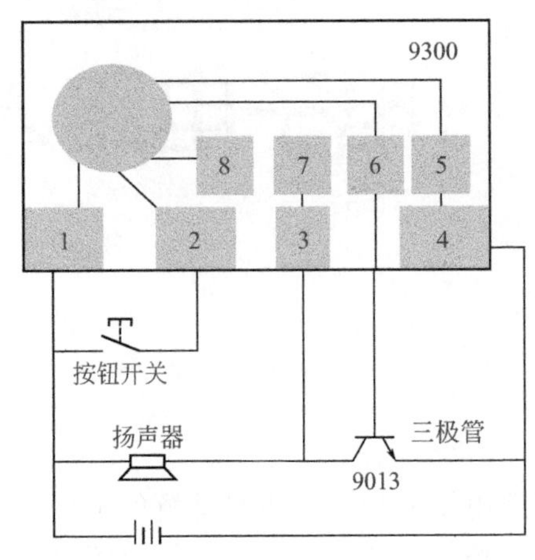

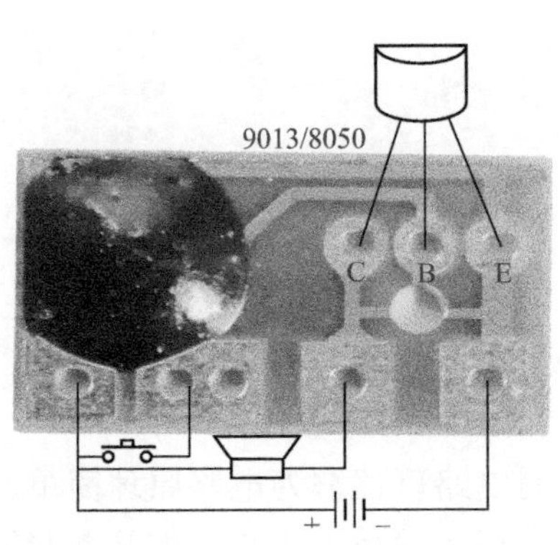

图1-2　门铃原理图

3.二极管整流电路

二极管电路有很多，其中整流电路是多数电子产品中应用的电路，如图1-3所示。u_2的正半周，VD导通，A→VD→R_L→B，$u_O=u_2$。u_2的负半周，VD截止，承受反向电压，为u_2。

图1-3　二极管整流电路

4.彩灯电路

从图1-4中可以看出，18只LED被分成3组，每当电源接通时，3个三极管会争先导通，但由于元器件存在差异，只会有1个三极管最先导通，这里假设VT_1最先导通，则LED_1这一组点亮，由于VT_1导通，其集电极电压下降使得电容C_1左端电压下降，接近0V，由于电容两端的电压不能突变，因此VT_2的基极也被拉到近似0V，VT_2截止，故接在其集电极的LED_7这一组熄灭。此时VT_2的高电压通过电容C_2使VT_3集电极电压升高，VT_3也将迅速导通，LED_{13}这一组点亮。因此在这段时间里，VT_1、VT_3的集电极均为低电平，LED_1和LED_{13}这两组被点亮，LED_7这一组熄灭，但随着电源通过电阻R_2对C_1的充电，VT_2的基极电压逐渐升高，当超过0.7V时，VT_2由截止状态变为导通状态，集电极电压下降，LED_7这一组点亮。与此同时，VT_2的集电极下降的电压通过电容C_3使VT_3的基极电压也降低，VT_3由导通变为截止，其集电极电压升高，LED_{13}这一组熄灭。接下来，电路按照上面叙述的过程循环，3组18只LED便会被轮流点亮，同一时刻有2组共12只LED被点亮。这些LED被交叉排列呈一个心形图案，不断地循环闪烁发光，达到动感显示的效果。

同样，这类电路制作也是非常简单的，一般组装时按照电路板元件标号或者按照原理图插接元器件，只要电路元件插接无误，电路通电即可工作。

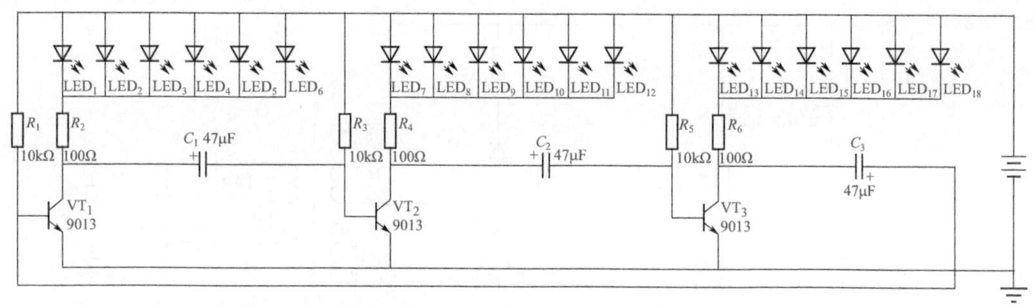

图1-4　心形彩灯电路原理图

二、复杂电路

复杂电路包括几个方面，一是电路元件少，但是电路原理理解起来比较复杂；二是电路中包含很多单元电路且有多种电路原理的电路；三是由大规模电路构成的整机电子电路。

1. 电路元件较少的复杂电路

图1-5所示的玩具猫电路看上去是一个简单电路，但是要想真正理解电路原理可不是那么简单的，而且这个电路稍加改动可以构成多种电路，所以这是一个原理复杂的简单电路。

该电路是典型的多谐振荡器。刚接通电源时，两个三极管会同时导通，但由于晶体管的性能差异，假设VT_1的集电极电流i_{c1}增长得稍快些，则通过正反馈，将使i_{c1}越来越大，而i_{c2}则越来越小，结果VT_1饱和而VT_2截止。但是这个状态不是稳定的，VT_2的截止是靠定时电容C_1上的电压来维持的，因此经过一定时间后，电路将自动翻转进入VT_1截止、VT_2饱和导通的状态。这种状态同样也是不稳定的，因为VT_1的截止是靠电容C_2上的电压来维持的，所以再经一定时间后，电路又自动翻转，如此反复交替循环变换，就形成了自激振荡。此电路也叫作无稳压电路。

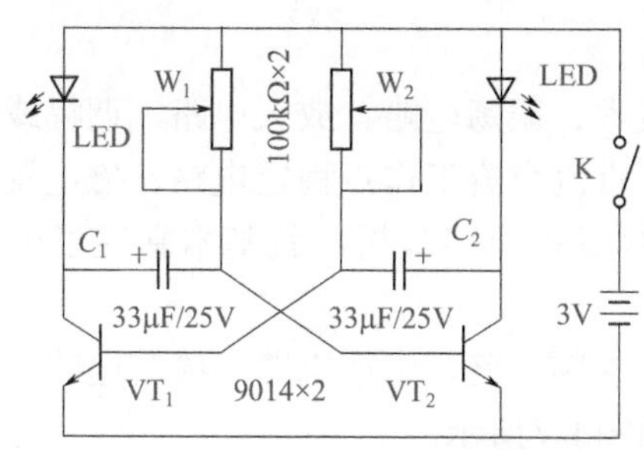

图1-5　玩具猫电路

2. 开关电源电路

开关电源电路原理图如图1-6所示。虽然稳压精度不高，但能满足一般要求，且电路简洁，采用常规元件，成本极低，输出允许开路和短路。

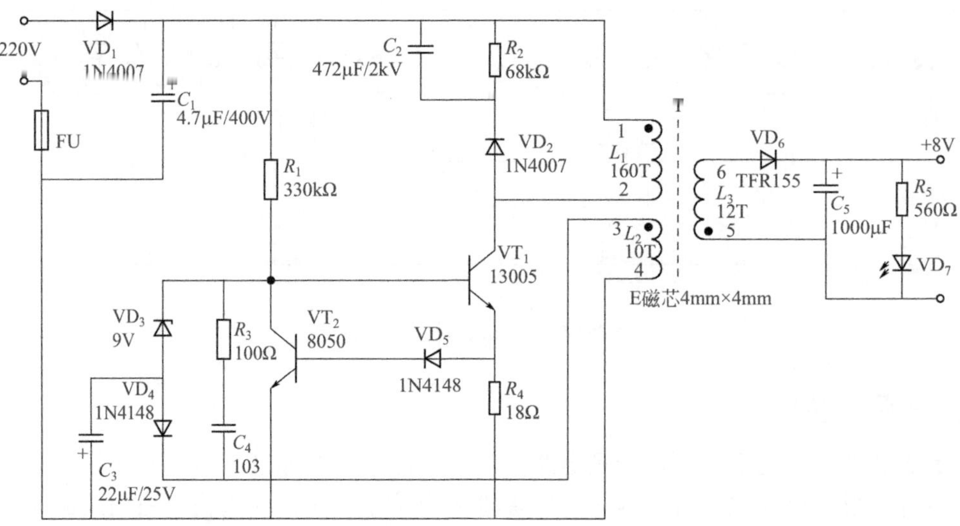

图1-6 开关电源电路图

市电经VD_1整流及C_1滤波后得到约300V的直流电压加在变压器的1脚（L_1的上端），同时此电压经R_1给VT_1加上偏置电压后使其微导通，有电流流过L_1，同时反馈线圈L_2的上端（变压器的3脚）形成正电压，此电压经C_4、R_3反馈给VT_1，使其更导通，乃至饱和，最后随反馈电流的减小，VT_1迅速退出饱和并截止，如此循环形成振荡，在次级线圈L_3上感应出所需的输出电压。L_2是反馈线圈，同时也与VD_4、VD_3、C_3一起组成稳压电路。当线圈L_3经VD_6整流后在C_5上的电压升高后，同时也表现为L_2经VD_4整流后在C_3负极上的电压更低，当低至约为稳压管VD_3（9V）的稳压值时VD_3导通，使VT_1基极短路到地，关断VT_1，最终使输出电压降低。电路中R_4、VD_5、VT_2组成过流保护电路。当某些原因引起VT_1的工作电流大太时，R_4上产生的电压经VD_5加至VT_2基极，VT_2导通，VT_1基极电压下降，使VT_1电流减小。VD_3的稳压值理论为9V，在实际应用时，若要改变输出电压，只要更换不同稳压值的VD_3即可，稳压值越小，输出电压越低，反之则越高。

3.收音机电路

收音机电路包含了无线接收、混变频技术、振荡电路、放大电路、调幅或者调频解调电路、功率放大电路及各种自动增益控制、直流交流工作点稳定电路、磁电及电磁变换等电路，是一个复杂的电路，真正学会各种收音机电路分析，就基本掌握了电子电路模电部分。

超外差式收音机主要由输入调谐电路、混频电路、中放电路、检波电路、前置低放电路、功率放大电路和扬声器或耳机组成，如图1-7所示。

混频电路将输入电路送来的已调幅信号变为中频调幅信号，而它们所携带的信号是不变的，即调幅信号的频率变为中频，但其幅值变化规律不改变，不管输入的高频信号的频率如何，混频后的频率是固定的，我国规定为465kHz。

中放电路将中频调幅信号放大到检波器所要求的大小，由检波器将中频调幅信号所携带的音频信号取下来，送给前置低放电路。

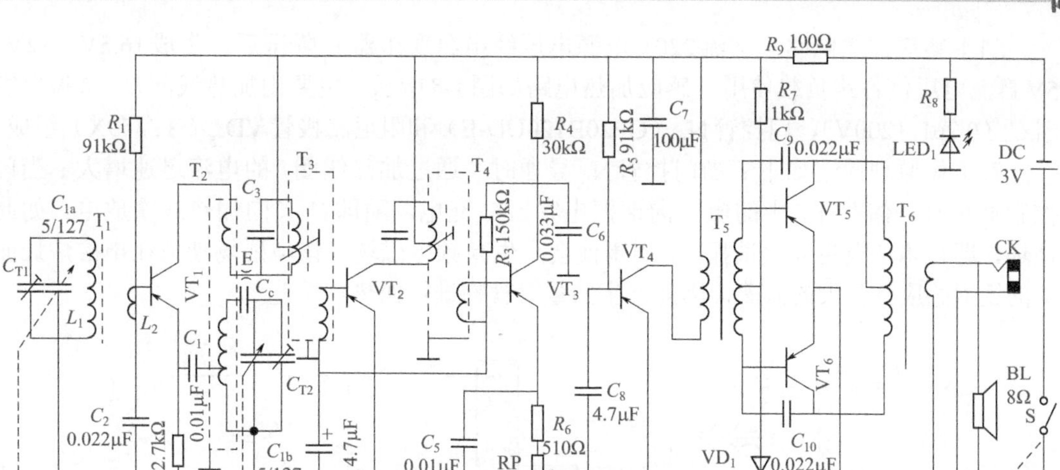

图1-7　超外差式收音机电路

前置低放电路将检波出来的音频信号进行电压放大，再由功率放大电路将音频信号放大，放大到其功率能够推动扬声器或耳机的水平，扬声器或耳机将音频信号转变为声音。

调谐电路由可变电容C_{1a}、C_{T1}和天线线圈L_1组成。调节可变电容C_{1a}，可改变LC回路的固有频率，使其等于电台频率，产生谐振，以选择不同频率的电台信号，再由天线L_1耦合到下级变频电路进行变频。

变频电路由混频、本机振荡回路和选频三部分电路组成。变频电路以晶体管VT$_1$为中心，它兼有振荡、混频两种作用。

由晶体管VT$_1$（3AG24）、可变电容C_{1b}与C_{T2}、振荡变压器（简称中振或短振）T$_2$和电容C_1与C_3构成变压器反馈式振荡器，它能产生高频等幅振荡信号，由于C_{1b}和C_{T2}是双联可变电容器的组成成分，同轴转动，保证了本机振荡频率总是比输入的电台信号频率高465kHz，把输入的不同频率的高频信号变换成固定的465kHz的中频信号。

输入电台信号与本振信号差出的中频信号恒为固定值465kHz，它可以在晶体管VT$_4$组成的中频“通道”中畅通无阻，并被逐级放大，用固定调谐的中频放大器将频率固定的中频信号进行放大，性能稳定。

晶体管VT$_3$的主要作用是检波。

晶体管VT$_4$组成电压放大级（推动级），它的主要任务是对音频信号进行放大，使功放级得到更大的音频信号电压，使收音机有足够的音量。

晶体管VT$_5$和VT$_6$组成乙类功率放大级，对音频信号进行功率放大，以推动扬声器发出声音。

4.电磁炉电路

电磁炉电路集电磁变换、微型系统控制、多种传感装置于一体，下面以某品牌电磁炉为例介绍其电路原理。

（1）感应加热电路 交流220V电源电压经电源变压器T_1降压后，生成16.5V、12V、5V直流电压供各路负载使用。感应加热电路如图1-8所示，主要由加热线圈L、谐振电容器C_1（0.2μF/1200V）、门控管N_{10}（GP20B120UD-E）和阻尼二极管VD_{25}（BY359X）组成。

其工作原理简述如下：当门控管N_{10}导通时，通过加热线圈L的电流迅速增大；当门控管截止时，储存在L中的电能向谐振电容器C_1充电，随即C_1又向加热线圈放电。如此循环，即C_1和L发生并联谐振，L周围便会产生高频电磁场，该电磁场使放在电磁炉灶面上的铁锅感应到强大的涡流，因此产生热量对食物进行加热。

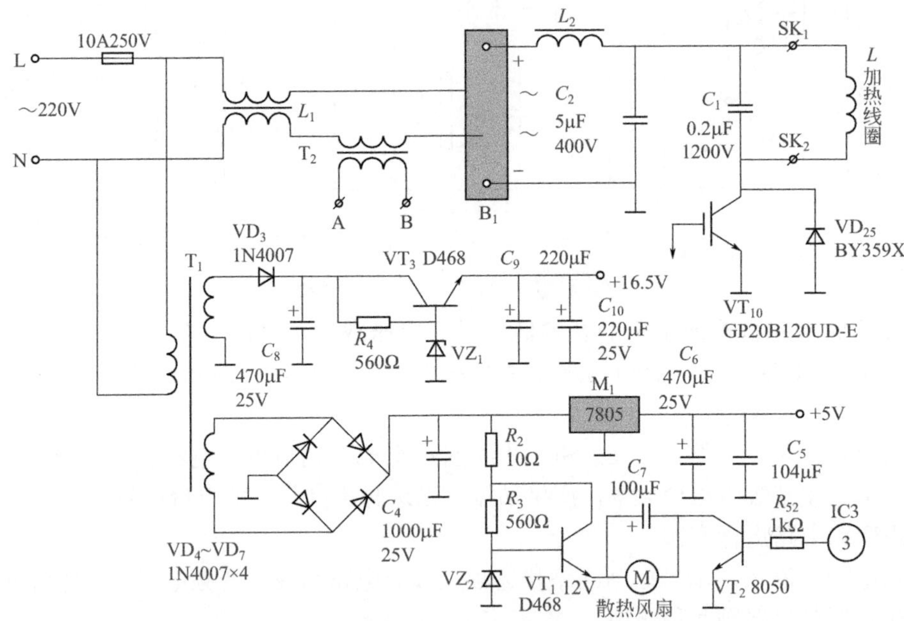

图1-8 感应加热电路

（2）+300V电压检测电路 +300V左右的直流电压经R_5～R_7分压取样，并经VD_{24}隔离后送入LM339N的8脚（比较器反相输入端），如图1-9所示。同时，+5V电压经R_{32}、R_{33}分压后，加到LM339N的9脚（比较器同相输入端）。当+300V直流电压超过设定值时，LM339N的8脚电压高于9脚电压，比较器立即翻转，LM339N的10脚输出为低电平，并经过VD_{14}将LM339N的2脚电压迅速拉低，使TA8316S的1脚无脉冲信号输入。

（3）电源过压/欠压保护电路 如图1-9所示，交流220V电压经VD_1、VD_2整流后分为两路：一路经R_{38}、R_{39}分压取样后，经R_{40}送到N_6（9014）的基极，使N_6导通，HT46R47（IC_3）的4脚为低电平。当电源电压低于设定值时，N_6截止，HT46R47的4脚为高电平，HT46R47的10脚停止输出脉冲信号。另一路经R_{35}、R_{36}分压取样并经VD_{17}隔离后，送到HT46R47的5脚。当电源电压高于设定值时，HT46R47的10脚将停止输出脉冲信号。

（4）高压峰值检测电路 如图1-9所示加热线圈L的SK_2端（即N_{10}集电极）电压经R_{27}～R_{29}分压取样后，直接送到LM339N的10脚（比较器的反相输入端）；同时，+5V电压经R_{30}、R_{31}分压取样后直接送到LM339N的10脚（比较器的同相输入端）。当N_{10}集电极的电压超过设定值（一般在1150V左右）时，LM339N的10脚电压高于9脚，LM339N的13脚输出为低电平，HT46R47的8脚将得不到正常的电压信号，其10脚停止输出脉冲信

号，因此保护了N_{10}不被击穿损坏。

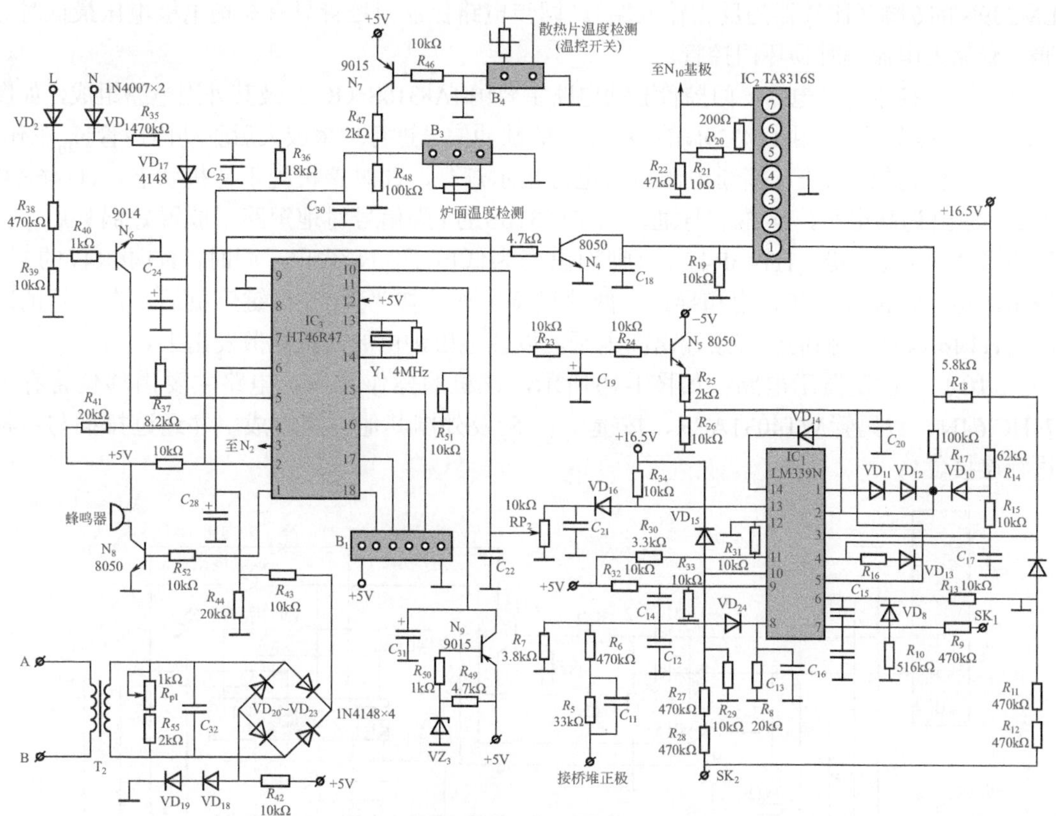

图1-9　控制电路

（5）**电流及锅具检测电路**　如图1-9所示，电流互感器T_2次级感应出的电压经VD_{20}～VD_{23}整流，R_{43}、R_{44}分压取样，C_{28}滤波后送入HT46R47的6脚作为过流保护信号。同时，该电压信号也作为锅具检测信号。如果炉面上未放置锅具或放置的锅具不合规格、放置的位置不正确，HT46R47的6脚电压将达不到设定值，其内部检测电路据此判定无锅，HT46R47的10脚无脉冲信号输出。另外，数码管还显示故障代码，并进行声音报警提示。

（6）**过热保护电路**　该机的过热保护电路分为门控管过热保护和炉面过热保护电路（见图1-9），主要由N_7（9015）、温控开关、炉面温度检测电阻器、R_{46}～R_{48}及HT46R47等组成。当门控管N_{10}的温度达到设定值时，固定在散热片上的温控开关断开，N_7截止，HT46R47的1脚电压异常，其内部电路根据此电压信号判断N_{10}过热，HT46R47的10脚立即停止输出加热脉冲信号，同时启动蜂鸣报警电路，并在数码管上显示出其故障代码，方便维修员维修。而该机的炉面温度检测电阻器是一个负温度系数的热敏电阻器，在加热过程中，该电阻器的阻值随着炉面温度的升高而减小，当炉面温度达到设定值时，该电阻器对地短路，HT46R47的7脚电压异常，其内部电路根据此电压信号判断炉面温度过高，HT46R47的10脚立即停止输出加热脉冲信号，同时启动蜂鸣报警电路，并在数码管上显示出其故障代码。

（7）**同步电路**　如图1-9所示，加热线圈L的SK_1端电压经R_9、R_{10}分压取样后，加到

LM339N的7脚（比较器的同相输入端）；同时SK_2端的电压经R_{11}～R_{13}分压取样后，加到LM339N的6脚（比较器的反相输入端）。同步电路保证门控管只有在集电极电压最低时导通，避免大电流瞬时损坏门控管。

（8）门控管驱动电路 门控管驱动电路主要由TA8316S（IC_2）及其外围电路组成，如图1-9所示，其作用是将由LM339N的2脚输出的脉冲信号进行功率放大后驱动门控管N_{10}工作。

（9）开/关机电路 接通电源后，电源指示灯亮，此时整机处于待机状态，HT46R47的2脚输出为高电平，N_4饱和导通，将TA8316S的1脚信号对地短路。放置好锅具后，按下电源“开/关”键，HT46R47的2脚输出变为低电平，N_4截止。同时，HT46R47的3脚输出高电平，N_2（8050）饱和导通，散热风扇工作。按“开/关”键停机后，在较短的时间内HT46R47的3脚仍会持续输出高电平，以使电磁炉内的热量能散发出去。

（10）操作及显示电路 如图1-10所示，该机的操作及显示电路主要由移位寄存器74HCl64N、数码管WT4031ASR、按键S_1～S_4及外围其他电路组成，并经过排插与主板进行连接。

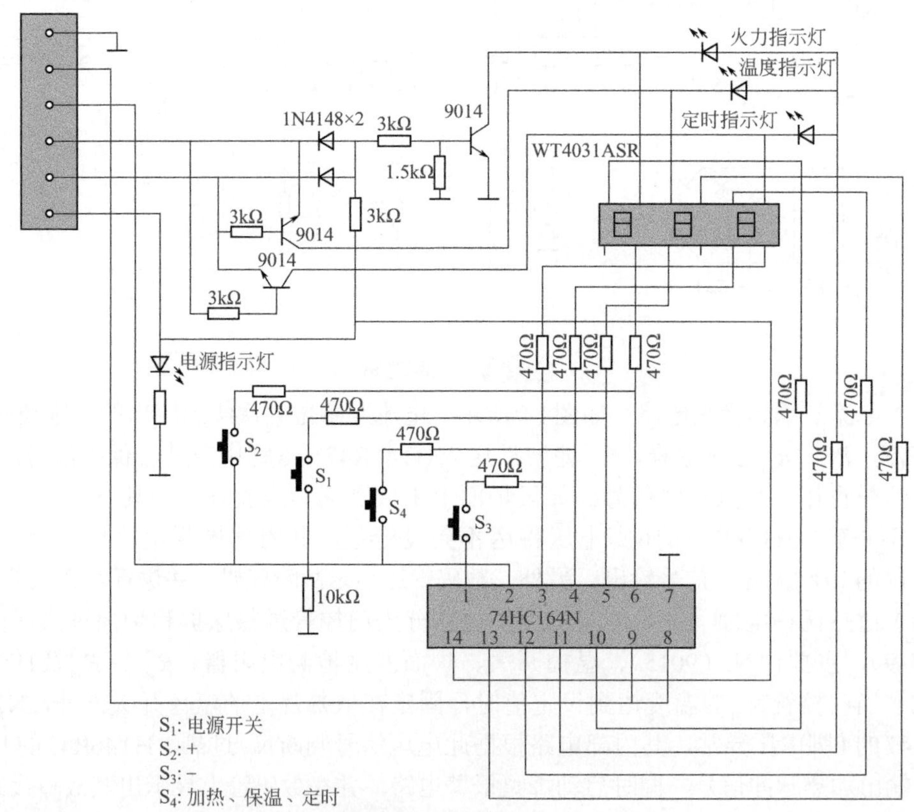

图1-10 操作及显示电路

三、认识多种电子电路

随着电子技术的发展，电子电路广泛用于家用、工业电器、航天、军工等领域，电路结构多样化，并且非常复杂的电路越来越多地使用了大规模芯片集成电路，其功能也是越来越强大。图1-11 ～图1-15 为多种电子电路原理图，涉及模电、数电、单片机芯片控制等电路。

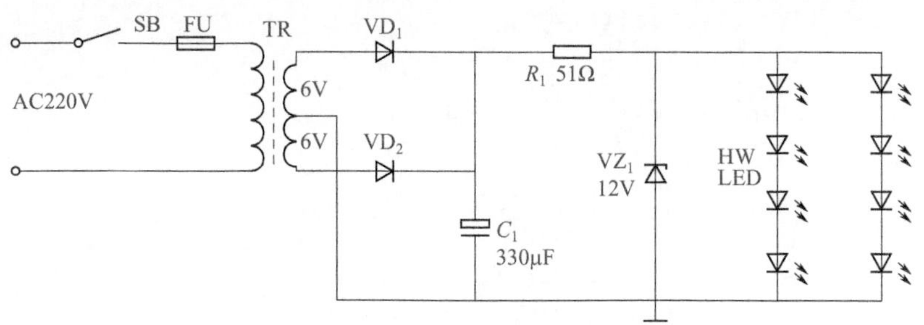

图1-11 LED照明电路原理图

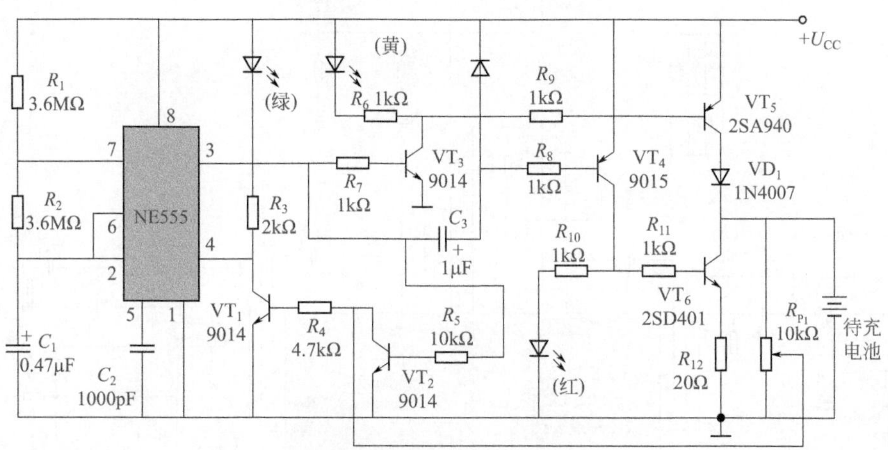

图1-12 随身听充电器电路

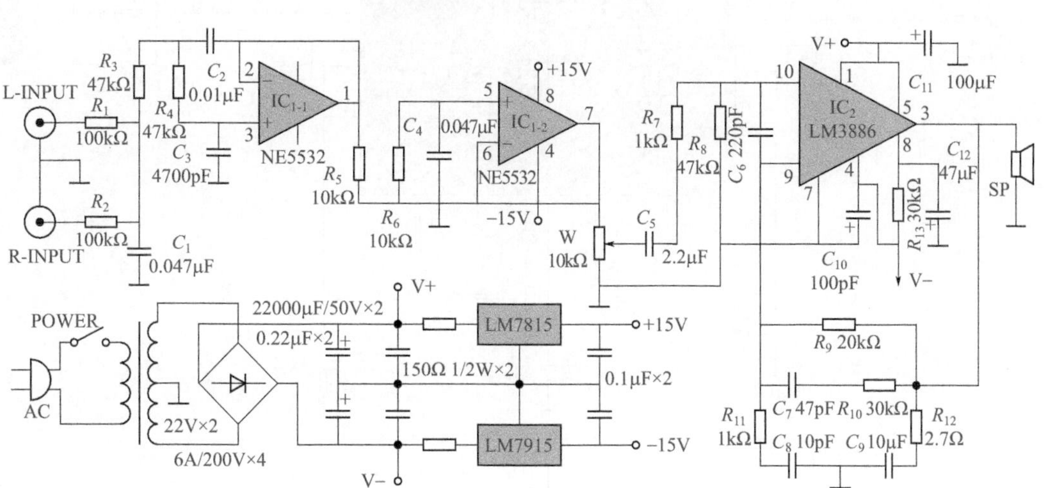

图1-13 功率放大电路

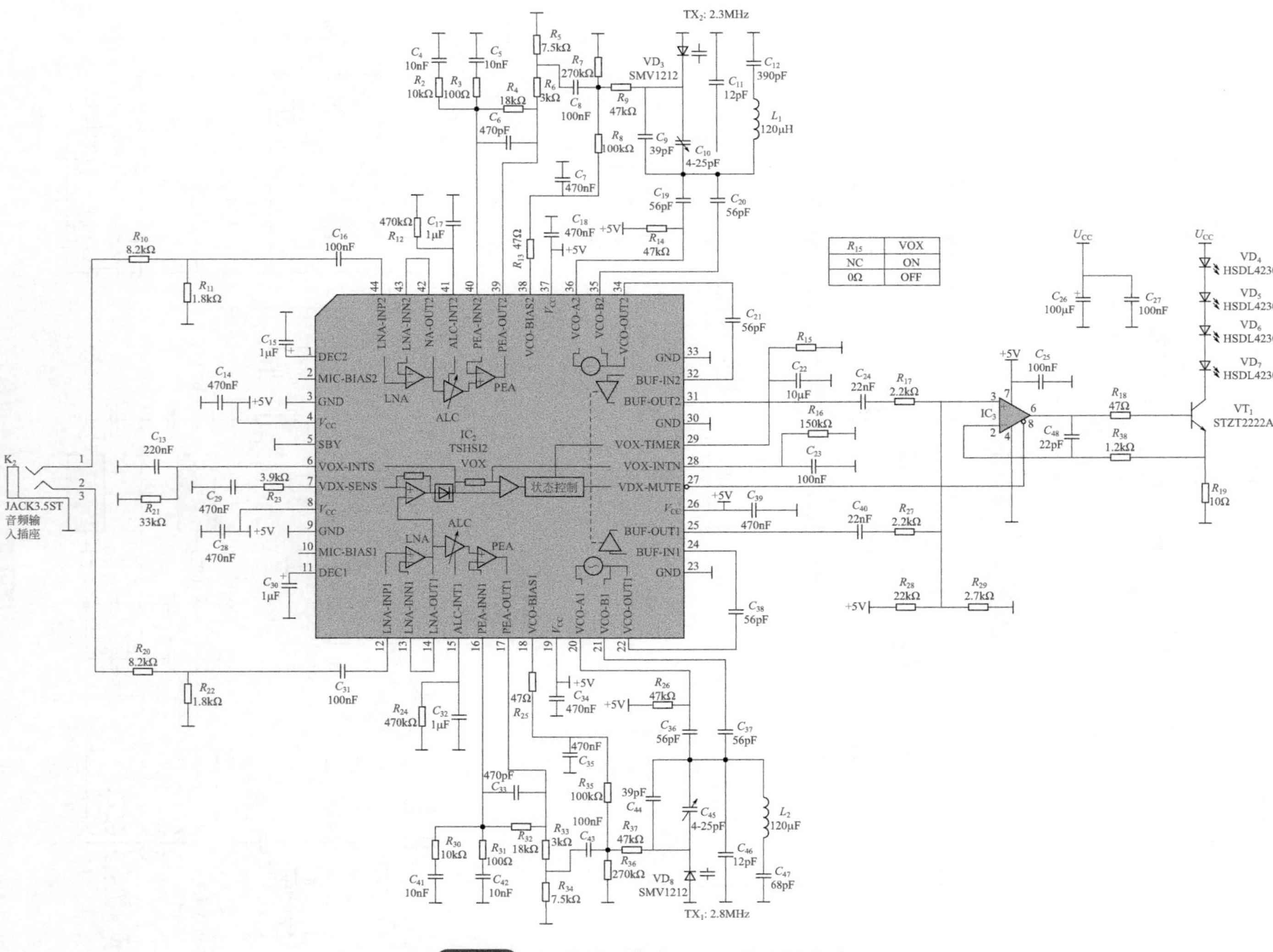

图1-14 红外线立体声耳机无线发射电路

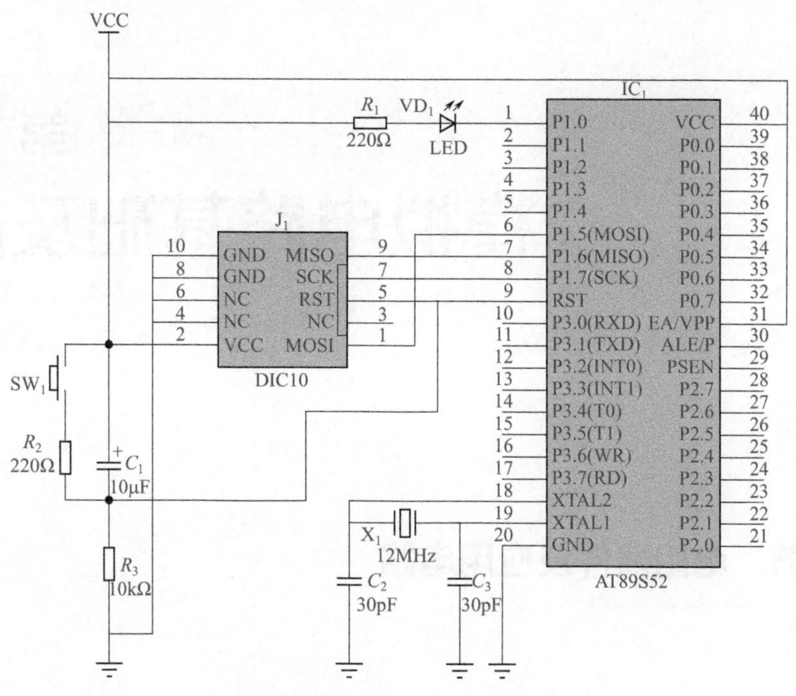

图1-15　单片机最小单元电路

电子线路图的识读技巧可扫二维码学习。

电子线路图的识读技巧

第二章
模拟电路基础及应用

第一节　电阻器件及应用电路

一、认识电阻器件

电阻器是电子设备中应用最广泛的元件，其利用自身消耗电能的特性，在电路中起降压、阻流等作用。电阻器的文字符号为“R”。

1.固定电阻器

（1）固定电阻器的外形及电路符号　固定电阻器是一种最基本的电子元件。固定电阻器的外形及电路符号如图2-1所示。

电阻器的检测

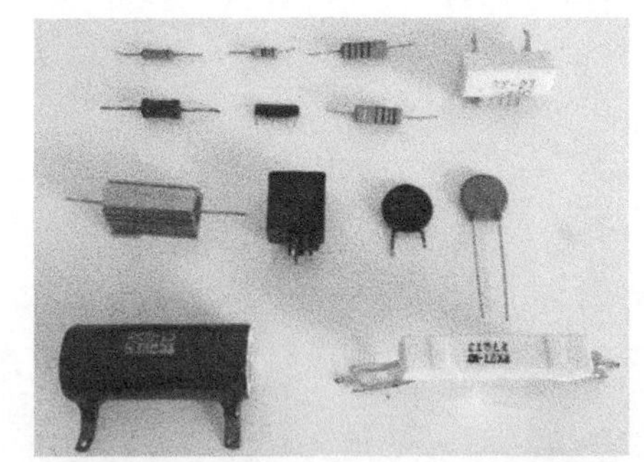

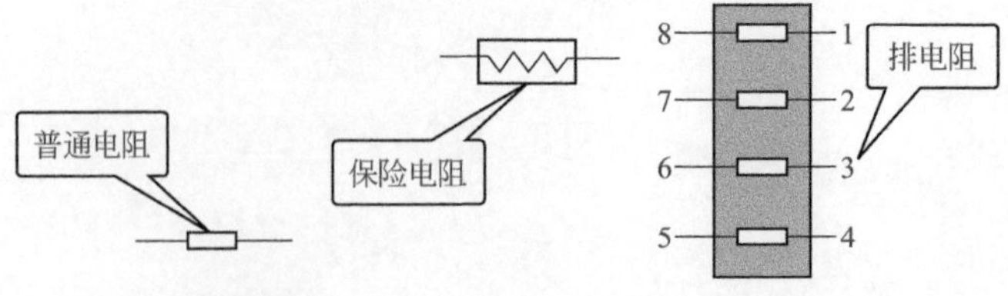

图2-1　固定电阻器的外形及电路符号

（2）固定电阻器的种类　固定电阻器的分类方法有多种，按主要性能和使用特征来划分，有以下两种：

❶ 普通电阻器　这是一种应用十分广泛的电阻器，它的性能参数已能满足一般用电器的使用要求。

❷ 精密电阻器　这类电阻器在家电设备中应用不多，它的特点是电阻值的精度高，而且工作稳定性很好，多用于仪器仪表等精密电路。

固定电阻器根据制造材料和结构的不同，又可分为炭膜电阻（RT型）、金属膜电阻（RJ型）、有机实心电阻（RS型）、线绕电阻（RX型）等。其中，炭膜电阻和金属膜电阻在电路中应用得最多。

（3）固定电阻器的参数

❶ 标称阻值　简称阻值，基本单位是欧姆（Ω），常用的单位还有千欧（kΩ）和兆欧（MΩ）。标称值的表示方法包括直标法、色标法、数字和字母法、数字法。

a. 直标法：在一些体积较大的电阻器身上，直接用数字标注出标称阻值，有的还直接标出允许偏差。由于电阻器体积大，标注方便，对使用来讲也方便，一看便能知道阻值大小。

b. 色标法：色标法是用色环或色点（大多用色环）来表示电阻器的标称阻值、误差。色环有四道环和五道环两种，在读色环时从电阻器引脚离色环最近的一端读起，依次为第一道、第二道……。目前，常见的是四道色环电阻器。在四道色环电阻器中，第一、二道色环表示标称阻值的有效值；第三道色环表示倍乘；第四道色环表示允许偏差。各色环的含义见表2-1。

表2-1　色环含义

颜色	黑	棕	红	橙	黄	绿	蓝	紫	灰	白	金	银	无色
表示数值	0	1	2	3	4	5	6	7	8	9	10^{-1}	10^{-2}	
表示偏差/%	±1	±2	±3	±4							±5	±10	±20

例：色环颜色顺序为红、黑、橙、银，则该电阻器标称阻值为$20\times10^3\pm10\%$，即$20k\Omega\pm10\%$。色环颜色顺序为绿、蓝、红、银，则该电阻器标称阻值为$56\times10^2\pm10\%$，即$5.6k\Omega\pm1\%$。

在五道色环的电阻器中，前三道表示有效值，第四道为倍乘，第五道为允许偏差。这是精密电阻器表示方式，有效数为三个数。

色标法的快速记忆法：对于四道色环电阻，以第三道色环为主。如第三环为银色，则为0.1～0.99Ω；金色为1～9.9Ω；黑色为10～99Ω；棕色为100～990Ω；红色为1～9.9kΩ；橙色为10～99kΩ；黄色为100～990kΩ；绿色为1～9.9MΩ。对于五道色环电阻，则以第四环为主。规律同四道色环电阻。但应注意，由于五道色环电阻为精密电阻，体积太小时，无法识别哪端是第一环，所以对色环电阻阻值的识别必须用万用表测出。

c. 数字和字母法：把电阻的标称阻值和允许误差用数字和字母按一定规律标在电阻上。字母的含义见表2-2。

表2-2　字母含义

字母代表的单位			字母代表的误差	
字母	单位		字母	误差
R	欧姆	Ω	G	1%
K	千欧	kΩ	J	2%
M	兆欧	MΩ	K	10%
			M	20%

d.数字法：即用三位数字表示电阻值（常见于电位器、微调电位器及贴片电阻）。识别时由左到右，第一位与第二位是有效数字，第三位是有效值的倍乘或0的个数，单位为Ω。

数字法的快速记忆法同色标法，即第三位数为1则为几点几欧；为2则为几点几千欧；为3则为几十几千欧；为4则为几百几十千欧；为5则为几点几兆欧……

❷ **额定功率**　额定功率是指在特定环境温度范围内电阻器所允许承受的最大功率。在该功率限度以内，电阻器可以正常工作而不会改变其性能，也不会损坏。电阻器额定功率的标注方法如图2-2所示。

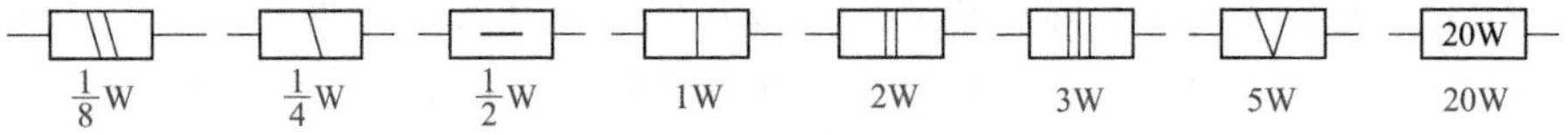

图2-2　电阻器额定功率标注方法

❸ **电阻温度系数**　当工作温度发生变化时，电阻器的阻值也将随之相应变化，这对一般电阻器来说是不希望有的。电阻温度系数用来表征电阻器工作温度每变化1℃时其阻值的相对变化量。显然，该系数愈小愈好。电阻温度系数根据制造电阻的材料不同，有正系数和负系数两种。前者随温度升高阻值增大，后者随温度升高阻值下降。热敏电阻器就是利用其阻值随温度变化而变化这一性能制成的一种电阻器。

2.可变电阻器

可变电阻器包括微调电阻器和电位器，它是一种阻值可连续变化的电阻器，在电路中可方便地调整阻值，以获得最佳的电路特性。由于阻值可变化，省去了更换不同阻值电阻器的麻烦。

（1）可变电阻器的结构、电路符号及外形　常用可变电阻器的结构、电路符号及外形如图2-3所示。

可变电阻器的结构和电阻值变化的原理可用如图2-3所示结构图来说明。从图中可以看出，它的两个固定引脚接在炭膜体两端，炭膜体是一个电阻体，在两个引脚之间有一个固定的电阻值。动片引脚上的触点可以在炭膜上滑动，这样动片引脚与两固定引脚之间的阻值将发生大小改变。当动片触点顺时针方向滑动时，动片引脚与引脚1之间阻值增大，与引脚2之间阻值减小。反之，动片触点逆时针方向滑动，引脚间阻值反方向变化。在动片滑动时，引脚1、2之间的阻值是不变化的，但是如若动片引脚与引脚2或引脚1相连通后，动片滑动时引脚1、2之间的阻值便发生了改变。可变电阻器的阻值是指两个固定引脚之间的电阻值，也就是可变电阻器可以达到的最大电阻值，可变电阻器的最小阻值为零（通过调节动片引脚的旋钮）。可变电阻器的阻值直接标在电阻器上。

（2）可变电阻器的种类 可变电阻器是多种电气控制中的调整元件。种类繁多。

图2-3中带开关的电位器是组合电位器，其中三个引脚装置在一处，两个引脚为固定引脚，一个引脚为动片引脚，开关引脚装置在另一处，通常装在电位器的背面。这种带开关的电位器，在转柄旋到最小位置后再旋转一下，便将开关断开。在开关接通之后，调节电位器过程中对开关便没有影响，开关一直处于接通状态。图2-3中双联旋转电位器又有同心同轴（调整时两个电位器阻值同时变化）和同心异轴（单独调整）之分。直滑式电位器的特点是操纵柄往返作直线式滑动，滑动时可调节阻值。

图2-3

图2-3 常用可变电阻器的结构、电路符号及外形

（3）可变电阻器的参数 可变电阻器的参数很多，主要参数如下。

❶ **电阻值** 可变电阻器的电阻值也是指电位器两固定引脚之间的电阻值，这跟炭膜体阻值有关。电阻值参数采用直标法标在可变电阻器的外壳上。

❷ **动噪声** 可变电阻器的噪声主要包括热噪声、电流噪声和动噪声。热噪声和电流噪声是指可变电阻器动片触点不动时的电位器噪声，这种噪声与其他元器件中的噪声一样，是炭膜体（电阻体）的固有噪声，又称为静噪声。静噪声相对动噪声而言，其有害影响不大。

动噪声是指可变电阻器动片触点滑动过程产生的噪声，这一噪声是可变电阻器的主要噪声。动噪声的来源也有多种，但主要原因是动片触点接触电阻大（接触不良）、炭膜体结构不均匀、炭膜体磨损、动片触点与炭膜体的机械摩擦噪声等。

❸ **额定功率** 可变电阻器的额定功率同固定电阻器的额定功率一样，在使用中若运用不当也会烧坏电位器。

3.其他电阻器

（1）热敏电阻 热敏电阻是一种用半导体材料制成的测温器件，它的热敏材料用锰、镍、钴等多种金属氧化物粉末按一定比例混合烧结而成，目前广泛应用的是正温度系数热敏电阻和负温度系数热敏电阻。热敏电阻的电路符号如图2-4（a）所示。

❶ **正温度系数热敏电阻** 正温度系数热敏电阻又称PTC，它的阻值随温度升高而增

大。正温度系数热敏电阻可应用到各种电路中，与负载串联。

正温度系数热敏电阻常见阻值规格（常温）有12Ω、15Ω、18Ω、22Ω、27Ω、40Ω等。不同电路，所选用的电阻也不一样。

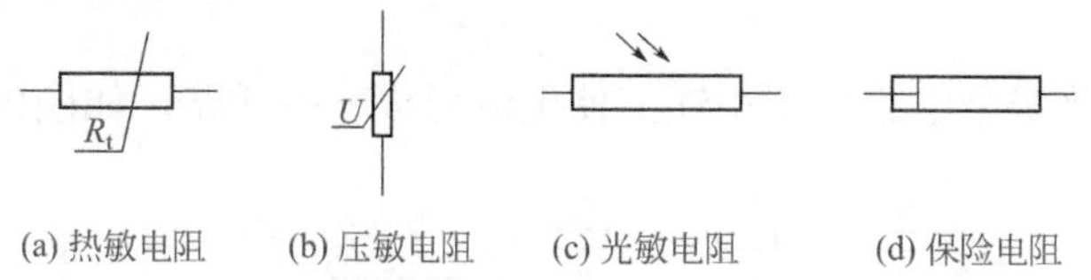

图2-4 特殊电阻的电路符号

❷ **负温度系数热敏电阻** 负温度系数热敏电阻（NTC）是采用电子陶瓷工艺制成的热敏半导体陶瓷组件，它的电阻值随温度升高而降低，具有灵敏度高、体积小、反应速度快、使用方便的特点。NTC热敏电阻器具有多种封装形式，能够很方便地应用到各种电路中，与其他元件并联可用作保护电路等。

（2）压敏电阻 压敏电阻是利用半导体材料的非线性特性制成的一种特殊电阻器。当压敏电阻两端施加的电压达到某一临界值（压敏电压）时，压敏电阻的阻值就会急剧变小。压敏电阻的电路符号如图2-4（b）所示。

压敏电阻的主要特性：当两端所加电压在标称额定值内时，它的电阻值几乎为无穷大，处于高阻状态，其漏电流≤50μA，当它两端的电压稍微超过额定电压时，其电阻值急剧下降，立即处于导通状态，反应时间仅在毫微秒级，工作电流急剧增加，从而有效地保护电路。

（3）光敏电阻 有些半导体（如硫化镉等）在黑暗的环境下，其电阻值是很高的。当受到光照时，光子能量将激发出电子，导电性能增强，使阻值降低，且照射的光线愈强，阻值也变得愈低。这种由于光线照射强弱而导致半导体电阻值变化的现象称为光导效应。光敏电阻是利用半导体光导效应制成的一种特殊电阻器，是一种能够将光信号转变为电信号的器件。用光敏电阻制成的器件又叫作“光导管”，是一种受光照射导电能力增加的光敏转换元件。光敏电阻的电路符号如图2-4（c）所示。根据制作光敏层所用的材料，光敏电阻可以分为多晶光敏电阻和单晶光敏电阻。根据光敏电阻的光谱特性，光敏电阻又可分为紫外光光敏电阻、可见光光敏电阻以及红外光光敏电阻。

紫外光光敏电阻对紫外线十分灵敏，可用于探测紫外线，比较常见的有硫化镉和硒化镉光敏电阻。

可见光光敏电阻有硒、硫化镉、硫硒化镉和碲化镉、砷化镓、硅、锗、硫化锌光敏电阻等，可用于各种光电自动控制系统、照度计、电子照相机、光报警等装置中。

红外光光敏电阻有硫化铅、碲化铅、硒化铅、锑化铟、碲锡铅、锗掺汞、锗掺金等光敏电阻。它广泛地应用于导弹制导、卫星监测、天文探测、非接触测量、气体分析和无损探伤等领域。

（4）保险电阻 保险电阻有电阻和保险熔丝的双重作用。当过流使其表面温度达到500～600℃时，电阻层便剥落而熔断，故保险电阻可用来保护电路中其他元件使其免遭损坏，以提高电路的安全性和经济性。

保险电阻一般以低阻值（几欧到几十欧）、小容量（1/8～1W）为多。它可用于电源电路中，电路符号如图2-4（d）所示。

二、电阻串联、并联、混联电路

1.电阻的串联

电阻的串联是将多个电路头尾相连，使电流形成一条通路，如图2-5所示。

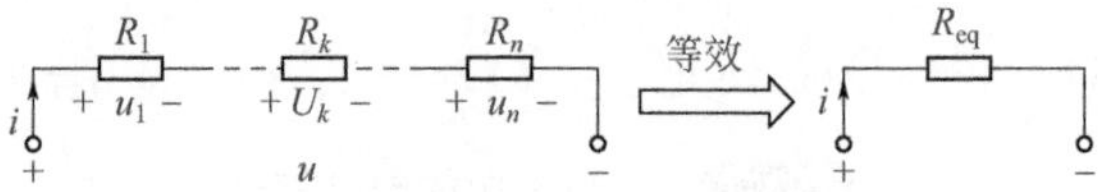

图2-5 电阻串联

电路特点：

❶ 各电阻顺序连接，流过同一电流，且电流处处相等。

❷ 总电压等于各串联电阻的电压之和。

$$u = u_1 + u_2 + \cdots + u_k + \cdots + u_n$$

由欧姆定律可知：

$$u_k = R_k i \qquad (k = 1, 2, \cdots, n)$$

$$u = (R_1 + R_2 + \cdots + R_k + \cdots + R_n)\, i = R_{eq} i$$

$$R_{eq} = R_1 + R_2 + \cdots + R_k + \cdots + R_n = \sum R_k$$

结论：串联电路的总电阻等于各分电阻之和。

❸ 串联电阻的分压公式：

$$\frac{u_k}{u} = \frac{R_k i}{R_{eq} i} = \frac{R_k}{R_{eq}} = \frac{R_k}{\sum_{j=1}^{n} R_j} \Rightarrow u_k = \frac{R_k}{\sum_{j=1}^{n} R_j} u$$

结论：串联电阻中的某个电阻的电压与该电阻成正比。

例如，两个电阻分压，则：

$$u_1 = \frac{R_1}{R_1 + R_2} u ,\quad u_2 = \frac{R_2}{R_1 + R_2} u$$

❹ 功率关系：

$$p_1 = R_1 i^2,\ p_2 = R_2 i^2,\ \cdots,\ p_n = R_n i^2$$

$$p_1 : p_2 : \cdots : p_n = R_1 : R_2 : \cdots : R_n$$

总功率为：

$$p = R_{eq} i^2 = (R_1 + R_2 + \cdots + R_n)\, i^2$$
$$= R_1 i^2 + R_2 i^2 + \cdots + R_n i^2 = p_1 + p_2 + \cdots + p_n$$

结论：

❶ 电阻串联时，各电阻消耗的功率与电阻大小成正比；

❷ 等效电阻消耗的功率等于各串联电阻消耗功率的总和。

2.电阻的并联

电阻的并联是将多个电阻头头尾尾相连，使电流形成多条通路，如图2-6所示。

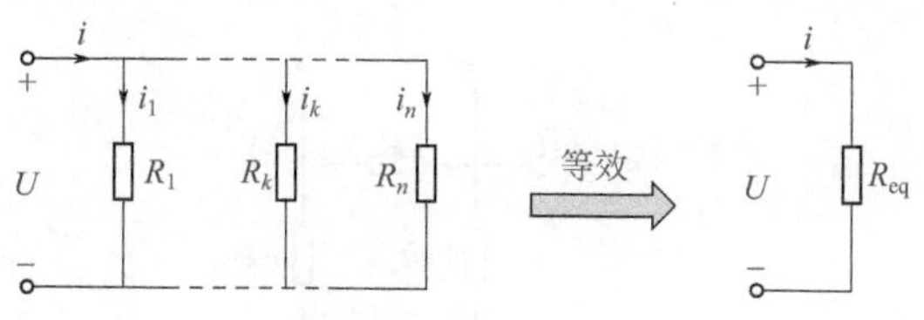

图2-6　电阻并联

电路特点：

❶ 各电阻两端分别接在一起，两端为同一电压。

❷ 总电流等于流过各并联电阻的电流的代数和。

$$i = i_1 + i_2 + \cdots + i_k + \cdots + i_n = \frac{u}{R_{eq}}$$

❸ 总电阻值的倒数为各电阻的倒数和。

$$\frac{1}{R_{eq}} = \frac{1}{R_1} + \cdots + \frac{1}{R_n}$$

❹ 功率关系：

a. 电阻并联时，各电阻消耗的功率与电阻大小成反比；

b. 等效电阻消耗的功率等于各并联电阻消耗功率的总和。

3. 电阻的串并联（混联）

电阻混联是指电路中电阻有串联也有并联，如图2-7所示。

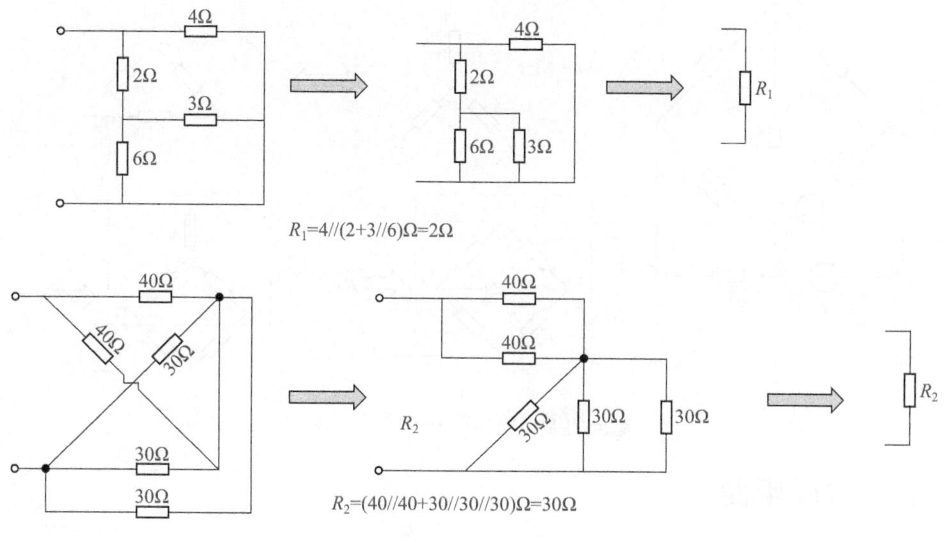

图2-7　电阻混联

从图2-7中可得求解串、并联电路的一般步骤：

❶ 求出等效电阻或等效电压；

❷ 应用欧姆定律求出总电压或总电流；

❸ 应用欧姆定律或分压、分流公式求各电阻上的电流和电压。

以上的关键在于识别各电阻的串联、并联关系，求解时先算出电路中电阻的并联，再算出电阻的串联，如图2-8所示。

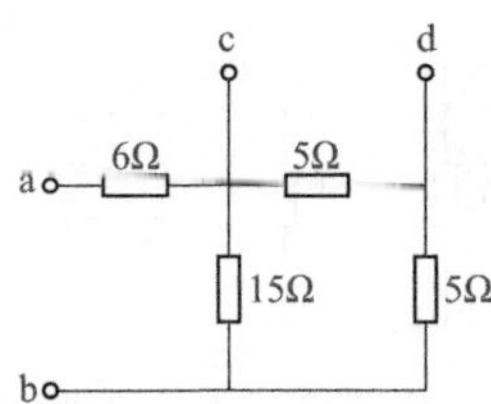

图2-8 电阻并联和串联电路

对于图2-8，求：R_{ab}，R_{cd}。

$$R_{ab}=(5+5)//15+6=12(\Omega)$$
$$R_{cd}=(15+5)//5=4(\Omega)$$

需要注意的是，等效电阻是针对电路的某两端而言的，否则无意义。

对于简单电路，通过串、并联关系即可求解，如图2-9所示。

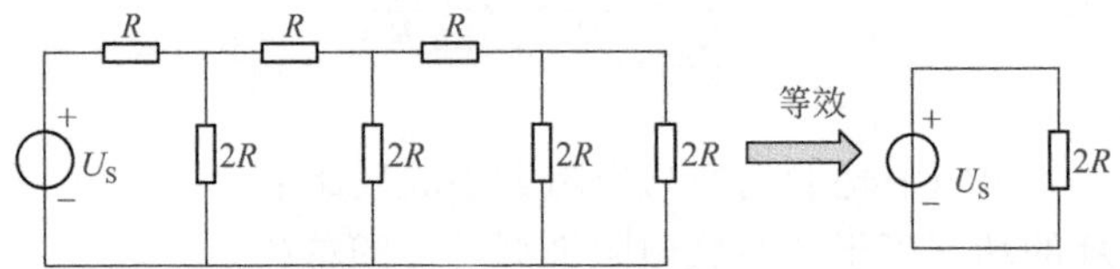

图2-9 简单的串并联电路等效

对于复杂电路仅通过串、并联无法求解，可利用Y-△变换，如图2-10所示。

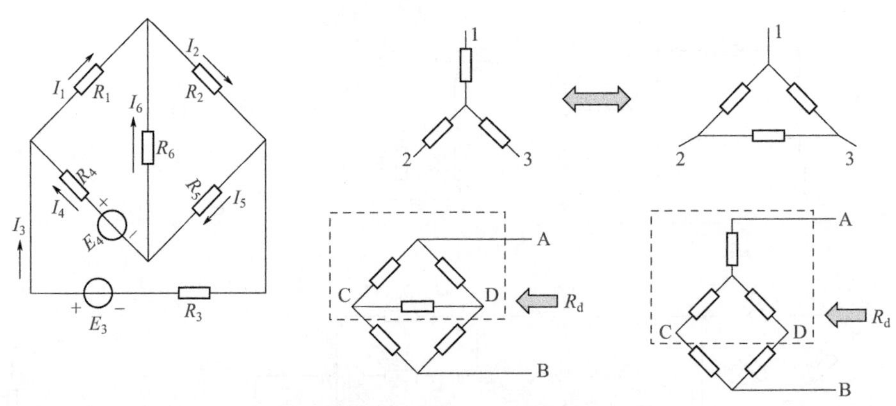

图2-10 电阻的Y-△等效变换

三、电阻分压电路

1.电阻分压电路的组成

图2-11所示是典型的电阻分压电路，电路由R_1和R_2两个电阻构成。电路中有电压输入端和电压输出端。由此电路特征可以在众多电路中分辨出分压电路。输入电压U加在电阻R_1和R_2上，输出电压U_o取自串联电路中下面的一个电阻R_2，这种形式的电路称为分压电路。

2.电阻分压电路的工作原理

分析电阻分压电路的关键点有两个：一是分析输入电压回路及找出输入端；二是找出

电压输出端。

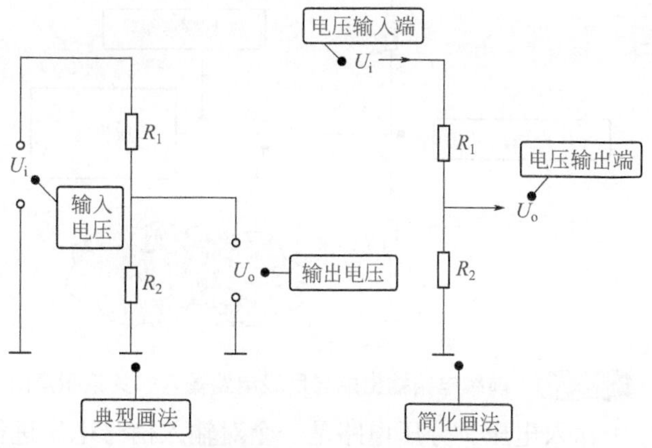

图2-11　电阻分压电路

图2-12是电阻分压电路输入回路示意图。输入电压加到电阻R_1和R_2上，它产生的电流流过R_1和R_2。

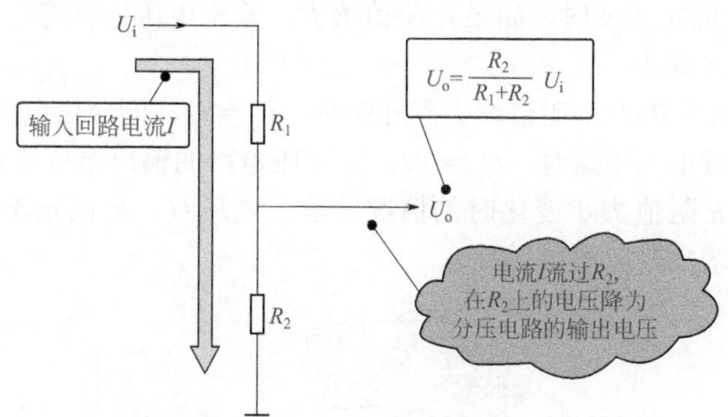

图2-12　电阻分压电路输入回路示意图

3.找出电阻分压电路的输出端

分压电路输出的信号电压要送到下一级电路中，理论上分压电路的下一级电路其输入端是分压电路的输出端（前级电路的输出端就是后级电路的输入端）。图2-13是前级电路输出端与后级电路输入端关系示意图。但是，识图中用这种方法的可操作性差，因为有时分析出下一级电路的输入端比较困难。

更为简便的方法如下：找出分压电路中的所有元器件连接电路之外的其他电路相连点，这一连接点便是分压电路的输出端，这一点电压就是此电路的输出电压。

4.输出电压大小的分析方法

分析分压电路的过程中，时常需要搞清楚输出电压的大小。

分压电路输出电压的计算方法：

$$U_o=\frac{R_2}{R_1+R_2}U_i$$

式中，U_i为输入电压；U_o为输出电压。

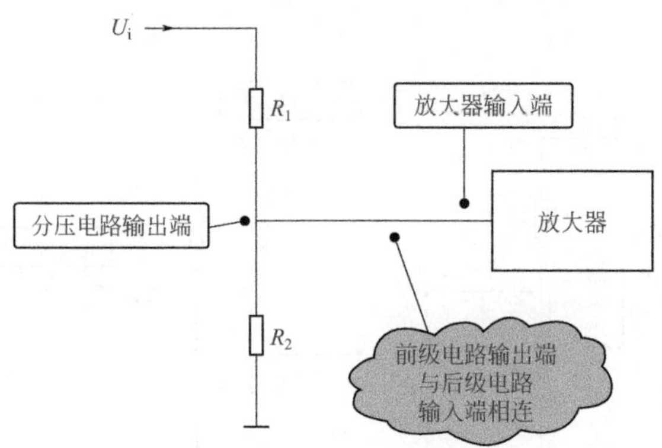

图2-13 前级电路输出端与后级电路输入端关系示意图

所以输出电压小于输入电压。分压电路是一个对输入信号电压进行衰减的电路。改变R_1或R_2阻值的大小，可以改变输出电压U_o的大小。

分析分压电路工作原理时不仅需要分析输出电压的大小，往往还需要分析输出电压的变化趋势，因为分压电路中的两个电阻其阻值可能会改变。

输入电压U_i、R_1固定不变时，如果R_2阻值增大，输出电压也将随之增大；R_2阻值减小，输出电压U_o也将随之减小。

借助于极限情况分析当R_2阻值增大到开路时，$U_o = U_i$，即分压电路的输出电压等于输入电压；当R_2阻值减小到短路时，$U_o = 0V$，即分压电路的输出电压等于0V。

图2-14所示是R_1阻值大小变化时的情况。输入电压U_i、R_2固定不变，当R_1减小时输出电压增大，当R_1增大时输出电压减小。

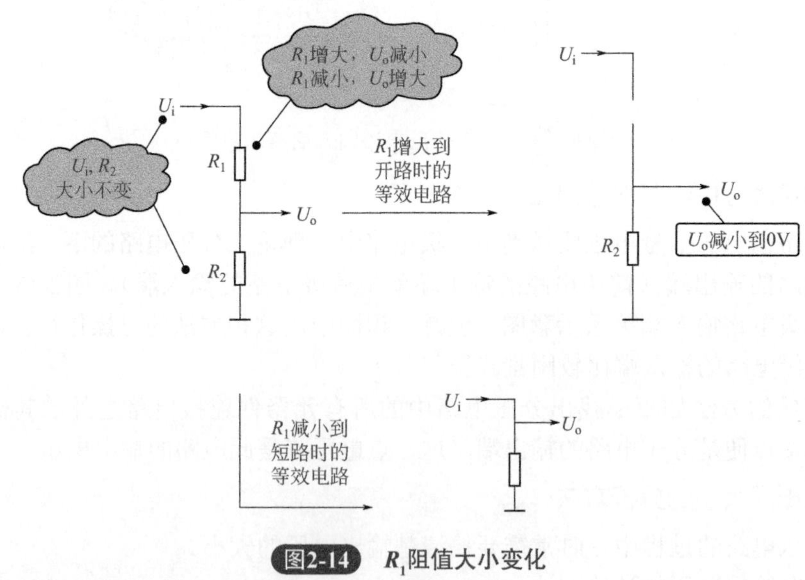

图2-14 R_1阻值大小变化

四、电阻隔离电路

电阻的隔离电路实际起隔离耦合作用，在电路中既传递了前级信号到后级，又起到防止后级大电流状态影响前级电路的作用。如图2-15所示是典型电阻隔离电路。电路中电阻

R_1将电路中A、B两点隔离，使两点的电压大小不等。

电路中的A和B两点被电阻R_1分开，但是A和B点之间的电路仍是通路，只是存在电阻R_1，电路中的这种情况称为隔离。

如图2-16所示是实用电阻隔离电路，这是OTL功率放大器中的自举电路（一种能提高大信号下的半周信号幅度的电路），电路中的R_1是隔离电阻。电路中，R_1用来将B点直流电压与直流工作电压$+U$隔离，使B点直流电压有可能在某瞬间超过$+U$。如果没有电阻R_1的隔离作用（R_1短接），则B点直流电压为$+U$，而不可能超过$+U$，此时无自举作用。可见设置隔离电阻R_1后，大信号时自举作用更好。

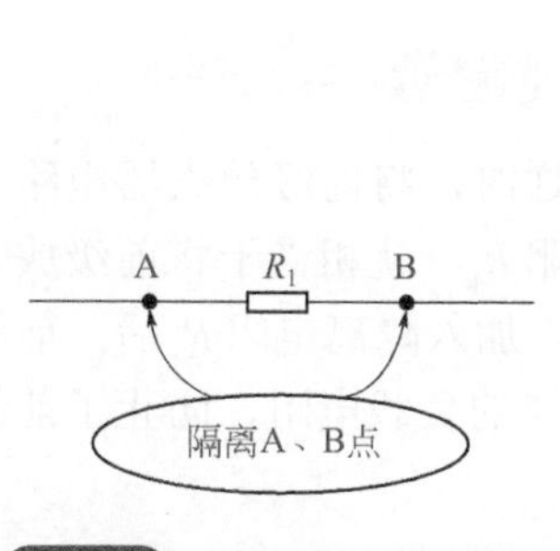

图2-15　典型电阻隔离电路

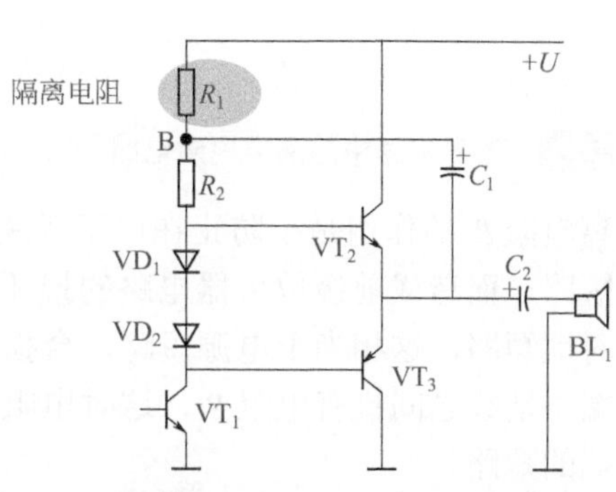

图2-16　实用电阻隔离电路

如图2-17所示是信号源电阻隔离电路。电路中的信号源1放大器通过R_1接到后级放大器输入端，信号源2放大器通过R_2接到后级放大器输入端，显然这两路信号源放大器的输出端通过R_1和R_2合并成一路。

图2-17所示电路中加入隔离电阻R_1和R_2后，两个信号源放大器输出的信号电流可以不流入对方的放大器输出端，而更好地流到后级放大器输入端。电阻R_1和R_2的目的是防止两个信号源放大器输出端的相互影响。

如图2-18所示，假如电路中没有隔离电阻R_1和R_2，信号源2放大器输出的信号会加到信号源1放大器输出端，同理，信号源1放大器的输出信号会加到信号源2放大器输出端。加入隔离电阻R_1和R_2后，这种影响就会小很多，达到了隔离的目的。

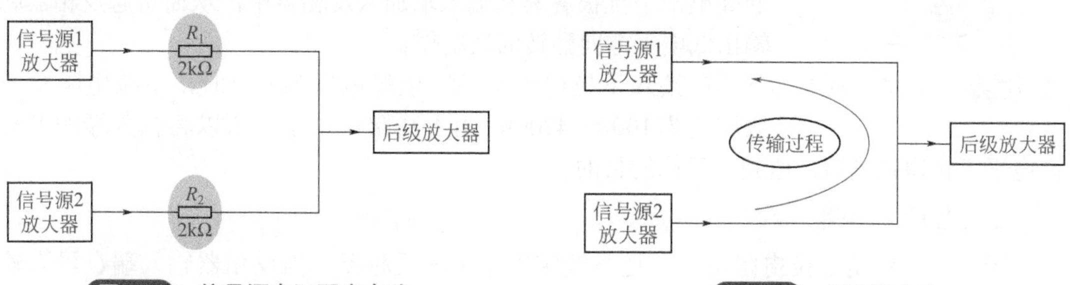

图2-17　信号源电阻隔离电路

图2-18　无隔离电路

如图2-19所示是静噪电路中的隔离电阻电路。电路中，前级放大器与后级放大器电路之间有隔离电阻R_1和耦合电容C_1，VT_1是电子开关管。

电子开关管的工作原理：当VT_1的基极电压为0V时，VT_1处于截止状态，VT_1的集电极与发射极之间内阻很大，相当于集电极和发射极之间开路，此时对电路没有影响；当

VT_1基极加有正电压$+U$时，VT_1处于饱和导通状态，此时集电极和发射极之间内阻很小，相当于集电极和发射极之间接通，此时将电阻R_1右端接地，等效电路如图2-20所示。

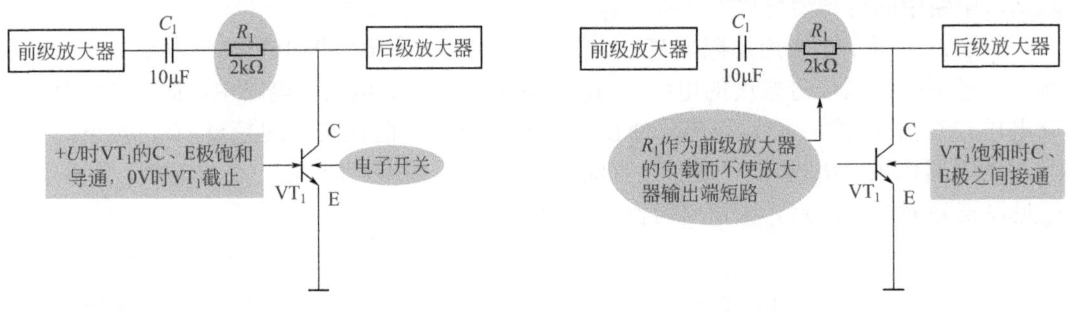

图2-19 静噪电路中的隔离电阻电路　　图2-20 电子开关电路

隔离电阻R_1的作用是：防止在电子开关管VT_1饱和导通时，将前级放大器电路的输出端对地短路，而造成前级放大器电路的损坏。如果没有电阻R_1，就相当于将前级放大器的输出端对地短路，这相当于电源短路，会损坏前级放大器。加入隔离电阻R_1后，前级放大器输出端与地线之间接有电阻R_1，这时电阻R_1是前级放大器的负载电阻，防止了前级放大器输出端的短路。

五、下拉电阻电路和上拉电阻电路

数字电路的应用中，时常会听到下拉电阻、上拉电阻这两个词，下拉电阻、上拉电阻在电路中起着稳定电路工作状态的作用。

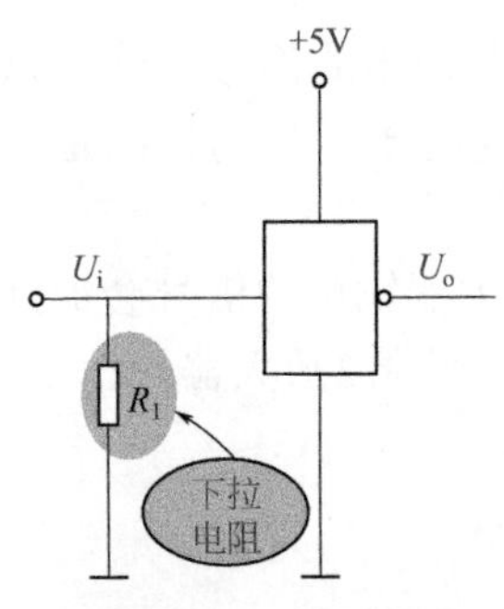

图2-21 下拉电阻电路

1.下拉电阻电路

图2-21所示是下拉电阻电路，这是数字电路中的反相器，输入端U_i通过下接电阻R_1接地，这样在没有高电平输入时，可以使图谱处于低电平状态，防止可能出现的高电平干扰使反相器误动作。

如果没有下拉电阻R_1，反相器输入端悬空，为高阻抗，外界的高电平干扰很容易从输入端加入反相器中，从而引起反相器朝输出低电平方向翻转的误动作。

在接入下拉电阻R_1后，电源电压为+5V时，下拉电阻R_1一般取值为100～470Ω，由于R_1阻值很小，所以将输入端的各种高电平干扰短接到地，达到抗干扰的目的。

2.上拉电阻电路

图2-22所示是上拉电阻电路，这是数字电路中的反相器，当反相器输入端U_i没有输入低电平时，上拉电阻R_1可以使反相器输入端稳定地处于高电平状态，防止可能出现的低电平干扰使反相器出现误动作。

如果没有上拉电阻R_1，反相器端悬空，外界的低电平干扰很容易从输入端加入反相器中，从而引起反相器朝输出高电平方向翻转的误动作。

在接入上拉电阻R_1后，电源电压为$+U$时，上拉电阻R_1一般取值在4.7～10kΩ之间，上拉电阻R_1使输入端为高电平状态，没有足够的低电平触发，反相器不会翻转，达到抗干扰的目的。

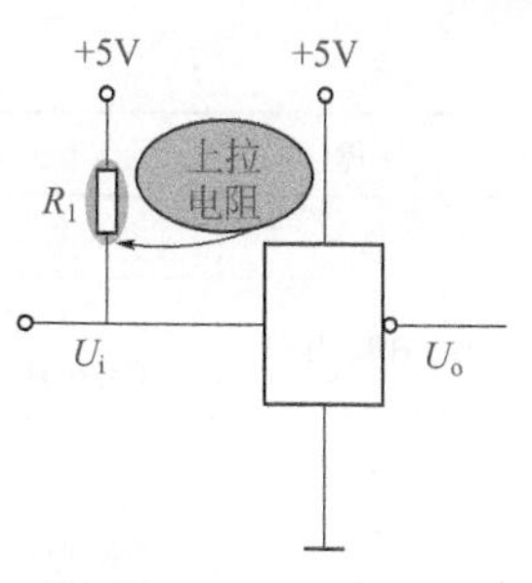

图2-22　上拉电阻电路

第二节　电容器件及应用电路

一、电容器的特性及作用

电容器也是电子电路中的一个十分常用的元件。简单地讲，电容器是储存电荷的容器。电容器能储存电荷，在这一点上与电阻器不同，理论上讲电容器对电能无损耗，而电阻器则是通过自身消耗电能来分配电能的。电容器具有隔断直流通交流的特性，用在电路中可起到耦合、滤波、谐振等作用。

二、固定电容器

1. 符号及特点

固定电容器通用文字符号用C来表示，电路符号及外形如图2-23所示。固定电容器由金属电极、介质层和电极引线组成，各种字母所代表的介质材料见表2-3。由于在两块金属电极之间夹有一层绝缘的介质层，所以两电极是相互绝缘的。这种结构特点就决定了固定电容器具有“隔直流通交流”的基本性能。直流电的极性和电压大小是一定的，所以不能通过电容，而交流电的极性和电压的大小是不断变化的，能使电容不断地进行充放电，形成充放电电流。所以从这个意义上说，认为交流电可以通过电容器。

电容器的检测

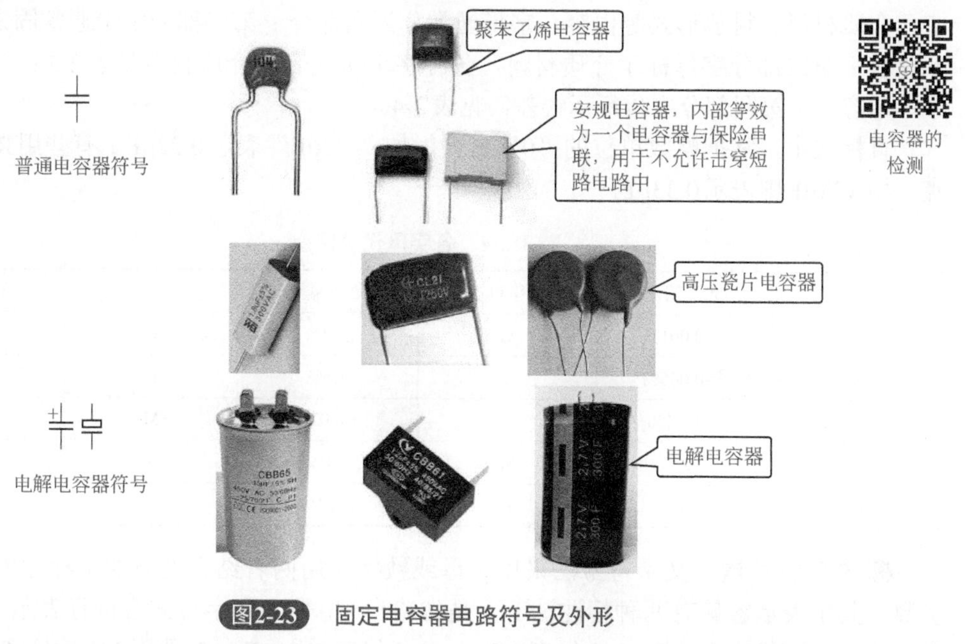

图2-23　固定电容器电路符号及外形

表2-3　各种字母所代表的介质材料

字母	电容器介质材料	字母	电容器介质材料
A	钽电解		
B（BB、BF）	聚苯乙烯等非极性薄膜 （常在B后再加一字母区分具体材料）	L（LS）	聚酯等极性有机薄膜 （常在L后再加一字母区分具体材料）
C	高频陶瓷	N	铌电解
D	铝（普通电解）	O	玻璃膜
E	其他材料电解	Q	漆膜
G	合金	S、T	低频陶瓷
H	纸膜复合	V、X	云母纸
I	玻璃铀	Y	云母
J	金属化纸介	Z	纸制

2.主要性能参数

电容器性能参数有许多，下面介绍几项常用的参数。

（1）电容量　不同的电容器储存电荷的能力也不相同。通常把电容器外加1V直流电压时所储存的电荷量称为该电容器的容量，基本单位为法拉（F）。但实际上，法拉是一个很不常用的单位，因为电容器的容量往往比1F小得多，常用微法（μF）、纳法（nF）、皮法（pF）（皮法又称微微法）等，它们的关系是：1法拉（F）= 10^6微法（μF）、1微法（μF）= 10^3纳法（nF）=10^6皮法（pF）。

电容器的电容值标示方法主要有以下三种：

❶ **直标法**　直标法是用数字和字母把规格、型号直接标在外壳上。该方法主要用在体积较大的电容上。通常用数字标注容量、耐压、误差、温度范围等内容，而字母则用来表示介质材料、封装形式等内容。字母通常分为四部分：第一部分字母通常固定为C，表示电容；第二部分字母标示介质材料，各种字母所代表的介质材料见表2-3；第三部分数字标示容量；第四部分字母标示误差，见表2-4。

直标法中，常把整数单位的“0”省去，如“.22μF”表示0.22μF；有些用R表示小数点，如R33μF则表示0.33μF。

表2-4　各字母代表偏差

字母	允许偏差	字母	允许偏差	字母	允许偏差
X	±0.001%	G	±2%	C	±0.25%
E	±0.005%	J	±5%	K	±10%
L	±0.01%	P	±0.02%	M	±20%
D	±0.5%	W	±0.05%	N	±30%
F	±1%	B	±0.1%	不标注	±20%

❷ **文字符号法**　文字符号法采用字母或数字，用两者结合的方法来标注电容的主要参数。其中表示容量有两种标注法：一是省略F，用数字和字母结合进行表示，如10p代表10pF，3.3μ代表3.3μF，3p3代表3.3pF，8n2代表8200pF；二是用3位数字表示，其中

第一、第二位为有效数字位，表示容量值的有效数，第三位为倍速率，表示有效数字后的零的个数，电容量的单位为pF。如203表示容量为20×10^3pF=0.02μF；222表示容量为22×10^2pF=2200pF；334表示容量为33×10^4pF=0.33μF。此法与电阻的3位数字标注法相似，不再多述。

文字符号法通常不用小数点，而是用单位将整数与小数部分隔开。如：2p2=2.2pF；M33=0.33μF；6n8=6800pF。另外，如果第三位数为9，表示10^{-1}，而不是10的9次方，例如479表达为就是47×10^{-1}pF=4.7pF。

❸ 色标法　电容器的色标法与电阻相似，单位一般为pF。对于圆片或矩形片状等电容器，非引线端部的一环为第一色环，以后依次为第二色环，第三色环……色环电容也分四环或五环，较远的第五环或第六环，这两环往往代表电容特性或工作电压。第一、第二环（五色环时为第三环）是有效数字，第三环（五色环时为第四环）是后面加的“0”的个数，第四环（五色环时为第五环）是误差，名色环代表的数值与色环电阻一样，单位为pF。另外，若某一道色环的宽度是标准宽度的2或3倍宽，则表示这是相同颜色的2或3道色环。

色标法的快速记忆法：前两位为有效数字，第三环为所加零数，则黑色为10～99pF，棕色为100～990pF，红色为1000～9900pF，橙色为0.01～0.09μF，黄色为0.1～0.9μF，绿色为1～9.9μF。

贴片电容器容量的识别：由于贴片电容器体积很小，故其容量标注方法与普通电容器有些差别。贴片电容器的容量代码通常由3位数字组成，单位为pF，前两位是有效数，第三位为所加“0”的个数，若有小数点则用“R”表示。常用贴片电容器容量的识别见表2-5。

表2-5　常用贴片电容器容量的识别法

代码	100	102	222	223	104	224	1R5	3R3
容量	10pF	1000pF	2200pF	0.022μF	0.1μF	0.22μF	1.5pF	3.3pF

（2）耐压　耐压是指电容器在电路中长期有效地工作而不被击穿所能承受的最大直流电压。对于结构、介质、容量相同的器件，耐压越高，体积越大。

在交流电路中，电容器的耐压值应大于电路电压的峰值，否则可能被击穿，耐压的大小与介质材料有关。当电容器的两端的电压超过了它的额定电压，电容器就会被击穿损坏。一般电解电容器的耐压分挡为6.3V、10V、16V、25V、50V、160V、250V等。

（3）误差　实际电容量与标称电容量允许的最大偏差范围就是误差。误差一般分为3级：Ⅰ级为±5%，Ⅱ级为±10%，Ⅲ级为±20%。在有些情况下，还有0级，误差为±2%。精密电容器的允许误差较小，而电解电容器的误差较大，它们采用不同的误差等级。

（4）绝缘电阻　绝缘电阻用来表明漏电大小。一般小容量的电容器，绝缘电阻很大，为几百兆欧姆或几千兆欧姆。电解电容器的绝缘电阻一般较小。相对而言，绝缘电阻越大越好，漏电也越小。

（5）温度系数　温度系数是在一定温度范围内，温度每变化1℃，电容量的相对变化值。温度系数越小越好。一般工作温度范围为-55～+125℃。

（6）容抗　容抗指电容器对交流电的阻碍能力，单位为欧，用X_C表示。$X_C=1/(2\pi fC)$。式中，X_C为容抗；f为频率，单位为赫兹（Hz）；C为容量，单位法拉（F）。由上式可知，频率越高、容量越大，则容抗越小。

三、可变电容器

可变电容器种类很多，常见的几种为单联可变电容器、双联可变电容器和微调电容器，如图2-24所示。

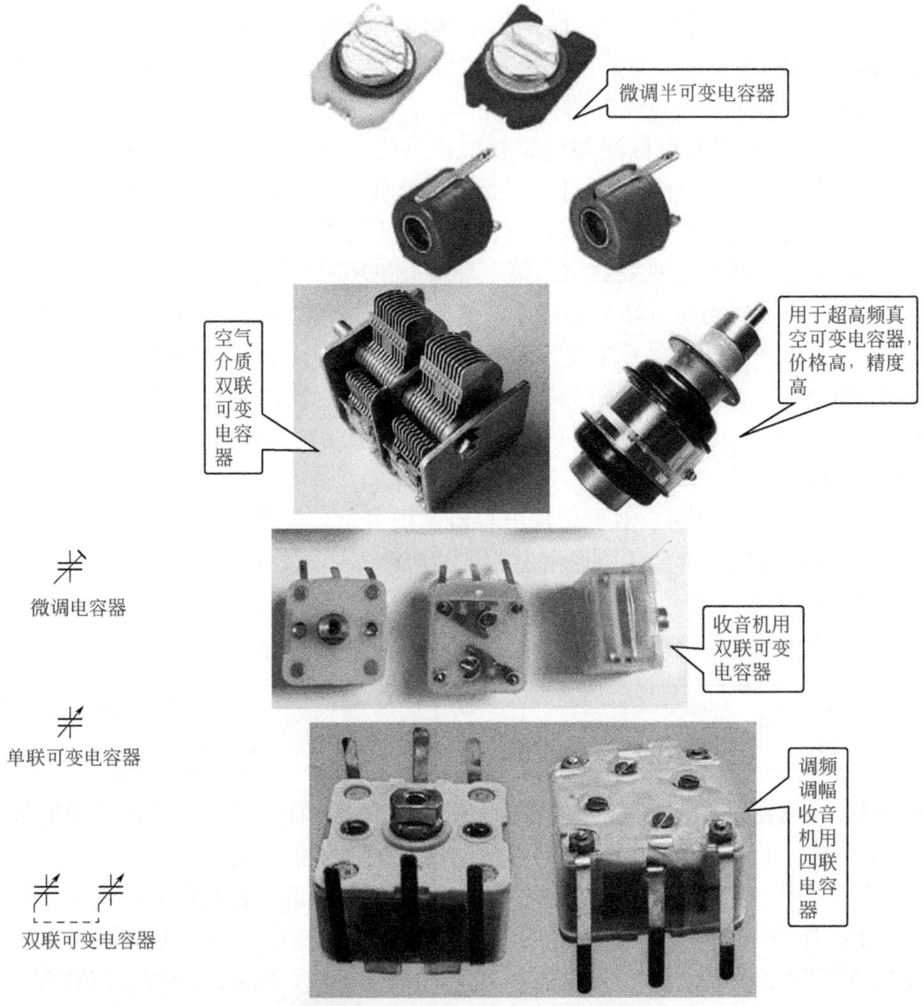

微调半可变电容器

空气介质双联可变电容器

用于超高频真空可变电容器，价格高，精度高

微调电容器

收音机用双联可变电容器

单联可变电容器

调频调幅收音机用四联电容器

双联可变电容器

图2-24　可变电容器的符号及外形

单联可变电容器由一组动片和一组定片以及转轴等组成，改变动片与定片的相对位置，可调整电容器电容量的大小。将动片组全部旋出，电容量最小，将动片组全部旋入，电容量最大。在电路图中，可变电容器符号旁要求标出容量。例如7/270p，这表示当旋动转轴时，单联可变电容器的容量可以在7～270pF之间变化，而此电容器的最小容量是7pF，最大容量是270pF。双联可变电容器由两组动片和两组定片以及转轴组成，四联可变电容器由四组动静片组成。由于双联可变电容器的动片安装在同一根转轴上，所以当旋转转轴时，两联动片组同步转动（转动的角度相同），两组的电容量可同时进行调整。如果两联最大容量相同，称等容双联可变电容器，容量值用最大容量乘以2来表示。例如，2×270pF，表示两联最大容量均为270pF。如果两联最大容量不相同，则称为差容双联可

变电容器，两联最大容量值用实际容量表示，例如60/127pF，表示此差容双联可变电容器的一联最大容量为60pF，而另一联的最大容量则为127pF。

微调可变电容器常用的有瓷介质、有机薄膜介质和拉线电容器，其容量在几皮法之间变化。

四、电容器串联、并联电路

电容器并联时，相当于电极的面积加大，电容量也就加大了。并联时的总容量为各容量之和：

$$C_{并} = C_1 + C_2 + C_3 + \cdots$$

顺便说说电容器的串联。若三个电容器串联后外加电压为U，则：

$$U = U_1 + U_2 + U_3 = Q_1/C_1 + Q_2/C_2 + Q_3/C_3$$

而电荷$Q_1 = Q_2 = Q_3 = Q$，所以

$$Q/C_{串} = (1/C_1 + 1/C_2 + 1/C_3)\,Q$$

$$1/C_{串} = 1/C_1 + 1/C_2 + 1/C_3$$

可见，串联后总电容量减小。

电容器串联时，要并联阻值比电容器绝缘电阻小的电阻，使各电容器上的电压分配均匀，以免电压分配不均而损坏电容器。

电容器的串、并联计算正好与电阻器的串、并联计算相反。电容器串、并联后的各参数计算见表2-6。

表2-6　电容器串并联后的各参数计算

参数	串联	并联
等效电容	$\frac{1}{C}=\frac{1}{C_1}+\frac{1}{C_2}+\cdots+\frac{1}{C_n}$ 两电容器串联时：$C=\frac{C_1C_2}{C_1+C_2}$ 当n个容量均为C_0的电容器串联时：$C=\frac{C_n}{n}$	$C=C_1+C_2+\cdots+C_n$ n个容量均为C_0的电容器并联时，$C=nC_0$
电量	各电容器中的电量相同： $Q=Q_1=Q_2=\cdots=Q_n$	总电量为各电容器上电量之和： $Q=Q_1+Q_2+\cdots+Q_n$
电压	$U=U_1+U_2+\cdots+U_n$ 电容器串联后可承受较高电压 电压分配与电容成反比：$\frac{U_1}{U_2}=\frac{C_1}{C_2}$或$U_1=\frac{C_2}{C_1+C_2}U$ $U_2=\frac{C_1}{C_1+C_2}U$	各电容器上电压相同： $U=U_1=U_2=\cdots=U_n$

五、电容器在电路中的30种作用

电容器在电子电路中几乎是不可缺少的储能元件，它具有隔断直流、连通交流、阻止低频的特性，广泛应用在耦合、隔离、旁路、滤波、调谐、能量转换和自动控制等电路中。电容器在电路中的作用是所有电子元件中最多的，因此熟悉电容器在不同电路中的名称意义，有助于我们读懂电子电路图。

❶ **滤波电容器** 接在直流电源的正、负极之间，以滤除直流电源中不需要的交流成分，使电变平滑。

一般采用大容量的电解电容器或钽电容器，也可以在电路中同时并接其他类型的小容量电容器以滤除高频交流电。

在直流滤波电路中的滤波电容器还具有储能作用，储能型电容器通过整流器收集电荷，并将存储的能量通过变换器引线传送至电源的输出端。电压额定值为40～450VDC、电容值在220～150000μF之间的铝电解电容为较常见的规格。根据不同的电源要求，器件有时会采用串联、并联或其组合的形式，对于功率级超过10kW的电源，通常采用体积较大的罐形螺旋端子电容器。

❷ **去耦电容器** 并接在放大电路的电源正、负极之间，防止由于电源内阻形成的正反馈而引起的寄生振荡。

❸ **耦合电容器** 接在交流信号处理电路中，用于连接信号源和信号处理电路或者作两放大器的级间连接，用以隔断直流，让交流信号或脉冲信号通过，使前后级放大电路的直流工作点互不影响。

❹ **旁路电容** 接在交、直流信号的电路中，将电容并接在电阻两端或由电路的某点跨接到公共电位上，为交流信号或脉冲信号设置一条通路，避免交流成分因通过电阻产生压降衰减。

❺ **调谐电容** 连接在谐振电路的振荡线圈两端，起到选择振荡频率的作用。

❻ **衬垫电容与谐振电容** 主电容串联的辅助性电容，调整它可使振荡信号频率范围变小，并能显著地提高低频端的振荡频率。适当地选定衬垫电容的容量，可以将低端频率曲线向上提升，接近于理想频率跟踪曲线。

❼ **补偿电容** 与谐振电路主电容并联的辅助性电容，调整该电容能使振荡信号频率范围扩大。

❽ **中和电容** 并接在三极管放大器的基极与发射极之间，构成负反馈网络，以抑制三极管间电容造成的自激振荡。

❾ **稳频电容** 在振荡电路中起稳定振荡频率的作用。

❿ **定时电容** 在*RC*时间常数电路中与电阻*R*串联，共同决定充放电时间长短的电容。

⓫ **加速电容** 接在振荡器反馈电路中，使正反馈过程加速，提高振荡信号的幅度。

⓬ **缩短电容** 在UHF高频头电路中，为了缩短振荡电感器长度而串接的电容。

⓭ **克拉泼电容** 在电容三点式振荡电路中，与电感振荡线圈串联的电容，起到消除晶体管结电容对频率稳定性影响的作用。

⓮ **锡拉电容** 在电容三点式振荡电路中，与电感振荡线圈两端并联的电容，起到消除晶体管结电容的影响，使振荡器在高频端容易起振。

⓯ **稳幅电容** 在鉴频器中，用于稳定输出信号的幅度。

⓰ **预加重电容** 为了避免音频调制信号在处理过程中造成对分频量的衰减和丢失，而设置的*RC*高频分量提升网络电容。

⓱ **去加重电容** 为恢复原伴音信号，要求将音频信号中经预加重所提升的高频分量和噪声一起衰减掉，设置在*RC*网络中的电容。

⓲ **移相电容** 用于改变交流信号相位的电容。

⑲ **反馈电容**　跨接于放大器的输入与输出端之间，使输出信号回输到输入端的电容。

⑳ **降压限流电容**　串联在交流电回路中，利用电容对交流电的容抗特性，对交流电进行限流，从而构成分压电路。

㉑ **逆程电容**　用于行扫描输出电路，并接在行输出管的集电极与发射极之间，以产生高压行扫描锯齿波逆程脉冲，其耐压一般在1500V以上。

㉒ **校正电容**　串接在偏转线圈回路中，用于校正显像管边缘的延伸线性失真。

㉓ **自举升压电容**　利用电容器的充、放电储能特性提升电路某点的电位，使该点电位达到供电端电压值的2倍。

㉔ **消亮点电容**　设置在视放电路中，用于关机时消除显像管上残余亮点的电容。

㉕ **软启动电容**　一般接在开关电源的开关管基极上，防止在开启电源时，过大的浪涌电流或过高的峰值电压加到开关管基极上，导致开关管损坏。

㉖ **启动电容**　串接在单相电动机的副绕线上，为电动机提供启动移相交流电压。在电动机正常运转后与副绕组断开。

㉗ **运行电容**　与单相电动机的副绕线串联，为电动机绕组提供移相交流电流。在电动机正常运行时，与副绕组保持串接。

㉘ **浪涌电压保护**　开关频率很高的现代功率半导体器件易受潜在的损害性电压尖峰脉冲的影响。跨接在功率半导体器件两端的浪涌电压保护电容器通过吸收电压脉冲限制了峰值电压，从而对半导体器件起到了保护作用，使得浪涌电压保护电容器成为功率元件库中的重要一员。

半导体器件的额定电压和电流值及其开关频率左右着浪涌电压保护电容器的选择。由于这些电容器承受着很陡的du/dt值，因此，对于这种应用而言，薄膜电容器是恰当之选。不能仅根据电容值/电压值来选择电容器。在选择浪涌电压保护电容器时，还应考虑所需的du/dt值。

㉙ **干扰抑制电容**　这些电容器连接在电源的输入端，以减轻由半导体所产生的电磁干扰或无线电干扰。由于直接与主输入线相连，这些电容器易遭受到破坏性的过压和瞬态电压。采用塑膜技术的X-级和Y-级电容器提供了最为廉价的抑制方法之一。抑制电容的阻抗随着频率的增加而减小，允许高频电流通过电容器。X-级电容器在线路之间对此电流提供“短路”，Y-级电容器则在线路与接地设备之间对此电流提供“短路”。

㉚ **控制和逻辑电路中应用消抖动电容**

第三节　电感器与变压器及应用电路

电感器的检测

一、电感器及其特性

1. 电感器的特性

当交变电流通过线圈时，就会在线圈周围产生交变磁场，使线圈自身产生感应电动势。这种感应现象称为自感现象，它所产生的电动势称为自感电动势，其大小与电流变化率成正比。自感电动势总是企图阻止电路中电流的变化。电感器具有通低频阻高频、通直流阻交流的特点。用它与电容器配合可以组成调谐器、滤波器，起到选频、分频的作用。通电后的电感线圈周围会产生磁场，用它可构成电磁铁、继电器等。通过交变电流的线圈与永久磁铁配合可构成扬声器；让线圈在永久磁铁的磁场中运动（切割磁力线），线圈中会产生交变电流，利用此特点，又可做成话筒；线圈中通过交变电流，在线圈周围将产生交变磁场，处于交变磁场中，在线圈两端会不断产生感生电动势，利用此特点，可将线圈绕在铁芯外做成变压器。

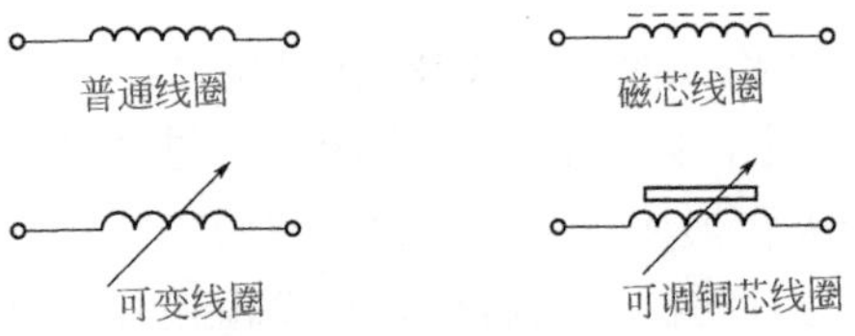

普通线圈　磁芯线圈

可变线圈　可调铜芯线圈

图2-25　常用电感器电路符号

2.电感器符号

电感线圈有固定、可变和微调电感器及变压器之分；按组成结构又可分为空心、带铁芯和带磁芯的电感线圈三种，一般用*L*表示电感器。常用电感器在电路图中的符号如图2-25所示。

3.电感器的主要参数及标注方法

（1）电感量　电感量是电感器的一个重要参数，其单位是亨利（H），简称亨。常用的单位还有毫亨（mH）和微亨（μH），它们之间的关系为：$1H = 10^3mH = 10^6\mu H$。

电感量的大小与电感线圈的匝数（圈数）、线圈的横截面积（圈的大小）、线圈内有无铁芯或磁芯有关。相同类型的线圈，匝数越多电感量越大；具有相同圈数的线圈，内有磁芯（铁芯）的比无磁芯（铁芯）的电感量大。

电感量的标注方法有直标法和色标法两种。

❶ 直标法　直标法是将电感器的主要参数，如电感量、误差值、最大直流工作电流用文字直接标注在电感器的外壳上。

例如，电感外壳上标有3.9mH.A.Ⅱ，表示其电感量为3.9mH，误差为Ⅱ级（±10%），最大工作电流为A挡（50mA）。

❷ 色标法　色标法是指在电感器的外壳上印上各种不同的色环来标注其主要参数。颜色与数字的对应关系和电阻的色标法相同，它们的对应关系如表2-7所示。

表2-7　色标法各种颜色与数字的对应关系

颜色	黑	棕	红	橙	黄	绿	蓝	紫	灰	白	金	银
数字	0	1	2	3	4	5	6	7	8	9	10^1	10^2

对于色标法，最靠近某一端的第一条色环表示电感量的第一位有效数字；第二条色环表示第二位有效数字；第三条色环表示10的几次方或有效数字后有几个0；第四条表示误差，电感值的单位为微亨（μH）。如某一电感器的色环标志依次为棕、红、红、银，它表示其电感量为$12\times10^2\mu H = 1200\mu H$，允许误差为±10%。

（2）额定电流　额定电流是指电感器正常工作时允许通过的最大工作电流。若工作电流大于额定电流时电感器会因发热而改变参数，严重时将被烧毁。

（3）分布电容　线圈的分布电容是线圈的匝与匝之间、线圈与地之间、线圈与屏蔽罩之间等处的电容，这些电容虽小，但当线圈工作在高频段时，分布电容的影响便不可忽

视，它们将影响线圈的稳定性和Q值。所以，线圈的分布电容越小越好。

（4）感抗 感抗是指电感线圈对交流电的特殊阻碍能力，用X_L表示。$X_L = 2\pi fL$。式中，X_L为感抗，Ω；f为频率，Hz；L为电感量，H。由上式可知，L越大，f越高，则X_L越大。

（5）允许误差 电感量允许误差用Ⅰ、Ⅱ、Ⅲ表示，分别为±5%、±10%、±20%。

二、电感电路

❶ 电感线圈用于振荡电路，如图2-26（a）所示。接通电源后，三极管导通，形成各极电流，电感线圈中产生感生电动势，并形成正反馈，形成振荡。其中L_1、L_2和C构成选频电路，可输出需要的固定频率信号。

❷ 电感线圈用于滤波电路，如图2-26（b）所示。图2-26（b）所示为电感器用于电源滤波，L与C_1、C_2组成π形LC滤波器。由于L具有通直流阻交流的功能，因此，整流输出的脉动直流电U_i中的直流成分可以通过L，而交流成分绝大部分不能通过L，被C_1、C_2旁路到地，输出端U_o便是纯净的直流电了。用作滤波时，L电感量越大、C的电容量越大，滤波效果越好（此种电路多用于高频电路中）。

❸ 电感线圈用于耦合作用，如图2-26（c）所示。B_1、B_2即为耦合元件，利用线圈的磁耦合原理，可将前级信号耦合给后级。

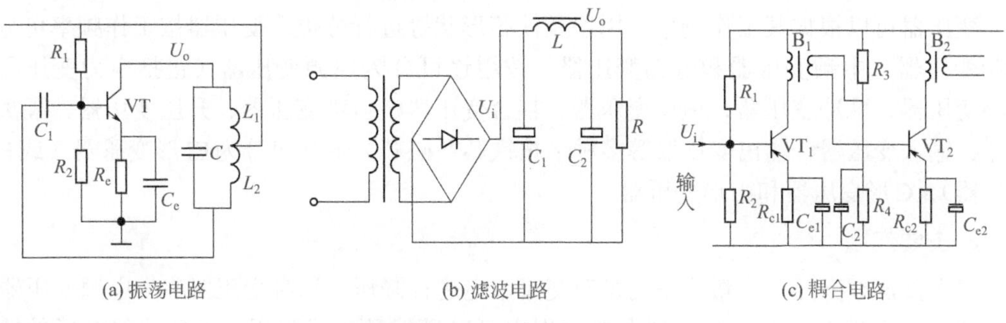

图2-26 电感线圈的应用电路

三、变压器及其特性

1. 变压器符号种类

变压器通常包括两组以上的线圈（这个线圈又称绕组），分为初级和次级，利用互感原理（初级电流变动通过磁场作用使次级产生感应电动势）制成。变压器也是一个常用元件。变压器的电路符号如图2-27所示。

图2-27（a）所示是带铁芯（或磁芯）的变压器电路符号，它有两组线圈L_1、L_2，其中L_1为初级，L_2为次级。初级用来输入交流电流，次级则是用来输出电流。

图2-27（b）所示是标出同名端的变压器电路符号，它用黑点表示线圈的同名端，这表明初级、次级线圈上端的信号相位是同相的，即当1端电压升高时，2端电压也升高，1端电压下降，2端电压也下降。

图2-27（c）所示为自耦变压器电路符号。1～2之间为初级线圈，2～3之间为次级线圈，3端为线圈1～2的一个抽头。

图2-27（d）所示为初级、次级之间带有屏蔽层的变压器电路符号，虚线表示初级线圈和次级线圈之间的屏蔽层，实线表示铁芯。

图2-27（e）所示为次级线圈带抽头和多个绕组抽头的变压器电路符号，次级有一个抽头。有的变压器次级不止有一个抽头，初级也可以有抽头，此时都要在电路符号中表示出抽头。

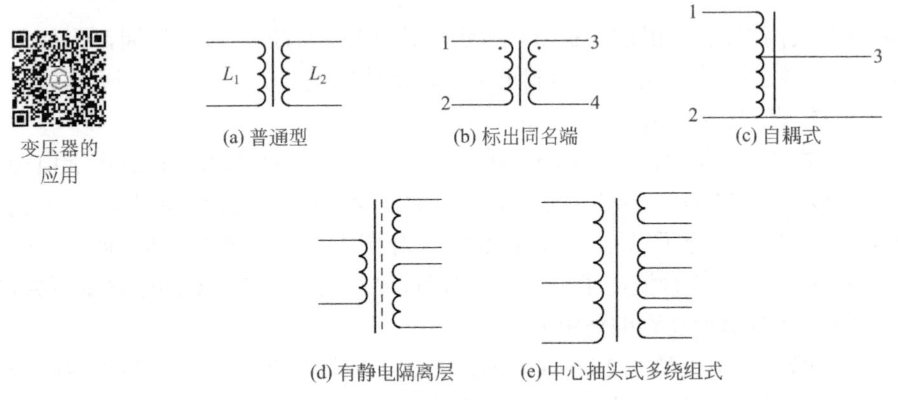

图2-27　变压器的电路符号

变压器可以根据其工作频率、用途及铁芯形状等进行分类。变压器按工作频率可分为高频变压器、中频变压器和低频变压器；按用途可分为电源变压器（包括电力变压器）、音频变压器、脉冲变压器、恒压变压器、耦合变压器、自耦变压器、升压变压器、隔离变压器、输入变压器、输出变压器等多种；按铁芯（磁芯）形状可分为EI形变压器（或E形变压器）、C形变压器和山形变压器。

2.主要作用

（1）降压或升压　大量应用的是对交流市电进行降压，这种变压器称为电源变压器。

（2）信号耦合　在对信号耦合的过程中可以进行升压或降压，以便获得合适的输出信号。

（3）阻抗变换　在不少情况下要求电路阻抗匹配，此时可使用变压器来完成。

3.主要参数

对不同类型的变压器都有相应的参数要求，电源变压器的主要参数有：电压比、工作频率、额定电压、额定功率、空载电流、空载损耗、绝缘电阻和防潮性能等；一般低频音频变压器的主要参数有：变压比、频率特性、非线性失真、磁屏蔽和静电屏蔽、效率等。

（1）电压比　设变压器两组线圈圈数分别为N_1和N_2，N_1为初级绕组，N_2为次级绕组。在初级绕组上加一交流电压，在次级线圈两端就会产生感应电动势。当$N_2 > N_1$时，其感应电动势要比初级所加的电压还要高，这种变压器称为升压变压器；当$N_2 < N_1$时，其感应电动势低于初级电压，这种变压器为降压变压器。初级、次级电压和线圈圈数间具有下列关系：

$$U_2/U_1 = N_2/N_1 = n$$

式中，n为电压比（圈数比）。当$n < 1$时，则$N_1 > N_2$，$U_1 > U_2$，该变压器为降压变压器，反之则为升压变压器。变压器能根据需要通过改变次级线圈的圈数而改变次级电压，却不能改变允许负载消耗的功率。需要注意的是电压比有空载电压比和负载电压比的区别。

（2）效率　在额定功率时，变压器的输出功率和输入功率的比值，叫作变压器的效率，即$\eta = P_2/P_1 \times 100\%$。式中，$\eta$为变压器的效率；$P_1$为输入功率；$P_2$为输出功率。当变压器的输出功率$P_2$等于输入功率$P_1$时，效率$\eta$等于100%，此时变压器将不产生任何损耗，但实际上这种变压器是不存在的，变压器传输电能时总要产生损耗，这种损耗主要有铜损及铁损。铜损是指变压器线圈电阻所引起的损耗，当电流通过线圈电阻发热时，一部分电能就转变为热能而损耗掉了，由于线圈一般都由带绝缘层的铜线（漆包线）缠绕而成，因此称为铜损。变压器的铁损包括两个方面：一个是磁滞损耗，当交流电流通过变压器时，通过变压器硅钢片磁力线的方向和大小随之变化，使得硅钢片内部分子相互摩擦，放出热能，从而损耗了一部分电能，这便是磁滞损耗；另一个是涡流损耗，当变压器工作时，铁芯中有磁力线穿过，在与磁力线垂直的平面上就会产生感应电流，由于此电流自成闭合回路形成环流，且成旋涡状，故称为涡流，涡流的存在也会使铁芯发热，消耗能量，这种损耗称为涡流损耗。

变压器的效率与变压器的功率等级有密切关系，通常功率越大，损耗就越小，效率也就越高；反之，功率越小，效率也就越低。

（3）工作频率　由于变压器铁芯损耗与频率关系很大，故应根据使用频率来设计和使用，这种频率称为工作频率。

（4）额定电压　该参数是指在变压器的初级线圈上所允许施加的电压，正常工作时变压器初级绕组上施加的电压不得大于规定值。

（5）空载损耗　变压器次级开路时，在初级测得的功率损耗即为空载损耗。

（6）空载电流　当变压器次级绕组开路时，初级线圈中仍有一定的电流，这个电流称为空载电流。空载电流由磁化电流（产生磁通）和铁损电流（由铁芯损耗引起）组成。对于50Hz电源变压器而言，空载电流基本上等于磁化电流。

（7）额定功率　额定功率是指变压器在规定的频率和电压下长期工作而不超过规定温升时次级输出的功率。

（8）绝缘电阻　该参数表示变压器各线圈之间、各线圈与铁芯之间的绝缘性能。绝缘电阻的高低与所使用的绝缘材料的性能、温度高低和潮湿程度有关。

四、变压电路应用电路

（1）用作耦合、阻抗变换　图2-28所示为音频输入、输出变压器应用电路。音频变压器工作于音频范围，具有信号电压传输、分配和阻抗匹配的作用。图2-28所示也为推挽功率放大器电路，输入变压器将信号电压传输、分配给晶体管VT_1和VT_2（送给VT_2的信号还倒了相），使VT_1和VT_2交替放大正、负半周信号，然后再由输出变压器将信号合成输出。输出变压器同时还将扬声器的8Ω低阻变换为数百欧姆的高阻，与放大器的输出阻抗相匹配，使得放大器输出的音频功率最大而失真最小。

（2）用作电源降压　如图2-29所示，电视机电源电路利用电源变压器将市电电压降为低电压，再经整流、滤波后得到直流电压，供其他电路工作。

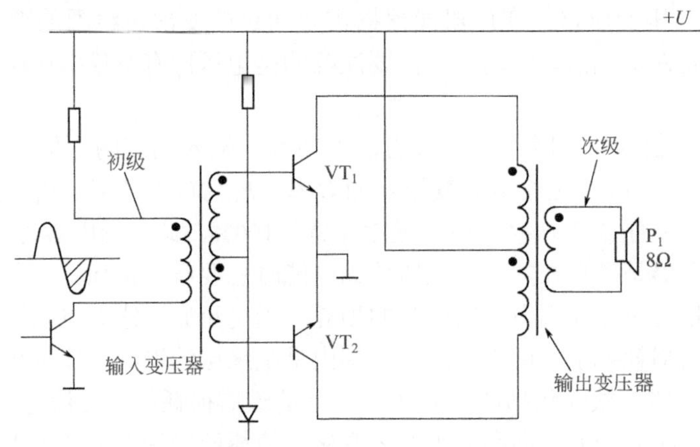

图2-28 音频变压器应用电路

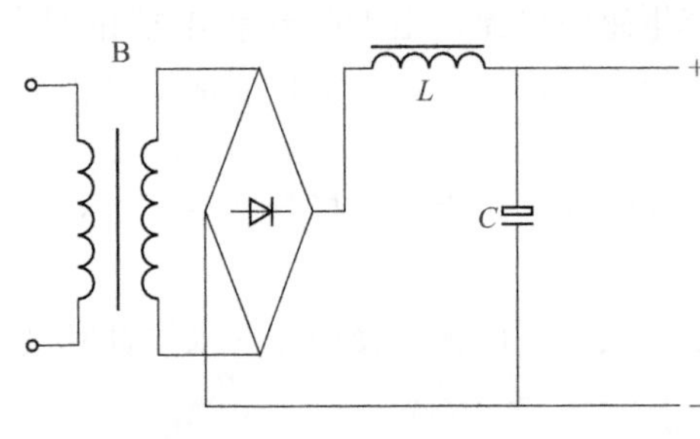

图2-29 电源变压器应用电路

（3）开关变压器的应用 如图2-30所示。220V交流电经VD_1整流、C_1滤波后输出约280V的直流电压，一路经B的初级绕组加到开关管VT_1的集电极；另一路经启动电阻R_2给VT_1的基极提供偏流，使VT_1迅速导通，在B的初级绕组产生感应电压，经B耦合到正反馈绕组，并把感应的电压反馈到VT_1的基极，使VT_1进入饱和导通状态。

当VT_1饱和时，由于集电极电流保持不变，初级绕组上的电压消失，VT_1退出饱和，集电极电流减小，反馈绕组产生反向电压，使VT_1反偏截止。如此反复饱和、截止形成自激振荡。LED用来指示工作状态。

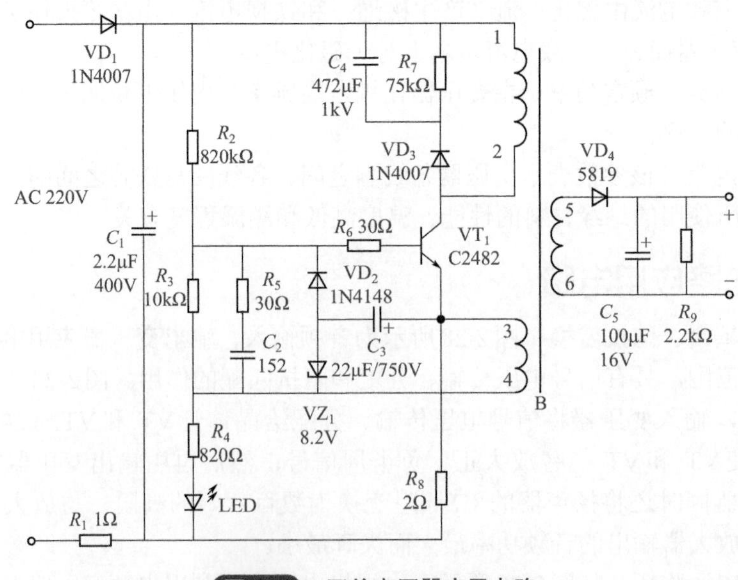

图2-30 开关变压器应用电路

接在B初级绕组上的VD_3、R_7、C_4为浪涌电压吸收回路，可避免VT_1被高压击穿。B的次级产生高频脉冲电压经VD_4整流、C_5滤波后（R_9为负载电阻）输出直流电压为电池充电。

第四节 二极管及应用电路

二极管的检测

一、二极管及其特性

晶体二极管又叫半导体二极管，简称二极管，是具有一个PN结的半导体器件。二极管品种很多，外形、大小各异，常用的有玻璃壳二极管、塑封二极管、金属壳二极管、大功率螺栓状金属二极管、微型二极管、片状二极管等，功能上可分为检波二极管、整流二极管、稳压二极管、双向二极管、磁敏二极管、光电二极管、开关二极管等。

1.普通二极管基本结构及符号

晶体二极管的文字符号为“VD”，普通二极管的结构符号如图2-31所示。

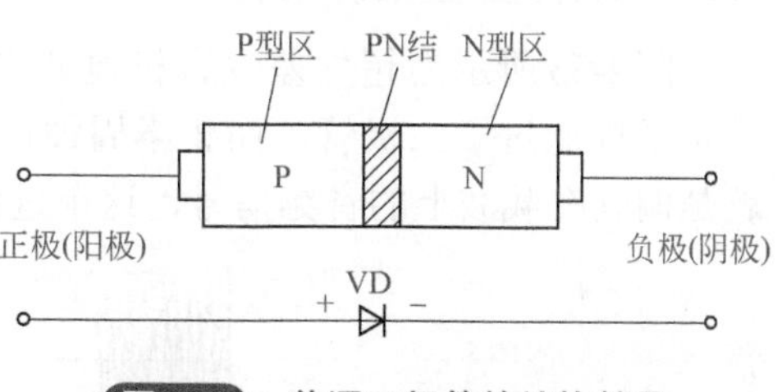

图2-31 普通二极管的结构符号

P区和N区之间形成一个结，称为PN结。将P区、N区引出线就是两个电极。晶体二极管两引脚有正、负极之分。电路符号中，三角形底边为正极，短杠一端为负极。实物中，有的将电路符号印在二极管上标示出极性；有的在二极管负极一端印上一道色环作为负极标记；有的二极管两端形状不同，平头为正极，圆头为负极。使用中应注意识别。

2.晶体二极管的特性及参数

（1）单向导电特性 晶体二极管具有单向导电特性，只允许电流从正极流向负极，而不允许电流从负极流向正极。二极管根据制作材料不同有锗二极管和硅二极管，锗二极管和硅二极管在正向导通时具有不同的正向管压降。当所加正向电压大于正向管压降时，二极管导通。锗二极管的正向管压约为0.3V，硅二极管正向电压大于0.7V时，硅二极管导通。另外，在相同的温度下，硅二极管的反向漏电流比锗二极管小得多。

（2）晶体二极管的主要参数

❶ **最大整流电流I_{FM}** 是指允许正向通过PN结的最大平均电流。使用中实际工作电流应小于I_{FM}，否则将损坏二极管。

❷ **反向电流I_{CO}** 是指加在二极管上规定的反向电压下，通过二极管的电流。硅管为1μA或更小，锗管约几百微安。使用中反向电流越小越好。

❸ **最大反向电压U_{RM}** 是指加在二极管两端而不致引起PN结击穿的最大反向电压。使用中应选用U_{RM}大于实际工作电压2倍以上的二极管。

❹ **最高工作频率f_M** 是指二极管保证它良好工作特性的最高频率。最高工作频率至少

应大于2倍电路实际工作频率。

3. 其他二极管符号及特性

前面已经讲过二极管按功能可分为检波二极管、整流二极管、稳压二极管、双向二极管、磁敏二极管、光电二极管、开关二极管等多种，常见的其他二极管符号如图2-32所示。

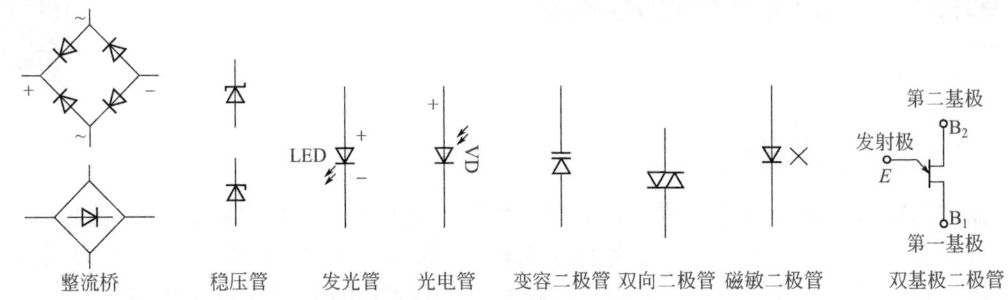

图2-32 常见的其他二极管符号

二、二极管检波电路

图2-33所示为超外差收音机检波电路，中放输出的中频调幅波加到二极管VD负极，其负半周通过了二极管，而正半周被截止，再由*RC*滤波器滤除其中的高频成分，输出的就是调制在载波上的音频信号，这个过程称为检波。

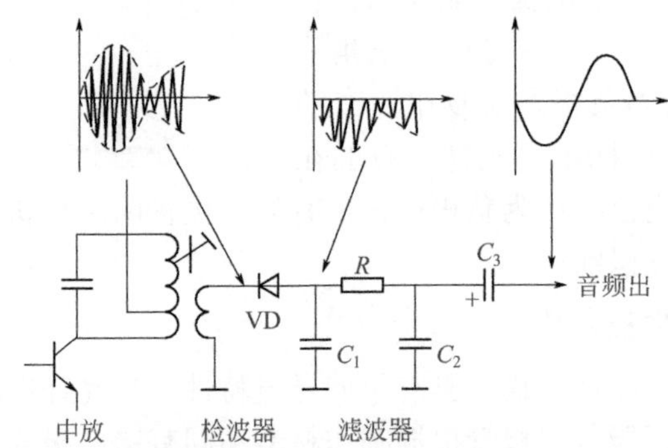

图2-33 超外差收音机检波电路

检波二极管应选用点接触型二极管，其结电容小，常用的为2AP系列。

三、二极管整流电路

它由电源变压器T、四个整流二极管（视为理想二极管）和负载R_L组成，如图2-34（a）所示。由于四个二极管接成电桥形式，故将此电路称为桥式整流电路。

当u_2为正半周时，VD_1、VD_3导通，VD_2、VD_4截止。电流流通的路径为：A→VD_1→R_L（电流方向由上至下）→VD_3→B→A；当u_2为负半周时，VD_2、VD_4导通，VD_1、VD_3截止。电流流通的路径为：B→VD_2→R_L（电流方向由上至下）→VD_4→A→B。

这样，在u_2变化的一个周期内，负载R_L上得到了一个单方向全波脉动直流电压u_o，其波形如图2-34（b）所示。

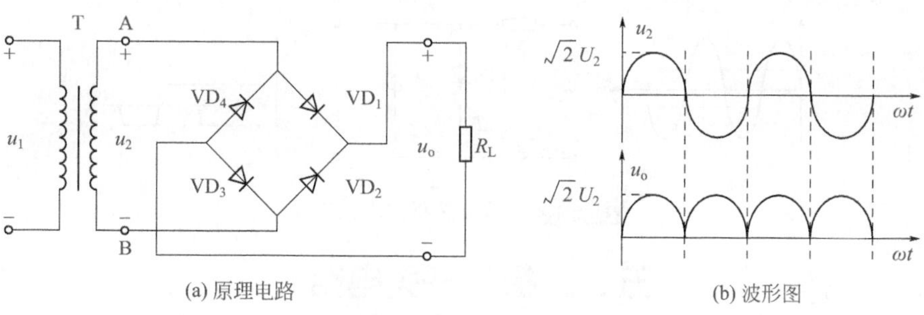

(a) 原理电路　　(b) 波形图

图2-34　整流电路与波形图

四、二极管限幅电路

二极管最基本的工作状态是导通和截止两种，利用这一特性可以构成限幅电路。所谓限幅电路，就是限制电路中某一点的信号幅度大小，当信号幅度大到一定程度时，不让信号的幅度再增大，当信号的幅度没有达到限制的幅度时，限幅电路不工作。

1. 二极管下限幅电路

在图2-35所示二极管下限幅电路中，因二极管串在输入、输出之间，故称它为串联限幅电路。图中，若二极管具有理想的开关特性，那么，当u_i低于E时，VD不导通，$u_o=E$；当u_i高于E以后，VD导通，$u_o=u_i$。该限幅器的限幅特性如图2-35所示，当输入振幅大于E的正弦波时，输出电压波形见图2-35。可见，该电路将输出信号的下限电平限定在某一固定值E上，所以称这种限幅器为下限幅器。如将图2-35中二极管极性对调，则得到将输出信息上限电平限定在某一数值上的上限幅器。

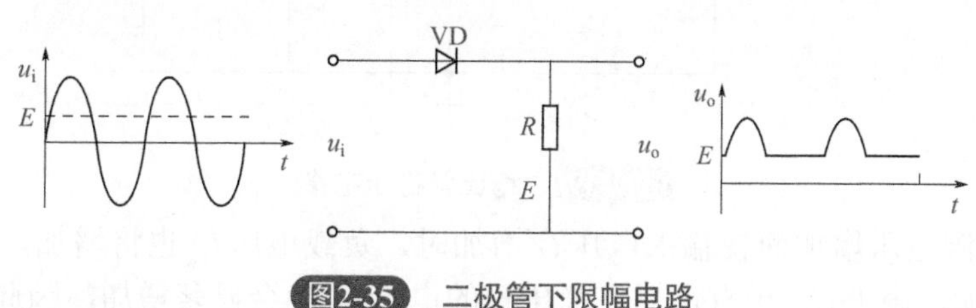

图2-35　二极管下限幅电路

2. 二极管上限幅电路

在图2-36所示二极管上限幅电路中，当输入信号电压低于某一事先设计好的上限电压时，输出电压将随输入电压而增减；但当输入电压达到或超过上限电压时，输出电压将保持为一个固定值，不再随输入电压而变，这样，信号幅度即在输出端受到限制。

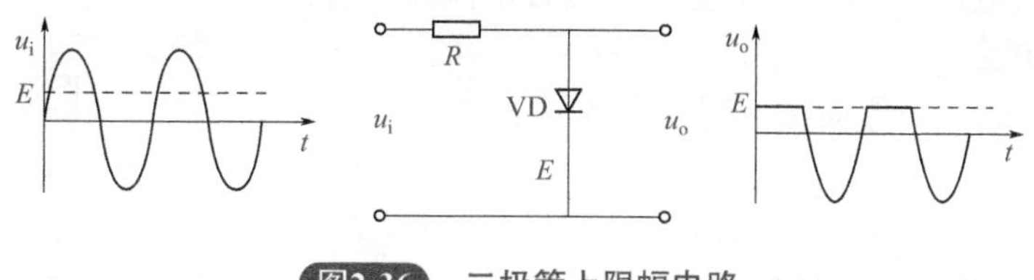

图2-36　二极管上限幅电路

3. 二极管双向限幅电路

将上、下限幅器组合在一起，就组成了如图2-37所示的双向限幅电路。

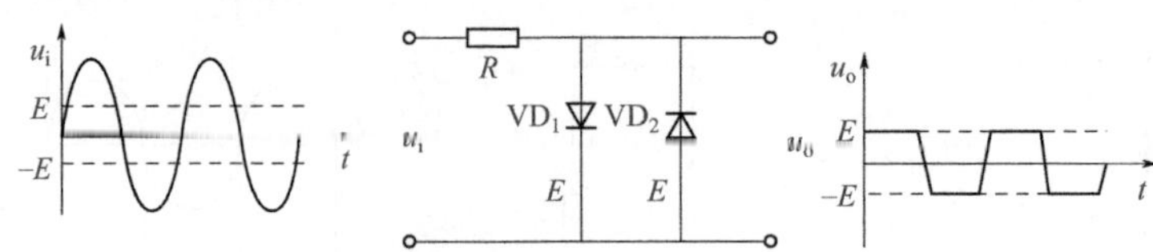

图2-37 二极管双向限幅电路

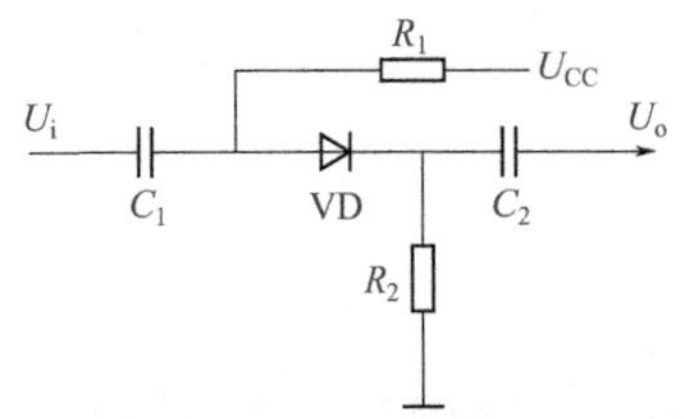

图2-38 二极管开关电路

五、二极管开关电路

图2-38所示为二极管开关电路，当正极加有U_{CC}时，二极管导通，信号可通过二极管VD，无U_{CC}时，二极管截止，信号被阻断，U_o无输出。

六、稳压二极管电路

交流电压经过整流滤波后，所得到的直流电压虽然脉动已经很小，但是当电源电压波动或负载发生变化时，直流电压将随之发生变化。因此，在整流滤波电路之后常加一级直流稳压电路。最简单的稳压管并联型稳压电路如图2-39所示。

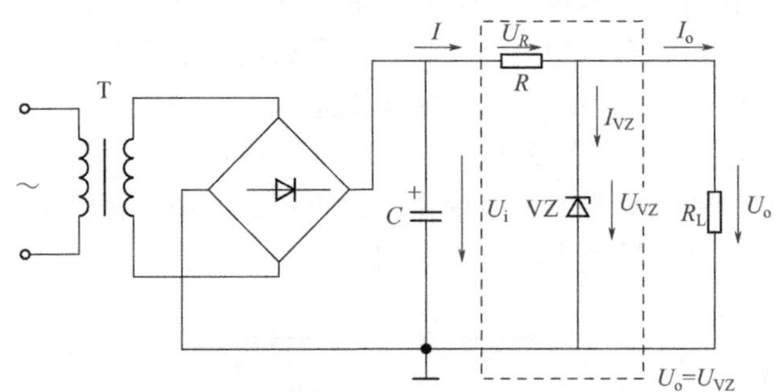

图2-39 稳压管稳压电路

当交流电源电压增加而使输入电压U_i增加时，负载电压U_o也将增加，即稳压管两端的电压U_{VZ}增加，由于U_{VZ}稍有增加，稳压管的电流I_{VZ}就会显著增加，因此电阻R上的压降增加，抵消U_i的增加，使负载电压U_o（$U_o = U_i - U_R$）基本不变。反之，当电源电压降低时，通过稳压管的电流I_{VZ}减小，电阻R上的压降减小，使负载电压U_o基本不变。

当电源电压不变而负载电流增大时，电阻R上的压降增大，负载电压U_o随之降低。但是，只要U_o稍有下降，稳压管电流就会显著减小，使通过电阻R的电流和电阻R上的压降基本不变，负载电压U_o也基本不变。当负载电流减小时，稳压过程与此相反。

选择稳压管时，一般应按下列要求选取：

$$U_{VZ} = U_o$$

$$I_{imax} = (1.5\sim3)\, I_{omax}$$

过压保护电路分为过低压保护和过高压保护电路。某些电路和器件不允许在过低压下较长时间地工作，为此可采用如图2-40所示的稳压二极管作过低压保护电路。

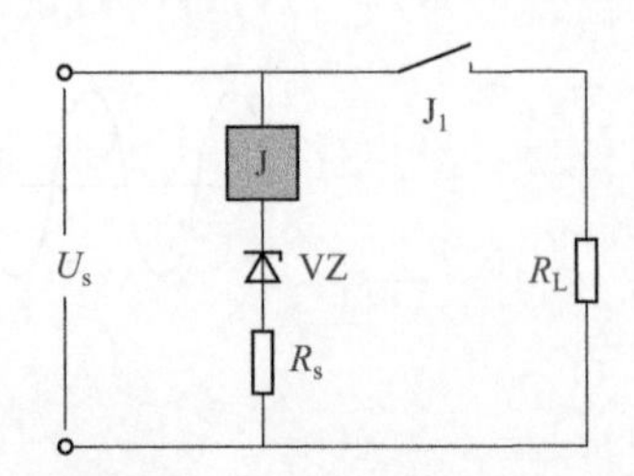

图2-40 稳压二极管作过低压保护电路

当电源电压U_s超过稳压管击穿电压时，稳压管VZ击穿导通，有足够的电流激励继电器，触点J_1动作给负载R_L供电。一旦电源电压过低（达不到稳压管稳定电压值时），就没有电流流过继电器J，J_1断开负载即与电源分开。限流电阻R_s的选择原则是：$R_s = U_s/I_J - R_J$。其中，U_s为电源电压；I_J为继电器工作电流；R_J为继电器直流电阻。

七、发光二极管电路

图2-41所示为电路电子灯电路，根据本地区电源电压的高低，一般可用90～100个发光二极管串联。管子的数量如果太少效率相对就较低。限流电阻R根据电源电压和管子的数量适当调整以控制发光管的电流，一般不要超过20mA。如果用于高亮度射灯，则宜选用聚光型的发光管，如果用于制作一般照明台灯，则宜选用散光型的发光管。

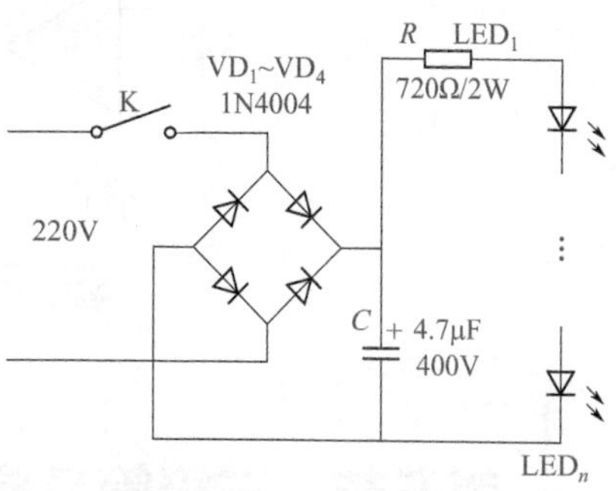

图2-41　电路电子灯电路

注意：LED限流电阻按照电压是3V、电流是5～20mA计算就可。如果用交流220V，只需串联90～150kΩ的限流电阻，限流为10～20mA。如果用直流12V，建议可用1kΩ的限流电阻。如果是直流6V，用500Ω即可，限流5～20mA。但也有小型指示灯的LED供电1.5～1.8V，限流5～10mA。LED限流电阻的大小计算公式为：

电阻值（Ω）=[电源电压（V）-LED切入电压（V）]÷限流电流（A）

八、光敏二极管电路

图2-42所示是光敏二极管与晶体管组合应用电路实例。图2-42（a）为典型的集电极输出电路形式，而图2-42（b）为典型的发射极输出电路形式。

集电极输出电路适用于脉冲入射光电路，输出信号与输入信号的相位相反，输出信号一般较大，而发射极输出电路适用于模拟信号电路，电阻R_B可以减小暗电流，输出信号与输入信号的相位相同，输出信号一般较小。

图2-43是光敏二极管VD与运放A组合应用实例，图2-43（a）为无偏置方式，图2-43（b）为反向偏置方式。

无偏置电路可以用于测量宽范围的入射光，例如照度计等，但响应特性比不上反向偏置的电路，可用反馈电阻R_F调整输出电压，如果R_F用对数二极管替代，则可以输出对数压缩的电压。反向偏置电路的响应速度快，输出信号与输入信号同相位。

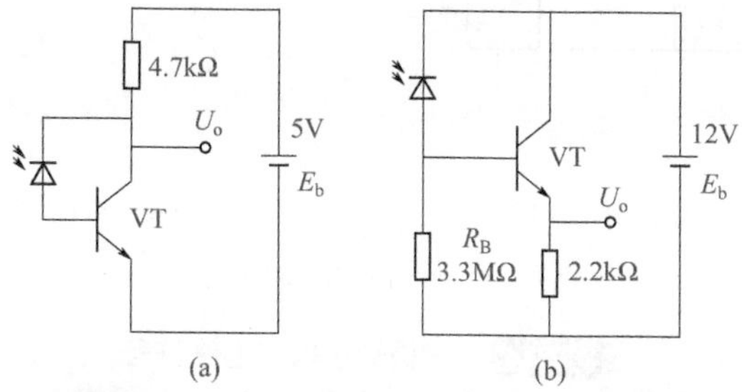

图2-42　光敏二极管与晶体管组合应用电路

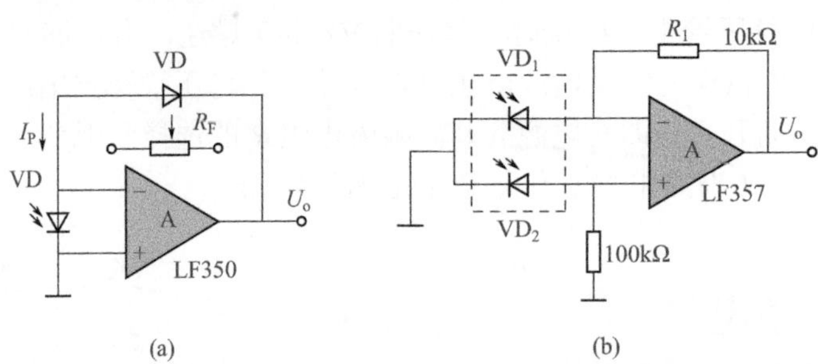

图2-43 光敏二极管VD与放大器组合应用

第五节 三极管及应用电路

一、三极管及其特性

晶体三极管也称为三极管，是各种电子设备的核心元件，在各种电子电路中也都离不开三极管。三极管在电路中起放大、振荡、开关等多种作用。

1.三极管的结构

晶体三极管是由两个PN结构成的半导体器件。它的三个电极与管子内部的三个区——发射区、基区、集电区相连接。三极管有PNP型和NPN型两种类型，如图2-44所示。

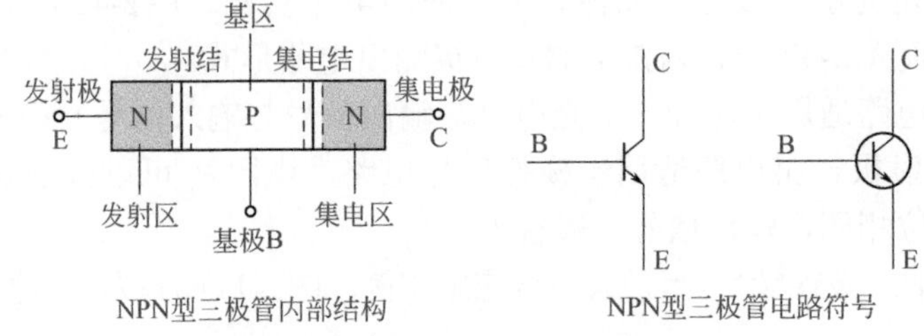

(a) NPN型三极管结构与电路符号

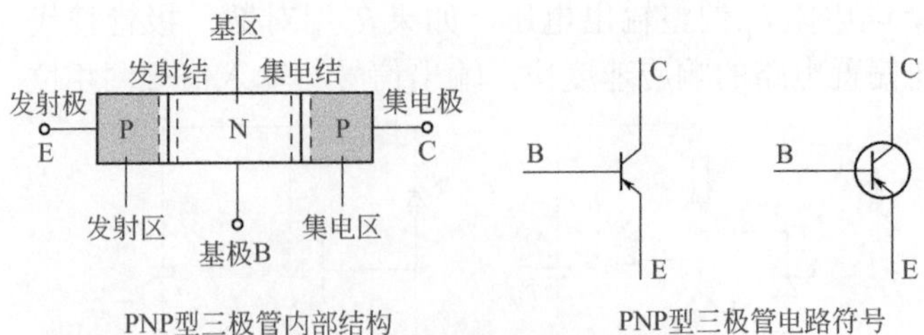

(b) PNP型三极管结构与电路符号

图2-44 三极管结构与电路符号

图2-44（a）所示为NPN型三极管结构与电路符号，由图中可以看出，三极管由三块半导体组成，构成两个PN结，即集电结和发射结，共引出三个电极，分别是集电极、基极和发射极。管子中的工作电流有集电极电流I_C、基极电流I_B、发射极电流I_E；I_C、I_B汇合后从发射极流出，电路符号中发射极箭头方向朝外形象地表明了电流的流动方向，这对读图是有帮助的。上述代表各极的字母也可用小写字母c、b、e表示。$I_E = I_B + I_C$，由于I_B很小（忽略不计），则$I_C \approx I_E$。

图2-44（b）所示是PNP型三极管结构与电路符号，不同之处是P、N型半导体的排列方向不同，其他基本一样。电流方向是从发射极流向管子内，基极电流和集电极电流都是从管子流出，这从PNP型管电路符号中发射极箭头的所指方向也可以看出。

2.三极管的种类

三极管有多种类型：按照材料的不同，可分为锗三极管、硅三极管等；按照极性的不同，可分为NPN型三极管和PNP型三极管；按照用途的不同，可分为大功率三极管、小功率三极管、高频三极管、低频三极管、光电三极管；按照用途的不同，可分为普通三极管、带阻三极管、带阻尼三极管、达林顿三极管、光敏三极管等；按照封装材料的不同，可分为金属封装三极管、塑料封装三极管、玻璃壳封装（简称玻封）晶体管、表面封装（片状）晶体管和陶瓷封装晶体管等。三极管外形如图2-45所示。

三极管的检测

图2-45　三极管外形

通常情况下，把最大集电极允许耗散功率P_{CM}在1W以下的三极管称为小功率三极管，把特征频率低于3MHz的三极管称为低频三极管，把特征频率高于3MHz而低于30MHz的三极管称为中频三极管，把特征频率大于30MHz的三极管称为高频三极管，把特征频率大于300MHz的三极管称为超高频三极管。

超高频三极管也称为微波三极管，其频率特性一般高于500MHz，主要用于电视、雷达、导航、通信等领域中处理微波小段（300MHz以上的频率）的信号。

高频中、大功率三极管一般用于视频放大电路、前置放大电路、互补驱动电路、高压开关电路及行推动等电路。

中、低频率小功率三极管主要用于工作频率较低、功率在1W以下的低频放大和功率放大等电路中。

中、低频大功率三极管一般用在电视机、音响等家电中作为电源调整管、开关管、场输出管、行输出管、功率输出管，或用在汽车电子点火电路、逆变器、应急电源（UPS）等系统电路中。

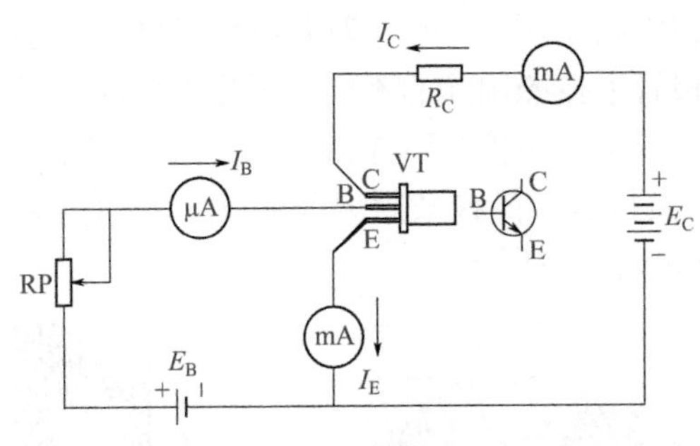

图2-46 三极管的电流放大原理

3.三极管的特性

三极管的电流放大原理如图2-46所示。

偏置要求：三极管要正常工作应使集电结反偏，电压值为几伏至几百伏，发射结正偏，硅管为0.6～0.7V，锗管为0.2～0.3V。即NPN型三极管应为E极电压＜B极电压（硅管：0.6～0.7V，锗管：0.2～0.3V）＜C极电压时才能导通，PNP型三极管应为E极电压＞B极电压（硅管：0.6～0.7V，锗管：0.2～0.3V）＞C极电压时才能导通。

放大原理：如图2-46所示电路，RP使VT产生基极电流I_B，则此时便有集电极电流I_C，I_C由电源经R_C提供。当改变RP大小时，VT的基极电流便相应改变，从而引起集电极电流的相应变化。由各表显示可知，I_B只要有微小的变化，便会引起I_C很大的变化。如果将RP变化看成是输入信号，I_C的变化规律是由I_B控制的，而$I_C > I_B$，这样VT通过I_C的变化反映了输入管子基极电流的信号变化，可见VT将信号加以放大了。I_B、I_C流向发射极，形成发射极电流I_E。

综上所述，管子能放大信号是因为管子具有I_C受I_B控制的特性，而I_C的电流能量是由电源提供的。所以，可以讲管子是将电源电流按输入信号电流要求转换的器件，管子将电源的直流电流转换成流过管子集电极的信号电流。

PNP型三极管工作原理与NPN型三极管相同，但电流方向相反，即发射极电流流向基极和集电极。

三极管各极电流、电压之间的关系：由上述放大原理可知，各极电流关系为$I_E = I_C + I_B$，又由于I_B很小可忽略不计，则$I_E \approx I_C$；各极电压关系为，B极电压与E极电压变化相同，即U_B↑、U_E↑，而B与C关系相反，即U_B↑、U_C↓。

4.三极管的主要参数

（1）共发射极电流放大系数β β是指三极管的基极电流I_B微小的变化能引起集电极电流I_C较大的变化，这就是三极管的放大作用。由于I_B和I_C都以发射极作为共用电极，所

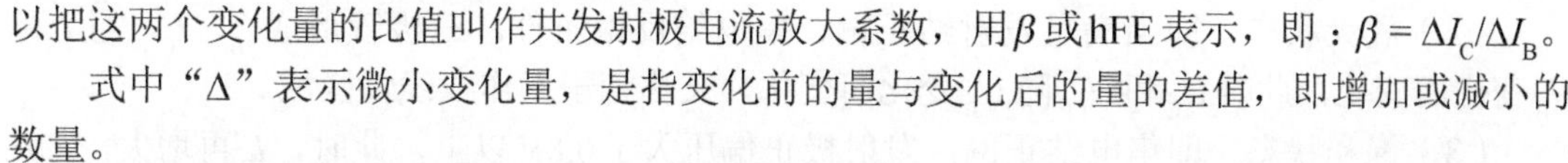

以把这两个变化量的比值叫作共发射极电流放大系数，用β或hFE表示，即：$\beta=\Delta I_C/\Delta I_B$。

式中“Δ”表示微小变化量，是指变化前的量与变化后的量的差值，即增加或减小的数量。

常用的中小功率三极管，β值在20～250倍之间。β值的大小应根据电路上的要求来选择，不要过分追求放大量，β值过大的管子，往往其线性和工作稳定性都较差。

（2）集电极反向电流（I_{CBO}） I_{CBO}是指发射极开路时，集电结的反向电流。它是不随反向电压增高而增加的，所以又称为反向饱和电流。在室温下，小功率锗管的I_{CBO}约为10μA，小功率硅管的I_{CBO}则小于1μA。I_{CBO}的大小标志着集电结的质量，良好的三极管I_{CBO}应该是很小的。

（3）穿透电流（I_{CEO}） I_{CEO}是指基极开路，集电极与发射极之间加上规定的反向电压时，流过集电极的电流。穿透电流也是衡量管子质量的一个重要标准。它对温度更为敏感，直接影响电路的温度稳定性，在室温下，小功率硅管的I_{CEO}为几十微安，锗管约为几百微安。I_{CEO}大的管子，热稳定性能较差，且寿命也短。

（4）集电极最大允许电流（I_{CM}） 集电极电流大到三极管所能允许的极限值时，叫作集电极的最大允许电流，用I_{CM}表示。使用三极管时，集电极电流不能超过I_{CM}值，否则，会引起三极管性能变差甚至损坏。

（5）发射极和基极反向击穿电压（BV_{EBO}） BV_{EBO}是指集电极开路时，发射结的反向击穿电压。虽然通常发射结加有正向电压，但当有大信号输入时，在负半周峰值时，发射结可能承受反向电压，该电压应远小于BV_{EBO}，否则易使三极管损坏。

（6）集电极和基极击穿电压（BV_{CBO}） BV_{CBO}是指发射极开路时，集电极的反向击穿电压。在使用中，加在集电极和基极间的反向电压不应超过BV_{CBO}。

（7）集电极-发射极反向击穿电压（BV_{CEO}） BV_{CEO}是指基极开路时，允许加在集电极与发射极之间的最高工作电压值。集电极电压过高，会使三极管击穿，所以，使用时加在集电极的工作电压，即直流电源电压，不能高于BV_{CEO}。一般应使BV_{CEO}高于电源电压的一倍。

（8）集电极最大耗散功率P_{CM} 三极管在工作时，集电结要承受较大的反向电压和通过较大的电流，因消耗功率而发热。当集电结所消耗的功率（集电极电流与集电极电压的乘积）无穷大时，就会产生高温而烧坏。一般锗管的PN结最高结温为75～100℃，硅管的最高结温为100～150℃。因此，规定三极管集电极温度升高到不至于将集电结烧毁所消耗的功率为集电极最大耗散功率P_{CM}。放大电路不同，对P_{CM}的要求也不同。使用三极管时，不能超过这个极限值。

（9）特征频率f_T f_T表示共发射极电路中，电流放大倍数（β）下降到1时所对应的频率。若三极管的工作频率大于特征频率，三极管便失去电流放大能力。

二、三极管截止、放大和饱和状态

在应用中，如果改变其工作电压，会形成三种工作状态，即截止状态、导通（放大）状态、饱和状态。三极管工作在不同区（截止区、放大区、饱和区）时，具有不同特性。

（1）截止状态 即当发射结零正偏（没有达到起始电压值）或反偏，集电结反偏时，管子不导通。此时无I_B、I_C，也无I_E，即管子不工作，此时U_{CE}约等于$+U$。

（2）放大状态 即当满足发射结正偏、集电结反偏条件，三极管形成I_B、I_C，且I_C随I_B变化而变化，此时U_E和U_{CE}随U_B变化而变化，又称管子工作在线性区域。

（3）饱和状态 即集电结正偏，发射极正偏压大于0.8V以上，此时，I_B再增大，I_C几乎不再增大了。当管子处于饱和状态后，其U_{CE}约为0.2V。

三极管的三种工作状态还可参考表2-8。

表2-8 晶体管在三个区的工作情况

工作区域		截止	放大	饱和
条件		$I_B \approx 0$	$0 < I_B < I_{CS}/\beta$	$I_B \geqslant I_{CS}/\beta$
工作特点	偏置情况	发射结和集电结均为反偏	发射结正偏，集电结反偏	发射结和集电结均为正偏
	集电极电流	$I_C \approx 0$	$I_C \approx \beta I_B$	$I_C = I_{CS}$，且不随I_B增加而增加
	管压降	$U_{CE} \approx E_C$	$U_{CE} = E_C - I_C R_C$	$U_{CE} \approx 0.3V$（硅管） $U_{CE} \approx 0.1V$（锗管）
	C、E间等效内阻	很大，约为数百千欧，相当于开关断开	可变	很小，约为数百千欧，相当于开关闭合

注：I_{CS}为集电极饱和电流。

三、三极管三种直流偏置电路及特殊的无偏置电路

1. 固定式偏置电路

固定式偏置电路是三极管偏置电路中最简单的一种电路。固定式偏置电阻的电路特征是：固定式偏置电阻的一个引脚必须与三极管基极直接相连，另一个引脚与正电源端或地线端直接相连。

图2-47所示是典型的固定式偏置电路，电路中的VT_1是NPN型三极管，采用正电源$+U$供电。

（1）固定式偏置电阻 在直流工作电压$+U$和电阻R_1的阻值确定后，流入三极管的基极电流就是固定的，所以R_1称为固定式偏置电阻。

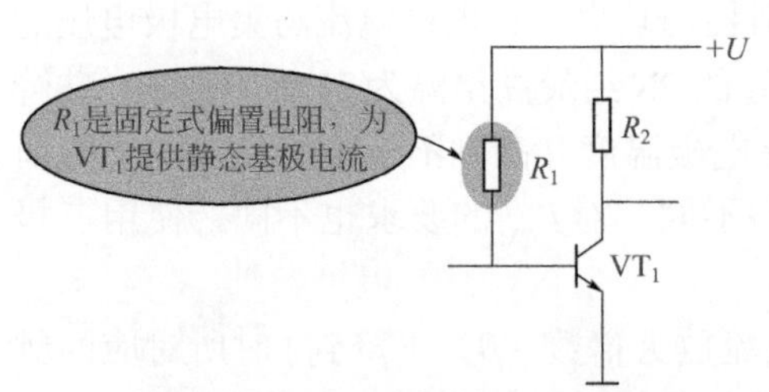

图2-47 典型的固定式偏置电路

（2）基极电流回路 从图2-47所示电路中可以看出，直流工作电压$+U$产生的直流电流通过R_1流入三极管VT_1内部，其基极电流回路是：正电源$+U$→固定式偏置电阻R_1→三极管VT_1基极→VT_1发射极→地线。

（3）基极电流大小分析 基极电流为

$$I_B = (+U - 0.6V)/R_1$$

式中，0.6V为VT_1发射结压降。

提示：无论是采用正极性直流电源还是负极性直流电源，无论是NPN型三极管还是PNP型三极管，三极管固定式偏置电阻只有一个。

2. 电压负反馈放大电路

电压负反馈放大电路如图2-48所示。电压负反馈放大电路的电阻R_1除了可以为三极

管VT提供基极电流I_B外，还能将输出信号的一部分反馈到VT的基极（即输入端），由于基极与集电极是反相关系，故反馈为负反馈。

负反馈电路的一个非常重要的特点就是可以稳定放大电路的静态工作点，下面分析图2-48所示电压负反馈放大电路静态工作点的稳定过程。

由于三极管是半导体器件，它具有热敏性，当环境温度上升时，它的导电性增强，I_B、I_C电流会增大，从而导致三极管工作不稳定，整个放大电路工作也不稳定，而负反馈电阻R_1可以稳定I_B、I_C电流。R_1稳定电路工作点过程如下所述。

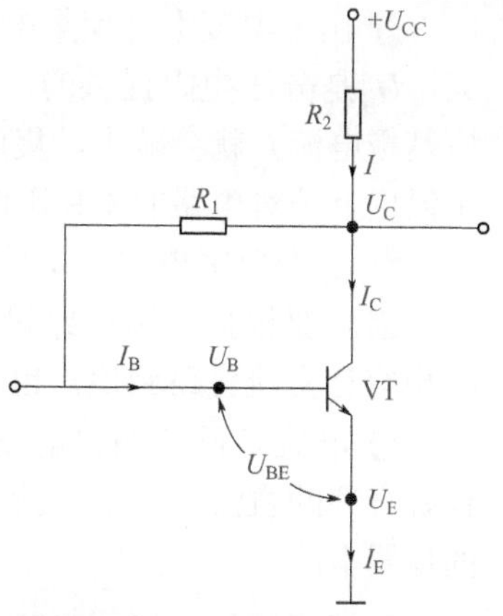

图2-48　电压负反馈放大电路

当环境温度上升时，三极管VT的I_B、I_C电流增大→流过R_2的电流I增大（$I=I_B+I_C$，I_B、I_C电流增大，I就增大）→R_2两端的电压U_{R_2}增大（$U_{R_2}=IR_2$，I增大，R_2不变，U_{R_2}增大）→VT的C极电压U_C下降（$U_C=U_{CC}-U_{R_2}$，U_{R_2}增大，U_{CC}不变，U_C就减小）→VT的B极电压U_B下降（U_B由U_C经R_1降压获得，U_C下降，U_B也会跟着下降）→I_B减小（U_B下降，VT发射结两端的电压U_{BE}减小，流过的I_C电流就减小）→I_C也减小（$I_C=\beta I_B$，I_B减小，β不变，故I_C减小）→I_B、I_C减小恢复到正常值。

由此可见，电压负反馈放大电路由于R_1的负反馈作用，使放大电路的静态工作点得到稳定。

3.分压式电流负反馈电路

图2-49所示为分压式电流负反馈电路原理。图中，B为三极管基极；I_B为三极管基极电流；C为三极管集电极；I_C为三极管集电极电流；E为三极管发射极；I_E为三极管发射极电流；U_B为三极管基极电压；U_{BE}为三极管基极发射极电压；R_1、R_2为基极分压电阻，为电路核心放大器件三极管提供基极电流，当基极电流（I_B）变化时，U_B（R_2两端的电压）基本保持不变；R_4为发射极电阻，也称为稳定电阻，又称为反馈电阻，为放大电路的关键元件，作用是稳定直流工作点，当三极管温度上升时，使集电极电流（I_C）保持稳定。

稳定原理流程图如图2-50所示。

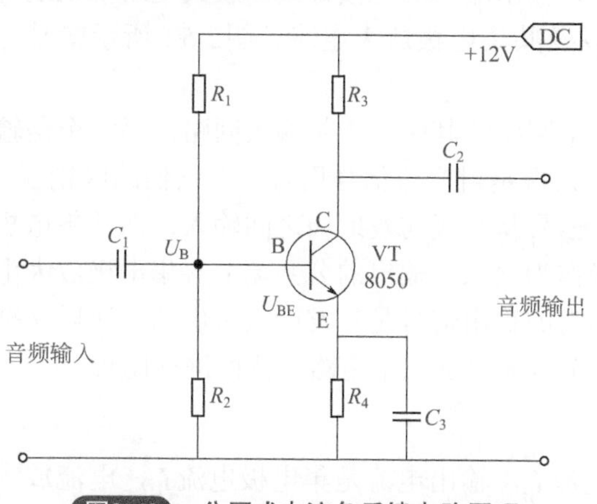

图2-49　分压式电流负反馈电路原理

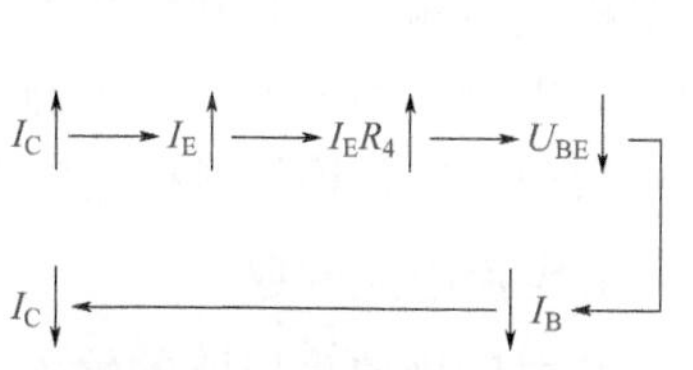

图2-50　稳定原理流程图

❶ 由于温度上升使集电极I_C增加，发射极电流I_E跟着增大，R_4两端的电压I_ER_4跟着增大，U_B是分压电阻提供的，U_B基本保持不变，由于$U_{BE} = U_B - I_ER_4$，因此U_{BE}会下降，相应基极电流I_B就会减小，集电极I_C的增加被抑制，从而稳定集电极电流直流工作点，降低了温度上升对电路的不良影响。

❷ R_4为反馈电阻，是放大电路的关键元件，适当增加R_4的阻值，反馈增大，稳定性好，因此要根据实际电路设计进行合理选择。为了减小交流能量在R_4上的损耗，增加了C_3电容让交流旁路到地，也可以提高放大电路的交流增益。

❸ 电流负反馈偏置电路具有良好的温度稳定性，只要选择合适的偏置电阻阻值，设计好合理的直流工作点，就可以让放大电路稳定可靠地工作，因此是放大电路中应用较多的偏置电路。

4. 三极管的无偏置电路

无偏置电路指的是不给三极管设基极静态偏置电压，而是利用输入脉冲触发三极管导通的。在无偏置电路中，静态的时候，三极管没有静态电流，所以无损耗，只有当脉冲到来的时候，三极管才能够导通，有输出信号，如图2-51所示。

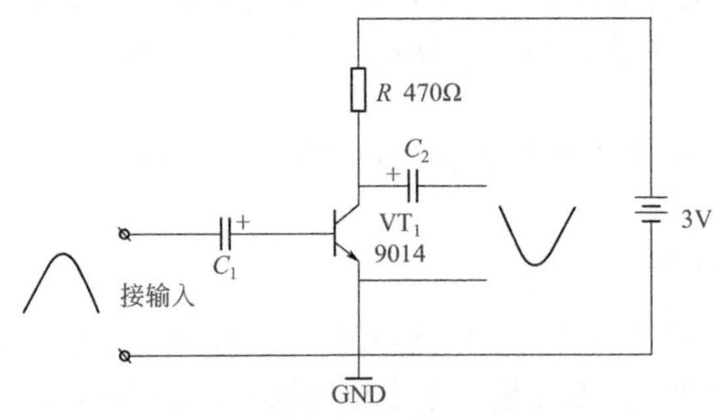

图2-51 无偏置电路

四、三极管的三种放大电路

放大电路在放大信号时，总有两个电极作为信号的输入端，同时也应有两个电极作为输出端。根据半导体三极管三个电极与输入、输出端子的连接方式，放大电路可归纳为三种：共发射极放大电路、共基极放大电路以及共集电极放大电路。图2-52 所示就是这三种放大电路的连接方法。

这三种电路的共同特点是，它们各有两个回路，其中一个是输入回路，另一个是输出回路，并且这两个回路有一个公共端，而公共端是对交流信号而言的。它们的区别在于：共发射极放大电路管子的发射极是公共端，信号从基极与发射极之间输入，而从集电极和发射极之间输出；共基极放大电路则以基极作为输入、输出的公共端；共集电极放大电路则以集电极作为输入、输出的公共端，因为它的输出信号是从发射极引出的，所以又把共集电极放大电路称为射极输出器。下面从几个方面对这三个电路的特性进行比较。

1. 电流放大倍数

共发射极放大电路的输入电流是基极电流I_B，输出电流是集电极电流I_C，电流放大倍数$\beta = \Delta I_C/\Delta I_B$，通常$\beta$值是较大的。

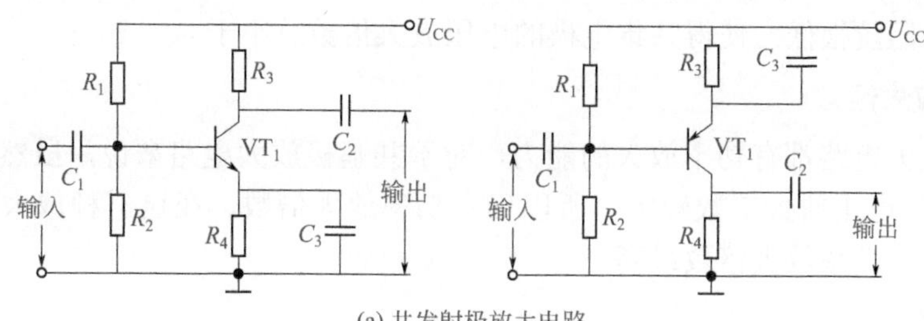

(a) 共发射极放大电路

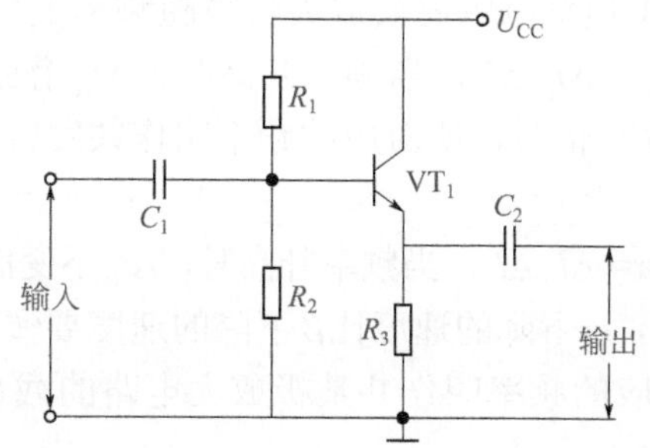

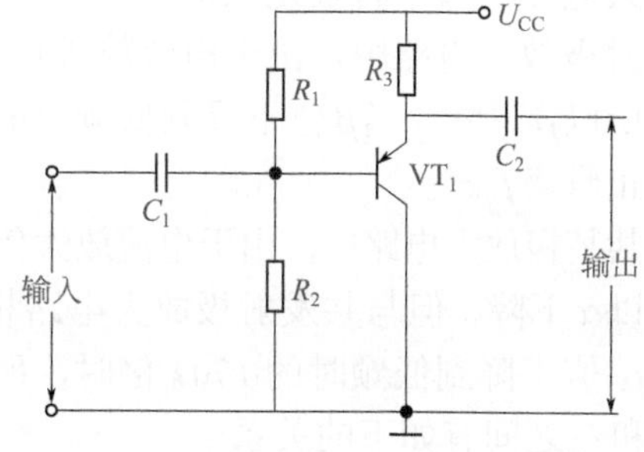

(b) 共集电极放大电路

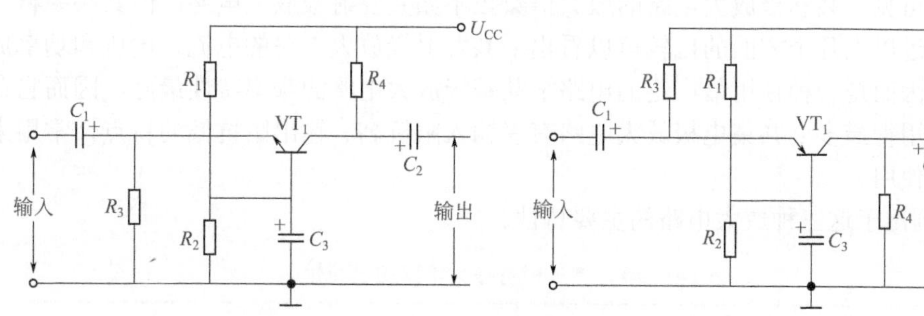

(c) 共基极放大电路

图2-52　半导体三极管基本放大电路的三种连接方法

共基极放大电路的输入电流是发射极电流I_E，输出电流是集电极电流I_C，电流放大倍数$\alpha = \Delta I_C/\Delta I_E$。由于$\Delta I_C$小于$\Delta I_E$，所以$\alpha$总是小于1的。

共集电极放大电路的输入电流是基极电流I_B，输出电流是发射极电流I_E，电流放大倍数$K = \Delta I_E/\Delta I_B = (\Delta I_B + \Delta I_C)/\Delta I_B = 1 + \beta$，可见其电流放大倍数也是较大的。

2. 电压放大倍数

共发射极放大电路的输入端实际上是三极管的发射结，由于三极管处于正向电压工作状态，所以它的输入阻抗是很低的，而输出端的集电结是处于反向电压工作状态，它的输出阻抗是很大的。由于共发射极放大电路的电流放大倍数较大，输出电流就会在输出端产生较大的输出电压，因而共发射极放大电路的电压放大倍数较大。

共基极放大电路的电流放大倍数虽然小于1，但可以选择较大的集电极负载电阻R_L和合适的集电极电源U_{CC}，使R_L的阻值增大后I_C不变，那么在R_L上仍可以得到较大的输出电压，使电压放大倍数远大于1。

共集电极放大电路的输入端是集电结，它处于反向电压工作状态，所以有较高的输入阻抗，而输出阻抗很低，使得共集电极的电压放大倍数总小于1。

3. 功率放大倍数

这三种放大电路都有功率放大的能力，对于共基极放大电路来说，虽然它的电流放大倍数$\alpha<1$，但电压放大倍数较大，所以仍有功率放大倍数。在这三种放大电路中，共发射极放大电路的功率放大倍数最高。

4. 频率特性

放大电路的频率特性是指放大电路在工作频率范围内其放大倍数随频率变化的特性。在共发射极放大电路中，由于电流放大倍数$\beta=\Delta I_C/\Delta I_B$，当频率升高时，$\Delta I_B$增加而$\Delta I_C$却减少，所以$\beta$下降。当$\beta$值下降到低频时的0.707倍时，所对应的频率叫作共发射极放大电路的截止频率f_β。

在共基极放大电路中，由于电流放大倍数$\alpha=\Delta I_C/\Delta I_E$，当频率升高时，$\Delta I_E$不变而$\Delta I_C$却减少，所以$\alpha$下降。但与共发射极放大电路相比，$\alpha$下降的速度比$\beta$下降的速度要慢得多。同样，当$\alpha$值下降到低频时的0.707倍时，所对应的频率叫作共基极放大电路的截止频率f_α。

f_β和f_α之间有如下的关系：

$$f_\beta=f_\alpha/(1+\beta)$$

从上式可见，共基极放大电路的放大倍数虽不如共发射极放大电路，但其频率特性要好得多。通过以上几个方面的比较可以看出：共发射极放大电路的电流、电压和功率放大倍数最高，因而是一种使用最广泛的电路；共基极放大电路的频率特性最好，因而它在高频电路中使用得最多；共集电极放大电路有着输入阻抗高、输出阻抗低的特点，常用来作阻抗变换器使用。

表2-9列出了这三种放大电路的主要特性。

表2-9 半导体三极管放大电路主要特性

特性＼电路	共发射极放大电路	共基极放大电路	共集电极放大电路
输入阻抗	较低（数百欧）	低（数十欧）	高（数百千欧）
输出阻抗	较高（数十千欧）	高（数百千欧）	低（数十欧）
电流放大倍数	大（几十到二百倍）	＜1	大（几十到三百倍）
电压放大倍数	大（数百到数千倍）	较大（数百倍）	＜1
功率放大倍数	大（数千倍）	较大（数百倍）	小（数十倍）
输入、输出电压相位	反相	同相	同相
频率特性	差	好	好
稳定性	差	较好	较好
失真情况	较大	较小	较小
应用范围	放大及开关电路等	高频放大及振荡电路	电路中阻抗变换

五、三极管的开关电路

三极管除了可以当作交流信号放大器之外，也可以作为开关之用，严格来说，三极管与一般的机械接点式开关在动作上并不完全相同，但是它却具有一些机械式开关所没有的特点。图2-53所示为三极管电子开关的基本电路图。

由图2-53可知，负载电阻被直接跨接于三极管的集电极与电源之间，而位居三极管主电流的回路上。

输入电压U_{in}则控制三极管开关的开启与闭合动作，当三极管呈开启状态时，负载电流便被阻断，反之，当三极管呈闭合状态时，电流便可以流通。详细地说，当U_{in}为低电压时，由于基极没有电流，因此集电极也无电流，致使连接于集电极端的负载也没有电流，相当于开关的开启，此时三极管工作于截止区。同理，当U_{in}为高电压时，由于有基极电流流动，因此集电极流过更大的放大电流，负载回路便导通，相当于开关的闭合，此时三极管工作于饱和区。

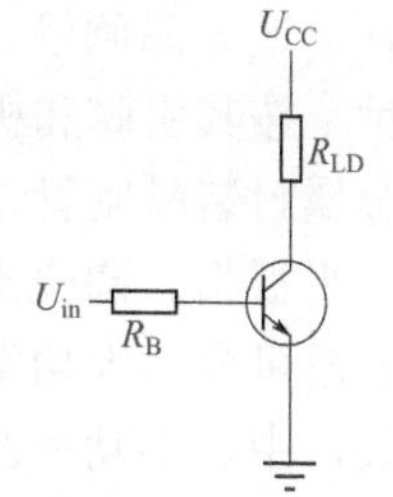

图2-53　三极管电子开关的基本电路图

总而言之，三极管接成图2-53所示的电路之后，它的作用就和一个电阻与负载相串联的机械式开关的方式相同，可以直接在输入端输入电压，方便控制。

六、三极管特殊应用电路

三极管除了以上应用外，还有一种特殊的应用方式，如图2-54所示。

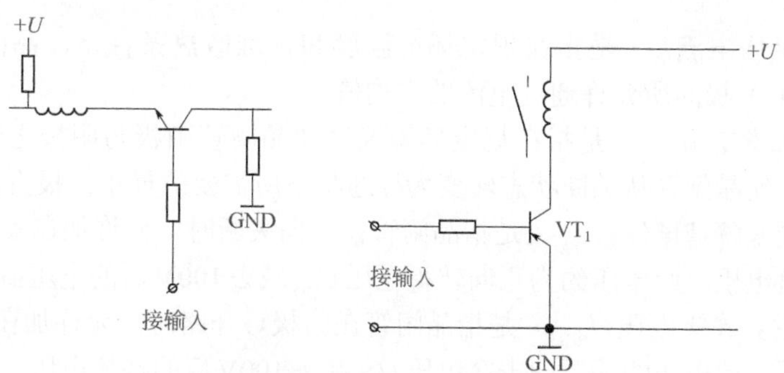

图2-54　三极管特殊应用电路

一般来说，NPN型三极管是集电极接高电位，而PNP型三极管是发射极接高电位，而图2-54所示两个电路正好相反。那么实际应用当中在特殊的情况下这两个电路也可以导通，但是这种三极管导通以后既没有放大作用也没有开关作用，此时只相当于是一个具有一定电阻值的电流的通路。这是大家读图的时候需要注意的，不要说一看到这个三极管电压供电方向反了，就认为这个电路图是错的，实际应用当中，却有如此应用。

第六节　晶闸管及应用电路

一、晶闸管及其特性

1.晶闸管的分类

晶闸管有多种分类方法：按其关断、导通及控制方式可分为普通单向晶闸管、双向晶闸管、逆导晶闸管、门极关断晶闸管（GTO）、BTG晶闸管、温控晶闸管和光控晶闸管等多种；按其引脚和极性可分为二极晶闸管、三极晶闸管和四极晶闸管；按其封装形式可分为金属封装晶闸管、塑封晶闸管和陶瓷封装晶闸管三种类型（金属封装晶闸管又分为螺栓形、平板形、圆壳形等多种；塑封晶闸管又分为带散热片型和不带散热片型两种）；按电流容量可分为大功率晶闸管、中功率晶闸管和小功率晶闸管（大功率晶闸管多采用金属壳封装，中、小功率晶闸管则多采用塑封或陶瓷封装）；按其关断速度可分为普通晶闸管和高频（快速）晶闸管。

2.晶闸管的主要参数

目前最常用的晶闸管是单向晶闸管和双向晶闸管。其晶闸管的主要电参数有正向转折电压U_{BO}、断态重复峰值电压U_{DFM}、反向重复峰值电压U_{RRM}、反向击穿电压U_{BR}、反向重复峰值电流I_{RRM}、断态重复峰值电流I_{DR}、正向平均压降U_F、通态平均电流I_T、门极触发电压U_{GT}、门极触发电流I_{GT}、门极反向电压和维持电流I_H等。

（1）正向转折电压U_{BO} 是指在额定环境温度为100℃且门极G开路的条件下，在其阳极A与阴极K之间加正弦半波正向电压，使其由关断状态转变为导通状态时所对应的峰值电压。

（2）通态平均电流I_T 是指在规定环境温度和标准散热条件下，晶闸管正常工作时A、K（或T_1、T_2）极间所允许通过电流的平均值。

（3）门极触发电流I_{GT} 是指在规定环境温度和晶闸管阳极与阴极之间正向电压为一定值的条件下，使晶闸管从关断状态转变为导通状态所需要的最小门极直流电流。

（4）断态重复峰值电压U_{DFM} 是指晶闸管在正向关断时，允许加在A、K（或T_1、T_2）极间最大的峰值电压。此电压约为正向转折电压U_{BO}减去100V后的电压值。

（5）反向重复峰值电压U_{RRM} 是指晶闸管在门极G开路时，允许加在A、K极间的最大反向峰值电压。此电压约为反向击穿电压U_{BR}减去100V后的峰值电压。

（6）反向击穿电压U_{BR} 是指在额定结温下，晶闸管阳极与阴极之间施加正弦半波反向电压，当其反向漏电电流急剧增加时所对应的峰值电压。

（7）门极触发电压U_{GT} 是指在规定的环境温度和晶闸管阳极与阴极之间正向电压为一定值的条件下，使晶闸管从关断状态转变为导通状态所需要的最小门极直流电压，一般为1.5V左右。

（8）正向平均压降U_F 也称通态平均电压或通态压降电压，它是指在规定环境温度和标准散热条件下，当通过晶闸管的电流为额定电流时，其阳极A与阴极K之间电压降的平均值，通常为0.4～1.2V。

（9）门极反向电压 是指晶闸管门极上所加的额定电压，一般不超过10V。

（10）反向重复峰值电流I_{RRM} 是指晶闸管在关断状态下的反向最大漏电电流值，一般小于100μA。

（11）断态重复峰值电流I_{DR} 是指晶闸管在断开状态下的正向最大平均漏电电流值，一般小于100μA。

（12）维持电流I_H 是指维持晶闸管导通的最小电流。当正向电流小于I_H时，导通的晶闸管会自动关断。

二、单向晶闸管

单向晶闸管简称SCR（Silicon Controlled Rectifier），它是一种由PNPN四层半导体材料构成的三端半导体器件，三个引出电极的名称分别为阳极A、阴极K和门极G（又称控制极）。单向晶闸管的阳极与阴极之间具有单向导电的性能，其内部电路可以等效为由一个PNP三极管VT_2和一个NPN三极管VT_1组成的组合管。单向晶闸管的内部结构、等效电路、电路符号及外形如图2-55所示。

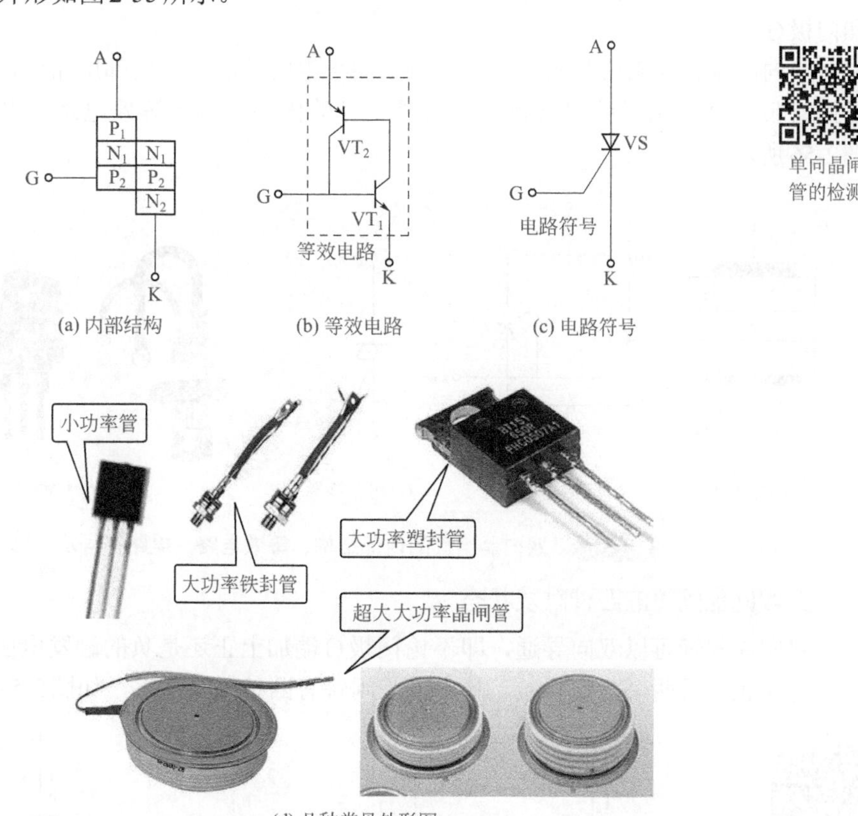

单向晶闸管的检测

图2-55　单向晶闸管的内部结构、等效电路、电路符号及外形

由图2-55可以看出，当单向晶闸管阳极A端接负电源、阴极K端接正电源时，无论门极G加上什么极性的电压，单向晶闸管阳极A与阴极K之间均处于断开状态。当单向晶闸管阳极A端接正电源、阴极K端接负电源时，只要其门极G端加上一个合适的正向触发电压信号，单向晶闸管阳极A与阴极K之间就会由断开状态转为导通状态（阳极A与阴极K之间呈低阻导通状态，A、K极之间压降为0.8 ～ 1V）。若门极G所加触发电压为负，则单向晶闸管也不能导通。

一旦单向晶闸管受触发导通后，即使取消其门极G端的触发电压，只要阳极A端与阴极K端之间仍保持正向电压，晶闸管将维持低阻导通状态。只有将阳极A端的电压降低到某一临界值或改变阳极A端与阴极K端之间电压极性（如交流过零）时，单向晶闸管阳极A与阴极K之间才由低阻导通状态转换为高阻断开状态。单向晶闸管一旦为断开状态，即使在其阳极A端与阴极K端之间又重新加上正向电压，也不会再次导通，只有在门极G端与阴极K端之间重新加上正向触发电压后方可导通。

三、双向晶闸管

1.双向晶闸管的结构

双向晶闸管（TRIAC）是在单向晶闸管的基础上研制的一种新型半导体器件，它是由NPNPN五层半导体材料构成的三端半导体器件，其三个电极分别为主电极T_1、主电极T_2和门极G。

双向晶闸管的阳极与阴极之间具有双向导电的性能，其内部电路可以等效为两个普通晶闸管反向并联组成的组合管。双向晶闸管的内部结构、等效电路、电路符号及外形如图2-56所示。

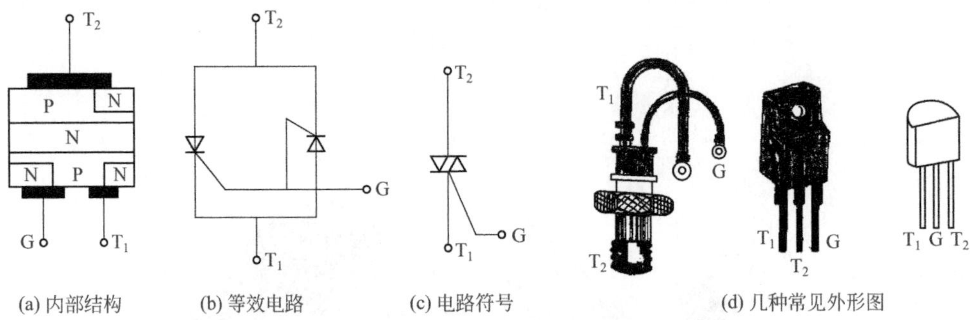

图2-56 双向晶闸管的内部结构、等效电路、电路符号及外形

2.双向晶闸管的四种触发状态

双向晶闸管可以双向导通，即不论门极G端加上正还是负的触发电压，均能触发双向晶闸管在正、反两个方向导通，故双向晶闸管有四种触发状态，如图2-57所示。

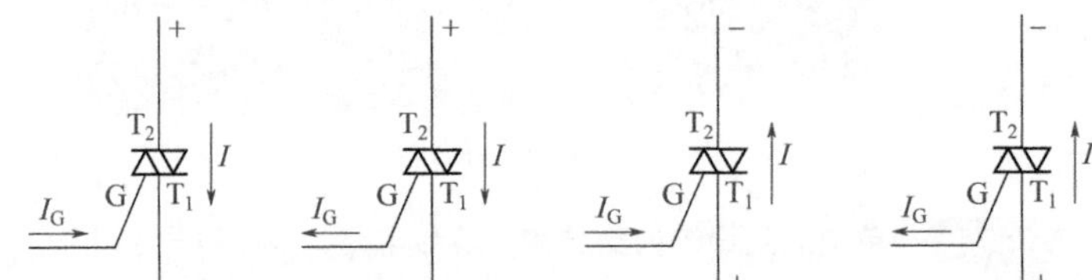

图2-57 双向晶闸管的四种触发状态

当门极G和主电极T_2相对于主电极T_1的电压为正（$U_{T_2}>U_{T_1}$、$U_G>U_{T_1}$）或门极G和主电极T_1相对于主电极T_2的电压为负（$U_{T_1}<U_{T_2}$、$U_G<U_{T_2}$）时，晶闸管的导通方向为$T_2 \rightarrow T_1$，此时T_2为阳极，T_1为阴极。

当门极G和主电极T_1相对于主电极T_2为正（$U_{T_1}>U_{T_2}$、$U_G>U_{T_2}$）或门极G和主电极T_2相对于主电极T_1的电压为负（$U_{T_2}<U_{T_1}$、$U_G<U_{T_1}$）时，则晶闸管的导通方向为$T_1 \rightarrow T_2$，此时T_1为阳极，T_2为阴极。

无论双向晶闸管的主电极T_1与主电极T_2之间所加电压极性是正向还是反向，只要门极G和主电极T_1（或T_2）间加有正、负极性不同的触发电压，满足其必需的触发电流，晶闸管即可触发导通呈低阻状态。此时，主电极T_1、T_2间的压降约1V。

双向晶闸管一旦导通，即使失去触发电压，也能继续维持导通状态。当主电极T_1、T_2电流减小至维持电流以下或T_1、T_2间电压改变极性，且无触发电压时，双向晶闸管即可自动关断，只有重新施加触发电压，才能再次导通。加在门极G上的触发脉冲的大小或时间改变时，其导通电流就会相应地改变。

四、单向晶闸管电路

1.单向晶闸管调压触发电路

图2-58所示为单向晶闸管调压触发电路。图中，VD_1和VD_2分别对电源的正半波及负半波进行整流后对C_1或C_2充电，RW_1用来调节触发时间，由于调节后的移相量不同，就可以达到改变输出电压的目的。本电路利用了电容器在正弦波交流电路中的电压与电流相位差最大为90°这一原理，实际使用中比常规的RC串联电路更稳定。

2.单向晶闸管开关电路

图2-59所示为单向晶闸管开关电路。触摸一下金属片“开”，SCR_1导通，负载得电工作。触摸一下金属片“关”，SCR_2导通，继电器J得电工作，K断开，负载失电，SCR_2关断后，电容对继电器J放电，维持继电器吸合约4s，故电路动作较为准确。如果将负载换为继电器，即可控制大电流工作的负载。

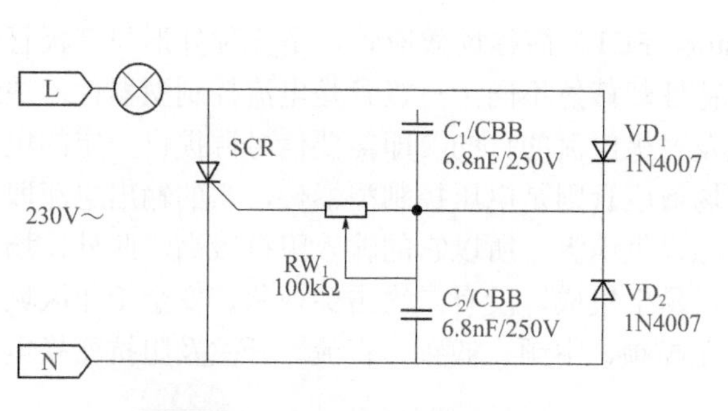

图2-58　单向晶闸管调压触发电路

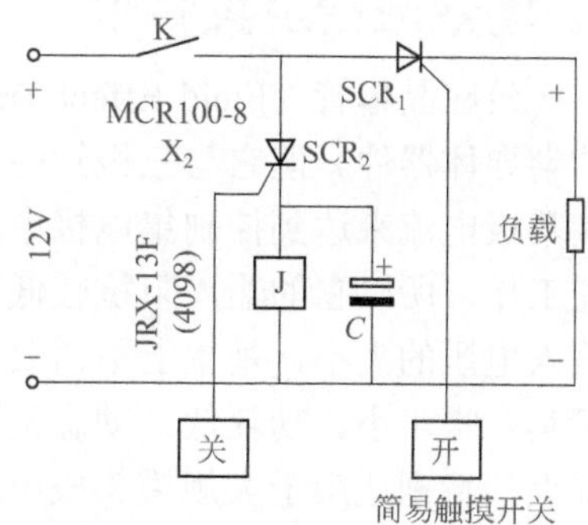

图2-59　单向晶闸管开关电路

五、双向晶闸管电路

如图2-60所示，接通电源220V经过灯泡、VR_4、R_{19}对C_{23}充电，由于电容两端电压是不能突变的，充电需要一定时间，充电时间由VR_4和R_{19}阻值大小决定，阻值越小充电越快，阻值越大充电越慢，当C_{23}上的电压约为33V的时候，DB_1导通，晶闸管也导通，晶闸管导通后，灯泡中有电流流过，灯泡就亮了。随着DB_1的导通，C_{23}上的电压被完全放掉，DB_1又截止，晶闸管也随之截止，灯泡熄灭，C_{23}上又进行刚开始一样的循环。因为时间短人眼有暂留的现象，所以灯泡看起来是一直亮的。

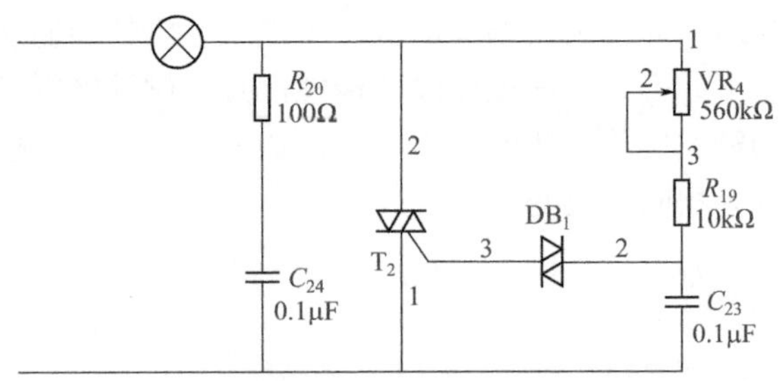

图2-60 双向晶闸管电路

充放电时间越短，灯泡就越亮，反之，R_{20}、C_{24}能保护晶闸管。如果用在阻性负载上可以省掉R_{20}、C_{24}，如果是用在感性负载上，比如用在电动机上就要加上去。图2-60所示电路在要求不高的情况下，也可以用于电动机调速上。

第七节 场效应管及应用电路

一、场效应管及其特性

场效应晶体管（Field Effect Transistor，FET）简称场效应管，是一种外形与三极管相似的半导体器件。但它与三极管的控制特性却截然不同，三极管是电流控制型器件，通过控制基极电流来达到控制集电极电流或发射极电流的目的，即需要信号源提供一定的电流才能工作，所以它的输入阻抗较低，而场效应管则是电压控制型器件，它的输出电流取决于输入电压的大小，基本上不需要信号源提供电流，所以它的输入阻抗较高。此外，场效应管具有噪声小、功耗低、动态范围大、易于集成、没有二次击穿现象、安全工作区域宽等优点，特别适用于大规模集成电路，在高频、中频、低频、直流、开关及阻抗变换电路中应用广泛。

场效应管的品种有很多，按其结构可分为两大类，一类是结型场效应管，另一类是绝缘栅型场效应管，而且每种结构又有N沟道和P沟道两种导电沟道。

场效应管一般都有3个极，即栅极G、漏极D和源极S，为方便理解可以把它们分别对应于三极管的基极B、集电极C和发射极E。场效应管的源极S和漏极D结构是实际对称的，在使用中可以互换。而N沟道型场效应管对应NPN型三极管，P沟道型场效应管对应PNP型三极管。常见场效应管的实物外形如图2-61所示，其电路符号如图2-62所示。

场效应管
的检测

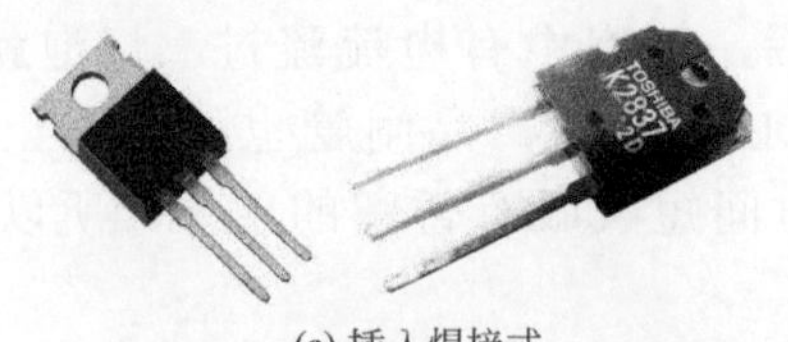

(a) 插入焊接式

(b) 贴面焊接式

图2-61 场效应管的实物外形

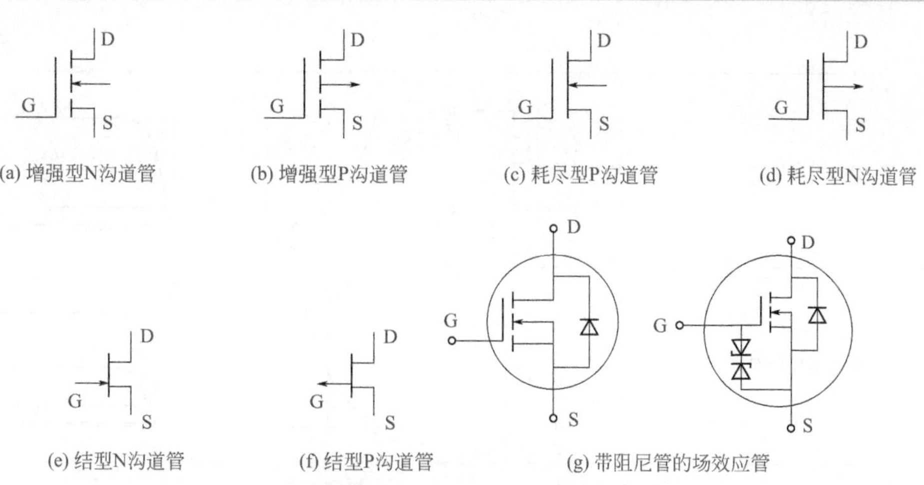

图2-62　场效应管的电路符号

二、场效应管的工作原理与分类参数

1. 场效应管的工作原理

场效应管的工作原理用一句话说，就是“漏极-源极间流经沟道的I_D，用以栅极与沟道间的PN结形成的反偏的栅极电压来控制”。更正确地说，I_D流经通路的宽度，即沟道截面积，它是由PN结反偏的变化，产生耗尽层扩展变化控制的缘故。在$U_{GS}=0$的非饱和区域，表示的过渡层的扩展因为不是很大，根据漏极-源极间所加U_{DS}的电场，源极区域的某些电子被漏极拉去，即从漏极向源极有电流I_D流动。从门极向漏极扩展的过渡层将沟道的一部分构成堵塞型，I_D饱和。这种状态称为夹断。这意味着过渡层将沟道的一部分阻挡，并不是电流被切断。

在过渡层由于没有电子、空穴的自由移动，在理想状态下场效应管几乎具有绝缘特性，通常电流也难流动。但是此时漏极-源极间的电场，实际上是两个过渡层接触漏极与漏极下部附近，由于漂移电场拉去的高速电子通过过渡层，因漂移电场的强度几乎不变产生I_D的饱和现象。而且，U_{GS}向负的方向变化，让$U_{GS}=U_{GS(off)}$，此时过渡层大致成为覆盖全区域的状态。而且U_{DS}的电场大部分加到过渡层上，将电子拉向漂移方向的电场，只有靠近源极的很短部分，这就更使得电流不能流通。

绝缘栅型场效应管的特性曲线如表2-10所示。

表2-10　绝缘栅型场效应管的特性曲线

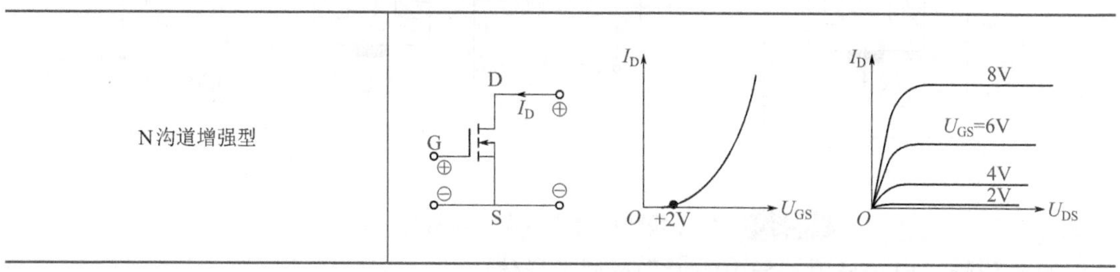

续表

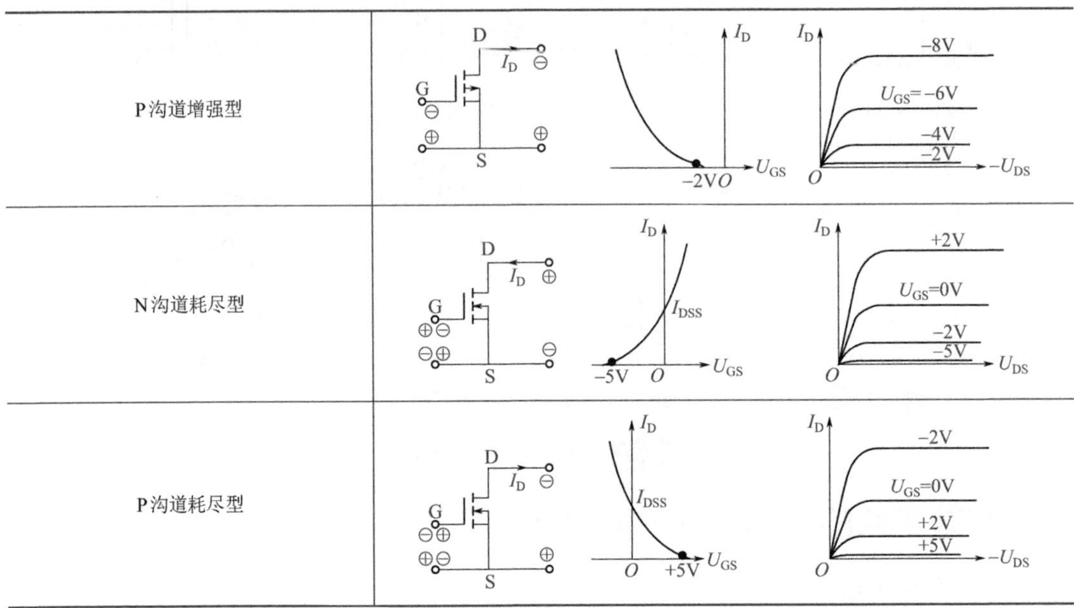

2.场效应管的分类

按结构场效应管可分为结型和绝缘栅型两种，根据极性不同又分为N沟道和P沟道两种，按功率可分为小功率、中功率和大功率三种，按封装结构可分为塑料和金封两种，按焊接方法可分为插入焊接式和贴面焊接式两种，按栅极数量可分为单栅极和双栅极两种，而绝缘栅型场效应管又分为耗尽型和增强型两种。

（1）结型场效应管 在一块N型（或P型）半导体棒两侧各做一个P型区（或N型区），就形成两个PN结，把两个P区（或N区）并联在一起，引出一个电极，称为栅极（G），在N型（或P型）半导体棒的两端各引出一个电极，分别称为源极（S）和漏极（D）。夹在两个PN结中间的N区（或P区）是电流的通道，称为沟道。这种结构的管子称为N沟道（或P沟道）结型场效应管，其结构示意图及其电路符号如图2-63所示。

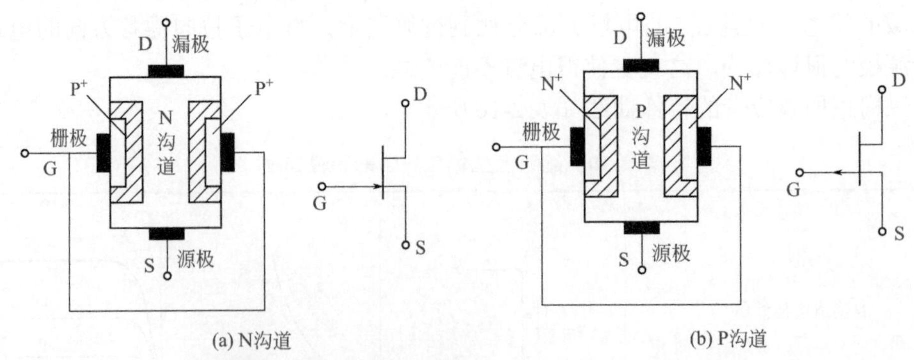

图2-63 结型场效应管的结构示意图及其电路符号

N沟道管：电子导电，导电沟道为N型半导体。

P沟道管：空穴导电，导电沟道为P型半导体。

（2）**绝缘栅型场效应管** 以一块P型薄硅片作为衬底，在它上面做两个高杂质的N型区，分别作为源极S和漏极D。在硅片表面覆盖一层绝缘物，然后再用金属铝引出一个电极G（栅极），这就是绝缘栅场效应管的基本结构，如图2-64所示。

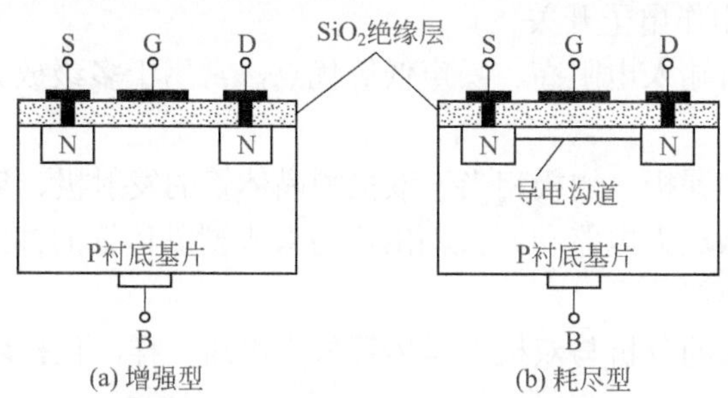

图2-64 绝缘栅型场效应管结构示意图

3.场效应管的主要参数

（1）结型场效应管的主要参数

❶ **饱和漏-源电流I_{DSS}** 将栅极、源极短路，使栅、源极间电压U_{GS}为0，此时漏、源极间加上规定电压后，产生的漏极电流就是饱和漏-源电流I_{DSS}。

❷ **夹断电压U_P** 能够使漏-源电流I_{DS}为0或小于规定值的源-栅偏置电压就是夹断电压U_P。

❸ **直流输入电阻R_{GS}** 当栅、源极间电压U_{GS}为规定值时，栅、源极之间的直流电阻称为直流输入电阻R_{GS}。

❹ **输出电阻R_D** 当栅、源极间电压U_{GS}为规定值时，U_{GS}的变化与其产生的漏极电流的变化之比称为输出电阻R_D。

❺ **跨导g_m** 当栅、源极间电压U_{GS}为规定值时，漏源电流的变化量与U_{GS}的比值称为跨导g_m。跨导的单位是毫西（mS）。它是衡量场效应管栅极电压对漏-源电流控制能力的一个参数，也是衡量场效应管放大能力的重要参数。

❻ **漏源击穿电压U_{DSS}** 使漏极电流I_D开始剧增的漏源电压U_{DS}为漏源击穿电压U_{DSS}。

❼ **栅源击穿电压U_{GSS}** 使反向饱和电流剧增的栅源电压就是栅源击穿电压U_{GSS}。

（2）**绝缘栅型场效应管的主要参数** 绝缘栅型场效应管的直流输入电阻、输出电阻，漏源击穿电压U_{DSS}，栅源击穿电压U_{GSS}和结型场效应管相同，下面介绍其他参数的含义。

❶ **饱和漏源电流I_{DSS}** 对于耗尽型绝缘栅场效应管，将栅极、源极短路，使栅、源极间电压U_{GS}为0，再使漏、源极间电压U_{DS}为规定值后，产生的漏源电流就是饱和漏源电流I_{DSS}。

❷ **夹断电压U_P** 对于耗尽型绝缘栅场效应管，能够使漏源电流I_{DS}为0或小于规定值的源栅偏置电压就是夹断电压U_P。

❸ **开启电压U_T** 对于增强型绝缘栅场效应管，当在漏源电压U_{DS}为规定值时，使沟道可以将漏源极连接起来的最小电压，就是开启电压U_T。

三、场效应管的作用与偏置放大电路

1.作用

❶ 场效应管可用于放大。

❷ 场效应管很高的输入阻抗非常适合作阻抗变换。

❸ 场效应管可以用作可变电阻。

❹ 场效应管可以方便地作为恒流源。

❺ 场效应管可以用作电子开关。

场效应晶体管具有输入电阻高、噪声低等优点，常用于多级放大电路的输入级以及要求噪声低的放大电路。

场效应管的源极、漏极、栅极相当于双极型晶体管的发射极、集电极、基极。

场效应管的共源极放大电路和源极输出器与双极型晶体管的共发射极放大电路和射极输出器在结构上也相类似。

场效应管放大电路的分析与双极型晶体管放大电路一样，包括静态分析和动态分析。

2. 偏置电路

（1）自给偏压式偏置放大电路 如图2-65所示，VT为N沟道耗尽型场效应管，栅源电压U_{GS}是由场效应管自身的电流提供的，故称自给偏压。

增强型MOS管因$U_{GS}=0$时，$I_D=0$，故不能采用自给偏压式电路。

（2）分压式偏置放大电路 如图2-66所示，VT为N沟道耗尽型场效应管，栅源电压U_{GS}是由R_G提供的，故称分压式偏置放大电路。

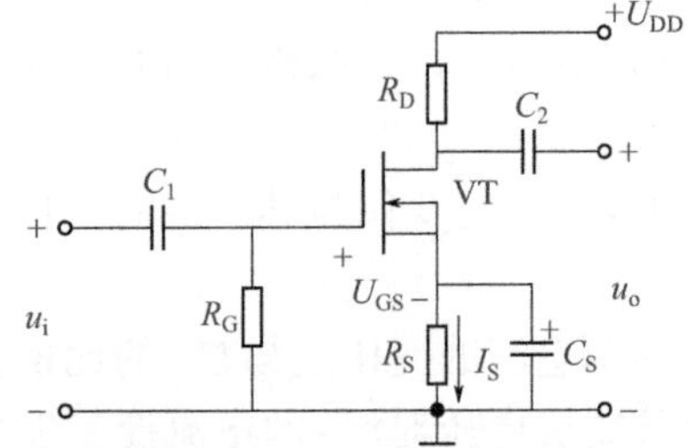

图2-65 自给偏压式偏置放大电路

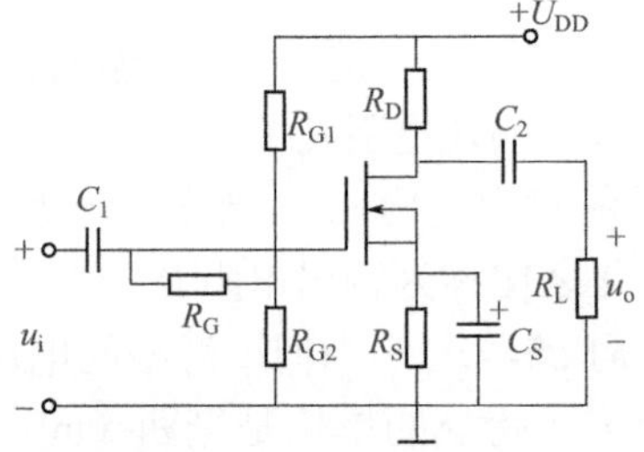

图2-66 分压式偏置放大电路

比较场效应管共源和三极管共发射极放大电路，它们只是在偏置电路和受控源的类型上有所不同。只要将微变等效电路画出，就是一个解电路的问题了。

图2-66中，R_{G1}、R_{G2}是栅极偏置电阻，R_S是源极电阻，R_D是漏极负载电阻。与共发射极基本放大电路的R_{B1}、R_{B2}、R_E和R_C分别一一对应。而且只要结型场效应管栅源间PN结是反偏工作，无栅流，那么JFET和MOSFET的直流通道和交流通道是一样的。

场效应管也有三种放大电路，为源极、漏极、栅极三种。

场效应管放大器输入电阻很大。场效应管共源极放大器（漏极输出）输入、输出反相，电压放大倍数大于1；输出电阻$=R_D$。场效应管源极跟随器输入、输出同相，电压放大倍数小于1且约等于1；输出电阻小。

四、场效应管实际应用电路

1. 双栅极场效应管的应用

如图2-67所示，VT为双栅极场效应管，在电路中起放大作用。

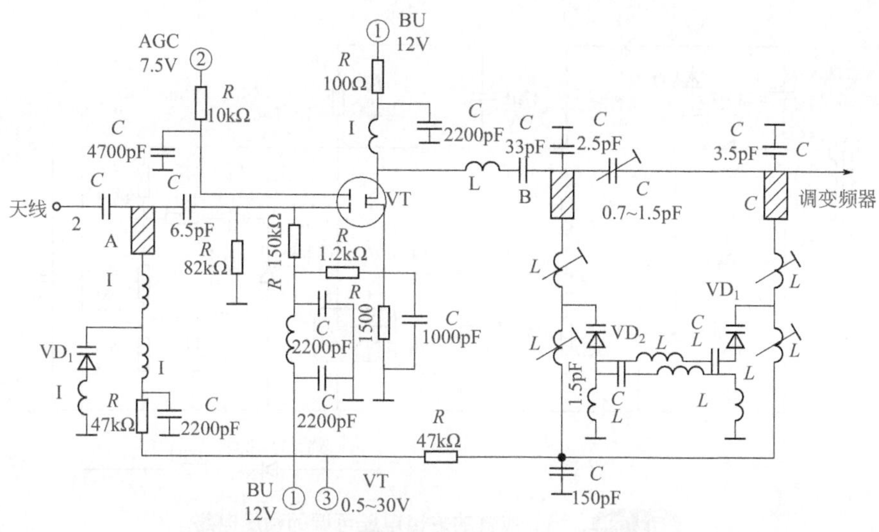

图2-67 应用电路

2. MOSFET管应用于电源电路

图2-68所示是MOSFET管应用于电源电路的有电流反馈的恒流源电路。该电路由P沟道功率MOSFET、运算放大器、电流检测电阻R_S等组成。工作原理如下：运放CA3140组成同相端输入放大器。当恒流源输出电流经负载R_L及R_S，在R_S上产生的电压［R_S×(−I_D)］输入同相端，经放大后直接控制P管的栅极G而组成电流反馈电路，使输出电流达到稳定。例如，如有−I_D减小，R_S上的电压减小，同相端的输入电压减小，运放的输出电压减小，R_1的电压减小，−U_{GS}（$U_{CC}-U_{R_1}$）增加，−I_D增加，这样可保持恒流的稳定性。

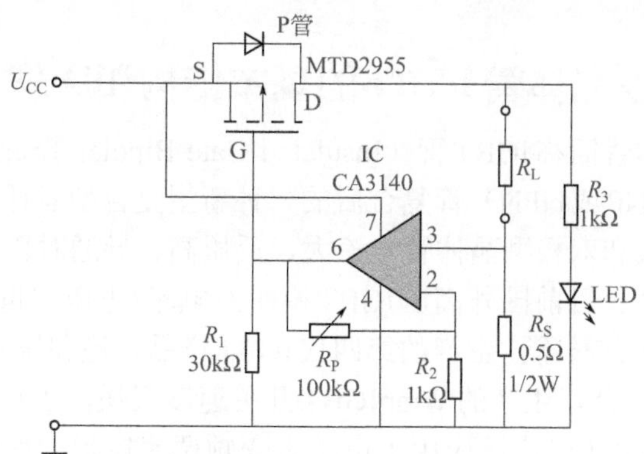

图2-68 电源电路

输出电流−I_D的大小是通过电位器R_P的调节而达到的。改变R_P的大小，改变了运放的增益，改变了运放的输出电压，从而改变了P管的−U_{GS}的大小，也改变了P管的漏极电流−I_D。例如要使−I_D增加可减小R_P值。R_P值减小，使运放增益A_U减小，运放输出电压减小，−U_{GS}增加，−I_D增加。这里的R_3及LED仅用作有恒流时的指示［R_L×（−I_D）＞1.8V时LED才会亮］。R_3、LED也可不用。

图2-69所示的电路为一个采用场效应管的输出电压可调的稳压电路。

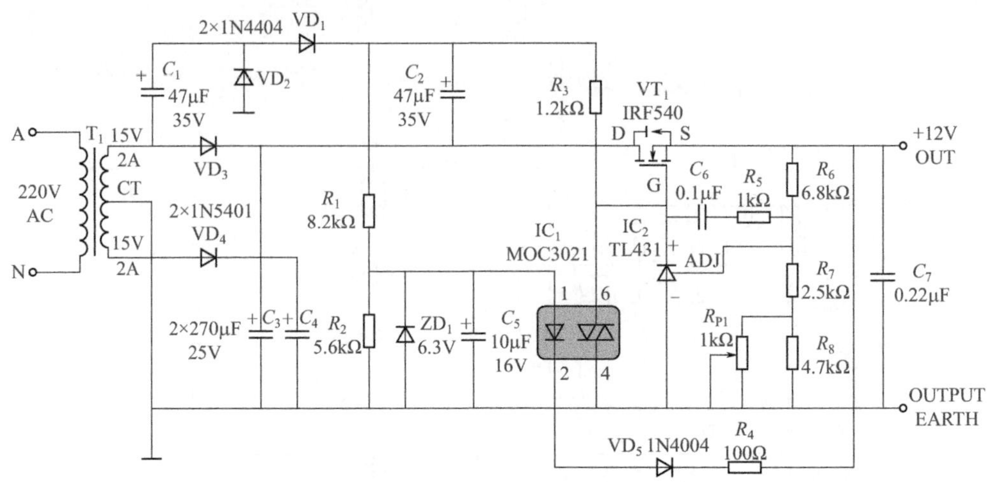

图2-69 场效应管的输出电压可调的稳压电路

可以把场效应管的D、S极之间看成一个受U_{DS}控制的电阻（场效应管的栅-源电压U_{DS}可以控制其漏极、源极之间的导通关断，进而可以控制漏极、源极之间的电阻值），因此，可以利用场效应管的这种特性设计出各种变化量需要控制的自动控制电路（此时场效应管相当于一个大功率可变电阻器）。

第八节 IGBT及应用电路

一、绝缘栅双极型晶体管IGBT的基本结构和原理

绝缘栅双极型晶体管简称IGBT管（Insulated Gate Bipolar Transistor），IGBT管是功率场效应管与双极型（PNP或NPN）管复合后的一种新型复合型器件，它综合了场效应管开关速度快、控制电压低和双极型晶体管电流大、反压高、导通时压降小等优点，是当代颇受欢迎的电力电子器件。目前国外高压IGBT模块的电流/电压容量已达2000A/3300V，采用了易于并联的NPT工艺技术，生产的第四代IGBT产品，饱和压降$U_{CE(sat)}$显著降低，减少了功率损耗；美国IR公司生产的WrapIGBT开关速度很快，工作频率最高可达150kHz。绝缘栅双极型晶体管IGBT已广泛应用于电动机变频调速控制、程控交换机电源、计算机系统不停电电源UPS、变频空调器、数控机床伺服控制等。

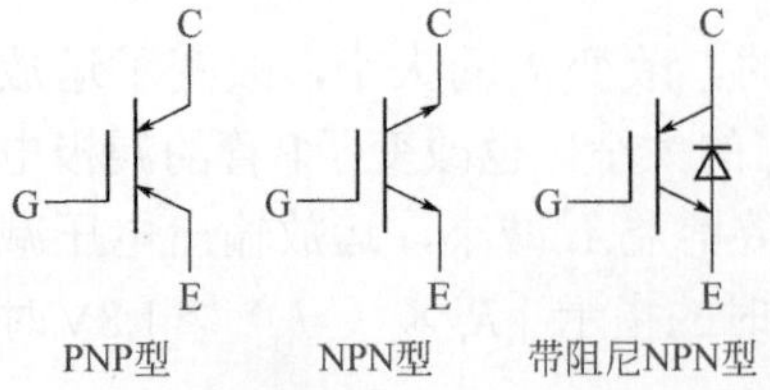

C G E PNP型　C G E NPN型　C G E 带阻尼NPN型

图2-70 电路符号

绝缘栅双极型晶体管IGBT是由功率MOSFET与双极型晶体管GTR复合而成的，电路符号如图2-70所示，其基本结构如图2-71（a）所示，是由栅极G、发射极C、集电极E组成的三端口电压控制器件，常用N沟道IGBT内部结构简化等效电路，如图2-71（b）所示，其封装与

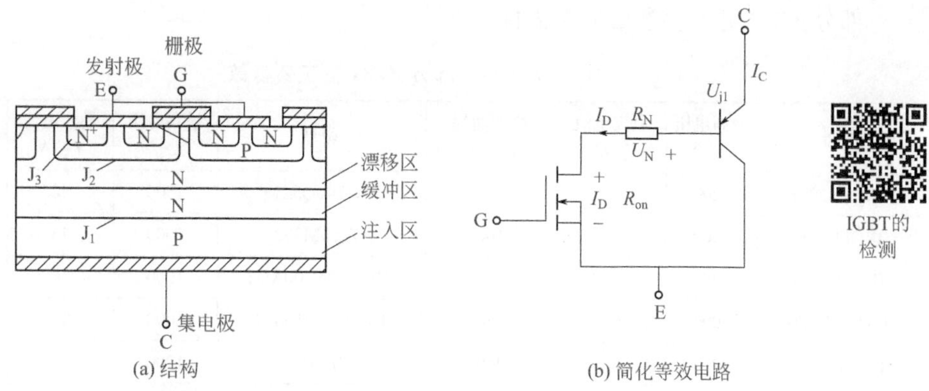

图2-71　绝缘栅型场效应管结构、简化等效电路

普通双极型大功率三极管相同，有多种封装形式。

简单来说，IGBT等效成一个由MOSFET驱动的厚基区PNP晶体管，如图2-71（b）所示。N沟道IGBT简化等效电路中R_N为PNP管基区内的调制电阻，由N沟道MOSFET和PNP晶体管复合而成，开通和关断由栅极和发射极之间驱动电压U_{GE}决定，当栅极和发射极之间驱动电压U_{GS}为正且大于栅极开启电压$U_{GE(th)}$时，MOSFET内形成沟道并为PNP晶体管提供基极电流进而使IGBT导通。此时，从P^+区注入N^-区的空穴对（少数载流子）对N^-区进行电导调制，减少N^-区的电阻R_N，使高耐压的IGBT也具有很小的通态压降。当栅射极间不加信号或加反向电压时，MOSFET内的沟道消失，PNP晶体管的基极电流被切断，IGBT即关断。

二、绝缘栅双极型晶体管IGBT的主要参数

IGBT的基本特性包括静态特性和动态特性，其中静态特性由输出特性和转移特性组成，动态特性描述IGBT器件的开关过程。

主要参数：

❶ **最大集电极电流I_{CM}**　表征IGBT的电流容量，分为直流条件下的I_C和1ms脉冲条件下的I_{CP}。

❷ **集电极-发射极最高电压U_{CES}**　表征IGBT集电极-发射极的耐压能力。目前IGBT耐压等级有600V、1000V、1200V、1400V、1700V、3300V。

❸ **栅极-发射极击穿电压U_{GEM}**　表征IGBT栅极-发射极之间能承受的最高电压，其值一般为±20V。

❹ **栅极-发射极开启电压$U_{GE(th)}$**　指IGBT器件在一定的集电极-发射极电压U_{CE}下，流过一定的集电极电流I_C时的最小开栅电压。当栅源电压等于开启电压$U_{GE(th)}$，IGBT开始导通。

❺ **输入电容C_{ies}**　指IGBT在一定的集电极-发射极电压U_{CE}和栅极-发射极电压U_{GE}=0下，栅极-发射极之间的电容，表征栅极驱动瞬态电流特征。

❻ **集电极最大功耗P_{CM}**　表征IGBT最大允许功能。

❼ **开关时间**　它包括导通时间t_{on}和关系时间t_{off}。导通时间t_{on}又包含导通延迟时间t_d和上升时间t_r。关断时间t_{off}又包含关断延迟时间t_d和下降时间t_f。

部分IGBT管主要参数见表2-11。

表2-11 部分IGBT管主要参数

型号	最高电压 U_{CES}/V	最大电流 I_{CM}/A	最大功耗 P_{CM}/W	型号	最高电压 U_{CES}/V	最大电流 I_{CM}/A	最大功耗 P_{CM}/W
IRGPH20M	1200	7.9	60	※GT40Q321①	1500	40	300
IRGPH30K	1200	11	100	GT60M302	1000	75	300
IRGPH30M	1200	15	100	IXGH10N100AUT	1000	10	100
CT60AM-20	1000	60	250	IXGH10N100UI	1000	20	100
CT60AM-20D①	1000	60	250	HF7753	1200	50	250
IRGKIK050M12	1200	100	455	HF7757	1700	20	150
IRGNIN025M12	1200	35	355	IRG4PH30K	1200	20	100
IRGNIN050M12	1200	100	455	IRG4PH30KD①	1200	20	100
APT50GF100BN	1000	50	245	IRG4PH40/KU	1200	30	160
CT15SM-24	1200	15	250	IRG4PH40KD/DD①	1200	30	160
T60AM-18B	1000	60	200	IRG4PH50K/U	1200	45	200
IRGPH40K	1200	19	160	IRG4PH50KD/UD①	1200	45	200
IRGPH40M	1200	28	160	IRG4PH50S	1200	57	200
GT40T101	1500	40	300	IRG4ZH50KD①	1200	54	210
GT40T301①	1500	40	300	IRG4ZH70UD①	1200	78	350
GT40150D①	1500	40	300	IRGIG50F	1200	45	200

① C、E极间附有阻尼二极管。

注：新型IGBT管的最高工作频率已超过150kHz，最高电压U_{CES}≥1700V，最大电流I_{CM}已达800A，最大功耗P_{CM}达3000W，导通时间（t_{on}）＜50ns。表中的最高电压U_{CES}对于同一管子而言，它低于U_{CBS}（集电极与基极之间反向击穿电压）；表中均为NPN型IGBT管。

三、IGBT应用电路

1. IGBT驱动电路

通常设计的驱动电路多采用脉冲变压器耦合，其优点是结构简单，适用于中小功率变换设备中的IGBT。缺点是不适用于大型功率变换设备中的大功率IGBT器件，而且是脉冲变压器耦合驱动电路存在波形失真、容易振荡，尤其是脉冲变压器耦合不良、漏感偏大时更为严重，抗干扰与抑制误触能力低，并因其是一种无源驱动器而不适应高频大功率IGBT器件。

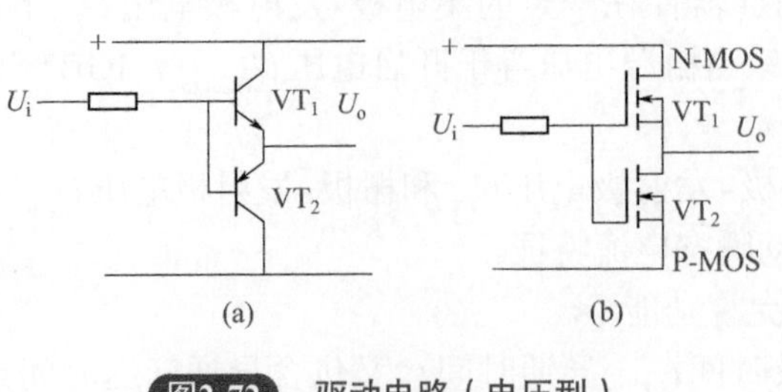

图2-72 驱动电路（电压型）

图2-72（a）所示的驱动电路适合于驱动低频小功率IGBT，当控制信号U_i为高电平时，VT_1导通，输出U_o对应控制的开关管（IGBT）导通；当控制信号U_i为低电平时，VT_2导通，输出U_o对应控制的开关管（IGBT）被关断。

图2-72（b）所示的驱动电路是采用场效应管组成的推挽电路，其工作原理同图2-72（a），这种电路高频峰值驱动电流可达10A以上，适用于大功率IGBT器件。

图2-73所示的驱动保护二合一电路适用于驱动低频小功率IGBT，如果将双极型NPN与PNP三极管换成N沟道与P沟道大功率场管后就可构成高频大电流驱动器。

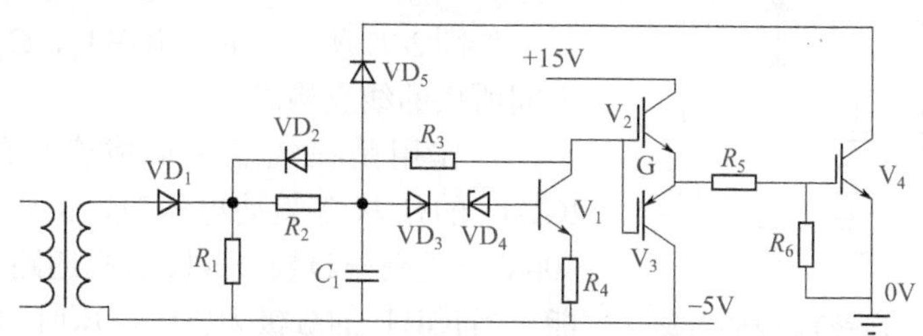

图2-73　驱动保护二合一电路

在图2-73所示的驱动保护二合一电路中，不采用光耦合器作信号隔离而用磁环变压器耦合方波信号，因光耦合器的速度不够快，并存在光耦合器的上升下降波沿延时，采用变压器传输可获得陡直上升下降波沿，几乎没有传输延时，适用于驱动高频大功率的IGBT器件。本电路具有驱动速度快、过流保护动作快的特点，是比较理想的驱动保护二合一实用IGBT驱动电路。

在图2-73所示驱动保护二合一电路的基础上增加软关断技术的驱动电路如图2-74所示。图2-75所示驱动电路为采用光耦合器等分立元器件构成的IGBT驱动电路。当输入控制信号时，光耦合器VLC导通，晶体管VT_2截止，VT_3导通输出+15V驱动电压。当输入控制信号为零时，VLC截止，VT_2、VT_4导通，输出−10V电压。+15V和−10V电源需靠近驱动电路，驱动电路输出端及电源地端至IGBT栅极和发射极的引线应采用双绞线，长度最好不超过0.5m。

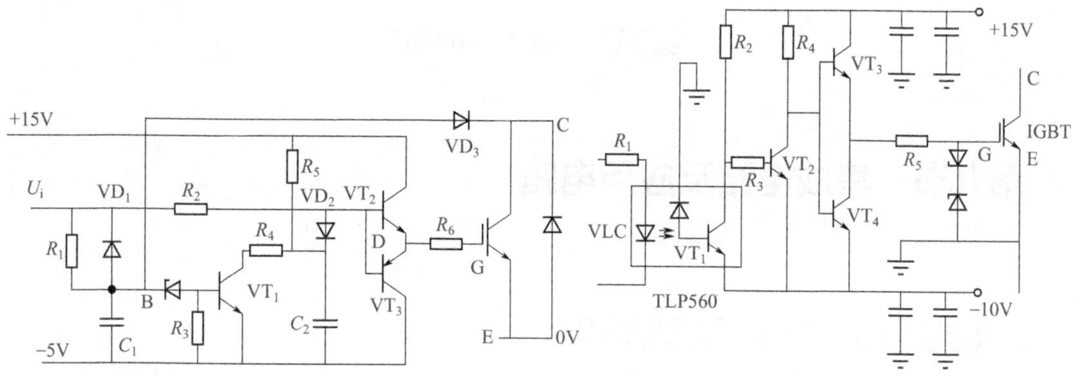

图2-74　增加软关断技术的驱动电路　　图2-75　由分立元器件构成的IGBT驱动电路

由集成电路TLP250构成的驱动电路如图2-76所示。TLP250内置光耦合器的隔离电压可达2500V，上升和下降时间均小于0.5μs，输出电流达0.5A，可直接驱动50A/1200V以内的IGBT。外加推挽放大晶体管后，可驱动电流容量更大的IGBT。TLP250构成的驱动器体积小，价格便宜，是不带过电流保护的IGBT驱动器中较理想的产品。由于TLP250不具备过电流保护功能，当IGBT过电流时，通过控制信号关断IGBT，IGBT中电流的下降

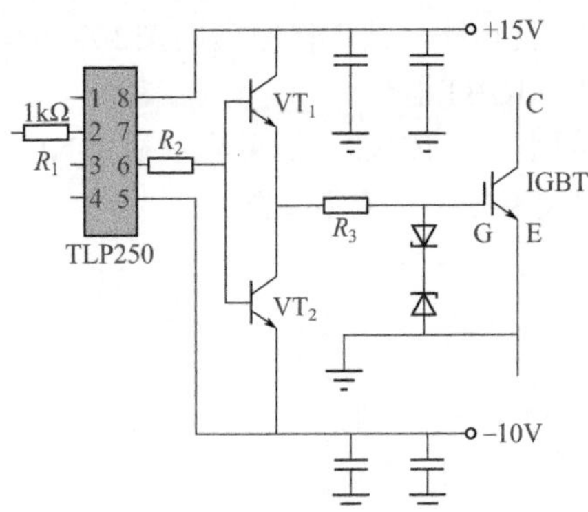

图2-76 由集成电路TLP250构成的驱动电路

得很快，且有一个反向的冲击。这将会产生很大的di/dt和开关损耗，而且对控制电路的过流保护功能要求很高。

2. IGBT用于功率开关输出电路

如图2-77所示，它由$IGBT_1$、C_4、OUT_1和OUT_2之间所接的线盘构成。

其作用是在线盘中形成变化的振荡电流。当$IGBT_1$的G极有驱动电压时，$IGBT_1$饱和导通，由300V→线圈→D极→S极形成通路，使线圈储存电能；当$IGBT_1$的G极无驱动电压时，$IGBT_1$完全截止，线圈上的电能由OUT_2→C_4右→C_4左→OUT_1→线圈→OUT_2向C_4充电；当C_4上的电压充到最高时，此时C_4上的电压通过C_4右→OUT_2→线圈→OUT_1→C_4左通路放电。当C_4上的电压放电到最低时，G极通过控制电路后的又一个驱动电压会到来，再次使$IGBT_1$导通。如此周而复始，线圈上就形成了方向变化的振荡电流。

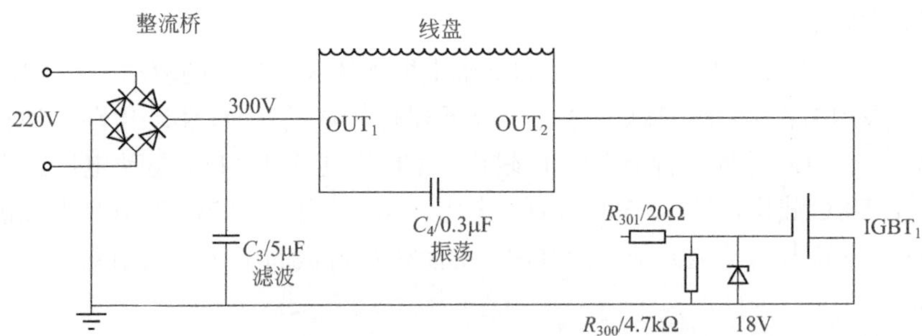

图2-77 主振荡回路电路图

第九节 集成电路及应用电路

一、集成电路的种类及引脚识别

1. 种类

电器中应用的集成电路的种类很多，习惯上按集成电路所起的作用来划分成以下几大类：家用电器集成电路、工业电器集成电路和通用集成电路（如一些通用数字电路中的基本门电路及运放IC）等集成电路。常用集成电路外形如图2-78所示。

2. 引脚分布规律

集成电路的引脚数目不等，有的只有3～4个，有的则多达几十至几百个，在修理中

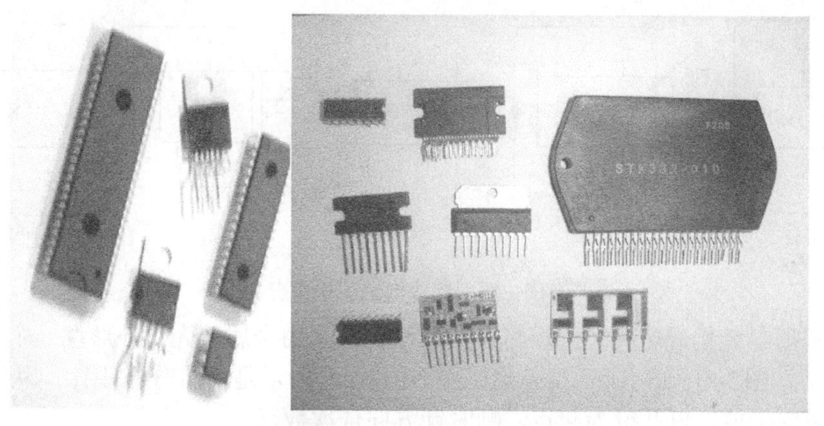

集成运算放大器的检测

图2-78　常用集成电路外形

对引脚的识别是相当重要的。在原理图中，只标出集成电路的引脚顺序号，比如通过阅读电气原理图知道5脚是负反馈引脚，要在集成电路实物中找到5脚，则先要了解集成电路的引脚分布规律。这里顺便指出，各种型号的各引脚作用是不相同的，但引脚分布规律是相同的。

集成电路的引脚分布规律根据集成电路封装和引脚排列的不同，可以分成以下几类。

（1）单列集成电路　单列集成电路的引脚分布规律如图2-79所示。单列集成电路的引脚按“一”字形排列。

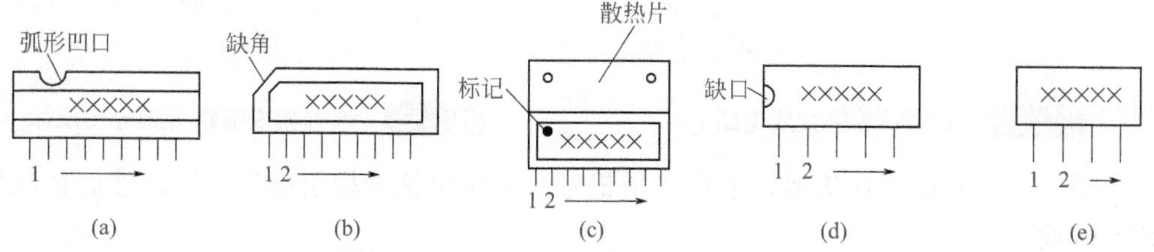

图2-79　单列集成电路的引脚分布规律

图2-79（a）所示集成块左侧有一个凸块或凹块，则说明左下脚第一根引脚为1脚，依次从左向右为1、2…各引脚。图2-79（b）所示是左侧有一个缺角。图2-79（c）所示为左侧有一个凹坑标记。图2-79（d）所示是在散热片左侧有一个缺口。图2-79（e）所示是当散热片上左右侧对称有小孔时在集成块左上侧有一个标记。当集成块什么标记都没有时，将集成块正面放置（型号正面对着自己），从左端起向右依次为1、2…各引脚。

（2）双列集成电路　图2-80所示是双列集成电路的引脚分布规律。双列集成电路的引脚以两列均匀分布。

图2-80（a）所示为在集成电路的左侧有一个标记，此时左下角第一根引脚为1脚，按逆时针方向数，依次为1、2、3…各引脚。图2-80（b）所示为左侧有一个缺口。图2-80（c）所示为有凹坑标记。图2-80（d）所示是陶瓷封装双列集成电路。图2-80（e）所示是没有标记时，将集成块正着放好，型号正面对着自己，左下角第一根引脚为1脚，按照逆时针方向数，为1、2、3…各引脚。

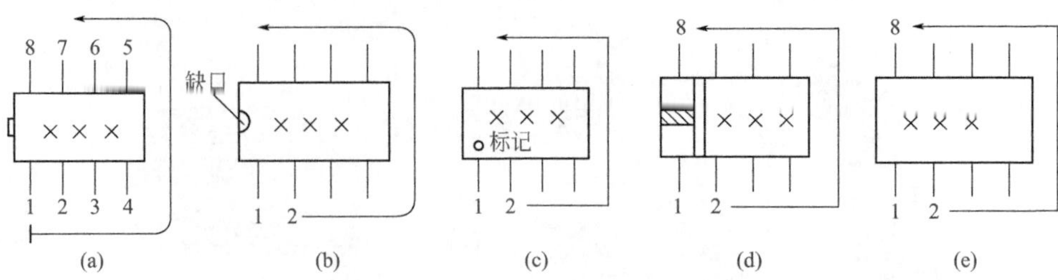

图2-80　双列集成电路的引脚分布规律

（3）圆顶封装集成电路　圆顶封装的集成电路采用金属外壳，外形像一个三极管，如图2-81所示。图2-81（a）所示是外形；图2-81（b）所示是引脚分布规律，从图中可以看出，将凸键向上放，以凸键为起点，顺时针方向依次数。

（4）四列集成电路　图2-82所示是四列集成电路引脚分布规律示意图。

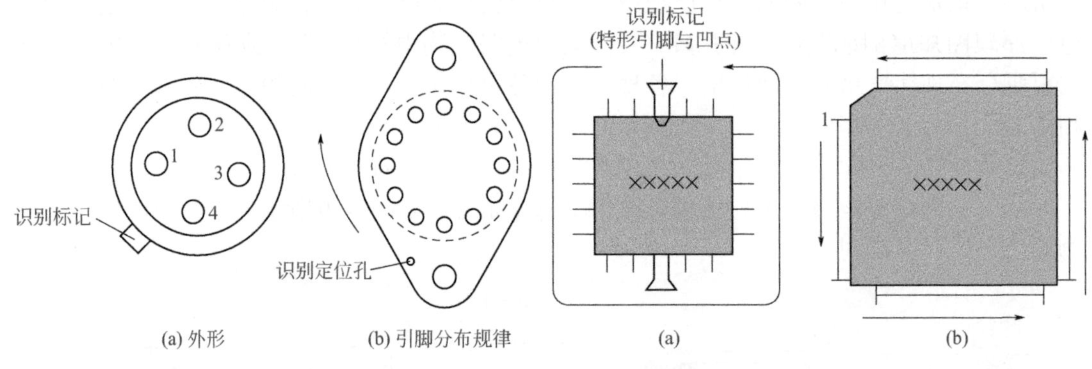

图2-81　圆顶封装的集成电路

图2-82　四列集成电路引脚分布规律

从图2-82中看出，在集成块上有一个记号，表示出第一根引脚的位置，然后依次按逆时针方向数。

（5）反向分布集成电路　在部分（很少）集成电路中，它们的引脚分布规律与上述的分布规律恰好相反，采用反向分布规律，这样做的目的是为了集成电路在线路板上反面安装方便。

反向分布的集成电路通常在型号最后标出字母R，也有的是在型号尾部比正向分布的多一个字母。例如，HA1368是正向分布集成电路，它的反向分布集成电路型号为HA1368R，这两种集成电路的功能、引脚数、内电路结构等均一样，只是引脚分布规律相反。在双列和单列集成电路中均有反向引脚分布的例子，如图2-83所示。

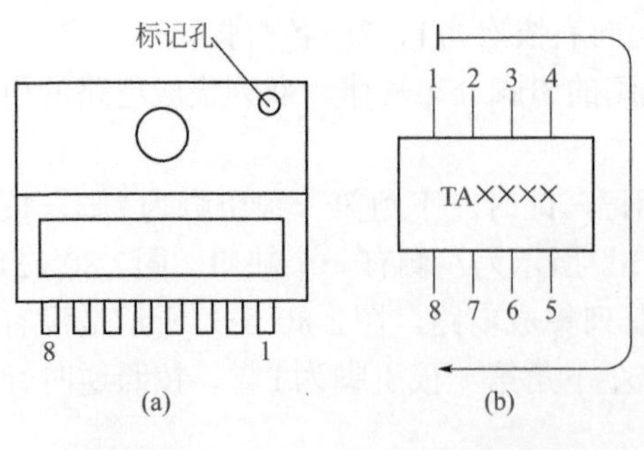

图2-83　引脚反向分布规律示意图

图2-83（a）所示是单列集成电路，将型号正对着自己，自右向左依次为1、2…各引脚。

图2-83（b）所示是双列集成电路，也是将型号正对着自己，左上角为第一根引脚为1脚，顺时针方向依次为1、2…各引脚。

二、集成电路的应用条件

集成电路在使用中要注意一些极限参数，如工作电压、电流等，下面以CMOS集成电路为例说明其应用条件。

1.电路极限范围

表2-12列出了CMOS集成电路的一般参数，表2-13列出了CMOS集成电路的极限参数。CMOS集成电路在使用过程中是不允许在超过极限的条件下工作的。当电路在超过最大额定值条件下工作时，很容易造成电路损坏，或者使电路不能正常工作。

表2-12　CMOS集成电路的一般参数

参数名称	符号	单位	电源电压VDD/V	参数	
				最大值	最小值
静态功耗电流	I_{DD}	μA	5		0.25
			10		0.50
			15		1.00
输入电流	I_i	μA	18		±0.1
输出低电平电流	I_{oL}	mA	5	0.51	
			10	1.3	
			15	3.4	
输出高电平电流	I_{oH}	mA	5	-0.51	
			10	-1.3	
			15	-3.4	
输入逻辑低电平电压	U_{iL}	V	5		1.5
			10		3
			15		4
输入逻辑高电平电压	U_{iH}	V	5	3.5	
			10	7	
			15	11	
输出逻辑低电平电压	U_{oL}	V	5		0.05
			10		0.05
			15		0.05

表2-13　CMOS集成电路（CC4000系列）的极限参数

参数名称	符号	极限值
最高直流电源电压	U_{DD}（max）	-18V
最低直流电源电压	U_{SS}（min）	-0.5V
最高输入电压	U_i（max）	$U_{DD}+0.5$V
最低输入电压	U_i（min）	-0.5V

续表

参数名称		符号	极限值
最大直流输入电流		I_i（max）	±10mA
储存温度范围		T_S	−65 ～ +100℃
工作温度范围	① 陶瓷扁平封装	T_A	−55 ～ +100℃
	② 陶瓷双列直插封装		−55 ～ +125℃
	③ 塑料双列直插封装		−40 ～ +85℃
最大允许功耗	① 陶瓷扁平封装 T_A = −55 ～ +100℃	P_M	200mW
	② 陶瓷双列直插封装 T_A = −55 ～ +100℃ T_A = +100 ～ +250℃		500mW 200mW
	③ 塑料双列直插封装 T_A = −55 ～ +60℃ T_A = +60 ～ +85℃		500mW 200mW
外引线焊接温度（离封装根部1.59mm±0.97mm处焊接，设定焊接时间为10s）		T_L	+265℃

提示：CMOS集成电路虽然允许处于极限条件下工作，但此时对电源设备应采取稳压措施。这是因为当供电电源开启或关闭时，电源上脉冲波的幅度很可能超过极限值，会将电路中各MOS晶体管电极之间击穿。上述现象有时并不呈现电路失效或损坏现象，但有可能缩短电路的使用寿命，或者在芯片内部留下隐患，使电路的性能指标逐渐变劣。

2.工作电压、极性及其正确选择

在使用CMOS集成电路时，工作电压的极性必须正确无误，如果颠倒错位，在电路的正负电源引出端或其他有关功能端上，只要出现大于0.5V的反极性电压，就会造成电路的永久失效。虽然CMOS集成电路的工作电压范围很宽，如CC4000系列电路在3 ～ 18V的电源电压范围内都能正常工作，当使用时应充分考虑以下几点：

（1）输出电压幅度的考虑　电路工作时，所选取的电源工作电压高低与电路输出电压幅度大小密切相关。由于CMOS集成电路输出电压幅度接近于电路的工作电压值，因此供给电路的正负工作电压范围可略大于电路要求输出的电压幅度。

（2）电路工作速度的考虑　CMOS集成电路的工作电压选择直接影响电路的工作速度。对CMOS集成电路提出的工作速度或工作频率指标要求往往是选择电路工作电压的因素。如果降低CMOS集成电路的工作电压，必将降低电路的速度或频率指标。

（3）输入信号大小的考虑　工作电压将限制CMOS集成电路的输入信号的摆幅，对于CMOS集成电路来说，除非对流经电路输入端保护二极管的电流施加限流控制，输入电路的信号摆幅一般不能超过供给电压范围，否则将会导致电路的损坏。

（4）电路功耗的限制　CMOS集成电路所选取的工作电压愈高，则功耗就愈大。但由于CMOS集成电路功耗极小，所以在系统设计中，功耗并不是主要考虑的设计指标。

3.输入和输出端使用规则

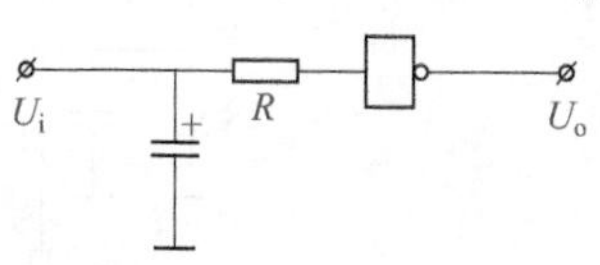

图2-84　输入端的保护方法

（1）输入端的保护方法　在CMOS集成电路的使用中，要求输入信号幅度不能超过$U_{DD}-U_{SS}$。输入信号电流绝对值应小于10mA。如果输入端接有较大的电容C时，应加保护电阻R，如图2-84所示。R的阻值约为几十欧姆至几十千欧姆。

（2）多余输入端的处置　CMOS集成电路多余输入端的处置比较简单，下面以或门及与门为例进行说明。如图2-85所示，或门（或非门）的多余输入端应接至U_{SS}端；与门（与非门）的多余输入端应接至U_{DD}端。当电源稳定性差或外界干扰较大时，多余输入端一般不直接与电源（地）相连，而是通过一个电阻再与电源（地）相连，如图2-86所示，R的阻值约为几百千欧姆。

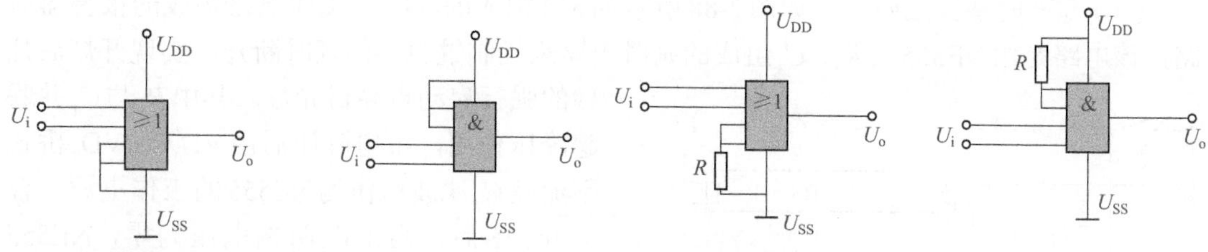

图2-85　多余输入端的处置（一）

图2-86　多余输入端的处置（二）

另外，采用输入端并联的方法来处理多余的输入端也是可行的。但这种方法只能在电路工作速度不高、功耗不大的情况下使用。

（3）多余门的处置　CMOS集成电路在一般情况下使用中，可将多余门的输入端接U_{DD}或U_{SS}，而输出端可悬空不管。当用CMOS集成电路来驱动较大输入电流的元器件时，可将多余门按逻辑功能并联使用。

（4）输出端的使用方法　在高速数字系统中，负载的输入电容将直接影响信号的传输速度，在这种情况下，CMOS集成电路的扇出系数一般取为10～20。此时，如果输出能力不足，通常的解决方法是选用驱动能力较强的缓冲器（如四同相/反相缓冲器CC4041），以增强输出端吸收电流的能力。

三、集成电路构成的各种电路

集成电路构成的电路很多，主要可分为线性集成电路的应用电路、非线性集成电路的应用电路及功率厚膜集成电路的应用电路。下面看几种集成电路构成的电路。

1.线性集成电路（一般都指放大用集成电路）

如图2-87所示为线性集成电路构成的耳聋助听器电路。驻极体话筒BM作传声器用，声音信号由话筒转换成电信号，再经隔直电容C_1送给三极管VT作前置放大，放大后的音频信号由电容器C_2耦合加到电位器R_P上，然后送入功放集成电路IC的输入端7脚，由IC进行功率放大，经功率放大后的音频信号从1、3脚输出，使耳机或扬声器发声。

调试时只要调整R_3，使VT的$I_C=0.1\sim0.2$mA即可。调度完毕，将耳机插好，音量开大，对着话筒讲话，若音质不好，可改变C_3，C_3通常在0.1～10μF之间选取。

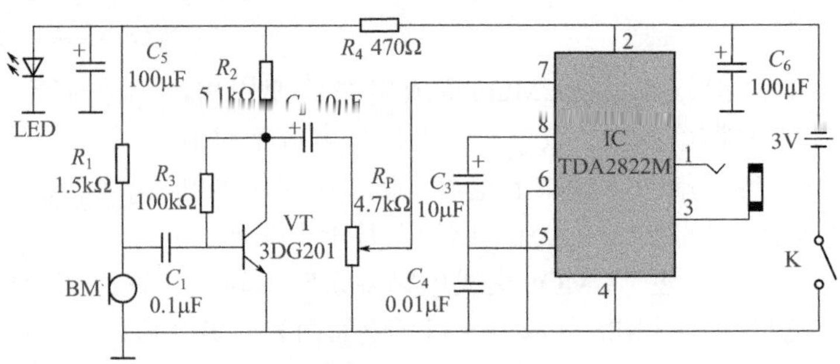

图2-87 耳聋助听器电路

2.非线性集成电路（一般指数字集成电路）

（1）555时基集成电路 如图2-88所示为555构成的非线性集成电路构成的报警器电路，该电路是由NE555及R_P、C_3组成的延时电路来控制继电器的延时断开，实现开灯后几秒的强行启动点亮日光灯。其中R_5与C_1并联起降压作用，市电降压后由VD_1～VD_4桥式整流及C_2滤波后作为NE555的工作电源。合上开关S后，由于C_3两端电压为零，NE555的2、6脚为低电平，3脚输出高电平使断电器K吸合，此时日光灯灯丝通电预热进行启辉。同时，电源通过R_P对C_3充电，延时数秒后2、6脚呈高电平，NE555翻转，3脚输出低电平，继电器K失电，日光灯汞蒸气通电发光。

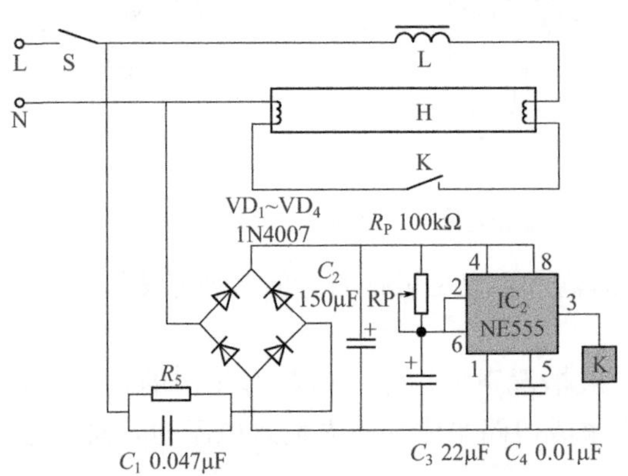

图2-88 报警器电路

R_5可用420kΩ的1/8W炭膜电阻；C_1用0.047μF耐压在630V以上的涤纶电容，C_2、C_3分别用150μF、22μF的电解电容，C_4用0.01μF的瓷片电容；R_P用100kΩ的电位器，继电器用9V直流继电器，整个电路可装在一块4cm×6cm的敷铜板上。根据本地区的电压波动情况调节R_P以确定启辉延时时间。装好后用胶带封好置于日光灯灯座内即可。

（2）数字门电路 报警器种类很多，有烟雾、声控、振动等多种形式。下面介绍一款安装于保险柜的、在光照下能够自动报警的报警器，其报警方式是以红绿灯交替闪烁，并发出高分贝的警笛声。这种报警器能够有效地震慑和阻止盗窃行为。

如图2-89所示为数字集成电路构成的保险柜照度报警器电路。电路的光控部分是用光敏电阻作为光传感器来进行照度控制。当保险柜的门打开，光照度高于设定值时，光生长电阻RG的阻值急剧下降，从而使三极管VT关断，VT集电极输出高电平。因VT输出端与反相器IC_{1a}的输入端（1脚）直接相连，这样导致IC_{1a}的输出端（2脚）为高电平，反相器IC_{1b}的输出端（4脚）则为低电平，反相器IC_{1c}的输出端（6脚）为高电平，于是红色发光二极管HR点亮，同时警笛集成电路IC_2（KD150）受高电平触发工作，输出警笛信号以驱动压电陶瓷蜂鸣片B发出警笛声音。

当光照度很低的时候，光敏电阻RG阻值很大，三极管VT关断，VT集电极为高电平，

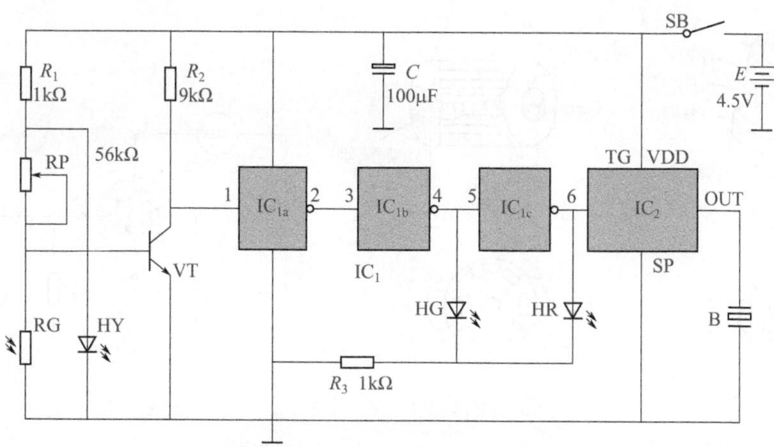

图2-89　保险柜照度报警器电路

从而IC_{1a}输出（2脚）为低电平，IC_{1b}输出（4脚）为高电平，绿色发光二极管HG点亮。而IC_{1c}输出（6脚）为低电平，HR熄灭，IC_2（KD150）不触发，压电陶瓷蜂鸣片B不发声音。

电阻R_1和黄色发光二极管HY组成简单的稳压电路，利用二极管的正向电压降保持基本不变的特性，为R_P、RG串联分压电路提供稳定电压，可以避免电源电压在一定范围内的变化而引起误报警或报警失效。同时，发光二极管HY还作为电源指示灯使用。

第十节　传感器及应用电路

一、气体传感器

气体传感器普遍用于石油、矿山、机械、化工等轻重工业以及普通家庭中关于气体中毒、火灾、爆炸、大气污染等事故的检测、报警和控制。

1. 半导体气体传感器的结构

半导体气体传感器的结构如图2-90所示。

半导体气体传感器的主要优点是其制法和使用方法都较简单，价格也低，对气体浓度变化时响应快，灵敏度也很高等。

2. 气体传感器的选择

❶ 对被测气体的灵敏度高，对每单位气体浓度的阻值变化量要大。

❷ 对单一或多种被测气体的选择性好。

❸ 对烟、酒精等不敏感。

❹ 对环境温度的依赖性小。

❺ 耐湿特性好。

❻ 寿命长。

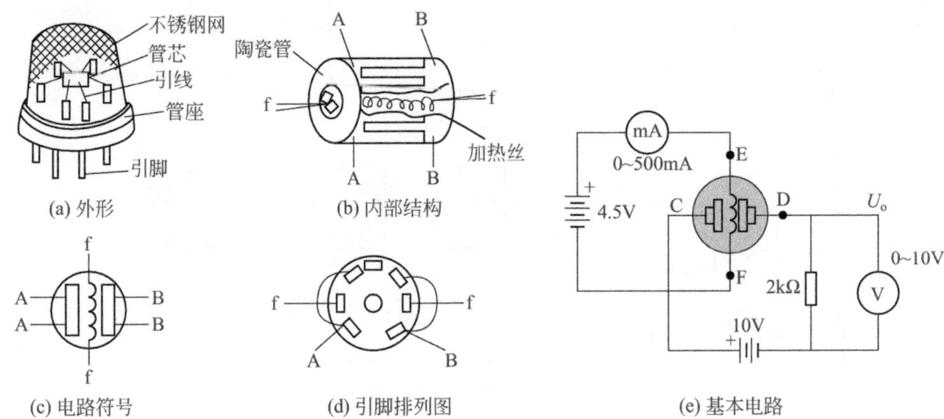

图2-90 半导体气体传感器结构

二、热释红外线传感器

热释红外线传感器由于具有独特优异的功能，广泛地应用在国防和民用领域，作遥控、遥测、防盗、警戒、防火及自动化设施，结构如图2-91所示。

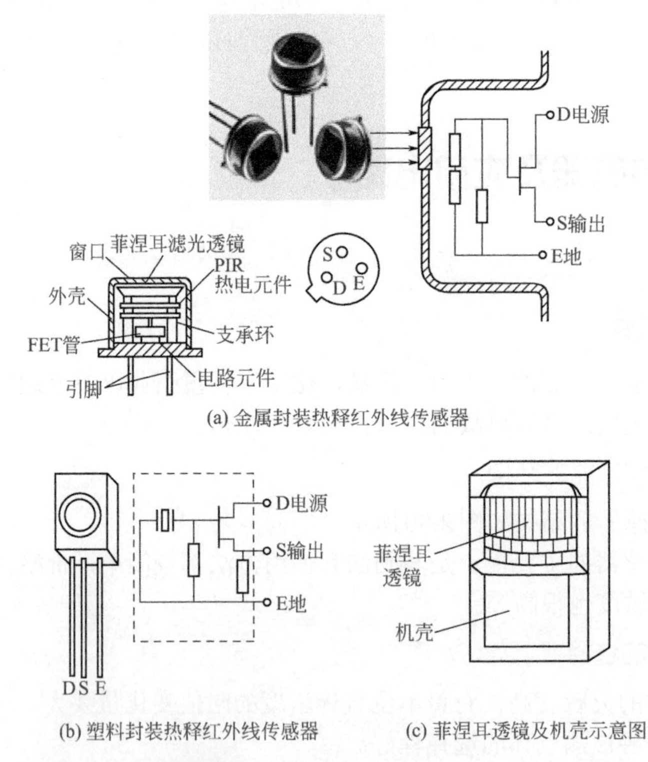

图2-91 热释红外线传感器结构

热释红外线传感器主要由高热系数的锆钛酸铅系陶瓷以及钽酸锂、硫酸三甘钛等配合滤光镜片窗口组成，它能以非接触形式，检测出物体放射出来的红外线能量变化，并将其换成电信号输出。

图2-91（a）所示为金属封装热释红外线传感器，图2-91（b）为塑料封装热释红外线传感器，内装有变换阻抗用的场效应晶体管，输出阻抗一般为10～47kΩ，顶端或侧面装有滤光镜片，用来选择接受不同波长的热释红外线。人体辐射的红外线中心波长为9～10μm，而这种探测元件的波长灵敏度特性在0.2～20μm范围内几乎是稳定不变的。在硅片表面贴上截止波长为7～10μm的滤光片，使波长超过7～10μm的红外线通过，而小于7μm的红外线被吸收，于是就得到只对人体敏感的热释红外线。在此波长范围内，光线不被空气所吸收，因而可高效率地检测红外线。如果用菲涅耳透镜［机壳示意图见图2-91（c）］配合放大电路，则角度更大灵敏度更高。传感器文字符号为AT。

三、温度传感器

在许多测温方法中采用热电偶测温。因为它的测量范围广，一般在-180～2800℃之间，准确度和灵敏度较高，且便于远距离测量，尤其是在高温范围内有较高的精度，所以国际实用温标规定在630.74～1064.43℃范围内用热电偶作为复现热力学温标的基准仪器。

（1）热电偶的基本工作原理 两种不同的导体A与B在一端熔焊在一起（称为热端或测温端），另一端接一个灵敏的电压表，接电压表的这一端称冷端（或称参考端）。当热端与冷端的温度不同时，回路中将产生电势，如图2-92所示。该电势的方向和大小取决于两导体的材料种类及热端及冷端的温度差（T与T_0的差值），而与两导体的粗细、长短开关。这种现象称为物体的热电效应。为了正确地测量热端的温度，必须确定冷端的温度。目前统一规定冷端的温度$T_0=0$℃。但实际测试时要求冷端保持在0℃的条件是不方便的，希望在室温的条件下测量，这就需要加冷端补偿。热电偶测温时产生的热电势很小，一般需要用放大器放大。

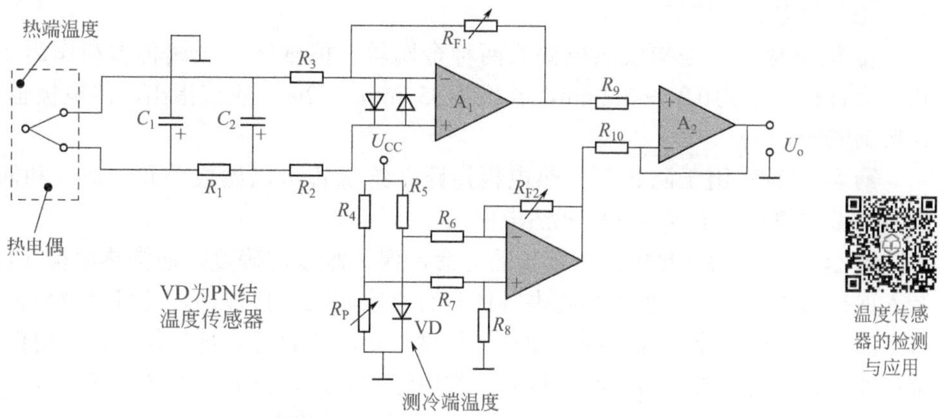

图2-92 热电偶工作原理图

在实际测量中，冷端温度不是0℃，会产生误差，可采用冷端补偿的方法自动补偿。冷端补偿的方法很多，这里仅介绍一种采用PN结温度传感器作冷端补偿的方法，如图2-93所示。

热电偶产生的电势经放大器A_1放大后有一定的灵敏度（mV/℃），采用PN结温度传感器与测量电桥检测冷端的温度，电桥的输出经放大器A_2放大后，有与热电偶放大后相同

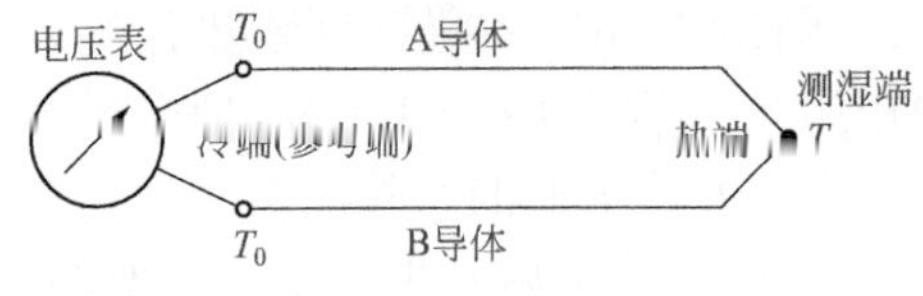

图2-93 冷端补偿

T—热端温度；T_0—冷端温度

的灵敏度。将这两个放大后的信号电压再输入增益为1的差动放大器电路，则可以自动补偿冷端温度变化所引起的误差。在0℃时，调节R_P，使A_2输出为0V，调节R_{F2}，使A_2输出的灵敏度与A_1相同即可。一般在0～50℃范围内，其补偿精度优于0.5℃。

常用的热电偶有7种，其热电偶的材料及测温范围见表2-14。

表2-14 常用配接热电偶的仪表测温范围

热电偶名称	分度号		测温范围/℃
	新	旧	
镍铬-康铜		E	0～800
铜-康铜	CK	T	-270～400
铁-康铜		J	0～600
镍铬-镍硅	EU-2	K	0～1300
铂铑-铂	LB-3	S	0～1600
铂铑30-铂10	LL-2	B	0～1800
镍铬-考铜	EA-2		0～600

注：镍铬-考铜为过渡产品，现已不用。

在这些热电偶中，CK型热电偶应用最广。这是因为热电动势率较高，特性近似线性，性能稳定，价格便宜（无贵金属铂及铑），测温范围适合大部分工业温度范围。

(2)热电偶的结构

❶ **热电极** 就是构成热电偶的两种金属丝。根据所用金属种类和作用条件的不同，热电极直径一般为0.3～3.2mm，长度为350mm～2m。应该指出，热电极也有用非金属材料制成的。

❷ **绝缘管** 用于防止两根热电极短路，绝缘管可以做成单孔、双孔和四孔的形式，也可以做成填充的形式（如缆式热电偶）。

❸ **保护管** 为使热电偶有较长的寿命，保证测量准确度，通常热电极（连同绝缘管）装入保护管内，可以减少各种有害气体和有害物质的直接侵蚀，还可以避免火焰和气流的直接冲击。一般根据测温范围、加热区长度、环境气氛等来选择保护。常用保护管材料分金属和非金属两大类。常用绝缘材料及常用保护管的材料见表2-15、表2-16。

表2-15 常用绝缘材料

材料名称	使用温度/℃	材料名称	使用温度/℃
橡皮、塑料	60～80	石英管	0～1300
丝、干漆	0～130	瓷管	1400
氟塑料	0～250	再结晶氧化铝管	1500
玻璃丝、玻璃管	500～600	纯氧化铝管	1600～1700

表2-16　常用保护管的材料

材料名称	长期使用温度/℃	短期使用温度/℃	备注
钢或铜合金	400		防止氧化表面镀铬或镍
无缝钢管	600		
不锈钢管	900～1000	1250	
28Cr铁（高铬或铸铁）	1100		
石英管	1300	1600	
瓷管	1400	1600	
再结晶氧化铝管	1500	1700	
高纯氧化铝管	1600	1800	
硼化锆	1800	2100	

❹ **接线盒**　供连接热电偶和补偿导线用。接线盒多采用铝合金制成。为防止有害气体进入热电偶，接线盒出孔和盖应尽可能密封（一般用橡胶、石棉垫圈、垫片以及耐火泥等材料来封装），接线盒内热电极与补偿导线用螺钉紧固在接线板上，保证接触良好。接线处有正负标记，以便检查和接线。

（3）测量　检测热电偶时，可直接用万用表电阻挡测量，如不通则热电偶有断路性故障。

（4）热电偶使用中的注意事项

❶ 热电偶和仪表分度号必须一致。

❷ 热电偶和电子电位差计不允许用铜质导线连接，而应选用与热电偶配套的补偿导线。安装时热电偶和补偿导线正负极必须相对应，补偿导线接入仪表中的输入端正负极也必须相对应，不可接错。

❸ 热电偶的补偿导线安装位置尽量避开大功率的电源线，并应远离强磁场、强电场，否则易给仪表引入干扰。

❹ 热电偶的安装：

a.热电偶不应装在太靠近炉门和加热源处。

b.热电偶插入炉内深度可以按实际情况而定。其工作端应尽量靠近被测物体，以保证测量准确。另外，为了装卸工作方便并不至于损坏热电偶，又要求工作端与被测物体有适当距离，一般不少于100mm。热电偶的接线盒不应靠到炉壁上。

c.热电偶应尽可能垂直安装，以免保护管在高温下变形，若需要水平安装时，应用耐火泥和耐热合金制成的支架支撑。

d.热电偶保护管和炉壁之间的空隙，用绝热物质（耐火泥或石棉绳）堵塞，以免冷热空气对流而影响测温准确性。

e.用热电偶测量管道中的介质温度时，应注意热电偶工作端有足够的插入深度，如管道直径较小，可采取倾斜或在管道弯曲处安装。

f.在安装瓷和铝这一类保护管的热电偶时，其所选择的位置应适当，不致因加热工件的移动而损坏保护管。在插入或取出热电偶时，应避免急冷急热，以免保护管破裂。

g.为保护测试准确度，热电偶应定期进行校验。

四、霍尔元件磁电传感器

1.霍尔元件的性能特点

利用霍尔效应制成的半导体元件叫霍尔元件。所谓霍尔效应就是指：一个磁场加到一个通有电流的导体上时，在该导体的两侧面就会产生一个电压。

霍尔元件具有结构简单、频率特性优良（从直流到微波）、灵敏度高、体积小、寿命长等突出特点，因此被广泛用于位移量测量、磁场测量、接近开关以及限位开关电路中。

图2-94所示为霍尔元件的结构示意图及电路符号。图中施加的外磁场B与半导体薄片相垂直，矩形薄片相对霍尔元件通常有四个引脚，即两个电源端和两个输出端。典型应用电路如图2-95所示。E为直流供电电源。R_P为控制电流I大小的电位器。I通常为几十至几百毫安。R_L是霍尔元件输出端的负载。电流I的两端为输入端，输入端的内阻称为输入电阻R_1。VH端为输出端，输出端的内阻称为输出电阻R_2。

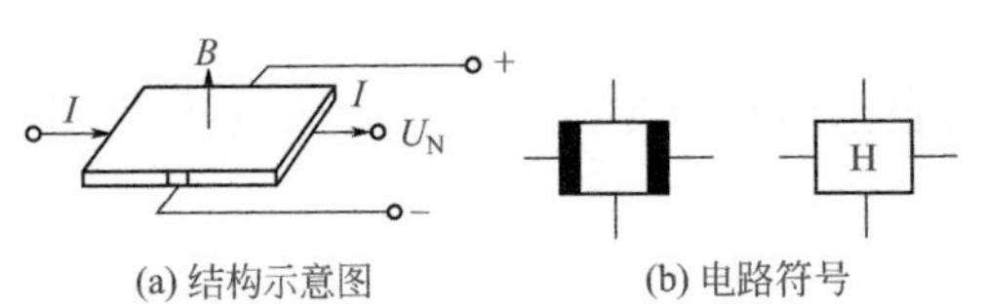

图2-94 霍尔元件的结构示意图及电路符号

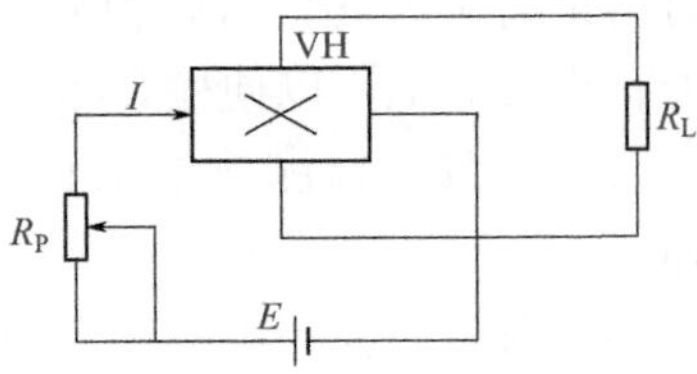

图2-95 霍尔元件应用电路

2.霍尔元件的主要参数

表2-17为常用国产霍尔元件的主要参数。

表2-17 常用国产霍尔元件的主要参数

参数 型号	输入电阻 R_1/Ω	电阻率ρ $/\Omega\cdot cm$	灵敏度K_H /[mV/(mA·T)]	输出电阻 R_2/Ω	工作温度t /℃	控制电流I /mA
HS-1	1.2	0.01	＞1	1	-40～60	200
HT-1	0.8	0.003～0.01	＞1.8	0.5	0～40	250
HZ-4	45	0.4～0.5	＞4	40	-40～75	50
HZ-1	110	0.8～1.2	＞12	100	-40～45	20

3.霍尔传感器

霍尔传感器是在霍尔元件的基础上发展而来的一种电子器件。它将霍尔元件与放大器、温度补偿电路及稳压电源做在同一个芯片上，因而能产生较大的电动势，克服了霍尔元件电动势较小的不足。

霍尔传感器具有灵敏度高、可靠性好、无触点、功耗低、寿命长等优点，很适合在自动控制、仪器仪表及测量物理量的传感器中使用。

霍尔传感器也称为霍尔集成电路，分为线性型和开关型两种。UGN-3501T（HP503）就是线性型霍尔传感器的一种，其内部结构框图、电路符号及外形如图2-96所示，主要参数见表2-18。

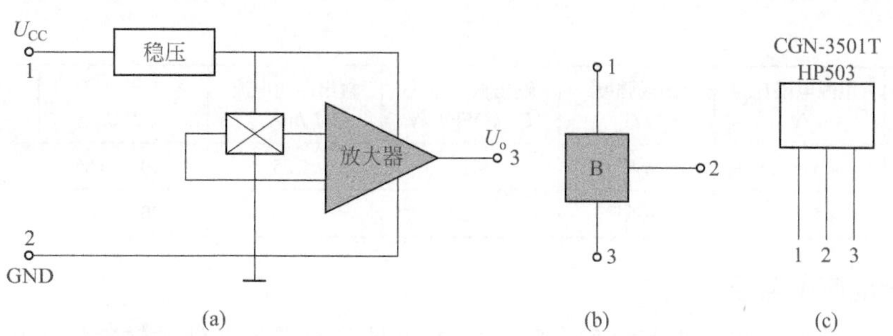

图2-96　UGN-3501T（HP503）内部结构框图、电路符号及外形

表2-18　线性型霍尔传感器UGN-3501T（HP503）主要参数

参数 型号	电源电压U_{CC} /V	电源电流I_c /mA	灵敏度K_H /[mV/(mA・T)]	静态输出U_o /V	带宽B_w /kHz	工作温度T /℃	线性范围B_L /T
UGN-3501T HP503	8～12，最大16	10～20	3500～7000	2.5～5	25（-3dB）	0～7	±0.15

开关型霍尔传感器的典型产品有UGN-3000系列，其外形与UGN-3501T相同，内部框图如图2-97（a）所示。它是由霍尔元件、放大器、整形电路以及集电极开路输出的三极管等部分组成。其工作电路如图2-97（b）所示。表2-19和表2-20分别列出了UGN-3000型开关型霍尔传感器的特性参数和使用极限参数，可供选用时进行参考。

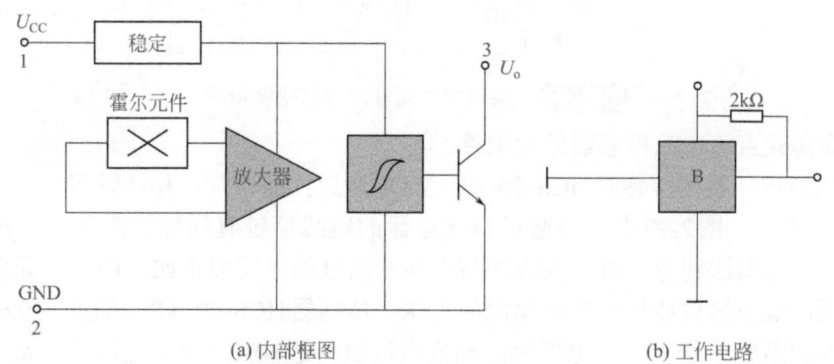

图2-97　UGN-3000型霍尔传感器

表2-19　几种开关型霍尔传感器特性参数

参数 型号	工作点 B_{op}/T	释放点 B_{Rp}/T	输出低电平 U_{oL}/mV	磁滞 B_H/T	电源电流 I_{oc}/mA	输出漏电流 I_{oH}/μA	输出上升 时间t_r/ns	输出下降 时间t_r/ns
UGN-3020	0.002～0.035	0.005～0.0165	0.0085～0.04	0.002～0.0055	5～9	0.1～2.0	15	100
UGN-3030	0.016～0.025	-0.025～0.011	0.01～0.04	0.002～0.005	2.5～5	0.1～1.0	100	500
UGN-3075	0.005～0.025	0.025～0.005	0.0085～0.04	0.01～0.02	3～7	0.2～1.0	100	200

表2-20　几种开关型霍尔传感器使用极限参数

参数 型号	电源电压U_{CC} /V	磁场强度 B/T	输出截止电压 U_o（OFF）/V	输出导通电流 I_{ol}/mA	工作温度 T/℃	储存温度 T_s/℃
UGN-3020	4.5～25	不限	＜25	＜25	0～70	-65～+150

续表

参数 型号	电源电压U_{CC}/V	磁场强度B/T	输出截止电压U_o（OFF）/V	输出导通电流I_{ol}/mA	工作温度T/℃	储存温度T_s/℃
UGN-3030	4.5～25	不限	＜25	＜25	−20～+85	−65～+150
UGN-3075	4.5～25	不限	＜25	＜50	−20～+85	−65～+150

4.传感器应用电路

（1）采用霍尔元件的转速检测电路 图2-98是采用霍尔元件的转速检测电路，当磁转子M旋转时，霍尔电压的正负极性随着外加磁场的NS极性变化而变化，运放接成差动输入形式，可以除去霍尔电压中共模电压成分，而将1、3点之间的差值进行放大，通过检测输出电压即可得到磁转子M的转速。由于运算放大器有较大的放大作用，霍尔元件输出很小也不会有问题，这时，多采用输出电压小、温度特性非常好的GaAs的霍尔元件。

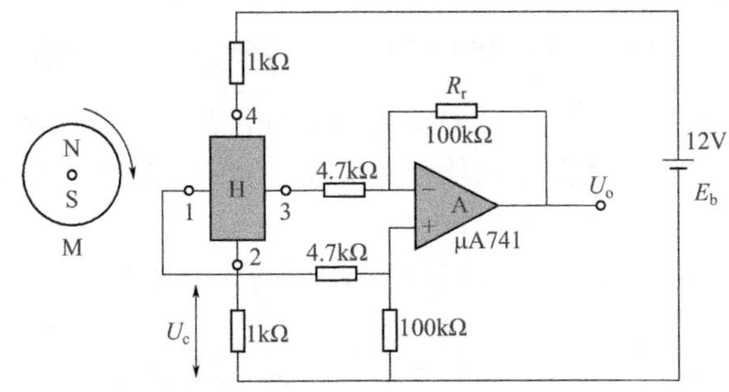

图2-98 采用霍尔元件的转速检测电路

（2）霍尔式直流电流传感器放大电路

❶ **电路组成** 霍尔传感器HCS-20-AP，集成运放，晶体管，稳压管等。

❷ **工作原理** 图2-99中，当通过直流电流的电线穿过有间隙的磁环时，在间隙内产生磁通。在磁通未达到饱和时，该磁通与电线中通过的电流成正比。用霍尔元件将该磁通转换成电压，就获得与被测直流成比例的电压。传感器HCS-20-AP灵敏度为0.6mV/A，考虑霍尔元件的温度漂移、噪声电平等，测量电流值可达10A以上。电路中，R_{P1}用于调零，R_{P2}用于满刻度调整，R_{P3}用于控制电流调整。

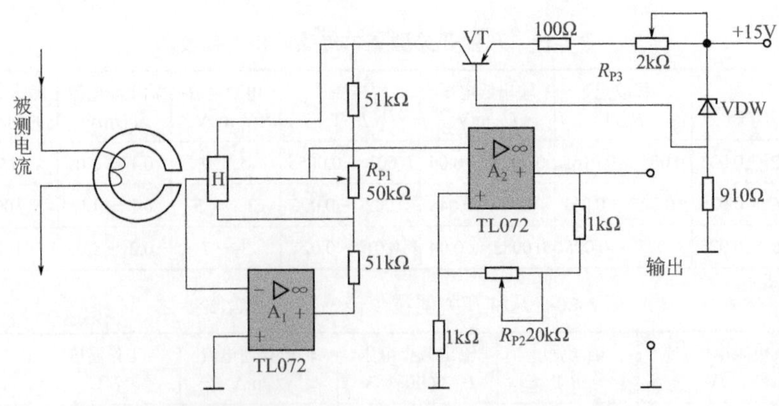

图2-99 霍尔式直流电流传感器放大电路

第十一节　其他元件应用电路

一、光电耦合器应用电路

1.种类及结构

光电耦合器的种类较多，常见的有光电二极管型、光电三极管型、光敏电阻型、光控晶闸管型、光电达林顿型、集成电路型等，常见的发光源为发光二极管，受光器为光敏二极管、光敏三极管等。光电耦合器内部结构如图2-100所示，外形如图2-101所示（外形有金属圆壳封装、塑封双列直插等）。

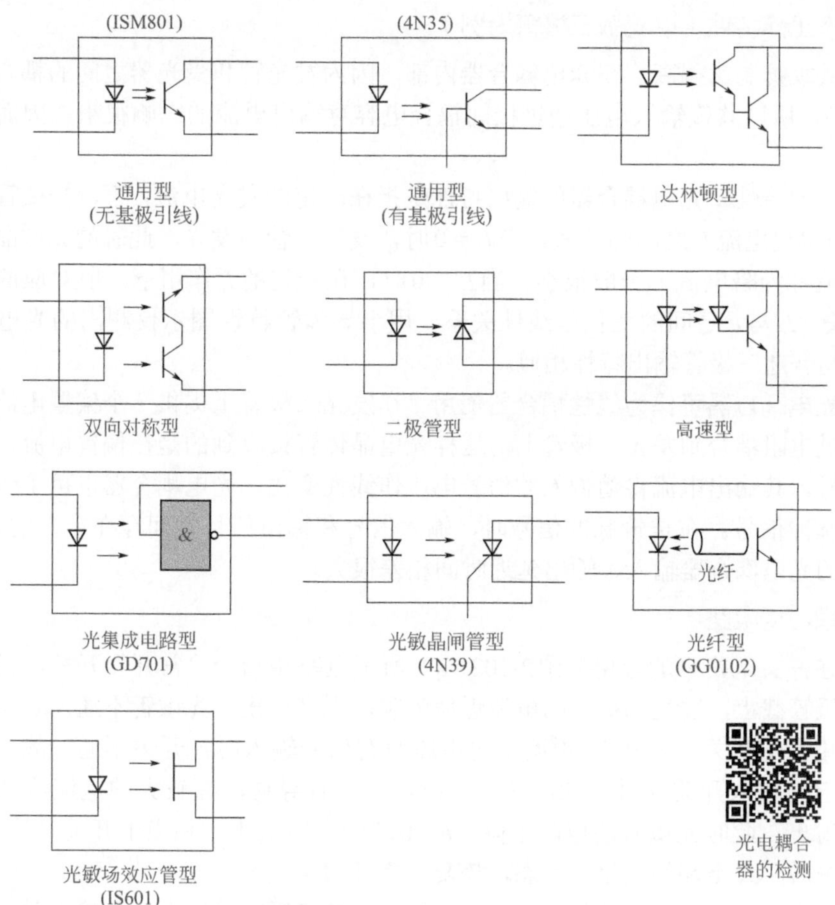

图2-100　光电耦合器内部结构

工作原理：在光电耦合器输入端加电信号使发光源发光，光的强度取决于激励电流的大小，此光照射到封装在一起的受光器上后，因光电效应而产生了光电流，由受光器输出端引出，这样就实现了电-光-电的转换。

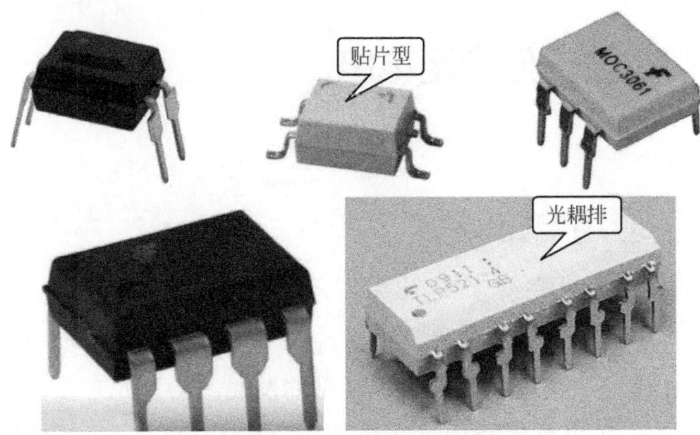

图2-101 光电耦合器外形图

2.基本工作特性（以光敏三极管为例）

（1）共模抑制比很高 在光电耦合器内部，因为发光管和受光器之间的耦合电容很小（2pF以内），所以共模输入电压通过极间耦合电容对输出电流的影响很小，因而共模抑制比很高。

（2）输出特性 光电耦合器的输出特性是指在一定的发光电流I_F下，光敏管所加偏置电压U_{CE}与输出电流I_C之间的关系。当$I_F=0$时，发光二管不发光，此时的光敏晶体管集电极输出电流称为暗电流，一般很小。当$I_F>0$时，在一定的I_F作用下，所对应的I_C基本上与U_{CE}无关。I_C与I_F之间的变化呈线性关系，用半导体管特性图示仪测出的光电耦合器的输出特性与普通三极管输出特性相似。

（3）光电耦合器可作为线性耦合器使用 在发光二极管上提供一个偏置电流，再把信号电压通过电阻耦合到发光二极管上，这样光电晶体管接收到的是在偏置电流上增、减变化的光信号，其输出电流将随输入的信号电压作线性变化。光电耦合器也可工作于开关状态，传输脉冲信号。在传输脉冲信号时，输入信号和输出信号之间存在一定的延迟时间，不同结构的光电耦合器输入、输出延迟时间相差很大。

3.光耦应用电路

（1）在开关电路中的应用 图2-102（a）所示电路相当于“常开”开关。当无脉冲输入时，三极管截止，发光二极管的电流近似为零，无光射出，光敏管不通，a、b端间的电阻极大，相当于开关“断开”。说明平时电路没有信号输入时，开关不通，故称此为“常开”态。但当加入开关信号（脉冲信号）时，三极管导通，有较大的电流流经发光二极管，有光射出。此时光敏管的电阻下降，a、b端间电阻很小，相当于开关“接通”。当开关信号消失后，a、b端间又呈开路态，恢复“常开”。

图2-102（b）所示电路相当于“常闭”开关。当三极管基极无信号输入时，处于截止态，其集电极为高电位，有足够的电流流经发光二极管，使光敏管导通，a、b端之间阻值很小，相当于开关“接通”。由于平常无信号时接通，便称之为“常闭”态。但当有信号输入时，三极管导通，其集电极电位下降（0.1～0.3V），远小于发光二极管的正向导通电压（1.3～2V），故发光二极管无电流通过，光敏管a、b端之间的电阻极大，相当于开关断开。一旦信号消失后，恢复“常闭”。

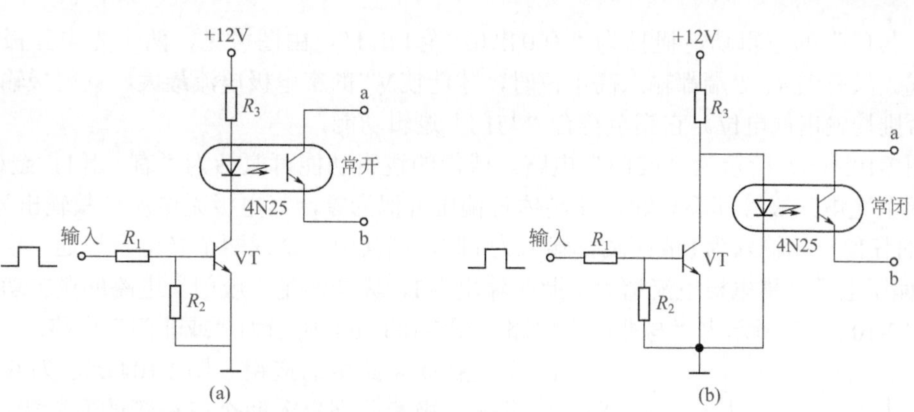

图2-102 光电耦合器在开关电路中的应用

（2）在逻辑电路中的应用 由于光电耦合器的抗干扰性能比晶体管好，因此用光电耦合器组成逻辑电路要比晶体管可靠得多。

图2-103（a）所示为“与门”电路。设在逻辑变换中高电位为1状态，低电位为0状态。

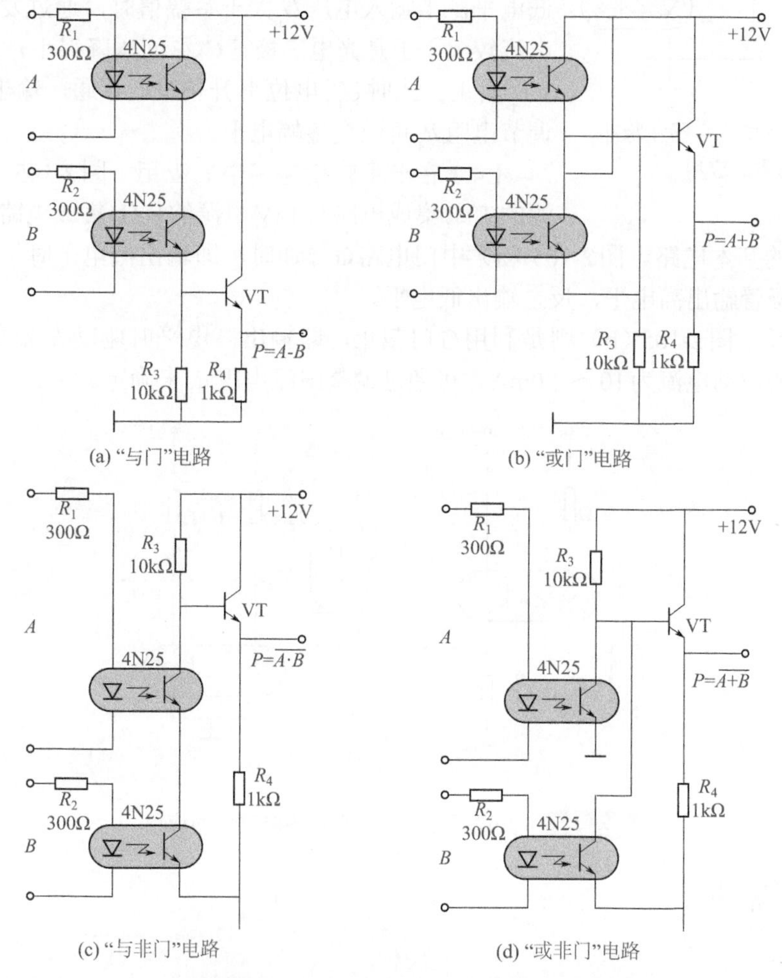

图2-103 光电耦合器在逻辑电路中的应用

通常“与门”的逻辑功能概括为“有0出0，全1出1”。由图可见，两个光电三极管为串联形式。只有当A、B端都输入高电位时，才能使VT的集电极电流最大，其射极输出高电位，否则均输出低电位。它完全符合“与门”逻辑功能。

图2-103（b）所示为“或门”电路。或门的逻辑功能可概括为“有1出1，全0出0”。图中两个光电三极管都不导通，使晶体管偏压近似为零，集电极无电流，故输出为0。当A、B的任何一端输入为1或两端都输入为1时，则其中一个或两个光电管导通，使晶体管VT的偏压上升，集电极电流增大，此时输出为1，完全满足“或门”电路的逻辑功能。

图2-103（c）所示为“与非门”电路。图2-103（d）所示为“或非门”电路。

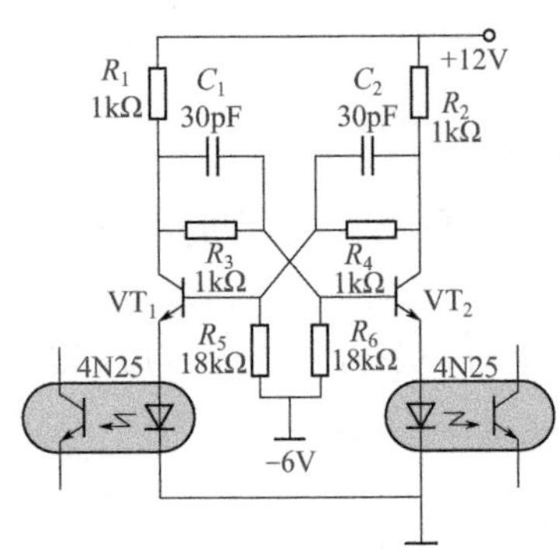

图2-104 光电耦合器在脉冲电路中的应用

（3）在脉冲电路中的应用 图2-104所示为双稳态电路，将发光二极管分别串入两个三极管的发射极电路中，能有效地解决输出与负载隔离的问题。

当输入电压U_i为低电平时，通过发光二极管的电流很小，于是光电三极管C、E间呈现高阻状态，VT_1的偏压较高，可完全导通。导致U_{C1}电位下降，使VT_2截止，输出低电平。当输入电压U_i大于鉴幅值时，通过发光二极管的电流较大，于是光电三极管C、E间压降很小，使U_{BE}下降，VT_1截止。此时U_{C1}电位上升使VT_2导通，输出为高电平。调节电阻R_1可改变鉴幅电平。

（4）在电平转换电路中的应用 图2-105所示为5V电源的TTL集成电路与15V电源的HTL集成电路相互连接进行电平转换的基本电路。图2-105（a）中门电路G导通时，即输出低电平时发光二极管导通，光电三极管输出高电平，反之输出低电平。

与此相反，图2-105（b）则是利用G门截止，即输出高电平时驱动发光二极管导通。发光二极管的驱动电流为10～20mA，可通过调整限流电阻R_1来确定。

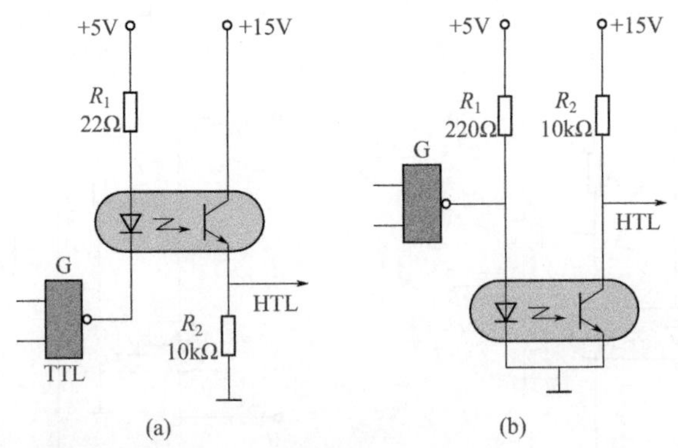

图2-105 光电耦合器在电平转换电路中的应用

二、显示器件

1.数码管

数码管显示器件是目前常用的显示器件，这种显示器件成本低，配置灵活，接口方

便，应用十分普遍。

数码管是将若干发光二极管按一定图形组织在一起的显示器件。应用较多的是7段数码管，因内部还有1个小数点，故又称为8段数码管。图2-106所示为LED数码管外形和内部结构。数码管根据内部结构可分为共阴极数码管和共阳极数码管两种。

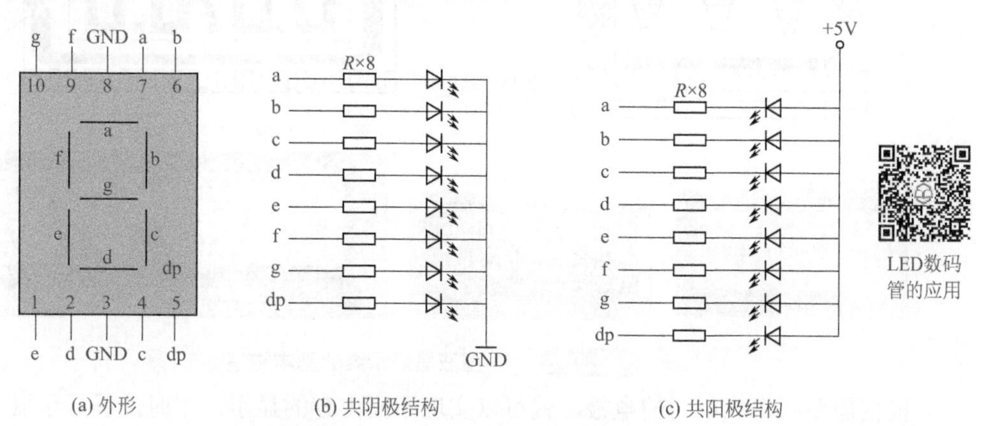

(a) 外形　(b) 共阴极结构　(c) 共阳极结构

图2-106　LED数码管外形和内部结构

图2-106（b）所示为共阴极数码管电路，8个LED（7段笔画和1个小数点）的负极连接在一起接地，译码电路按需给不同笔画的LED正极加上正电压，使其显示出相应数字。图2-106（c）所示为共阳极数码管电路，8个LED（7段笔画和1个小数点）的正极连接在一起接电源，译码电路按需给不同笔画的LED负极加上负电压，使其显示出相应数字。

LED数码管的7个笔段电极分别为a ～ g（有些资料中为大写字母），dp为小数点，如图2-106（a）所示。LED数码管的字段显示码见表2-21（表2-21中为16进制）。

表2-21　LED数码管的字段显示码

显示字符	共阴极码	共阳极码	显示字符	共阴极码	共阳极码
0	3fh	C0h	9	6fh	90h
1	06h	F9h	A	77h	88h
2	5bh	A4h	b	7ch	83h
3	4fh	B0h	C	39h	C6h
4	66h	99h	d	5eh	A1h
5	6dh	92h	E	79h	86h
6	7dh	82h	F	71h	8eh
7	07h	F8h	P	73h	8ch
8	7fh	80h	熄灭	00h	ffh

2. 液晶显示器件

将上下两块制作有透明电极的玻璃，利用胶框对四周进行封接，形成一个很薄的盒。在盒中注入TN型液晶材料。通过特定工艺处理，使TN型液晶的棒状分子平行地排列于上下电极之间，如图2-107所示。

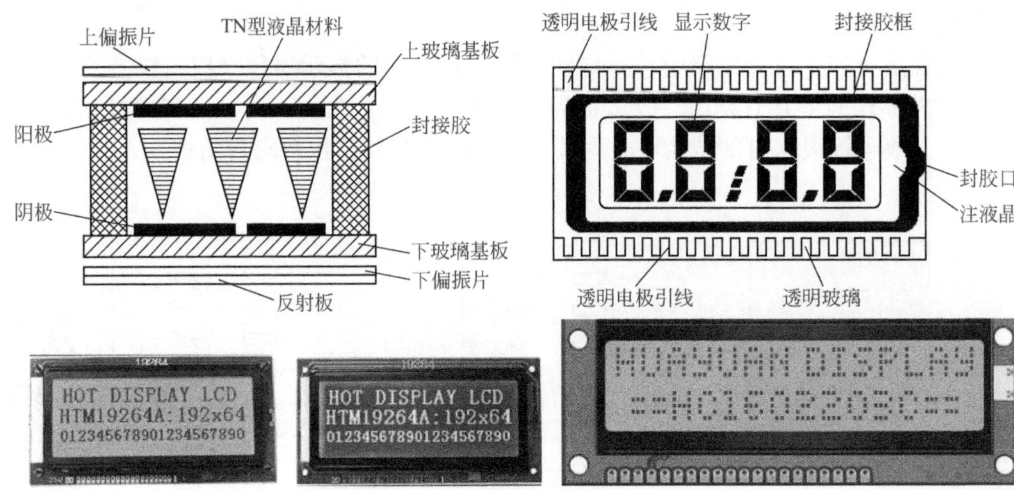

图2-107 TN型液晶显示器的基本构造

根据需要制作成不同的电极，就可以实现不同内容的显示。平时液晶显示器呈透亮背景，电极部位加电压后，显示黑色字符或图形，这种显示称为正显示。如使图2-107中下偏振片的偏振方向与上偏振片的偏振方向一致，则正相反，平时背景呈黑色，加电压后显示字符部分呈透亮，这种显示称为负显示。后者适用于背光源的彩色显示器件。

目前应用广泛的是三位半静态显示液晶屏，其引脚排列如图2-108及表2-22所示。

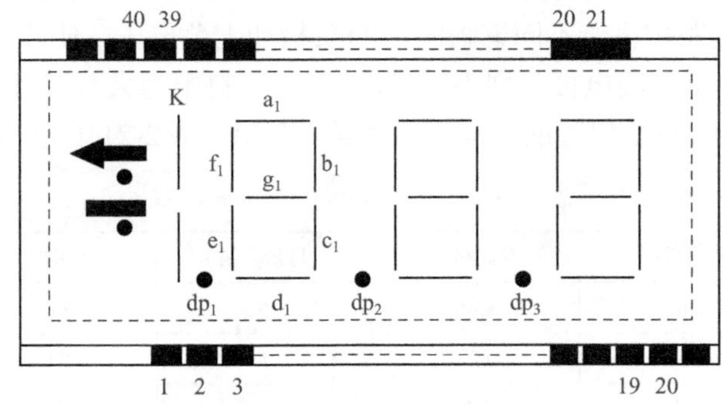

图2-108 液晶显示器引脚排列顺序图

表2-22 液晶显示器引脚排列表

1	2	3	4	5	6	7	8	9	10	11	12	13	14	15	16	17	18	19	20
COM		K					dp_1	E_1	D_1	C_1	dp_2	Q_2	D_2	C_2	dp_3	E_3	D_3	C_3	B_3
40	39	38	37	36	35	34	33	32	31	30	29	28	27	26	25	24	23	22	21
COM		←						g_1	f_1	a_1	b_1	L	g_2	f_2	a_2	b_2	g_3	f_3	a_3

三、陶瓷滤波器

陶瓷滤波器是陶瓷振子组成的选频网络的总称，在电路中可以起到滤波器、陷波器、鉴频器的作用，取代传统的*LC*电路，具有噪声电平低、信噪比高、体积小、无须调整、工作稳定、价格便宜的优点，缺点是频率不能调整。

陶瓷滤波器利用陶瓷材料压电效应将电信号转化为机械振动，在输出端再将机械振动转化为电信号。由于机械振动对频率响应很敏锐，故其品质因数Q值很高，幅频和相频特性都非常理想。陶瓷滤波器有两端和三端两种，其外形、电路符号及等效电路如图2-109所示。

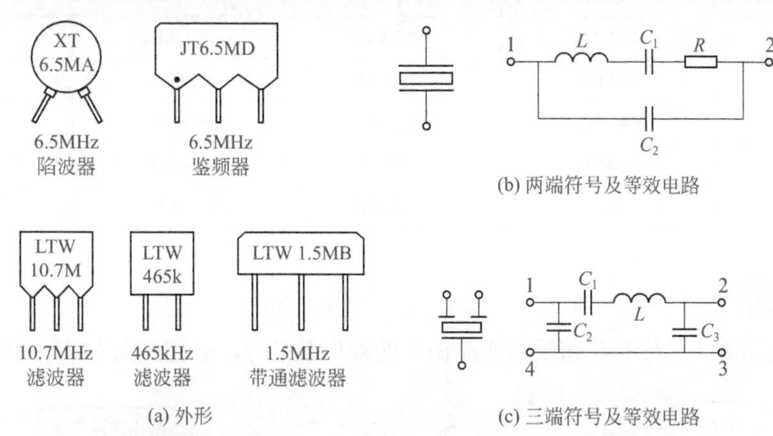

图2-109　陶瓷滤波器电路外形、电路符号及等效电路

依据幅频特性，陶瓷滤波器分为带通滤波器（简称滤波器）和带阻滤波器（即陷波器）。滤波器在电路中常用作中频调谐、选频网络、鉴频和滤波等。在电视机中用6.5MHz的陶瓷滤波器将0～6MHz的视频信号衰减，而取出6.5MHz的伴音中频信号，常用型号有LT6.5M、LT6.5MA、LT6.5MB、LT5.5MB等。调幅收音机中广泛使用465kHz中频滤波器，如LT465、LT465MA、LT465MB等。调频收音机中用的10.7MHz中频滤波器，常用型号是LT10.7、LT10.7MA、LT10.7MB等。常见滤波器性能指标见表2-23。

表2-23　常见滤波器性能指标

型号	中心频率	带宽（-3dB）	插入损耗	通带波动
LT465	465kHz	≥±4kHz	≤4dB	≤1dB
LT455	455kHz	≥±7kHz	≤6dB	≤1dB
LT10.7MA	（10.7±0.03）MHz	（280±50）kHz	≤6dB	≤2dB
LT10.7MB	（10.67±0.03）MHz	（280±50）kHz	≤6dB	≤2dB
LT10.7MC	（10.73±0.03）MHz	（280±50）kHz	≤6dB	≤2dB
LT6.5M	6.5MHz	±80kHz	≤6dB	
LT5.5M	5.5MHz	±70kHz	≤6dB	
LT6.0M	6.0MHz	±75kHz	≤6dB	

陷波器的作用是阻止或滤掉有害分量对电路的影响。彩电中常用6.5MHz和4.5MHz陷波器来消除伴音、副载波对图像的干扰。陷波器常用型号有XT6.5MA、XT6.5MB、XT6.0MA、XT4.43M等。其性能指标参见表2-24。

表2-24　常见陷波器性能指标

型号	陷波频率	陷波深度	带宽（-3dB）	绝缘电阻
2T94.5	4.5MHz	≥20dB	≥30kHz	100MΩ

续表

型号	陷波频率	陷波深度	带宽（-3dB）	绝缘电阻
2TP6.5	6.5MHz	≥30dB	≥70kHz	100MΩ
XT6.5MA	6.5MHz	≥20dB	>17kHz	100MΩ
XT6.5MB	6.5MHz	≥30dB	>60kHz	100MΩ
XT4.43M	4.43MHz	≥20dB	≥30kHz	
XT6.0MA	6.0MHz	≥20dB	≥30kHz	
XT5.5MA	5.5MHz	≥20dB	≥30kHz	

四、石英晶体

常见石英晶体（又称石英谐振器或晶振）的外形及符号、结构如图2-110和图2-111所示。

石英晶振的检测

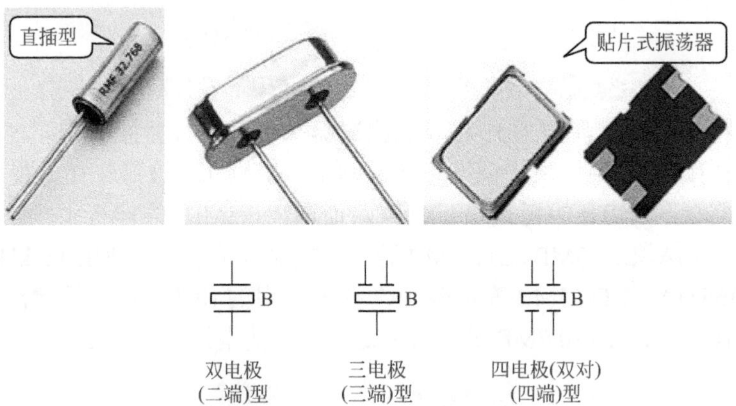

图2-110 常见石英晶体的外形及符号

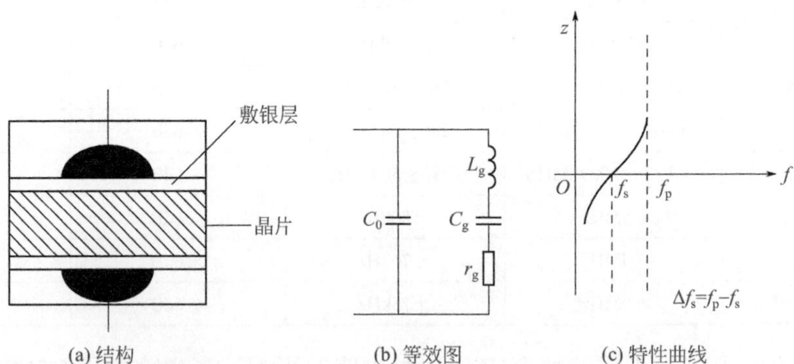

图2-111 石英谐振器结构、等效图与特性曲线

1. 石英晶体的型号

石英晶体的型号由三部分组成。第一部分由汉语拼音字母表示外壳材料，第二部分用一字母表示石英片的切割方式，第三部分用阿拉伯数字区分谐振器的主要参数、性能及外形尺寸。第一、第二部分字母符号的意义见表2-25。例如JF6.000则表示该石英谐振器为

金属外壳，FT切割方式，谐振频率为6MHz。

表2-25　石英晶体第一、第二部分字母符号的意义

<table>
<tr><th>第一部分</th><th>第二部分</th></tr>
<tr><td rowspan="3">S：塑料类</td><td>A：AT切割方式</td></tr>
<tr><td>B：BT切割方式</td></tr>
<tr><td>C：CT切割方式</td></tr>
<tr><td rowspan="3">B：玻璃类</td><td>D：DT切割方式</td></tr>
<tr><td>E：ET切割方式</td></tr>
<tr><td>F：FT切割方式</td></tr>
<tr><td rowspan="7">J：金属类</td><td>G：GT切割方式</td></tr>
<tr><td>H：HT切割方式</td></tr>
<tr><td>M：MT切割方式</td></tr>
<tr><td>N：NT切割方式</td></tr>
<tr><td>U：音叉弯曲振动型切割</td></tr>
<tr><td>X：X切割方式（伸缩振动）</td></tr>
<tr><td>Y：Y切割方式</td></tr>
</table>

2.石英晶体的参数（见表2-26）

石英晶体的主要电参数是标称频率f_0、负载电容C_1、激励电平（功率）和温度频差等。

表2-26　石英晶体的参数

<table>
<tr><th>型号</th><th>标称频率/kHz</th><th>负载电容/pF</th><th>激励电平（功率）/mW</th><th>谐振电阻/Ω</th><th>用途</th></tr>
<tr><td>JA22</td><td rowspan="4">4433.619</td><td>14，16，18，20</td><td>4</td><td rowspan="2">≤90</td><td rowspan="5">专为彩色电视接收机配套使用</td></tr>
<tr><td>JA18A</td><td>16</td><td rowspan="4">1</td></tr>
<tr><td>JA18B</td><td>∞</td><td>≤70</td></tr>
<tr><td>JA24</td><td>14，16，18，20，30</td><td rowspan="2">≤60</td></tr>
<tr><td>JA18C</td><td>8867.238</td><td>20</td></tr>
<tr><td>JA40</td><td rowspan="2">4194.304</td><td>30</td><td rowspan="2">1或2</td><td>≤80</td><td rowspan="2">与石英电子钟配套使用</td></tr>
<tr><td>JA42</td><td>10，12，18，20</td><td>≤100</td></tr>
<tr><td>JA1（308）</td><td rowspan="2">32768</td><td rowspan="2">8，10，12，5，15，20</td><td rowspan="2">1</td><td>30k</td><td rowspan="2">用于石英电子手表</td></tr>
<tr><td>JA2（206）</td><td>40k</td></tr>
</table>

（1）标称频率　石英晶体成品上标有一个标称频率，当电路工作在这个标称频率时，频率稳定度最高。这个标称频率通常是在成品出厂前，在石英晶体上并接一定的负载电容条件下测定的。

（2）负载电容　石英谐振器在使用中应重点注意其负载电容和激励电平。负载电容是指从谐振器插脚两端向振荡电路方向看进去的等效电容。负载电容常用的标准值为：

15pF、20pF、30pF、50pF或100pF。负载电容与谐振器一起决定振荡器的工作频率，通过调整负载电容，一般可以将振荡器的工作频率调整到标称值。负载电容要根据具体情况选取。负载电容太大，杂散电容影响减小，但微调率下降；负载电容太小，微调率增加，但杂散电容影响增加，等效电阻增加，电路不能正常工作甚至起振困难。

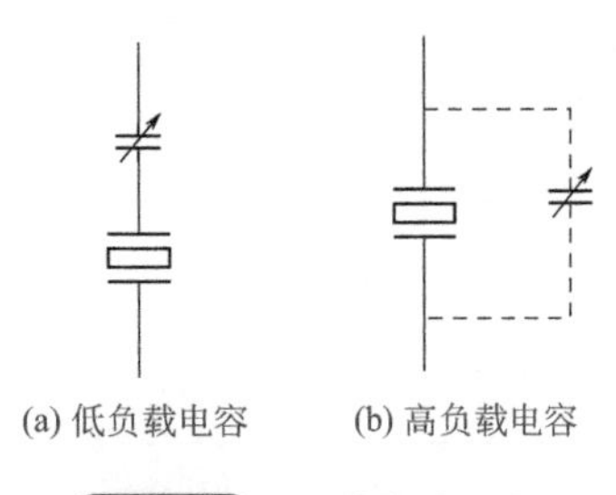

图2-112 负载电容配接

晶振的负载电容有高、低两类之别。低者一般仅为十几皮法至几百皮法，而高者则为无穷大，两者相差悬殊，不能混用，否则会使振荡频率偏离电路不能正常工作。两类不同负载电容的使用方式也不同。低负载电容都串联几十皮法容量的电容器，如图2-112（a）所示；而高负载电容不但不能串联电容器，还须并联数皮法小容量电容器（外电路的分布电容有时也能取代这个并联小电容），如图2-112（b）所示。

每个晶振的外壳上除了清晰地标明标称频率外，还以型号及等级符号区分其他性能参数的差异。如同为标称频率4.43MHz的国产晶振JA18A（应用于松下M11机芯彩色副载波电路）为低负载电容，仅16pF，电路中串有电容；而JA18B（应用于三洋83P机芯彩色副载波电路）则是高负载电容，为无穷大，电路中不能串有电容。

（3）激励电平 激励电平是谐振器工作时消耗的有效功率，常用的标准值有0.1mW、0.5mW、1mW、2mW、4mW。激励电平在实际使用时也要合理确定。激励电平较小时，频率不稳，甚至不易起振；激励电平强时，容易起振，但频率变化加大，过强时使石英片破碎。

晶振和VCO组件的区别：晶振和VCO（压控振荡器）组件是两类不同的器件。晶振是一个元件，本身不能产生振荡信号，必须配合外电路才能产生信号。而VCO组件将晶体、变容二极管、三极管、电阻和电容等元件构成的振荡电路封装在一起，构成一个完整的晶振振荡电路，可以直接输出时钟信号。VCO组件一般有4个端口，即输出端、电源端、AFC控制端及接地端，如图2-113所示。

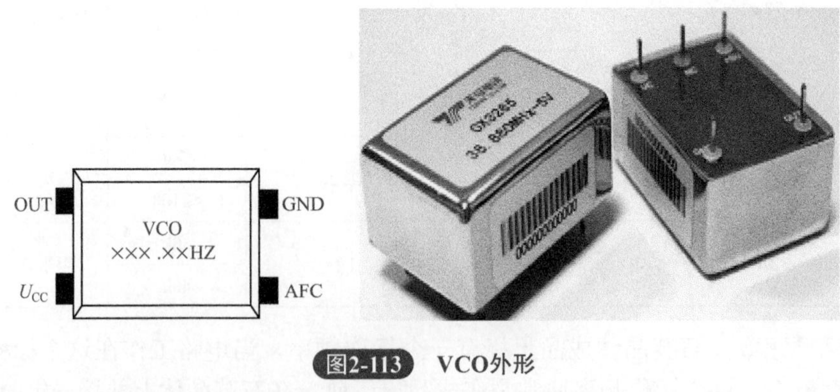

图2-113 VCO外形

3. 石英晶体的代换

表2-27列出了部分石英晶体的代换型号。

表2-27 部分石英晶体的代换型号

型号	国内可直接代换的型号
A74994	JA18A
EX0005X0	XZT500
4.43MHz PAL-APL	JA24A、JA18、JA18A
EX0004AC	JA188、JA24、ZFWF、2S-B
KSS-4.3MHz	JA24A、JA18A、JA18
RCRS-B002FZZ	JA18
TSS116M1	JA24A、JA18A

第三章

模拟电路-单元电路

第一节　基础元件组合电路

一、*RC*供电滤波电路

1. 基本*RC*供电滤波电路

电路如图3-1所示。图中R为供电电阻；C_1为电解电容构成的低频滤波电容（因为电解电容在绕制的时候成线圈状，所以说存在一个微型电感，这样会阻止高频）；C_2为无极性电容，滤除高频信号。这就是简单的*RC*供电滤波电路。*RC*供电滤波电路有一定的压降。

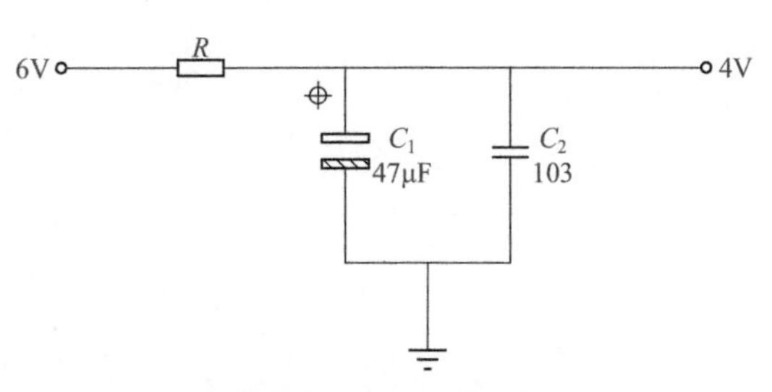

图3-1　*RC*供电滤波电路

此种*RC*供电电路供电的电流相对来讲比较小，如果想要提供大电流，必须要增大R的功率。

2. *RC*阻容降压供电电路

伴随元器件性能的提高和价格的下降，对于小型的电子装置，由于其耗电量小（大都为毫安级的）和用于特殊要求场合（如漏电保护线路防电磁干扰），故有不少电路采用了电容降压式的直流电源。

典型的电路如图3-2所示。图3-2（b）中，C_1为降压电容，VD_2为半波整流二极管，VD_1在市电的负半周时给C_1提供放电回路，R为关断电源后C_1的电荷泄放电阻。当需要向负载提供较大的电流时，可采用图3-2（c）所示的桥式整流电路。

二、*LC*供电滤波电路

在前面所讲的*RC*供电滤波电路当中，因为R的阻值有一定的压降，所以它只适用于小功率电路，如果想使用大功率供电，那么可以使用*LC*供电滤波电路，如图3-3所示。

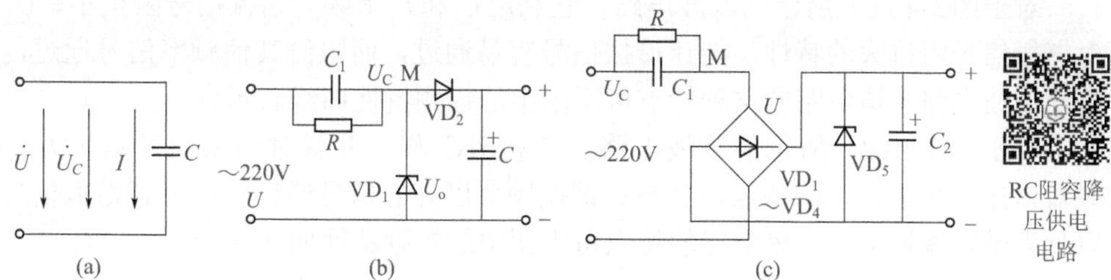

图3-2　*RC*阻容降压供电电路

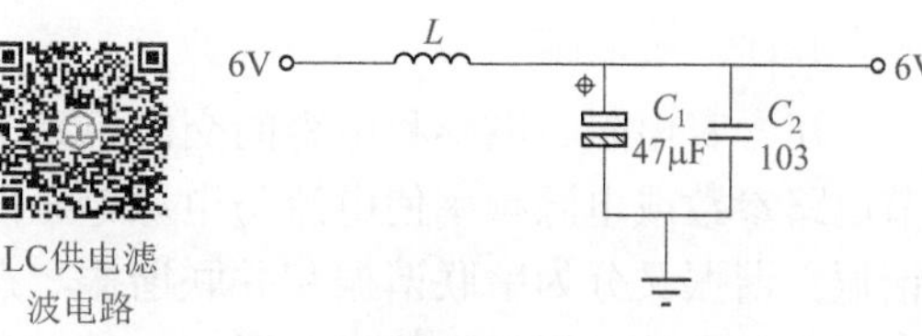

图3-3　*LC*供电滤波电路

图3-3中，*L*为供电电感，利用感抗进行滤波，C_1为低频滤波电容，C_2为高频滤波电容。由于电感是用漆包线即铜线制作而成的，铜线的截面积不同，流过的电流也有所不同，所以说，*LC*供电滤波可以适用于大功率电路。

*LC*供电滤波电路要想得到比较好的滤波效果，需要增大*L*的电感量及C_1、C_2的容量，因为*L*电感量增大则必造成体积增大，所以高频电路使用*LC*供电滤波电路的情况较多。

三、*LC*组成的各种滤波器

*LC*滤波器也称为无源滤波器，是传统的谐波补偿装置。*LC*滤波器之所以称为无源滤波器，顾名思义，就是该装置不需要额外提供电源。*LC*滤波器一般是由滤波电容器、电抗器和电阻器适当组合而成的，与谐波源并联，除起滤波作用外，还兼顾无功补偿的需要。

*LC*滤波器按照功能分为*LC*低通滤波器、*LC*带通滤波器、*LC*高通滤波器、*LC*全通滤波器、*LC*带阻滤波器；按调谐又分为单调谐滤波器、双调谐滤波器及三调谐滤波器等几种。*LC*滤波器设计流程主要考虑其谐振频率及电容器耐压、电抗器耐流。

以图3-4（a）所示的滤波电路来说，当有信号从左至右传输时，*L*对低频信号阻碍小，对高频信号阻碍大；*C*则对低频信号衰减小，对高频信号衰减大。因此该滤波电路容易通过低频信号，称为低通滤波电路。其特点可用图中的幅频特性曲线表示。

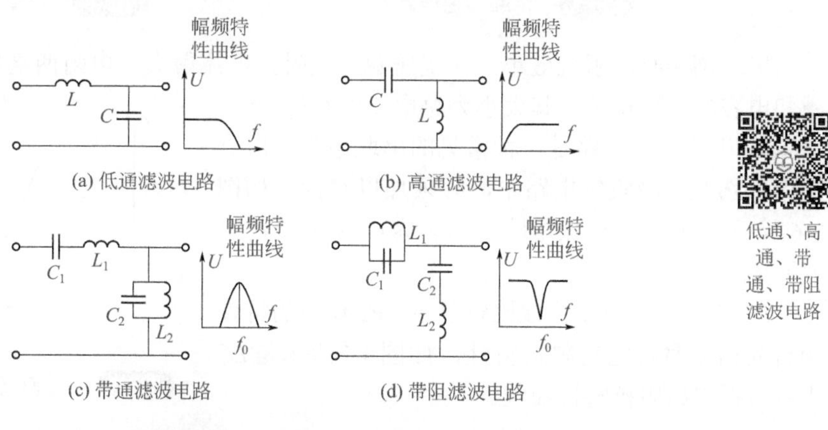

低通、高通、带通、带阻滤波电路

图3-4　各种滤波单元电路

对于图3-4（b）所示的滤波电路来说，容易通过高频信号，所以称为高通滤波电路。

对于图3-4（c）所示的滤波电路，它利用C_1和L_1串联对谐振信号阻抗小、C_2和L_2并联对谐振信号阻抗大的特性，能让谐振信号容易通过，而阻碍其他频率信号通过，所以称为带通滤波电路。该电路的这种特点可用图中的幅频特性曲线表示。

对于图3-4（d）所示的滤波电路，它利用C_1和L_1并联对谐振信号阻抗大、C_2和L_2串联对谐振信号阻抗小的特点，容易让谐振频率以外的信号通过，而抑制谐振信号通过，所以称为带阻滤波电路。该电路的特点可用图中的幅频特性曲线来表示。

四、*LRC*谐振电路

1. 什么是谐振

在含有电阻、电感和电容的交流电路中，电路两端电压和电流一般是不同相的，若调节电路参数或电源频率使电流与电源电压同相，电路呈电阻性，称这时电路的工作状态为谐振。谐振又分为串联谐振和并联谐振，在串联电路中发生的谐振即为串联谐振，在并联电路中发生的谐振即为并联谐振。

2. 串联谐振电路

（1）串联谐振的定义和条件 在电阻、电感、电容串联电路中，当电路端电压和电流同相时，电路呈电阻性，电路的这种状态叫作串联谐振，如图3-5所示。

当频率较低时，容抗大而感抗小，阻抗|Z|较大，电流较小，当频率较高时，感抗大而容抗小，阻抗|Z|也较大，电流也较小。在这两个频率之间，总会有某一频率，在这个频率时，容抗与感抗恰好相等，这时阻抗最小且为纯电阻，所以，电流最大，且与端电压同相，这就发生了串联谐振。

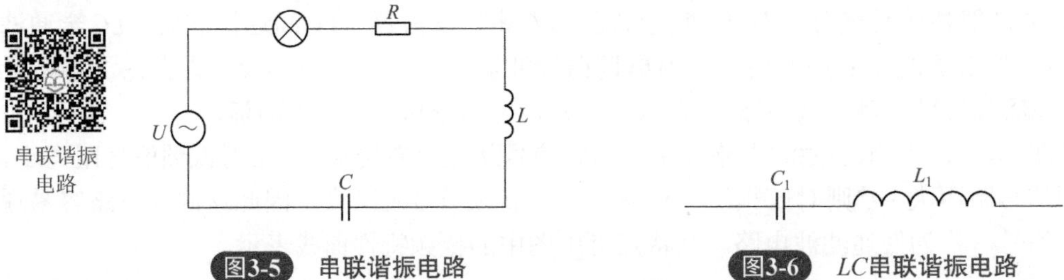

图3-5 串联谐振电路

图3-6 *LC*串联谐振电路

串联谐振时，阻抗最小，在电压*U*一定时，电流最大，电阻两端电压等于总电压。电感和电容的电压相等，其大小为总电压的*Q*倍。

*LC*串联谐振电路是一种常见的串联电路，广泛应用于选频、吸收等电路中，必须加以掌握。如图3-6所示是*LC*串联谐振电路，由电容C_1和电感L_1串联而成。

*LC*串联谐振电路特性比较复杂，在众多的特性中首先需要掌握它的阻抗特性，如图3-7所示是*LC*串联谐振电路阻抗特性曲线。

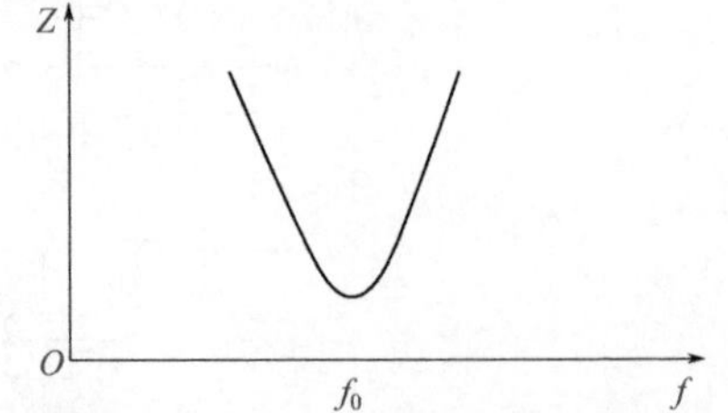

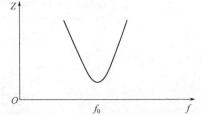

图3-7 *LC*串联谐振电路阻抗特性曲线

（2）谐振时阻抗特性理解方法　*LC*串联谐振电路工作原理分析需要分成三个频点、频段进行，即谐振时、输入信号频率高于谐振频率和输入信号频率低于谐振频率。

当输入信号频率等于谐振频率时，电路发生谐振，*LC*串联谐振电路的阻抗处于最小状态，且可等效为一个纯电阻，此时流过整个谐振电路的信号电流最大。电路分析中，这一点最为重要。

（3）电路失谐时阻抗特性理解方法　当输入信号频率高于或低于谐振频率时，*LC*串联电路处于失谐状态，电路阻抗都比谐振时大。

如图3-8所示是*LC*串联谐振电路工作在高于谐振频率段时的等效电路示意图。由于频率高于谐振频率，C_1的容抗较小，L_1的感抗较大，根据串联电路特性可知，感抗在串联电路中起主要作用，所以整个*LC*串联谐振电路等效成一个电感。

如图3-9所示是*LC*串联谐振电路工作在低于谐振频率段时的等效电路示意图。由于频率低于谐振频率，L_1的感抗较小，C_1容抗较大，容抗在串联电路中起主要作用，所以整个*LC*串联谐振电路等效成一个电容。

C1
L1
等效电路
R1
R2
R1为C1等效容抗，
频率升高容抗下降
R2为L1等效感抗，频率升高感抗增
大，所以L1起主要作用，由电感滤波

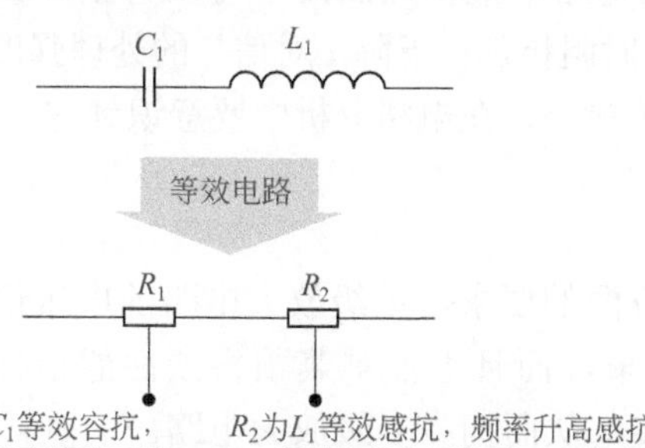

图3-8　*LC*串联谐振电路工作在高于谐振频率段时的等效电路示意图

C1
L1
等效电路
R1
R2
R1为C1等效容抗，频率降低容抗增
大，所以C1起主要作用，由电容滤波
R2为L1的等效感抗，
频率降低感抗下降

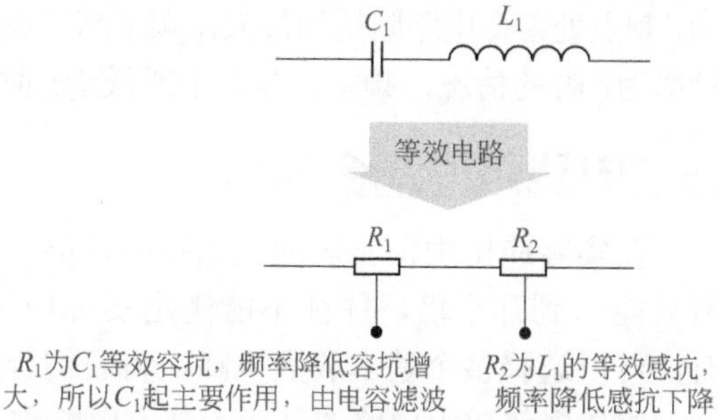

图3-9　*LC*串联谐振电路工作在低于谐振频率段时的等效电路示意图

3.并联谐振电路

*LC*并联谐振电路是一个常用电路。如图3-10所示是*LC*并联谐振电路，由电容和电感并联构成。

*LC*并联谐振电路特性比较复杂，在众多的特性中首先需要掌握它的阻抗特性，如图3-11所示是*LC*并联谐振电路阻抗特性曲线。

C1
L1

并联谐振电路

图3-10　*LC*并联谐振电路

Z
O
f0
f

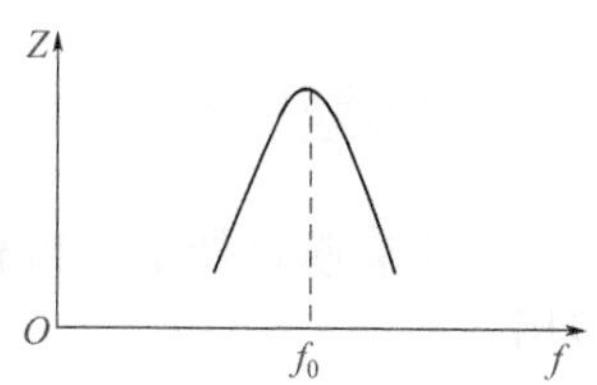

图3-11　*LC*并联谐振电路阻抗特性曲线

（1）谐振时阻抗特性理解方法　*LC*并联谐振电路工作原理分析需要分成三个频率点、频段进行，即谐振时、输入信号频率高于谐振频率和输入信号频率低于谐振频率。

当输入信号频率等于谐振频率时，电路发生谐振，*LC*并联谐振电路的阻抗处于最大

状态，且可等效成一个纯电阻，此时流过整个谐振电路的信号电流最小。电路分析中，这一点最为重要。

注意：LC并联谐振电路的阻抗特性与LC串联谐振电路的阻抗特性恰好相反，在记住了一种电路的阻抗特性后就能方便记住另一种电路的阻抗特性。

（2）电路失谐时阻抗特性理解方法 当输入信号频率高于或低于谐振频率时，LC并联电路处于失谐状态，电路阻抗都比谐振时小。

当频率高于谐振频率时，LC并联电路阻抗下降，且等效成一个电容，因为频率升高电容C_1容抗下降，电感L_1感抗升高，在并联电路中起主要作用的是阻抗小的元器件，所以这时阻抗下降的同时等效成一个电容。

当频率低于谐振频率时，LC并联阻抗也是下降的，但是等效成一个电感，因为频率降低电容C_1容抗增大，电感L_1感抗下降，在并联电路中起主要作用的是阻抗小的电感L_1，所以这时阻抗下降的同时等效成一个电感。

（3）电路分析中的细节掌握 从LC并联谐振电路阻抗特性曲线中可以看出，在频率为f_0频点处谐振电路阻抗为最大，频率高于或低于f_0时阻抗都在下降，对信号的处理强度弱于频率为f_0时的情况，频率愈是高于或低于f_0时，阻抗愈小，在电路分析中要意识到这一点。

五、电路级间耦合电路

在实际应用中，常对放大电路的性能提出多方面的要求，单级放大电路的电压倍数一般只能达到几十倍，往往不能满足实际应用的要求，而且也很难兼顾各项性能指标。这时，可以选择多个基本放大电路，将它们合理连接，从而构成多级放大电路。

组成多级放大电路的每一个基本电路称为一级，级与级之间的连接方式称为级间耦合。多级放大电路有4种常见的耦合方式，即阻容耦合、变压器耦合、直接耦合和光电耦合。

1.阻容耦合

两级阻容耦合放大电路

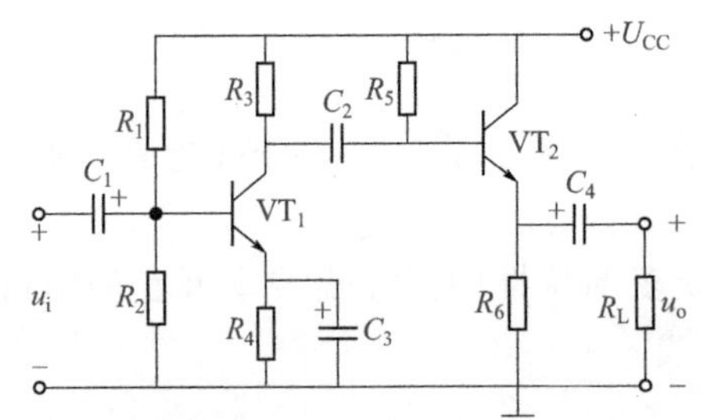

图3-12 两级阻容耦合放大电路

将多级放大电路的前级输出端通过电容接到后级输入端，称为阻容耦合方式，图3-12所示为两级阻容耦合放大电路，第一级为共发射极放大电路（简称共射放大电路），第二级为共集电极放大电路（简称共集放大电路）。

阻容耦合的优点是：前级和后级直流通路彼此隔开，每一级的静态工作点相互独立，互不影响，便于分析和设计电路。因此，阻容耦合在多级交流放大电路中得到了广泛应用。

阻容耦合的缺点是：信号在通过耦合电容加到下一级时会大幅衰减，对直流信号（或变化缓慢的信号）很难传输。在集成电路里制造大电容很困难，不利于集成化。所以，阻容耦合只适用于分立元件组成的电路。

应当指出，随着集成放大电路的应用越来越广泛，只有在特殊需要下，由分立元件组成的放大电路中才可能采用阻容耦合方式。

2.变压器耦合

利用变压器将前级的输出端与后级的输入端连接起来，这种耦合方式称为变压器耦合，如图3-13所示，输出信号经过变压器送到负载。R_{B1}、R_{B2}为VT的偏置电阻，C_E是旁路电容，用于提高交流放大倍数。

变压器耦合的优点是：由于变压器不能传输直流信号，且有隔直作用，因此各级静态工作点相互独立，互不影响。变压器在传输信号的同时还能够进行阻抗、电压、电流变换。

变压器耦合的缺点是：体积大、笨重等，不能实现集成化应用。

由于变压器比较笨重，无法实际集成，而且也不能传输缓慢变化的信号，因此，这种耦合方式目前已很少采用。

3.直接耦合

将前一级的输出端直接连接到后一级的输入端，称为直接耦合，如图3-14所示。

变压器耦合放大电路

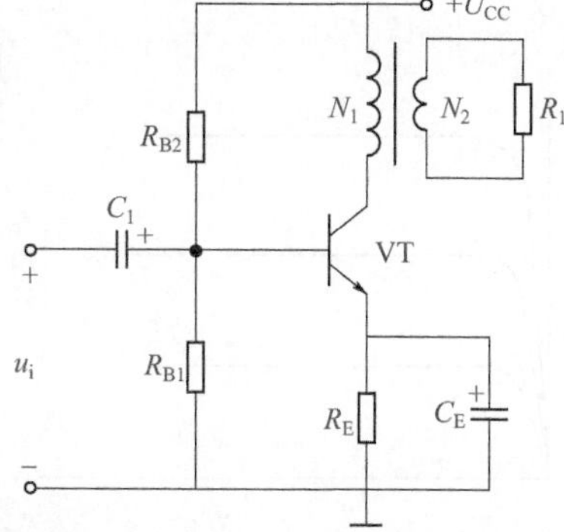

直接耦合放大电路

图3-13　变压器耦合共发射极放大电路

图3-14　直接耦合电路

（1）直接耦合放大电路静态工作点的位置

❶ 从图3-14中看出，第二级省去了基极电阻，R_{C1}既是第一级的集电极电阻，又是第二级的基极电阻。静态时，VT_1管的管压降U_{CEQ1}等于VT_2管的U_{BEQ2}。VT_1管的工作点太低，容易饱和。

❷ 为提高VT_1管的工作点，在VT_2管的发射极加电阻R_{E2}，如图3-15所示。但这会使第二级的电压放大倍数大大降低。

❸ 为了不降低放大倍数，可以用二极管或稳压二极管来代替电阻R_{E2}，如图3-16所示。

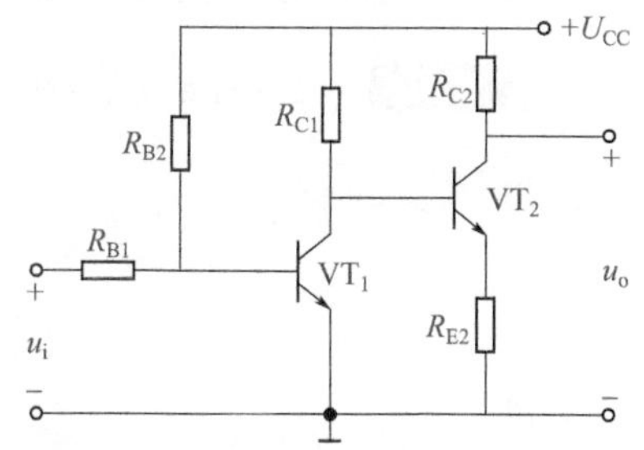

图3-15　为提高VT_1管的工作点，在VT_2管的发射极加电阻R_{E2}

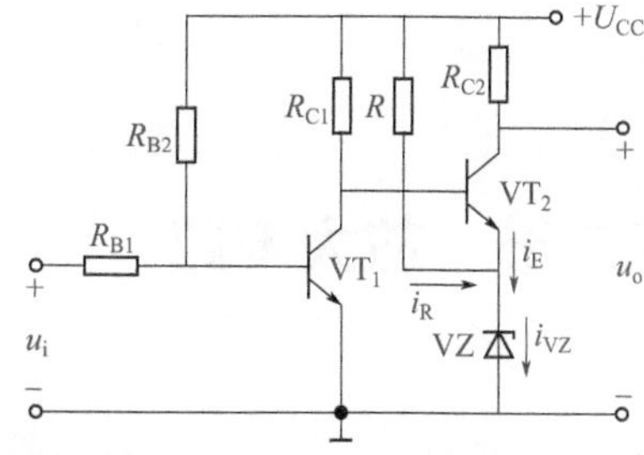

图3-16　为了不降低放大倍数，用二极管或稳压二极管来代替电阻R_{E2}

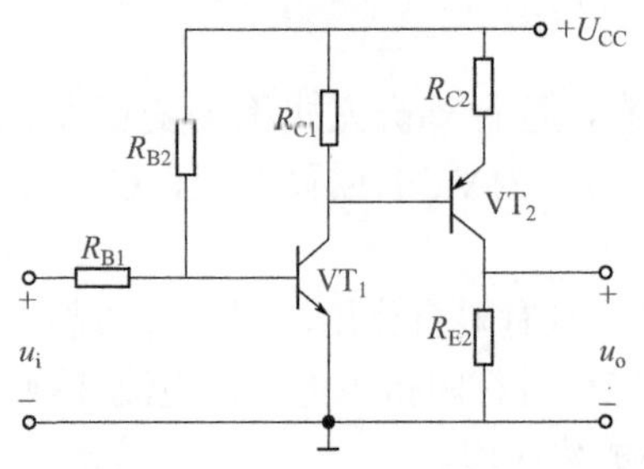

图3-17 NPN管和PNP管混合使用

④ 为使各管均工作在放大区，必须使后一级的集电极电压高于前一级的集电极电压，级数一多，后边的管子静态工作点肯定不合适。为此，直接耦合放大电路常常把NPN管和PNP管混合使用，如图3-17所示。

（2）直接耦合方式的优缺点

优点：电路简单；低频特性好，可用作直流放大；无大电容，易于集成。

缺点：静态工作点互相影响；零点漂移大。

4.光电耦合

以光信号为媒介来实现电信号的耦合和传递就称为光电耦合。

（1）光电耦合器 光电耦合器是实现光电耦合的基本器件，它将发光元件（发光二极管）与光敏元件（光电三极管）相互绝缘地组合在一起，如图3-18所示，图中还画出了它的传输特性曲线。

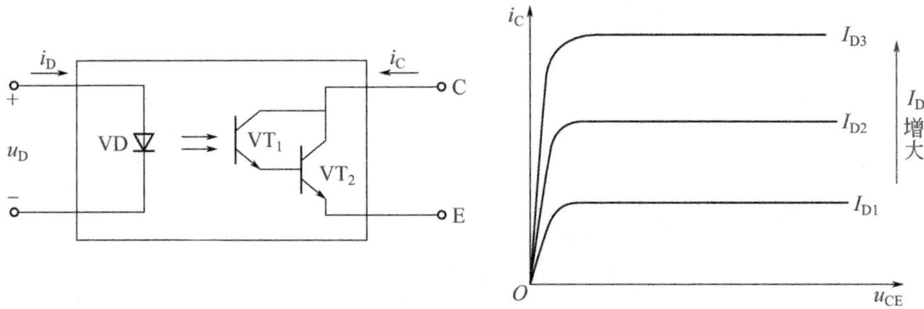

图3-18 光电耦合器

图3-18中，发光元件为输入回路，把电能转换成光能；光敏元件为输出回路，把光能转换成电能。

（2）光电耦合放大电路 电路如图3-19所示。

动态信号为零时，有静态电流I_{DQ}和I_{CQ}，静态管压降U_{CEQ}。有动态信号时i_D变化，i_C相应变化，R_C将其变成电压变化。

若输入输出回路使用独立的电源，且不共地，则具有很强的抗干扰能力。

光电耦合放大电路

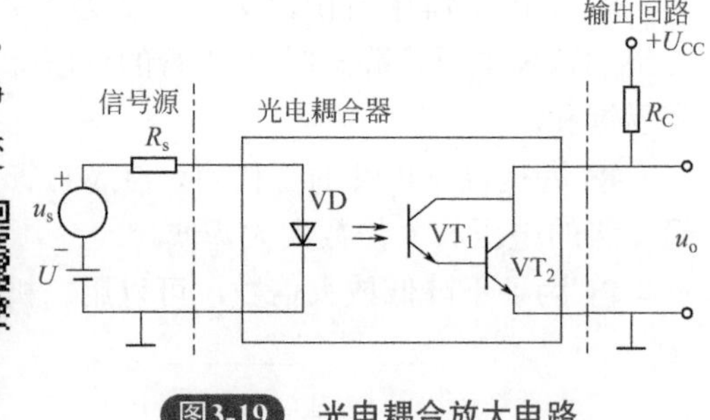

图3-19 光电耦合放大电路

第二节 放大电路

一、实际三极管多级放大器

（1）旁路电容的作用及选取 从图3-20中可以看出，放大电路的发射极旁路电容数

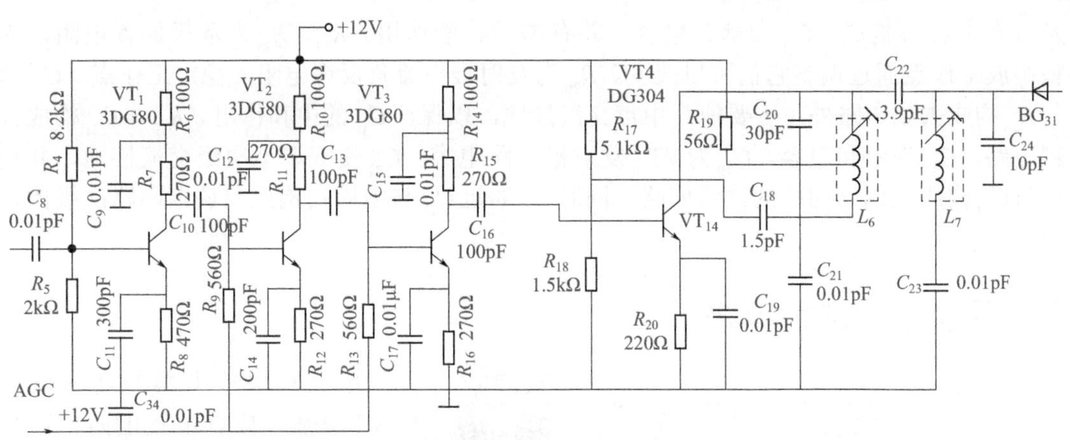

图3-20　中放电路

值不同，第一级C_{11}为300pF，第二级为C_{14}为200pF，第三级C_{17}为0.01μF，由放大器上限频率及总增益来决定其容量的选取。如该级放大器主要考虑上限频率扩展（即高频补偿），发射极旁路电容选得小些，使得高频端负反馈作用小，增益提高，而低频端负反馈大，增益下降，从而扩展了上限频率（中放第一、第二级发射极电容C_{11}、C_{14}就是这样选取的）。为提高放大器的总增益，就应使射极旁路电容取大些，使在整个频率范围内的负反馈量减小，从而提高增益，第三级中发射极电容C_{17}（0.01μF）就是这样选取的。如需要提高中放总增益，可以将C_{11}、C_{14}换成大容量的。

（2）极间耦合电容　集中选择性带通滤波器与第一级中放级间耦合电容C_8与C_{10}、C_{13}容量也有所不同，前者为0.01pF，后者为100pF；选取原则与上述所讲相同。

（3）ACC只控制第二、第三级中放的增益，因此出现增益变化时，不至于影响中放的工作

（4）三极中放集电极滤波电容C_9、C_{12}、C_{15}是防止通过电源内阻耦合产生自励

电路中其他元件的作用：

● R_4、R_5为第一级中放基极偏置电阻。改变R_4的阻值，可调整工作点。

● R_6、C_9、R_{10}、C_{12}、R_{14}、C_{15}分别为第一～三级中放集电极去耦元件，防止电源有变化时影响中放工作；R_8为第一级中放电流负反馈电阻，以稳定工作点，起高频补偿作用。

● R_{12}、R_{16}分别为第一～三级中放负载电阻；R_9、R_{13}分别为第二、第三级中放AGC电压的供电电阻，阻值的大小决定工作点。

● R_{12}、R_{16}分别为第二、三级中放发射极电流负反馈电阻，稳定工作点。

（5）外电容耦合双调谐回路　末级中放采用双调谐回路，一是前三级非调谐RC宽带放大器无选频作用，因而不能满足对中放幅频特性的要求；二是可提高总增益，本级增益可达25dB左右，而前几级中放，每级只有15dB左右，而这一级可提高总增益10dB。

中放电路具体电路分析如图3-20所示。由图可见，双调谐回路由L_6、L_7、C_{22}及有关分布电容构成，L_6、L_7与分布电容分别调谐在33MHz和36MHz的频率上。改变C_{22}的大小可调整双调谐回路耦合系数，从而调整曲线的双峰带宽、中心凹陷量和选择性等，这是形成中放幅频曲线的关键。该双峰曲线与输入回路中L_1、C_1（图中未画出）调谐的单峰曲线合成后，形成馒头形中放特性曲线。

末级中放各元件的作用：双调谐回路分别由初、次级回路L_6、L_7、C_{20}、C_{21}、C_{23}、C_{24}

及分布电容等构成。C_{16}为耦合电容，并有高频补偿作用。R_{17}、R_{18}为基极偏置电阻，末极中放工作点通过调整它们可以改变。R_{20}为发射极电流负反馈电阻，稳定工作点。C_{21}除与R_{19}构成去耦电路外，主要使L_6中点交流接地，以保证C_{18}的中和作用。R_{19}与C_{21}构成去耦电路。C_{18}为中和电容。C_{19}为VT_{14}发射极旁路电容。C_{21}使双调谐次级交流接地，并使L_7与C_{24}构成双调谐回路的次级回路。同时C_{24}通过C_{23}与中周L_7构成双调谐回路次级槽路电容。

二、甲类功率放大电路

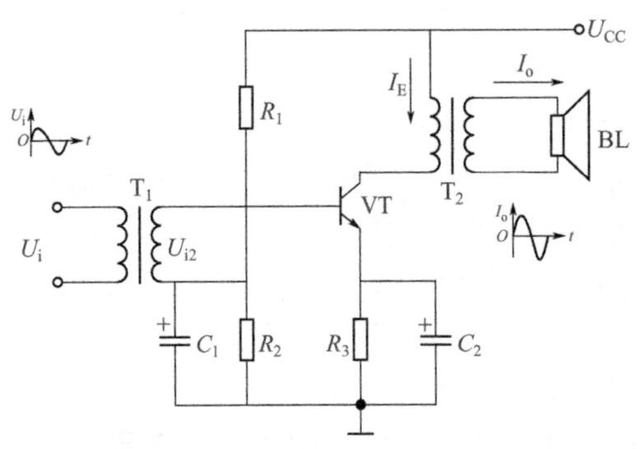

图3-21 收音机应用的甲类功率放大器

甲类功率放大电路

甲类功率放大器的功率放大管VT的基极接有偏置电阻，在整个信号周期内VT都会有导通电流，但工作效率不足50%，所以仅早期的收音机采用它作末级放大器，如图3-21所示。

输入信号U_i经激励变压器T_1耦合，再经VT倒相放大，利用输出变压器T_2耦合，推动扬声器BL发音。

甲类功率放大器的应用还是比较广泛的，除了应用在彩色电视机的行激励电路，还应用在大功率放大器中作为推动级。

三、乙类功率放大电路

乙类功率放大器没有偏置电阻，所以静态电流为0，也就在激励信号的正半周期间导通，而在负半周期间截止。为了使放大电路在整个信号周期都可以工作，乙类功率放大器多采用两个不同极性的三极管轮流工作，从而构成了乙类互补推挽放大器，如图3-22所示。其中，变压器耦合式的乙类互补推挽放大器主要应用在扩音机等电路中，而无变压器式乙类互补推挽放大器主要应用在大功率放大器或开关电源内作为推动级。下面以图3-22（a）所示电路为例介绍乙类功率放大器的工作原理。

图3-22（a）中，静态时，VT_1、VT_2因基极没有导通电压输入而截止。当输入信号U_i的正半周加到激励变压器T_1的一次绕组后，它的两个二次绕组耦合输出的信号都为上正、下负，使VT_2截止，VT_1导通，产生集电极电流，该电流经输出变压器T_2耦合到二次绕组，形成输出信号的上半周；U_i的负半周经T_1耦合后，它的两个二次绕组输出的信号都为下正、上负，使VT_1截止，VT_2导通，产生集电极电流，该电流经输出变压器T_2耦合到二次绕组，形成输出信号的负半周，这样，就可以得到一个完整的信号。

虽然乙类互补推挽放大器的静态电流为0，这样，降低了功耗，提高了效率，但在输入信号的初期和末期，它的幅度低于三极管的导通电压时，三极管就会截止，导致正、负半周交接部分的信号不能被放大，产生如图3-23所示的交越失真。

乙类功率
放大电路

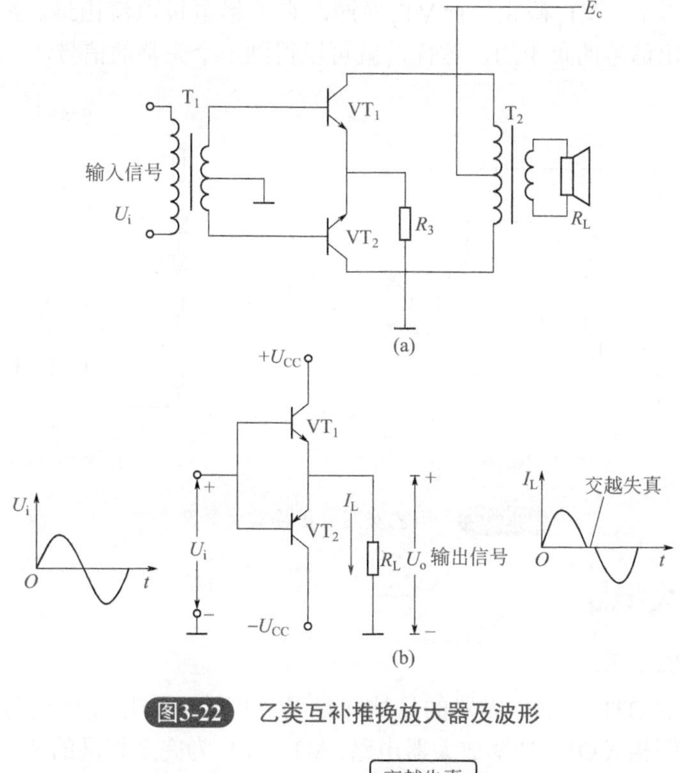

图3-22　乙类互补推挽放大器及波形

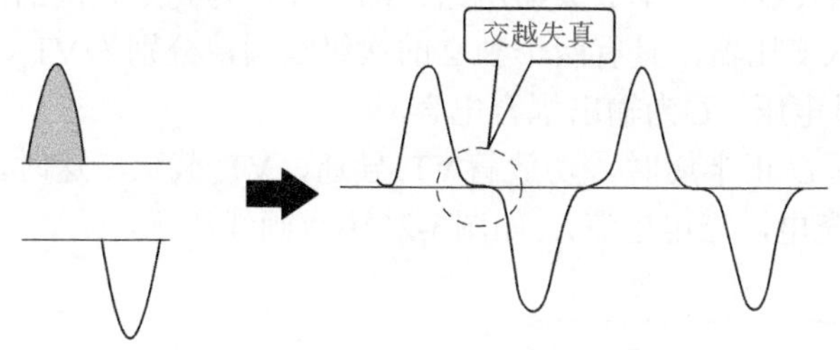

图3-23　乙类放大器的交越失真

四、甲乙类功率放大器

甲乙类功率放大器的工作介于甲类和乙类之间，它是目前应用较多的功率放大器之一。

此类放大器通过偏置电阻为两个推挽放大管提供较小的静态工作电流，每个三极管导通的时间大于信号的半个周期。这样，整个周期的输入信号都能被放大，从而抑制了交越失真。典型的甲乙类互补推挽放大器如图3-24所示。其中，变压器耦合式的甲乙类互补推挽放大器已基本淘汰，目前应用较多的是无变压器式甲乙类互补推挽放大器，因此，下面以图3-24（b）所示电路为例介绍甲乙类功率放大器的工作原理。

图3-24（b）中，正、负电源$+U_{CC}$、$-U_{CC}$分别通过偏置电阻R_1、R_2加到放大管VT_1、VT_2的基极，为它们提供一个较小的静态电流，当输入信号U_i的正半周信号不仅通过VD_1、VD_2、VD_3加到VT_3的基极使它截止，而且加到VT_1的基极，使VT_1导通时，它的集电极电流由$+U_{CC}$经VT_1、R_L到地构成回路，形成输出信号的上半周；当U_i的负半周信号

加到VT_1的基极以后，VT_1截止，而VT_2导通，它的集电极电流由地、R_L、VT_2到$-U_{CC}$构成回路，形成输出信号的负半周。这样，就可以得到一个完整的信号。

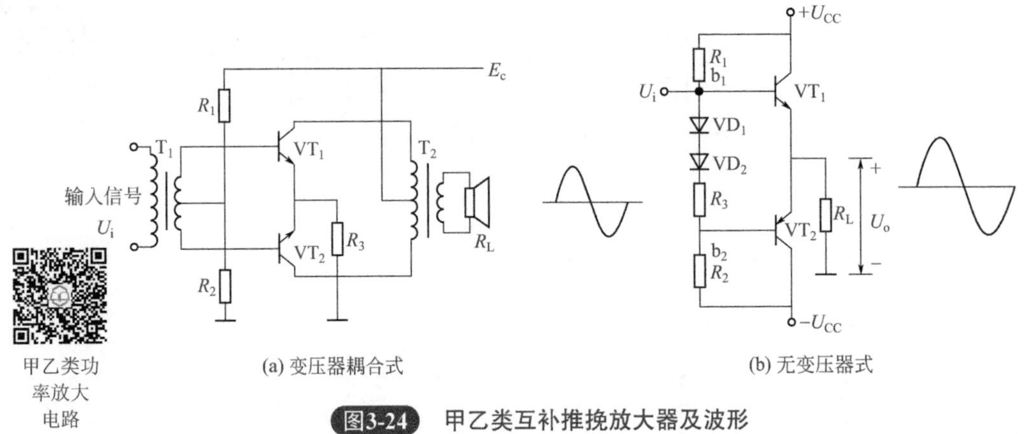

图3-24 甲乙类互补推挽放大器及波形

五、OTL放大电路

1.变压器倒相电路

变压器倒相式OTL功率放大器的结构特性是采用输入变压器作信号倒相，图3-25所示为输入变压器倒相式OTL功率放大器电路，VT_1、VT_2为完全相同的两个功放晶体管（简称功放管），T为输入变压器，具有两个独立的次级线圈，分别为VT_1、VT_2提供大小相等、极性相反的基极信号电压，C为输出耦合电容。

在输入信号电压U_i正半周时，功放管VT_1导通，VT_2截止。这时，输出耦合电容C通过VT_1经扬声器BL充电，充电电流I_{C1}如图3-26中点画线所示。

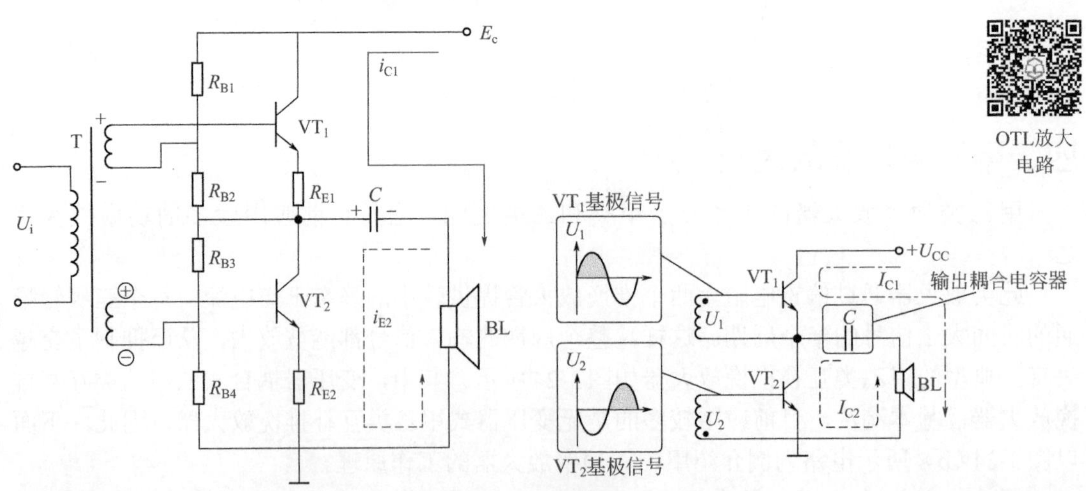

图3-25 变压器倒相式OTL功率放大器电路　图3-26 变压器倒相式OTL功率放大器的工作原理

在输入信号电压U_i负半周时，功放管VT_1截止，VT_2导通。这时，输出耦合电容C通

过VT_2经扬声器BL放电，放电电流I_{C2}如图3-26中虚线所示。

输出耦合电容C的充电电流和放电电流在扬声器BL上的方向相反，正是利用电容量很大的耦合电容C的充放电，最终在扬声器BL上合成一个完整的信号波形。

2.晶体管倒相电路

互补对称电路通过容量较大的电容器与负载耦合时，称为无输出变压器电路，简称OTL电路。如果互补对称电路直接与负载相连，就成为无输出电容电路，简称OCL电路。两种电路的基本原理相同，这里只对OTL电路作简要分析。图3-27是OTL电路的原理图，它由两个特性相近的三极管VT_1（NPN型）、VT_2（PNP型）组成。静态时，A点的电位为$U_{CC}/2$，耦合电容C_L上的电压也等于$U_{CC}/2$。由于两管的基极无偏置电压，VT_1、VT_2均处于截止状态。

动态工作时，电路的交流通路如图3-28所示。在输入信号的正半周，VT_1管的发射结正偏而导通，VT_2管的发射结反偏而截止。电源U_{CC}经VT_1管、R_{E1}和负载R_L对耦合电容C_L充电，形成充电电流i_{C1}，其方向和波形如图3-28中实线所示。在u_i的负半周，情况刚好相反，VT_1截止，VT_2导通，此时，已充电的电容C_L代替电源向VT_2供电，形成放电电流i_{C2}，其方向和波形如图3-28中的虚线所示。在输入信号u_i的一个周期内，输出电流i_{C1}、i_{C2}以相反的方向交替流过负载电阻R_L，在负载上合成而得出按正弦规律变化的输出电压u_o。

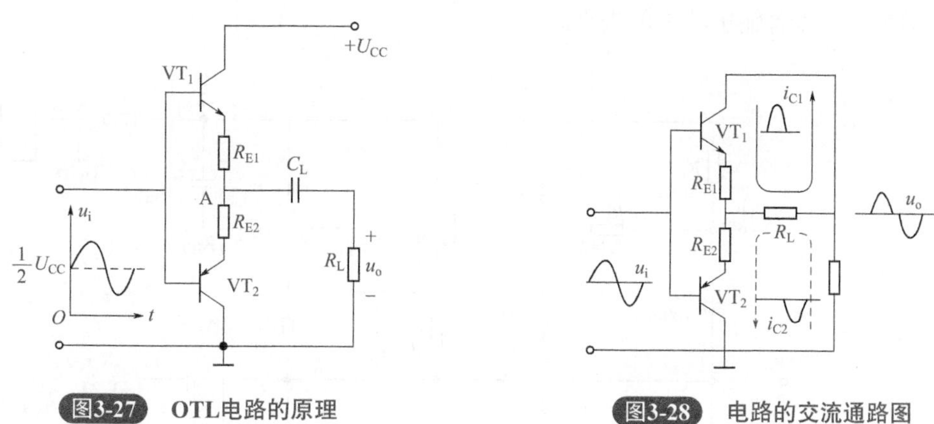

图3-27 OTL电路的原理

图3-28 电路的交流通路图

为保证输出波形对称，必须保持C_L上的电压为$U_{CC}/2$，当电容C_L放电时，其电压不能下降过多，因此C_L的容量必须足够大。

在图3-27所示的电路中，由于VT_1、VT_2工作在乙类状态，当输入信号小于三极管的发射结死区电压时，两个三极管仍不能导通，这样使输出电压u_o在过零点的一小段时间内为零，波形产生了失真。把这种失真称为交越失真，如图3-29所示。

实际使用的OTL功率放大电路如图3-30所示。与原理电路相比较，增加了VT_3组成的推动级，使功率放大电路有尽可能大的输出功率。VT_3集电极电流I_{C3}在R_2上的压降为VT_1、VT_2的发射结提供正向偏置电压，调节R_2的大小，可为VT_1、VT_2设置一个合适的静态工作点，使VT_1、VT_2工作在甲乙类状态，将交越失真减到最小。与R_2并联的电容C_2起旁路作用，使R_2上无交流信号压降，保证VT_1、VT_2得到的输入信号电压相等，使输出电

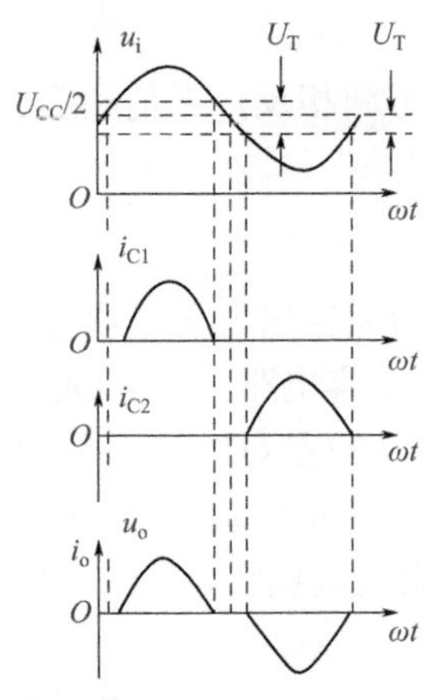

图3-29 交越失真波形

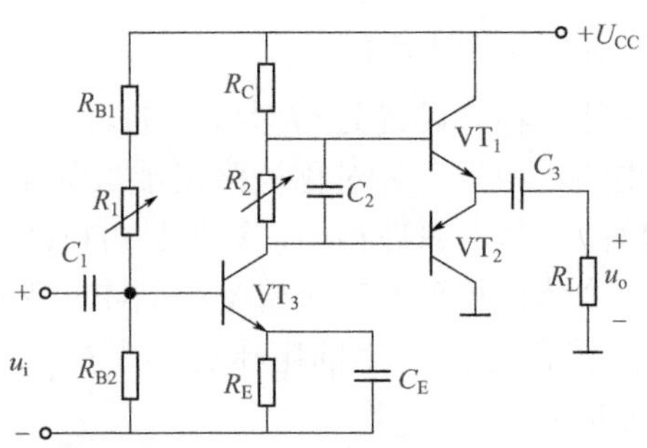

图3-30 带有推动级的OTL功率放大电路

压u_o波形正负半波对称。

3.复合管电路

图3-31为OTL功率放大器电路原理图，三极管VT_1组成激励放大级；VT_2与VT_4管组成NPN型复合管，VT_3与VT_5管组成PNP型复合管，两个复合管作为功率输出级的互补对管，VD和R_{P2}给两个互补对管提供合适的偏置电压，使之有合适的集电极电流；由C_4、R_4组成自举电路，改善输出波形的失真。

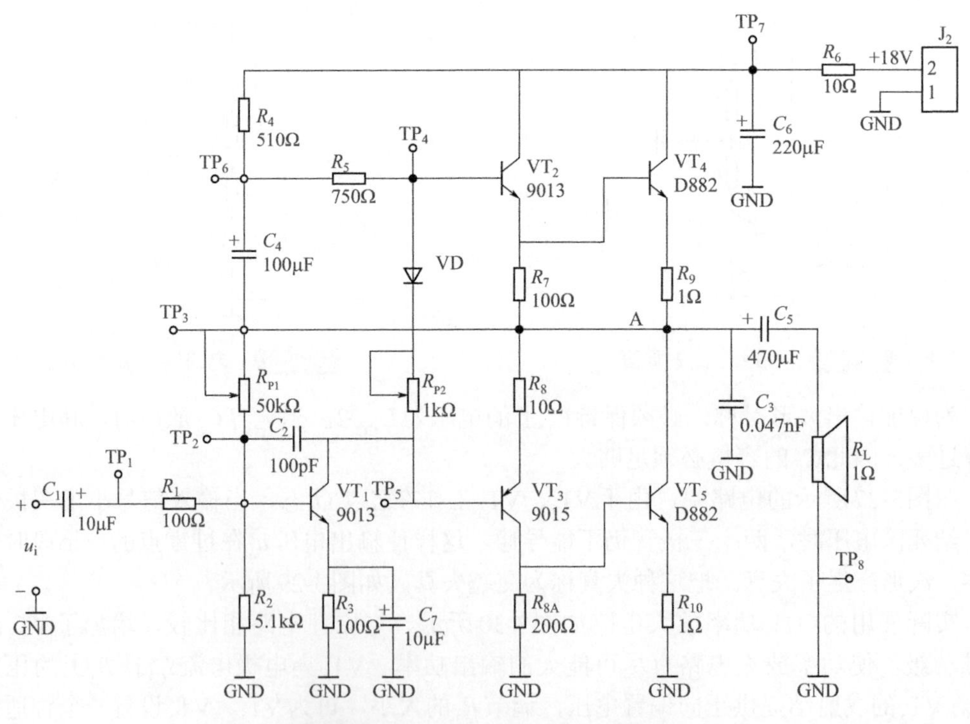

图3-31 OTL功率放大器电路原理图

六、OCL放大电路

1.电路原理

OCL放大电路工作原理与OTL电路原理基本相似，区别在于使用了双极性电源供电。

典型的OCL功率放大器如图3-32所示。OCL功率放大器的功率放大管也是由一个NPN型三极管VT_2和一个PNP型三极管VT_3构成的，所以它们的导通电压也是由激励管VT_1提供的。

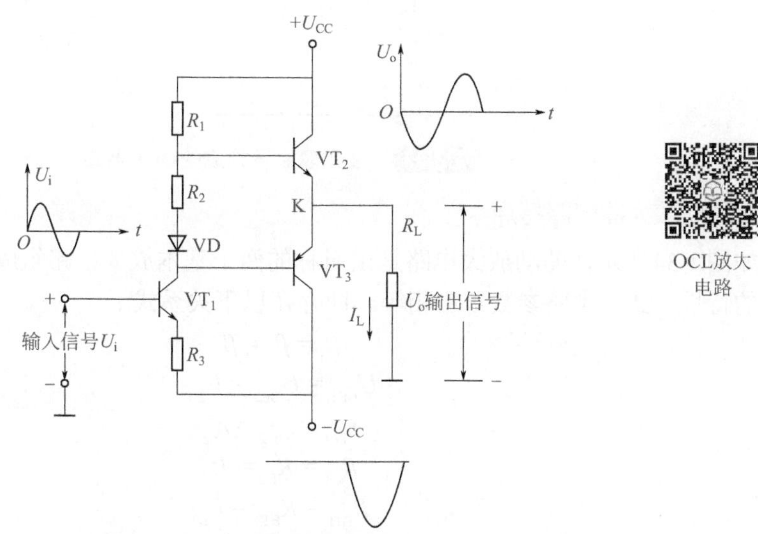

图3-32　典型的OCL功率放大器

正电源$+U_{CC}$通过R_1、R_2、VD加到放大管VT_2、VT_3的基极，为它们提供偏置电压；而负电源$-U_{CC}$不仅加到VT_3的集电极，而且通过R_3加到VT_1的发射极，当输入信号U_i的负半周信号通过VT_1倒相放大，使VT_3截止、VT_2导通时，它的集电极电流由$+U_{CC}$经VT_2、R_L到地构成回路，形成输出信号的上半周；当U_i的正半周信号经VT_1倒相放大，使VT_2截止、VT_3导通时，它的集电极电流由地、R_L、VT_3到$-U_{CC}$构成回路，形成输出信号的负半周，这样，就可以得到一个完整的信号。

2.使用复合管的OCL电路

使用复合管构成的OCL电路如图3-33所示，电路当中VT_3为激励管，VT_5、VT_6构成上复合管，VT_4、VT_7构成下复合管。输入信号通过VT_3倒相放大以后，由VD_1、VD_2隔离二极管分别控制VT_5、VT_6导通或者是VT_4、VT_7导通，这样经过两组复合管进行放大以后，输出端得到了正负半周的交流输出信号。

七、差分放大电路

使直流放大器工作稳定的重要措施就是抑制零点漂移，而差动放大器对于“零漂”就有很强的抑制作用。差动放大器又称差分放大器，广泛应用于集成运放电路中。

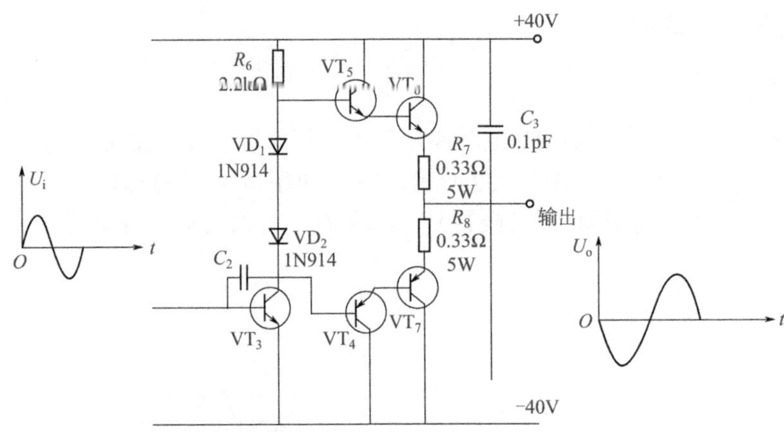

图3-33 使用复合管构成的OCL电路

1.差动放大器电路特点

如图3-34所示，差动放大电路是由对称的两个基本放大电路组成的。对称是指两个三极管的特性一致，电路参数对应相等。即存在以下关系式：

$$\beta_1=\beta_2=\beta$$

$$U_{BE1}=U_{BE2}=U_{BE}$$

$$r_{be1}=r_{be2}=r_{be}$$

$$R_{C1}=R_{C2}=R_C$$

$$R_{B11}=R_{B12}=R_{B1}$$

$$R_{B21}=R_{B22}=R_{B2}$$

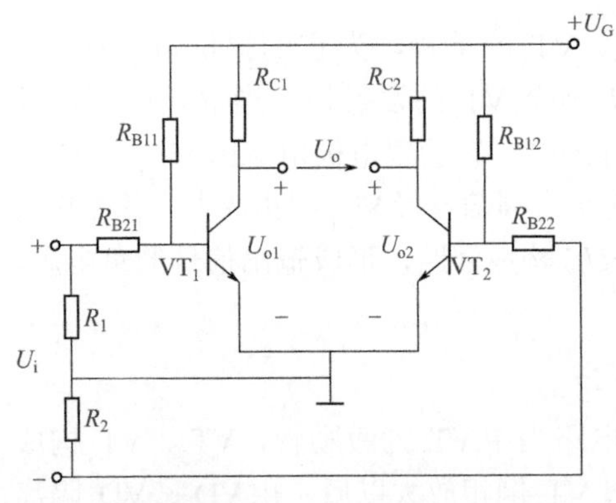

图3-34 基本的差动放大器

由图3-34可知，两个基本放大电路是对称的，所以当$U_i=0$时，有$I_{C1}=I_{C2}$，$U_{o1}=U_{o2}$，则输出电压$U_o=U_{o1}-U_{o2}=0$。当温度变化时，三极管V_1和V_2由于零点漂移原因输出电压均发生变化，但两管是对称的，所以变化量也是相等的，假设都是ΔU，则此时的输出电压为$U_o=(U_{o1}+\Delta U)-(U_{o2}+\Delta U)=U_{o1}-U_{o2}$。可见，两管产生的零点漂移在输出端相互抵消。

2.差动放大器分类

差动放大器一般有两个输入端，同相输入端和反相输入端。根据规定的正方向，在一个输入端加上一定极性的信号，如果所得到的输出信号极性与其相同，则该输入端称为同相输入端。反之，如果所得到的输出信号的极性与其相反，则该输入端称为反相输入端。

差动放大器的信号输入方式有单端输入和双端输入两种，若信号仅从一个输入端加入，称为单端输入；若信号同时加到同相输入端和反相输入端，称为双端输入。

差动放大器的信号输出方式有单端输出和双端输出两种。差动放大器可以有两个输出端，一个是集电极C_1，另一个是集电极C_2。从C_1和C_2输出称为双端输出，仅从集电极C_1

或C_2对地输出称为单端输出。

经归纳可得出差动放大器的接法共有四种：双端输入、双端输出；双端输入、单端输出；单端输入、双端输出；单端输入、单端输出。

差动放大器又可分为差模输入方式和共模输入方式，差模输入方式是指在两个输入端加上幅度相等、极性相反的信号，共模输入方式是指在两个输入端加上幅度相等、极性相同的信号。

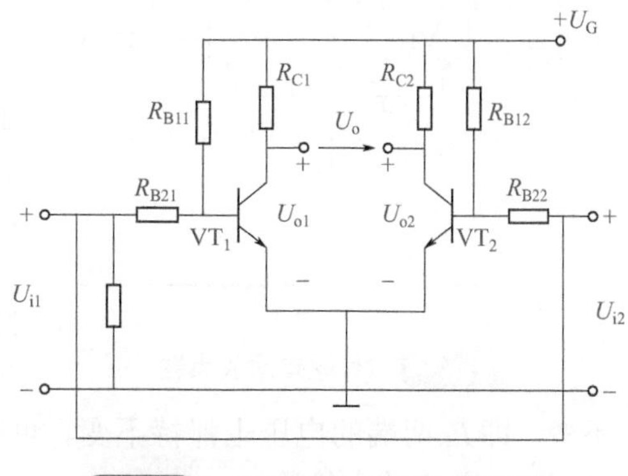

图3-35　共模输入方式差动放大器

在图3-35中，由于两管输入信号$U_{i1}=U_{i2}$，即是大小相等、极性相同的信号，且两电路也完全对称，所以其输出信号U_{o1}和U_{o2}也是大小相等、极性相同，总的输出电压$U_o=U_{o1}-U_{o2}=0$。可见，共模放大倍数$A_{UC}=\dfrac{U_o}{U_i}=\dfrac{U_{o1}-U_{o2}}{U_i}=\dfrac{0}{U_j}=0$。

（1）差模放大倍数A_{UD}　从图3-35中可看出总的输入信号电压为U_i，由于两电阻$R_{B21}=R_{B22}$，所以使得两管得到两个大小相等、极性相反的基极输入电压，即$U_{i1}=\dfrac{1}{2}U_i$，$U_{i2}=-\dfrac{1}{2}U_i$。这样放大器总的输出信号$U_o=U_{o1}-U_{o2}=U_{o1}-(-U_{o1})=2U_{o1}$。又因为两电路完全对称，所以其单管放大倍数相等，即$A_{U1}=A_{U2}$。得到整个差动放大电路的放大倍数为$A_{UD}=\dfrac{U_o}{U_i}=\dfrac{2U_{o1}}{2U_{i1}}=\dfrac{U_{o1}}{U_{i1}}=A_{U1}=A_{U2}$。可见，这种差动放大器的放大倍数等同于单级基本放大电路的放大倍数。其优点在于有效地抑制了零点漂移问题。

（2）共模抑制比　差模放大倍数A_{UD}和共模放大倍数A_{UC}都是从一个侧面反映了差动放大器的性能。对于差动放大器，应使共模放大倍数越小越好，差模放大倍数越大越好，即$|A_{UD}|$越大、$|A_{UC}|$越小，它的性能越好。因此，通常用一个综合指标来衡量，即共模抑制比，用K_{CMR}表示。共模抑制比K_{CMR}定义为$K_{CMR}=\left|\dfrac{A_{UD}}{A_{UC}}\right|$。

在实际应用中，利用共模抑制比K_{CMR}作为评价差动放大电路性能好坏的重要指标。共模抑制比越大，差动放大器性能越好。

3.长尾的差动放大器

基本差动放大器虽然在电路对称且为双端输出时，有很好的抑制漂移电压作用，但每管对地的输出漂移电压依然很大。因此，当电路不完全对称时，抑制漂移电压的作用就差了；特别是需要单端输出（即从任意一管的集电极与地之间输出）时，电路对漂移电压没有任何抑制作用，此时$A_{UD}=A_{UC}$，$K_{CMR}=1$。因此，基本差动放大器必须加以改进。

改进的方向是在不降低A_{UD}的情况下，降低每管的输出漂移电压，即减小单端输出时的共模放大倍数。为此，可采用长尾的差动放大器，如图3-36所示。

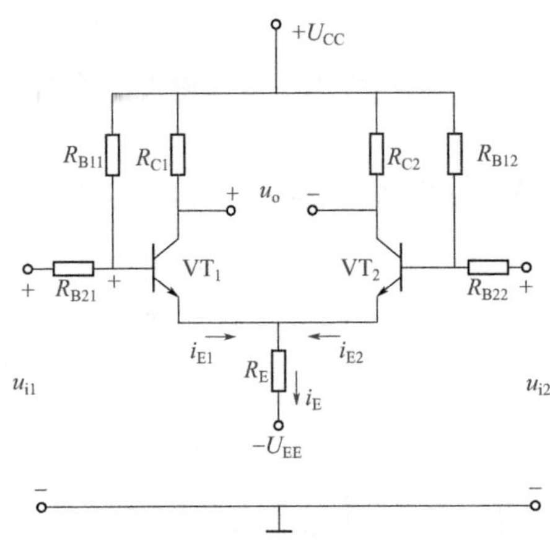

图3-36 长尾差动放大器

图3-36中，$R_{C1}=R_{C2}=R_C$，$R_{B11}=R_{B12}=R_{B1}$，$R_{B21}=R_{B22}=R_{B2}$。电路中接入$-U_{EE}$的目的是保证输入端在未接信号时基本为零输入（I_B、R_B均很小），同时又给三极管发射结提供了正偏。

由图3-36可以看出，长尾差动放大器与基本差动放大器的关键不同之处在于两管的发射极串联了一个公共电阻R_E（因此也称为电阻长尾式差动放大器），而正是R_E的接入使得电路的性能发生了明显的变化。

在差模信号作用下，VT$_1$和VT$_2$管的发射极电流i_{E1}、i_{E2}一个增大，另一个减小，而且它们增减的数量相等，因此流过R_E的电流$i_E=i_{E1}+i_{E2}$保持不变，即R_E两端的电压也保持不变。可见，它与基本差动电路基本相同，即R_E的接入并没有减小差模放大倍数。

当加入共模信号时，VT$_1$和VT$_2$管的发射极电流i_{E1}、i_{E2}同时增大或减小，而且变化量也相同，即i_{E1}和i_{E2}的交流分量（或变化量）i_{E1}和i_{E2}相等：$i_{E1}=i_{E2}$。于是流过R_E的交流电流i_E是单管发射极交流电流i_{E1}（或i_{E2}）的2倍，即$i_E=i_{E1}+i_{E2}=2i_{E1}$，而$R_E$上的交流压降$u_E=i_ER_E=2i_{E1}R_E$。对于每个管子来说，可以认为是$i_{E1}$（或$i_{E2}$）流过阻值为$2R_E$的电阻造成的。可见，这个电路在$R_E$较大时对共模信号具有强烈的电流负反馈作用（反馈电阻为$2R_E$），使得单端输出时共模放大倍数很低，则每管集电极对地的共模输出电压就很小。因此，射极耦合差动放大器能有效地抑制零漂，静态工作点得到稳定。显然，R_E越大，这个电路抑制零漂的能力越强。

总之，射极耦合差动放大器由于发射极公共电阻R_E对共模信号的强烈负反馈作用和对差模信号没有任何反馈作用，使得共模放大倍数很低，而差模放大倍数仍比较高，因此比简单差动放大器的性能优越得多。

4. 单端输出的差动放大电路（不平衡输出）

如图3-37所示，当U_o被VT$_1$或VT$_2$的集电极对地取出时，称为单端或不平衡输出，单端较差动输出的幅度小一半，使用单端输出时，共模讯号不能被抑制，因U_{i1}与U_{i2}同时增加，U_{C1}与U_{C2}则减少，而且$U_{C1}=U_{C2}$，但$U_o=U_{C2}$，并非于零（产生零点漂移）。

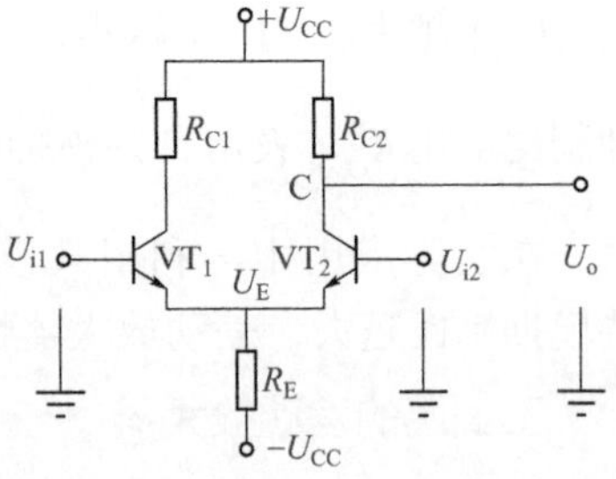

图3-37 单端输出的差动放大电路

5. 差分放大器构成的高保真功放电路

图3-38是一款高性能功率放大电路，VT$_1$和VT$_2$构成差动放大器，充当输入电路。

VT$_3$和VT$_4$构成恒流源，作为差动放大器的负载，这种采用恒流源作负载的电路叫作有源负载电路。由于恒流源的动态电阻很大，利用它作负载能有效提高差动放大器的电压增益。VT$_5$～VT$_8$构成中间增益电路。VT$_5$和VT$_6$组成共射-共基放大器，具有增益高、频带宽等优点。

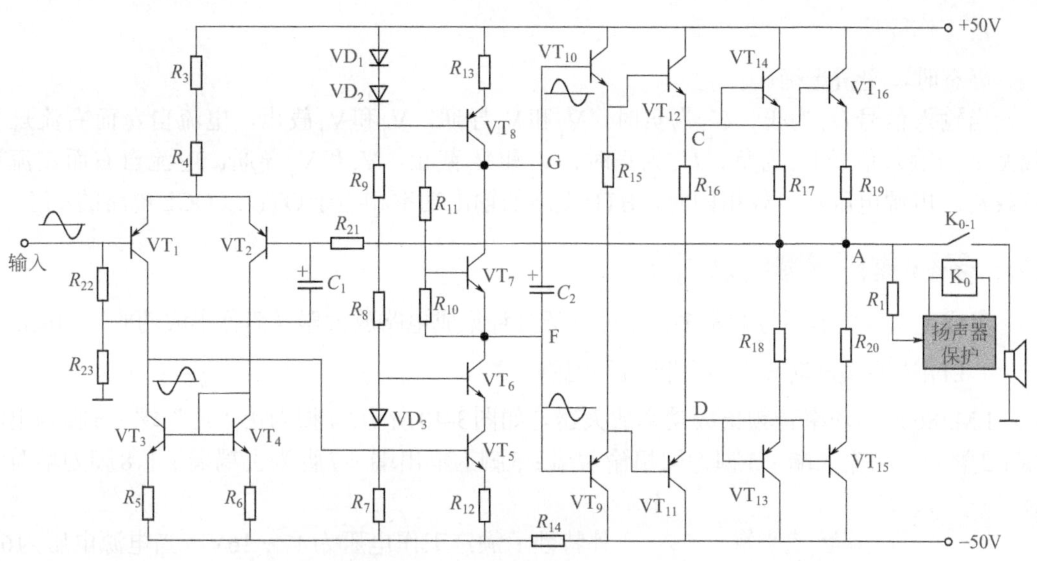

图3-38 一款高性能功率放大电路

VT_8与VD_1、VD_2构成恒流源，充当共射-共基放大器的负载，能提高共射-共基电路的增益。VT_7、R_{11}及R_{10}构成"VBE放大器"，能使G、F之间具有一个合适的静态电压，确保VT_9～VT_{16}处于微导通状态，以消除交越失真现象。G、F之间的电压可由下式确定：

$$U_{GF}=0.7(1+R_{11}/R_{10})$$

由上式可见，适当改变R_{11}与R_{10}的比值，就能调节G、F之间的电压值。

C_2为旁路电容，使G、F两点交流短路，确保G、F两点的信号一样。

VT_9～VT_{12}构成激励级，用于电流放大，以推动功放管工作。VT_9和VT_{10}具有互补特性，VT_{11}和VT_{12}也具有互补特性。VT_{13}～VT_{16}是四个功放管，它们组成功率输出级。VT_{13}与VT_{15}并联，VT_{14}与VT_{16}并联，因而能使输出电流提高一倍，输出功率也增大一倍。R_{21}为负反馈电阻，可以稳定输出级中点（A点）的电压，同时还能改善电路的性能。C_1和R_{23}用来限制反馈深度。

八、BTL功放电路

BTL功率放大电路又称桥接推挽式放大电路，其主要特点是，在同样电源电压和负载电阻条件下，它可获得比OCL和OTL大几倍的输出功率。

BTL放大电路

1.电路组成

BTL基本电路组成如图3-39所示，四个功放管V_1～V_4组成桥式电路，相当于两组对称的OTL或OCL电路，两组功放电路的两个输入信号的大小相等、方向相反，负载接在两组OTL或OCL电路输出端之间。

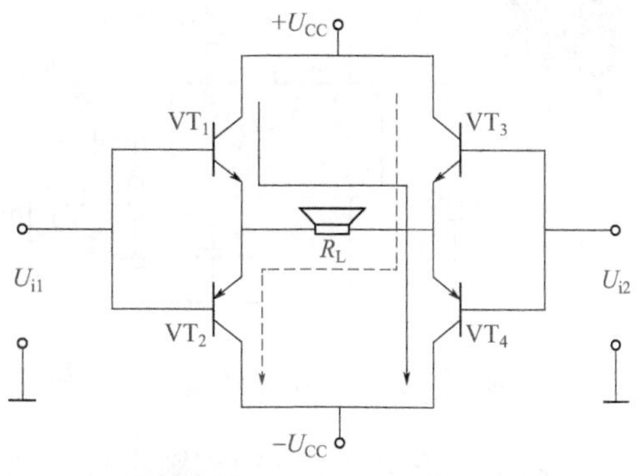

图3-39 BTL功率放大电路

2. 工作原理

静态时，电桥平衡。

当输入信号U_{i1}为正、U_{i2}为负时，V_1和V_3导通，V_2和V_4截止，电流自左而右流过负载R_L；当输入信号U_{i1}为负、U_{i2}为正时，V_1和V_3截止，V_2和V_4导通，电流自右而左流过负载R_L。电源电压及负载相同时，BTL电路的输出功率相当于OTL或OCL电路的4倍。

九、多种集成电路放大器

集成电路放大器型号非常多，下面介绍几种集成电路放大器（简称集成功放）的接法。

1. LM386集成功率放大器的应用电路

LM386是小功率音频集成功率放大器。如图3-40所示，4脚为接“地”端；6脚为电源端；2脚为反相输入端；3脚为同相输入端；5脚为输出端；7脚为去耦端；1、8脚为增益调节端。

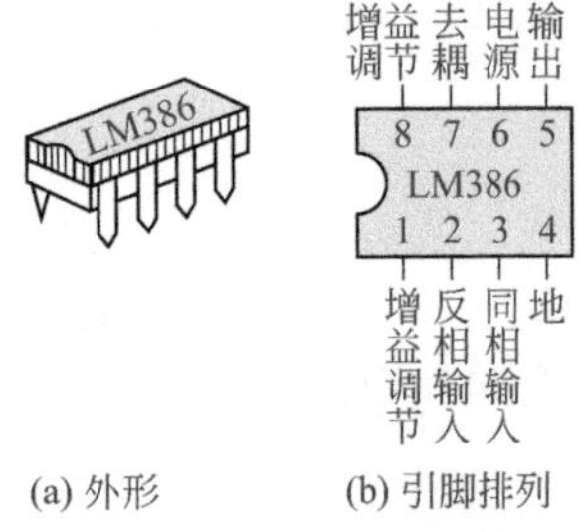

图3-40 LM386外形及引脚排列

外特性：额定工作电压为4 ～ 16V，当电源电压为6V时，静态工作电流为4mA，适合用电池供电。频响范围可达数百千赫。最大允许功耗为660mW（25℃），不需散热片。工作电压为4V，负载电阻为4Ω，输出功率（失真为10%）为300mW。工作电压为6V，负载电阻为7Ω、8Ω、16Ω时，输出功率分别为340mW、325mW、180mW。

用LM386组成的OTL应用电路如图3-41所示。4脚接“地”，6脚接电源（6 ～ 9V）。2脚接地，信号从同相输入端3脚输入，5脚通过220μF电容向扬声器R_L提供信号功率。7脚接20μF去耦电容。1、8脚之间接10μF电容和20kΩ电位器，用来调节增益。

BTL电路是桥式推挽功率放大器，由两个相同的的功率集成电路组成。用LM386组成的BTL电路如图3-42所示。BTL电路的输出功率一般为OTL、OCL的四倍，是目前大功率音响电路中较为流行的音频放大器。图中电路最大输出功率可达3W以上。其中，500kΩ电位器用来调整两集成功率放大器输出直流电位的平衡。

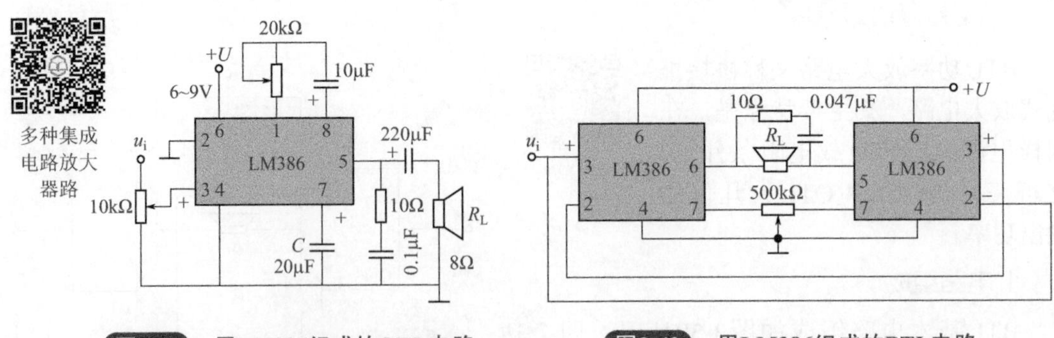

图3-41 用LM386组成的OTL电路

图3-42 用LM386组成的BTL电路

2. TDA2030集成电路构成的功放电路

外引线如图3-43所示。1脚为同相输入端，2脚为反相输入端，4脚为输出端，3脚接负电源，5脚接正电源。电路特点是引脚和外接元件少。

外特性：电源电压范围为±6～±18V，静态电流小于60μA，频响为10Hz～140kHz，谐波失真小于0.5%，在$U_{CC}=\pm14V$，$R_L=4\Omega$时，输出功率为14W。

如图3-44所示，V_1、V_2组成电源极性保护电路，防止电源极性接反损坏集成功放。C_3、C_5与C_4、C_6为电源滤波电容，100μF电容并联0.1μF电容的原因是100μF电解电容具有电感效应。信号从1脚同相端输入，4脚输出端向负载扬声器提供信号功率，使其发出声响。

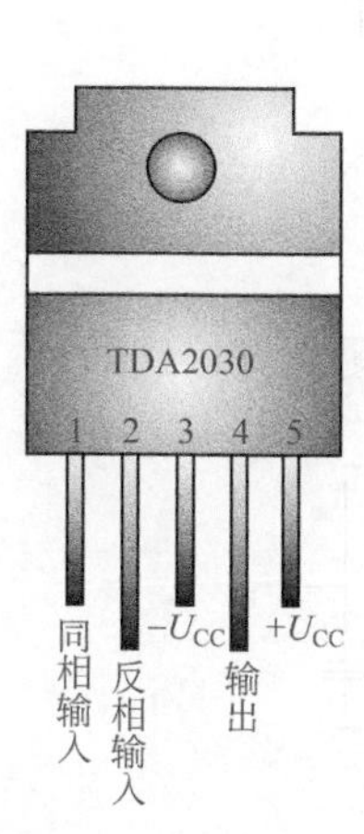

图3-43　TDA2030的外引线

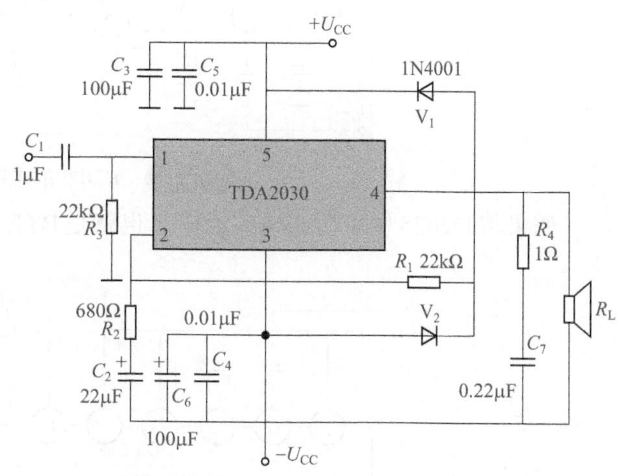

图3-44　TD2030接成OCL功放电路

TDA2030是一种超小型5引脚单列直插塑封集成功放，由于具有低瞬态失真、较宽频响和完善的内部保护措施，常用在高保真组合音响中。

3. D2025双通道音频功率放大电路

D2025为立体声音频功率放大集成电路，适用于各类袖珍或便携式立体声收录机中作功率放大器。D2025的电路方框图和引脚排列及引脚功能如图3-45所示。

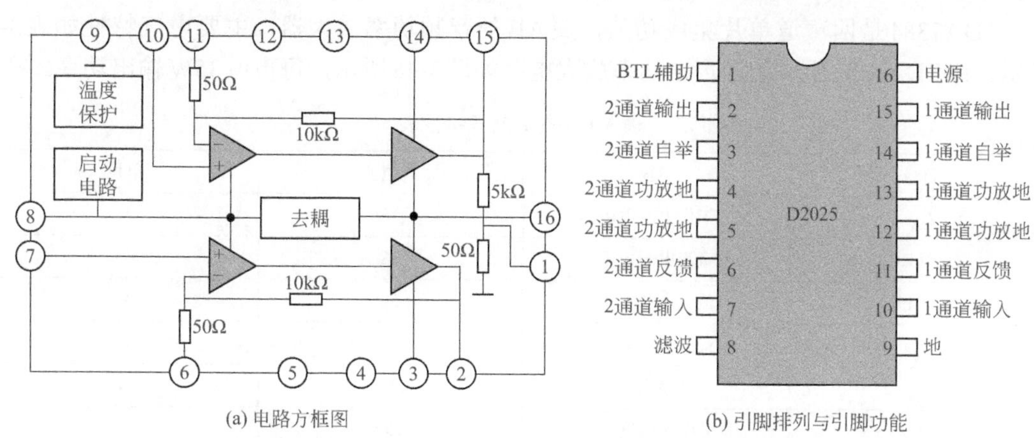

图3-45　D2025的电路方框图和引脚排列及引脚功能

D2025的电路原理图如图3-46所示，为双通道的电路接法。

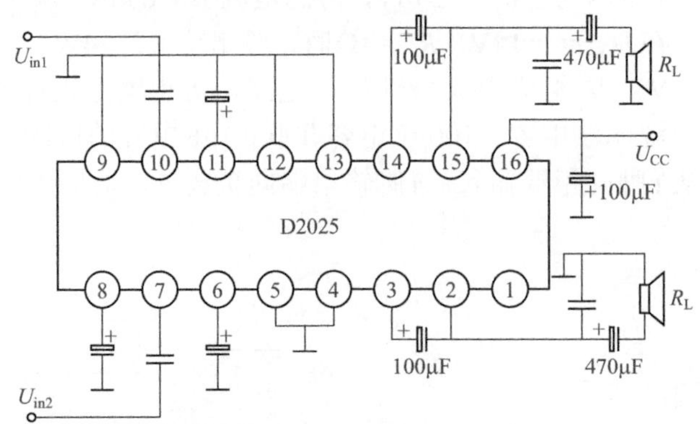

图3-46　D2025的电路原理图

如果将D2025用于桥式电路输出，也就是BTL电路，可以按照图3-47接线即可。

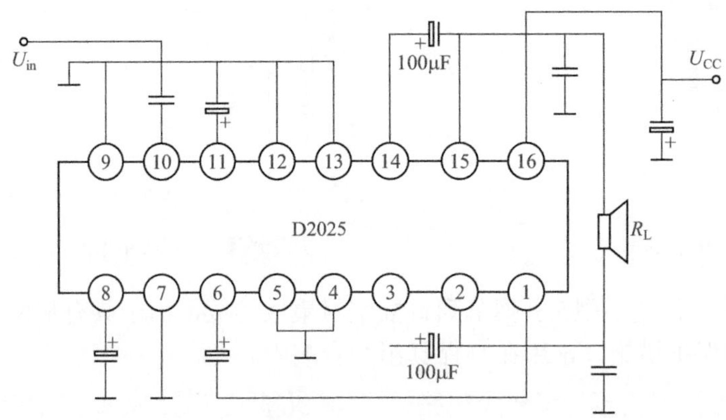

图3-47　桥式应用

4.四声道功放TDA7384电路

TDA7384是四声道单片集成功放，属AB类音频功率放大器，主要电气特性如表3-1所示。由TDA7384组成的四声道功率放大电路如图3-48所示，每声道35W输出功率。

表3-1　主要电气特性表

符号	参数	典型值	单位
U_{CC}	工作电源电压	18	V
U_{CC}（DC）	直流电源电压	28	V
U_{CC}（PK）	最大电源电压	50	V
I_o	最大输出电流	4.5	A
P_{tot}	功率损耗	80	W
T_i	结区温度	150	℃
T_{stg}	储存温度	-55～150	℃

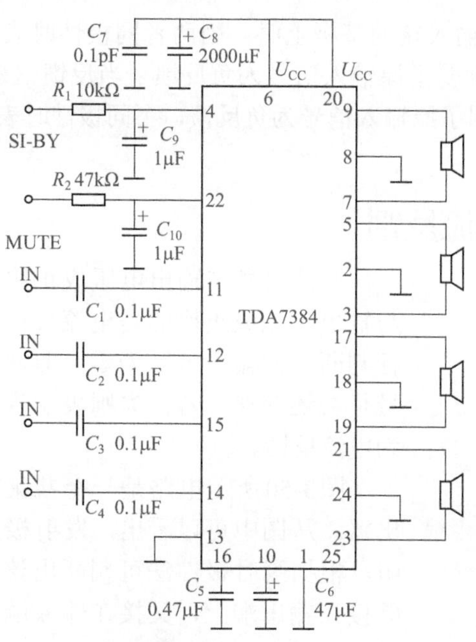

图3-48　TDA7384电路

第三节　反馈电路

反馈电路

一、反馈的概念

在放大电路中，信号的传输是从输入端到输出端，这个方向称为正向传输。反馈就是指放大电路把输出信号（电压或电流）的一部分或全部，通过一定的方式送回输入回路，从而影响放大电路的输入信号的过程。反馈信号的传输是反向传输。所以，放大电路无反馈时称为开环，放大电路有反馈时称为闭环。反馈的示意图见图3-49。图中$\dot{X}_i$是输入信号，$\dot{X}_f$是反馈信号，$\dot{X}'_i$称为净输入信号。所以有$\dot{X}'_i=\dot{X}_i-\dot{X}_f$。

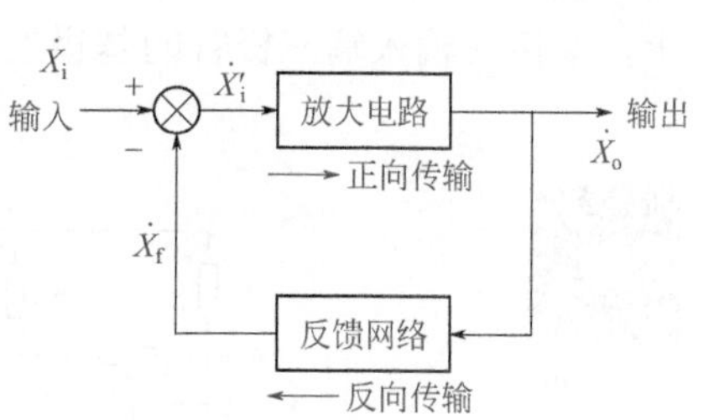

图3-49　反馈概念的示意图

二、正反馈与负反馈

反馈信号增强了原输入信号的叫作正反馈，反馈信号削弱了原输入信号的叫作负反馈。常采用瞬时极性法来进行判断：

❶ 先假设输入信号电压瞬时极性为正。

❷ 根据“共发射极电路集电极电位与基极电位的瞬时极性相反，发射极电位与基极电位瞬时极性相同”的规律，确定出各极电位的瞬时极性。

❸ 当反馈信号回到输入端的基极上时，则两者同极性时表示增强了原输入信号为正反馈，不同极性时表示削弱了原输入信号为负反馈；当反馈信号回到输入端发射极上时，则两者同极性时表示削弱了原输入信号为负反馈，不同极性时表示增强了原输入信号为正反馈。

三、电压反馈与电流反馈

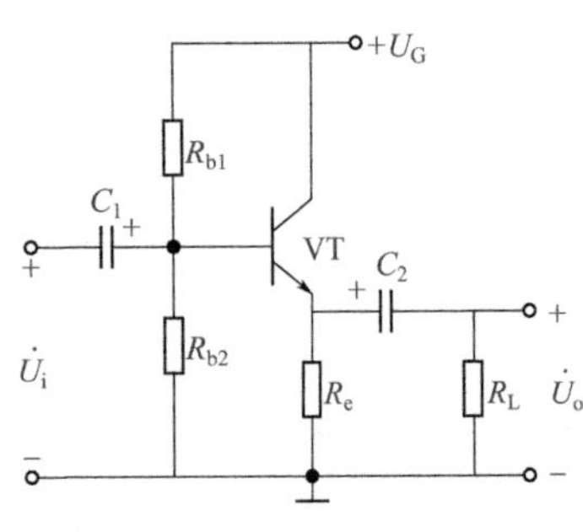

图3-50 共集电极反馈电路

反馈信号与输出电压成正比的是电压反馈，反馈信号与输出电流成正比的是电流反馈。常采用输出短路法来进行判断：使输出电压为零，即输出端短路，此时看反馈信号是否还存在，若消失则表示为电压反馈；若存在则表示为电流反馈。

图3-50所示电路是一个共集电极反馈电路，即射极输出器。从图中可以看出，发射极所接的电阻R_e就是反馈电阻。根据瞬时极性法可判断出该电路是负反馈，又因为它既接在输出端上，又接在输入端三极管发射极上，因此可判断出它是电压串联负反馈。

四、并联反馈与串联反馈

反馈信号与输入信号以电压的形式在输入端串联的反馈叫作串联反馈，反馈信号与输入信号以电流的形式在输入端并联的反馈叫作并联反馈。判别方法：若输入端短路，反馈信号被短路则称为并联反馈。一般情况下，反馈信号加到共发射极反馈电路基极的反馈为并联反馈，反馈信号加到共发射极电路发射极的反馈为串联反馈。

图3-51所示电路图是一个两级放大器，图中电阻R_1与输入、输出端都有联系，所以R_1肯定是反馈电阻，根据瞬时极性法可判断出该电路是正反馈，又因为R_1既接在输出端上，又接在输入端三极管的基极上，所以可判断出它是电压并联正反馈。

电压、电流、串联、并联反馈电路

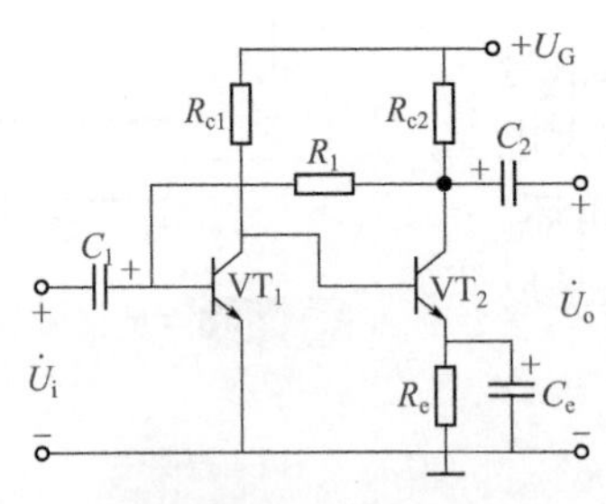

图3-51 两级放大器

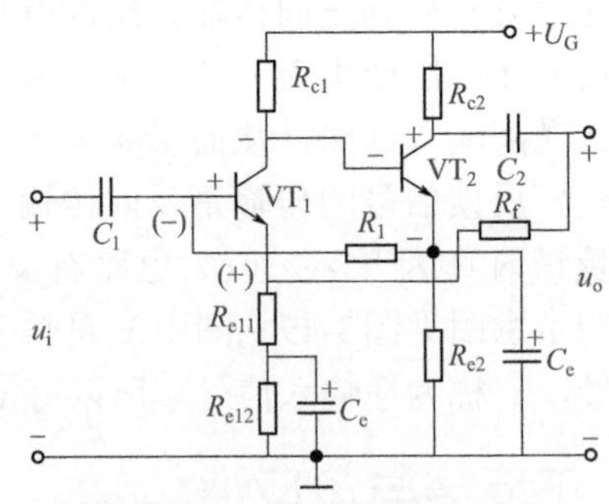

图3-52 两级放大器多路反馈

如图3-52所示，它是一个两级放大器，与输入、输出端有联系的有两个电阻，即R_1、R_f，根据瞬时极性法可判断出经反馈电阻R_1引入的是负反馈，且R_1加在输入端三极管VT_1基极上，可见是直流并联负反馈。因反馈信号与输出电流成比例，故为电流反馈。R_1引入的是直流电流并联负反馈。又据瞬时极性法可判断出，经反馈电阻R_f引入的是交流负反馈，且R_f加在输出端上，可见是电压负反馈。因反馈信号和输入信号加在三极管两个输入电极，反馈信号回到发射极故为串联反馈。R_f引入的是交流电压串联负反馈。

五、反馈电路的另类快速判断方法

1. 正反馈与负反馈判别

根据反馈概念可知，正反馈是使输入信号更强，而负反馈是使输入信号减弱。在实际应用中，反馈元件有多种，如前所述，具体判别方法为瞬时极性法，即利用瞬时极性法由输入端到输出端，经反馈电路元件返回输入端，在到输出端时，如为同相为正反馈，反之为负反馈（此法是利用瞬时极性法围绕电路转一圈半，可不用理解深奥的原理）。

采用瞬时极性法时，对于反馈回路中的电阻、电容二极管，两端同相位，电感两端反相位（即当有电流通过电感时，电动势左端为正，则右端为负），线圈同名端同相位，三极管B入C出反相位，B入E出同相位，E入C出同相位（此方法在分析其他电路时同样实用）。如图3-53所示（此图只作为理解反馈用，不能作为实际电路用），即为瞬时极性判别法的步骤（加减号代表正反相位）。

反馈电路的快速判断法

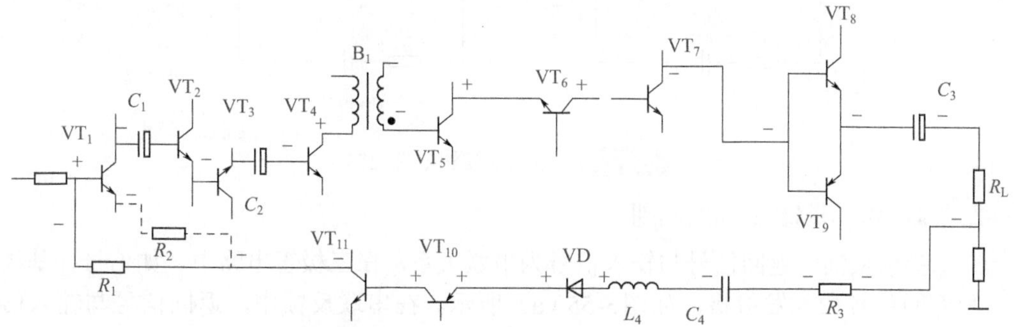

图3-53　反馈电路的另类快速判断方法

在图3-53中，设：VT_1基极为“+”，则集电极为“-”；C_1两端同相位；VT_2基极为“-”，发射极为“-”；VT_3基极为“-”，发射极为“-”；C_2两端同相位；VT_4基极为“-”，则集电极为“+”；B_1线圈同名端同相位；VT_5基极为“+”，则集电极为“-”，VT_6发射极为“-”，集电极为“+”；VT_7基极为“+”，则集电极为“-”；VT_8、VT_9基极为“-”，发射极为“-”，C_3两端同相位为“-”，经R_L，R_3两端同相位为“-”；C_4两端同相位为“-”，L_4两端反相位为左“+”右“-”，VD两端同相位“+”；VT_{10}发射极为“+”，集电极为“-”；VT_{11}基极为“+”，则集电极为“-”；R_1两端同相位为“-”，使VT_1基极为“-”，则集电极为“+”；C_1两端同相位；VT_2基极为“+”，发射极为“+”。至此，说明与输入信号相反，则此电路为负反馈。

上述过程按三极管原理理解则为：返回信号经R_1加入VT_1B极，则此信号会降低VT_1的B极电压，使VT_1的U_{BE}下降，U_{BE}下降从而导致VT_1放大量减小，输出减小，为负反馈。

在图3-53中，如返回信号经虚线R_2接入VT_1发射极，则VT_1发射极为“-”，集电极为“-”；C_1两端同相位，VT_2基极为“-”，发射极为“-”。至此，说明与输入信号相同，则此电路为正反馈。

上述过程按三极管原理理解则为：如返回信号经虚线R_2接入VT_1发射极，则使VT_1的U_E下降，从而使U_{BE}下降，三极管放大量增大，输出信号增强，则为正反馈。

2.电压反馈和电流反馈判别

（1）电压反馈 将输出信号（即负载）短路，反馈信号为零，则为电压反馈，如图3-54（a）所示，电压反馈也可理解为输出信号直接取自输出端，即负载R_L的信号输入端。图3-54（a）中，将R_L短接后，输出电压为零，无信号经反馈元件返回输入端，此电路为电压负反馈电路。

（2）电流反馈 输出信号（即负载）短路，仍有反馈信号，则为电流反馈，如图3-54（b）所示，电流反馈也可理解为输出信号间接取自输出端，即负载R_L输出端。图3-54（b）中，将R_L短接，R_1上仍有电流信号，仍可经C、R_1返回输入端，此电路又为电流负反馈电路。

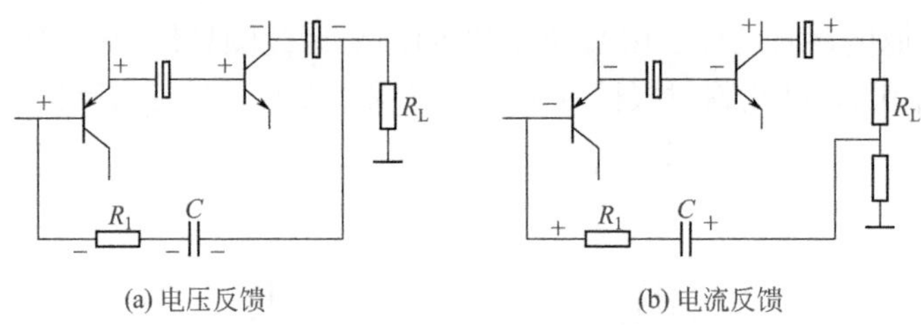

图3-54 电压反馈和电流反馈

3.并联反馈和串联反馈的判别

（1）串联反馈 返回信号与输入信号为串联关系，在三极管电路中，如信号在基极输入，则返回信号加入发射极，如图3-55（a）所示。在串联反馈中，返回信号与输入信号同相位时，为负反馈，反相位时为正反馈。图3-55（a）为电压串联负反馈电路。

（2）并联反馈 返回信号与输入信号为并联关系，在三极管电路中，如信号在基极输入，则返回信号也应加入基极，如图3-55（b）所示。在并联反馈中，返回信号与输入信号同相为正反馈，返回信号与输入信号反相位为负反馈。图3-55（b）为电流并联负反馈电路。

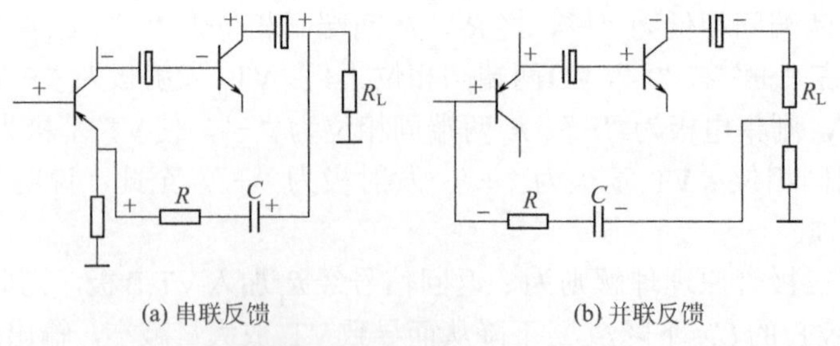

图3-55 串联反馈和并联反馈

以上讲解了反馈电路的种类及判别方法，在实际应用中，正反馈电路主要应用于振荡电路，使输出信号越来越强，从而维持振荡，而在放大电路中，则主要应用负反馈，可使

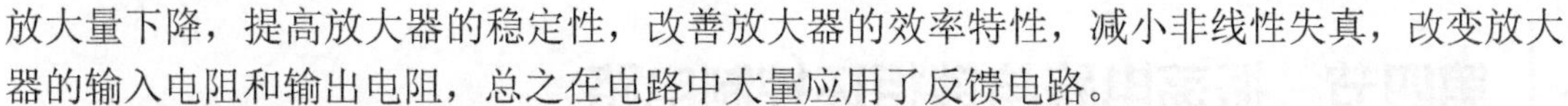

放大量下降，提高放大器的稳定性，改善放大器的效率特性，减小非线性失真，改变放大器的输入电阻和输出电阻，总之在电路中大量应用了反馈电路。

六、反馈电路的实际应用

在放大电路中，引入反馈使放大器的放大倍数减小为负反馈。反之，使放大器的放大倍数增大为正反馈。在放大电路中接入负反馈后可使放大电路放大倍数的稳定性、非线性失真和频率特性等性能都得到改善，故负反馈广泛应用于自动控制系统及各种放大电路中。如电视机中的AGC电路就是负反馈电路，视放级也设计为电流负反馈电路以稳定工作点及补偿频响等用。正反馈可以提高放大倍数，故也得到了广泛应用。如彩电开关电源电路及行、场振荡电路都采用了正反馈电路。

在通信、导航、遥测遥控系统中，由于受发射功率大小、收发距离远近、电波传播衰落等各种因素的影响，接收机所接收的信号强弱变化范围很大，信号最强时与最弱时可相差几十分贝。如果接收机增益不变，则信号太强时会造成接收机饱和或阻塞，而信号太弱时又可能被丢失。因此，必须采用自动增益控制电路，利用反馈电路使接收机的增益随输入信号强弱而变化。这是接收机中几乎不可缺少的辅助电路。在发射机或其他电子设备中，自动增益控制电路也有广泛的应用。下面简单分析一个具体的自动增益控制电路。

图3-56是晶体管收音机中的简单AGC电路。R_{P1}、C_3组成低通滤波器，从检波后的音频信号中取出缓变直流分量作为控制信号直接对晶体管进行增益控制。经分析可知，这是反向AGC。调节可变电阻R_{P1}，可以使低通滤波器的截止频率低于解调后音频信号的最低频率，避免出现反调制。

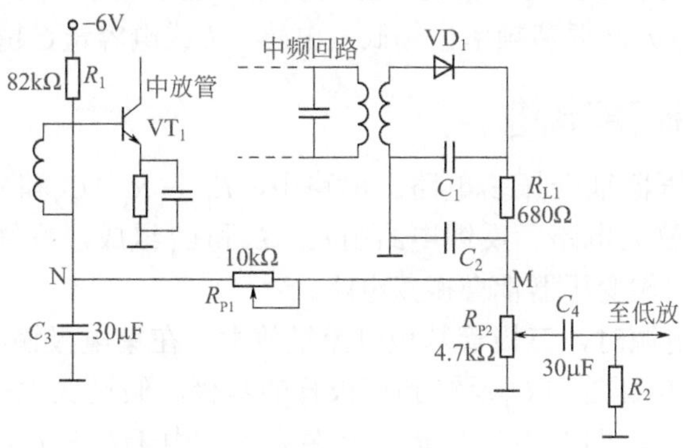

图3-56　晶体管收音机中的简单AGC电路

从图3-56中可看出R_{P_1}为反馈电阻。根据检波二极管VD_1的接法，检波后的直流分量由M点流入地，因此U_M对地为正。当输入信号增大时，U_M增加，U_M通过电阻R_{P_1}加到VT_1基极的电压也增加，VT_1是PNP型三极管，所以第一中放管VT_1的发射结偏压U_{BE}下降，导致晶体管的跨导g_m下降，集电极电流I_{C1}减小，从而使第一中放级的增益下降。当输入信号减弱时，U_M下降，U_{BE}上升，引起g_m和I_{C1}增加，从而使第一中放级的增益上升，通过反馈电路实现了自动增益控制的作用。

第四节　振荡电路与锁相环控制电路

一、振荡电路的作用与振荡条件

1. 起振基本条件

振荡电路的基本条件主要有：

❶ **稳定的供电**　电路要能稳定地工作，就必须要有一个稳定的电源供电。

❷ **放大器的放大系数大于1**　只有放大器的放大系数大于1才能使输出信号越来越强，维持振荡，因此在三种三极管放大电路中，共集电极放大电路不能用于振荡电路。

❸ **正反馈电路**　利用正反馈电路可以使电路中有足够的能量来维持振荡。

2. 选频电路

当需要输出固定频率信号时，就有必要在振荡输出端增加选频网络。

在LC振荡电路中，电感L和电容C对交流电都有一定阻抗，且阻抗的大小是随电流频率的高低而变化的。电感与电容组成的LC并联电路，对交流电的阻抗也随频率变化，但它对某一个频率的电流阻抗最大。我们把LC并联电路呈最大阻抗时的交流电的频率，称为LC并联电路的“谐振频率”，用f_0表示。谐振频率与电感量L和电容量C有关。当LC并联电路中通过交流电的频率为它的谐振频率时，电感L中通过的电流最大，电容两极上的电压也最大。这种作用叫作“选频”。用LC电路作负载的振荡电路，可以稳定地工作在其谐振频率上。振荡频率可以通过改变电感量或电容量来调节，即电感量L越大，振荡频率越低，而电容量C越大，振荡频率也越低；电感量L或电容量C越小，振荡频率越高。

二、变压器耦合振荡电路

图3-57所示为变压器耦合振荡电路。电路中，R_1～R_3、C_2和VT_1组成一个具有稳定工作点的分压式偏置放大电路。反馈电路由L_1、L_2和C_1组成，反馈信号通过L_1和L_2构成的变压器耦合，所以叫作变压器耦合振荡电路。

工作原理：接通电源时，三极管基极电流经放大，在集电极输出，经L_1、L_2耦合，使L_2为上“+”下“-”，电压通过C_1反馈到三极管的基极。假设放大电路基极极性为正，集电极极性因倒相后为负，即L_1下端为负，上端为正。由于L_2与L_1的同名端极性相同，L_2上端极性为正，因此反馈回基极的极性电为正，表示反馈信号使原信号增强，是正反馈，满足产生自激振荡的相位平衡条件。同时适当选择三极管β值和变压器L_1与L_2的匝数，使正反馈有足够强度。因此，由放大电路、变压器反馈组成的振荡电路，可以补偿LC振荡回路的能量损失，维持等幅振荡，其频率由L_1C决定，适当选择LC参数即产生某个单一频率的正弦振荡波形。

电路的特点：电路容易起振，对三极管的β值要求不高，反馈绕组容易调节，改变电容C的大小，可以获得较宽范围的振荡频率。但由于受变压器分布参数的限制，振荡频率不可能太高，一般只有几千赫到几兆赫。

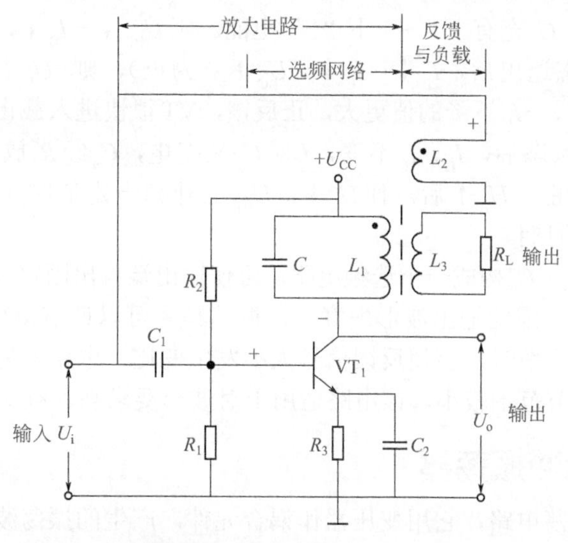

图3-57　变压器耦合振荡电路

三、电感三点式振荡电路

电感三点式振荡电路结构与变压器耦合振荡电路相类似，由分压式放大电路和并联谐振回路构成，所不同的是采用具有中间抽头的自耦变压器反馈线圈，属于自耦形式，如图3-58所示。

图3-58中，R_1～R_3、C_1、VT等元件组成放大电路，L_1、L_2、C组成LC振荡回路，反馈信号取自L_2，并经C_1反馈到VT基极。对交流信号而言，三极管E、B、C三个极分别与电感的2、3点相接，因此称这种振荡电路为电感三点式电路。电路中，只要适当调整电感中间抽头位置，很容易起振。

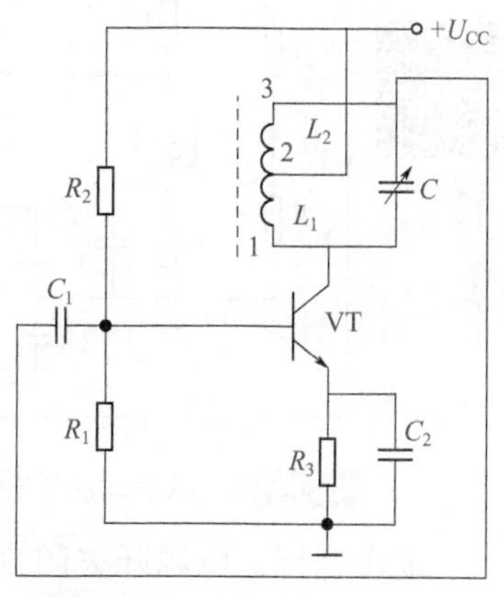

图3-58　电感三点式振荡电路

电感三点式振荡电路的特点是：容易起振，振荡幅度大，频率调节方便，但频率不是很高，一般只有几十兆赫。另外，由于反馈信号对高次谐波的阻抗大，输出波形容易失真，它只适用于对波形要求不高的场合。

四、电容三点式振荡电路

电路如图3-59所示。它的特点是用两个串联电容接在LC电路中，利用电容分压取得反馈信号。对交流信号而言，三极管的E、B、C三极分别与LC回路中的2、3、1点相连，所以称为电容三点式振荡电路。

接通电源后，由偏置元件给VT供电，VT导通，此时设U_B为正，则有下述振荡过程：$U_B\uparrow-I_B\uparrow-I_C\uparrow-U_C\downarrow$（为负），$C_4$不突变，$U_E\downarrow$；$L$倒相上“-”下“+”，$U_B\uparrow-U_{BE}\uparrow-I_B\uparrow-I_C\uparrow$，正反馈，VT很快进入饱和状态。

VT饱和后，I_B、I_C基本不变：L中电能对C_3充电，C_3充有左“+”右“-”电能，$+U_{CC}$

经VT、R_4对C_4充电，C_4充有上“+”下“-”电能。则$U_{BE}\downarrow$-$I_B\downarrow$，VT由饱和状态退出。

当VT由饱和状态退出后，$I_B\downarrow$-$I_C\downarrow$-$U_C\uparrow$（为正），则-$U_E\uparrow$；L倒相-$U_B\downarrow$。U_{BE}下降的值更大，-$I_B\downarrow$，-I_C下降的值更大，正反馈，VT很快进入截止状态。

当VT进入截止状态后，I_B、I_C不变，L对C_3又充电，C_4经R_3放电，C_4放完电，C_3则有左“-”右“+”电能，$U_B\uparrow$后，使$U_E\downarrow$，U_{BE}上升到一定值时（0.6V以上），VT再次导通，进入下一振荡周期。

此电路中，L、C_1、C_2构成一个选频电路，可使输出端输出固定频率。这种电路反馈信号对高频谐波阻抗小，因此输出波形失真小，振荡频率可以调节得很高，可达到100MHz以上。但在调节振荡频率时，会使反馈信号大小发生变化，电路容易停振，还会影响到振荡频率，而且频率调节范围较小。该电路适用于对波形要求高、频率相对固定的场合。

五、电感耦合脉冲振荡器

图3-60是一种振荡电路，它用变压器作耦合元件，产生的振荡波形是矩形脉冲，所以叫作“电感耦合脉冲振荡器”。图中B是变压器，L_1、L_2分别是它的初级、次级线圈；标有黑圆点的是线圈的同名端，电位器W与电阻R是三极管VT的偏置电阻；C是耦合电容。

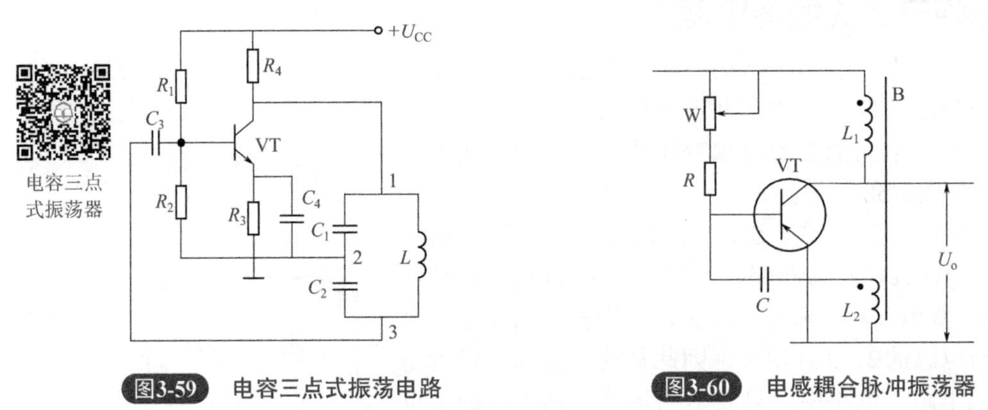

图3-59 电容三点式振荡电路

图3-60 电感耦合脉冲振荡器

工作原理：电源开关闭合后，VT的发射结正向偏置而导通，由于变压器线圈是电感元件，所以VT的集电极电流从零开始逐渐增大，电流从下到上流过L_1。这时在L_1两端产生的感应电动势极性为下正上负。

由图3-60中所标注的同名端可知，在L_2上的感应电动势也是下正上负的。由于电容C两端的电压不能突然变化，所以L_2上端的负极性电压会立即通过电容加到PNP型VT的基极，使VT的基极电压下降，基极电流进一步增大，集电极电流即通过L_1的电流再增大，使L_2端电压变得更低。这个过程循环进行，使VT迅速进入饱和状态。在此期间，L_2两端下正上负的感应电动势作为电源，通过导通的发射结给电容C充电，C两端的充电电压为左正右负。

当VT导通饱和后，集电极电流就不受基极电压的控制，而保持不变。集电极电流即L_1中的电流若不发生变化，它的感应电动势不变，L_2中的感应电动势不变。这样VT由偏置电阻提供基极电流，又进入放大状态。当VT撤出饱和状态时，集电极电流即L_1中的电流由大变小，此时L_1、L_2中又要产生感应电动势，但极性变为上正下负。L_2上端的电压通过电容C加到三极管基极，使基极电压上升，基极电流减小，集电极电流急剧下降，L_2上端感应电动势更高。这个过程循环进行，使VT立即截止。

由上述分析可知，线圈L_2的作用是当VT的集电极电流增加时，L_2的感应电动势使VT的基极电压上升，促使VT的集电极电流迅速增加；当VT的集电极电流减小时，L_2上的感应电动势又使基极电压下降，促使集电极电流迅速减小。这个过程称为“正反馈”。VT受电容控制，调节电位器W，或改变电容C的容量，就改变了电容充、放电的时间，从而能调节振荡器的振荡频率。

实际电路中，变压器B还会有一个或几个次级线圈，作为能量输出端。改变这个线圈匝数即可改变输出电压。

六、互补振荡器

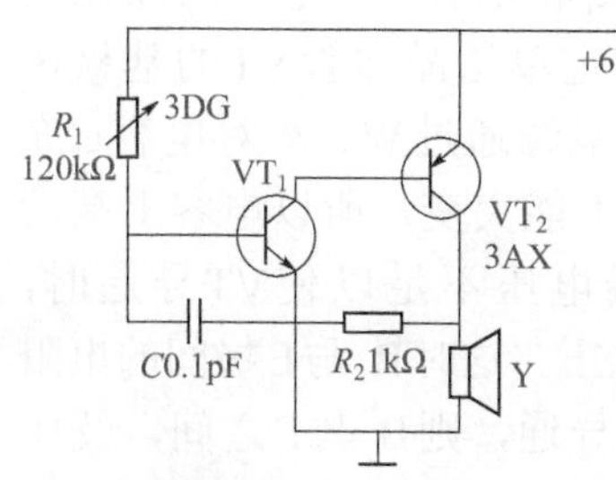

图3-61　互补振荡器

图3-61为互补振荡器，电路中使用了PNP型和NPN型两个三极管，在电路中配合工作，所以称为互补振荡器。

工作原理：电路接通电源以后，VT_1管通过R_1得到偏置电压而导通，于是VT_2也因有基极电流而导通。这时VT_2的集电极电压上升。因为电容两端的电压不能突变，所以VT_2集电极电压的变化会通过R_2、C馈送到VT_1的基极，使VT_1的导通能力增强，从而使VT_2的集电极电压再升高。如此反复，很快使两个三极管都进入饱和状态。在饱和导通期间，VT_2的集电极高电压通过R_2和VT_1的发射结、扬声器给电容器C充电。随着C的充电，VT_1的基极电压逐渐下降。当VT_1的基极电压降到使VT_1、VT_2退出饱和状态时，VT_2的集电极电压下降。

同样因为电容两端电压不能突变，所以VT_2的集电极电压降低，通过R_2、C的耦合使VT_1的基极电压降低，VT_1的导通减弱，VT_2的集电极电压再下降。如此反复，使得VT_1、VT_2马上截止。由于电容C的充电电压极性为左负右正，高电压通过R_2和扬声器加在VT_1的发射极，使VT_1因发射结反偏而保持截止。

在VT_1、VT_2截止期间，电容C通过R_2、扬声器、电源、R_1放电，使VT_1的基极电压逐渐上升。当VT_1又开始导通时，强烈的正反馈又使它马上导通。电路就这样反复导通、截止，形成振荡，可使扬声器发出声音。

调节电位器R_1的阻值，或者改变电容C的容量，都能改变充放电时间，调节电路振荡频率。

七、再生环或振荡电路

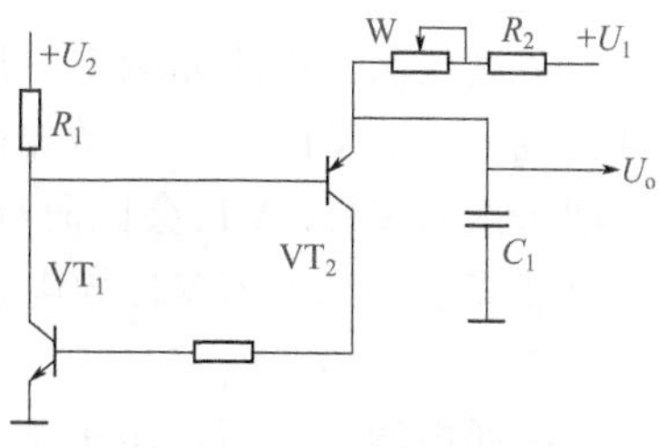

图3-62　再生环或振荡电路

环成振荡电路（回环或振荡电路）如图3-62所示，VT_1、VT_2为振荡管，C_1为定时电容，R_1、R_2为偏置元件。

工作过程：$+U_1$、$+U_2$接通瞬间，由于C_1经R_2先充电，此时C_1两端电压不突变，VT_2的U_E为低电位，VT_2的截止，VT_1无U_B电压，VT_1截止。随着C_1充电时间的延长，C_1充有上“+”下“−”电压，VT_2的U_E上升，当VT_2的发射结为正偏时，VT_2导通，集电极有电压输出，VT_1导通、U_C下降，VT_2的基极电压下降，又加速了VT_2的导通，为正反馈过程，VT_2很快进入饱和状态。此时，C_1放电，一路为

VT_2，另一路为VT_1的R_{BE}。随着C_1放电时间的延长，U_E下降，VT_2由饱和状态退出，VT_1也退出，VT_1的U_C上升加速VT_2的U_B上升，为正反馈过程，VT_2由饱和状态退出并且很快进入截止状态，C_1又充电。如此循环完成振荡，在C_1两端形成输出脉冲。

电路中，改变R_2的阻值可以改变C_1的充电时间，从而改变振荡频率。

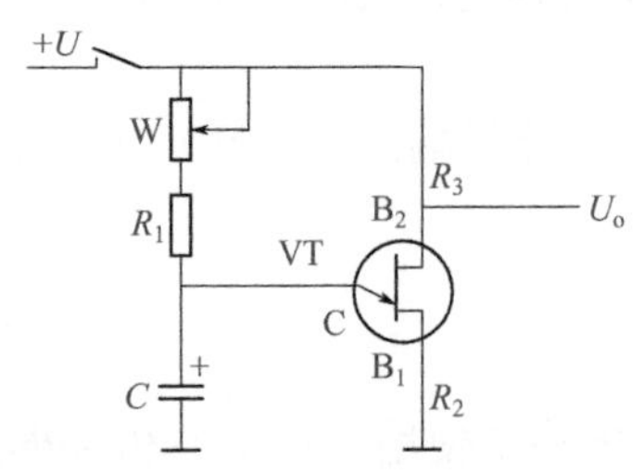

图3-63　单结晶体管脉冲振荡器电路

八、单结晶体管脉冲振荡器

这是用单结晶体管组成的振荡器，它的电路如图3-63所示。

图3-63中，电阻W、R_1和电容C与电源组成充电回路。电容上端的电压决定单结晶体管VT的基极B_1的电位。当开关接通后，电源通过W、R_1对电容C充电，因为电容两端的电压不能突变，所以电容上端的电压缓慢上升。在C上端电压不足以使VT导通时，VT截止，B_1与B_2间的电阻为无穷大，输出电压U_o接近电源电压。这时B_1与E极间的电阻也很大，可视作断路。直到C上端电压升高到一定值时，VT导通，则B_1与E之间，及B_1与B_2之间的电阻突然下降为零，使输出电压U_o也突然下降，由于R_2的阻值很小，U_o接近为零。这时电容通过VT与R_2放电，两端电压下降。当电容上端电压降到某一值（接近为零）时，VT又截止，输出电压又为高电压，电容又开始充电。如此重复。随着VT导通、截止的交替变换，电路就输出矩形波形的脉冲电压。

调节电位器W的阻值，就改变了电容充电时上端电压上升的快慢，从而改变电路的振荡频率。

九、多谐振荡器脉冲振荡电路

多谐振荡器是一种自激振荡电路，在电路连接好之后，只要接通电源，不需外加触发信号便可振荡，在其输出端可获得周期性矩形脉冲。由于矩形脉冲中除基波外，还含有极丰富的高次谐波，因此常将矩形脉冲电路称作多谐振荡器。

多谐振荡器电路

图3-64　多谐振荡器电路

多谐振荡器电路如图3-64所示。其特点是两个三极管的集电极和基极通过电容交叉耦合构成。一般VT_1、VT_2参数相同，且$R_{C1}=R_{C2}$，$R_{B1}=R_{B2}$，$C_1=C_2$。该电路在接通电源瞬间，看起来两管VT_1、VT_2会同时导通，但实际上电路参数不可能完全一致，故两管导电程度不可能完全相同。若VT_1导电强些，会形在正反馈，从而产生自激振荡。电路的振荡周期$T=0.7\,R_{B2}C_1+0.7\,R_{B1}C_2$。

接通电源后，假定由于某种原因（如电源波动或外界干扰）使VT_1先导通，则必然会引起如下的正反馈过程：

VT_1的U_B上升→U_C下降→C_1→VT_2的U_B下降，U_C上升→C_2→VT_1的U_B上升，结果VT_1迅速饱和导通，C极输出低电平，而VT_2迅速截止输出高电平，电路进入第一个暂稳态。

同时VT_2的U_C的高电平对电容C_2进行充电。C_2充有左负右正电压，从而又引起下列正反馈过程：

VT_1的U_B下降→U_C上升→C_1→VT_2的U_B上升→U_C下降→C_2→VT_1的U_B下降，结果VT_1由通态转为止态，C输出高电平，VT_2由止态迅速变为通态，C输出由高电平跃到低电平，电路进入第二个暂稳态。

在第二暂稳态内，VT_1输出的高电平对C_1充电，C_1充有左"+"右"-"电能，使U_{B2}下降，当U_{B2}下降到阈值电压时，电路又回到第一暂态，如此反复循环，电路不停地在两个暂稳态间转换，产生振荡，输出矩形波。该振荡电路常用于频率稳定度和准确性要求不高的场合。

十、石英晶体振荡电路

石英晶体压控振荡器电路

（1）并联型晶体振荡电路 石英谐振器等效为电感元件。

❶ 电容三点式 如图3-65（a）、（b）所示。

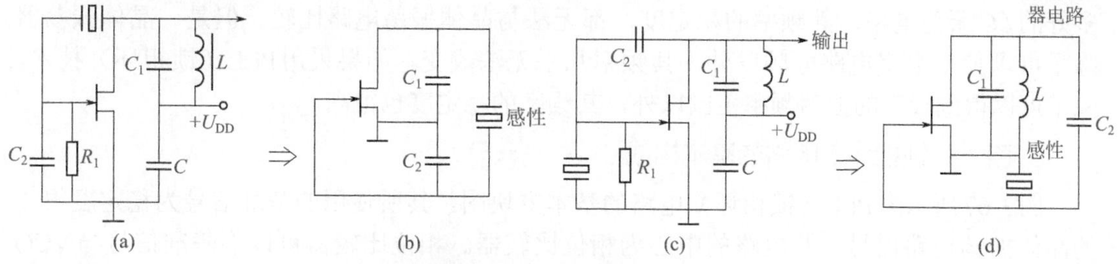

图3-65 并联型晶体振荡电路

设：图3-65（a）、（b）中C_1、L回路的谐振频率为f_1。

要求：$f_1 > f_0$。

即：C_1L回路对f_0严重失谐，等效为电容。

❷ 电感三点式 如图3-65（c）、（d）所示。

要求：$f_1 < f_0$。

即：C_1L回路对f_0严重失谐，等效为电感。

（2）串联型晶体振荡电路（图3-66） 石英谐振器等效为短路元件，要求LC回路的f_0与f_s（串联谐振频率）一致。

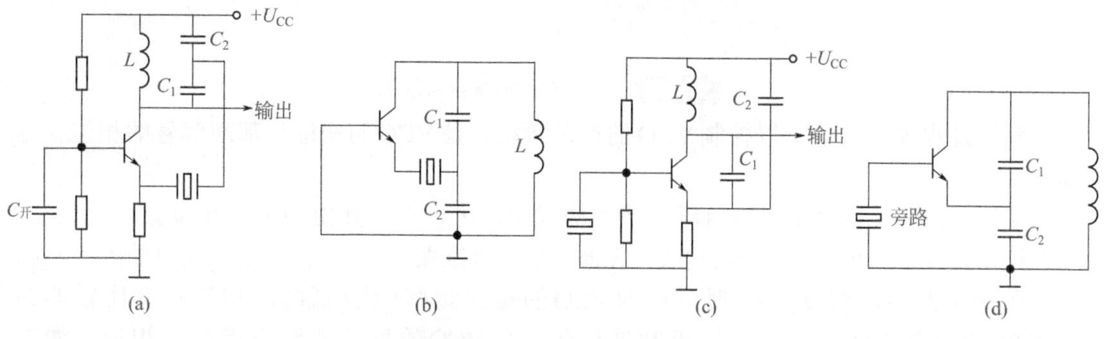

图3-66 串联型晶体振荡电路

十一、锁相环鉴相器（APFC）电路

锁相环鉴相器又称为APFC（鉴频鉴相器）电路。

1. 锁相环的作用

锁相环（Phase Locked Loop，PLL），顾名思义，就是锁定相位的环路。这是一种典型的反馈控制电路，利用外部输入的参考信号控制环路内部振荡信号的频率和相位，实现输出信号频率对输入信号频率的自动跟踪，一般用于闭环跟踪电路。锁相环是无线电发射中使频率较为稳定的一种方法，主要有VCO（压控振荡器）和PLL IC（锁相环集成电路），压控振荡器给出一个信号，一部分作为输出，另一部分通过分频与PLL IC所产生的本振信号作相位比较，为了保持频率不变，就要求相位差不发生改变，如果有相位差的变化，则PLL IC的电压输出端的电压发生变化，去控制VCO，直到相位差恢复，达到锁相的目的。

2. PLL（锁相环）电路原理

通信机等所使用的振荡电路，其所要求的频率范围要广，且频率的稳定度要高。无论多好的*LC*振荡电路，其频率的稳定度，都无法与晶体振荡电路比较。但是，晶体振荡器除了可以使用数字电路分频以外，其频率几乎无法改变。如果采用PLL（锁相环）技术，除了可以得到较广的振荡频率范围以外，其频率的稳定度也很高。

3. PLL（锁相环）电路的基本构成

图3-67所示为PLL（锁相环）电路的基本方块图。其所使用的基准信号为稳定度很高的晶体振荡电路信号。此电路的中心为相位比较器。相位比较器可以将基准信号与VCO的相位比较。如果这两个信号之间有相位差存在时，便会产生相位误差信号输出。

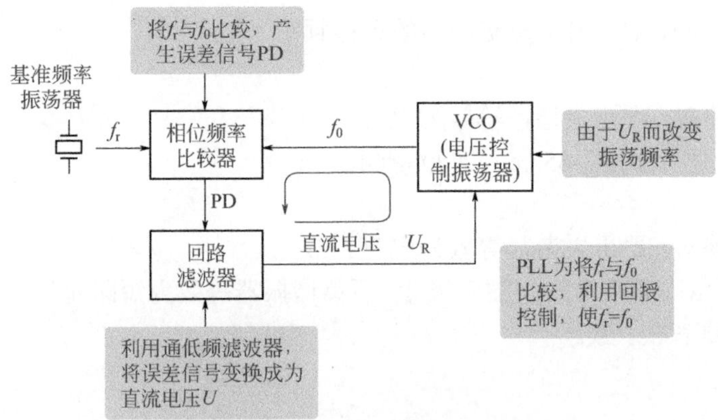

图3-67 PLL电路的基本方块图

利用此误差信号，可以控制VCO的振荡频率，使VCO的相位与基准信号的相位（也即是频率）成为一致。

从图3-67所示的PLL（锁相环）基本构成中，可以知道其由VCO、相位频率比较器、基准频率振荡器、回路滤波器所构成。在此，假设基准振荡器的频率为f_r，VCO的频率为f_0。

在此电路中，假设$f_r > f_0$时，也即VCO的振荡频率f_0比f_r低时，相位频率比较器的输出PD会如图3-68所示，产生正脉波信号，使VCO的振荡器频率提高。相反，如果$f_r < f_0$时，会产生负脉波信号。

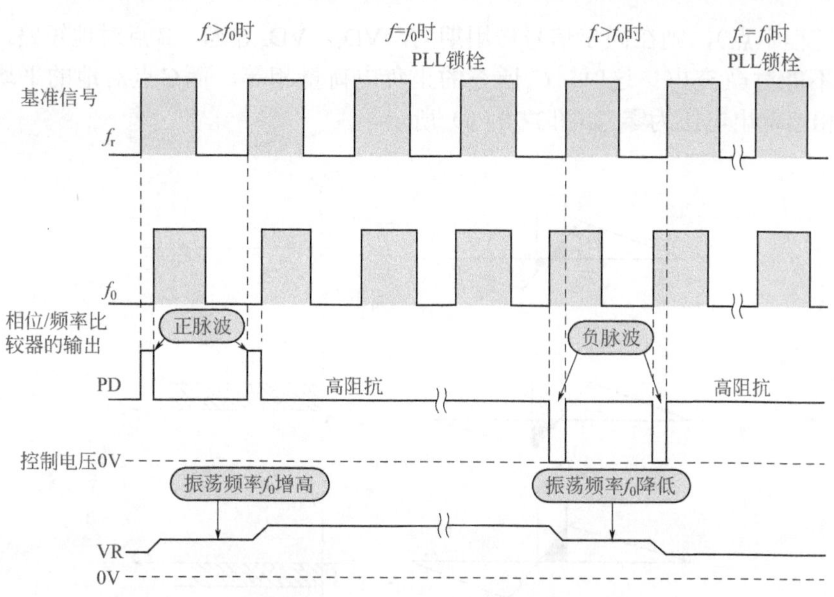

图3-68　相位/频率比较器的动作

PD脉波信号经过回路滤波器的积分，便可以得到直流电压U_R，可以控制VCO电路。

由于控制电压U_R的变化，VCO振荡频率会提高，结果使得$f_r=f_0$。在f与f_0的相位成为一致时，PD端子会成为高阻抗状态，使PLL（锁相环）被锁栓。

4.不平衡型APFC电路实际电路分析

不平衡型APFC电路如图3-69所示。图中D点加有从行输出级反馈的行逆程脉冲，该脉冲经积分电路R_3、C_2积分后，在B点产生正极性锯齿波电压。由于C_3的隔直作用，使锯齿波的零电平线在其峰值中间，因此A点加入同步信号时，由于C_2容量较大，对行同步信号来说，B点是接地的。因此，VD_1、VD_2上的同步脉冲电压相等，VD_1、VD_2导通，C点对地电压为零，AFC输出电压零。

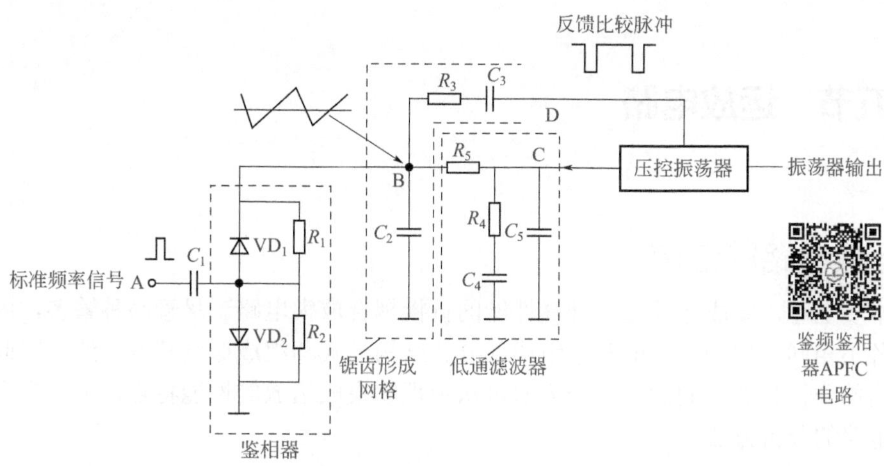

图3-69　不平衡型APFC电路

同步脉冲和比较锯齿波同时加入鉴相器时，如比较锯齿波和同步信号同频同相（同步信号落到逆程中点），则在同步信号作用期间，VD_1、VD_2导通，B点对地短路，使比较锯齿波电压不能对C_2充电。这时，C_5所充的正负电荷量相等，而C点对地的平均直流电压为零，鉴相器输出电压为零，如图3-70（a）所示。

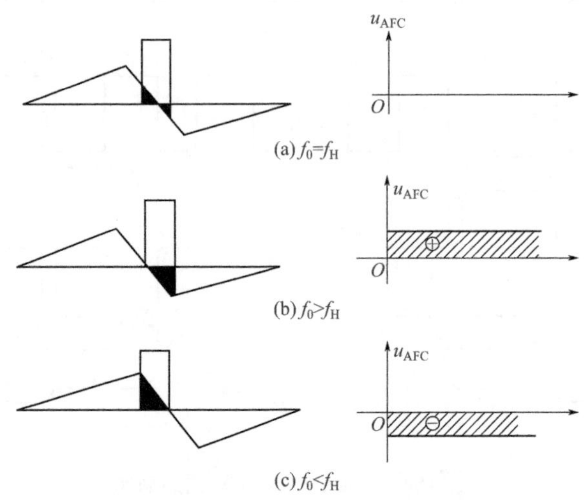

图3-70 不平衡鉴相电路输出

当行频高于同步信号频率时，如第一个行同步信号落到比较锯齿波中点，则第二个同步信号就落在比较锯齿波的后半段，如图3-70（b）所示。这时，在VD_1、VD_2导通期间，比较锯齿波对C_5少充一部分电荷，C点对地电压为正，鉴相器输出一个正电压。

当行频低于同步信号频率时，如第一个同步信号落在锯齿波逆程的中点，则第二个同步信号就落在比较锯齿波逆程的前半段，如图3-70（c）所示。在同步脉冲作用期间，VD_1、VD_2导通，使C_5少充一部分电荷，C点对地电压为负，鉴相器输出负电压。

综上所述，该鉴相器与PNP型振荡器配合，可以使行振荡器频率与同步信号趋于一致，达到自动频率控制的目的。如需使用NPN振荡器，可引入相反性的行逆程脉冲即可。

第五节 运放电路

一、运放电路的结构

从本质上看，集成运放是一种高性能的直接耦合放大电路。尽管品种繁多，内部电路结构也各不相同，但是它们的基本组成部分、结构形式和组成原则基本一致。因此，对于典型电路的分析具有普通意义，一方面可从中理解集成运放的性能特点，另一方面可以了解复杂电路的分析方法。

1.双极型集成运放

集成运放有四个组成部分，因此在分析集成运放电路时，首先应将电路“化整为零”，分为偏置电路、输入级、中间级和输出级四个部分；然后“分析功能”，弄清每部分电路的结构形式和性能特点；最后“统观整体”，研究各部分相互间的联系，从而理解电路如何实现所具有的功能，必要时再进行“定量估算”。

在集成运放电路中，若有一个支路的电流可以直接估算出来，通常该电流就是偏置电路的基准电流，电路中与之相关联的电流源（如镜像电流源、比例电流源等）部分，就是偏置电路。将偏置电路分离出来，剩下的部分一般为三级放大电路，按信号的流通方向，以“输入”和“输出”为线索，既可将三级分开，又可得出每一级属于哪种基本放大电路。为了克服温漂，集成运放的输入级几乎毫无例外地采用差分放大电路；为了增大放大倍数，中间级多采用共射（共源）放大电路（共射极放大电路），为了提高带负载能力且具有尽可能大的不失真输出电压范围，输出级多采用互补式电压跟随电路。

F007是通用型集成运放，其电路如图3-71所示，它由±15V两路电源供电。从图中可以看出，从$+U_{CC}$经VT_{12}、R_5和VT_{11}到$-U_{CC}$所构成的回路的电流能够直接估算出来，因而R_5中的电流为偏置电路的基准电流。VT_{10}与VT_{11}构成微电流源，而且VT_{10}的集电极电流I_{C10}等于VT_9管集电极电流I_{C9}与VT_5、VT_4的基极电流I_{B3}、I_{B4}之和，即$I_{C10}=I_{C9}+I_{B3}+I_{B4}$；$VT_8$与$VT_9$为镜像关系，为第一级提供静态电流；$VT_{13}$与$VT_{12}$为镜像关系，为第二、第三级提供静态电流。F007的偏置如图3-71中所注。将偏置电路分离出来后，可得到F007的放大电路部分，如图3-72所示。根据信号的流通方向可将其分为三级，下面就各级作具体分析。

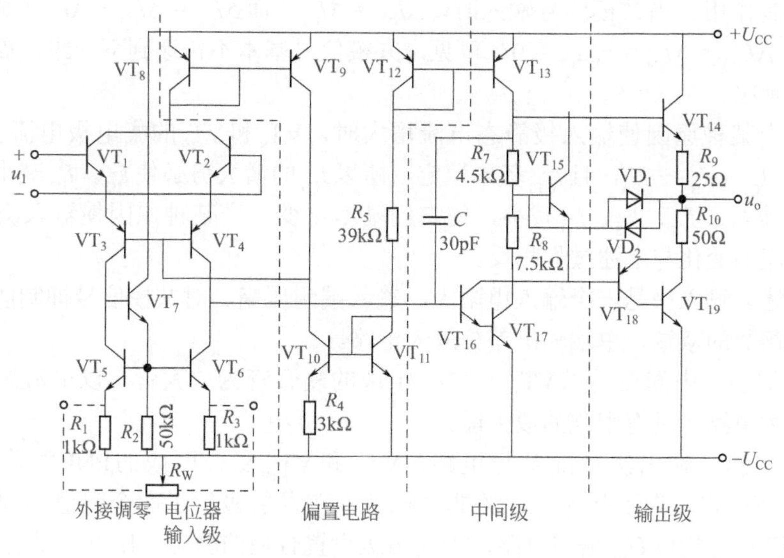

图3-71　F007电路原理图

（1）输入级　输入信号u_i加在VT_1与VT_2管的基极，而从VT_4管（或VT_6管）的集电极输出信号，故输入级是双端输入、单端输出的差分放大电路，完成了整个电路对地输出的转换。VT_1与VT_2、VT_3与VT_4管两两特性对称，构成共集-共基电路，从而提高电路的输入电阻，改善频率响应。VT_1与VT_2管为纵向管，β大；VT_3与VT_4管为横向管，β小但耐压高；VT_5、VT_6与VT_7管构成的电流源电路作为差分放大电路的有源负载；因此输入级可承受较高的输入电压并具有较强的放大能力。

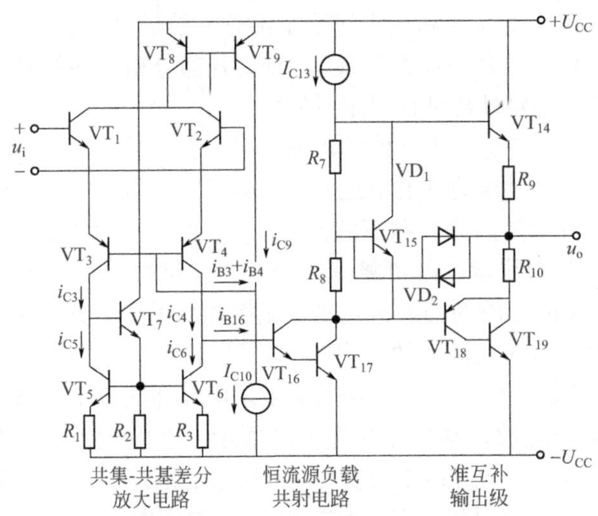

图3-72 F007电路中的放大电路部分

VT_5、VT_6与VT_7构成的电流源电路不但作为有源负载，而且将VT_5的集电极动态电流转换为输出电流ΔI_{B16}的一部分。由于电路的对称性，当有差模信号输入时，$\Delta I_{C3}=-\Delta I_{C4}$，$\Delta I_{C5}=\Delta I_{C3}$（忽略$VT_7$管的基极电流），$\Delta I_{C5}=\Delta I_{C6}$（因为$R_1=R_3$），因而$\Delta I_{C6}=-\Delta I_{C4}$，所以$\Delta I_{C6}=\Delta I_{C4}-\Delta I_{C6}=2\Delta I_{C4}$，输出电流加倍，当然会使电压放大倍数增大。电流源电路还对共模信号起抑制作用。当共模信号输入时，$\Delta I_{C3}=\Delta I_{C4}$，而$\Delta I_{C6}=\Delta I_{C5}-\Delta I_{C3}$（忽略$VT_7$管的基极电流），$\Delta I_{B16}=\Delta I_{C4}=-\Delta I_{C6}=0$，可见，共模信号基本不传递到下一级，提高了整个电路的共模抑制比。

此外，当某种原因使输入级静态电流增大时，VT_8和VT_9的集电极电流会相应增大，但因为$I_{C10}=I_{C9}+I_{B3}+I_{B4}$，且$I_{C10}$基本恒定，所以$I_{C9}$的增大势必使$I_{B3}$、$I_{B4}$减小，从而使输入级静态电流$I_{C1}$、$I_{C2}$、$I_{C3}$、$I_{C4}$减小，使它们基本不变。当某种原因使输入级静态电流减小时，各电流的变化与上述过程相反。

综上所述，输入级是一个输入电阻大、输入端耐压高、对共模信号抑制能力强、有较大差模放大倍数的双端、单端输出差分放大电路。

（2）中间级 中间级是以VT_{16}和VT_{17}组成的复合管为放大管，以电流源为集电极负载的共射放大电路，具有很强的放大能力。

（3）输出级 输出级是准互补电路，VT_{18}和VT_{19}复合而成的PNP型管与NPN型管VT_{14}构成互补形式，为了弥补它们的非对称性，在发射极加了两个阻值不同的电阻R_9和R_{10}。R_7、R_8和VT_{15}构成U_{BE}倍增电路，为输出级设置合适的静态工作点，以消除交越失真。R_9和R_{10}还作为输出电流i_o（发射极电流）的采样电阻与VD_1、VD_2共同构成过流保护电路，这是因为VT_{14}导通时R_7上电压与二极管VD_1上电压之和等于VT_{14}管B-E间电压与R_9上电压之和，即

$$u_{R_7}+u_{VD1}=u_{BE14}+i_oR_9$$

当i_o未超过额定值时，$u_{VD1}<U_{ON}$，而当i_o过大时，R_9上电压变大使VD_1导通，为VT_{14}的基极分流，从而限制了VT_{14}的发射极电流，保护了VT_{14}管。VD_2在VT_{18}和VT_{19}导通时起保护作用。

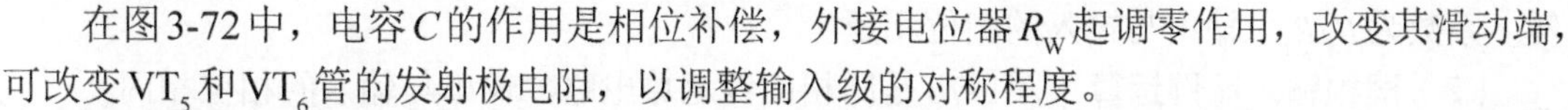

在图3-72中，电容C的作用是相位补偿，外接电位器R_W起调零作用，改变其滑动端，可改变VT_5和VT_6管的发射极电阻，以调整输入级的对称程度。

2.单极型集成运放

在测量设备中，常需要高输入电阻的集成运放，其输入电流小到10pA以下，这对于任何双极型集成运放都无法实现，必须采用场效应管构成的集成运放。由于同时制作N沟道和P沟道互补对称管工艺较易实现，所以CMOS技术广泛用于集成运放。CMOS集成运放的电阻高达$10^{10}\Omega$以上，并可在很宽的电源电压范围内工作。它们所需的芯片面积只是可比的双极型设计的1/5 ～ 1/3，因此CMOS电路的集成度更高。

C14573是四个独立的运放制作在一个芯片上的器件，其电路原理如图3-73所示，它全部由增强型CMOS管构成，与晶体管集成运放电路结构相类比可知，VT_1、VT_2和VT_7管构成多路电流源，在已知VT_1管的开启电压的前提下，根据外接电阻可以求出基准电流U_R，一般选择I_R为20 ～ 200μA。根据VT_1、VT_2和VT_7管的结构尺寸可以得到VT_5、VT_4与VT_8管的漏极电流，它们为放大电路提供静态电流。把偏置电路简化后，便可得以如图3-74所示的放大电路部分。由图3-74可知，C14573是两级放大电路。

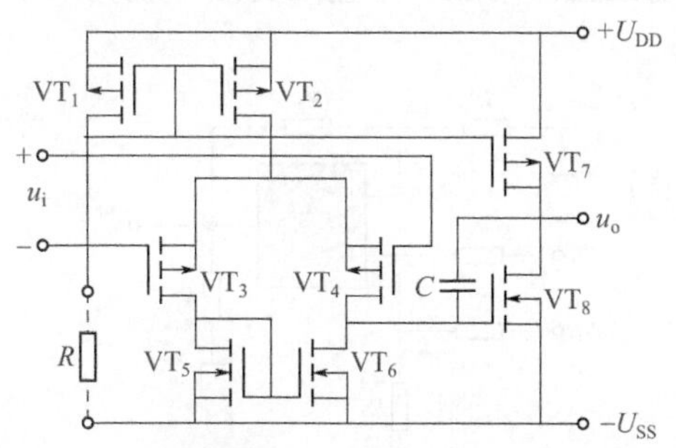

图3-73　C14573电路图

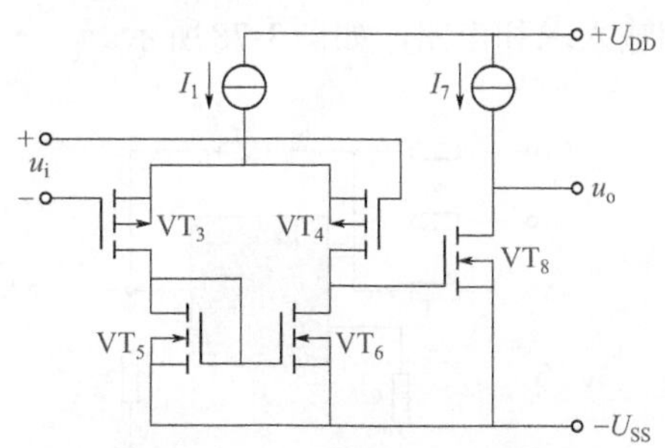

图3-74　C14573的放大电路部分

第一级是以P沟道管VT_3和VT_4为放大管、以VT_5和VT_6管构成的电流源为有源负载，采用共源形式的双端输入、单端输出差分放大电路，有源负载使单端输出电路的动态输出电流近似等于双端时的情况。由于第二级电路从VT_5的栅极输入，其输入电阻非常大，所以使第一级具有很强的电压放大能力。

第二级是共源放大电路，以N沟道和VT_8为放大管，漏极带有源负载，因此也具有很强的电压放大能力。但它的输出电阻很大，因而带负载能力较差，是为高阻抗负载而设计的，适用于以场效应管为负载的电路。

电容C起相位补偿作用。

在使用时，工作电源电压U_{DD}与U_{SS}之间的差值应满足$5V \leqslant (U_{DD} - U_{SS}) \leqslant 15V$；可以单电源供电（正、负均可），也可以双电源供电，并允许正负电源不对称。使用者可根据对输出电压动态范围的要求选择电源电压的数值。

二、运放基本电路

1.比例运算电路

（1）反相输入比例运算　图3-75是反相比例运算电路。输出电压u_o与输入电压u_i成比例，系数为R_f/R_1，输出与输入的相位相反。

（2）同相输入比例运算 图3-76是同相比例运算电路，输出与输入的相位相同。

运算放大器的快速理解

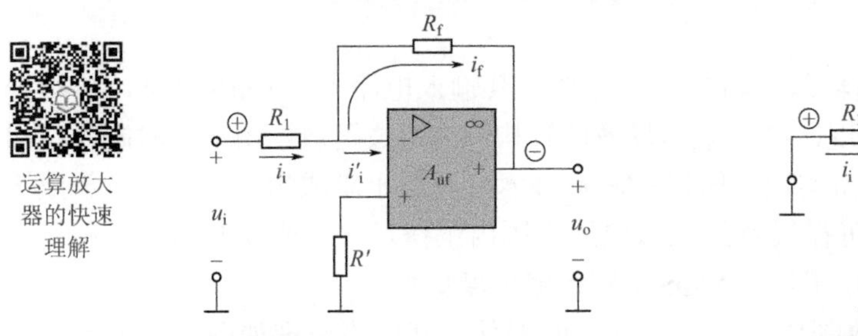

图3-75 反相比例运算电路

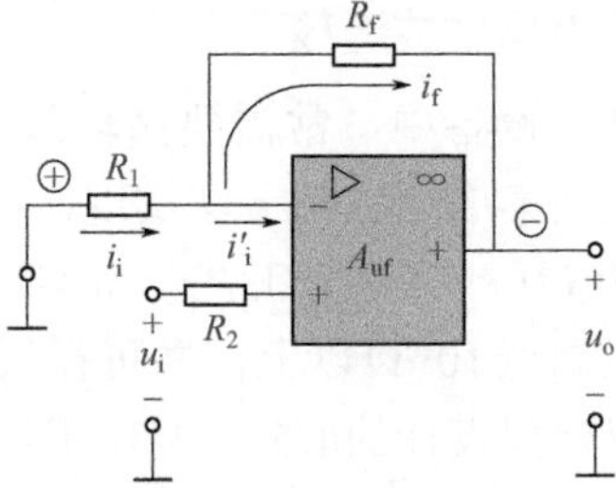

图3-76 同相比例运算电路

2.加法运算电路

（1）反相加法电路 见图3-77。此时两个输入信号电压产生的电流都流向R_f，所以输出是三输入信号的比例和。

（2）同相加法电路 在同相比例运算电路的基础上，增加一个输入支路，就构成了同相输入求和电路，如图3-78所示。

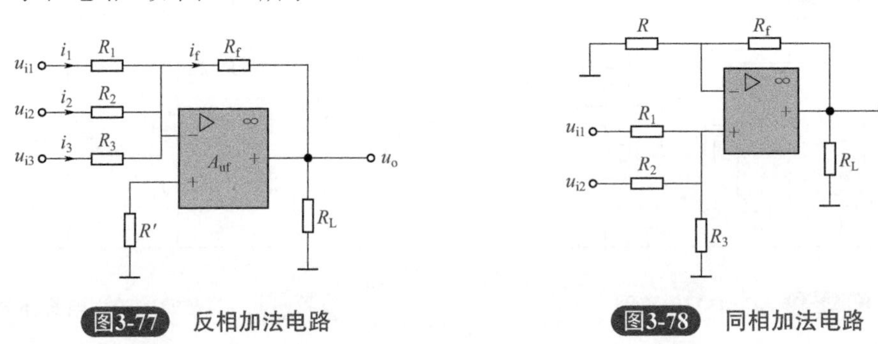

图3-77 反相加法电路

图3-78 同相加法电路

3.减法运算电路

双端输入也称差分输入，双端输入能实现减法运算，电路如图3-79所示。

4.积分运算电路

积分运算和微分运算互为逆运算。在自控系统中，常用积分电路和微分电路作为调节环节；此外，它们还广泛应用于波形的产生和变换，以及仪器仪表之中。以集成运放作为放大电路，利用电阻和电容作为反馈网络，可以实现这两种运算电路。

图3-80所示为积分运算电路。当输入为阶跃信号时，若t_0时刻电容上的电压为零，

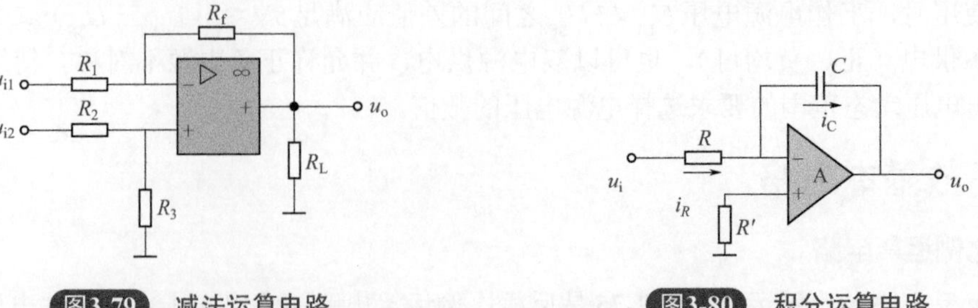

图3-79 减法运算电路

图3-80 积分运算电路

则输出电压波形如图3-81（a）所示，当输入为方波、正弦波时，输出电压波形分别如图3-81（b）和图3-81（c）所示，可见，利用积分运算电路可以实现方波-三角波变换和正弦波-余弦的移相功能。

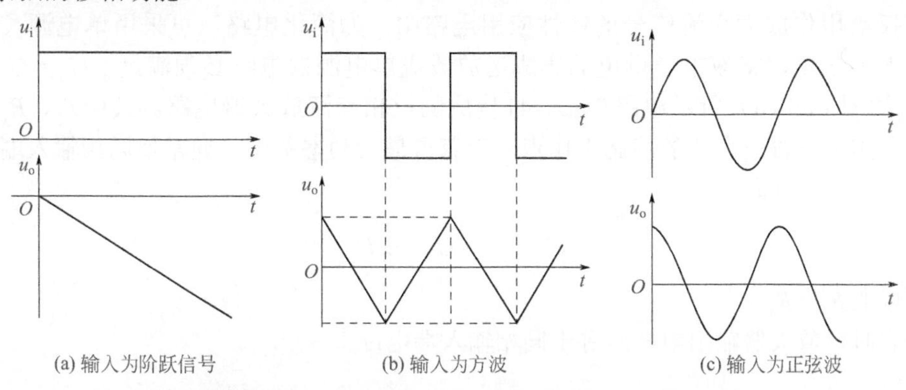

图3-81　积分运算电路在不同输入情况下的波形

5.微分运算电路

（1）基本微分运算电路　若将电路中电阻R和电容C的位置互换，则得到基本微分运算电路，如图3-82所示。

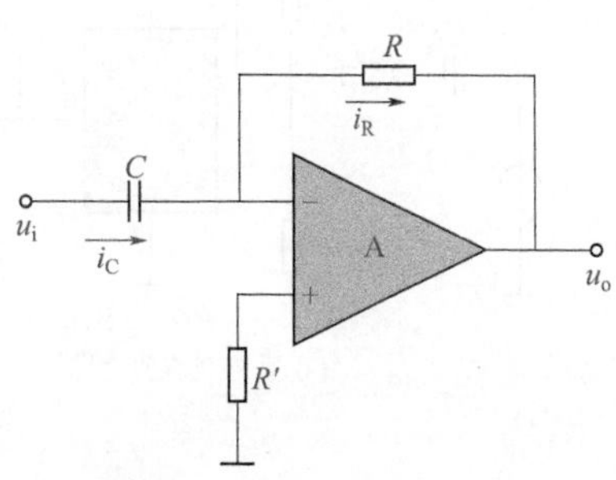

图3-82　基本微分运算电路

（2）实用微分运算电路　在图3-82所示电路中，无论是输入电压产生阶跃变化，还是脉冲式大幅度干扰，都会使得集成运放内部的放大管进入饱和或截止状态，以至于即使信号消失，管子还不能脱离原状态回到放大区，出现阻塞现象，电路不能正常工作；同时，由于反馈网络为滞后环节，它与集成运放内部的滞后环节相叠加，易于满足自激振荡的条件，从而使电路不稳定。

为了解决上述问题，可在输入端串联一个小阻值的电阻R_1，以限制输入电流，也就是限制R中的电流；在反馈电阻R上并联稳压二极管，以限制输出电压幅值，保证集成运放中的放大管始终工作在放大区，不至于出现阻塞现象；在R上并联小容量电容C_1，起相位补偿作用，提高电路的稳定性，如图3-83所示。该电路的输出电压与输入电压成近似微分关系。若输入电压为方波，且$R_C \ll T/2$（T为方波的周期），则输出为尖顶波，如图3-84所示。

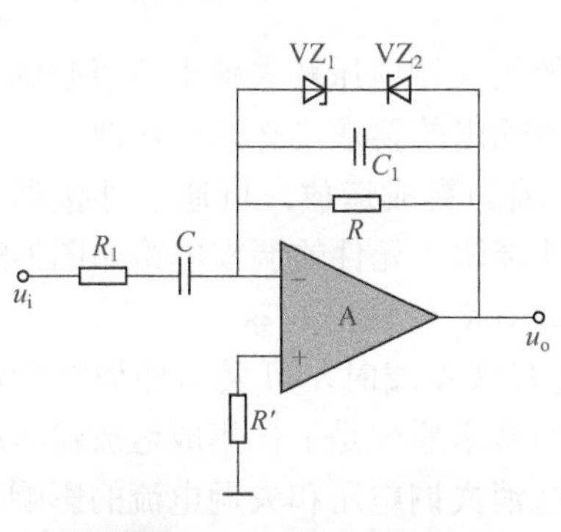

图3-83　实用微分运算电路

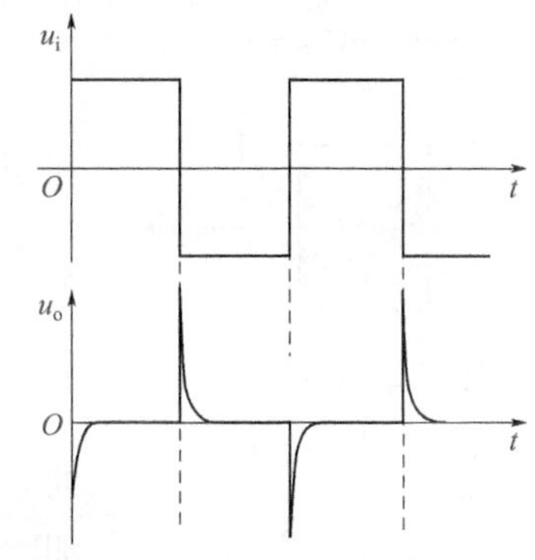

图3-84　微分电路输入输出波形分析

三、运放电路的应用

1.单电源交流放大器

在仅需用作放大交流信号的线性应用电路中，为简化电路，可采用单电源（正电源或负电源）供电，将双电源供电的集成运放改成单电源供电时必须满足：$U_+ = U_- = U_o = U_{CC}/2$。如图3-85（a）所示电路为μA741构成的反相交流放大器电路。其中R_2、R_3称为偏置电阻，用来设置放大器的静态工作点。为获得最大动态范围，通常使同相输入端静态工作点$U_+ = U_{CC}/2$，即

$$U_o = U_- = U_+ = \frac{1}{2}U_{CC}$$

所以取$R_2 = R_3$。

静态时，放大器输出电压应等于同相输入端电位。

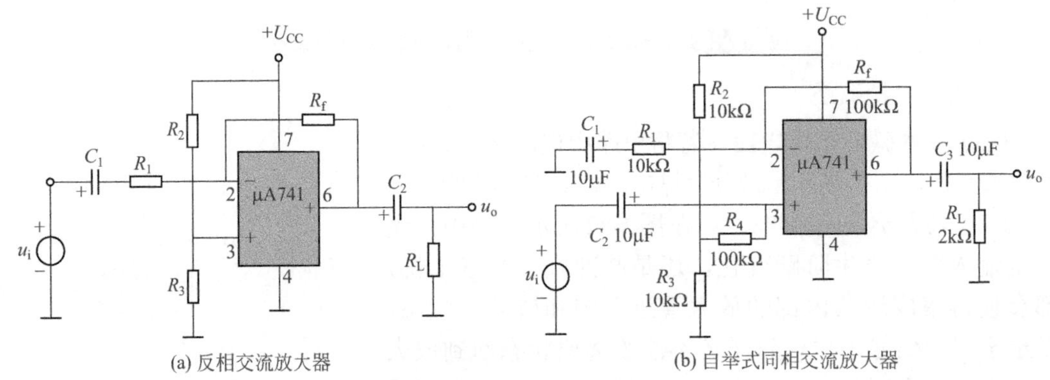

图3-85 单电源交流放大器

图3-85（a）中C_1、C_2为放大器耦合电容。

如图3-85（b）所示电路为单电源供电自举式同相交流放大器。该电路接入R_4的目的是提高放大器的输入电阻。接入R_4后，放大器的输入电阻为

$$R_i = (R_4 + R_2//R_3)//r_{ic} \approx R_4$$

式中，r_{ic}为集成运放共模输入电阻。

R_4越大，放大器的输入电阻越大。

2.调零

为了消除集成运放的失调电压和失调电流引起的输出误差，以达到零输入零输出的要求，必须进行调零。

❶ 对有外接调零端的集成运放，可通过外接调零元件进行调零。μA741外接调零元件的调零电路如图3-86所示。将输入端接地，调节R_P使输出为零。

❷ 当集成运放没有调零端时，可采用外加补偿电压的方法进行调零。它的基本原理是：在集成运放输入端施加一个补偿电压，以抵消失调电压和失调电流的影响，从而使输出为零。

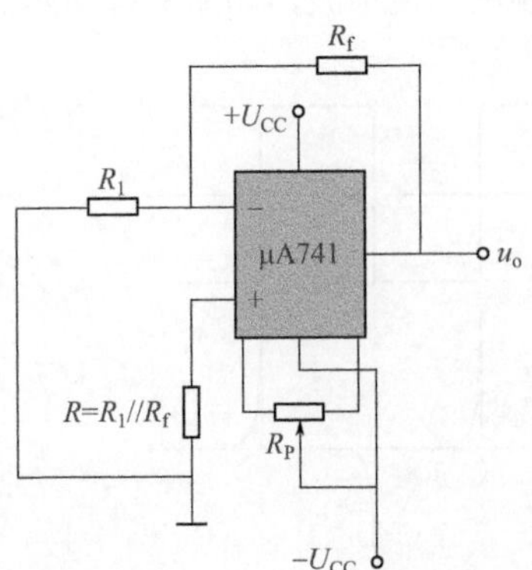

图3-86 外接调零元件调零

3.集成运放电路的消振与保护电路

（1）消振 由于集成运放增益很高，易产生自激振荡，消除自激振荡是动态调试的重要内容。运放是高电压增益的多级直接耦合放大器，信号传输过程中产生附加相移。在没有输入电压的情况下，而有一定频率、一定幅度的输出电压，产生自激振荡，消除自激振荡的方法是外加电抗元件或*RC*移相网络进行相位补偿。高频自激振荡波形如图3-87所示。

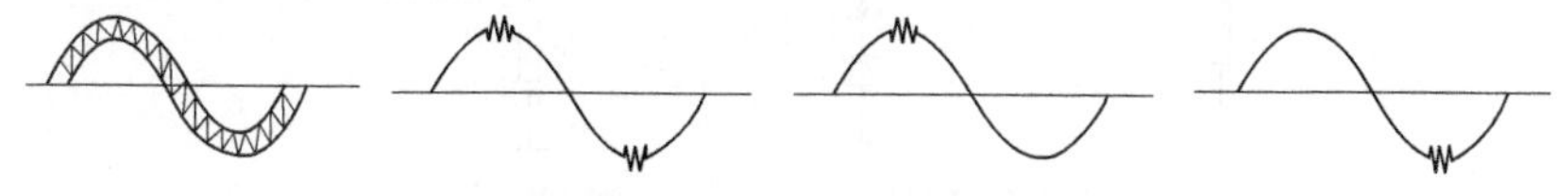

图3-87 高频自激振荡波形

按说明接入相位补偿元件或相移网络即可消振，但有一些需要进行实际调试。其调试电路如图3-88所示。

首先将输入端接地，用示波器可观察输出端的高频振荡波形。当在5脚（补偿端）接上补偿元件后，自激振荡幅度将下降。将电容*C*由小到大调节，直到自激振荡消失，此时示波器上只显示一条光线。测量此时的电容值，并换上等值固定电容器，调试任务完成。

接入*RC*网络后，若仍达不到理想的消振效果，可再在电源正、负端与地之间分别接上几十微法和0.01～0.1μF的瓷片电容。

（2）电源端保护 为了防止电源极性接反而造成运算放大器组件的损坏，可以利用二极管的单向导电性原理，在电源连接线中串接二极管，以阻止电流倒流，如图3-89所示。当电源极性接反时，VD_1、VD_2不导通，相当于电源开路。

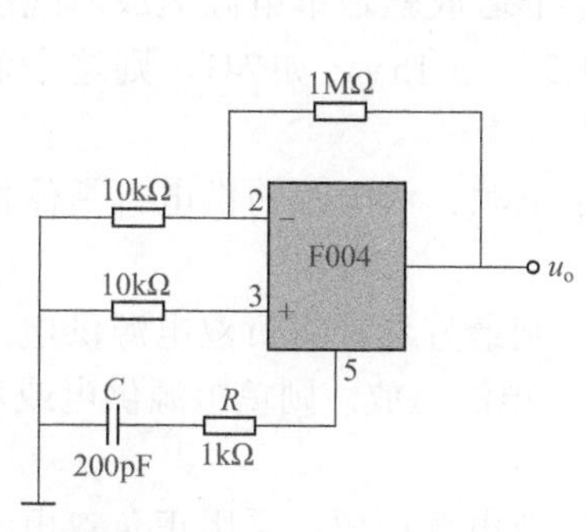

图3-88 补偿电容调试电路

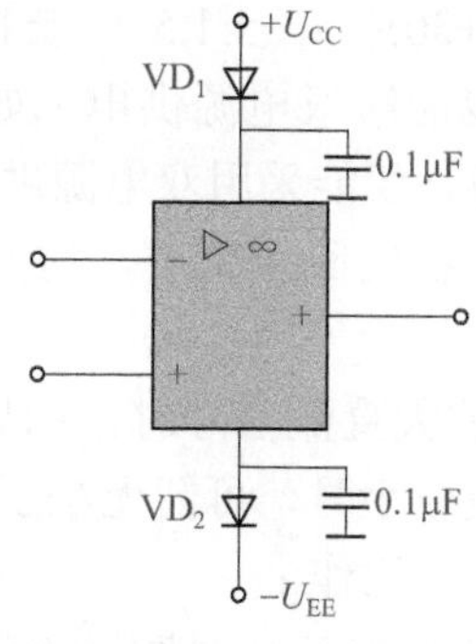

图3-89 运放电源端保护

（3）输出端保护 为了防止集成运放的输出电压过高，可用两个稳压管反向串联后，并联在负载两端或并联在反馈电阻R_f两端，如图3-90所示。当输出电压小于稳压管稳定电压U_Z时，稳压管不导通，保护电路不工作，当输出电压大于U_Z时，稳压管工作，将输出端的最大电压幅度限制在±（U_Z＋0.7V）。

（4）输入端保护 集成运放输入端保护电路如图3-91所示。

（5）单电源供电与双电源供电 运放作为模拟电路的主要器件之一，在供电方式上有单电源和双电源两种，而选择何种供电方式，是初学者的困惑之处，作者也因此做了详细的实验，在此对这个问题做一些总结。

首先，运放分为单电源运放和双电源运放，在运放的数据手册上，如果电源电压写的

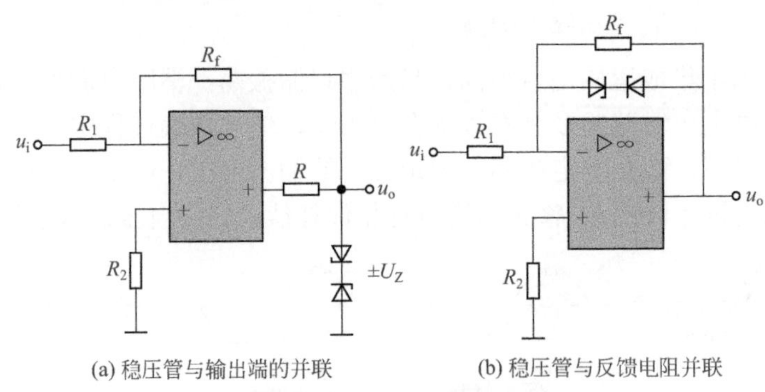

(a) 稳压管与输出端的并联　　(b) 稳压管与反馈电阻并联

图3-90 运放输出端的保护

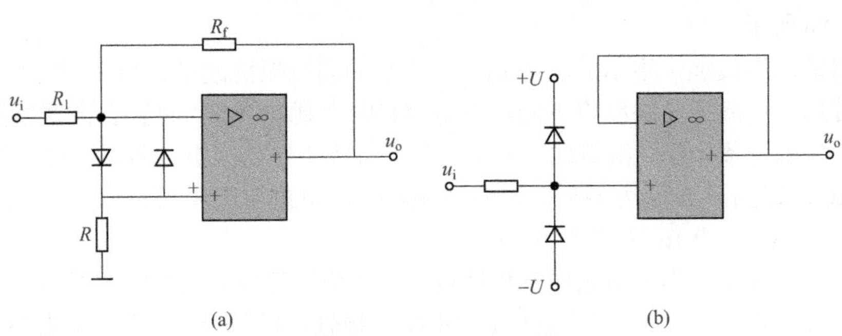

(a)　　(b)

图3-91 运放输入端的保护

是（+3 ～ +30V）/（±1.5 ～ ±15V），如324，则这个运放就是单电源运放，既能够单电源供电，也能够双电源供电；如果电源电压是±1.5 ～ ±15V，如741，则这个运放就是双电源运放，仅能采用双电源供电。

但是，在实际应用中，这两种运放都能采用单电源、双电源的供电。具体使用方式如下：

❶ 在放大直流信号时，如果采用双电源运放，则最好选择正负双电源供电，否则输入信号幅度较小时，可能无法正常工作，如果采用单电源运放，则单电源供电或双电源供电都可以正常工作；

❷ 在放大交流信号时，无论是单电源运放还是双电源运放，采用正负双电源供电都可以正常工作；

❸ 在放大交流信号时，无论是单电源运放还是双电源运放，简单地采用单电源供电都无法正常工作，对于单电源运放，表现为无法对信号的负半周放大，而双电源运放无法正常工作。要采用单电源，就需要所谓的“偏置”，而偏置的结果是把供电所采用的单电源相对地变成“双电源”。具体电路如图3-92所示。首先，采用耦合电容将运放电路和其他电路直流隔离，防止各部分直流电位相互影响。然后在输入点上加上$U_{CC}/2$的直流电压，分析一下各点的电位，U_{CC}是U_{CC}，输入是$U_{CC}/2$，$-U_{CC}$是GND，然后把各点的电位减去$U_{CC}/2$，便成了U_{CC}是$U_{CC}/2$，输入是0，$-U_{CC}$是$-U_{CC}/2$，相当于是“双电源”。在正式的双电源供电中，输入端的电位相对于输入信号电压是0，动态电压U_{CC}是$+U_{CC}$，输入是$0+U_{in}$，$-U_{CC}$是$-U_{CC}$，而偏置后的单电源供电U_{CC}是$+U_{CC}$，输入是$U_{CC}/2+U_{in}$，

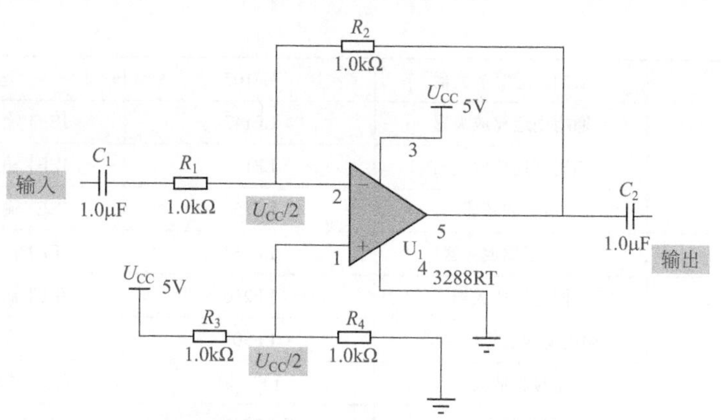

图3-92　单电源供电与双电源供电电路

$-U_{CC}$是GND，相当于U_{CC}是$U_{CC}/2$，输入是$0+U_{in}$，$-U_{CC}$是$-U_{CC}/2$，与双电源供电相同，只是电压范围只有双电源的一半，输出电压幅度相应会比较小。当然，这里面之所以可以相对地分析电位，是因为有了耦合电容的隔直作用，而电位本身就是一个相对的概念。

这里用的是反相放大电路，同相的原理类似，就是将输入端电位抬高到$U_{CC}/2$，同时注意隔直电容的应用。

4.常用的集成运放的作用

常用的集成运放的作用如表3-2所示。

表3-2　常用的集成运放型号及作用

OP07	低噪声精密运算放大器	F308	通用型运算放大器
OP27	低噪声精密运算放大器	F310	电压跟随器
OP37	低噪声精密运算放大器	F318	高速运算放大器
OP42	低噪声精密运算放大器	F324	四运算放大器
OP97	低功耗精密放大器	F348	通用型四运算放大器
OP111A	低噪声运算放大器	F358	单电源双运算放大器
LFC2	高增益运算放大器	F441	低功耗JEET输入运算放大器
LFC3	中增益运算放大器	F4558	双运算放大器
LFC4	低功耗运算放大器	F741	（F007）通用Ⅲ型运算放大器
LFC54	低功耗运算放大器	F741A	通用型运算放大器
LFC75	低功耗运算放大器	F747	双运算放大器
F003	通用Ⅱ型运算放大器	F4741	通用型四运算放大器
F004	（5G23）中增益运算放大器	FD37	运算放大器
F005	中增益运算放大器	FD38	运算放大器
F006	通用Ⅱ型运算放大器	FD46	高速运送放大器
F007	（5G24）通用Ⅲ型运算放大器	LF082	高输入阻抗运送放大器
F010	低功耗运算放大器	LFOP37	超低噪声精密放大器

续表

F011	低功耗运算放大器	LF107	运算放大器
F101A	通用型运算放大器	LF147	JEET输入型运算放大器
F108	通用型运算放大器	LF155	JEET输入型运算放大器
F110	电压跟随器	LF156	JEET输入型运算放大器
F118	高速运算放大器	LF157	JEET输入型运算放大器
F124	四运算放大器	LF256	JEET输入型运算放大器
F148	通用型四运算放大器	LF307	运算放大器
F1490	宽频带放大器	LF3140	高输入阻抗双运送放大器
F1550	射频放大器	LF347	JEET输入型运算放大器
F1558	通用型双运算放大器	LF351	宽带运算放大器
F157/A	通用型运算放大器	LF353	双高阻运算放大器
F158	单电源双运算放大器	LF355	JEET输入型运算放大器
F1590	宽频带放大器	LF356	JEET输入型运算放大器
F201A	通用型运算放大器	LF357	JEET输入型运算放大器
F210	电压跟随器	LF411	低失调低漂移JEET输入运放
F218	高速运算放大器	LF4136	高性能四运算放大器
F224	四运算放大器	LF444	四高阻抗运算放大器
F248	通用型四运算放大器	LF7650	斩波自稳零运送放大器
F253	低功耗运算放大器	LF791	单块集成功率运算放大器
F258	单电源双运算放大器	LZ1606	积分放大器
F301A	通用型运算放大器	LZ19001	挠性石英表伺服电路变换放大器
LBMZ1901	热电偶温度变换器	LM725	低漂移高精度运放
LM101	通用型运算放大器	LM733	宽带放大器
LM108	通用型运算放大器	LM741	运算放大器
LM110	电压跟随器	LM747	双运算放大器
LM118	高速运算放大器	LM748	双运放
LM124	四运算放大器	TL062	低功耗JEET运算放大器
LM148	四741运算放大器	TL072	低噪声JEET输入型运算放大器
LM1558	双运算放大器	TL081	通用JEET输入型运算放大器
LM158	单电源双运算放大器	TL082	四高阻运算放大器（JEET）
LM201	通用型运算放大器	TL084	四高阻运算放大器（JEET）
LM208	通用型运算放大器	MC1458	双运放（内补偿）
LM218	高速运算放大器	MC3303	单电源四运算放大器
LM224	四运算放大器	MC3403	低功耗四运放
LM248	四741运算放大器	MC4741	四通用运放
LM258	单电源双运算放大器	CA3080	跨导运算放大器

续表

LM301	通用型运算放大器	CA3100	宽频带运算放大器
LM308	通用型运算放大器	CA3130	BiMOS运算放大器
LM310	电压跟随器	CA3140	BiMOS运算放大器
LM318	高速运算放大器	CA3240	BiMOS双运算放大器
LM324	四运算放大器	CA3193	BiMOS精密运算放大器
LM348	四741运算放大器	CA3401	单电源运算放大器
LM358	单电源双运算放大器	ICL7650	斩波稳零运放
LM359	双运放	ICL7660	CMOS电压放大（变换）器
LM381	双前置放大器	μpc4558	低噪声宽频带运放
LM709	通用运放		

四、实际运放电路

1.高精度可调限流直流稳压电源制作

如图3-93所示，市电通过220V/24V、3A变压器连接到接线端子J_4，由整流桥BR_1整流、EC_1和R_1平滑滤波，输出至电压调整管VT_2的集电极。这个电路具有不同于其他稳压电源的特点。

电源的基准电压由一个固定增益的运算放大器U_2提供，VZ_1选用稳压值5.6V的稳压管。接通电源后运算放大器U_2的输出电压增加，使VZ_1导通，通过R_7稳定在5.6V附近，因为R_8与R_{10}的阻值相同，所以U_2的输出电压是11.2V。U_3的放大倍数大约为3倍，根据公式$A=(R_{13}+R_{18})/R_{13}$，11.2V的基准电压大约能放大到超过30V，电位器VR_3和电阻R_{14}组成输出电压零位调节器，使它能输出0V的电压。

电路另一个非常重要的特点，是能预置最大输出电流，可有效地从恒压源变为恒流源。电路通过U_1检测串联在负载上的电阻R_{19}两端的电压降，U_1的反相输入端通过R_9接到基准0V。同时，同相输入电压能够由VR_1调节，假设输出电压只有几伏，调节VR_1使U_1的同相输入端为1V，电路的电压放大部优先使输出电压保持恒定，而串在输出回路的R_{19}产生的影响可以忽略不计，因为R_{19}的阻值很小且在电路中降低输出电压，从而实现对电流的限流，是一个保持输出电流恒定的有效方法，而且非常精确，可以将电流控制到2mA。C_1在这里的作用是增加电路的稳定性，VT_1用于指示限流电路是否动作，只要进入限流状态，VT_1就会驱动LED发光，为了使U_3能控制输出电压到0V，需要一个负的供电电压，负电压由一个简单的电压泵电路提供，由EC_3、EC_4及相关元件组成，经R_{21}和VZ_2稳压而成，这个负电压同时给U_1和U_3提供电源，U_2由单电源供电。

为了避免在关闭电源时电路出现失控，由VT_4及其相关元件组成一个保护电路，当交流电压消失时，负电压也会马上消失，VT_4导通，输出电压变为0V，从而有效地保护了电路和与之相连的负载。在正常工作期间，VT_4的基极通过R_{22}连接到负压而截止，U_3的内部有一个输出短路保护电路，VT_4导通也不会使IC损坏，这样能很快地泄放掉滤波电容存储的电荷，这个功能对于做实验是非常有利的，因为多数的稳压电源在关闭电源开关时往往会由于输出电压瞬间的升高而损失惨重。

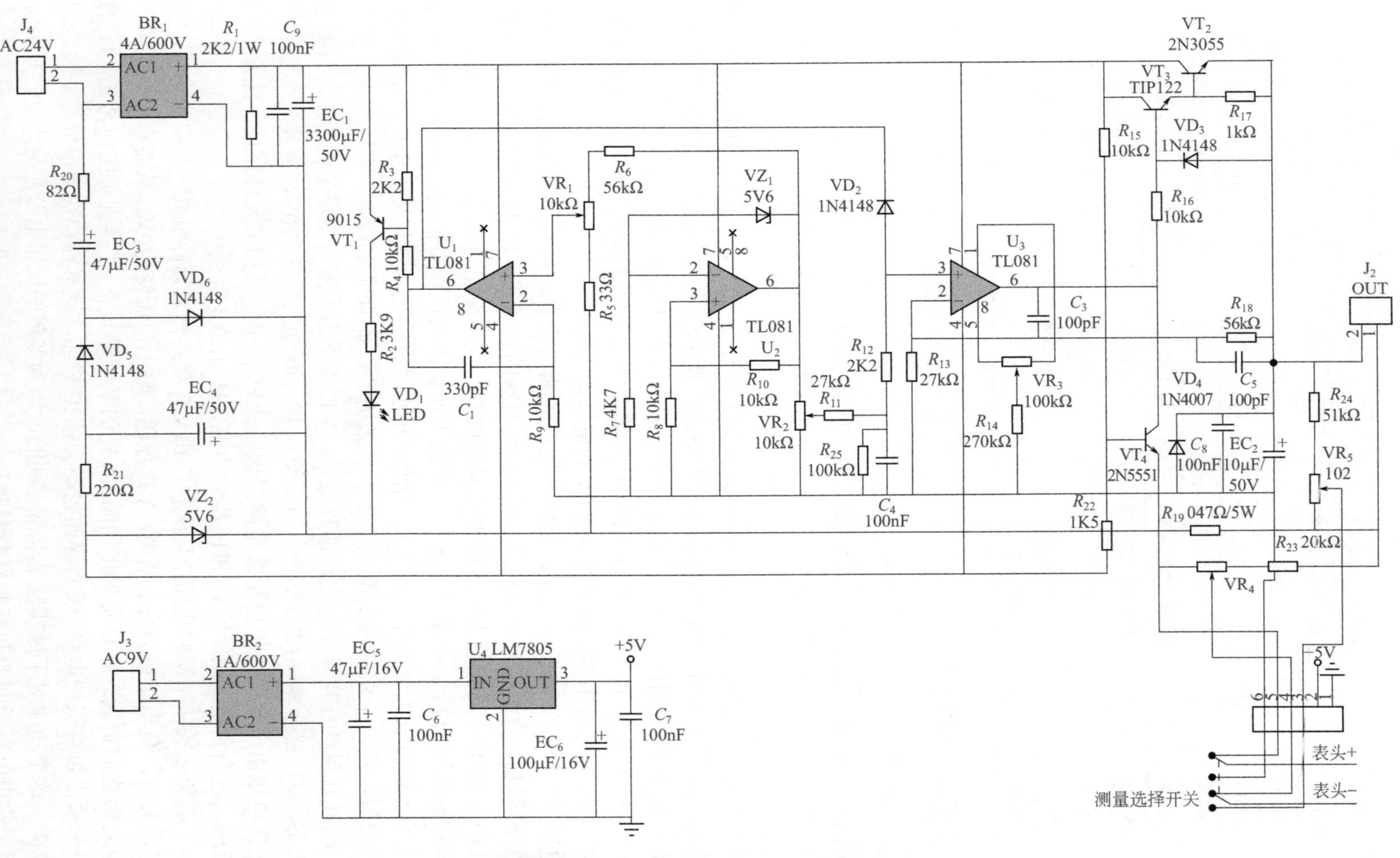

图3-93 可调限流直流稳压电源工作原理图

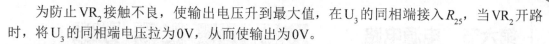

为防止VR_2接触不良，使输出电压升到最大值，在U_3的同相端接入R_{25}，当VR_2开路时，将U_3的同相端电压拉为0V，从而使输出为0V。

2.利用运放电路制作的抽油烟机电路

如图3-94所示为四运放与气敏探头构成的抽油烟机电路。气敏探头的A-B间是气敏半导体，f为加热电阻器丝，在加热状态下吸附在A-B极的煤气、油烟产生导电离子，使A-B极间的电阻变小。在正常空气环境下，监控电路进入工作状态后，IC_2的2脚为高电平（12V），3脚约8V，1脚为低电平0V。所以IC_1的9脚约有4V电压。当环境中无油烟时，气敏管呈高阻状态，IC_1的8脚远低于4V，IC_1的6脚也为低电平。所以，IC_3、IC_4输出都是低电平，此时蜂鸣器和BG_1都不工作，整机处于待命状态。由于加热丝有电流，绿色发光管亮。当煤气或油烟浓度达到一定程度时，气敏管与RW、T_0的分压值就会超过4V。这时IC_1翻转，8脚输出高电平12V，IC_3的13脚和IC_4的6脚电位都是8V。因此，IC_3的14脚输出高电平，高分贝蜂鸣器报警。同时，另一路经VD_6使IC_4的7脚输出高电平，BG_1导通，继电器吸合，排气扇电机开始转动。此时由于IC_1的8脚为高电平，绿色发光管熄灭，红色发光管点亮，指示煤气油烟超标。

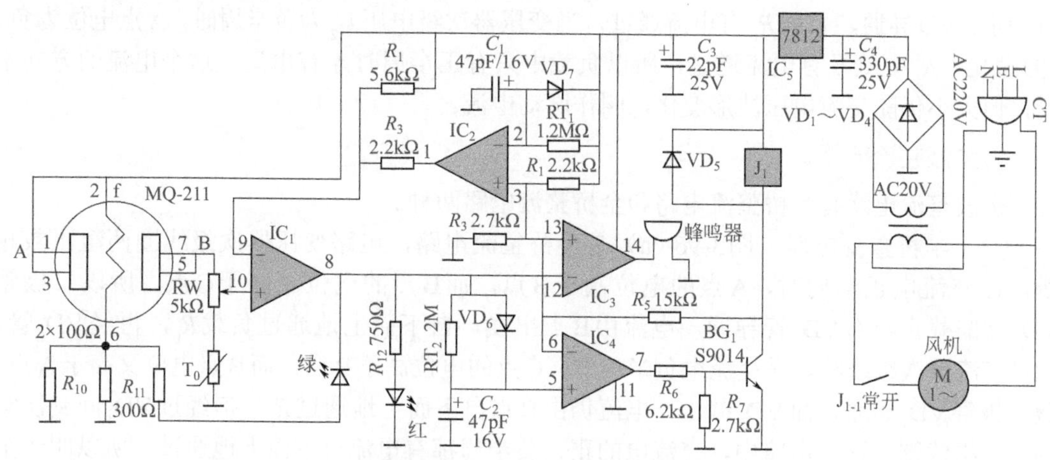

图3-94　自动抽油烟机原理图

VD_6、RT_2和C_2组成排气延时电路，当室内油烟煤气浓度恢复正常后，IC_1的8脚为0V，VD_6截止，电容器C_2通过RT_2放电（约需3min）。当放电至电压值低于8V时，IC_4重新翻转，排气扇关闭。

C_2与C_1、RT_1组成开机延时电路。电源接通后，IC_2的3脚立刻获得8V直流电压，而2脚电位在RT_1对C_1充电的同时缓慢上升，经2min左右才能达8V以上。在此之前，IC_2的1脚为高电平（12V），报警、排气电路都不工作，这样可防止刚开机时由于气敏头为冷态，还未进入正常工作状态而发生误动作。VD_7能在电源关断后使C_1的储能迅速泄放，以保证在较短时间内再次开机。VD_5则保护开关控制器BG_1。

总之，自动抽烟机正常工作状态时，按下自动按钮，绿灯点亮，如室内煤气和油烟浓度小于0.15%（1500PPM），机器即进入待命状态；如室内油烟超标，开机2min后就立即启动报警，且抽油烟电机开始工作，绿灯熄灭，红灯点亮，直至室内气体正常，红灯熄灭，报警音响停止，绿灯点亮，3min后电机停转。

第六节 电源电路

半波整流电路原理

桥式整流电路原理

认识多种开关电源实际线路板

开关电源检修注意事项

一、多种整流电路

电子电路应用的多为直流电源，整流电路就是将交流电变成直流电的电路。

1.半波整流电路

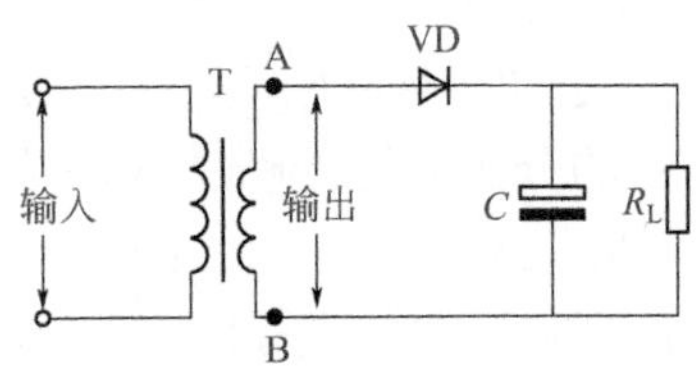

图3-95 半波整流电路

电路如图3-95所示，由变压器T、二极管VD和滤波电容C组成，电阻R_L表示用电器，是整流电路的负载。

变压器T的作用是将市电进行电转换，得到用电器所需电压。如果市电电源电压与用电器的要求相符，就可以省掉变压器，既降低成本又简化了电路。

工作过程：当变压器次级电压U_2为正半周时，A点电位为正，VD导通，负载R_L有电流通过，当变压器次级电压U_2为负半周时，A点电位为负，VD截止，R_L中就没有电流通过，所以负载中只有正半周时才有电流。这个电流的方向不变，但大小仍随交流电压波形变化，叫作脉动电流。

2.全波整流电路

全波整流电路有半桥整流电路和全桥整流电路两种。

（1）半桥整流电路 图3-96（a）是半桥整流电路，电路变压器次级线圈两组匝数相等。在交流电正半周时，A点的电位高于B点，而B点的电位又高于C点，所以二极管VD_1反偏截止，而VD_2管导通，电流由B点出发，自下而上地通过负载R_L，再经VD_2管，由C点流回次级线圈。在交流电负半周时，C点的电位高于B点，而B点电位又高于A点，故二极管VD_1导通，而VD_2截止。电流仍由B点自下而上地通过R_L，但经过VD_1回到次级的另一组线圈。这个电路中，交流电的正、负半周都有电流自下而上地通过，所以叫作全波整流电路。此种电路的优点是电能利用率高，缺点是变压器利用率低。

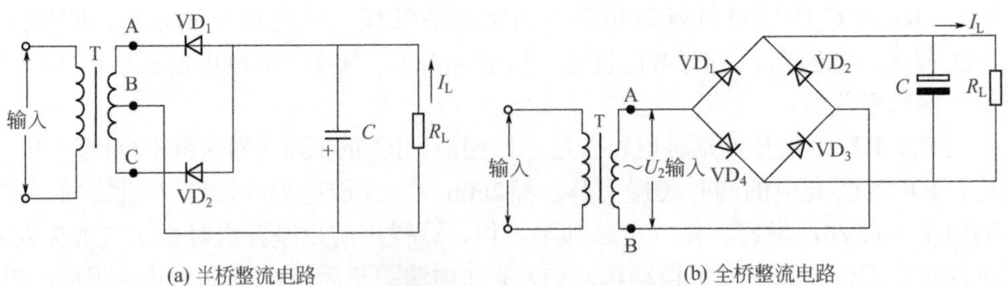

图3-96 全波整流电路

（2）全桥整流电路 如图3-96（b）所示，在交流电正半周时，A点的电位高于B点，所以二极管VD_1、VD_3导通，而二极管VD_2、VD_4截止，电流由A点经VD_1，自上而下地流过负载R_L，再通过VD_2回到变压器次级；在交流电负半周时，B点的电位高于A点，二极管VD_2、VD_4导通，而VD_1、VD_3截止，那么电流由B点经VD_2，仍然由上而下地流过负载R_L，再经VD_4到A点。可见，全桥整流电路中，交流电的正、负半周都有单方向的直流电流输出，而且输出的直流电压也比半波整流电路高。整流效率比半波整流提高一倍，输出电压的波动更小。

3.双电源整流输出电路

利用带中心抽头的变压器，配合全桥整流电路，可以输出两种不同电压供负载使用，如图3-97所示。

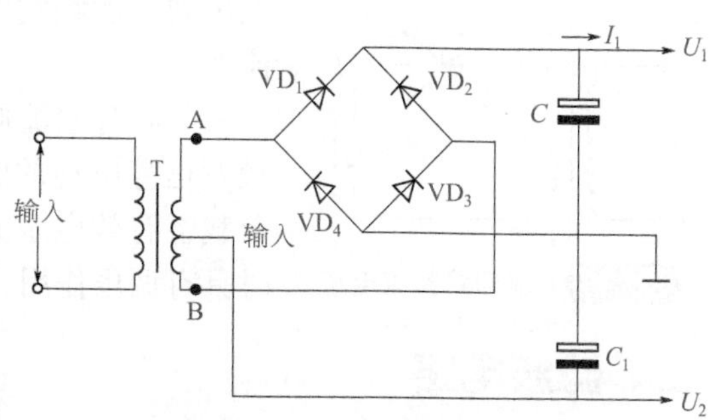

图3-97　双电源整流输出电路

4.倍压整流电路

在实际应用中，有时需要高电压、小电流的直流电源。若采用前面介绍的整流电路，则所用的变压器次级电压很高，线圈匝数多，变压器大。所用整流二极管的耐压必须很高，这会给选用器件带来困难。所以可以采用倍压整流方式来解决。

图3-98（a）为典型二倍压整流电路，图3-98（b）为多倍压整流电路。当变压器次级电压U_2为正半周时，二极管VD_1导通，C_1被充上左负右正的电压，电压值接近峰值。此时，VD_2截止，C_2上无充电电流，负载R_L两端电压不变；当U_2为负半周时，VD_1截止，VD_2导通，此时，U_2与C_1所充上的电压串联相加，经二极管VD_2向C_2充电，使C_2上的电压接近2倍的U_2。并联于C_2上的负载R_L的阻值一般较大，对C_2的充电影响不大，故负载两端电压也接近2倍的U_2值。

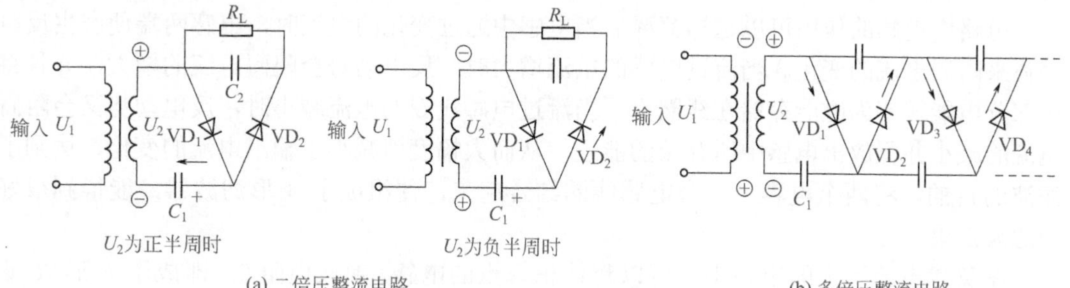

图3-98　倍压整流电路

倍压整流电路仅适用于负载电流较小的场合。若负载电流较大时，C_2上所充的电荷将会通过R_L很快地泄放，C_2两端电压将会下降。负载电流越大，输出电压就会越低，这就限制了该电路的应用范围。实际运用中，还可以用多个二极管和多个电容做成多倍压整流电路，如图3-98（b）所示。

5.晶闸管整流电路

晶闸管整流电路多用在工业设备上，在电机无级调速、交直流无触点开关、温度自动控制、整流和逆变等方面被广泛应用。晶闸管整流电路原理如图3-99所示。当变压器次级的交流电压U_2为正半周时，晶闸管的A极电压为正极性，K极为负极性。如果这时C极有合适的触发信号送到，晶闸管即导通，负载R_L中有电流通过。当U_2交流电压幅度降低到很小，以及负半周时，晶闸管关断截止，R_L中电流中断。这样，负载中只能通过一个方向的电流（图中由上到下），完成了整流过程。为了得到较稳定的直流输出电压，需要控制触发电压与加在阳极和阴极之间的正向电压同步，即在半波整流方式中，保证U_2每个周期出现一次触发电压，不然输出电压平均值波动较大，影响整流效果。

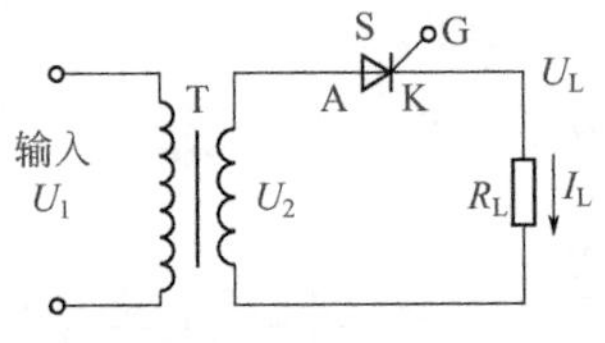

图3-99 晶闸管整流电路

晶闸管整流电路还有一个可贵优点：适当选择和调整G极触发信号出现的时机，能调整A极、K极导通时间长短，控制负载上有效电压的高低。所以，晶闸管电路不但能整流，还同时具有调压作用。

二、滤波电路

整流电路虽然可将交流电变为直流电，但是这种直流电有着很大的脉动成分，不能满足电子电路的需要。因此，在整流电路后面必须再加上滤波电路，减小脉动电压的脉动成分，提高平滑程度。

1.无源滤波

常用的无源滤波主要有电容滤波、电感滤波及LC组合滤波电路，电感和电容滤波在前面已有介绍，下面主要介绍LC组合电路。

LC滤波电路的基本形式如图3-100（a）所示。它在电容滤波的基础上，加上了电感线圈L或电阻R，以进一步加强滤波作用。因为这个电路的样子很像希腊字母“π”，所以称为“π形滤波器”。

电路中电感的作用可以这样解释：当电感中通过变化的电流时，电感两端便产生反电动势来阻碍电流的变化。当流过电感的电流增大时，反电动势会阻碍电流的增大，并且将一部分电能转变为磁能存储在线圈里；当流过电感线圈的电流减小时，反电动势又会阻碍电流的减小并释放出电感中所存储的能量，从而大幅度地减小了输出电流的变化，达到了滤波的目的。将两个电容、一个电感线圈结合起来，便组成了π形滤波器，能得到很好的滤波效果。

在负载电流不大的电路中，可以将体积笨重的电感L换成电阻R，即成了π形RC滤波器，如图3-100（b）所示。

2.有源滤波

有源滤波电路又称电子滤波器，在滤波电路中采用了有源器件晶体管。有源电路如图3-101所示。有源滤波电路中，接在三极管基极的滤波电容容量为C，由于三极管的放大作用，相当于在发射极接了一个大电容。

电路原理：电路中首先得用RC滤波电路，使三极管基极纹波相当小，由于I_B很小，所以R可以取得较大，C相对来讲取得较小，又因为三极管发射极电压总是低于基极，所以发射极输出纹波则更小，达到滤波作用，适当加大三极管功率，则负载可得到较大电流。

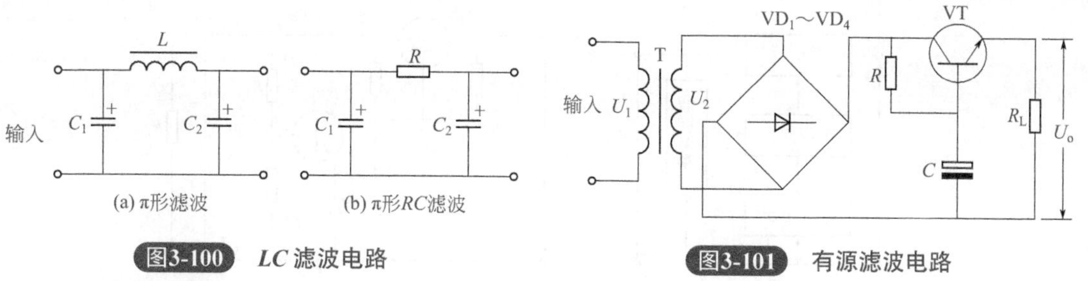

图3-100　*LC* 滤波电路

图3-101　有源滤波电路

三、稳压电路

整流滤波后得到的直流电压因为交流电网的供电电压常会有波动，使整流滤波后的直流电压也相应变动；而有些用电器中整流负载是变化的，对直流输出电压有影响；电路工作环境温度的变化也会引起输出电压的变化。

由于电路中需要稳定的直流供电，整流滤波电路后设置了“稳压电路”，常用的稳压电路有：稳压管稳压、晶体管稳压和集成块稳压电路。

1.稳压二极管稳压电路

如图3-102所示，DW为稳压二极管，*R*为限流电阻，R_L为负载，*U*为整流滤波电路输出的直流电压。

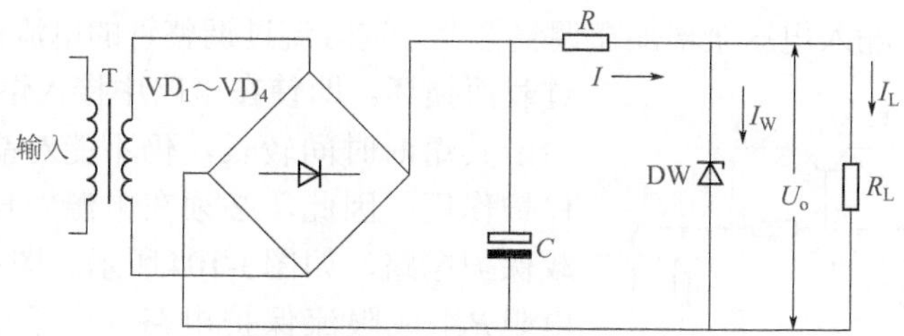

图3-102　稳压二极管稳压电路

工作过程：稳压二极管的特点是电流在规定范围内在反向击穿时并不损坏，虽然反向电流有很大的变化，反向电压的变化却很小。电路就是利用它的这个特性来稳压的。假设由于电网电压的变化使整流输出电压*U*增高，这时加在稳压二极管DW上的电压也会有微小的升高，但这会引起稳压管中电流的急剧上升。这个电流经过限流电阻*R*，使它两端的电压也急剧增大，从而使加在稳压管（即负载）两端的电压回到原来的U_o值。而在电网电压下降时，U_i的下降使U_o有所降低，而稳压管中电流会随之急剧减小，使*R*两端的电压减小，于是U_o上升到原值。

2.串联调整管稳压电路

（1）基本电路　晶体管稳压电路有串联型和并联型两种，稳压精度高，输出电压可在一定范围可调节。常用的是串联型稳压电路，方框图如图3-103（a）所示，实际稳压电路如图3-103（b）所示，VT_1为调整管（与负载串联），VT_2为比较放大管。电阻*R*与稳压管DW组成基准电路，提供基准电压。电阻R_1、R_2组成输出电压取样电路。电阻R_3既是VT_1的偏置电阻，又是VT_2的集电极电阻。

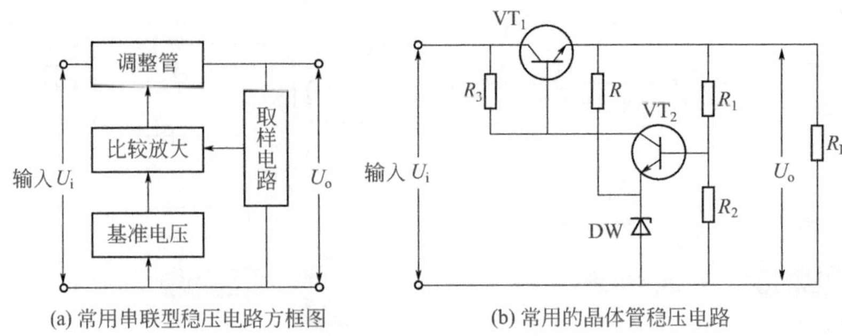

图3-103 晶体管稳压电路

稳压工作过程：在负载R_L的大小不变时，如果因电网电压的波动使输入电压增大，引起输出电压U_o变大。通过R_1、R_2的分压，会使VT_2管的基极电压也随之升高。由于VT_2管的发射极接有稳压二极管，电压保持不变，所以这时VT_2的基极电流会随着输出电压的升高而增大，引起VT_2的集电极电流增大。VT_2的集电极电流使R_3上电流增大，R_3上的电压降也变大，导致VT_1的基极电压下降。VT_1管的导通能力减弱VT_1增大，使C、E极间电压降增大，输出电压降低到原值。同理，当输入电压下降时，引起输出电压下降，而稳压电路能使VT_1的C、E极间电阻减小，压降变小，使输出电压上升，保证输出电压稳定不变。

（2）带有保护功能的稳压电源 在串联型稳压电路中，负载与调整管串联，当输出过载或负载短路时，输入电压全部加在调整管上，这时流过调整管的电流很大，使得调整管过载而损坏。即使在电路中接入熔丝作为短路保护，由于其熔断时间较长，仍不能对晶体管起到良好的保护作用。因此，必须在电源中设置快速动作的过载保护电路，如图3-104所示。图中，三极管VT_3和电阻R组成限流保护电路。由于电阻R的取值比较小，因此，当负载电流在正常范围时，它两端压降小于0.5V，VT_3处于截止状态，稳压电路正常工作。当负载电流超过限定值时，R两端电压降超过0.5V，VT_3导通，其集电极电流流过负载电阻R_1，使R_1上的压降增大，导致VT_1基极电压下降内阻变大，控制VT_1集电极电流不超过允许值。

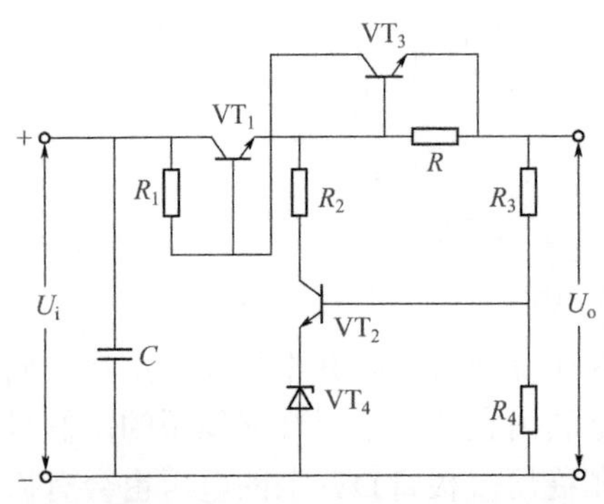

图3-104 带有保护电路的稳压电路

（3）实际连续型调整型稳压电路 如图3-105所示，T为电源变压器，VD_1～VD_4为整流二极管，C_1、C_2为保护电容，C_3、C_4为滤波电容，R_1、R_2、C_5、C_6为RC供电滤波电路，R_3为稳定电阻，C_8为加速电容，DW为稳压二极管，R_4、R_5、R_6为分压取样电路，C_7为输出滤波电容，VT_1为调整管，VT_2为推动管，VT_3为误差放大管。

❶ **自动稳压原理** 当某原因$+U\uparrow\rightarrow R_5$中点电压$\uparrow\rightarrow VT_3U_B\uparrow\rightarrow U_{BE}\uparrow\rightarrow I_B\uparrow\rightarrow I_C\uparrow\rightarrow U_{R_1}$、$U_{R_2}\uparrow\rightarrow U_C\downarrow\rightarrow VT_2U_B\downarrow\rightarrow I_B\downarrow\rightarrow R_{CE}\uparrow\rightarrow U_{E1}\downarrow\rightarrow VT_1U_B\downarrow\rightarrow U_{BE}\downarrow\rightarrow I_B\downarrow\rightarrow I_C\downarrow\rightarrow R_{CE}\uparrow\rightarrow U_E\downarrow\rightarrow +U\downarrow$原值。

❷ **手动调压原理** 此电路在设计时，只要手动调整R_5中心位置，即可改变输出电压U高低，如当R_5中点上移时，使VT_3U_B电压上升，根据自动稳压过程可知$+U$下降，如当

R_5中点下移时，则+U会上升。

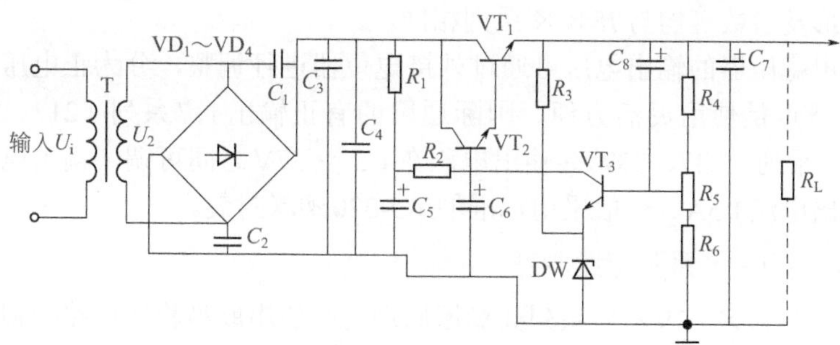

图3-105　实际稳压电路

四、三端集成稳压器构成的多类稳压电路

多种稳压器件外形如图3-106所示。

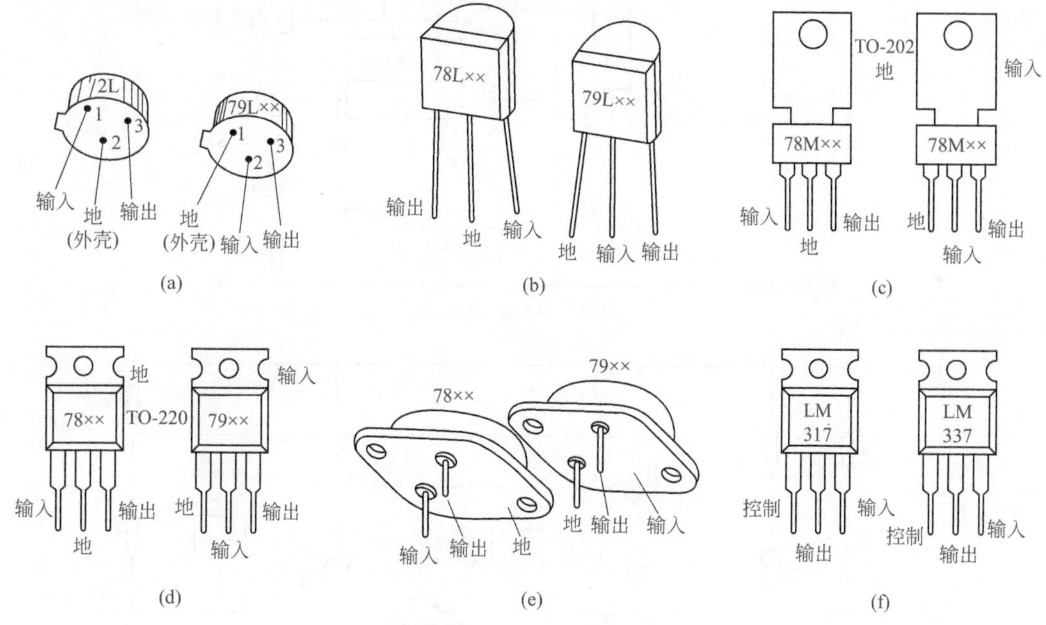

图3-106　多种稳压器件外形

集成稳压器经历了由小功率多端到大功率三端的发展过程。所谓三端是指电压输入端、电压输出端和公共接地端。三端集成稳压器又分为固定式输出和可调式输出两类。固定式输出又分为输出正稳压器和输出负稳压器。

输出正稳压器是指输出正电压。国内外各生产厂家均将此命名为78××系列，如7805、7808。其中78后面的数字代表该稳压器输出的正电压数值，以V为单位。例如7808表示稳压器输出为8V。

78××系列稳压器按输出电压分为7805、7809、7810、7812、7815、7818、7824；按其最大电流又分为78L××、78M××T和78××三个分系列。其中78L××系列最大输出电流为100mA；78M××系列最大输出电流为500mA；78××系列最大输出电流为1.5A。

输出负稳压器，即输出电压为负电压，命名为79××系列。除引脚排列不同外，其命名方法、外形及参数等均与78××系列相同。

可调式输出稳压器的输出电压可通过外接电位器进行调整，分为正电压和负电压输出两种，其主要特点是使用灵活方便。国际通用的有正输出117系列（217、317），与之对应的负输出137系列（237、337）。输出电压在1.2 ～ 37V之间可调，输出电压由两个外接电阻确定，输出电流1.5A。一般采用标准的TO-220塑料封装。

1. 78××、79××系列电路原理

集成稳压器78××、79××系列其稳压原理与一般串联型稳压电路类似，不同的是增加了启动电路、恒流源以及保护电路。78××系列电路原理如图3-107（a）所示，79××系列电路原理如图3-107（b）所示。

三端稳压器的检测

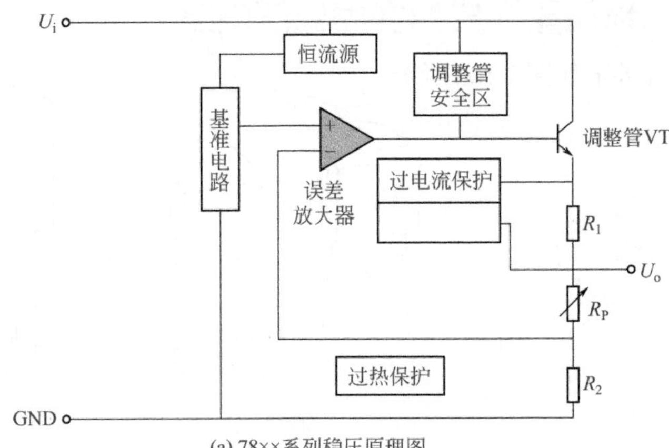

(a) 78××系列稳压原理图

(b) 79××系列稳压原理图

图3-107　集成稳压器78××、79××系列电路原理图

为了使稳压器能在比较大的电压变化范围内正常工作，在基准电压形成和误差放大部分设置了恒流源电路，启动电路的作用就是为恒流源建立工作点。实际电路是由一个电阻网络构成的，在输出电压不同的稳压器中，采用不同的串、并联接法，形成不同的分压比。通过误差放大之后去控制调整管的工作状态，使其输出稳定的电压。

2. 29系列集成稳压器

29××系列低压集成稳压器与78××/79××系列结构相同，但最大优点是输入/输出压差小。

3. 可调集成稳压器

三端可调集成稳压器分正压输出和负压输出两种，主要区别如表3-3所示。三端可调集成稳压器使用起来非常方便，只需外接两个电阻就可以在一定范围内确定输出电压。图3-108（a）是LM317的内部原理框图，图3-108（b）是LM337的内部原理框图。

表3-3　三端可调集成稳压器的种类及区别

类型	产品系列及型号	最大输出电流/A	输出电压/V
正压输出	LM117L/217L/317L	0.1	1.2～37
	LM117M/217M/317M	0.5	1.2～37
	LM117/217/317	1.5	1.2～37
	LM150/250/350	3	1.2～33
	LM138/238/338	5	1.2～32
	LM196/396	10	1.2～15
负压输出	LM137L/237L/337L	0.1	-1.2～-37
	LM137M/237M/337M	0.5	-1.2～-37
	LM137/237/337	1.5	-1.2～-37

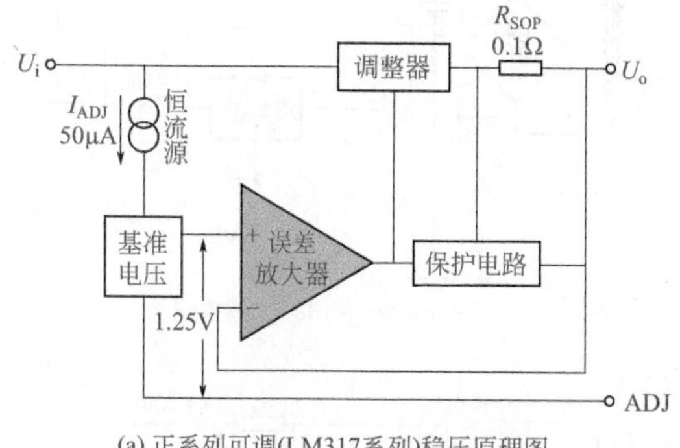

(a) 正系列可调(LM317系列)稳压原理图

(b) 负系列(LM337系列)稳压原理图

图3-108　可调型三端稳压器原理

工作原理：以LM317为例，图3-108（a）中，U_i为直流电压输入端，U_o为稳压输出端，ADJ则是调整端。与78××系列固定三端稳压器相比较，LM317把内部误差放大器、偏置电路的恒流源等的公共端改接到了输出端，所以，它没有接地端。LM317内部的1.25V基准电压设在误差放大器的同相输入端与稳压器的调整端之间，由电流源供给50μA的恒定I_{ADJ}调整电流，此电流从调整端（ADJ）流出。R_{SOP}是芯片内部设置的过流检测电阻。实际使用时，采用悬浮式工作，即由外接电阻R_1、R_2来设定输出电压，输出电压可用下式计算：$U_o=1.25(1+R_2/R_1)$。

4. 三端集成稳压器的应用

（1）固定式集成稳压器　它的实际应用电路如图3-109所示。

固定式三端集成稳压器最典型的应用线路外部接线非常简单，将不稳定的直流电压从稳压器的1、3两端输入，在输出端可得到稳定的直流电压。输入电容C_{27}的作用是改善电源电压的纹波，当稳压器远离电源滤波器时，必须接上C_{27}且尽量靠近稳压电源的引脚端。输出电容C_{28}用来改善瞬态响应特性，减小高频时的输出阻抗，在不产生振荡时C_{28}的作用不大。

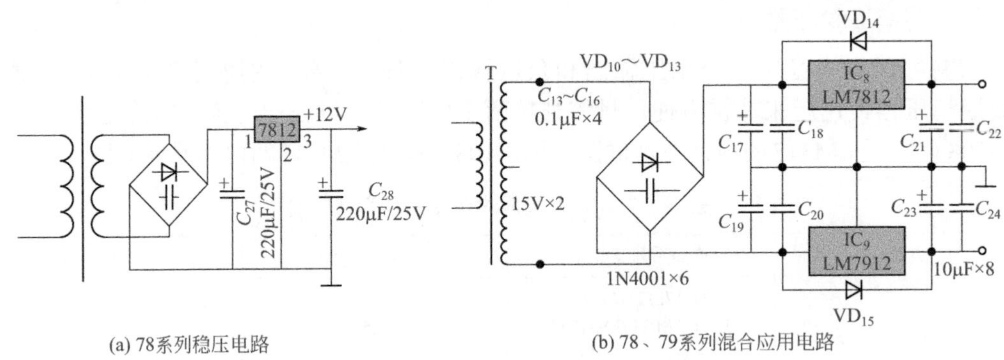

(a) 78系列稳压电路

(b) 78、79系列混合应用电路

图3-109 固定式集成稳压器实际电路

（2）固定式集成稳压器扩展应用 如图3-110所示。

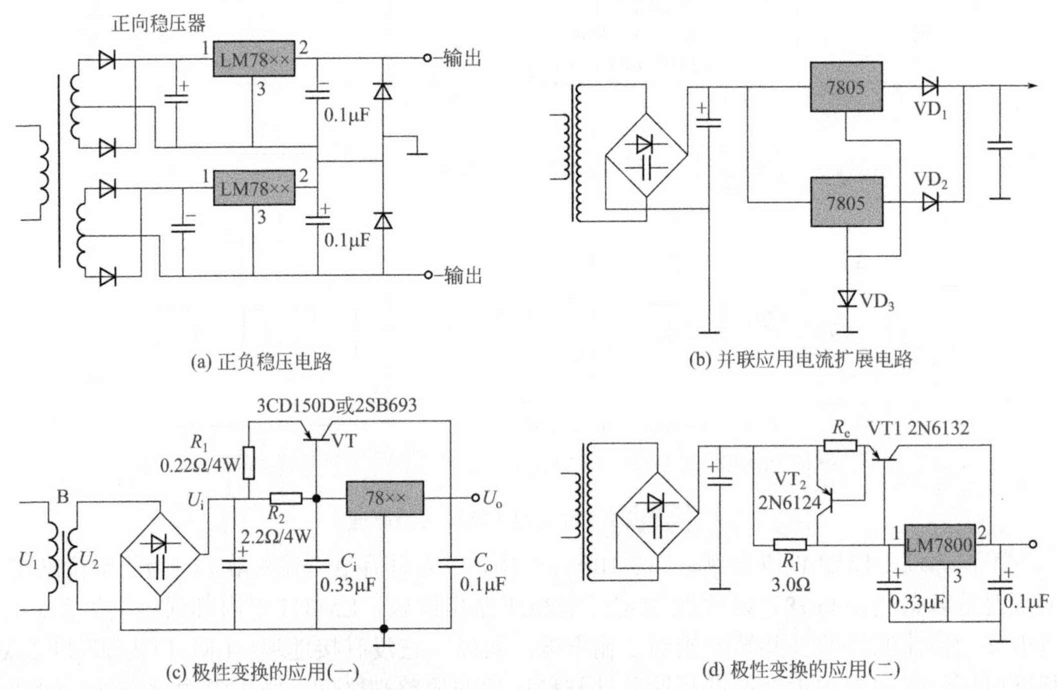

(a) 正负稳压电路

(b) 并联应用电流扩展电路

(c) 极性变换的应用(一)

(d) 极性变换的应用(二)

图3-110 固定式集成稳压器扩展应用

正负稳压电路可得到不同极性的输出电压，如图3-110（a）所示，并联应用可扩展输出电流，如图3-110（b）所示。但并联应用时，由于所并联的三端稳压管性能参数并不完全一致，在输出端必须加入隔离二极管，见图3-110（b）中VD_2、VD_1，同时还应加入稳定二极管VD_3，提升稳压块的地极电位，以保证输出与原输出一致。图3-110（c）、（d）所示为外加功率管扩展电流电路。

（3）可调式集成稳压器 典型应用电路如图3-111（a）所示，图3-111（b）为正负可调三端稳压器应用电路。

采用悬浮式电路是三端可调式集成稳压器工作时的特点。图3-111（a）中，电阻R_1接在输出端与调整端之间承受稳压器的输出基准电压1.25V，电阻R_2接在调整端至地端。U_o =

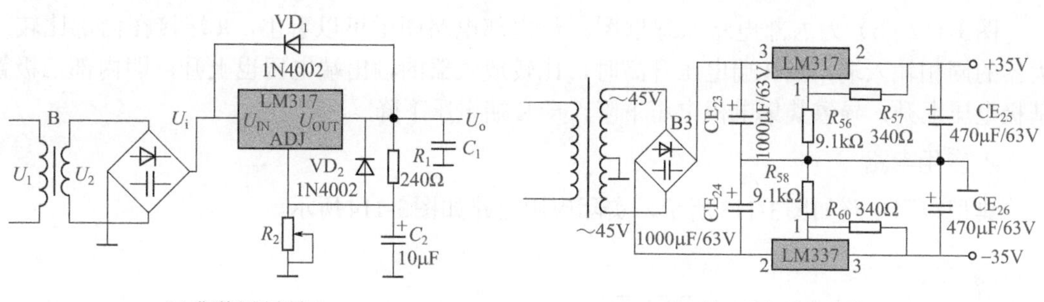

(a) 典型应用电路　　(b) 正负可调三端稳压器应用电路

图3-111　可调式集成稳压器

$1.25(1+R_2/R_1)$。R_1一般取120Ω或240Ω，否则按所需的输出电压按上式求出。若要连续可调输出，则R_2可选用电位器。C_1用于防止输入瞬间过电压。C_2用于防止输出接容性负载时稳压的自励。用钽电容1μF或铝电解电容25μF，接入VD_1为防止输入端短路时C_1放电损坏稳压器。调整端至地接入C_2可明显改善稳压器的纹波抑制比。C_1一般取10μF，并接在R_1上的VD_2是为了防止输出短路时C_1放电损坏稳压器。

实际应用中应注意R_1要紧靠输出端连接，当输出端流出较大电流时，R_2的接地点应与负载电流返回的接地点相同，否则负载电流在地线上的压降会附加在R_2的压降上，造成输出电压不稳。R_1和R_2应选择同种材料的电阻，以保证输出电压的精度和稳定。

五、高增益可调基准稳压器TL431A/B

1. 特性及工作原理

三端并联可调基准稳压源集成电路广泛地应用于开关电源的稳压电路中，外形与三极管类似，但其内部结构和三极管却不同。三端并联可调基准稳压器与简单的外电路相组合就可以构成一个稳压电路，其输出电压在2.5～36V之间可调。在开关电源电路中三端并联可调基准稳压器还常用作三端误差信号取样电路。常用的为TL431。

TL431外形结构及内部示意图如图3-112所示。图3-112（a）为外形及引脚排列图，3个引脚分别为：阴极（K）、阳极（A）和取样（R，有时也用G表示）。它的输出电压用取样端外接两个电阻就可以任意地设置到2.5～36V范围内的任意值。

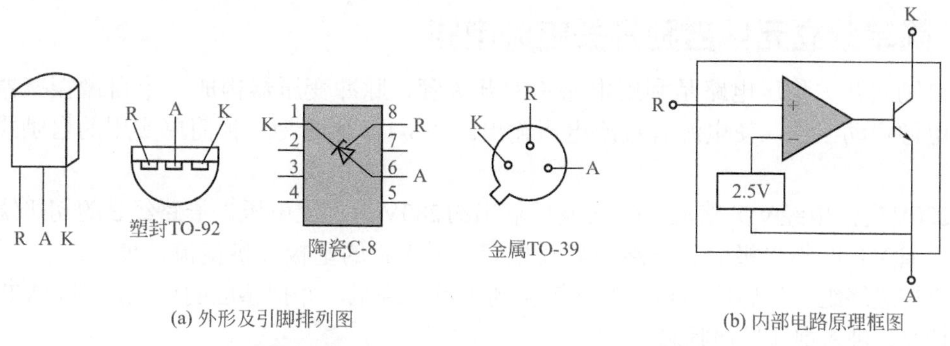

(a) 外形及引脚排列图　　(b) 内部电路原理框图

图3-112　TL431外形结构及内部示意图

图3-112（b）为内部电路原理框图，从内部电路图中可以看出，R端接在内部比较放大器的同相输入端，当R端电压升高时，比较放大器的输出端电压也上升，即内部三极管基极电压上升，导致其集电极电压下降，即K端电压下降。

2.应用电路

典型应用电路如图3-113所示，实际应用电路如图3-114所示。

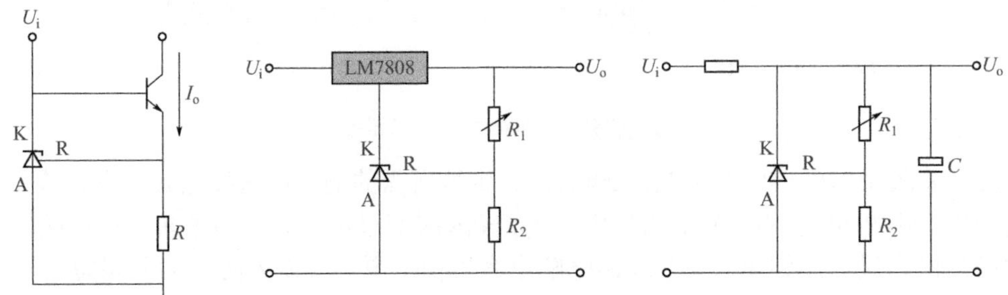

图3-113 典型应用电路

（1）用作并联电源 图3-114（a）中市电经降压、桥式整流、电容滤波后，输出脉动直流电压，通向负载。负载电流的大小和电压的高低由W所决定，并可根据负载电流变化自动调整。

（2）用作误差放大器 图3-114（b）中，改变W_1中点位置可改变电位，改变VT_2 R_{CE}内阻，改变U_o输出。

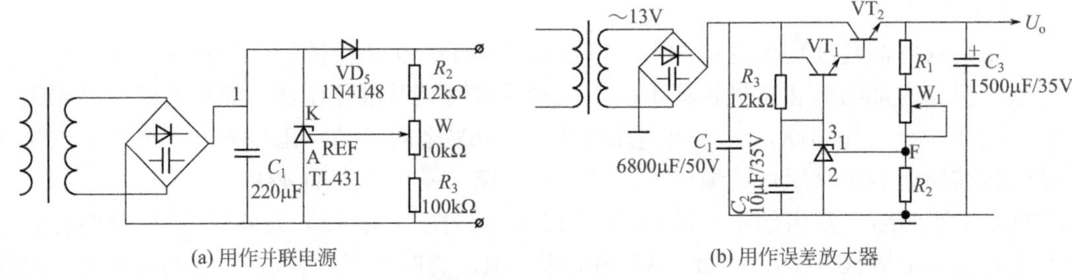

图3-114 实际应用电路

六、简单分立元件自励开关电源电路

自励式开关稳压电路是利用电路中的开关管、脉冲变压器构成一个自激振荡器，来完成电源启动工作，使电源有直流电压输出。图3-115所示为一种简单实用的自励式电源电路。

220V交流电经VD_1整流、C_1滤波后输出约280V的直流电压，一路经B的初级绕组加到开关管VT_1的集电极；另一路经启动电阻R_2给VT_1的基极提供偏流，使VT_1很快导通，在B的初级绕组产生感应电压，经B耦合到正反馈绕组，并把感应的电压反馈到VT_1的基极，使VT_1进入饱和导通状态。

当VT_1饱和时，因集电极电流保持不变，初级绕组上的电压消失，VT_1退出饱和，集电极电流减小，反馈绕组产生反向电压，使VT_1反偏截止。

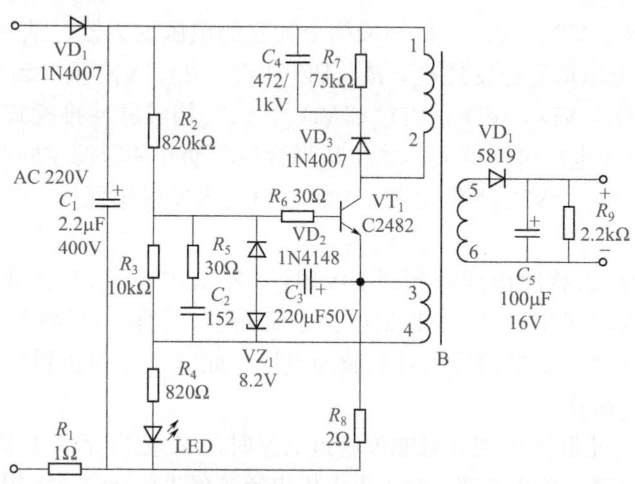

图3-115 自励式电源电路

接在B初级绕组上的VD_3、R_7、C_4为浪涌电压吸收回路，可避免VT_1被高压击穿。B的次级产生高频脉冲电压经VD_4整流、C_5滤波后（R_9为负载电阻）输出直流电压。

七、简单分立元件他励开关电源电路

他励式开关稳压电路必须附加一个振荡器，利用振荡器产生的开关脉冲去触发开关管完成电源启动，使电源的直流电压输出。在电视机正常工作后，可由行扫描输出电路提供行的脉冲作为开关信号。这时振荡器可以停止振荡。可见附加的振荡器只需在开机时工作，完成电源启动工作后可停止振荡。因此这种电路线路复杂。

图3-116为实际应用中的他励式电源电路，采用推挽式输出（也可以使用单管输出），图中VT_1、VT_2、C_1、C_2、R_1～R_4、VD_1、VD_2构成多谐振荡电路，其振荡频率为20kHz左右，电路工作后可以从VT_1和VT_2的集电极输出两路相位相差180°的连续脉冲电压，调节R_2、R_3可以调整输出脉冲的宽度（占空比）。这两路信号分别经C_3、R_5和C_4、R_6耦合到VT_3和VT_4基极。

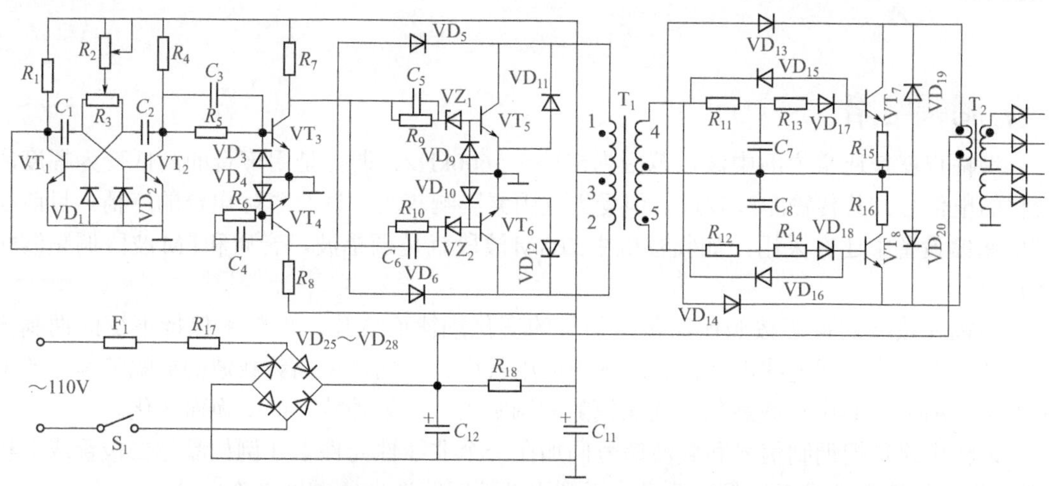

图3-116 推挽式开关电源的实际电路

VT_3和VT_4及R_7、VD_3、VD_4、R_8构成两个独立的电压放大器，从VT_3和VT_4集电极输出的已放大的脉冲电压信号分别经C_5、R_9、VZ_1和C_6、R_{10}、VZ_2耦合到VT_5和VT_6的基极。

VT_5、VT_6、VD_5、VD_6、VD_9、VD_{10}和VD_{11}、VD_{12}构成脉冲推挽式功率放大电路，将VT_5、VT_6送来的脉冲电压进行放大，并经T_1耦合后驱动开关电源主回路。VD_5、VD_6是防共态导通二极管，VD_{11}、VD_{12}为阻尼管，VD_9、VD_{10}为发射结保护二极管。电路的工作过程如下。

当VT_3集电极有正脉冲出现并超过10V时，VZ_1被击穿，VT_5因正偏而导通（VT_6处于截止状态），因同名端相关联，VT_5集电极电流流经T_1初级3-1绕组时，将在次级绕组4端感应出正的脉冲电压，5端感应出负的脉冲电压。此电压分别加到VT_7和VT_8基极回路，将使VT_7导通、VT_8截止。

当VT_4集电极有正脉冲出现并且幅度超过10V时，VZ_2被击穿，VT_6因正偏而导通（VT_5处于截止状态），因同名端相关联，VT_6集电极电流流经T_1初级3-2绕组时，将在次级绕组4端感应出负的脉冲电压，5端感应出正的脉冲电压，此电压分别加到VT_7和VT_8的基极回路，使VT_7截止、VT_8导通。

VT_7、VT_8、VD_{13} ~ VD_{20}、C_7、C_8、R_{11} ~ R_{16}、T_2构成他励式推挽式开关电源的主变换电路（末级功率驱动电路）。VD_{13}、VD_{14}是防共态导通二极管，VD_{19}、VD_{20}为阻尼管，C_7、R_{11}和C_8、R_{12}分别构成输入积分电路，其作用也是防止VT_7、VT_8共态导通，其原理是使VT_7或VT_8延迟导通。VD_{15}、VD_{16}的作用是加速VT_7、VT_8截止响应。电路的工作过程同原理电路，T_2次级输出正负方波电压。

VD_{25} ~ VD_{28}、C_{11}、C_{12}、R_{17}、R_{18}构成输入整流滤波电路，此电路直接将输入的220V交流电压进行整流得到所需直流电压供上述各电路工作。电路中的R_{17}的作用是冲击电流限幅，限制开机瞬间C_{11}、C_{12}的充电电流的最大幅度。

第七节　调制与解调电路

一、调幅电路

调幅也就是通常说的中波，范围为530 ~ 1600kHz。调幅是用声音的高低变为幅度的变化的电信号。其传输距离较远，但受天气因素影响较大，适合省际电台的广播。目前在简单通信设备中还有采用，如收音机中的AM波段就是调幅波，音质和FM波段调频波相比较差。

调幅使载波的振幅按照所需传送信号的变化规律而变化，但频率保持不变的调制方法。调幅在有线电或无线电通信和广播中应用甚广。调幅是使高频载波的振幅随信号改变的调制（AM）。其中，载波信号的振幅随着调制信号的某种特征的变换而变化。

调幅电路是把调制信号和载波信号同加在一个非线性元件上（例如晶体二极管或三极管），经非线性变换成新的频率分量，再利用谐振回路选出所需的频率成分。

调幅电路分为二极管调幅电路和晶体管基极调幅、发射极调幅及集电极调幅电路等。

通常，多采用三极管调幅电路，被调放大器如果使用小功率小信号调谐放大器，称为低电平调幅；反之，如果使用大功率大信号调谐放大器，称为高电平调幅。

在实际中，多采用高电平调幅，对它的要求是：①要求调制特性（调制电压与输出幅度的关系特性）的线性良好；②集电极效率高；③要求低放级电路简单。

1.晶体管基极调幅电路

图3-117是晶体管基极调幅电路，载波信号经过高频变压器T_1加到VT的基极上，低频调制信号通过一个电感线圈L与高频载波串联，C_2为高频旁路电容器，C_1为低频旁路电容器，R_1与R_2为偏置的分压器，由于晶体管的$i_C=f$（u_{BE}）关系曲线的非线性作用，集电极电流i_C含有各种谐波分量，通过集电极调谐回路把其中调幅波选取出来。基极调幅电路的优点是要求低频调制信号功率小，因而低频放大器比较简单，其缺点是工作于欠压状态，集电极效率较低，不能充分利用直流电源的能量。

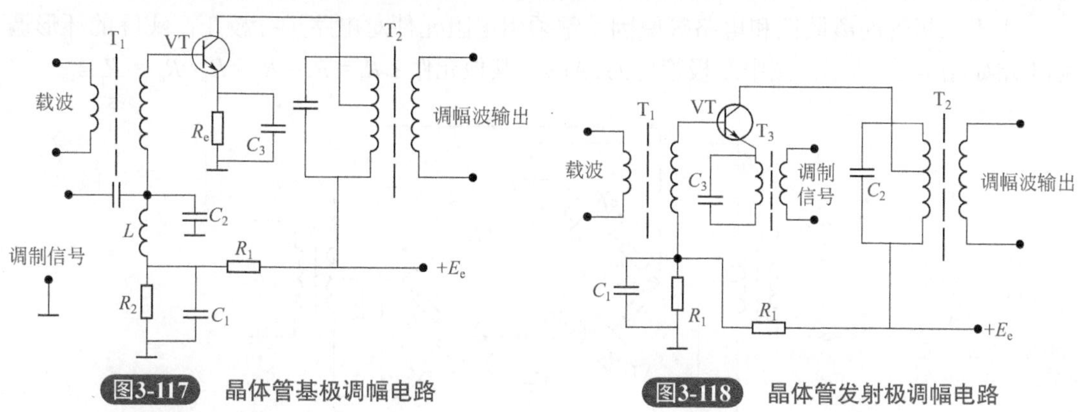

图3-117　晶体管基极调幅电路　　图3-118　晶体管发射极调幅电路

2.晶体管发射极调幅电路

图3-118是晶体管发射极调幅电路，其原理与基极调幅类似，因为加到基极和发射极之间的电压为1V左右，而集电极电源电压有十几伏至几十伏，调制电压对集电极电路的影响可忽略不计，因此发射极调幅与基极调幅的工作原理和特性相似。

3.晶体管集电极调幅电路

图3-119是晶体管集电极调幅电路，低频调制信号从集电极引入，由于它工作于过压状态下，故效率较高，但调制特性的非线性失真较严重。为了改善调制特性，可在电路中引入非线性补偿措施，使输入端激励电压随集电极电源电压而变化。例如当集电极电源降低时，激励电压幅度随之减小，不会进入强压状态；反之，当集电极电源电压提高时，它又随之增加，不会进入欠压区，因此，调幅器始终工作在弱过压或临界状态，既可以改善调制特性，又可以有较高的效率。实现这一措施的电路称为双重集电极调幅电路。

采用图3-120所示的集电极、发射极双重调幅电路也可以改善调制特性。注意变压器的同名端，在调制信号正半波时，虽然集电极电源电压提高，但同时基极偏压也随之变正，这就防止了进入欠压工作状态；在调制信号负半波时，虽然集电极电压降低，但基极度偏压也随之变负，不致进入强过压区，从而保持在临界、弱过压状态下工作。

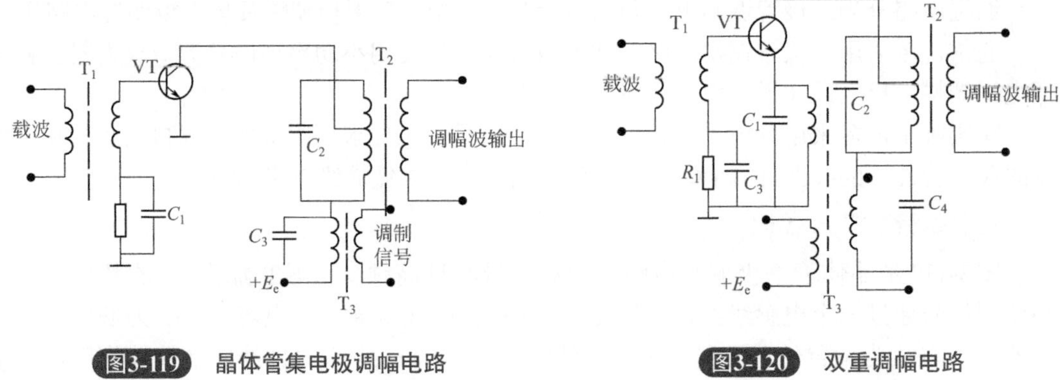

图3-119 晶体管集电极调幅电路

图3-120 双重调幅电路

4.二极管调幅电路

二极管调幅电路由4个二极管组成一个环路，因此也称为二极管环形调幅电路。

由于二极管的离散性和电路等原因，常须用电阻元件对电路进行校正，实际的环形调幅电路如图3-121所示，图中二极管均为2AP9。其他元件：$R_1 = R_2 = R_3 = R_4 = R_{P1} = R_{P2}$。

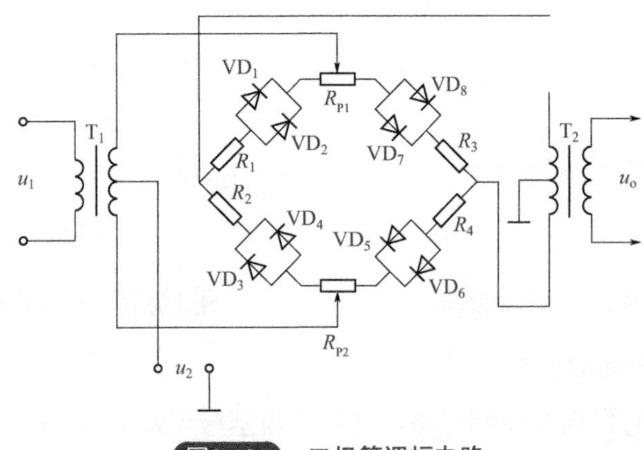

图3-121 二极管调幅电路

二极管环形调幅电路将低频调制信号和高频载波信号通过电路变换成高频调幅信号输出。该调幅电路结构简单，输出谐波少，对称性和平衡性好，常采用集成电路的形式。

二、检波器

检波（也称解调）二极管的作用是利用其单向导电性将高频或中频无线电信号中的低频信号或音频信号取出来，广泛应用于半导体收音机、收录机、电视机及通信等设备的小信号电路中，其工作频率较高，处理信号幅度较弱。

就原理而言，从输入信号中取出调制信号，以整流电流的大小（100mA）作为界线通常把输出电流小于100mA的叫检波。锗材料点接触型，工作频率可达400MHz，正向压降小，结电容小，检波效率高，频率特性好，为2AP型。类似点接触型那样检波用的二极管，除用于一般二极管检波外，还能够用于限幅、削波、调制、混频、开关等电路。也有为调频检波专用的一致性好的两个二极管组合件。

常用的国产检波二极管有2AP系列锗玻璃封装二极管。常用的进口检波二极管有1N34/A、1N60等。整流检波二极管的作用把交流电压变换成单向脉动电压。

如图3-122所示是二极管检波电路。电路中的VD_1是检波二极管，C_1是高频滤波电容，R_1是检波电路的负载电阻，C_2是耦合电容。

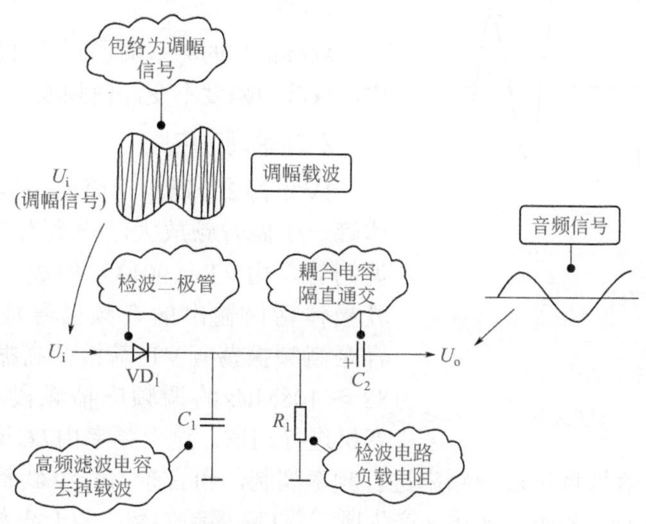

图3-122　二极管检波电路

检波电路主要由检波二极管VD_1构成。在检波电路中，调幅信号加到检波二极管的正极，这时的检波二极管工作原理与整流电路中的整流二极管工作原理基本一样，利用信号的幅度使检波二极管导通，如图3-123所示是调幅波形展开后的示意图。

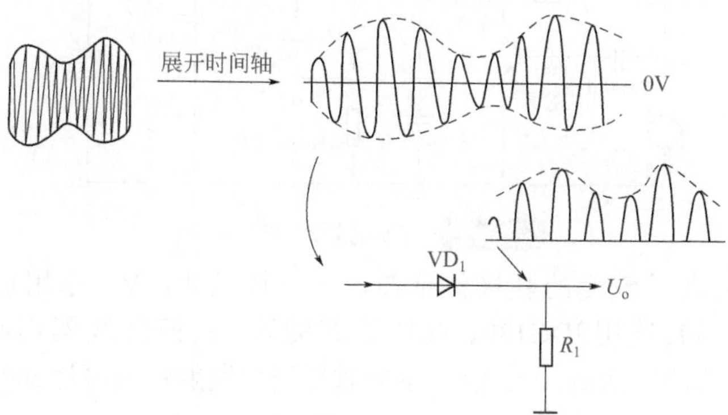

图3-123　调幅波形展开后的示意图

从展开后的调幅信号波形中可以看出，它是一个交流信号，只是信号的幅度在变化。这一信号加到检波二极管正极，正半周信号使二极管导通，负半周信号使二极管截止，这样相当于整流电路工作一样，在检波二极管负载电阻R_1上得到正半周信号的包络，即信号的虚线部分，见图3-123中检波电路输出信号波形（不加高频滤波电容时的输出信号波形）。

检波电路输出信号由音频信号、直流成分和高频载波信号三种信号成分组成，详细的电路分析需要根据三种信号情况进行展开。这三种信号中，最重要的是音频信号处理电路的分析和工作原理的理解。

三、调频与调频发射电路

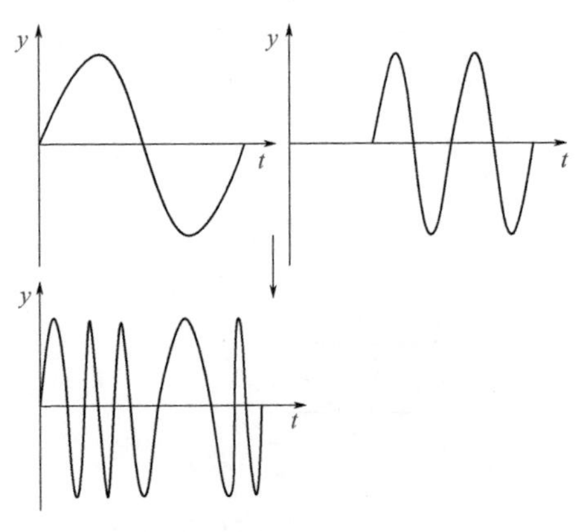

图3-124 调频波形

1.调频

载波信号的频率随调制信号的瞬时频率线性变化，载波的幅度不变，调频波形如图3-124所示。

2.简单调频电路

3V电源2管调频话筒如图3-125所示。两个晶体管一个做音频放大，一个为高频振荡管兼频率调制管。由VT_1（9013）构成一级音频放大，将驻极体话筒输出的音频信号放大后经电容C_2耦合至高频振荡管VT_2基极。高振电路频率调整在88～108MHz的调频广播频段，方便配合FM收音机进行调试。这个频率由LC谐振回路L_1和C_4调整，VT_1送来音频信号将对这一频率进行频率调制，当音频信号经C_2耦合至VT_2基极时，振荡器频率会随音频信号不断变化，产生所需要FM调频信号，经天线发射出去。

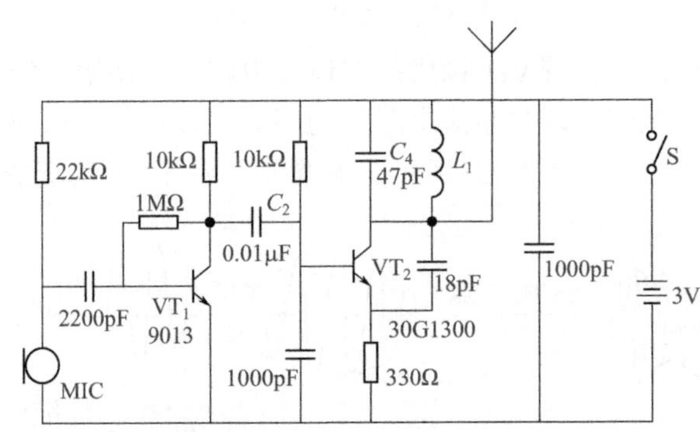

图3-125 3V电源2管调频话筒

话筒MIC选用高灵敏度的驻极体话筒，外壳接负极。VT_1选用放大倍数大一些的9013、9014均可，VT_2选用3DG130、9018等高频管。L_1振荡线圈用ϕ0.71mm漆包线在3mm圆棒上密绕4匝脱胎而成。天线用1m的软导线，发射距离可达200m左右。电路正常工作电流为5mA左右。

四、调频解调电路（鉴频器）

鉴频器的工作原理可用鉴频特性曲线来简单说明，如图3-126所示是鉴频特性曲线，它表示鉴频器输出电压与输入的调频信号频率变化之间的关系。

从图3-126中可以看出，当输入信号频率$f = f_0$时，输出电压为0V；当输入信号频率$f > f_0$时，输出电压为正，频率愈高，输出电压在一定范围内也成正比例增大；当输入信号频率$f < f_0$时，输出电压为负，也具有频率愈低、电压愈负的线性关系。这样，通过鉴

频器电路将调频信号转换成音频信号。

鉴频器电路的种类很多，下面以对称型比例鉴频器为例介绍鉴频器工作原理，如图3-127电路。

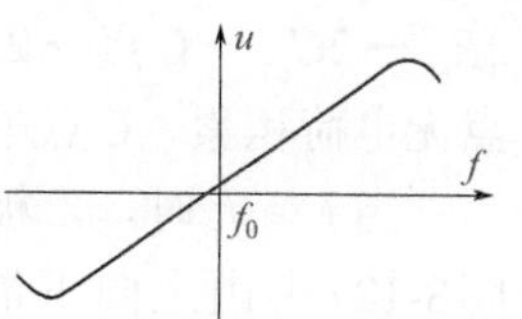

图3-126　鉴频特性曲线

电路中，变压器$2B_2$、$2B_3$之间有如下关系：

❶ $2B_2$、$2B_3$的初级串联起来之后和$2C_{61}$构成LC并联谐振回路，谐振在6.5MHz上。

❷ $2B_3$的次级与$2C_{64}$构成LC并联谐振回路，其谐振频率也是6.5MHz中频。

❸ $2B_2$的初级与次级线圈绕在同一个磁芯上，所以它们之间是紧耦合，初级、次级上信号电压相位同普通变压器一样，同名端为同相位的关系。

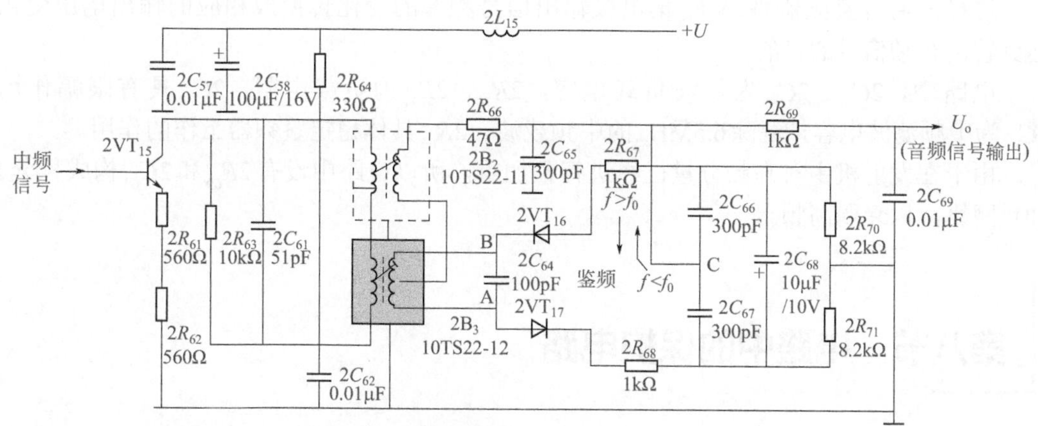

图3-127　鉴频器电路

❹ $2B_3$的初级只有几圈，$2B_3$初级线圈是$2C_{61}$、$2B_3$初级线圈构成的6.5MHz谐振回路中的一部分，这样$2B_2$初级、$2B_3$初级与$2B_3$次级之间是松耦合。由于这是松耦合，加上$2C_{61}$、$2C_{64}$所在两个LC谐振回路谐振在同一频率6.5MHz上，这样在$2B_3$次级的上、下两端A和B点信号电压的相位如图3-128所示。

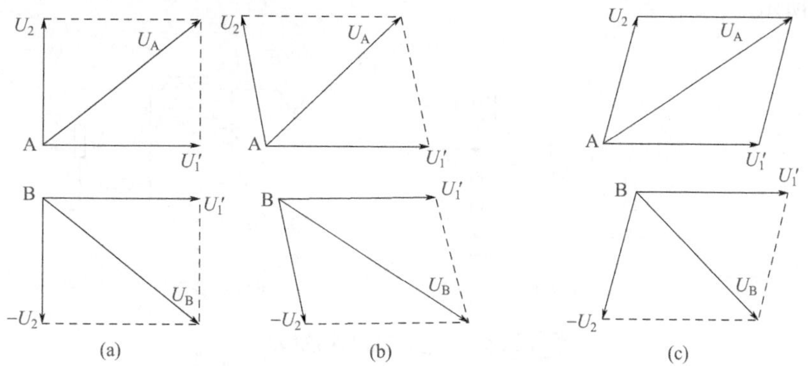

图3-128　鉴频电路中A、B点总的信号电压

当$f=f_0$时，$U_B=U_A$。B点电压U_B使$2VT_{16}$导通，电流从C点→$2C_{66}$→$2R_{67}$→$2VT_{16}$→$2B_3$上半线圈→$2B_2$→$2R_{66}$→C。A点电压U_A使$2VT_{17}$导通，导通电流从A点→$2VT_{17}$→

$2R_{68}$→$2C_{67}$→C点→$2R_{66}$→$2B_2$→$2B_3$下半线圈→A点。在C点流入电流等于流出电流。C点无电荷积累，C点电压为0V，无输出。

当$f>f_0$时，二极管$2VT_{16}$、$2VT_{17}$都导通，但因为$U_A>U_B$，所以流入C点的电流（如图3-127中由上向下箭头所示）大于流出C点的电流（即$2VT_{17}$导通电流小于$2VT_{16}$导通电流，在C点有一部分电流经$2R_{69}$流入），此时鉴频器输出电压为负。当f愈是大于f_0时，U_B愈是大于U_A，由$2R_{69}$流入C点的电流愈大，即鉴频器输出电压愈负。

当$f<f_0$时，因为$U_A>U_B$，所以$2VT_{16}$的导通电流小于$2VT_{17}$的导通电流（由下向上箭头所示），从C点经$2R_{69}$流出一部分电流，这时鉴频器输出电压为正。f愈小于f_0，输出电压愈正。

这样，通过鉴频器将$2VT_{15}$集电极输出信号频率的变化转换成相应的输出电压变化，达到解出音频信号的目的。

电路中，$2C_{66}$、$2C_{67}$为检波负载电容，$2R_{70}$、$2R_{71}$为负载电阻。$2C_{68}$具有限幅作用。$2C_{65}$为中频滤波电容，滤除6.5MHz的中频载波。$2R_{66}$具体稳定鉴频器工作的作用。

由于在发射机中对高频分量已经进行预加重，所以电路中设有$2R_{69}$和$2C_{69}$构成积分去加重网络，以衰弱高频。

第八节　电路中的保护电路

一、过流保护电路

若负载电路的晶体管击穿，滤波电容、去耦电容等短路，或者其他原因使输出电流超过正常值，可能将电源开关管或其他元件烧毁，为此应加设过流保护电路。当电流过大时，通过取样电路取样，经过处理后送执行电路控制电路停止工作。常见的电流取样电路如图3-129所示。

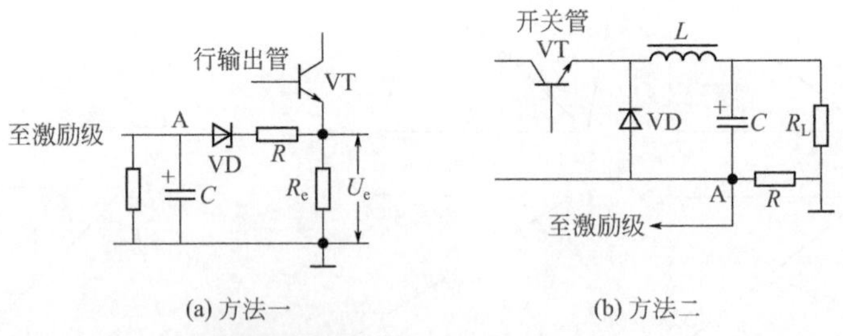

(a) 方法一　　(b) 方法二

图3-129　电阻过流保护检测法

（1）在电源输入端串接熔丝　熔丝是最简单的保护措施，但其熔断时间的离散性较大，且熔断时间不及时，易发生更大的故障。它仅作辅助保护。

（2）设有小阻值的电阻，通过两端电压监视输出电流　在电源输出端或行输出管发射极串接小阻值保护电阻（多为0.5～10Ω），用它来监视输出电流。因通过此保护电阻的电压可监视输出电流，故又称它为检测电阻。当电流超过额定值时，电阻两端电压降加大，用此电压去控制电源开关管的激励电路，使开关管处于截止态，即无输出电压。

图3-129（a）为过流保护电路之一。VT是行输出管，R_e是串接的发射极电路的过流保护电阻，R为限流电阻，VD是稳压管，C是滤波电容。在正常情况下，R_e上的电流在限额之内，$U_e < U_z$（是VD的反向击穿电压），A点无输出，开关电源的激励电路不受其影响。当行输出级发生短路或过流时，其发射极电流超过额定值，使$U_e > U_z$，VD发生齐纳击穿，A点输出一定值电压，可以控制开关电源的激励级，使电源开关管无输出。

在图3-129（b）中，保护、检测用电阻R串接在输出回路，R两端电压降反映负载电流的大小，故A点输出电压即为过流保护控制电压，用此电压控制开关管的激励级，可起到保护作用。有时，不使用检测电阻，可通过检测二极管的导通、截止变化，进行过流、短路保护。

（3）利用电流互感器监视输出电流　在整机电源输入端串接电流互感器B，其次级绕组感应的电压与负载电流大小成正比，利用这一规律可监视输出电流，如图3-130（a）所示。将次级感应的交流电压整流滤波后，用直流电压去控制开关管的激励电路。

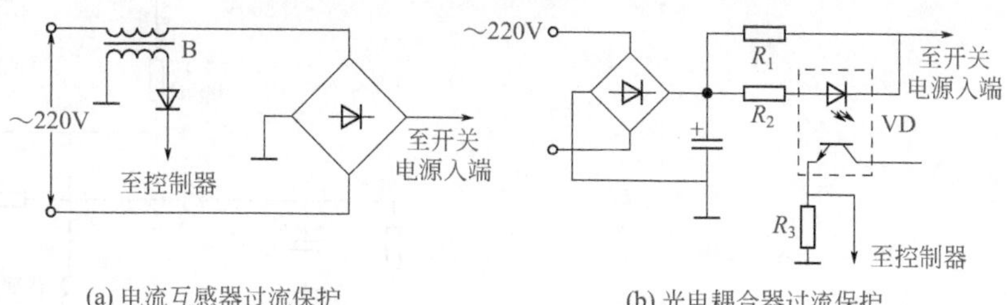

图3-130　另外两种过流保护电路

（4）用光电耦合器作过流保护　在电源输入端串接光电耦合器，如图3-130（b）所示。光电耦合器由发光二极管和光敏三极管构成。调整R_2值，使发光二极管电流值适当，光敏三极管的内阻较大，R_3所得电压较小，对控制（即保护）电路无影响。当负载电流超过允许值时，发光二极管电流加大，光敏三极管电流跟随加大，其等效内阻减小，R_3的电压降加大，可使保护电路动作，切断电源。光敏三极管与发光二极管靠近而又隔离开，可以各成回路，各自独立，应用起来十分方便、安全、可靠。

完整电路如图3-131所示。

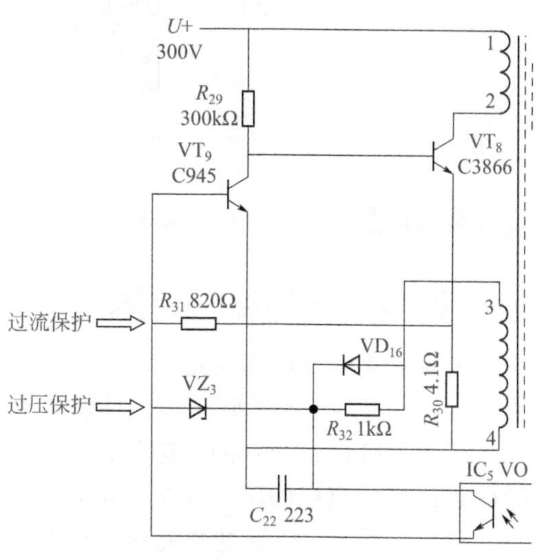

图3-131　完整电路

二、过压保护电路

当换能器的储能电感发生短路时，有些电源开关管易发生击穿，造成某些电源输出电压值过高，使晶体管或其他元件（如电容）超过耐压值而击穿。还有，某些原因引起显像管高压过高或管内高压打火时，也能击穿视放输出管或其他电路元件。设有过压保护电路后，可保护调整管、储能电感，保护高、中压电路的有关元件。

利用晶闸管的导通特性、自锁原理，可进行理想的过压保护，图3-132是过压保护电路原理图。

在正常工作状态，R_1、R_2所取电压较小，稳压管VD_2反偏截止，晶闸管VD_1截止，此保护电路不动作；当被保护电路出现过压现象时，由R_1、R_2构成的过压取样电路可取得较高电压，使稳压管VD_2处于反向击穿导通状态，VD_1的控制栅极电压上升，使VD_1也进入导通状态。此时VD_1的正向压降很小，因它并接于电源输出端或自激振荡器两端，造成振荡器停振，起到保护作用。晶闸管有自锁作用，VD_1导通后，即使控制栅极电压消失，它仍处于饱和导通状态，因此电源过压保护后，此电路不能自动恢复正常工作，必须重新启动稳压电路才能进入工作状态。被保护电路可以是行输出电路、场输出电路，或其他高、中压电路等。

完整电路如图3-133所示。

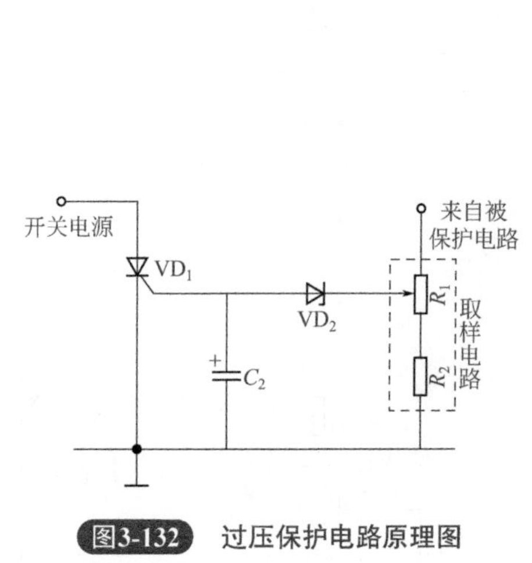

图3-132 过压保护电路原理图

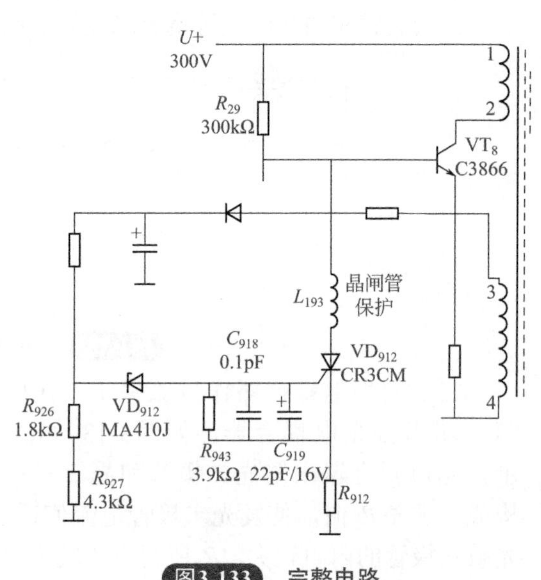

图3-133 完整电路

三、其他形式的保护电路

因开关变压器是感性元件，则在开关管截止瞬间，其集电极上将产生尖峰极高的反峰值电压，容易导致开关管过压损坏。

在图3-134（a）所示的电路中，开关管VT截止瞬间，其集电极上产生的反峰值电压经C_1、R_1构成充电回路，充电电流使尖峰电压被抑制在一定范围内，以免开关管被击穿。当C_1充电结束后，C_1通过开关变压器T的初级绕组、300V滤波电容、地、R_1构成放电回路。因此，当R_1取值小时，虽然利于尖峰电压的吸收，但增大了开关管的开启损耗；当R_1取值大时，虽然降低了开关管的开启损耗，但降低了尖峰电压的吸收。

图3-134（b）所示的电路是针对图3-134（a）电路改进而成的，在图3-134（b）中，不但加装了二极管VD_1，而且加大了R_1的值，这样，因VD_1的内阻较小，利于尖峰电压的吸收，而R_1的取值又较大，降低了开启损耗对开关管VT的影响。

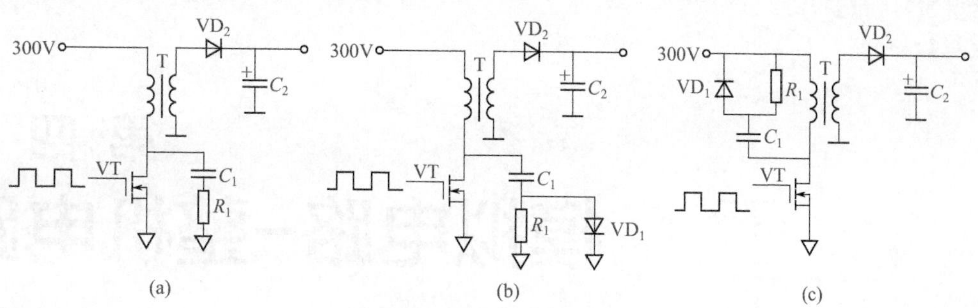

图3-134　尖峰吸收回路

图3-134（c）所示的电路与图3-134（b）所示的电路工作原理是一样的，但吸收效果要更好一些。目前，液晶彩电的电源尖峰吸收回路基本上都使用了此电路形式。

实际应用中的尖峰脉冲吸收电路是由钳位电路和吸收电路复合而成的，图3-135所示是钳位电路和吸收电路在开关电源应用时的不同效果。

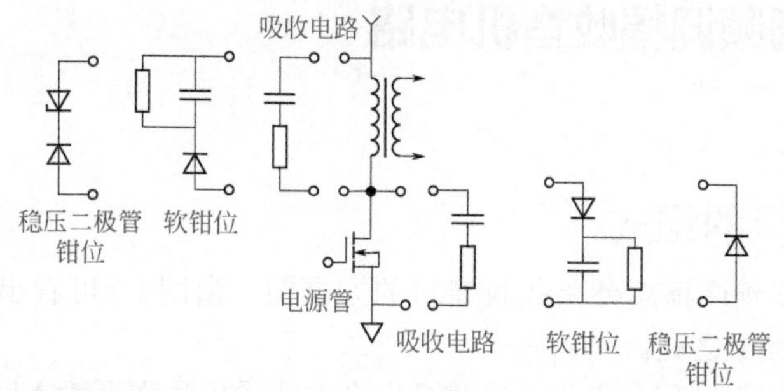

图3-135　钳位电路和吸收电路在开关电源应用时的不同效果

由于开关电源目前多应用的是隔离式开关电源，为了防止干扰，在冷地与热地之间需要增加一些元件，泄放掉杂波，如图3-136所示。

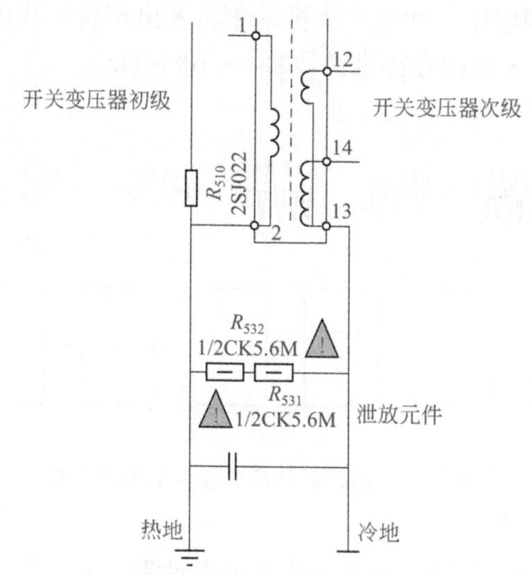

图3-136　电磁干扰泄放电路

第四章
模拟电路–整机电路

第一节　调频调幅收音机电路

一、调频收音机的组成

图4-1所示是调频广播超外差式收音机的方框图。由图4-1可看出它与调幅广播超外差式收音机有很多相似之处。

调频接收机的工作过程：接收天线将各电台的调频信号送至输入回路，经初步选台后将所需要接收的电台信号送至高频放大器进行放大，放大后的信号与本机振荡信号在混频器中进行变频，再由选频回路选出10.7MHz的差频信号送至中频放大器进行放大，然后再经限幅器限幅，削去调频波的幅度变化（或干扰）。限幅后的中频信号送至鉴频器解调出音频信号。最后经低频电压、功率放大推动喇叭发出声音。我国规定调频收音机中频为10.7MHz。载波调制频段采用国际标准波段88 ～ 108MHz。

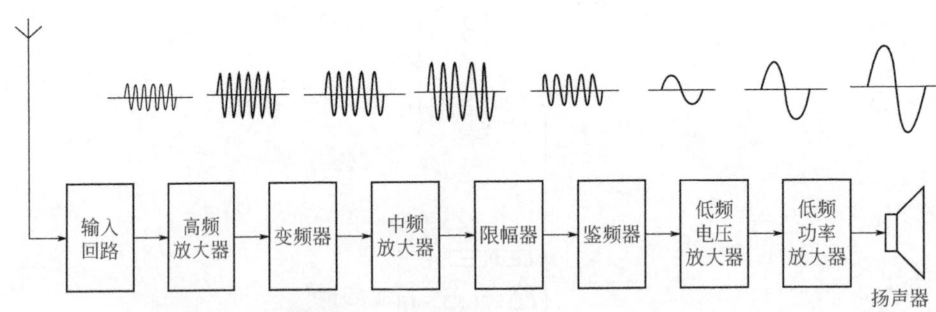

图4-1　调频超外差式收音机的方框图

调频收音机的电路特点：

（1）前级设有高频放大电路　由于无线电波受地形、建筑物影响较大，远距离接收效果差，对接收机灵敏度要求较高，同时由于变频级（或混频级）是超外差式收音机的主要

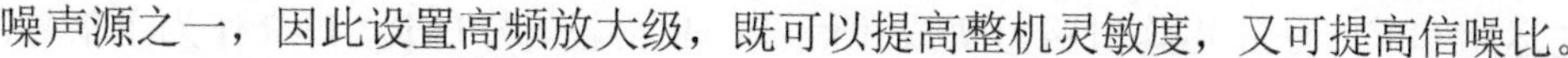
噪声源之一，因此设置高频放大级，既可以提高整机灵敏度，又可提高信噪比。

（2）在中放设置限幅电路　为了提高干扰性，在中频放大器之后加有限幅器。实际上末级中放就是一个中频限幅器。当三极管动态范围不太大，加至三极管基极的信号幅度足够大时，三极管会由放大状态进入饱和或截止状态，输出信号波形上下切平，达到限幅目的。

（3）设有自动频率控制电路　在调频接收机中，由于本振频率很高，频率的稳定性成了一个重要问题。为了防止本振频率的偏移，电路中设有自动频率控制（AFC）电路。

二、调频立体声收音机

（1）立体声的概念　前面介绍的各种收音机电路，都只能重放一个通道的音频信号节目，因为广播电台发射的信号就是单声道音频信号所调制的信号。单声道放声时，声音来自一个方向，声源是一个点，听者感觉不出声音的方位感、展开感，也就是立体感。人的听觉具有敏锐的方向感，当我们在倾听某一声源发出的声音时，两耳接收声波会有一定的时间差、声强差和相位差。双耳感觉上的这些差别，使我们具备了声像定位能力。比如我们坐在听众席上欣赏舞台上交响乐团的演出，可以准确地判断出各种乐器、各个声部的位置，对乐队的宽度感、深度感及分布感很明显。人耳的这种效应称为“双耳效应”。“双耳效应”是我们享受立体声的得天独厚的条件。主体声技术正是模仿人的“双耳效应”的方向效果而实现的。图4-2是音频立体声系统的示意图。图中双耳左右话筒拾到乐队现场演出的声音信息，经左、右两路相同的高保真放大系统放大后重放。当我们处于两路扬声器之间的一定位置时，就会感觉到原来乐队的立体声像，具有身临其境的现场感。双声道立体声虽然还不能把现场复杂的综合信息完全再现出来，但它所表现出的音乐宽阔、宏伟，富于感染力，是单声道放声系统所无法比拟的。

（2）立体声广播的实现方法　自1961年6月美国实现调频立体声广播以来，由一个载频传送左、右两个声道的立体声广播系统得到迅速发展。由于调频广播的优越性能，立体声广播节目都采用调频方式。

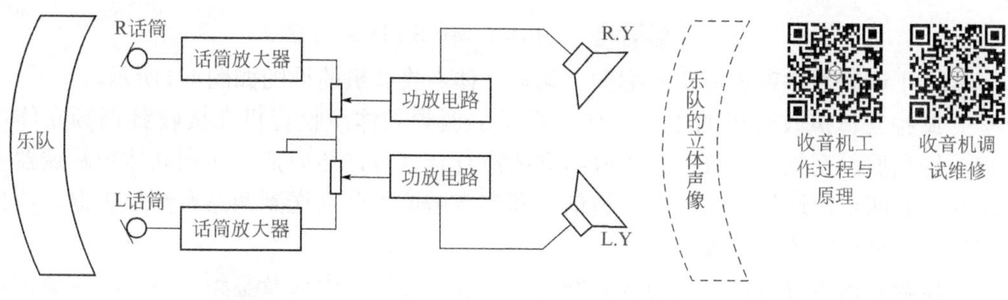

图4-2　音频立体声系统示意图

实现立体声广播的调制方式可以有多种。目前实现的立体声广播制式只有3种，它们是导频制式、极化调制方式和FM－FM调制方式。其中被广泛采用的是导频制。我国把导频制作为立体声广播制式。导频制的主要优点是具有兼容性。所谓“兼容”，就是普通单声调频收音机也可收听立体声调频广播，立体声调频收音机也可以收听单声道调频广播。当然，放声都是单声道的。导频制立体声的广播过程是这样的：左（L）、右（R）两路音频信号先运用和差方法在矩阵电路里变成和信号L+R及差信号L−R。L+R作为主信号。L−R先对38kHz的副载波进行双边带幅度调制，产生L−R调幅信号，作为副信号。38kHz的副载波是由19kHz振荡器产生的振荡信号经倍频器倍频供给的。为了避免副载波占用频带和增加发射功率，降低信噪比，必须在副载波完成产生副信号的任务以后将它抑制掉，这种抑制副载波的调幅过程是在平衡调制器里进行的。差信号调制副载波的主要目的是在收音机里实现左、右声道分离。因此，收音机里还要把被抑制掉的副载波“再生”出来。再生的副载波要和发射机内被抑制前的副载波同频同相，以保证收、发同步，所以在调制载频的信号中，除了主、副信号外，还要加入一个19kHz的导频信号作为同步信号，以便在收音机里“导引”出一个38kHz的副载波信号，这正是导频制名称的由来。19kHz的导频信号也就是由发射机中的19kHz振荡器提供的。因此，导频信号与副载波信号同出一源，收发两地容易实现同频同相。现在可以把主信号、已调差信号（副信号）及导频信号共同组成立体声复合信号。立体声复合信号在发射机的立体声调制器里对主载频进行调制，最后经高频功率放大，以88 ～ 108MHz频段内的某一频率发射出去，如图4-3所示。

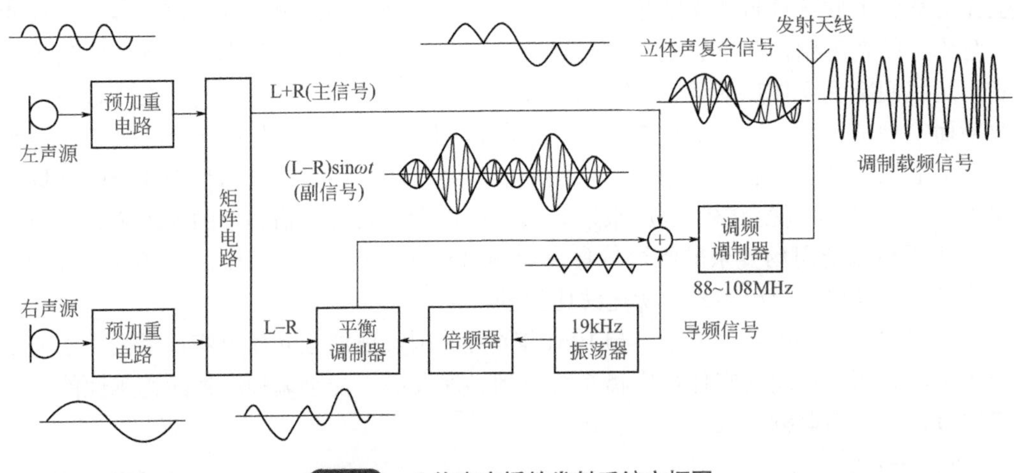

图4-3　立体声广播的发射系统方框图

（3）调频立体声收音机的框图　调频立体声收音机的框图如图4-4所示。

调频立体声收音机的主要工作过程是：调频立体声收音机在接收到调频立体声信号后，经高放、变频、中放、鉴频取出立体声复合信号，然后把它加到立体声解调器中分离出左、右两个声道信号来。左声道信号和右声道信号分别送到两路音频放大器，再推动两路扬声器进行立体声重放。

调频立体声收音机电路的输入回路、高放、变频、中放及鉴频电路与单声道调频收音机电路完全相同。不同的是调频立体声收音机多了一个立体声解码器和一路音频放大器扬声器系统。所谓去加重是对发射机中的预加重网络而言的。为了改善调频收音机的高音频段的信噪比，在发射机的音频电路中有意使高音频预先得到“加重”，而在接收机中再去除这种“加重”成分。去加重网络实际是一个低通滤波器。它对15kHz以上的信号幅度进行衰减的同时，高频噪声也成比例地衰减了。

（4）立体声解调器的简单工作过程　立体声解调器又称立体声解码器。解调器的任务是对主信号和副信号进行解调，以还原出左、右声道信号。立体声解调器主要有矩阵式、包络检波式和电子开关式3种解调方式。其中电子开关式解调器应用最为广泛。图4-5所示为电子开关式解调器的方框图。由鉴频器解调出的立体声复合信号先在复合信号放大分离电路中分离出主、副信号和导频信号。导频信号进入副载波发生器，经倍频放大，恢复发射端被抑制的38kHz副载波，并用副载波作为开关信号与主、副信号一起加到开关电路。38kHz开关信号以38000次/s的速率快速切换，交替导通左、右信号从而将左、右声道信号解调出来。

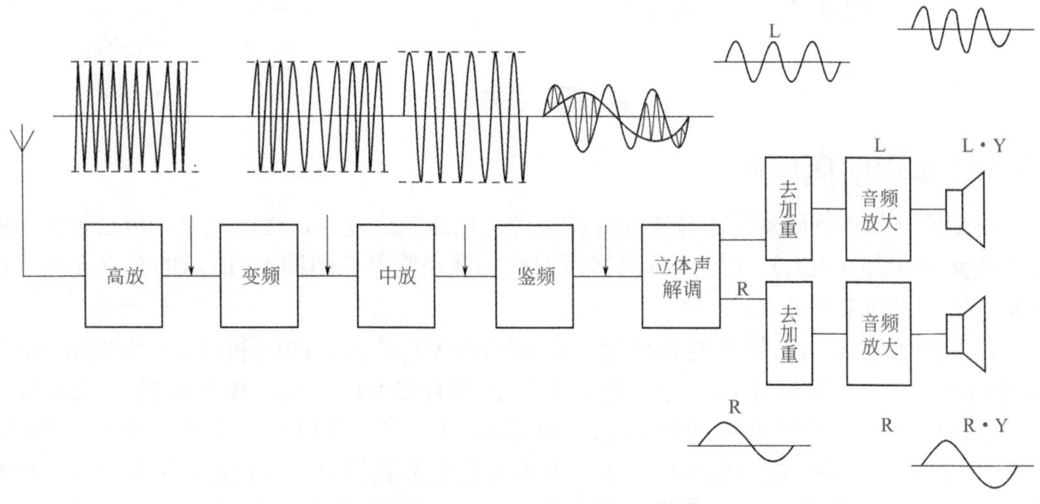

图4-4　调频立体声收音机框图

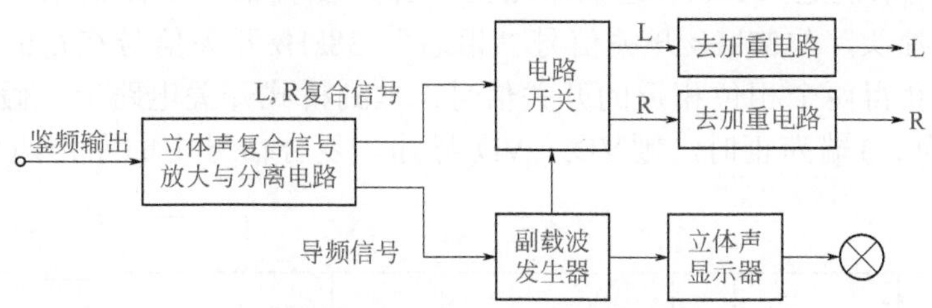

图4-5　电子开关式解调器框图

早期的立体声解码器是由分立元件组成的。由于分立元件解码电路复杂，可靠性及分离度指标都很差，目前已极少采用。而日益广泛采用集成电路立体声解码器。特别是集成电路锁相环（PLL）立体声解码器，性能十分优越，高档的收音机、收录机大多采用锁相环解码器。

三、调频接收电路中的鉴频电路

鉴频电路又称鉴频器，它的作用是从已调频信号中恢复原来的音频调制信号。鉴频要经过两个过程：首先，利用频幅变换器将等幅调频信号变成既调频又调幅信号，其幅度（即包络）变化规律与频率变化规律相对应；其次，用幅度检波器检出包络信号，即音频信号。其工作过程如图4-6所示。

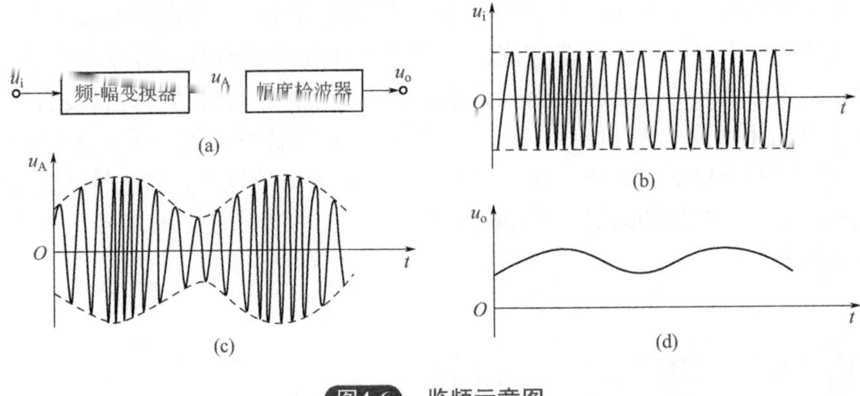

图4-6 鉴频示意图

四、立体声解码电路

早期的立体声解码器是由分立元件构成的，电路较为复杂，性能较差，现已被优质的集成电路锁相环（PLL）立体声解码器所取代。现在简单介绍图4-7所示的分立元件立体声解码器电路的工作过程。

由鉴频器输出的立体声复合信号经C_1耦合给VT_1放大，同时利用VT_1集电极19kHz调谐回路（L_1C_2）取出导频信号，并经L_2把它耦合给VT_2放大，放大后的导频信号经L_3C_6谐振回路再一次选频后送到VD_1、VD_2组成的全波整流电路。整流后输出的38kHz负脉冲纹波信号由C_8耦合给VT_3放大，并在VT_2的负载回路上（C_9L_4）谐振产生38kHz的副载波信号。副载波信号又经L_5耦合给VD_3～VD_6组成的桥式开关电路。同时，在VT_1输出回路把未能进入19kHz选频电路的立体声复合信号从R_4输出，经C_4输送到开关电路L_6中间抽头，与38kHz开关信号“相遇”。38kHz开关信号在L_5的两个圈数相同的绕组上分别获得两个相位相反的开关信号，加到桥式开关电路上。假定当开关信号在L_5的1端为负、3端为正时，则VD_5、VD_3导通，复合信号中的左声道信号通过VD_5、

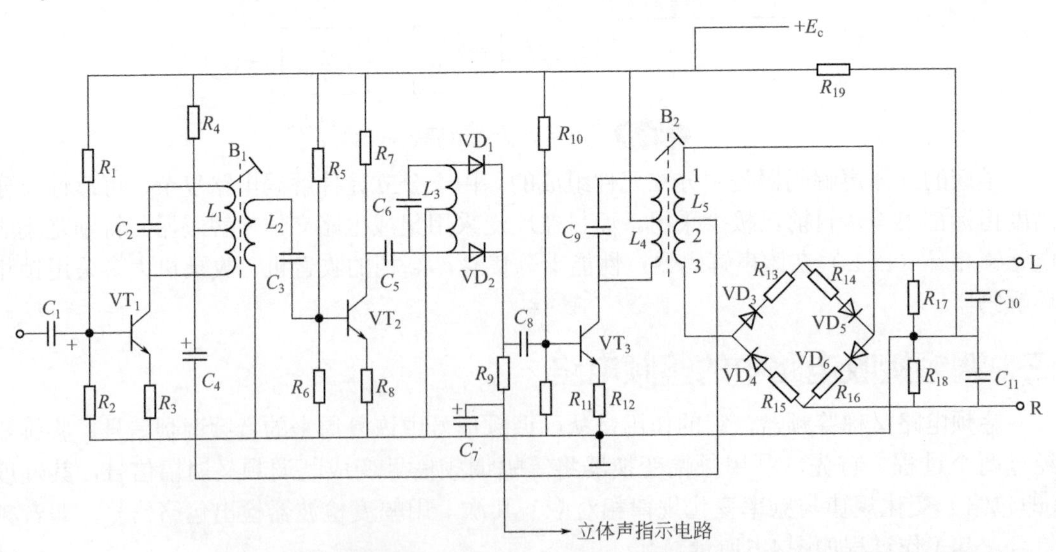

图4-7 分立元件立体声解码器电路

VD_3输出；当开关信号在L_5的1端为正、3端为负时，则VD_6、VD_4导通，复合信号中的右声道信号通过VD_1、VD_4输出。从而完成左、右声道信号的解调。图中C_{11}、R_{18}和C_{10}、R_{17}组成去加重网络，以消除超高频噪声。

五、调频、调幅收音机电路

图4-8所示是调频、调幅收音机采用独立中放通道的高、中放集成电路的电路图。集成电路采用μPC1018C或AN7218等型号。μPC1018C内部包括了调幅变频、调幅中放、调频中放和AGC电路。调幅检波和调频鉴频电路需外接。由于该电路中放采用了三端陶瓷滤波器，因而使中放外围元件大大减少。图中L_1为调幅天线线圈；L_2为振荡线圈；B_1、B_2为调幅中周；B_3、B_4为调频中放的末级中周及鉴频线圈。CF_1为10.7MHz三端陶瓷滤波器，CF_2为465kHz三端陶瓷滤波器。调频调谐器输出的中频信号通过C_{12}电容由μPC1018C的2脚输入。调幅检波后的AGC电压通过R_2，由14脚输入内部AGC电路。

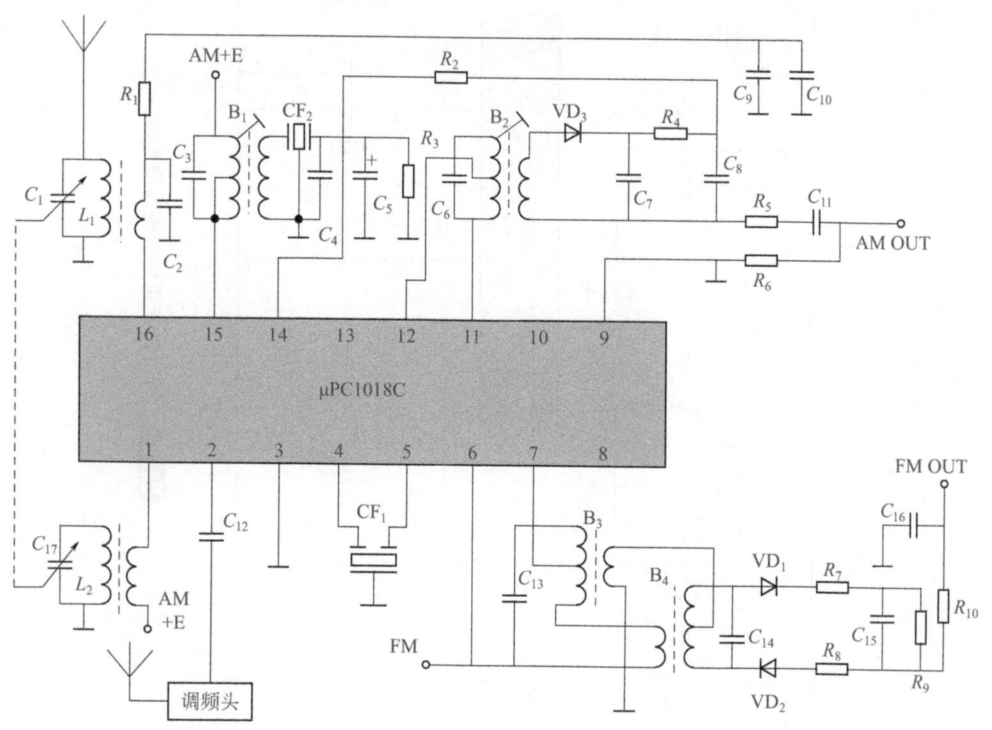

图4-8 调频、调幅高中频集成电路

六、对讲收音两用机电路

对讲收音两用机电路如图4-9所示，核心芯片为D1800（内部框图如图4-10所示），它作为收音接收专用集成电路，功放部分选用D2822。对讲的发射部分采用两级放大电路。第一级为振荡兼放大电路；第二级为发射部分，采用专用的发射管使发射效率得到提高。它具有造型美观、体积小、外围元件少、灵敏度极高、性能稳定、耗电省、输出功率大等优点。它既能收听电台广播，又能实现相互对讲。实现对讲功能需装配2只（1对）本机，对讲距离为50～100m。由于电路的简化，从而使制作更加容易。

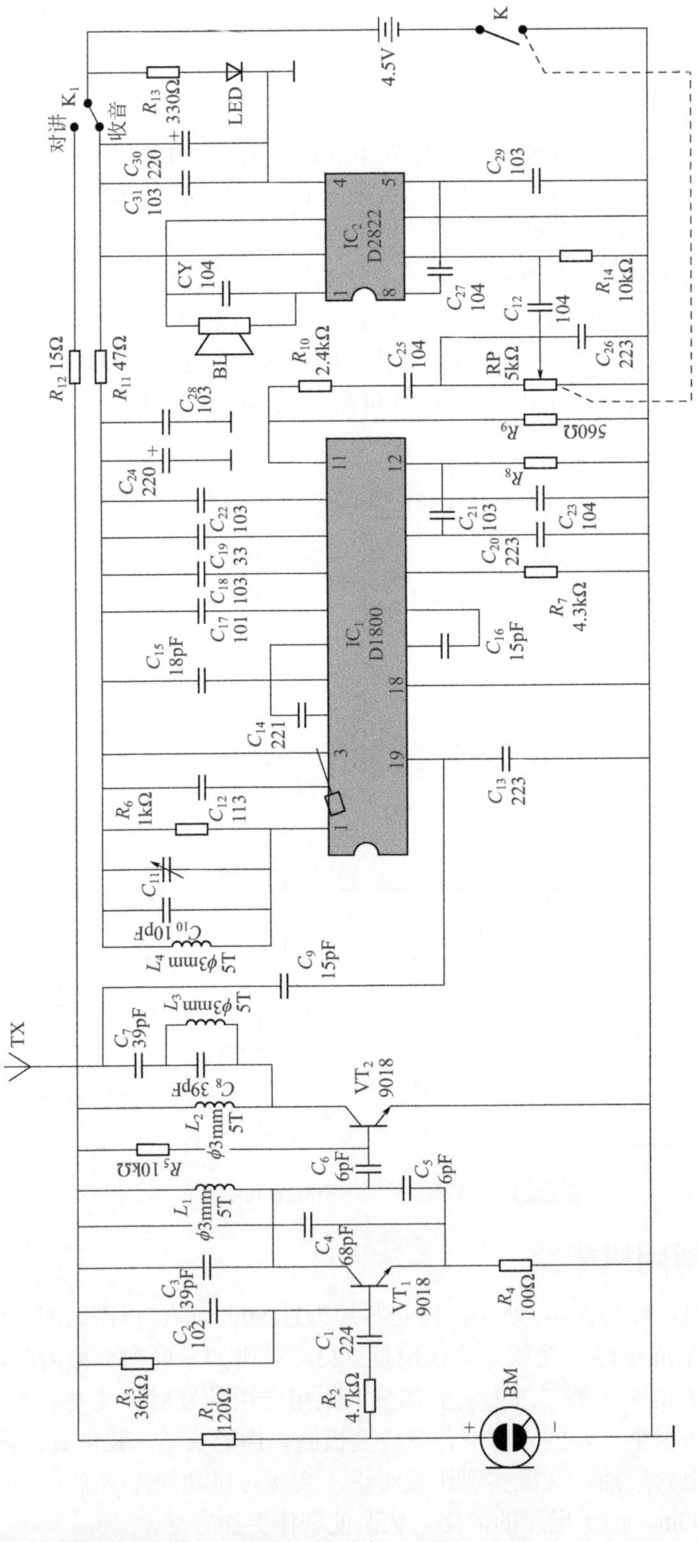

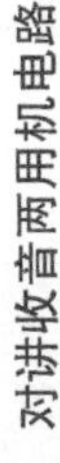

图4-9 对讲收音两用机电路原理图

（1）接收机部分原理　调频信号由TX接收，经C_9耦合到IC_1的19脚内的混频电路。IC_1的1脚为本振信号输入端，内部为本机振荡电路，L_4、C_9、C_{10}、C_{11}等元件构成本振的调谐回路。在IC_1内部混频后的信号经低通滤波器后得到10.7MHz的中频信号，中频信号由IC_1的7、8、9脚内电路进行中频放大、检波。7、8、9脚外接的电容为高频滤波电容。10脚外接电容为鉴频电路的滤波电容。此时，中频信号频率仍然是变化的，经过鉴频后变成变化的电压，这个变化的电压就是音频信号，经过静噪的音频信号从14脚输出耦合至12脚内的功放电路，第一次功率放大后的音频信号从11脚输出，经过R_{10}、C_{25}、RP耦合至IC_2进行第二次功率放大，推动扬声器发出声音。

（2）发射机原理　驻极话筒将声音信号转换为变化着的电信号，经过R_1、R_2、C_1阻抗均衡后，由VT_1进行调制放大。C_2～C_5、L_1以及VT_1集电极与发射极间的结电容C_{CE}构成一个LC振荡电路，在调频电路中，很小的电容变化也会引起很大的频率变化。当电信号变化时，相应的C_{CE}也会有变化，这样频率就会有变化，就达到了调频的目的。经过VT_1调制放大的信号经C_6耦合至发射管VT_2，通过TX、C_7向外发射调频信号。

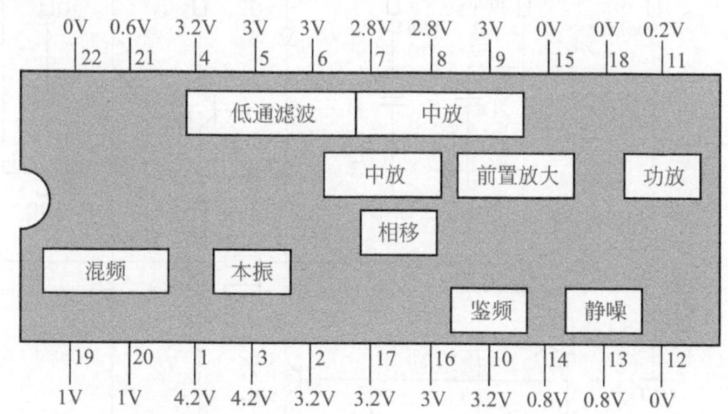

图4-10　D1800内部框图及引脚工作电压值

第二节　功放机电路

一、OCL大功率功放电路

电路如图4-11所示。OCL大功率功放套件为典型的OCL电路，电路采用直接耦合方式，低频响应好；输入级采用差分放大，噪声很小；输出级采用了达林顿复合管，增益高、功率大、失真小。本电路特别适用于制作家用功放及有源音箱的功放电路，效果很好。

OCL大功率功放套件为双声道，两声道电路原理完全一样，以右（R）声道为例，电路中VT_1、VT_3为差分放大输入级，VT_5是激励级，VT_7和VT_{11}组成复合互补输出级，输出信号从VT_{11}发射极和VT_{13}集电极取出，输出的音频信号可以直接推动扬声器发出洪亮的声音。本电路还增加了R_{25}、R_{27}、C_{11}、C_{13}，用于降低静态噪声。

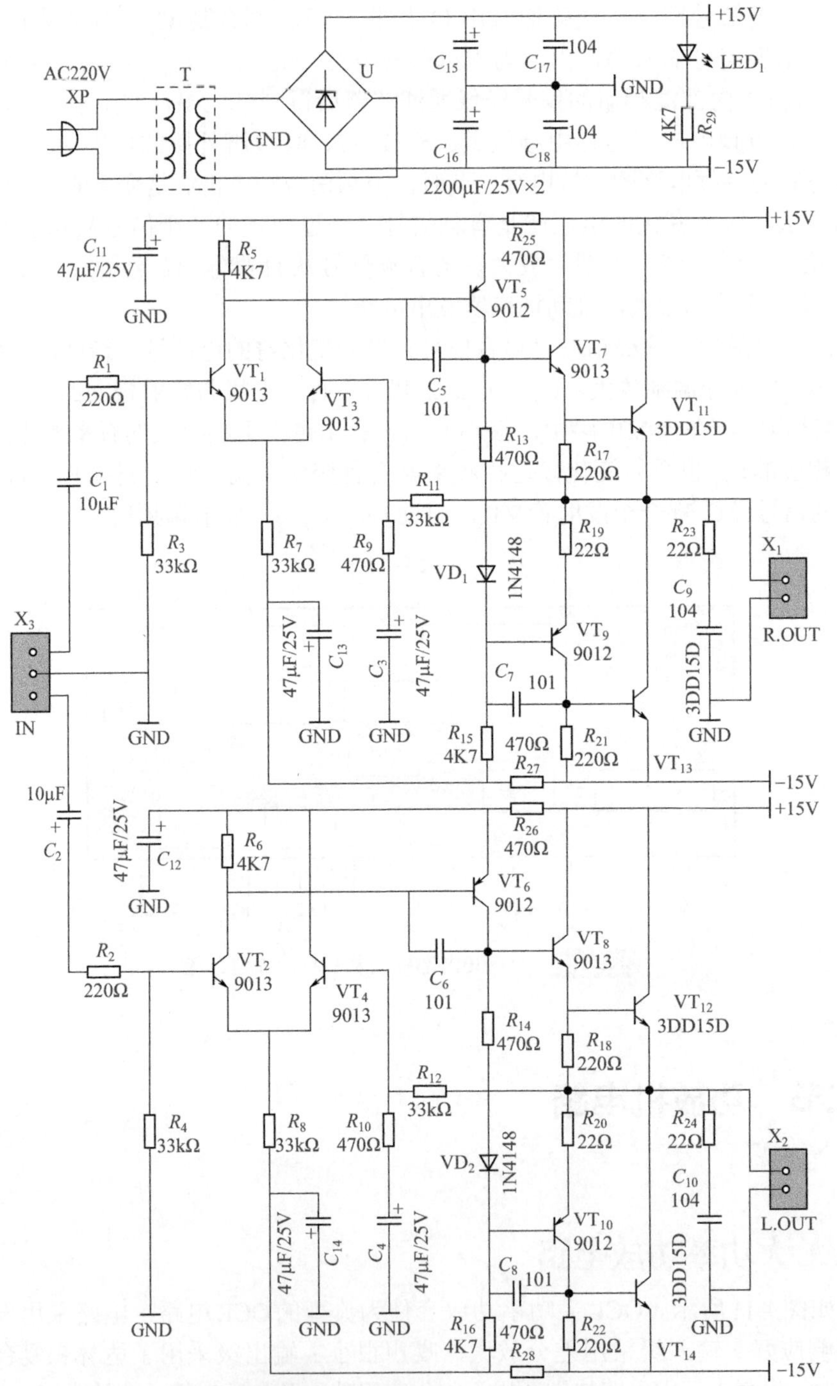

图4-11 大功率高保真功放电路图

OCL大功率功放套件所用的变压器（T）为中心抽头的双电源变压器，初级电压为AC220V，次级为两组AC12 ～ 15V，功率为8 ～ 100W（可根据需要决定）。

输出功率：$P_o = 25W + 25W$（$R_L = 4\Omega$，变压器功率100W）。

输出阻抗：4 ～ 8Ω。

焊接好的电路板如图4-12所示。

图4-12　焊接好的电路板

二、电子管功放机电路

随着广播设备的数字化，许多库存的电子管大都失去了用武之地，尤其是中小功率电子管，其数量还很多。这些电子管，弃之可惜，不妨将其用起来自制成小功率电子管监听功放。下面介绍的电子管功放就是用最常见的电子管制作的，其电路如图4-13所示。前级用$6N_2$接成SRPP电路，即“电流调整式推挽电路”，又称“单端并联式推挽电路”。该电路输入阻抗高，输出阻抗低，频带宽，失真小，整体性能非常优越。后级$6P_{14}$接成标准五极管甲类管输出，稳定性和效率都很高，而又是甲类单管输出，音质完美。

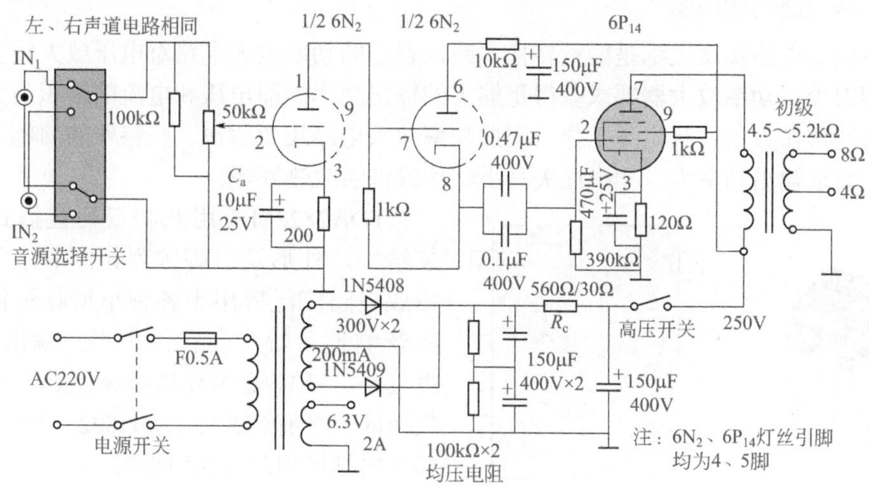

图4-13　小型电子管功率输出电路图

三、集成电路功放电路

1. 集成电路作前置功放电路

由前置放大级和功率放大级两部分组成，前置放大级主要采用四运放电路对信号进行高增益放大，后级由OCL电路进行功率放大，整机采用双电源供电。扩音机电路总体原理如图4-14所示。

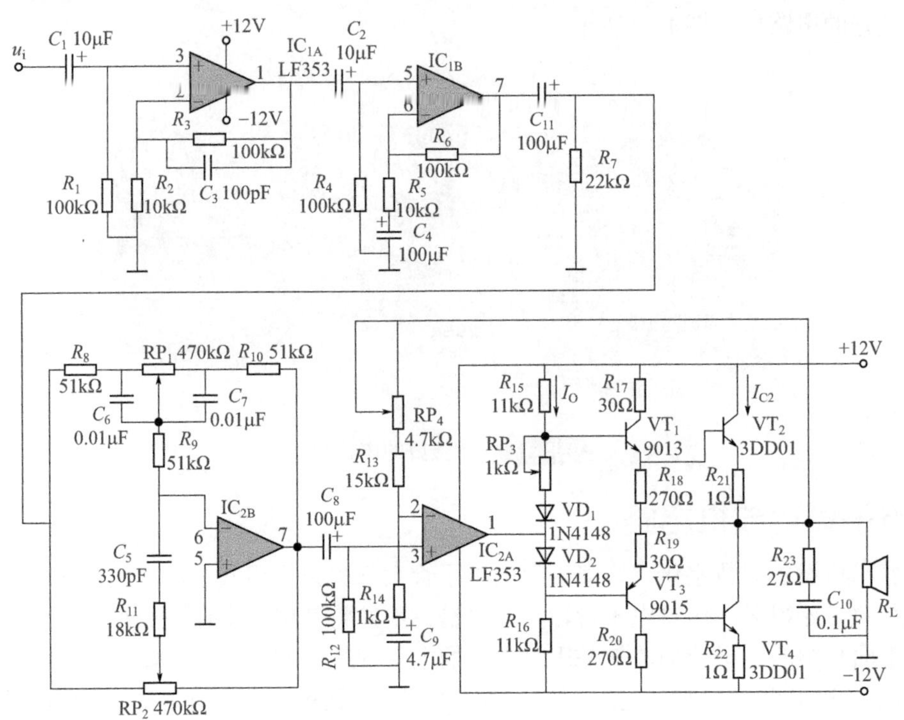

图4-14 扩音机电路总体原理图

2.集成电路功放电路

功率放大电路实质上都是能量转换电路，普通的功率放大电路对电压放大较多，对电流放大却很少。功率放大器要求获得足够大的输出功率，即电压和电流的乘积最大，功率放大电路通常在大信号状态下工作，因此功率放大电路还要解决一些特殊的问题，如功率放大电路要求输出功率大、非线性失真小、功放机的散热好等。

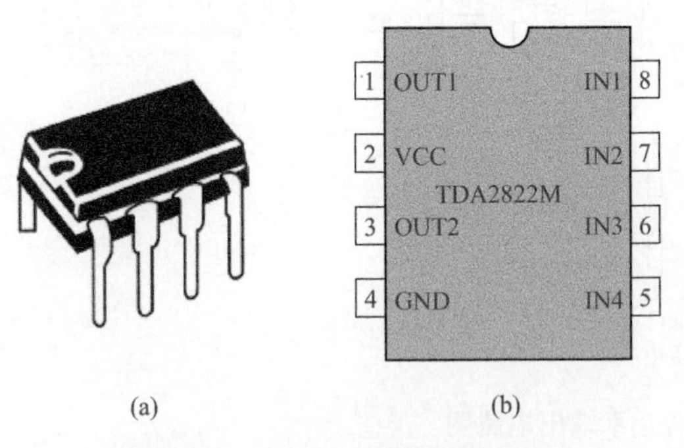

图4-15 TDA2822M外形及引脚图

TDA2822M采用八脚双列直插式塑料封装结构，外形及引脚排列如图4-15所示。该集成电路广泛应用于各种小型收录机、小功率音响设备等，具有体积小、输出功率大、失真小、不需要加散热器等优点。可以直接代换的型号有CD2822、D2822、APA2822等，其引出脚排列及功能均相同。

图4-16所示的是一个接成立体声双声道的电路。集成电路内部有两个放大器，分别担任放大每一声道的任务。C_1和C_2是输入耦合电容，它们的作用可以简单地理解为防止直流电窜入，起隔直作用。C_3是电源滤波电容，若不加这个滤波电容，电路容易产生自励，破坏声道。C_4和C_5是输出耦合电容。R_1和R_2是偏置电阻。C_6、R_3和C_7、R_4的作用是防止产生自励。

采用3V直流供电，若有条件，则可以采用更高的电压，但最高不得高于15V。

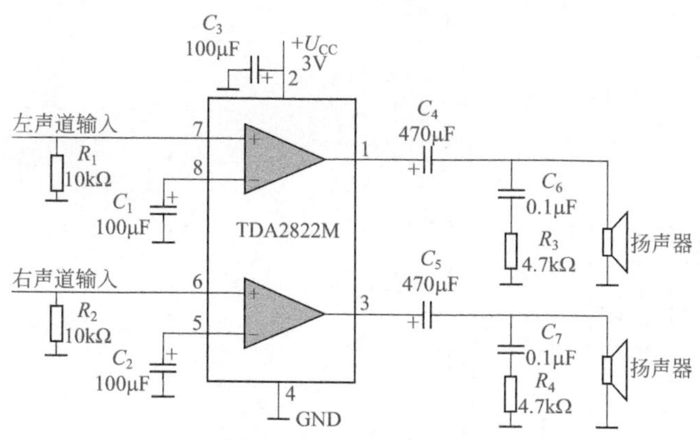

图4-16 双声道功放电路图

第三节 开关电源电路

一、自励串联式开关电源电路

图4-17为松下典型热地串联开关电源电路原理图，此电路主要由电网输入滤波电路、消磁电路、整流滤波电路、开关振荡电路、脉冲整流滤波电路、取样稳压电路、过电流超压保护电路等构成。

（1）整流滤波和自激振荡电路 图中VD_{801}、VD_{802}是整流桥堆，VT_{801}为开关管，T_{801}是开关变压器，VT_{803}为取样比较管，VT_{802}为脉宽调制管。当接入220V交流电压后先经VD_{801}、VD_{802}全波整流，并经C_{807}滤波后，形成约280V的直流电压。此电压通过开关变压器T_{801}的初级绕组P_1～P_2给开关管VT_{801}集电极供电，以通过R_{803}给VT_{801}的基极提供一个偏置。因此VT_{801}就导通集电极电流流过T_{801}的初级绕组，则使T_{801}的次级绕组产生感应电动势。此电动势经C_{810}和R_{806}正反馈到VT_{801}基极，促使VT_{801}集电极电流更大，很快使VT_{801}趋于饱和状态。先前在T_{801}次级绕组中的感应电流不能突变，它仍按原来的方向流动，并对C_{810}充电，使VT_{801}基极电压逐渐下降。一旦VT_{801}基极电位降到不能满足其饱和条件时，VT_{801}将从饱和状态转入放大状态，使VT_{801}集电极电流减少，通过T_{801}正反馈到VT_{801}基极，使VT_{801}基极电压进一步下降，集电极电流进一步减少。这样将很快使VT_{801}达到截止状态。随后C_{801}便通过VD_{806}、R_{806}以及T_{801}的次级绕组放电，当它放到一定程度后，电源又通过R_{803}使VT_{801}导通，周而复始地重复上述过程。完成大功率振荡，产生方波脉冲经T_{801}变换输出，一旦开关电源开始工作，它就有直流电源输出，行扫描电路开始工作，则由行输出变压器提供的行脉冲将通过C_{813}、R_{817}直接加到VT_{801}基极，使VT_{801}的自由振荡被行频同步。这样可使开关电源稳定工作，又能减少电源对电视信号的干扰。

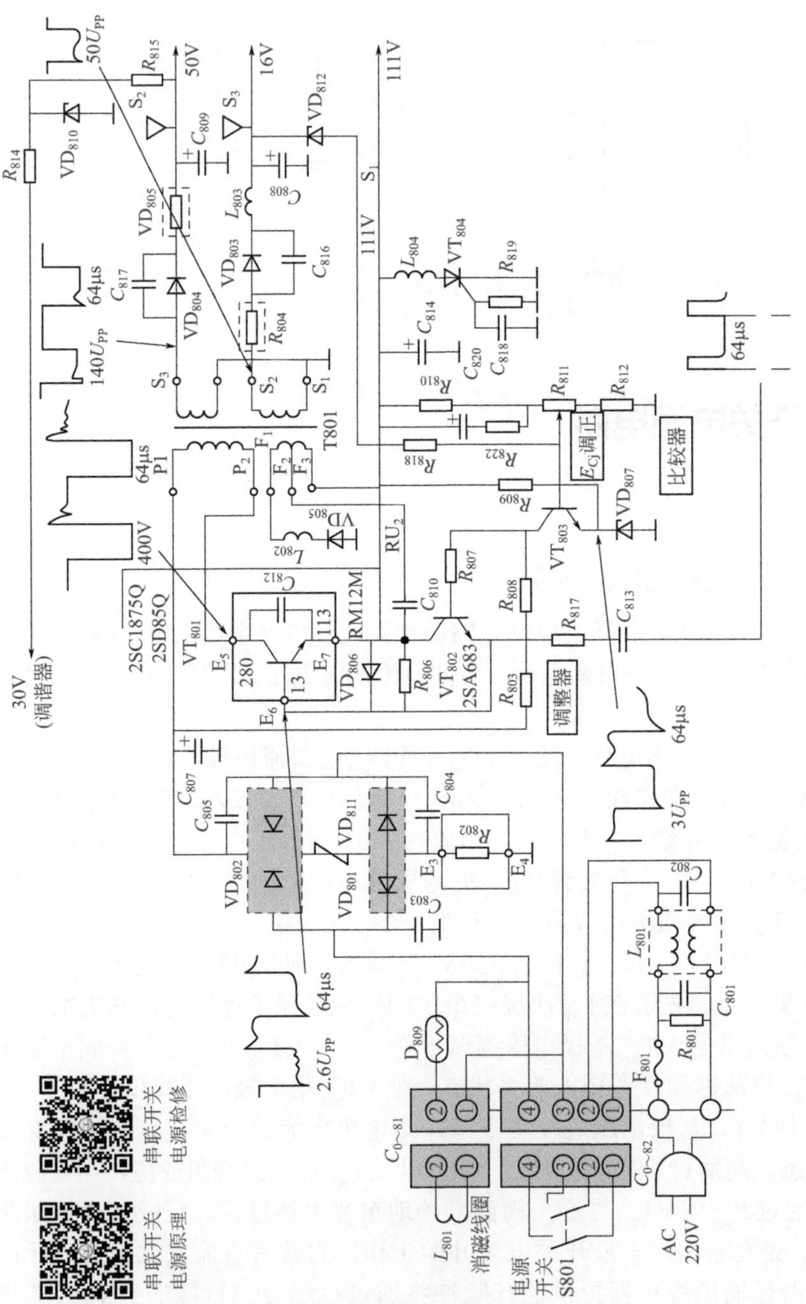

串联开关电源原理

串联开关电源检修

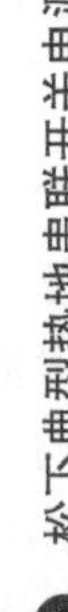

图4-17 松下典型热地串联开关电源电路

（2）低压供电电路　本电源是串联式开关电源，当VT_{801}导通时，电源通过T_{801}、VT_{801}和C_{814}充电，截止时C_{814}对负载放电，即VT_{801}是与负载串联的，这样大大降低了VT_{801}集电极与发射极之间的工作电压，可以选用耐压较低的开关管。在VT_{801}截止时，T_{801}次级绕组产生的感应电动势使VD_{803}和VD_{804}正向偏置而导通，经C_{808}、C_{809}滤波后得到57V和16V直流电压，场输出和伴音电路电压由它们供给。

（3）稳压过程　若电网电压上升或负载减轻，使输出直流电压上升，则此增量经R_{811}取样后加到VT_{803}基极，使VT_{803}集电极电流增加，VT_{803}集电极电压下降，则VT_{802}的基极电压也下降。VT_{802}是PNP型晶体管，则集电极电流增加。因VT_{802}是并联在VT_{801}的发射结上的，则原来流到VT_{801}基极的电流被VT_{802}分流，因而VT_{801}导通的时间缩短，使输出端C_{814}的电压下降。同时，VD_{803}和VD_{804}的导通时间也随着缩短，输出电压下降，使输出电压保持在原来的标称值上。

（4）保护电路　此电源设有了以下的保护装置：

① 尖峰脉冲抑制电路　在当开关管VT_{801}截止瞬间，在开关变压器P_1、P_2两端会感应出较高的尖峰脉冲，为了防止VT_{801}的基极与发射极之间击穿，这里加了一个C_{812}来短路这个尖峰电压。

② 过压保护电路　此电路主要由L_{804}、VT_{804}、C_{808}、R_{819}等构成。其中VT_{804}为单向晶闸管，且此机中使用组合管HDF814，内部实际是由晶闸管和一个稳压二极管构成的。当输出电压超过140V时，晶闸管VT_{804}内部的稳压二极管击穿，给晶闸管控制级提供触发电压，晶闸管就导通，即将开关变压器的正反馈绕组短路，强制开关振荡停振，使开关电源停止工作，从而使后面的电路得到保护。

③ 其他部分　VD_{805}为续流二极管，它与T_{801}次级绕组串联。当VT_{801}导通时，VD_{805}因处于反向偏置而截止。

当VT_{801}由导通转为截止时，T_{801}各绕组的感应电动势的方向也随着改变，VD_{803}也由截止变为导通。此时，将VT_{801}导通时储藏在T_{801}的磁能释放出来，继续对负载提供功率。VD_{805}应选用高频大电流二极管。

为了降低各整流二极管两端的高频电压变化率，减小开关干扰，相应地使用了一些阻尼用的无感电容器$C_{802}\sim C_{805}$、C_{807}、C_{816}、C_{817}等。另外，为了减小开关干扰，本电路使用了降低高频电流变化率的电感元件，如L_{802}、L_{803}等。

电路中的自动消磁电路是由热敏电阻D_{809}及绕在显像管大框外的消磁线圈L_{810}构成的。每次开机时自动消磁电路接通，开始若D_{809}电阻较小，则在消磁线圈中交流电流较大，当D_{809}发热以后，电阻上升，L_{810}中的电流随之下降。这样每次开机都有一个由强到弱逐步衰减的交流磁场产生，从而使显像管自动消磁。

二、他励式集成电路3842开关电源电路

充电器电路如图4-18所示。它主要由开关场效应管VT_1、开关变压器T_2、电源控制IC_1（TL3842）、充电转折电流鉴别比较IC_2（LM393）、三端误差放大器IC_3（TL431）和光电耦合器IC_4等元件构成，其电路工作原理如下。

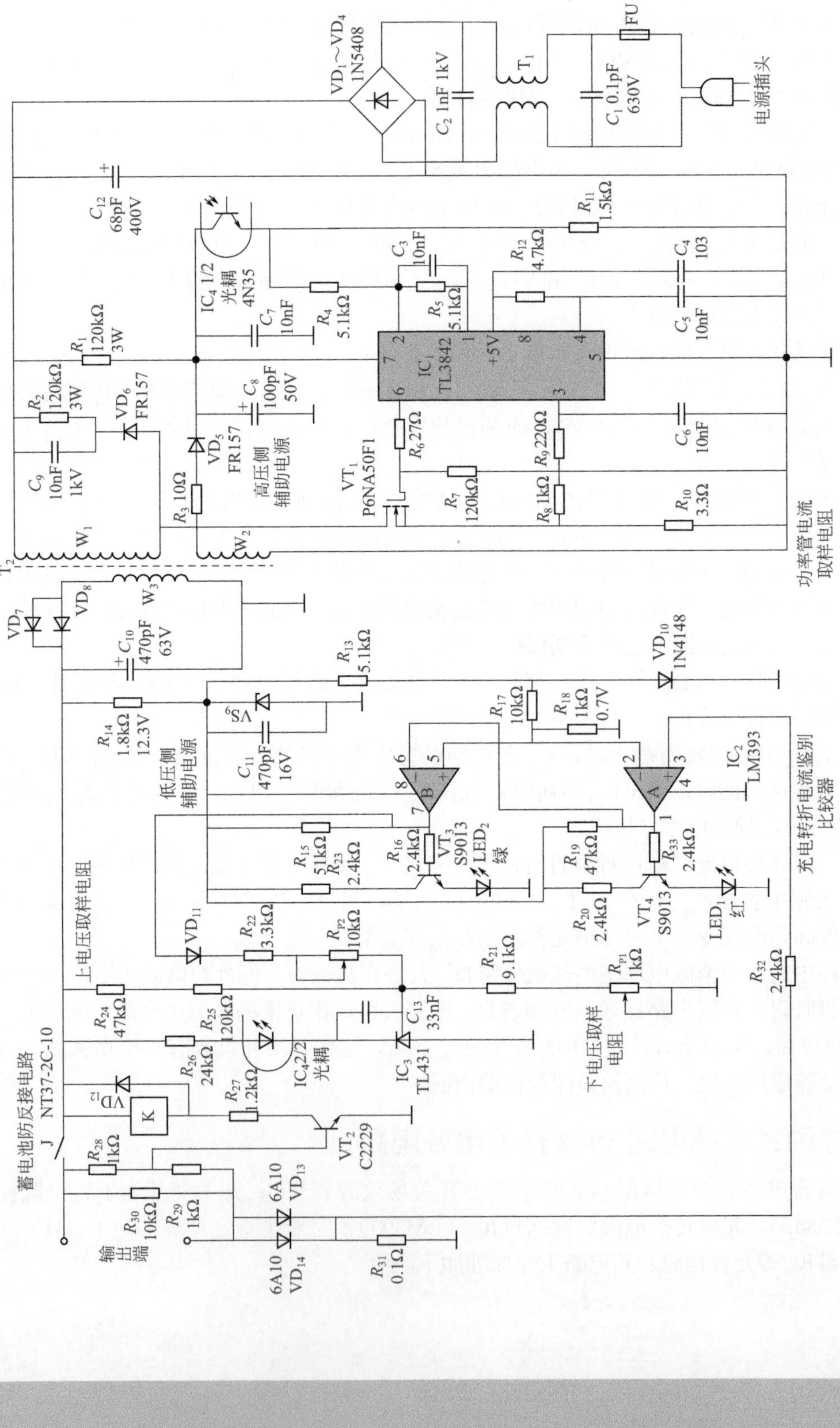

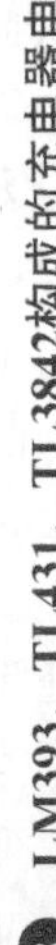

图4-18 LM393、TL431、TL3842构成的充电器电路

（1）整流滤波电路 充电器接通电源后，市电220V电压经过FU熔断器，由C_1、C_2、T_1组成线路滤波器滤除市电电网中的高频干扰信号，经VD_1～VD_4组成的桥式电路整流，C_2滤波后即在C_{12}的两端产生+300V左右的直流电压。

（2）开关电源电路 +300V电压一路经开关变压器T_2的W_1绕组到达开关管VT_1的D极，另一路经启动电阻R_1到电源控制IC_1的7脚（供电脚），提供18V左右的工作电压。IC_1内部的+5V基准电压发生器向振荡器、误差放大器等供电并由8脚输出。IC_1的4脚外接R_{12}、C_5与内部振荡器开始工作，在C_5两端产生锯齿波脉冲信号。该信号经由IC内部的PWM调制器产生矩形脉冲激励信号，放大后从IC_1的6脚输出，由R_6限流后，接到开关管VT_1的G极，控制开关管VT_1工作在开关状态，开关变压器T_2的其他绕组开始输出交流电压。

T_2的W_2绕组输出的交流电压经R_3限流，VD_5、C_8整流滤波后得到20V左右的高压侧辅助电源，一路向IC_1的7脚供电，另一路向光电耦合器IC_4 1/2供电。

T_2和W_3绕组输出的主电压，经VD_7、VD_8、C_{10}整流滤波后得到+44V左右的充电电压。一路经继电器J接到充电插座，另一路由R_{14}降压，并经稳压管VS_9将电压稳定在12.3V左右，形成低压侧的辅助电源。第三路向由R_{24}、R_{25}、R_{21}、RV_1和R_{26}、IC_4 2/2（发光端）、IC_3三端误差放大器组成的稳压控制电路供电。

（3）稳压控制 当负载过大或市电电网电压较低时，C_{10}两端电压降低，光电耦合器IC_4发光管两端电压降低，R_{24}、R_{25}、R_{21}、RV_1分压后的取样电压降低，经IC_3放大后使IC_4发光管负极电位升高，发光程度降低，感应管导通程度降低，IC_1的2脚的电位也降低，使IC_1输出的激励脉冲脉宽加大，VT_1的导通时间延长，从而提高开关电源的输出电压。

若充电器输出电压过高，则是一个相反的控制过程。

VT_1导通时，R_{10}两端形成一定的电压，由R_8、R_9、C_6去除干扰脉冲后加到IC_1的3脚。当VT_1导通电流过大时，IC_1的3脚电压超过1V，6脚输出低电平而使VT_1截止，防止VT_1因过流而损坏。

（4）充电控制电路 充电器开始充电时，由于蓄电池电压较低，充电电流较大，充电电流取样电阻R_{31}上端形成较高压降，经R_{32}加到IC_2的3脚，使IC_2的1脚输出高电平，VT_4导通，LED_1红色发光二极管点亮。当IC_2的6脚比5脚电压较高时，7脚输出低电平，VT_3截止，绿色发光二极管不发光。同时，因为电源负载较重，输出电压较低，通过稳压控制电路使开关管导通时间延长，使充电器工作在大电流的恒流充电状态。

经过一段时间的恒流充电，蓄电池两端电压上升到44V左右时，开始进入恒压充电。这时，仍有较大的充电电流，故IC_2的3脚依旧是高电平，红色充电指示灯发光。

随着恒压充电的进行，蓄电池两端电压不断升高，充电电流进一步减小到转折电流时，R_{31}两端的电压不足以使IC_2的3脚维持高电平，1脚输出低电平，VT_4截止，LED_1红灯熄灭。同时因IC_2的6脚为低电平，7脚输出高电平，一路使VT_3导通，LED_2绿灯点亮。另一路通过VD_{11}、R_{22}、RV_2到三端误差放大器，使IC_4发光管负极电位降低，发光程度增强，开关管导通时间缩短，开关电源输出电压降低，为蓄电池提供较低的涓流充电。

（5）防蓄电池反接电路 由于蓄电池插座极性连接不同，为防止蓄电池接入充电器时极性接反，而烧毁充电器，本充电器设有防蓄电池反接电路，由继电器J、VT_2等元件构成。

继电器触点处于常开状态，当充电器向蓄电池充电时，若极性正确，蓄电池上的极柱通过R_{28}、R_{29}分压向VT_2基极提供偏置电压，使VT_2导通，+44V电压通过继电器线圈，R_{27}限流电阻，VT_2的CE结接地形成闭合回路。这时，继电器触点吸合，充电器开始对蓄电池充电。若蓄电池极性接反，则VT_2基极得不到导通电压，继电器不工作，充电器停止对蓄电池充电。VD_{12}为续流二极管，避免VT_2损坏。

VD_{13}、VD_{14}串接在蓄电池负极与接地端之间，用来防止充满电后因蓄电池电压较高，对充电器进行反向充电。

第五章 数字电路基础及应用

第一节　数字电路中应用的数制

通常使用的十进制数是10个不同的数字依据“逢10进1”的规则进行计数和运算的。计算机中要用到二进制数和十六进制数，除在运算中采用“逢2进1”和“逢16进1”的规则外，其他与十进制数基本相同。为便于学习，数字电路中数值表示方法及其转换规则、机器数的表示方法、8421BCD码及ASCⅡ码的相关知识做成了电子版，读者可以扫描二维码详细学习。

数字电路中应用的数制

第二节　门电路与相关的逻辑代数

一、与门、或门、非门及基本组合门与应用集成电路

1.基本逻辑

最基本的逻辑运算有与逻辑、或逻辑、非逻辑（又叫取反）三种。

（1）与逻辑　一个事件由两个以上（含两个）的条件决定，并且只有全部条件同时具备时事件才能成立，这样的因果关系称为与逻辑关系。

例如，防盗门有两道锁，只有两道锁都打开时，门才能打开，门的打开状态与两个锁打开的因果关系就属于与逻辑关系。

假设，防盗门的两道锁用A、B表示，门用M表示，门和两个锁的全部状态的对应关系可列成一个表，叫作状态表，如表5-4所示。两把锁A、B的状态组合共有四种（二相性事物的状态组合总数为2^N，N为事物数量）。

表5-4　门和锁的关系状态表

锁A	锁B	门M
锁住	锁住	不能开
锁住	打开	不能开
打开	锁住	不能开
打开	打开	能开

按题目的关注点，把锁的打开状态和门的能开状态都用1表示；锁的锁住状态和门的不能打开状态用0表示，赋值后，状态表就转换为真值表，如表5-5所示。真值表中逻辑变量A、B的取值组合与状态表中相对应，总数也是2^N，N是变量的个数。

表5-5　门和锁的关系真值表

A	B	M
0	0	0
0	1	0
1	0	0
1	1	1

这种输入变量取值只要有0输出函数值就为0，只有变量值全为1时，函数值才为1（即有0即0、全1为1）的特性就是与逻辑的函数规律。

这种逻辑函数关系用表达式表示，即

$$M=A\cdot B$$

表达式中“·”是与逻辑的运算符，与运算符可省略不写，表达式即可写成

$$M=AB$$

在不能省略又不便于用“·”表示时，也可用“∧”号表示，即

$$M=A\wedge B$$

与逻辑又可称为“逻辑与”“逻辑乘”，以上表达式读作“M等于A与B”或“M等于A乘B”。与逻辑的运算法则如下。

数值运算为（这里的与运算符既不能省略，又不宜用“·”表示）

$0\wedge0=0$　　$0\wedge1=1\wedge0=0$

$1\wedge1=1$

变量运算为

$AB=BA$（交换律）　　$AA=A$（重叠律）

$ABC=(AB)C=A(BC)$（结合律）　　$A\overline{A}=0$（互补律）

变量和数值的运算为

$A\cdot1=A$　　$A\cdot0=0$

对于表5-5中的逻辑函数关系的理解如表5-6所示。

表5-6　与逻辑关系真值表的说明

A	B	M	逻辑运算过程
0	0	0	$M=AB=0\wedge0=0$
0	1	0	$M=AB=0\wedge1=0$
1	0	0	$M=AB=1\wedge0=0$
1	1	1	$M=AB=1\wedge1=1$

常见的与逻辑运算符的图形符号（通常叫作与逻辑符号）有三种，如图5-1所示，其中图5-1（a）为国标规定采用的符号，图5-1（b）为我国曾用过的旧符号，图5-1（c）为国外书刊中常见的符号。后两类符号读者在旧教材、旧技术资料或引进的技术资料中会遇到，以下内容中还有这样的情况，不再重复。

逻辑符号是一种图形化的逻辑运算符，具有双重含义，它既表示一种逻辑运算，又表示能实现该种逻辑运算功能的逻辑门电路。

说明：输入信息A和B中只要有一个为0，输出M就为0；只有A和B全为1时，M才为1。输出M与输入A、B之间符合“与”的逻辑关系，即该电路能实现“与”逻辑运算，所以叫“与门”电路。

7408是74系列中封装有4个2输入端与门的数字集成电路产品，其内部结构和外部引脚信号如图5-2所示。

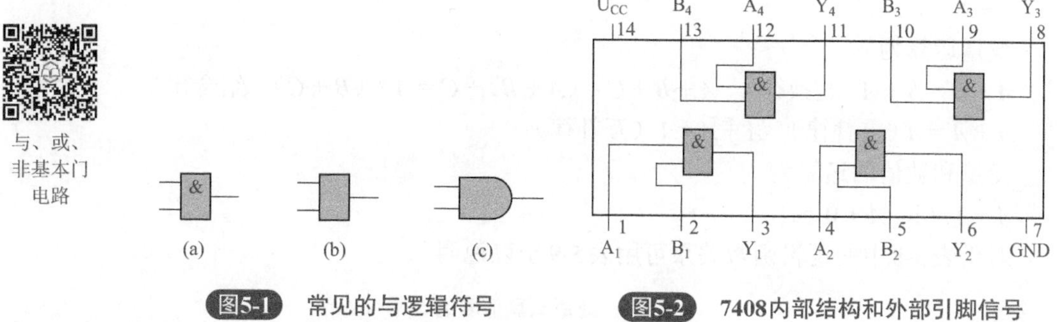

图5-1　常见的与逻辑符号　　图5-2　7408内部结构和外部引脚信号

（2）或逻辑　一个事件由两个以上（含两个）的条件决定，并且是只要有一个条件具备事件就能成立，这样的因果关系称为或逻辑关系。

若把上例中防盗门的被锁住状态跟两道锁的锁住状态作为关注的因果关系，那么它们就是或逻辑关系。

把表5-4中我们关注的门不能开和两道锁的锁住状态用1表示，打开两个锁和开门状态用0表示，则得到或逻辑的真值表，如表5-7所示，表5-8是或逻辑真值表的习惯表示方式。

表5-7　或逻辑的真值表

锁A	锁B	门M
1	1	1
1	0	1
0	1	1
0	0	0

表5-8　或逻辑的真值表的习惯表示方式

A	B	M
0	0	0
0	1	1
1	0	1
1	1	1

这种输入变量取值只要有1输出函数值就为1，只有变量值全为0时，函数值才为0（即有1为1、全0为0）的特性就是或逻辑的函数规律。

这种逻辑函数关系用表达式表示为

$$M=A+B$$

表达式中“+”是或逻辑运算符，或逻辑运算符不可省略，当或运算跟算术加法“+”共同存在时，可用“∨”符号表示，表达式即表示为

$$M=A\vee B$$

或逻辑又可叫作“逻辑或”“逻辑加”，以上表达式读作“M等于A或B”或“M等于A加B”。或逻辑的运算法则如下。

数值运算为

$0+0=0$　　$0+1=1+0=1$

$1+1=1$

变量运算为

$A+B=B+A$（交换律）　$A+B+C=(A+B)+C=A+(B+C)$（结合律）

$A+A=A$（重叠律）　$A+\overline{A}=1$（互补律）

变量和数值的运算为

$A+1=1$　$A+0=A$

对于表5-8中的逻辑函数关系可用表5-9予以说明。

表5-9　或逻辑真值表的说明

A	B	M	逻辑运算过程
0	0	0	$M=A+B=0+0=0$
0	1	1	$M=A+B=0+1=1$
1	0	1	$M=A+B=1+0=1$
1	1	1	$M=A+B=1+1=1$

常见的或逻辑运算符的图形符号有三种，如图5-3所示，其中图5-3（a）为国标规定采用的符号，图5-3（b）为我国曾用过的旧符号，图5-3（c）为国外书刊中常见的符号。

说明：输入信号A和B中只要有一个为1，输出M就为1；只有A和B全为0时，M才为0。输出M与输入A、B之间符合“或”的逻辑关系，即该电路能实现“或”逻辑运算，所以叫“或门”电路。

7432是74系列中封装有4个2输入端或门的数字集成电路产品，其内部结构和外部引

脚信号如图5-4所示。

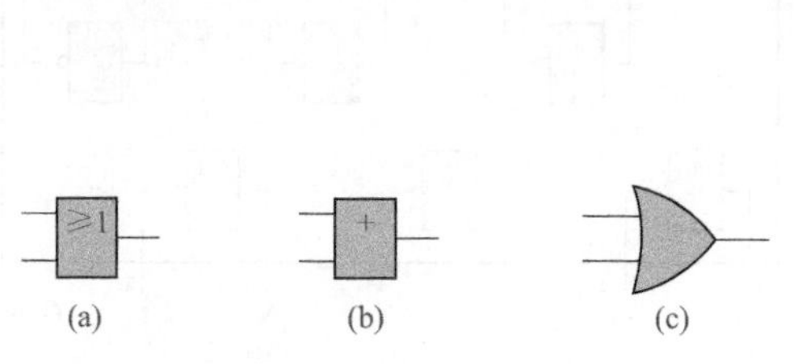

图5-3　常见的或逻辑符号

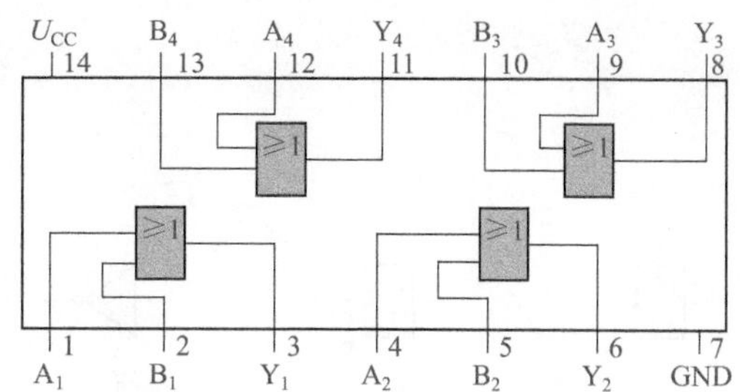

图5-4　7432内部结构和外部引脚信号

（3）非（取反）逻辑　一个事件与它的条件如果是相互否定关系，它们的因果关系称为非逻辑。例如，设备的正常运行状态和故障的关系就属于非逻辑，设备要正常运行就不能有故障，有故障的设备不能正常运行。设备和故障之间的状态表如表5-10所示。

若把设备的状态用S表示，将能正常运行的状态赋值为1，不能正常运行赋值为0；故障用G表示，有故障赋值为1，无故障赋值为0，状态表即可转换为如表5-11所示的真值表。

表5-10　设备和故障之间的状态表

故障情况	设备状态
没故障	能正常运行
有故障	不能正常运行

表5-11　非逻辑真值表

G	S
0	1
1	0

在变量字母上方加一个横表示对这个变量进行非逻辑（也叫取反）运算。“—”号是非逻辑的运算符（又叫反号）。表5-11所列的真值表表示的非逻辑可写成表达式：

$$S=\overline{G}$$

此表达式可有“S等于G非”“S等于G的非”“S等于非G”“S等于G反”“S等于G的反”等多种读法。

非逻辑中的事物和条件是相互否定的关系，所以，上述关系也可用如下表达式表示为

$$\overline{S}=G$$

非逻辑的运算法则为

$$\overline{0}=1 \qquad \overline{1}=0$$

$$\overline{\overline{0}}=0 \qquad \overline{\overline{1}}=1 \qquad \overline{\overline{A}}=A$$

常见的非逻辑运算符的图形符号有三种，如图5-5所示，其中图5-5（a）为国标规定采用的符号，图5-5（b）为我国曾用过的旧符号，图5-5（c）为国外书刊中常见的符号。

7404是74系列中6个非门（反相器）封装在一起的数字集成电路产品，其内部结构和

外部引脚信号如图5-6所示。

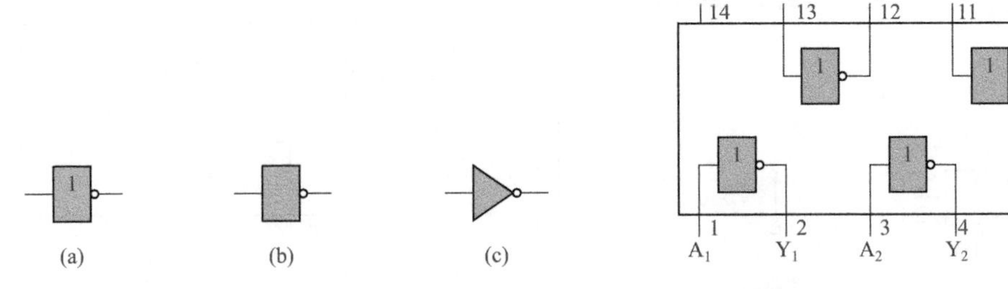

图5-5 常见的非逻辑符号

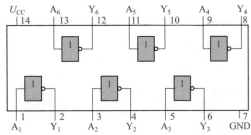

图5-6 7404内部结构和外部引脚信号

三种基本逻辑运算的运算顺序是：在同等情况下，先做非运算、后做与运算、再做或运算，对于超越运算顺序的部分要加括号（非号对于它覆盖的逻辑运算相当于括号作用，运算由内向外逐层执行）。

例如，表达式为

$$F=\overline{A}B+\overline{C}(D+E)\overline{S+Y}$$

式中，$\overline{A}$、$\overline{C}$表示的求反运算是第1层运算，$(D+E)$、$\overline{S+Y}$中的或运算是第2层运算，$\overline{S+Y}$或运算结果求反是第3层运算，第4层是$\overline{A}B$、$\overline{C}(D+E)\overline{S+Y}$两组与运算，最后是两组与运算结果的或运算，也是整个表达式的运算结果。

2.复合逻辑

除三种基本逻辑以外，还有几种复合逻辑同样是非常重要的，逻辑电路芯片中也有对应的产品。

（1）与非逻辑 与非逻辑是与逻辑和非逻辑的复合，有相应的逻辑符号予以表示，如图5-7所示。

图5-7所示的与非逻辑其表达式为

$$Y=\overline{AB}$$

表达式中的反号应覆盖A、B两个字母，表示对A、B两个变量的与运算结果取反，而不是对A、B两个变量取反，所以，运算时要由内向外、先与后非。与非逻辑的真值表如表5-12所示，为便于读者理解，表中附加了A、B相与的中间结果。

表5-12 与非逻辑的真值表

A	B	$M=AB$	$Y=\overline{AB}$	A	B	$M=AB$	$Y=\overline{AB}$
0	0	0	1	1	0	0	1
0	1	0	1	1	1	1	0

说明：输入A和B中只要有一个为0，M就为0，而输出Y为1；只有A和B全为1，M才为1，而输出Y为0。输出Y与输入A、B之间符合“与非”的逻辑关系，即该电路能实现“与非”逻辑运算，所以叫“与非门”电路。

7400是74系列中的4个2输入端与非门封装在一起的数字集成电路产品，其内部结构和外部引脚信号如图5-8所示。

与非、或非逻辑门的

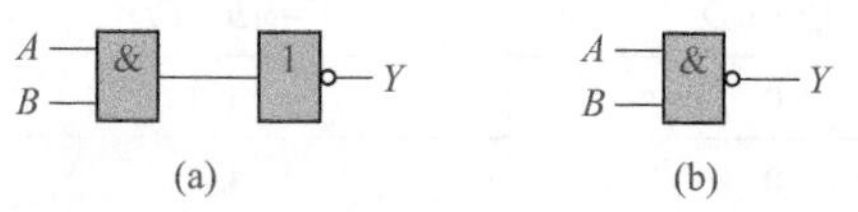

图5-7　与非逻辑的复合及其组合逻辑符号

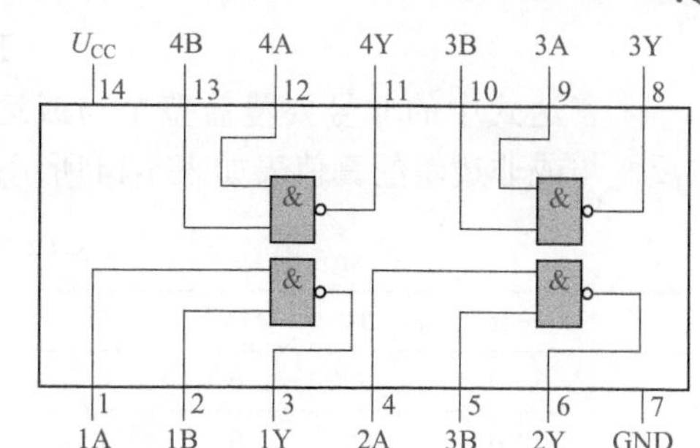

图5-8　7400内部结构和外部引脚信号

(2)或非逻辑　或非逻辑是或逻辑和非逻辑的复合，有相应的逻辑符号予以表示，如图5-9所示。

图5-9所示的或逻辑其表达式为

$$Y=\overline{A+B}$$

表达式中的非号要覆盖整个参与或运算的内容，表示对A、B两个变量的或运算结果取反。运算时要由内向外、先或后非。或非逻辑的真值表如表5-13所示（表中附加有A、B相或的中间结果）。

表5-13　或非逻辑的真值表

A	B	$M=A+B$	$Y=\overline{A+B}$	A	B	$M=A+B$	$Y=\overline{A+B}$
0	0	0	1	0	1	1	0
0	1	1	0	1	1	1	0

说明：输入A和B中只要有一个为1，M就为1，而输出Y为0；只有A和B全为0，M才为0，而输出Y为1。输出Y与输入A和B之间符合“或非”的逻辑关系，即该电路能实现“或非”逻辑运算，所以叫“或非门”电路。

7402是74系列中的4个2输入端或非门封装在一起的数字集成电路产品，其内部结构和外部引脚信号如图5-10所示。

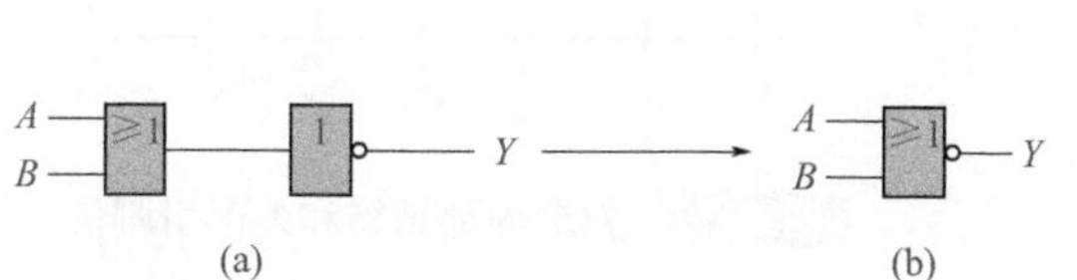

图5-9　或非逻辑的复合及其组合逻辑符号

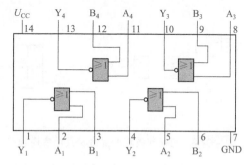

图5-10　7402内部结构和外部引脚信号

(3)与或非逻辑　与或非逻辑是与逻辑、或逻辑和非逻辑三种运算的复合，也有相应的逻辑符号予以表示，如图5-11所示。

图5-11所示的与或非逻辑的表达式为

$$Y=\overline{AB+CD}$$

表达式中的非号要覆盖整个与或运算的全部内容，表示对与、或运算的最后结果取反。与或非逻辑的真值表如表5-14所示。

表5-14 与或非逻辑的真值表

A	B	C	D	$AB+CD$	$Y=\overline{AB+CD}$
0	0	0	0	0	1
0	0	0	1	0	1
0	0	1	0	0	1
0	0	1	1	1	0
0	1	0	0	0	1
0	1	0	1	0	1
0	1	1	0	0	1
0	1	1	1	1	0
1	0	0	0	0	1
1	0	0	1	0	1
1	0	1	0	0	1
1	0	1	1	1	0
1	1	0	0	1	0
1	1	0	1	1	0
1	1	1	0	1	0
1	1	1	1	1	0

函数有A、B、C、D共4个变量，变量取值组合总数为0000～1111，共16（即2^4）种。

7451是74系列中的双与或非门数字集成电路产品，其内部结构和外部引脚信号如图5-12所示。

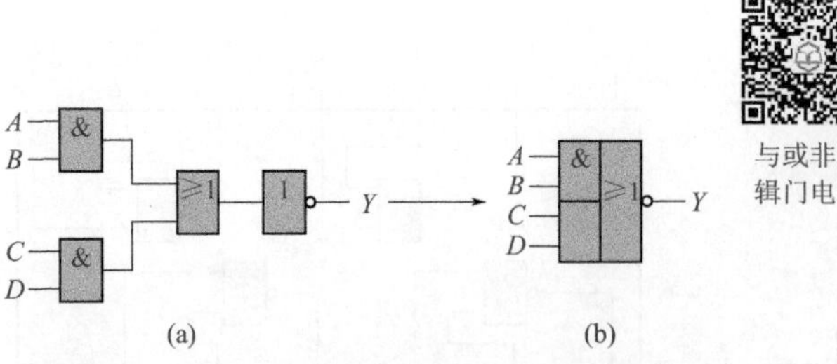

图5-11 与或非逻辑的复合及其组合逻辑符号

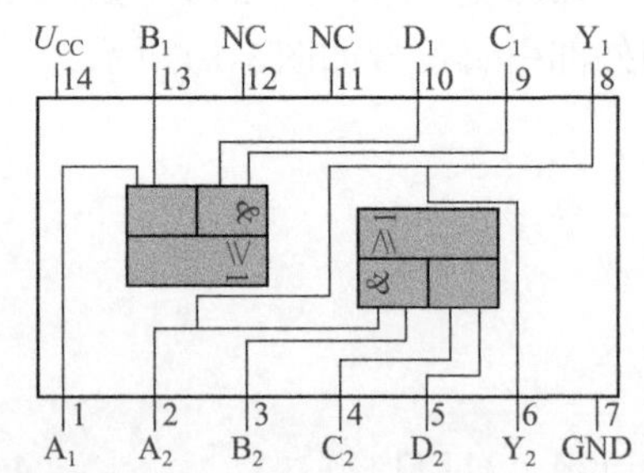

图5-12 7451内部结构和外部引脚信号

（4）异或逻辑 异或逻辑是一种重要的复合逻辑，它表示一个事件由两个条件决定，当两个条件不同时具备时事件才能成立，而两个条件同时具备或同时不具备时事件不能成立。异或逻辑有特定的逻辑符号，如图5-13所示。

图5-13所示的异或逻辑的表达式为

$$Y=A\oplus B=A\overline{B}+\overline{A}B$$

根据异或逻辑的等效复合关系，“异或”一词可以直观地理解为两个逻辑变量的异状态相与再或的结果，表达式中的“⊕”为异或运算符。

异或运算法则如下。

数值运算为

$$0 \oplus 0 = 1 \oplus 1 = 0$$

$$0 \oplus 1 = 1 \oplus 0 = 1$$

变量运算为

$$A \oplus B = B \oplus A \text{（交换律）}$$

$$A \oplus B \oplus C = (A \oplus B) \oplus C = A \oplus (B \oplus C) \text{（结合律）}$$

$$A \oplus A = 0 \text{（重叠律）}$$

$$A \oplus \overline{A} = 1 \text{（互补律）}$$

变量和数值的运算为

$$A \oplus 1 = \overline{A}$$

$$A \oplus 0 = A$$

异或逻辑的真值表如表5-15所示。

表5-15 异或逻辑的真值表

A	B	Y	运算说明	A	B	Y	运算说明
0	0	0	$Y=0 \oplus 0=0$	1	0	1	$Y=1 \oplus 0=1$
0	1	1	$Y=0 \oplus 1=1$	1	1	0	$Y=1 \oplus 1=0$

异或逻辑运算规律可总结为：同为0、异为1。

7489是74系列中的4个2输入异或门封装在一起的数字集成电路产品，其内部结构和外部引脚信号如图5-14所示。

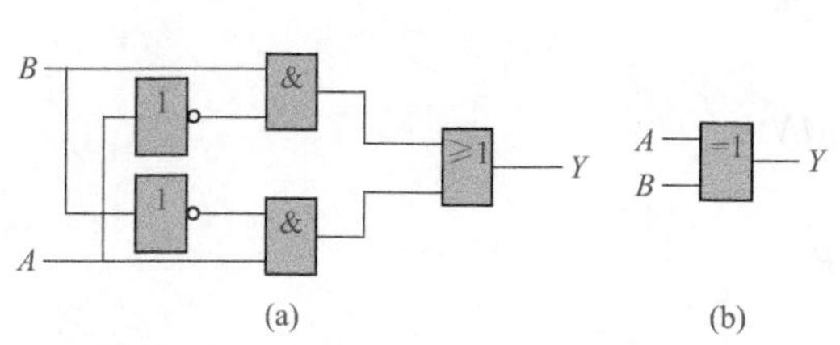

图5-13 异或逻辑的复合关系及其逻辑符号

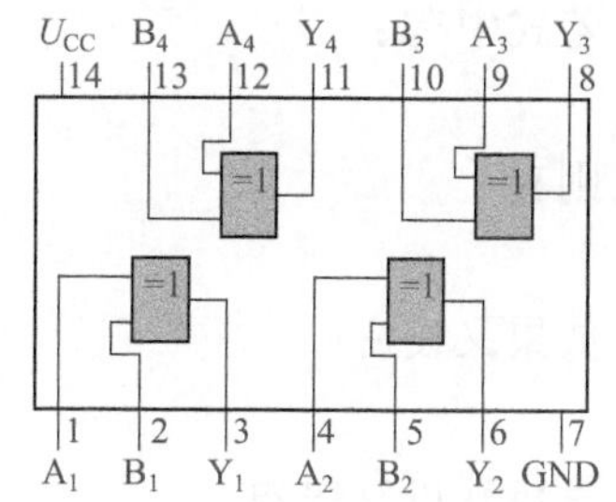

图5-14 7489内部结构和外部引脚信号

3.逻辑运算的重要法则和定律

逻辑代数有很多定律和法则，本书只介绍常用（也是重要）的几个。这对于分析和识别数字电路是很有用的。

（1）括号变换法则 逻辑运算中对于括号的处理法则与普通数学一样，有加括号和去（也叫展开）括号两种操作，如展开括号为

$$A(B+C) = AB + AC$$

在逻辑代数中称之为“与对或的分配律”。与开展括号相反，在提取公因子时，要加括号，即

$$AB+AC=A(B+C)$$

这两个表达式在普通数学中已是常识，在逻辑代数中是否成立还需证明。在逻辑代数中，最基本的证明手段是真值表（一般情况可用已知定律证明）。对应变量的全部组合，如果两个函数值完全相同，就证明这两个函数表达式相同。下面用表5-16所示的真值表证明它们成立。

表5-16　证明等式的真值表

A	B	C	$AB+AC$	$A(B+C)$
0	0	0	$0\wedge0+0\wedge0=0$	$0\wedge(0+0)=0$
0	0	1	$0\wedge0+0\wedge1=0$	$0\wedge(0+1)=0$
0	1	0	$0\wedge1+0\wedge0=0$	$0\wedge(1+0)=0$
0	1	1	$0\wedge1+0\wedge1=0$	$0\wedge(1+1)=0$
1	0	0	$1\wedge0+1\wedge0=0$	$1\wedge(0+0)=0$
1	0	1	$1\wedge0+1\wedge1=1$	$1\wedge(0+1)=1$
1	1	0	$1\wedge1+1\wedge0=1$	$1\wedge(1+0)=1$
1	1	1	$1\wedge1+1\wedge1=1$	$1\wedge(1+1)=1$

通过真值表的证明，有：

$$AB+AC=A(B+C)$$

（2）代入法则　在逻辑运算中，任何变量都可以视作一个函数，而在逻辑函数表达式中，任何一个运算单元都可以用一个变量代换。如：

$$Y=AB+CD$$

若式中有：

$$D=MN+L$$

则有：

$$Y=AB+C(MN+L)$$

如果又设：

$$F=AB$$

表达式可变换为

$$Y=F+C(MN+L)$$

代入法则对理解和应用其他定律及法则有着重要意义，希望读者给予重视。

（3）反演律和摩根定律

❶ 原函数与反函数　由前面的各个真值表不难发现，逻辑函数的每一个变量都有0、1两种状态，N个变量的全部取值组合状态有2^N组，其中一部分取值组合使函数值为1，另一部分取值组合使函数值为0。任何一个逻辑函数与它的变量全部状态组合的各处对应值，既不全为1，也不全为0。不论是1还是0，都表示的是同一个逻辑关系。把变量的每一个取值组合写成一个变量相与的项（也叫乘积项），为使乘积项值为1，取0值的变量加反号。再把所有使函数值等于1的乘积项相或（也叫相加），即可得到这个逻辑关系的原函

数标准与或表达式（每个乘积项中都跟真值表中的一个变量取值组合相对应）。若把所有使函数值等于0的乘积项相或，得到的标准与或表达式就是这个逻辑关系的反函数标准与或表达式。由此看出，逻辑函数的真值表是和标准与或表达式相对应的。按上述原则，可以通过真值表直接写出逻辑函数的原函数的标准与或表达式。例如，按表5-5所示的真值表写出或逻辑的标准与或表达式，具体过程如表5-17所示。

表5-17　按真值表写表达式

A	B	对应的乘积项	M	A	B	对应的乘积项	M
0	0	AB	0	1	0	AB	1
0	1	AB	1	1	1	AB	1

所以，或逻辑的标准与或表达式为

$$M=\overline{A}B+A\overline{B}+AB$$

通过化简表达式，得到：

$$\begin{aligned}M&=\overline{A}B+A\overline{B}+AB\\&=(\overline{A}B+AB)+(A\overline{B}+AB)\\&=B(\overline{A}+A)+A(\overline{B}+B)\\&=B+A\end{aligned}$$

以上表达式的化简操作中应用了或运算法则的重叠律$AB=AB+AB$和互补律$A+\overline{A}=1$，这是表达式化简变换的基本方法。

所以，有：

$$M=\overline{A}B+A\overline{B}+AB=A+B$$

❷ **反演律与摩根定律**　反演律是根据逻辑函数的原函数（或称正函数）表达式直接写出反函数表达式的方法。反演律的内容：对于一个逻辑函数，在保持原运算顺序的前提下，将表达式中所有的与运算换成或运算，所有的或运算换成与运算；所有原变量（不带反号）换为反变量（带反号），所有反变量换为原变量，即1换为0，0换为1。这样，就可得到它的反函数表达式，如：

$$M=A+B$$

反函数的表达式为

$$\overline{M}=\overline{A}\cdot\overline{B}$$

很显然，依照反演律同样可以根据反函数表达式直接写出原函数表达式。而M的反函数$\overline{M}$又可表示为

$$\overline{M}=\overline{A+B}$$

所以有：

$$\overline{A+B}=\overline{AB}$$

这就是摩根定律的一个变换式。

两个变量的摩根定律变换形式有：

$$\overline{A+B}=\overline{AB}\qquad\overline{AB}=\overline{A}+\overline{B}$$

$$A+B=\overline{\overline{A}\,\overline{B}}\qquad AB=\overline{\overline{A}+\overline{B}}$$

三个变量的摩根定律变换形式有

$$\overline{A+B+C}=\overline{ABC} \qquad \overline{ABC}=\overline{A}+\overline{B}+\overline{C}$$

$$A+B+C=\overline{\overline{A}\,\overline{B}\,\overline{C}} \qquad ABC=\overline{\overline{A}+\overline{B}+\overline{C}}$$

摩根定律是反演律在表达式变换中的实际应用形式，用于处理表达式中的与、或运算变换和反号的变换。摩根定律可以随时用于表达式任何部位的与、或运算变换，是表达式变换操作中的重要处理手段。

表达式中的各种逻辑运算是和具体的逻辑门电路相对应的。摩根定律的变换式（还有其他的表达式变换）说明一个逻辑关系可对应多种表达式形式，也就是可用多种逻辑电路实现，这就为制作实际数字电路提供了充分的选择余地，也为识别实际数字电路提供了多种变换手段。因此，掌握表达式的变换方法在数字电路识别中同样是很重要的，例如，下面逻辑函数的4种表达式对应4种不同结构的逻辑电路，如图5-15所示。

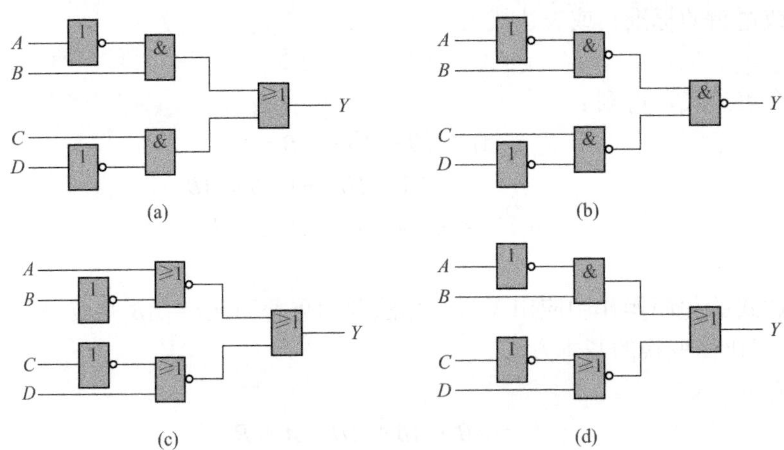

图5-15 Y函数的4种逻辑电路

$$\begin{aligned} Y&=\overline{A}B+C\overline{D} \\ &=\overline{\overline{\overline{A}B}\;\overline{C\overline{D}}} \\ &=\overline{\overline{A+\overline{B}}+\overline{\overline{C}+D}} \\ &=\overline{A}B+\overline{\overline{C}+D} \end{aligned}$$

4.按逻辑图写出表达式

按逻辑图写出逻辑函数的表达式是读识数字电路的第一个重要步骤。

（1）由电路的输入端入手 由电路的输入端入手写逻辑表达式时，是从电路的输入端开始依次在各逻辑门的输出端写出它的运算结果，当写到电路的输出端时，完整的逻辑表达式也就写出来了，图5-16所示就是这种方法。

电路的逻辑表达式为

$$Y=\overline{\overline{\overline{A}B}+\overline{\overline{C}+D}}$$

（2）由电路的输出端入手 由电路的输出端入手写逻辑函数的表达式时，事先给电路中的各逻辑门的输入信号赋予一个临时代号，再从输出端入手依次把各个逻辑门表示的逻辑运算关系逐层代入，一直推写到输入端，就可写出完整的表达式，图5-17所示就是这种方法。

电路的逻辑表达式为

$$Y=\overline{X_2+X_3}=\overline{\overline{X_1B}+\overline{\overline{C}+D}}=\overline{\overline{\overline{A}B}+\overline{\overline{C}+D}}$$

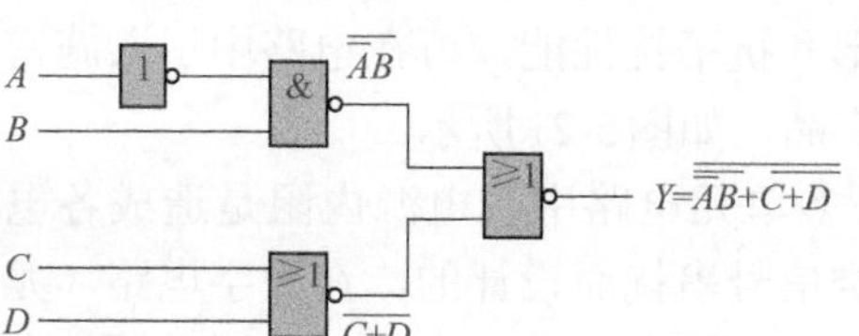

图5-16　由电路的输入端入手写逻辑表达式

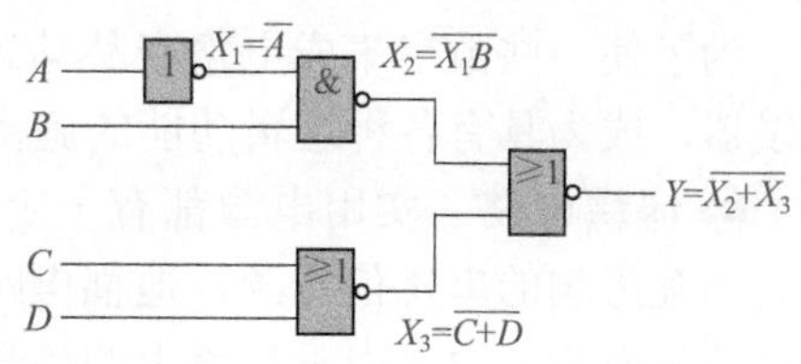

图5-17　由电路的输出端入手写逻辑表达式

二、基本逻辑门电路及应用集成电路

用分立逻辑门电路制作的数字电路都是一些功能极简单的电路，常用在小型的单片机应用系统和非智能型数字电路中。分立式逻辑器件在使用方法上有些特殊要求，这也是分析和识别数字电路的重要知识。

1.数字信号的电平标准

（1）TTL电平标准

❶ 数字信号的波形　在数字电路中，用具有一定幅度的方波信号代表1，用近似为0V的电压表示0。当信号由0变为1或由1变为0时，线路上的电压有一个由低到高或由高到低的变化过程。图5-18所示为TTL与非门输入、输出信号的波形对比。

❷ 数字电路中常用的电平标准　数字电路产品有多种系列，各系列的技术指标是不同的，在制作电路时一般不宜混用。常用的是TTL电平标准，标准规定0～0.8V为低电平，0.2V为低电平的额定值；2～5V为高电平，3V为高电平的额定值。0.8～2V为不确定状态（有些资料称其为坏电平）。

（2）数字电路中常用的技术措施　数字电路、脉冲电路、模拟电路三者之间有着密切的关系，尤其是数字电路和脉冲电路，更不能划清界限。为了确保电路的功能效果，在数字电路中也要引用一些模拟电路和脉冲电路的技术措施。

❶ 施密特触发器　施密特触发器是一种功能特殊的电路，它的输出电压变化相对输入电压变化有明显的迟滞特性，它的电压特性曲线如图5-19所示。这个特殊电压特性曲线也是施密特触发器的专用标识。

施密特触发器的特殊电压特性使它具有很好的抗干扰性能，可起整形作用，其原理如图5-20所示。

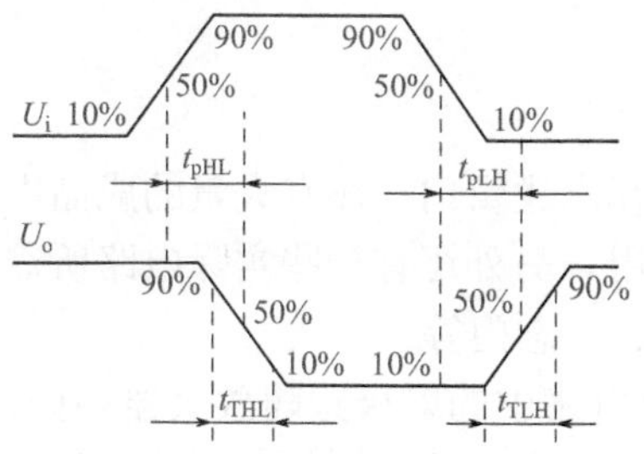

图5-18　TTL与非门输入、输出信号的波形对比图

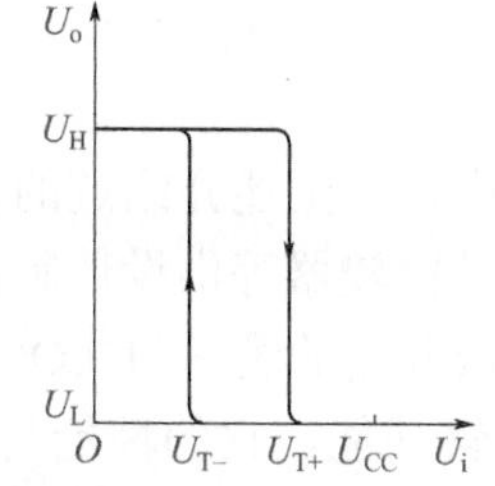

图5-19　施密特触发器的电压特性曲线

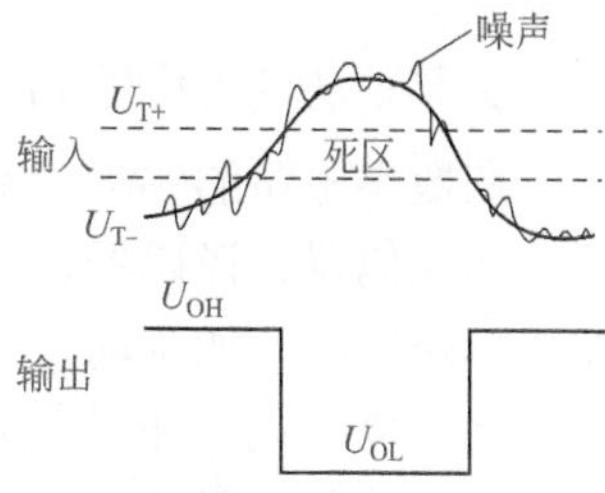

图5-20　施密特触发器的抗干扰原理

为了使一些数字集成电路产品具有良好的整形和抗干扰性能，可在电路中引入施密特触发器，成为具有各种逻辑功能的施密特触发器产品，如图5-21所示。

❷ **退耦电路** 实用电源都有一定的内阻，在多单元电路中，电源内阻是造成各电路单元相互影响的串扰信号源。退耦电路是针对这类信号串扰而设计的，在数字电路（尤其是计算机电路）中，由于线路上的信号频率高，消除高频串扰比较容易，常用办法是在集成电路芯片的供电线路上挂接一个适当容量的电容器，如图5-22所示。

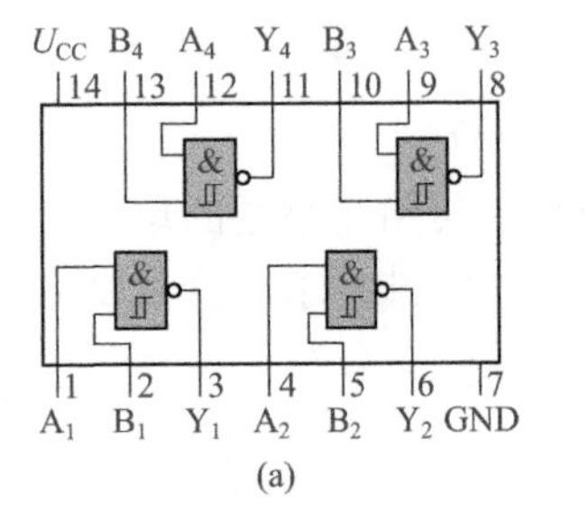

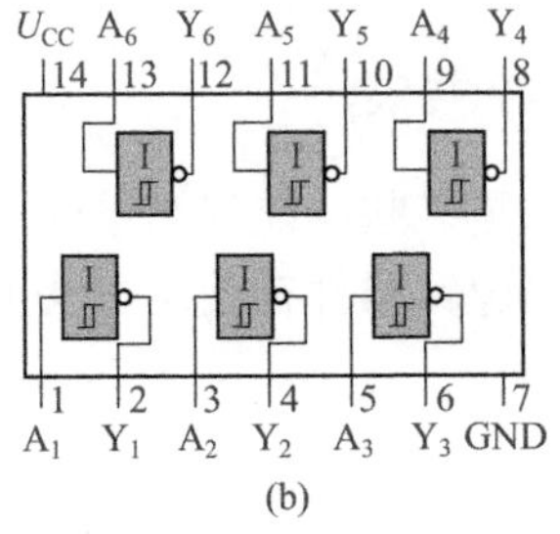

图5-21 两种逻辑功能的施密特触发器产品

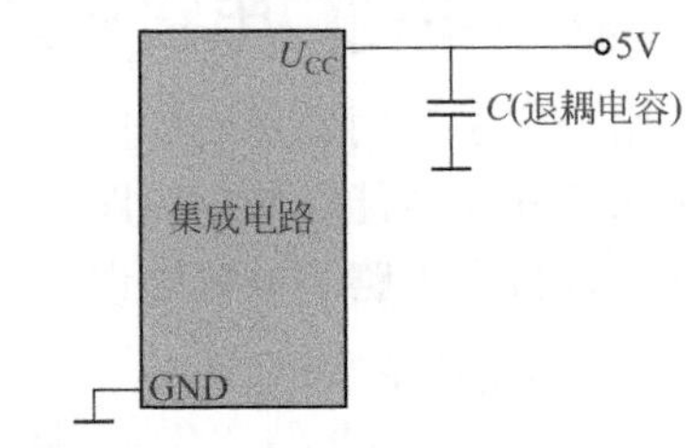

图5-22 数字电路中常用的退耦方式

2. 逻辑门的连接及其电路结构

（1）逻辑门的连接 数字电路与模拟电路、脉冲电路不同，为了确保信号传递的准确性和快速性，各种功能的数字电路单元之间都采用直接连接方式（术语为直接耦合）。这种信号的传递方式使得相连接的前后两级电路之间的直流关系形成一个整体，信号的高、低电平由前级电路输出端状态决定，在传递高电平信号时，电流要从前级的输出端流出，注入后级的输入端，这时的电流称为拉电流。在传递低电平信号时，电流要从后级的输入端流出，注入前级的输出端，这时的电流称为灌电流。当前后级之间的工作电流（拉电流或灌电流）过大时，就会影响信号电平的准确性，因此，各类数字电路产品的输出端挂接负载（后级电路输入端）的数量都有技术限制，称为扇出系数。例如，TTL系列的逻辑门的输出端最多只能挂接4个逻辑门的输入端，即扇出系数为4。

（2）逻辑门的电路结构 数字电路中各级电路之间传输的信号幅度较小，需要功率不大，但为了保证电路的扇出系数，仍需要有一定的功率输出。对于一个逻辑门电路来说，既要保证逻辑功能的准确性，又要有足够的功率输出。所以，一个基本的逻辑门电路的结构通常包括输入（实现逻辑功能）单元、相位处理单元、功率输出单元三部分，如图5-23所示。

3. 其他功能的门电路

在数字电路的实际产品系列中，有上述介绍过的各种基本逻辑门，还有大量的成品电路，如编码器、译码器、加法器、比较器等供设计制作选用。另外还有一些实际电路所需要的特殊电路，如驱动门、集电极开路的逻辑门（OC门）、三态门等。

（1）驱动门 驱动门没有逻辑功能，它的性能与模拟电路中的射极跟随放大器相同，由于它的输入电阻较大、输出电阻小（带载能力较强）而被称为缓冲器，使用缓冲器的目的是变换电路的电阻特性。在电路中使用驱动门的目的就是提高电路的带负载能力。典型的缓冲驱动器7434如图5-24所示。

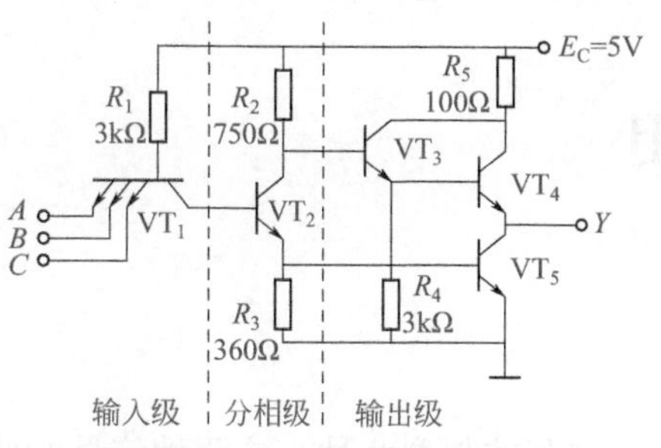

图5-23 逻辑门电路的基本结构

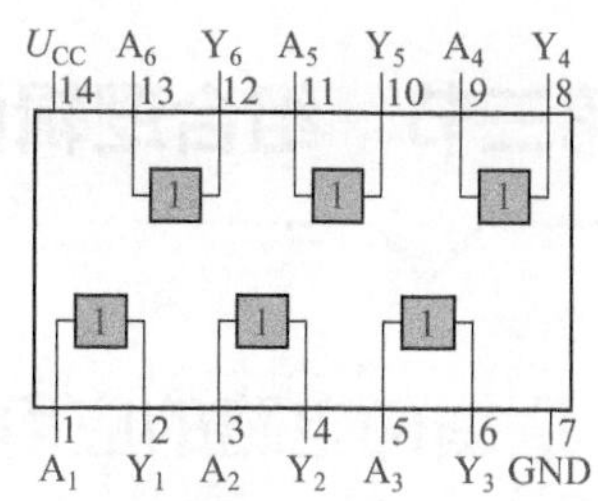

图5-24 7434缓冲器

（2）集电极开路的逻辑门 集电极开路的逻辑门又叫OC门，电路内部的输出级晶体管的集电极不接电阻和电源，使用时输出端要外部补接集电极电阻（常叫作上拉电阻）和电源，这样就为数字电路与其他类型电路、电源连接和直接驱动发光二极管（LED）提供了方便，还可方便地实现"线与"功能（电路实例见本书199页）。图5-25所示为7401和7405两种OC门。

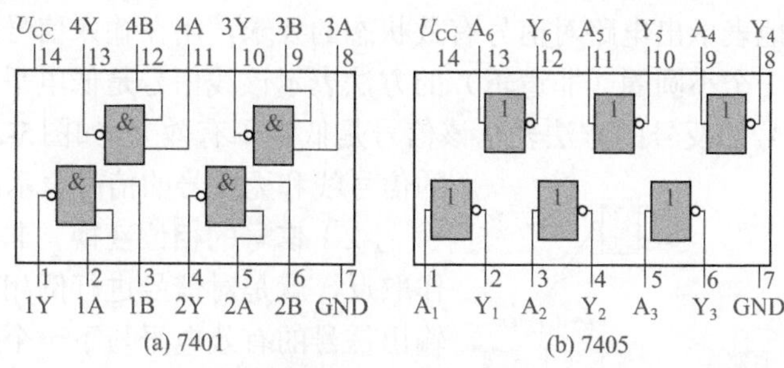

图5-25 两种OC门

（3）三态门 三态门是一种设有控制端的逻辑门。控制端信号有效时三态门按正常的逻辑门功能可输出0态和1态；当控制端信号为无效时，三态门的输出端与输入端之间呈高阻态（即呈近似断路状态）。三态门在数字电路中主要用于控制线路实现分时使用。图5-26所示为三例三态门，74125的控制信号为低电平有效，74126的控制信号为高电平有效，7425是带选通端的4输入或非门，这里的选通信号就是三态门的控制信号。

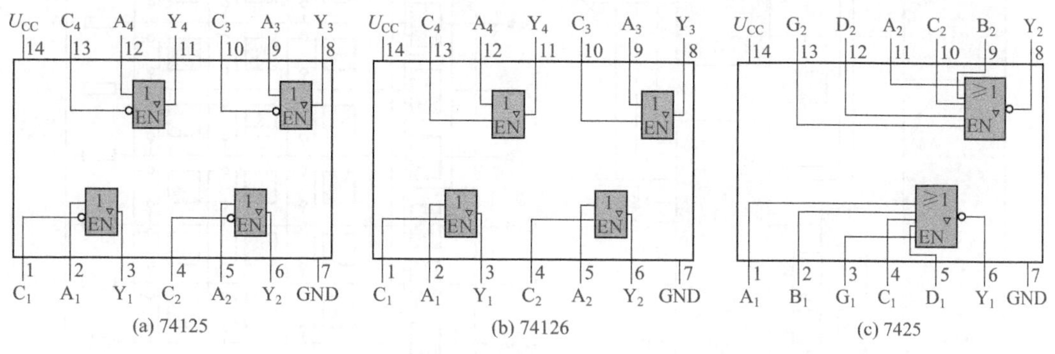

图5-26 三例三态门

第三节　组合逻辑门电路的应用

一、逻辑门电路的应用

在实际数字电路中，电路上的信号可分为数据型和控制型两种，这两种信号所要求的处理方式是不同的。组合电路只用于对控制型信号的组合、变换处理。有些电路设计者为了把电路对信号的要求直观地表示在图上，以方便阅读，常使用一些非标准的逻辑符号。因此，对这种方法并没有统一规定，但读者会在实际中遇到，所以有必要介绍一点逻辑门的使用常识及其表示方法。

1.直观示意

（1）信号有效状态的表示方法　由于数字线路上的信号只有高、低电平两种状态，为了在电路图中直观地表示出电路对信号有效状态的要求，用在输入信号线的终端、输出信号线的起始端加标一个小圆圈（非逻辑）的方法表示该线信号是低电平有效（通常还用给表示信号的字母符号加反号的方法表示该信号是低电平有效），如图5-27所示。无小圆圈的信号线和无反号的信号表示高电平有效。

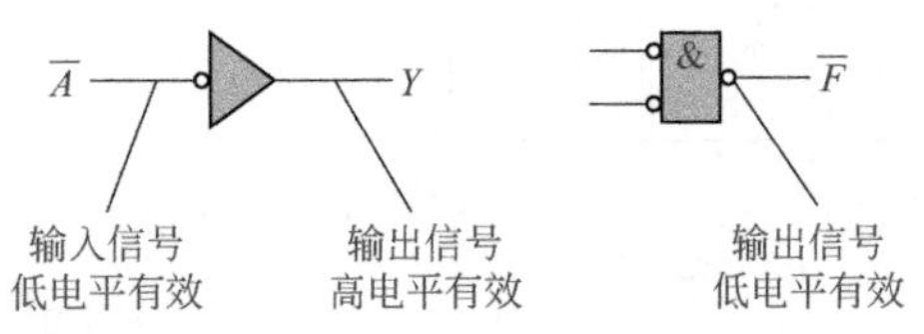

图5-27　线路信号有效电平的表示方法举例

（2）信号的相位变换　非门（非逻辑）又称作取反，就是对信号进行倒相变换。当一个电路输出信号的有效电平与下一个电路输入端要求的有效电平不同时，就需要加一个非门进行转换。图5-28所示为两个非逻辑门应用实例。

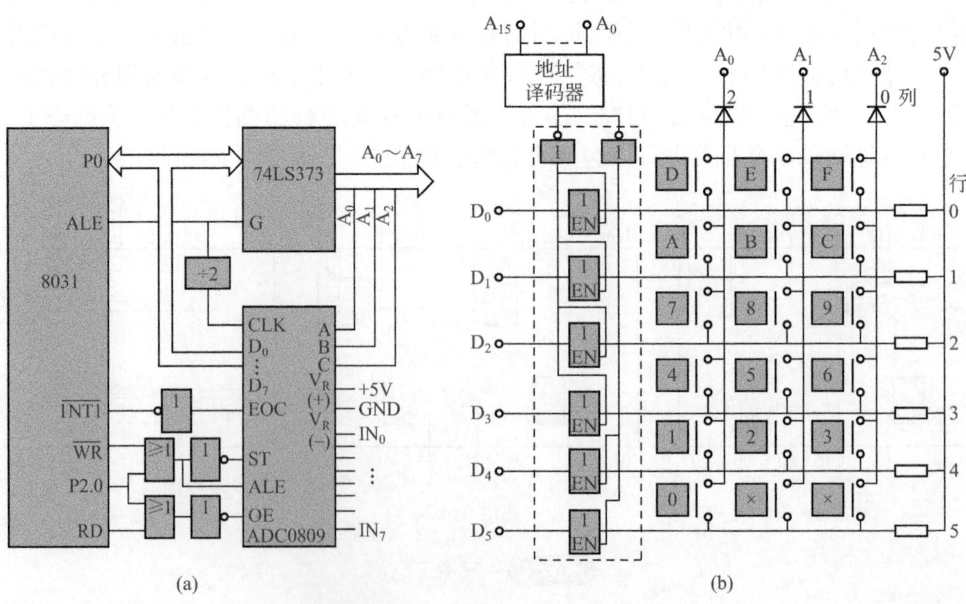

图5-28　两个非逻辑门的应用实例

2. 信号的组合

通常将逻辑划分为正逻辑（高电平表示1、低电平表示0）和负逻辑（高电平表示0、低电平表示1），而实际数字集成电路产品的逻辑门都按正逻辑命名。所以，在识别实际电路图时没必要区分正负逻辑和正负逻辑门，关键是要弄清电路对信号有效电平的要求和输入信号是按怎样的逻辑关系组合成输出信号的，表5-18所示为几种实用逻辑符号。

表5-18　几种实用逻辑符号

图形符号	含义	真值表			实际逻辑门
&	只有输入同为低电平，才输出低电平	输入		输出	或门有1为1、全0为0
		0	0	0	
		0	1	1	
		1	0	1	
		1	1	1	
&	只有输入同为低电平，才输出高电平	输入		输出	或非门有1为0、全0为1
		0	0	1	
		0	1	0	
		1	0	0	
		1	1	0	
&	只有输入同时为有效电平，才输出高电平	输入		输出	非门、与门组合
		0	0	0	
		0	1	1	
		1	0	0	
		1	1	0	
≥1	只要有一个输入为低电平，就能输出低电平	输入		输出	与门有0为0、全1为1
		0	0	0	
		0	1	0	
		1	0	0	
		1	1	1	
≥1	只要有一个输入为低电平，就能输出高电平	输入		输出	与非门有0为1、全1为0
		0	0	1	
		0	1	1	
		1	0	1	
		1	1	0	
≥1	只要有一个输入满足有效电平，就能输出高电平	输入		输出	非门、或门组合
		0	0	1	
		0	1	1	
		1	0	0	
		1	1	1	

图5-29是非标准逻辑符号的实例。

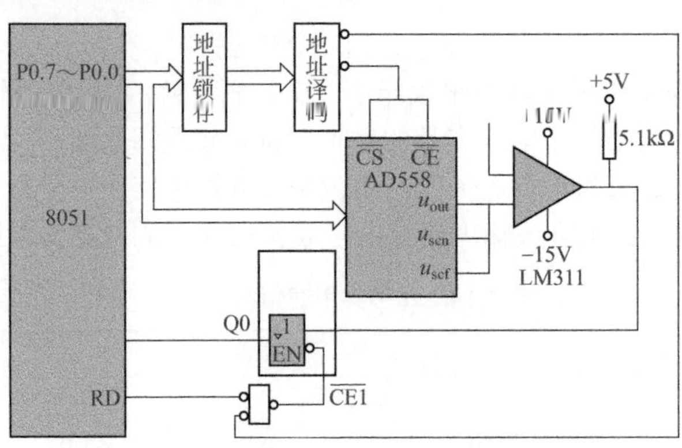

(a) 软件方式逐次逼近式A/D转换电路

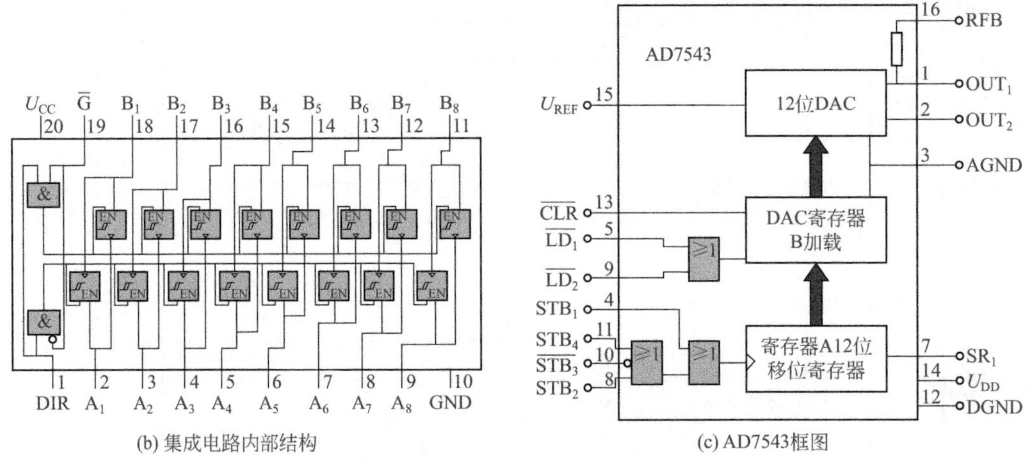

(b) 集成电路内部结构

(c) AD7543框图

图5-29　非标准逻辑符号实用三例

3.变换逻辑门的功能

（1）把与非门（或非门）作非门使用　数字电路中的与非门（或非门）产品，都是一个芯片内封装多个逻辑门，为充分利用资源、降低成本，可将剩余与非门的输入端连在一起，作一个输入端使用，与非门就变成非门。对或非门也可这样使用。图5-30所示电路为应用实例。

（2）把逻辑门作控制门使用　把逻辑门的一个输入信号作为控制信号，另一个作为被控制信号的使用方式在组合电路中是常见的。

❶ 与门　由与逻辑的运算法则

$$A \cdot 0 = 0 \qquad A \cdot 1 = A$$

可以看出，输入端的一个0可以屏蔽其他输入信号。信号若需倒相，就用与非门。图5-31所示为应用实例。电路为ADC1210与8031的接口电路，ADC1210是12位A/D转换器。

图中，8031单片机的$\overline{RD}$信号有效时（低电平）表示读操作，用一片半74LS244组成12位数据传输匹配的缓冲器，而8031只用P0口作为数据读入（其他I/O口定义为他用），需要分时操作。ADC1210的片选信号（$\overline{SC}$低电平有效）由8031的$\overline{RD}$信号和P2.2输出信号维持连续的低电平。ADC1210输出的12位数据分成8位、4位两次读取，由8031的

P2.0、P2.1控制。在分块读取数据时，8031的$\overline{RD}$信号为高电平（ADC1210的片选信号$\overline{SC}$的低电平由P2.2输出低电平维持），P2.0输出低电平时，读下边半片74LS244，P2.1输出低电平时，读上边的整片74LS244。

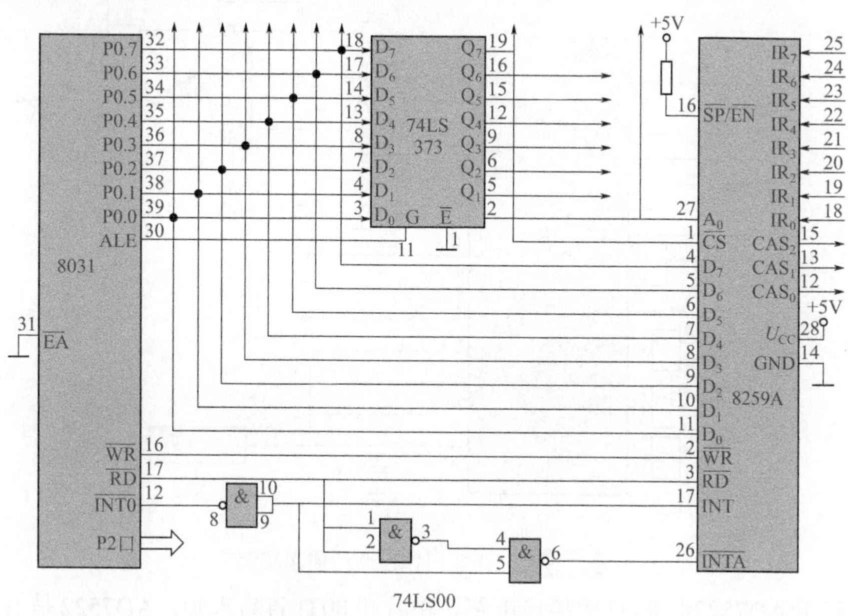

图5-30　与非门作为非门使用实例

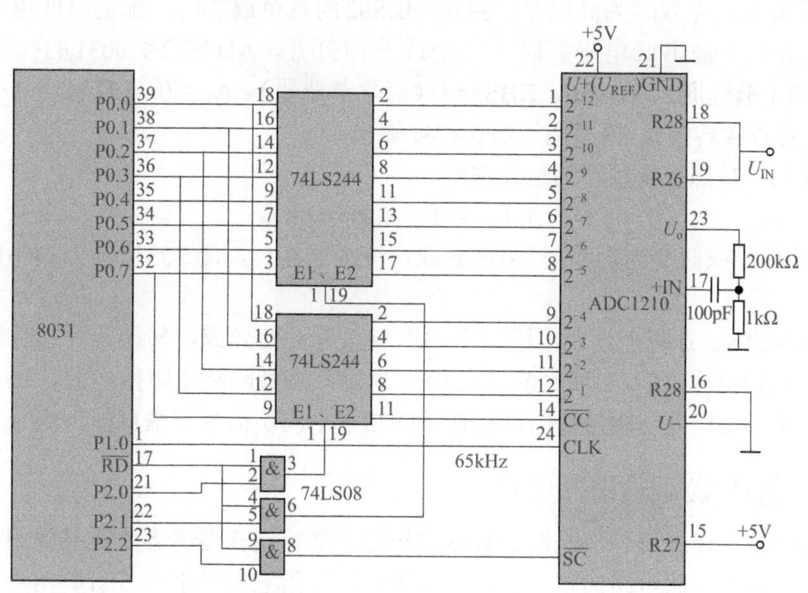

图5-31　与门作为控制门使用实例

❷ **或门**　由或逻辑的运算法则

$$A+1=1 \qquad A+0=A$$

说明或门输入端的一个1可以屏蔽其他输入端信号，0使门打开。输出信号若需倒相，就用或非门。图5-32所示电路中含有用或非门作控制门的应用方式。

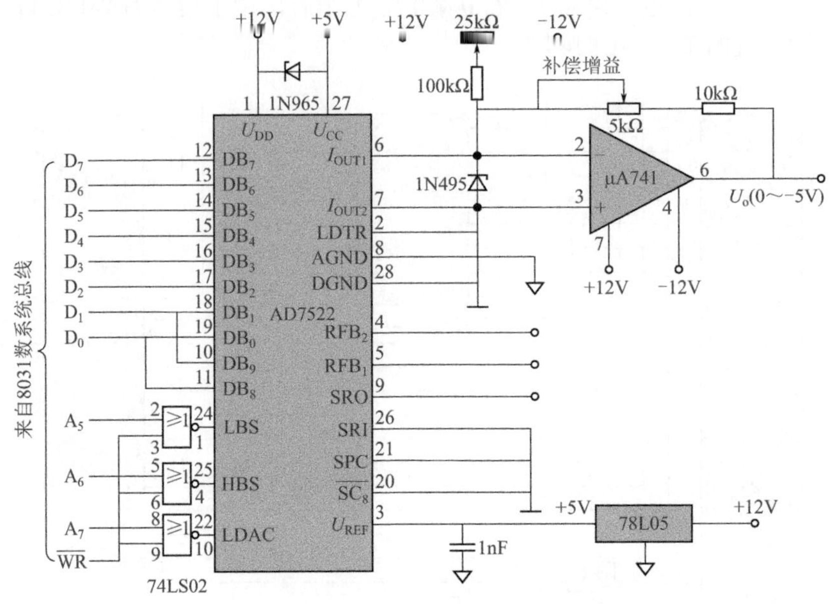

图5-32 或非门作控制门使用实例

图5-32为AD7522与8031的接口电路，单片机8031省略未画，AD7522是10位D/A转换器（这里8031只能给它提供8位二进制码，重复使用高两位凑成10位）。8031的写信号（$\overline{WR}$低电平有效）无效时为高电平，封锁74LS02的三个或非门，都输出低电平。当8031的$\overline{WR}$信号有效（输出低电平）时，三个或非门打开，AD7522受8031的控制：$A_5 = 0$、LBS = 1（低字节选通）；$A_6 = 0$、HBS = 1（高字节选通）；$A_7 = 0$、LDAC = 1（DAC寄存器加载，进行D/A转换），模拟电压由μA741输出。

❸ **异或门** 按照异或逻辑的运算法则

$$A \oplus 1 = \bar{A} \qquad A \oplus 0 = A$$

可知，1使异或门变为倒相门，0使异或门变为同相门。图5-33所示为7486的典型应用实例。

74LS86N的A、B两个异或门用一个输入端接地，使异或门转换为同相传输门，传输亮度信号和视频信号；C、D两个异或门用一个输入端经隔离电阻接电源，还有电容滤除干扰，使异或门转换为反相传输门，传输并倒相水平同步信号和垂直同步信号。

二、多组合逻辑电路的应用

对于编码器、译码器、加法器、数据比较器、数据选择器等各类成品的组合逻辑集成电路的识别，只需按照电路的型号去查相应手册，了解它的功能和各引脚信号，确定它在电路中所起作用，而对它内部电路的具体结构则无分析的必要。我们识别分析的对象是那些用分立逻辑门连接成的组合电路。

1. 识别组合逻辑电路的基本步骤

❶ 分析信号传输线路，确认电路类型（有反馈结构的不属于组合电路）；

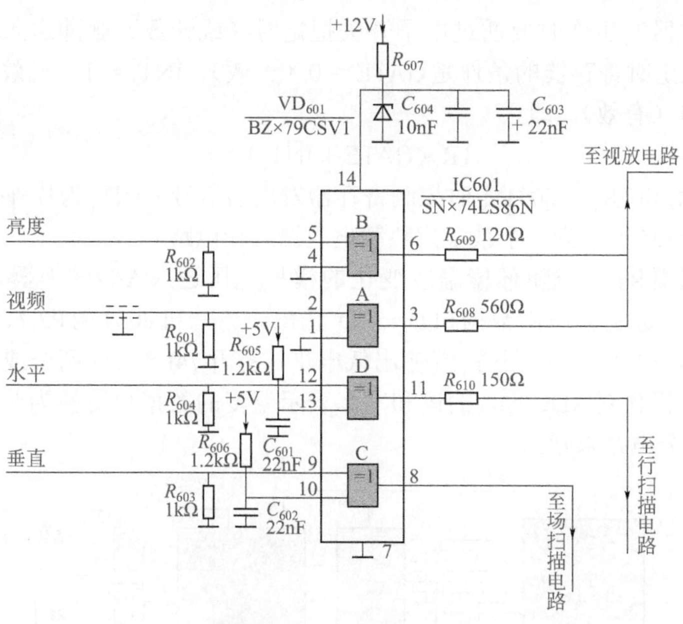

图5-33　7486应用实例

❷ 确认电路对各信号有效电平的要求及有无直观示意类型的逻辑符号；

❸ 确定电路输入信号、输出信号数量及它们之间的逻辑关系（必要时应写出各输出信号的逻辑表达式，列出真值表）；

❹ 分析电路的工作原理。

以上步骤是对组合电路的识别、分析思路，具体操作方式应视实际电路的繁简而定。

2.组合电路的识别实例

● 例1　图5-34所示为OC门（7407）的应用实例。

7407在电路中起隔离和同相传输作用，接在8031单片机$\overline{INT_1}$信号输入端（13脚）的4个驱动门由线路连接方式构成“线与”（即这样接线具有与逻辑功能），为8031的$\overline{INT_1}$端扩展了多个外中断源。

● 例2　图5-35所示为单片机内部定时器T_1的电路结构框图（工作方式2是指定时寄存器TL_1、TH_1的使用与其他方式不同）。

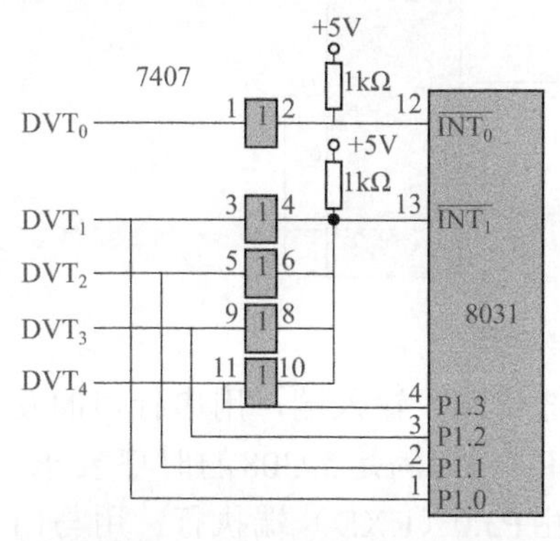

图5-34　8031扩展多个外中断源

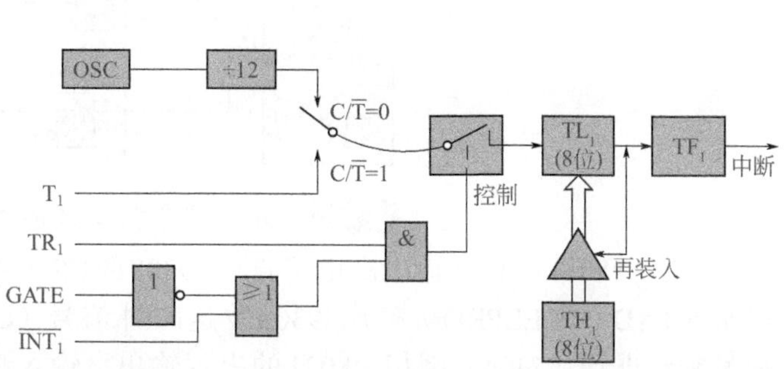

图5-35　8031定时器T_1的（工作方式2）电路结构框图

8031的定时器T_1工作时要通过电子开关把定时（或计数）脉冲送入定时寄存器。电子开关闭和接通定时寄存器的条件是GATE = 0（无效）、$\overline{INT_1}$ = 1（无效）至少有一个具备，同时TR_1 = 1（有效），即

$$TR_1(GATE + \overline{INT_1}) = 1$$

式中，GATE和TR_1为8031定时控制寄存器发出的信号；$\overline{INT_1}$为片外信号。

● **例3**　图5-36所示为一个数字式热敏电阻温度计电路。

由热敏电阻器RT形成随环境温度变化的模拟电压送入A/D转换器ADC0809的输入端，转换为8位二进制数码由数据口D_0～D_7输出。单片机8031由P2.7、P2.6、P2.5输出相应信号，经74LS139译码。由Y_1端输出低电平，打开74LS02的两个或非门，8031再通过$\overline{RD}$、$\overline{WR}$信号操作对ADC0809的读和写。表示温度的数据再变换为驱动显示器的信号显示出来（这部分电路未画）。

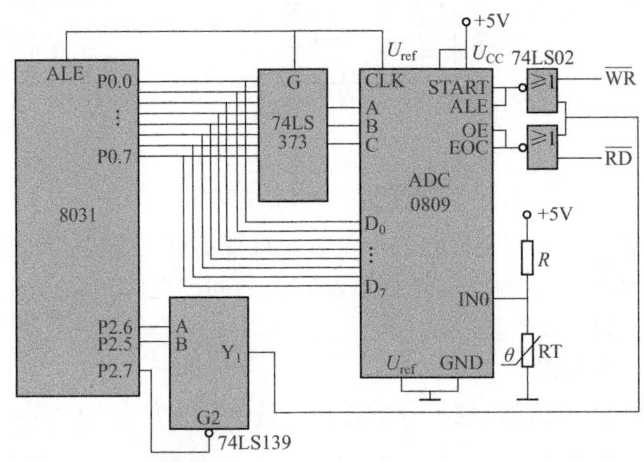

图5-36　数字式热敏电阻温度计电路

● **例4**　图5-37所示为8031单片机扩展串行EEPROM（电擦除式可编程只读存储器）的电路。

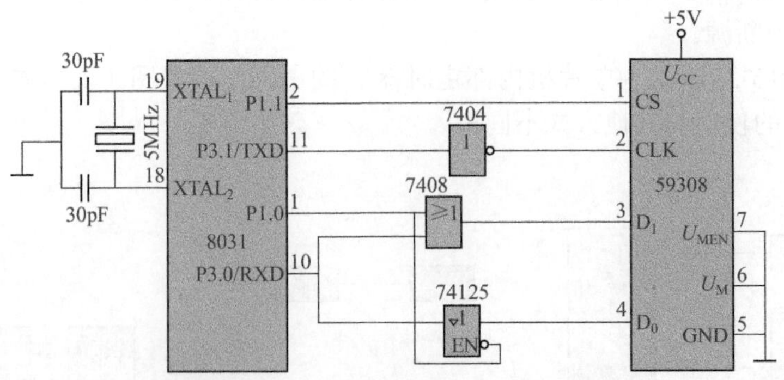

图5-37　8031扩展串行EEPROM的电路

电路中8031由P1.1输出高电平直送59308的CS（片选信号）输入端，用串行口的发送端（TXD）为EEPROM芯片59308发送时钟信号（CLK），为满足59308的时序要求，信号须经非门（7404）倒相。8031的串行输出、输入都由P3.0（RXD）端执行，用与门（7408）和三态门（74125）作串行数据的可控收发，P1.0作收发控制端。P1.0 = 0时，与

门被封锁、三态门打开，8031接收59308的DO端发出的数据；P1.0 = 1时，与门打开，三态门为高阻态，8031发送数据到59308的DI端。

● **例5** 图5-38所示为8031单片机扩展定时/计数（Z80CTC）的电路。

电路的控制信号的连接用组合逻辑电路构成。由Z80CTC发给8031的信号只有中断请求信号（$\overline{\text{INT}}$），送到8031的$\overline{\text{INT}_0}$，两边都是低电平有效，可直接连接。ALE信号经过单稳电路延时，作为Z80CTC的时钟信号。

由8031发出的控制信号有6个，组合成3个对Z80CTC的控制信号。

信号之间的逻辑关系如下：

读信号：$\overline{\text{RD}}$ =（$\overline{\text{WRRDALE}}$ + P1.0）（$\overline{\text{RD}}$ + P1.0）。

取指令第1机器周期：$\overline{\text{M1}}$ =（$\overline{\text{WRRDALE}}$ + P1.0）P1.1。

CPU向外设发出的外设请求信号：$\overline{\text{IORQ}}$ = $\overline{\text{WRRD}}$ + P1.2。

只要8031发出的控制信号按上述逻辑表达式组合后满足Z80CTC的要求，Z80CTC就会按8031的指令去执行。涉及Z80CTC的工作原理的内容这里不再做具体分析。

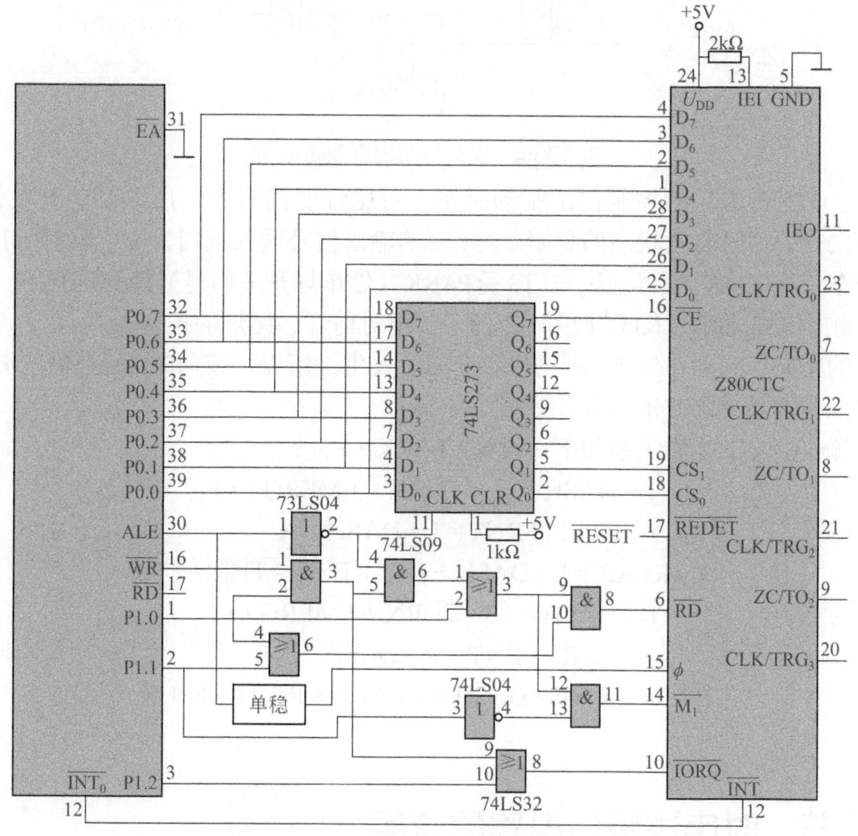

图5-38 8031单片机扩展定时/计数器的电路

● **例6** 图5-39所示为控制汽车灯的组合逻辑电路，这是汽车电路数字化的一个实例。

电路中有七个输入信号，其中F_1信号的频率为1Hz，其作用是使灯呈闪动状态；F_2信号的频率为30Hz，用于降低车灯亮度。

左、右两路灯的控制原理相同，此处只对一路进行分析，而且不必强调左右。

或门1是转向开关信号和紧急开关信号的混合门，两个信号只要有一个有效，或门1就输出1。与门1是闪动控制信号F_1混入门，F_1信号线平时保持高电平，使或门1的输出信号顺利通过。需要灯光闪动时，启动频率为1Hz的F_1信号，与门1也就输出可使灯光闪动的1Hz控制信号。与门1输出的信号直接控制仪表灯，同时还送到或门2和或门3，实现对前灯、尾灯的控制。所以，前灯、尾灯和仪表灯在转向开关信号、紧急开关信号、F_1信号的控制下做相同的动作。

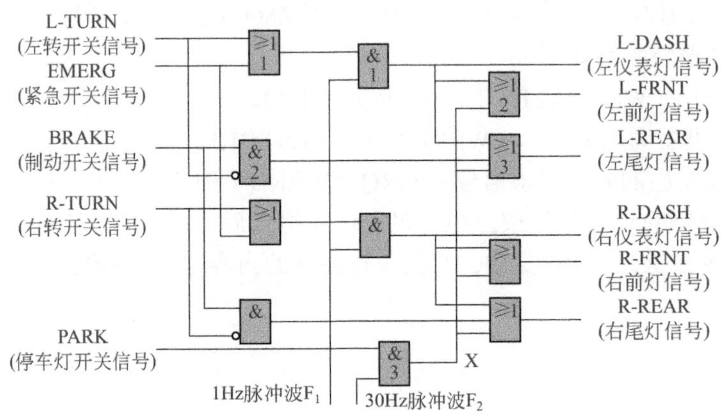

图5-39 车灯控制组合逻辑电路

与门2是制动信号的控制门，制动时左、右尾灯要同时亮，所以制动开关信号受到左、右转向开关信号有效状态的封闭。与门2的输出信号送入或门3，实现对尾灯的启动。

降低车灯亮度的F_2信号通过与门3受PARK（停车灯开关信号）控制，0禁止、1通过。与门3的输出信号同时送入或门2和或门3，实现对前灯、尾灯的控制。

汽车的转向、制动、停车3种动作不会同时发生，所以，或门2的两个输入端和或门3的三个输入端都不会同时出现有效控制信号。

六个输出信号的逻辑关系如下（设$X = PARK \cdot F_2$）：

$$\text{L-DASH} = (\text{L-TURN} + \text{EMERG}) \cdot F_1$$

$$\text{L-FRNT} = \text{L-DASH} + X$$

$$\text{L-REAR} = \text{L-DASH} + \text{BRAKE} \cdot \overline{\text{L-TURN}} + X$$

$$\text{R-DASH} = (\text{R-TURN} + \text{EMERG}) \cdot F_1$$

$$\text{R-FRNT} = \text{R-DASH} + X$$

$$\text{R-REAR} = \text{R-DASH} + \text{BRAKE} \cdot \overline{\text{R-TURN}} + X$$

第四节 时序逻辑门电路的应用

一、认识多种触发器

触发器是构成时序电路记忆功能的基本单元，也是最基本的时序电路。

1.触发器的简介

按逻辑功能触发器可分为5种（见表5-19），图5-40所示为同步D触发器和同步JK触发器的逻辑符号。

表5-19 各种触发器的名称、功能对照表

触发器名称	同步输入信号	功能			
		置0（$Q^{n+1}=0$）	置1（$Q^{n+1}=1$）	保持（$Q^{n+1}=Q^n$）	翻转（$Q^{n+1}=\overline{Q^n}$）
RS触发器	R、S	√	√	√	
D触发器	D	√	√		
JK触发器	J、K	√	√	√	√
T触发器	T			√	√
T′ 触发器	（没有）				√

（1）触发器的输出信号 触发器通常设置两个成互反（互补）关系的输出端（两个输出端的状态如果相同则视为不定态，是不允许出现的），用Q、$\overline{Q}$表示，并用Q端的状态代表触发器的状态。在区分触发器状态的时序关系时，常用Q^n表示触发器的当前状态（现态），用Q^{n+1}表示触发器的下一个状态（次态）。

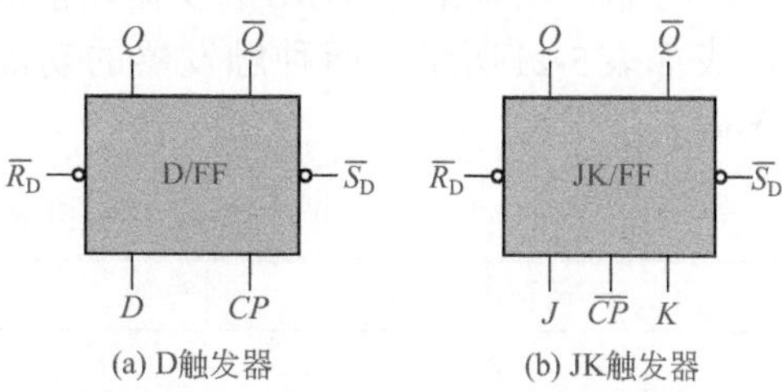

(a) D触发器 (b) JK触发器

图5-40 D触发器和JK触发器逻辑符号

（2）触发器的输入信号 触发器的输入信号中有只起控制作用的时钟信号CP、直接输入信号和受CP信号控制的同步输入信号三种。

❶ 时钟信号CP是触发器的特殊输入信号（有CP信号的触发器叫同步触发器），它只控制触发器发生动作的时刻（或时间），触发器具体按什么功能做动作，由当时的同步输入信号所确定的功能决定。所以，触发器的正常触发动作是由CP信号和同步输入信号共同决定的。CP信号对触发器的控制方式有电平触发和边沿触发两种。电平触发又分为高电平触发和低电平触发两类；边沿触发有上升沿（又叫前沿）触发和下降沿（又叫后沿）触发两类。按技术要求，触发器在CP信号有效时只能产生一次触发动作，所以，采用边沿触发方式的触发器性能最可靠。图5-40中，D触发器的CP的触发方式属于高电平或上升沿类型；JK触发器的CP的触发方式属于低电平或下降沿类型。实际是哪种触发方式要看产品说明书。

❷ 直接输入信号不受CP信号控制，可直接对触发器输出端起作用（通常是低电平有效），常用于设置触发器的初始状态。使触发器Q端直接置0的信号称为$\overline{R}_D$（低电平有效的信号名称通常用加反号方式表示），实际电路中多用$\overline{\text{CLR}}$（清零）表示；直接置1的信号称为$\overline{S}_D$，实际电路图中多用$\overline{\text{PR}}$（预置）表示。

同步输入信号的名称和触发器的名称相对应，不同功能的触发器有不同的名称。各种触发器的名称、功能对照见表5-19。

2.触发器的构成

基本RS触发器如图5-41所示，用与非门和或非门都可构成RS触发器，这种特殊结构是组成其他触发器的基本电路单元，所以称为基本RS触发器。

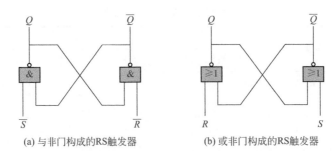

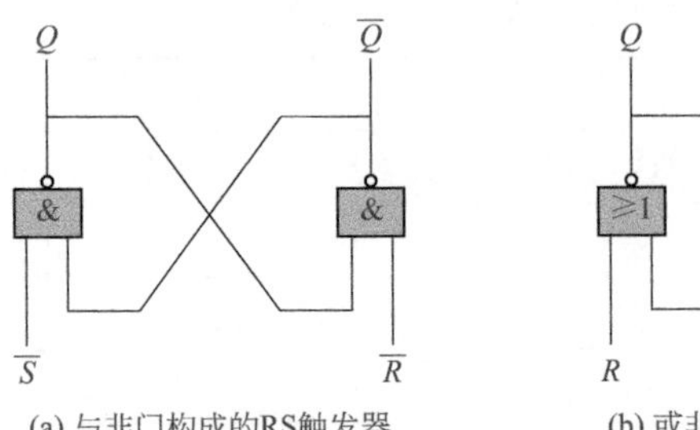

图5-41 两种基本RS触发器的逻辑结构

与非门结构的基本RS触发器功能表如表5-20所示，或非门结构的基本RS触发器功能表如表5-21所示。两种触发器的功能虽然相同，但与输入信号状态组合的对应关系不同。

表5-20 与非门结构的基本RS触发器功能表

$\overline{R}$	$\overline{S}$	功能
0	0	不定态
0	1	置0
1	0	置1
1	1	保持

表5-21 或非门结构的基本RS触发器功能表

$\overline{R}$	$\overline{S}$	功能
0	0	保持
0	1	置1
1	0	置0
1	1	不定态

RS触发器的名称是复位（RESET）和置位（SET）的缩写。在电路中也常用与非门直接构成RS触发器，如图5-42所示。

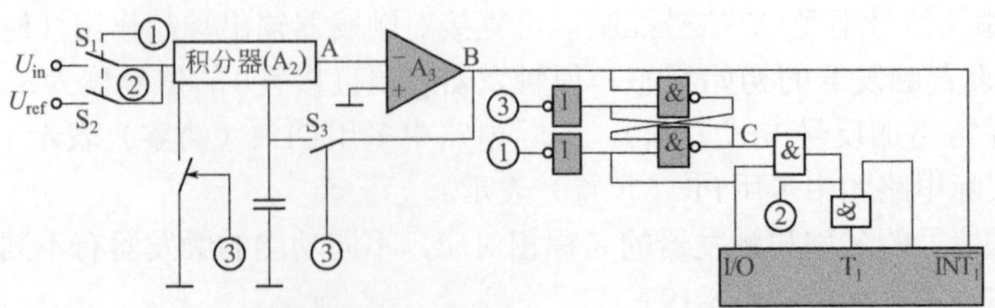

图5-42 与非门构成的RS触发器

RS触发器的突出缺点是存在不定态。将RS触发器的两个输入端用非门连接，固定为互反关系，不允许出现的不定态就会被禁止，同时，保持功能也被取消，剩下的置0、置1功能符合D触发器的特性，所以叫D触发器，如图5-43所示。

在实际数字集成电路系列中，触发器产品只有各种类型的同步D触发器和同步JK触发器，T触发器和T′触发器都用成品D触发器和JK触发器通过功能转换实现。表5-22所示为D触发器的功能表，图5-44为D触发器。

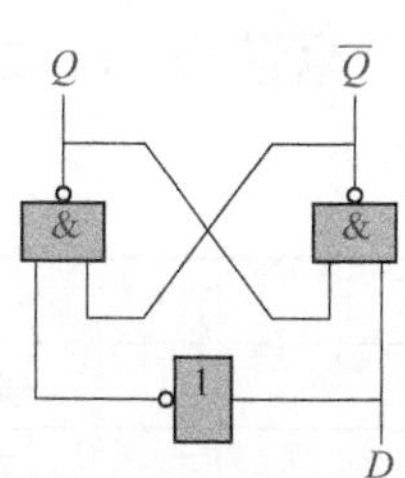

图5-43　实用电路中的基本RS触发器

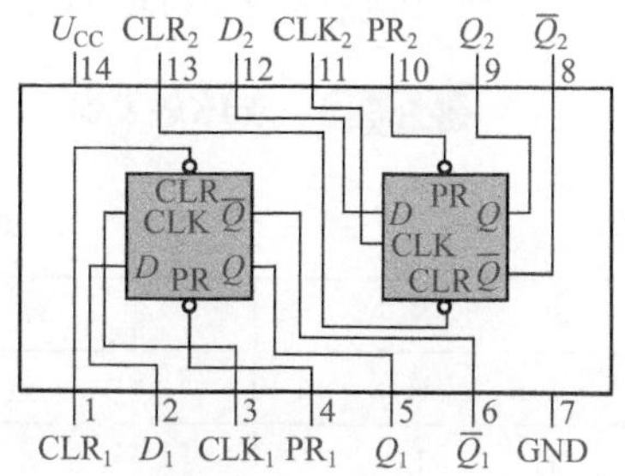

图5-44　D触发器

由于D触发器在CP信号触发形成的状态与D信号相同，所以D触发器的功能常用表达式$Q^{n+1}=D$表示。D触发器多用于数据（DATA）存储。

图5-45所示为双JK触发器（7476），CP信号为下降沿触发。表5-23所列为JK触发器的功能表。JK触发器被称为全功能触发器，在电路中常用于转换为T触发器或T′触发器。由它的功能表很容易看出，只要将两个同步输入端连接为一个输入端，JK触发器的置0、置1功能就会消失，剩下的与T触发器应具备的保持和翻转功能相同。显然，JK触发器经过这样处理，也就转换为T触发器，如图5-46所示，T触发器的功能表如表5-24所示。

表5-22　D触发器的功能表

$\overline{R}_D$	$\overline{S}_D$	D	CP	功能
L	H	×	×	直接置0
H	L	×	×	直接置1
H	H	0	↑	置0
H	H	1	↑	置1

注：字母H表示高电平，L表示低电平，×表示不动作，↑表示上升沿触发。

表5-23　JK触发器的功能表

$\overline{R}_D$	$\overline{S}_D$	J	K	CP	功能
L	H	×		×	直接置0
H	L	×		×	直接置1
H	H	0	0	↓	保持
H	H	0	1	↓	置0
H	H	1	0	↓	置1
H	H	1	1	↓	翻转

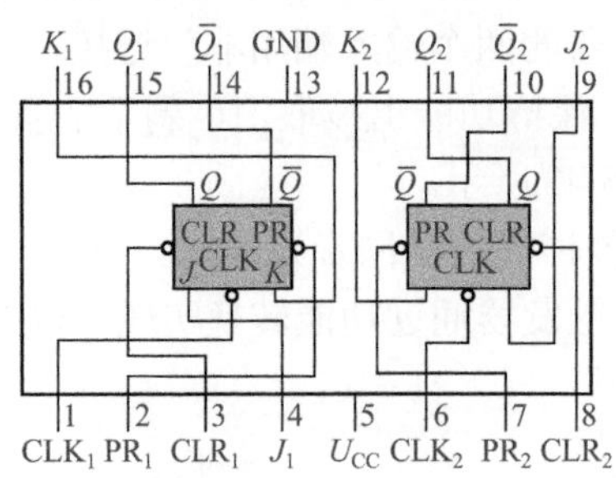

图5-45 双JK触发器

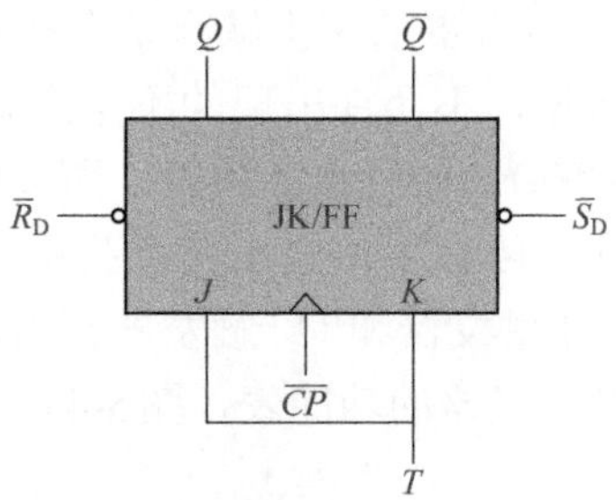

图5-46 T触发器

表5-24 T触发器的功能表

$\overline{R}_D$	$\overline{S}_D$	$\overline{T}$	CP	功能
L	H	×	×	直接置0
H	L	×	×	直接置1
H	H	0	↓	保持
H	H	1	↓	翻转

T触发器在电路中主要用于构成定时器和计数器。

在T触发器的基础上再做转换，将同步输入端的状态固定为1，如图5-47所示，触发器就只剩下翻转一种功能，成为T′触发器。同步输入端的状态固定不变化，相当于没有同步输入端（即不用再接入变化的信号）。

T触发器是构成定时器和计数器最低位的触发器。T′触发器也可以由D触发器转换，如图5-48所示。

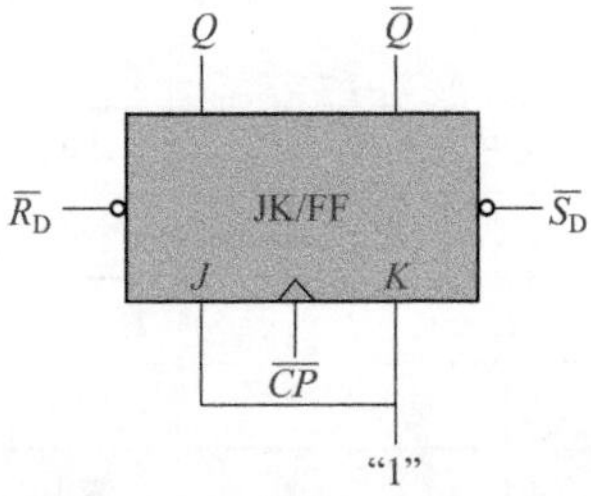

图5-47 T触发器转换为T′触电器

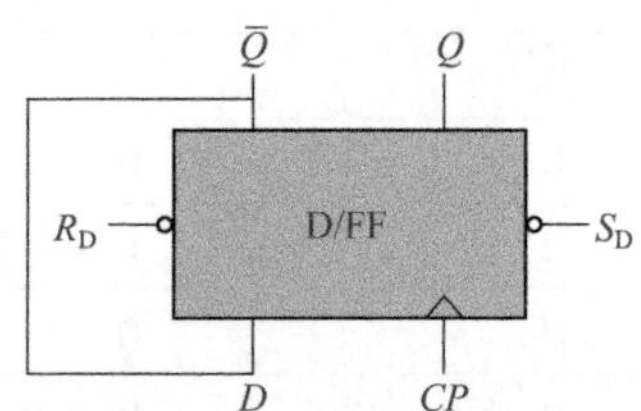

图5-48 D触发器转换为T′触发器

二、时序逻辑电路的应用

实际电路中的时序逻辑电路有两类：一类是定型系列产品中的成品集成电路，如各种寄存储器、计数器、环行计数器等，对于这类时序逻辑集成电路的识别，可按照芯片型号去查相应的手册，了解它的功能和各引脚信号的作用；另一类是定型产品中没有的电路，是用触发器及逻辑门按电路所需功能现场连接成（这类电路的结构通常比较简单），识别分析这类电路是本书介绍的内容。

1. 识别时序逻辑电路的步骤

识别时序逻辑电路的步骤如下：

❶ 确认电路类型。如果既没有触发器，也没有信号反馈电路结构，则不是时序电路。

❷ 确认电路中触发器原来的类型，观察有无功能转换电路，初步判断时序电路的功能。表5-25所示为各种触发器在电路中的通常应用方式。

表5-25 各种触发器在电路中的通常应用方式

触发器名称	在电路中的主要应用方式
RS	复位（置0）或置位（置1）控制
D	数据存储、信号状态保持、转换为T′触发器
JK	转换为T触发器或T′触发器
T	可控制的状态保持/翻转器、计数器、定时器、转换为T′触发器
T′	二进制计数器的最低位、二分频器、双稳电路

❸ 分析触发器的各种输入信号的来源及有效电平，有时需要把被分析的部分从电路中挑出来，剔除无关信号，画出输入、输出关系更为直观的电路图。

❹ 分析电路的动作原理或规律。

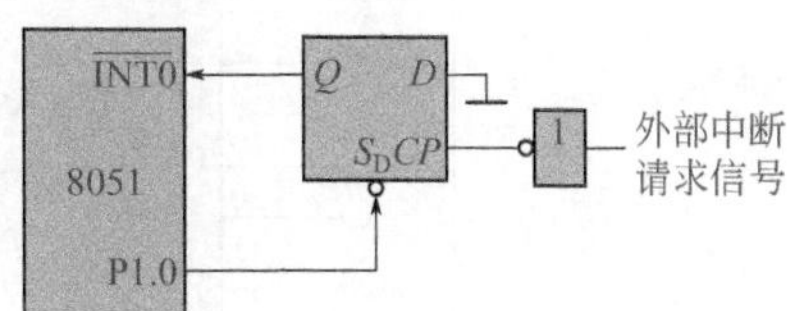

图5-49 用D触发器构成的时序电路

2.实例分析

（1）含有D触发器的时序电路 图5-49所示为用D触发器构成的时序电路。D触发器的作用是为8051单片机形成片外中断请求信号$\overline{\text{INT0}}$，并将信号的有效状态保持到8051的中断响应完成、由P1.0输出低电平为止。

电路工作原理：把D触发器的同步输入端D固定接地，构成低电平输入，触发器的输出端Q信号送入8051的$\overline{\text{INT0}}$信号入口，平时P1.0输出高电平，对触发器不起作用。当外部设备需要8051的中断服务时，就发送一个低电平脉冲，经非门倒相变为高电平送入触发器的时钟信号CP端（前沿触发），信号脉冲的前沿触发器，D端的低电平进入触发器，Q端输出低电平，发出中断请求信号。8051响应中断请求，并执行相应的中断服务程序，完成中断服务后，由P1.0发出一个低电平信号给D触发器的S_D端，使触发器直接置1，触发器的Q端输出高电平，撤销中断请求。

（2）含有D触发器的接口电路实例 图5-50所示为一接口电路实例，这里只分析由D触发器构成的时序电路。

D触发器的CP信号和同步输入端D都接地，CP信号固定为无效状态。电路只使用置位端S和复位端R，两信号都是低电平有效，但不能同时有效。触发器的$\overline{Q}$输出作为8031的$\overline{\text{INT0}}$信号（低电平有效）。所以，当ICL7135的$\overline{\text{ST}}$信号为低电平时，触发器被置位，$\overline{Q}=0$，$\overline{\text{INT0}}$信号有效；当8255A的PC_4口输出低电平时，触发器复位，$\overline{Q}=1$，$\overline{\text{INT0}}$信号无效，中断请求撤销。

（3）PC的DMA方式输出电路 图5-51所示为PC的DMA方式输出电路。图中使用了两种D触发器产品，74LS374是三态同相的8D触发器，用于8位数据的暂存（以协调数据传输动作）和系统数据线的使用权切换，74LS74双D触发器（电路中只使用一个）用于形成DMA操作的请求信号DREQx（高电平有效）。

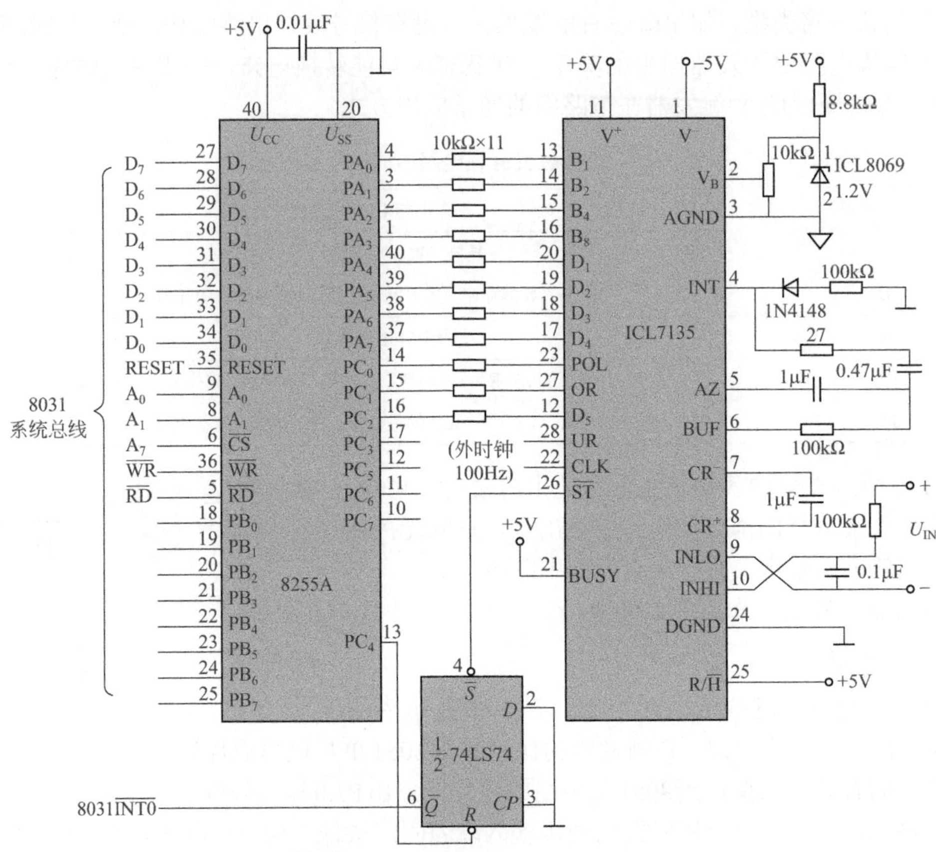

图5-50　ICL7135与8255A的接口电路

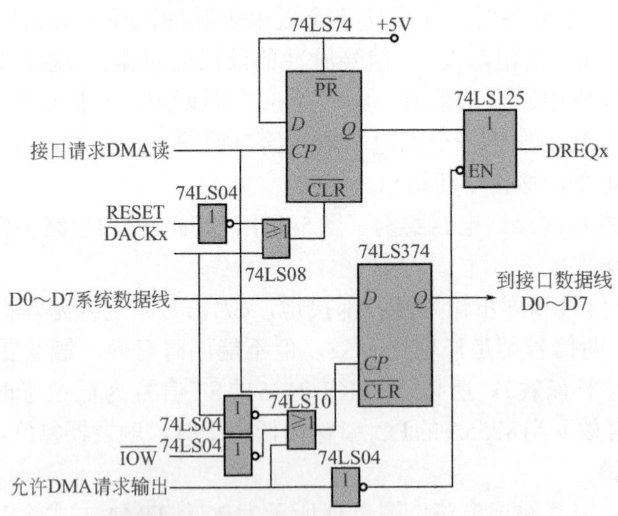

图5-51　PC输出至I/Q装置的DMA电路

DREQ有效电平形成并保持的必要条件如下：

❶ $\overline{PR}$（预置）为高电平，图中将该信号接电源。

❷ 同步输入端D为高电平，图中将该信号接电源。

❸ $\overline{CLP}$（清零）为高电平，根据电路的逻辑关系，需要电路的复位信号RESET的低

电平（无效状态）和DMA操作的响应信号$\overline{DACKx}$的高电平（有效状态）同时具备。

❹ 三态传输门74LS125打开（控制端信号为低电平有效），即经非门74LS04变反的允许DMA请求输出的信号为高电平。

❺ 接口请求DMA读信号（高电平有效的触发器*CP*信号）为高电平。

前两个信号是固定不变的，只要后四个信号有一个不符合要求，都会使DMA操作停止。

（4）键盘控制电路实例　图5-52所示为键盘控制电路实例，其中，以7474双D触发器为主体构成电路的分立式时序电路如图5-53所示。电路的作用是形成74LS161的PL、CLP信号和74193的PL信号。两个D触发器的预置（PR）和清零（CLR）端都固定接为高电平无效状态。两个D触发器的时钟信号*C*都取自系统时钟CLK，经IC_{12}（7404非门）倒相，形成交替触发方式。74LS161的PL信号取自IC_5的$\overline{Q}$输出端，CLR信号取自IC_6的$\overline{Q}$输出端。74193的PL信号由两个74LS161的A、B、C、D共八个输出端并联信号和IC_5的*Q*端信号经IC_8（7400）与非逻辑组合形成。

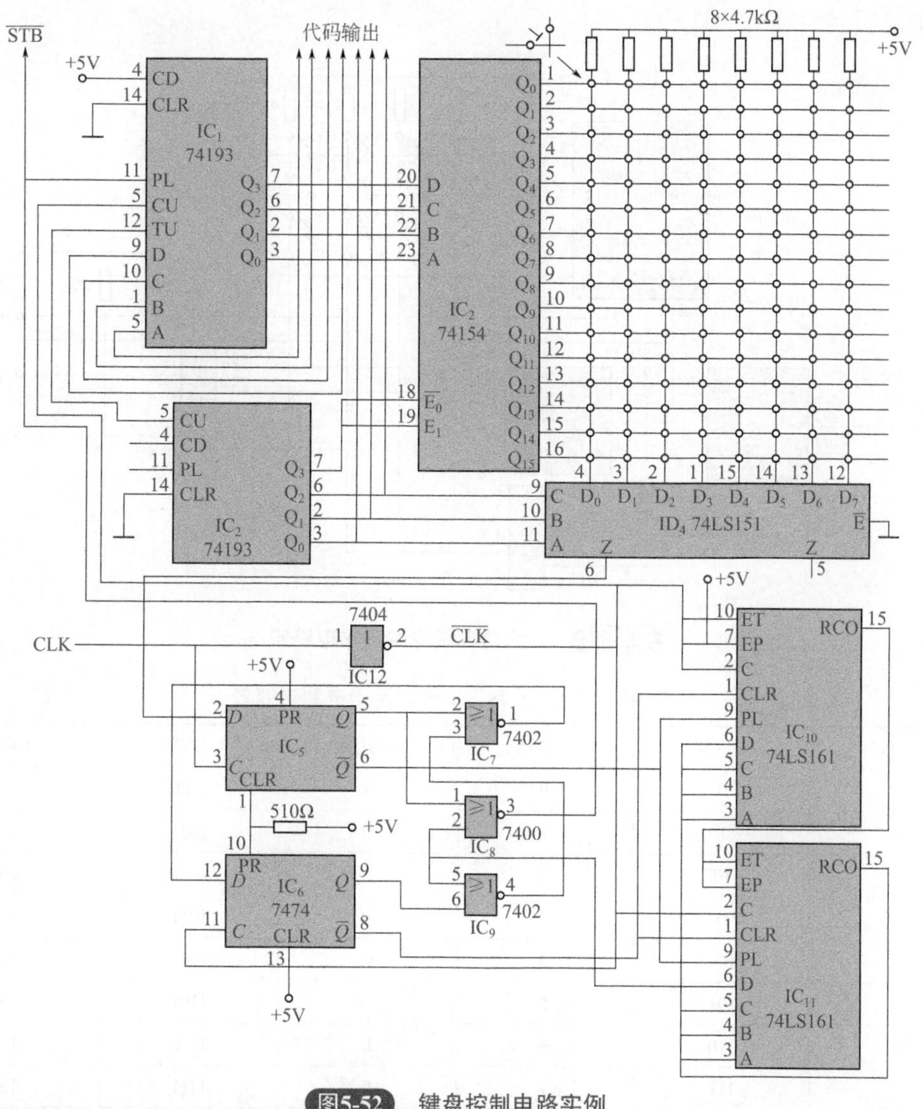

图5-52　键盘控制电路实例

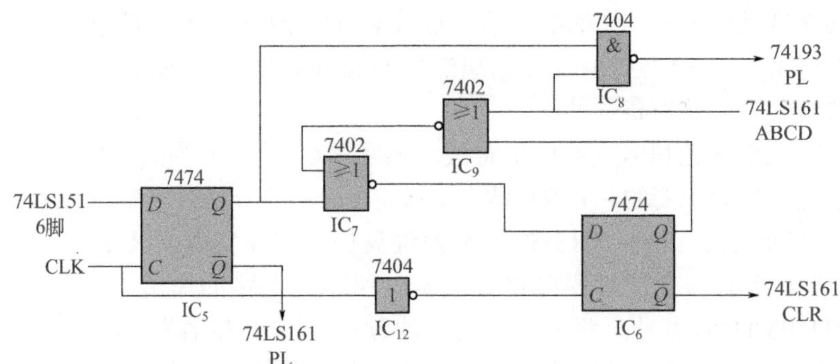

图5-53　重画的时序电路部分

（5）十六进制键盘编码器电路实例　图5-54所示为十六进制键盘编码器电路实例。在计算机系统中，十六进制主要用作二进制码的缩写，十六进制与二进制的对应关系如表5-26所示。

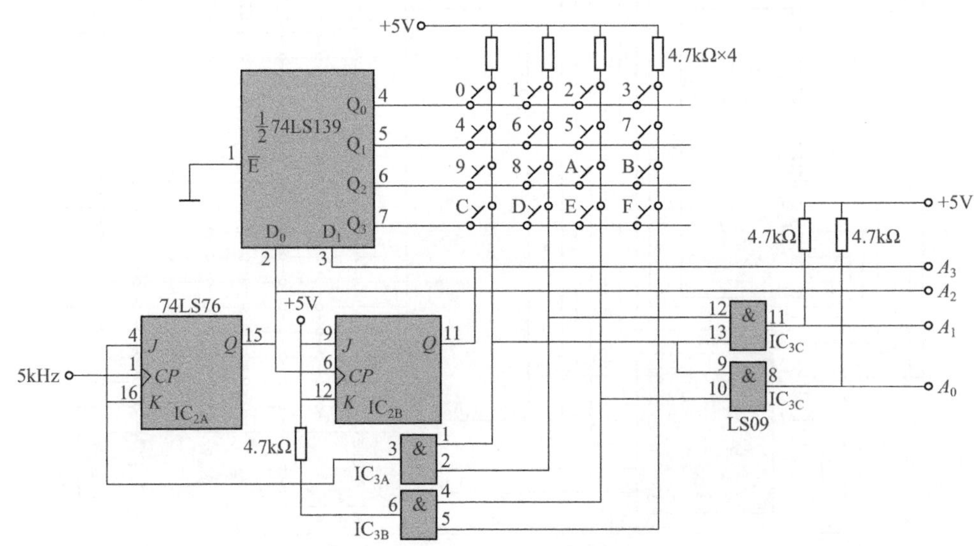

图5-54　十六进制键盘编码器电路实例

表5-26　十六进制、二进制及十进制对照表

十六进制	二进制	十进制	十六进制	二进制	十进制
0	0	0	8	1000	8
1	1	1	9	1001	9
2	10	2	A	1010	10
3	11	3	B	1011	11
4	100	4	C	1100	12
5	101	5	D	1101	13
6	110	6	E	1110	14
7	111	7	F	1111	15

电路的功能是将0～F共16个按键动作转换为A_3、A_2、A_1、A_0共4位输出码的不同状态，按键与输出码的对应关系如表5-27所示。

表5-27　按键与输出码的对应表

按键	输出码A_3、A_2、A_1、A_0	按键	输出码A_3、A_2、A_1、A_0
0	0000	8	1000
1	0001	9	1001
2	0010	A	1010
3	0011	B	1011
4	0100	C	1100
5	0101	D	1101
6	0110	E	1110
7	0111	F	1111

电路中的时序电路由74LS76（双JK触发器）构成，IC_{2A}转换为T触发器，IC_{2B}转换为T触发器，两者共同组成一个两位二进制减法异步计数器。计数器输出作为电路输出编码中的A_3、A_2两位，同时又是74LS139译码输入信号D_1、D_0。

74LS139（双2-4译码器）的使能信号（$\overline{E}$）接地，总处于工作状态，负责为16个开关键阵列输出扫描信号，用OC与门（74LS09，输出端接有4.7kΩ上拉电阻）负责读键盘，查找被按动的键。其中两个（IC_{3A}、IC_{3B}）合并为一个四输入端的与逻辑门，用于控制计数器，当有键被按住时就输出0，计数器停止动作，保持输出数据不变，形成电路输出码的高两位A_3、A_2，确定按键所在的行位，另外两个（IC_{3D}、IC_{3C}）用于形成电路输出码的低两位A_1、A_0，确定按键所在的列位。

用C、D、E、F分别代表4列（纵线）键信号，A_1、A_0两位数值由C、D、E、F共4列键信号决定，它们之间的逻辑关系是

$$A_1 = C \cdot D$$

$$A_0 = C \cdot E$$

C、D、E、F四列键信号在无按键时为高电平，有按键时键开关把行、列线接通，键所在的列线被74LS139输出的扫描信号拉为低电平。键盘编码的形成可用表5-28说明。

表5-28　键盘编码形成表

A_3A_2 扫描位置 \ A_1A_0	按键在F列 $F=0$ $A_1A_0=11$	按键在E列 $E=0$ $A_1A_0=10$	按键在D列 $D=0$ $A_1A_0=01$	按键在C列 $C=0$ $A_1A_0=00$
00（$Q_0=0$）	3	2	1	0
01（$Q_1=0$）	7	6	5	4
10（$Q_2=0$）	B	A	9	8
11（$Q_3=0$）	F	E	D	C

第五节 单稳态与双稳态电路

一、单稳态触发器及应用电路

单稳态触发器有稳态和暂稳态两个不同的工作状态。没有外界触发脉冲的作用，电路始终处于稳态；在外界触发脉冲作用下，电路能从稳态翻转到暂稳态，在暂稳态维持一段时间以后，电路能自动返回稳态。暂稳态维持时间的长短通常取决于电路本身的参数，与触发脉冲的宽度和幅度无关。

由于具备这些特点，单稳态触发器被广泛用于脉冲整形、延时（产生滞后于触发脉冲的输出脉冲）以及定时（产生固定时间宽度的脉冲信号）等。单稳态触发器按电路形式不同可分为门电路组成的单稳态触发器、MSI集成单稳态触发器和用555定时器组成的单稳态触发器；按工作特点划分又可分为不可重复触发单稳态触发器和可重复触发单稳态触发器。

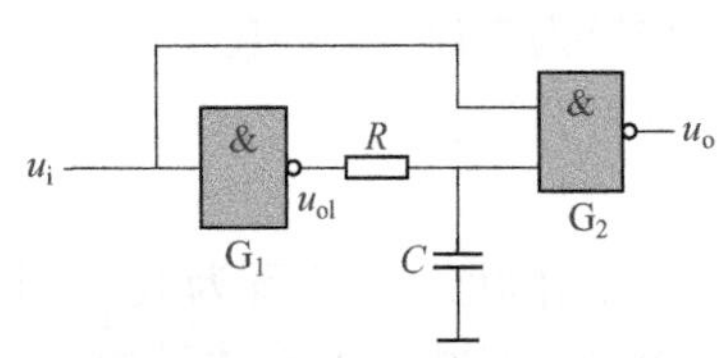

图5-55 积分型单稳态触发器

1.门电路组成的单稳态触发器

图5-55所示是用两个与非门和一个RC积分电路构成的积分型单稳态触发器。

电路的工作原理如下：由于RC积分环节的延迟时间远大于与非门本身的延迟时间，因此在分析过程中忽略了与非门本身的延迟时间。

（1）电路的稳态 无论输入信号u_i为高电平或低电平，因为G_1门的反相作用，G_2的两个输入中总有一个是低电平，通常G_2处于关闭状态，输出u_o为高电平，这是电路的稳态。

（2）外加触发信号，电路翻转为暂稳态 设稳态时u_i为低电平，当输入信号u_i跳变到高电平时，一方面使G_1开通，输出u_{o1}由高电平跳变到低电平；另一方面由于电容两端电压不能突变，即u_C仍为高电平，因此，这时G_2开通，输出u_o从高电平跳变到低电平。

维持G_2开通的条件除u_i为高电平外，就是电容两端电压u_C大于G_2的关门电平；但是u_{o1}由高变低后，已经充电的电容器就要通过电阻R和G_1放电，随着电容的放电，u_C按指数规律下降，维持G_2开通的条件将被破坏，因此G_2开通的状态是暂时的，称为暂稳态。

（3）自动返回到稳态 当电容器放电使u_C下降到关门电平时，G_2由开通状态返回到关闭状态，u_o由低电平返回到高电平。

必须指出：上述线路的输入脉冲u_i（它是正脉冲）的宽度一定要大于单稳态的输出脉冲宽度，否则，当电容器放电使u_C尚未降至G_2的关门电平时，输入u_i已经变为低电平，这样会使G_2门提前关闭。为了避免这个弱点，可采用图5-56所示的负窄脉冲触发的积分型单稳态电路。该电路若输入负脉冲在暂

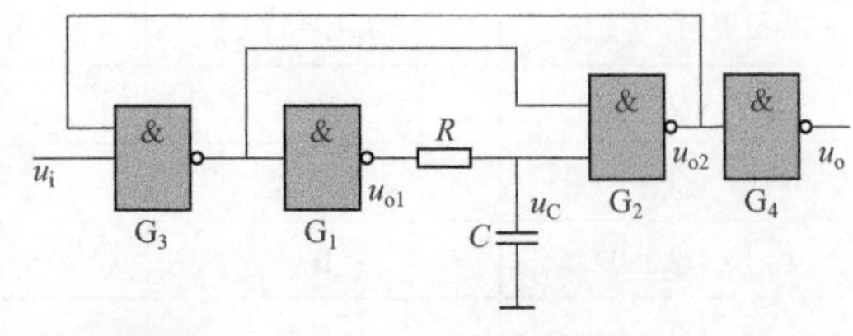

图5-56 负窄脉冲触发的积分型单稳态电路

稳态未结束时已消失，即输入端回到了高电平时，由于G_2门的输出端因积分延迟未结束仍处于低电平状态，因此G_3门被关闭，其输出始终为高电平，防止G_2门提前关闭。这样就消除了对输入脉冲宽度的依赖关系。电路中G_4门起隔离负载影响并对输出脉冲整形的作用。

2.集成单稳态触发器

用门电路组成的单稳态触发器虽然电路简单，但输出脉宽的稳定性差，调节范围小，且触发方式单一。为适应数字系统中的广泛应用，在TTL电路和CMOS电路的产品中，都生产了单片集成的单稳态触发器器件。使用这些器件时只需要很少的外接元件和连线，而且由于器件内部电路一般还附加了上升沿与下降沿触发的控制和置零等功能，使用极为方便。此外，因为将元器件集成于同一芯片上，并且在电路上采取了温漂补偿措施，所以电路的温度稳定性比较好。

图5-57（a）所示是TTL集成单稳态触发器74121的逻辑符号，图5-57（b）所示是工作波形图，图5-57（c）所示是引脚排列图。该器件是在普通微分型单稳态触发器的基础上附加以输入控制电路和输出缓冲电路而形成的。

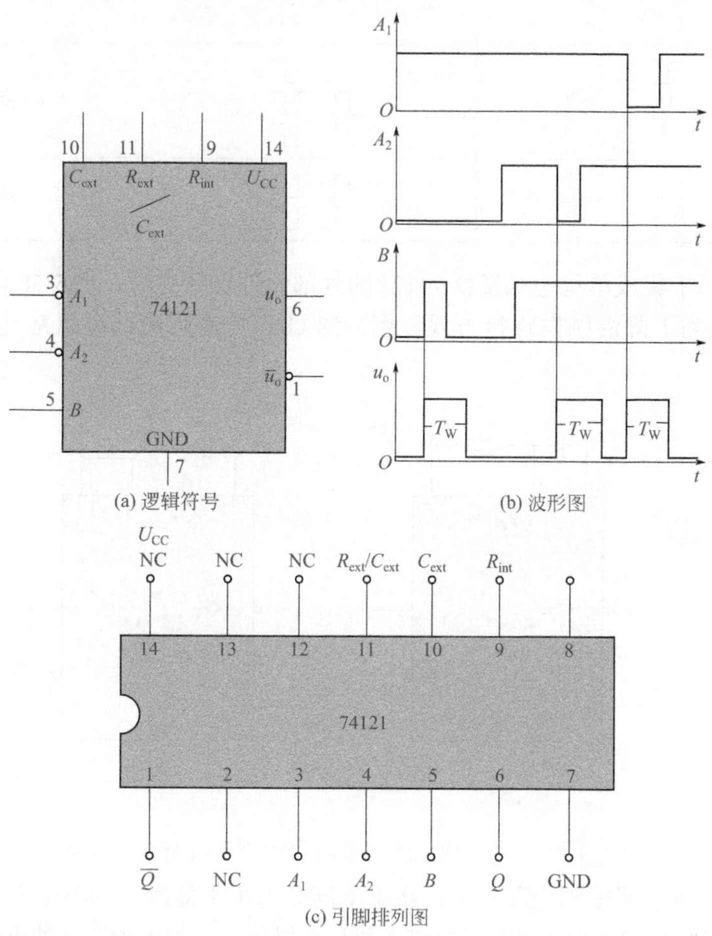

图5-57　集成单稳态触发器74121的逻辑符号、波形图和引脚排列图

它有两种触发方式：下降沿触发和上升沿触发。A_1和A_2是两个下降沿有效的触发输入

端，B是上升沿有效的触发信号输入端。

u_o和$\overline{u}_o$是两个状态互补的输出端。R_{ext}/C_{ext}、C_{ext}是外接定时电阻和电容的连接端，外接定时电阻R_{ext}（阻值可在1.4～40kΩ之间选择）应一端接U_{CC}（引脚14），另一端接引脚11。外接定时电容C（一般在10pF～10μF之间选择）一端接引脚10，另一端接引脚11即可。若C是电解电容，则其正极接引脚10，负极接引脚11。74121内部已经设置了一个2kΩ的定时电阻，R_{int}（引脚9）是其引出端，使用时只需将引脚9与引脚14连接起来即可，不用时则应让引脚9悬空。

表5-29是集成单稳态触发器74121的功能表，表中1表示高电平，0表示低电平。

表5-29　集成单稳态触发器74121的功能表

输入			输出		
A_1	A_2	B	u_o	$\overline{u}_o$	工作特征
0	×	1	0	1	保持稳态
×	0	1	0	1	保持稳态
×	×	0	0	1	保持稳态
1	1	×	0	1	保持稳态
1	↓	1	⊓	⊔	下降沿触发
↓	1	1	⊓	⊔	下降沿触发
↓	↓	1	⊓	⊔	下降沿触发
0	×	↑	⊓	⊔	上升沿触发
×	0	↑	⊓	⊔	上升沿触发

图5-58表明了集成单稳态触发器74121的外部元件连接方法，图5-58（a）是使用外部电阻R_{ext}且电路为下降沿触发连接方式，图5-58（b）是使用内部电阻R_{int}且电路为上升沿触发连接方式。

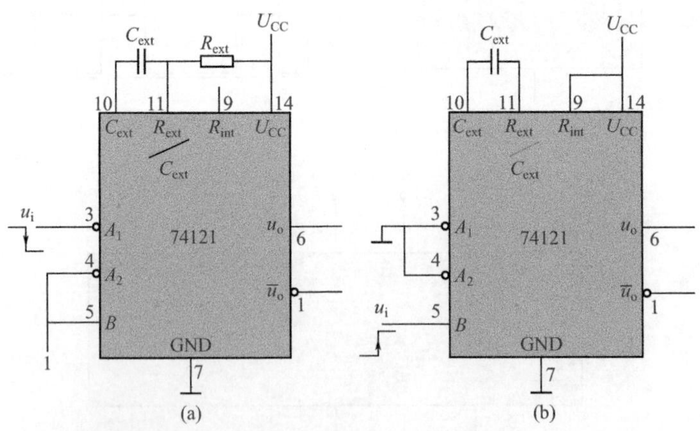

图5-58　集成单稳态触发器74121的外部元件连接方法

集成单稳态触发器根据电路及工作状态不同分为可重复触发和不可重复触发两种。不可重复触发的单稳态触发器一旦被触发进入暂稳态以后，再加入触发脉冲不会影响电路的工作过程，必须在暂稳态结束以后，它才能接受下一个触发脉冲而转入下一个暂稳态，如图5-59（a）所示。而可重复触发的单稳态触发器在电路被触发而进入暂稳态以后，如果再次加入触发脉冲，电路将重新被触发，使输出脉冲再继续维持一个T_W宽度，如图5-59（b）所示。

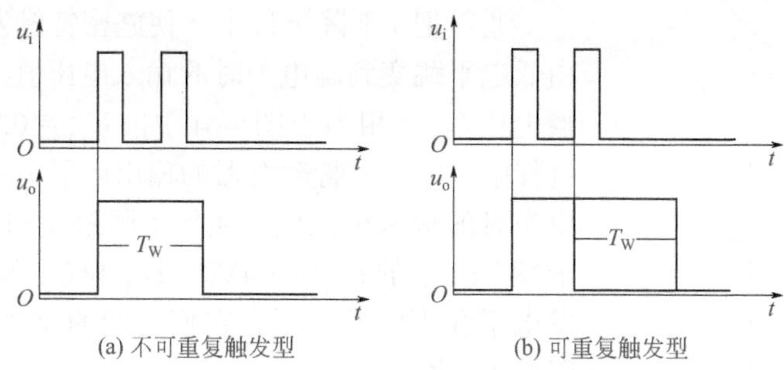

图5-59　不可重复触发与可重复触发型单稳态触发器的工作波形

74121、74221、74LS221都是不可重复触发的单稳态触发器，属于可重复触发的触发器有74122、74LS122、74123、74LS123等。

二、双稳态施密特触发器

施密特触发器是脉冲波形变换中经常使用的一种电路。它有以下两个重要的特点。

第一，输入信号从低电平上升的过程中，电路状态转换时对应的输入电平，与输入信号从高电平下降过程中对应的输入转换电平不同。

第二，在电路状态转换时，通过电路内部的正反馈过程使输出电压波形的边沿变得很陡。

利用这两个特点不仅能将边沿变化缓慢的信号波形整形为边沿陡峭的矩形波，而且可以将叠加在矩形脉冲高、低电平上的噪声有效地清除。

1. 用与非门组成的施密特触发器

图5-60所示是用三个与非门组成的施密特触发器，其中G_1、G_2构成基本RS触发器。

（1）电路的工作原理　输入信号u_i为三角波，如图5-61所示。当u_i为高电平时，G_3开通，$\overline{R}$端为低电平，G_1关闭，u_{o1}为高电平，而$\overline{S}$端也为高电平，G_2开通，u_o为低电平，电路处于第一稳态。随着u_i的下降，G_3、G_2的输入电平降低，但只要u_i还大于与非门的门槛电平U_{T1} = 1.4V，则电路继续处于第一稳态。当u_i降低到$u_i = U_{T1}$ = 1.4V时，门G_3关闭，$\overline{R}$端为高电平，而由于二极管V的存在，$\overline{S}$端电平仍高于门槛电平U_{T1}，只有当u_i继续下降到U_{T2} = 0.7V时，$\overline{S}$端电平近似等于U_{T2}加上二极管正向压降0.7V，即$\overline{S}$端电平达到门槛电平U_{T1} = 1.4V，G_2才关闭，于是u_o跳变到高电平，使基本RS触发器翻转：G_1开通，u_{o1}跳变到低电平，电路进入第二稳态。以后u_i继续降低，电路保持G_1开通、G_2关闭状态。

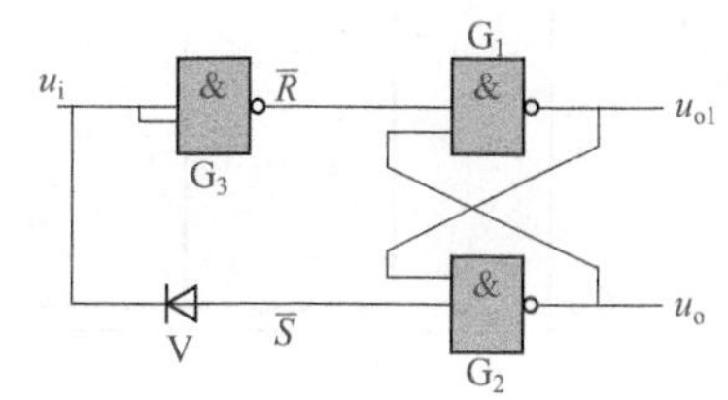

图5-60　三个与非门组成的施密特电路

当输入电压u_i经过三角波最低值后开始上升，u_i上升到U_{T2}（0.7V）时，$\overline{S}$端上升到U_{T1}（1.4V），但由于此时u_{o1}仍为低电平，G_2仍保持关闭。只有当u_i上升到U_{T1} = 1.4V时，门G_3开通，$\overline{R}$端变为低电平，电路才又回到第一稳态。

（2）滞回特性　从前面的讨论可知，在u_i下降过程中，当u_i下降到U_{T2} = 0.7V时，触发器由第一稳态翻到第二稳态；而在u_i上升过程中，只有当u_i上升到U_{T1} = 1.4V时，触发

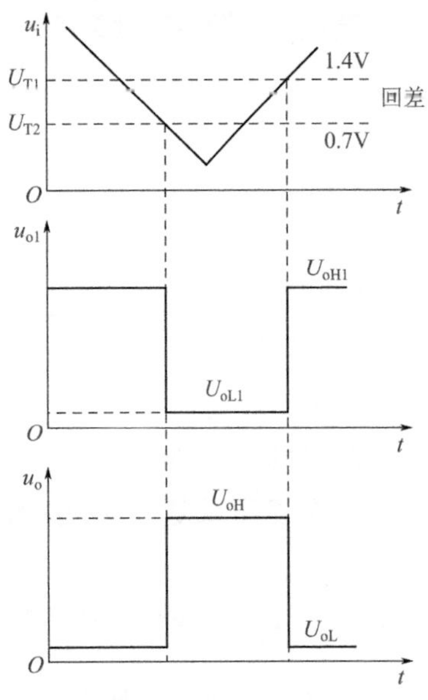

图5-61 输入信号u_i为三角波

器才由第二稳态翻到第一稳态。

通常把u_i下降过程中，使施密特触发器的输出电平u_o由低电平跳变到高电平时的输入电压值，叫作下限触发门槛电压U_{TL}（相当于图5-61中的$U_{T2}=0.7V$）；而把u_i上升过程中，使施密特触发器的输出电平u_o由高电平跳变到低电平时的输入电压值，叫作上限触发门槛电压U_{TH}（相当于图5-61中的$U_{T1}=1.4V$）。U_{TH}和U_{TL}又分别简称为上触发电平和下触发电平。它们之间的差值U_H称为回差或滞回电压，即：

$$U_H=U_{TH}-U_{TL}$$

在图5-61中的U_{oH}约为0.7V。这种现象称为施密特触发器的滞回特性。

必须指出，滞回特性是施密特触发器的固有特性，可以根据实际需求适当减小或增大U_H。

图5-62给出了施密特触发器的输出u_o随输入u_i变化的电压传输特性曲线，又称施密特触发器的滞回特性曲线。图中U_{T+}是上触发电平，U_{T-}是下触发电平，在u_i由小变大的过程中，起始u_i为低电平，u_o为高电平，当u_i上升到等于U_{T+}时，u_o跳变为低电平；在u_i由大变小的过程中，即使u_i值回到等于U_{T+}时，u_o仍为低电平，只有u_i继续减小到等于U_{T-}时，施密特触发器才会再次迅速翻转，u_o变为高电平。

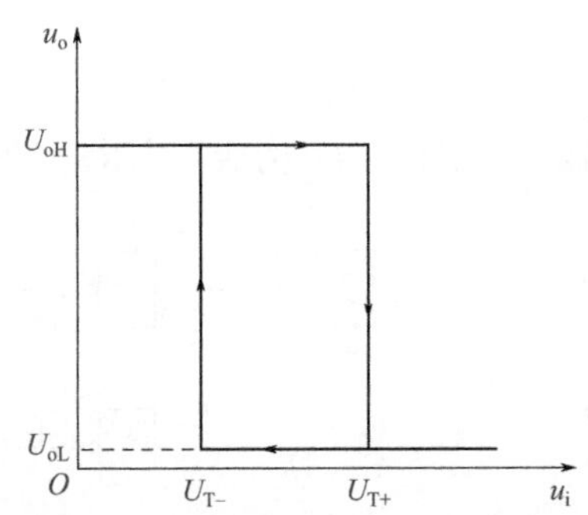

图5-62 施密特触发器的滞回特性曲线

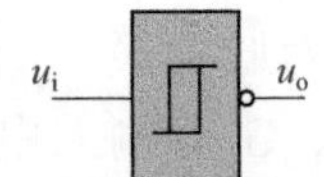

图5-63 施密特触发器逻辑符号

从图5-62所示的电压传输特性曲线中u_i与u_o的电平高低关系来看，施密特触发器是一个具有滞回特性的反相器，图5-63是施密特触发器（非门）的逻辑符号。

2.集成施密特触发器

集成施密特触发器性能的一致性好，触发电平稳定，受到广泛的应用。

（1）CMOS集成施密特触发器 图5-64（a）所示是CMOS集成施密特触发器CC40106（六反相器）的外引线功能图，表5-30为其主要静态参数。

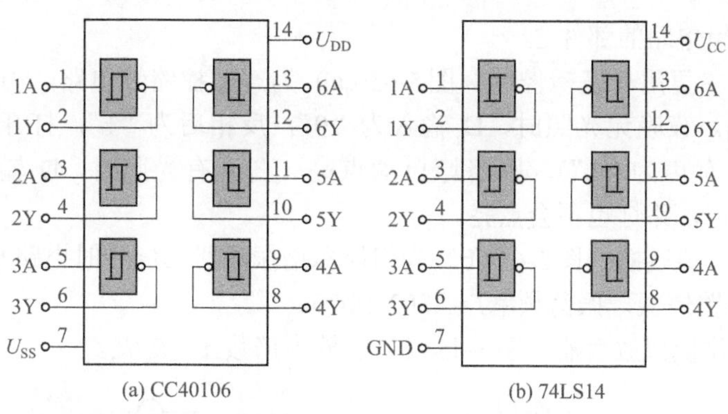

图5-64　集成施密特触发器CC40106和74LS14外引线功能图

表5-30　集成施密特触发器CC40106的主要静态参数　　V

电源电压 U_{DD}	U_{T+} 最小值	U_{T+} 最大值	U_{T-} 最小值	U_{T-} 最大值	ΔU_{T+} 最小值	ΔU_{T-} 最大值
5	2.2	3.6	0.9	2.8	0.3	1.6
10	4.6	7.1	2.5	5.2	1.2	3.4
15	6.8	10.8	4	7.4	1.6	5

（2）TTL集成施密特触发器　图5-64（b）所示是TTL集成施密特触发器74LS14外引线功能图，其几个主要参数的典型值见表5-31。

TTL施密特触发与非门和缓冲器具有以下特点：

❶ 输入信号边沿的变化即使非常缓慢，电路也能正常工作。

❷ 对于阈值电压和滞回电压均有温度补偿。

❸ 带负载能力和抗干扰能力都很强。

表5-31　TTL集成施密特触发器几个主要参数的典型值

器件型号	延迟时间/ns	每门功耗/mW	U_{T+}/V	U_{T-}/V	ΔU_T/V
74LS14	15	8.6	1.6	0.8	0.8
74LS132	15	8.8	1.6	0.8	0.8
74LS13	16.5	8.75	1.6	0.8	0.8

集成施密特触发器不仅可以做成单输入端反相缓冲器形式，还可以做成多输入端与非门形式，如CMOS四2输入与非门CC4093，TTL四2输入与非门74LS132和双4输入与非门74LS13等。

第六节　数字集成电路及应用

一、与、或、非基本门电路的应用

能够实现各种基本逻辑关系的电路通称为门电路。它是构成组合逻辑网络的基本部件，也是时序逻辑电路的部件之一。

（1）门电路主要用于逻辑控制 图5-65（a）为声光控路灯电路，由反相器D_1、与门D_2实现逻辑控制。夜晚无光照时，D_1输入为“0”，反相后为“1”，打开与门D_2，这时如有行人的脚步（有声为“1”），则路灯自动点亮。白天有光照时，D_1输出为“0”，关闭D_2，即使有脚步声，路灯也不会点亮。

（2）门电路作振荡器 图5-65（b）为门控多谐振荡器，$A=1$时电路起振，输出900Hz方波；$A=0$时电路停振，振荡频率$f=1/(2.2RC)$。

（3）门电路作模拟放大器 图5-65（c）的放大倍数$A=R_2/R_1$。

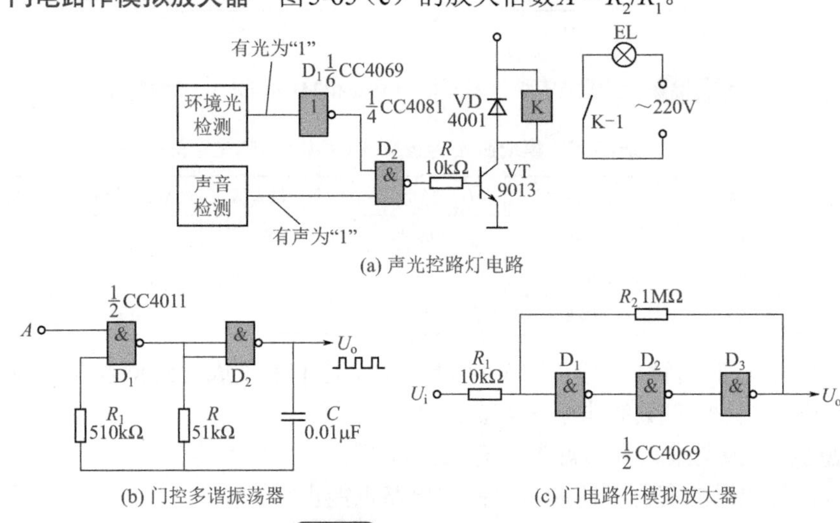

(a) 声光控路灯电路

(b) 门控多谐振荡器

(c) 门电路作模拟放大器

图5-65 基本门电路应用

二、触发器电路的应用

触发器是时序电路的基本单元，在数字信号的产生、变换、存储、控制等方面应用广泛，有RS触发器、D触发器、JK触发器、单稳态触发器、施密特触发器等。

1. RS触发器

RS触发器的符号及真值表如图5-66（a）所示，S为置“1”输入端，R为置“0”输入端，输出端Q、$\overline{Q}$互为反相。

图5-66（b）为RS触发器构成的消抖动开关，当按下SB时，S高电平使触发器置“1”（$Q=1$）。这时即使SB产生机械抖动，只要机械触点不返回到R端，输出端Q仍保持“1”不变，从而消除了机械开关SB抖动产生的脉冲抖动。

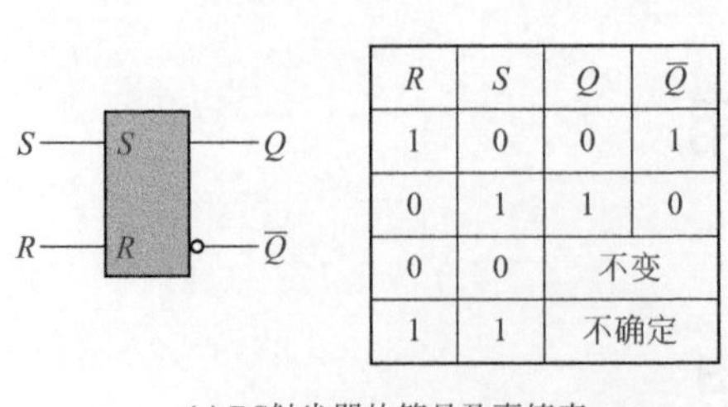

R	S	Q	$\overline{Q}$
1	0	0	1
0	1	1	0
0	0	不变	
1	1	不确定	

(a) RS触发器的符号及真值表

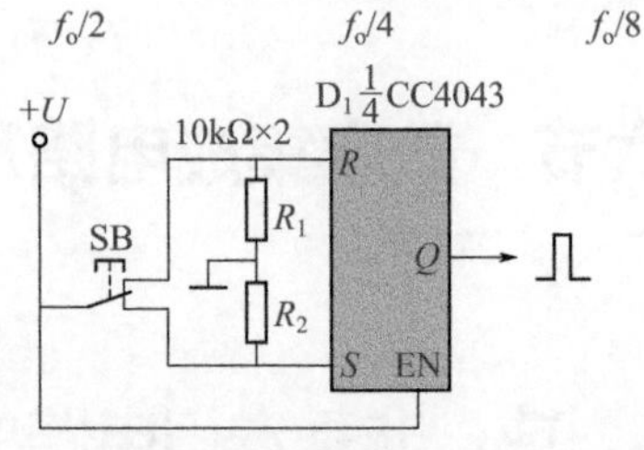

(b) RS触发器构成的消抖动开关

图5-66 RS触发器

2. D触发器

D触发器又称为延迟触发器，具有数据端D、时钟端CP、输出端Q和$\overline{Q}$。输出状态的改变依不同的时钟脉冲触发，在时钟脉冲的作用下，数据由D传输到Q。D触发器常用于数据锁存、控制电路中，电路符号和真值表如图5-67（a）所示。

图5-67（b）为D触发器组成的分频电路。每个触发器的D与输出端$\overline{Q}$相连，构成2分频单元。图示为三级2分频单元串联组成8分频电路，增加分频单元即可增大分频比。

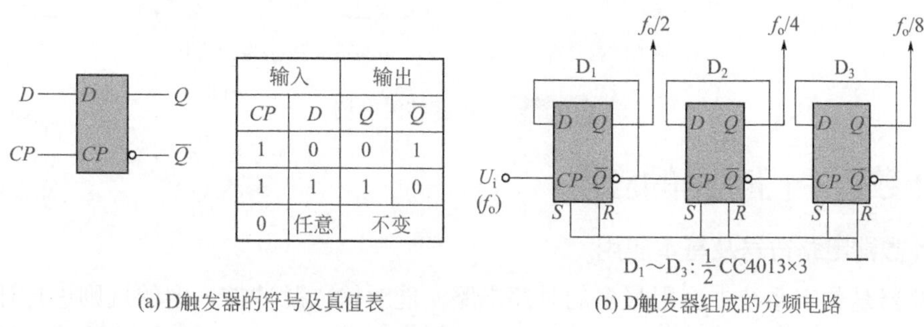

输入		输出	
CP	D	Q	$\overline{Q}$
1	0	0	1
1	1	1	0
0	任意	不变	

(a) D触发器的符号及真值表　　(b) D触发器组成的分频电路

图5-67　D触发器

3. 单稳态触发器

单稳态触发器如图5-68（a）所示，TR为触发端，R为清零端，Q和$\overline{Q}$为输出端。TR端输入一个触发脉冲，其输出端有一个固定宽度的矩形脉冲。Q和$\overline{Q}$端的输出信号与互为反相。单稳态触发器主要用于脉冲信号展宽、整形、延迟，以及定时器、振荡器、数字滤波器、频率-电压变换器中等。

图5-68（b）为单稳态触发器构成的100ms定时器电路，每按下一次SB，Q便输出一个宽度为100ms的高电平信号。输出脉宽$T_W = 0.69R_1C$。

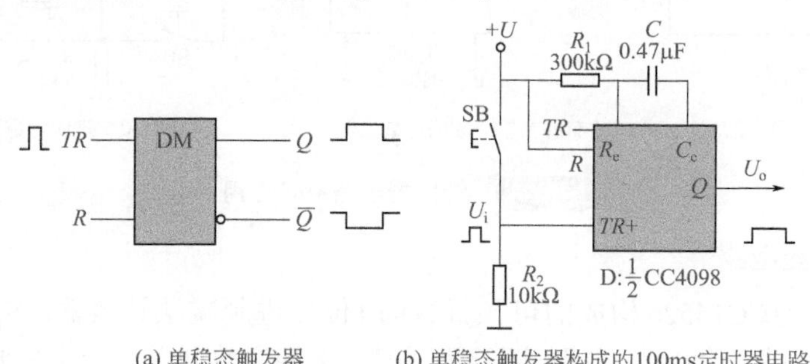

(a) 单稳态触发器　　(b) 单稳态触发器构成的100ms定时器电路

图5-68　单稳态触发器

4. 施密特触发器

施密特触发器如图5-69（a）所示，A为输入端，Q为输出端，它可将缓慢变化的信号转变为边沿陡峭的矩形脉冲。施密特触发器常用于脉冲整形、电压幅度鉴别、模数转换和接口电路等。

图5-69（b）为光控电路，光线的缓慢变化由光电三极管VT接收转换为电信号，施密特触发器将其整形成为边沿陡峭的脉冲信号传输给后续电路。

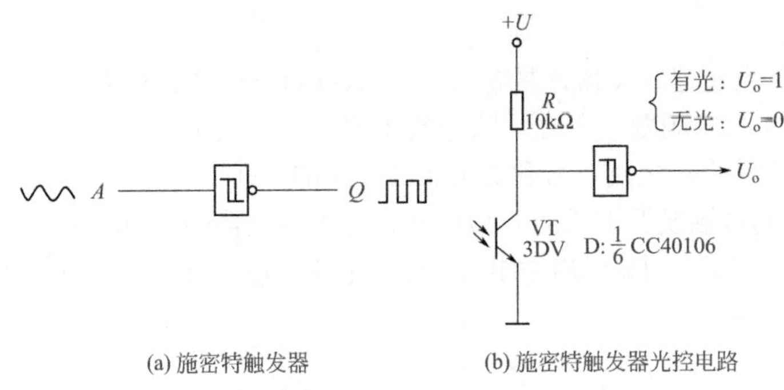

(a) 施密特触发器　　(b) 施密特触发器光控电路

图5-69　施密特触发器

三、计数器中门电路的应用

1.计数器电路符号及基本应用

计数器是数字系统中应用最多的时序电路，能对输入脉冲按一定的规则进行计数，由输出端的不同状态予以表示，电路符号如图5-70（a）所示，图5-70（b）为有并行输入端的计数器符号，计数器主要应用于计数、分数、定时等电路。

图5-70（c）为8位二进制计数器电路，由两块4位计数器CC4520串行级联而成，信号由D_1的CP端输入，计数结果由8位二进制码表示，最大计数值为$2^8-1=255$。SB为清零按钮。

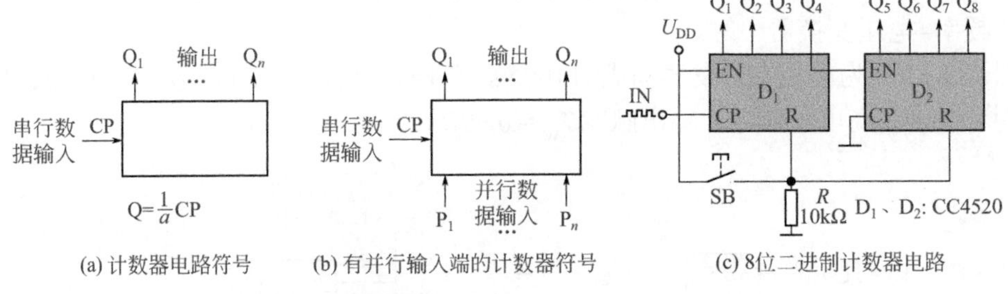

(a) 计数器电路符号　　(b) 有并行输入端的计数器符号　　(c) 8位二进制计数器电路

图5-70　计数器电路符号应用

2.常用计数器电路

图5-71（a）为CC14526构成的可预置数的4位二进制减法计数器。$S_1\sim S_4$为预置数$D_1\sim D_4$的设置开关，合上为“1”，断开为“0”。S_6为送数开关，合上S_6预置数被送入计数器内，$Q_1\sim Q_4=D_1\sim D_4$。信号由CP端输入作减法计数。S_5为清零按钮，高电平有效。

图5-71（b）为CC4510构成的可预置数的BCD码加/减计数器电路，S_3拨至a为加计数，拨至b为减计数。输出为4位二进制数（8421码）表示的十进制数，S_1为选数开关，S_2为清零按钮。

图5-71（c）为12位二进制串行计数器CC4040构成的12级分频器电路，最小分频数为1/2，最大分频数为1/4096。

图5-71（d）为采用14位二进制计数器CC4060构成的定时器电路，可同时输出10种定时时间，以控制10个负载。改变R、C即可改变基本定时时间。

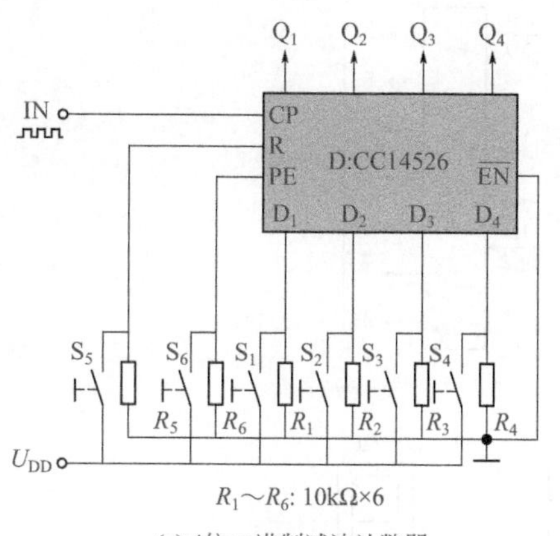

(a) 4位二进制减法计数器

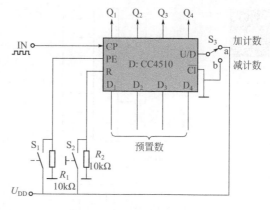

(b) BCD码加/减计数器

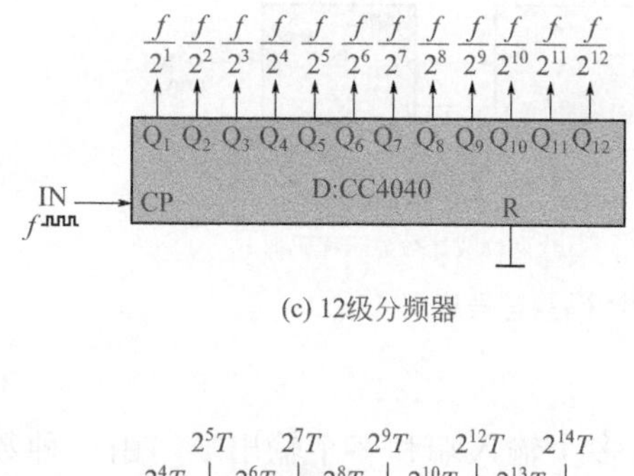

(c) 12级分频器

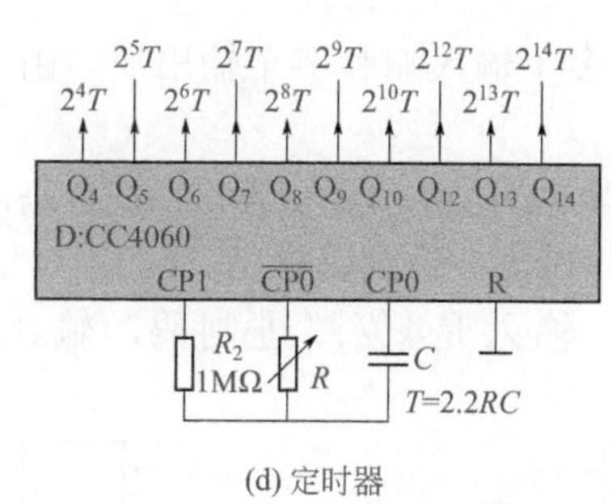

(d) 定时器

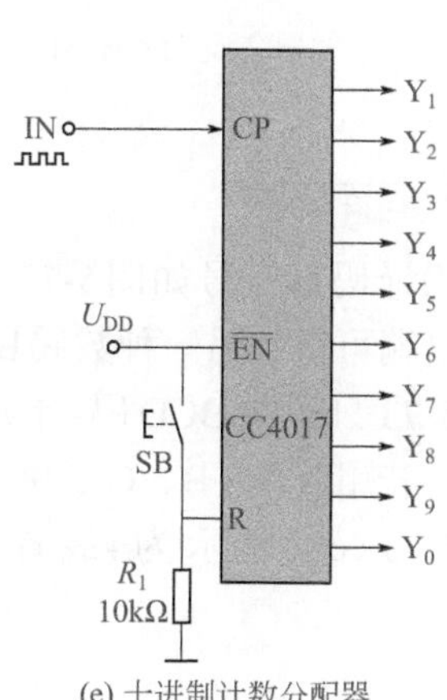

(e) 十进制计数分配器

图5-71　常用计数器电路

图5-71（e）为CC4017构成的十进制计数分配器，信号由CP端输入，依次在Y_0～Y_9端输出，实现对脉冲信号的十进制分配，SB为清零按钮。

四、译码器中门电路的应用

译码器可将一种数码转换成另一种数码，有显示译码器和数码译码器两大类。

1.显示译码器

图5-72（a）为BCD码段显示译码器符号，图5-72（b）为十进制计数段显示译码器符号。

图5-72（c）为CC14544构成的1位数显示译码器，BCD码由A～D端并行输入，译码后驱动共阴极数码管显示出数字。

图5-72（d）为两块CC4033（D_1、D_2）组成的两位数计数显示译码器，信号由D_2的CP端输入，计数结果由两块共阴极数码管显示出两位数字。SB为清零按钮。

深度理解数字电路译码器电路

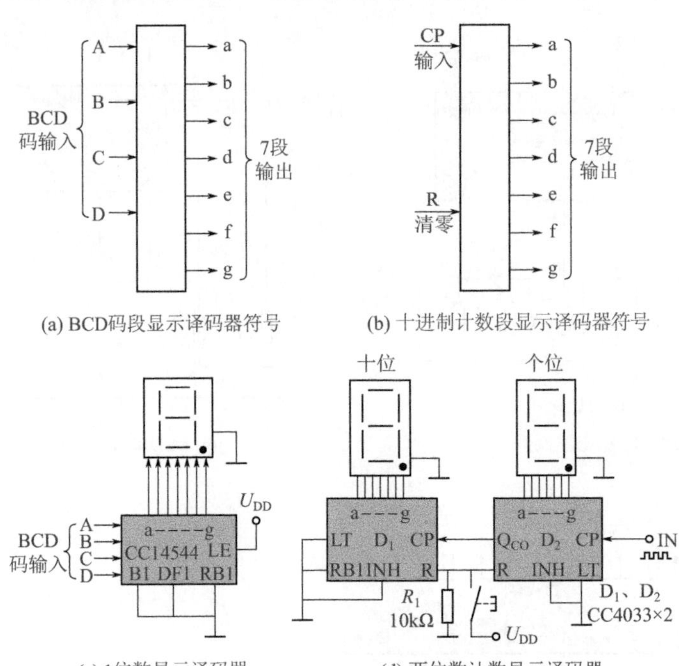

(a) BCD码段显示译码器符号　(b) 十进制计数段显示译码器符号

(c) 1位数显示译码器　(d) 两位数计数显示译码器

图5-72　显示译码器符号应用

2.数码译码器

数码译码器符号如图5-73（a）所示，有多个输入端和多个输出端，由一种数码A输入，输出端可得到另一种数码B。

图5-73（b）为BCD码-十进制数码译码器CC4028，输入是4位BCD码，输出则是十进制码，若用其A、B、C三位二进制输入，可得到八进制码输出。

图5-73（c）所示为4线译码器CC4514，输入是4位二进制码，输出则是16线的8421码。

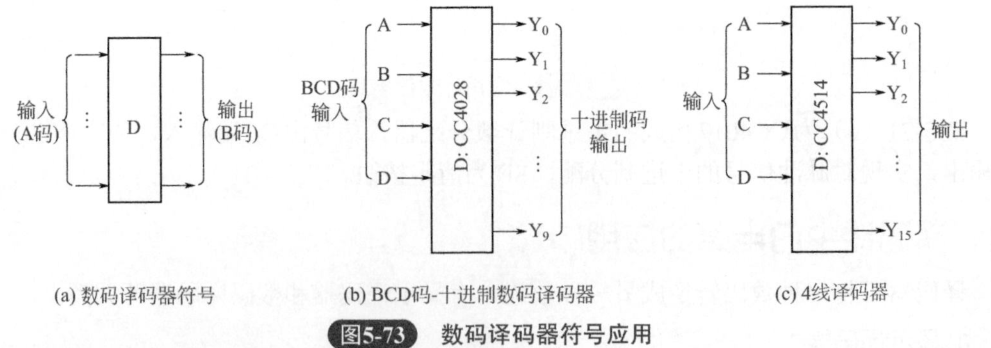

(a) 数码译码器符号　(b) BCD码-十进制数码译码器　(c) 4线译码器

图5-73　数码译码器符号应用

五、移位寄存器中门电路的应用

移位寄存器不仅可以寄存数据，还具有移位功能，它是数字系统和电子计算机中的重要部件。

图5-74（a）为4位右移移位寄存器示意图，串行数据从D端输入，在时钟脉冲CP的作用下向右移位，经过4个CP周期后从Q_4端串行输出。Q_1～Q_4为并行输出端，P_1～P_4

为并行数据输入端。

图5-74（b）为4位左移移位寄存器示意图，情况与“右移寄存器”类似。

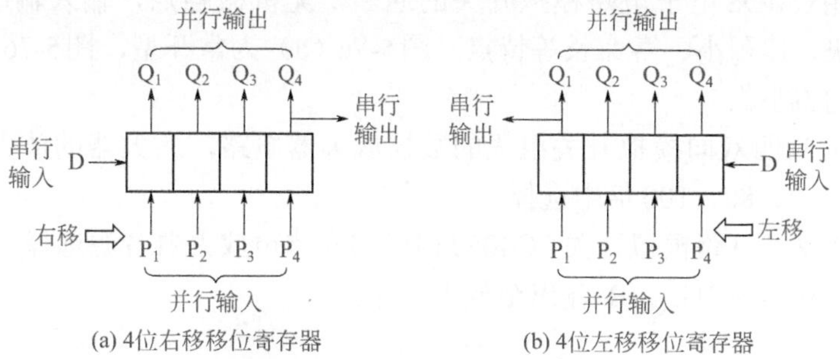

(a) 4位右移移位寄存器　　(b) 4位左移移位寄存器

图5-74　移位寄存器移位示意图

图5-75（a）为彩灯控制电路，用了两块4位静态移位寄存器CC4035，8个输出端（Q_1～Q_8）可控制8路彩灯，彩灯的初始状态由置数开关S_1～S_8设置，按下SB将预置数送入移存器，松开SB后，Q_1～Q_8便有信号周而复始地输出。D_1、D_2组成多谐振荡器，为移位寄存器提供时钟脉冲，调节R_{11}可改变振荡频率，使彩灯的流动速度变化。

图5-75（b）为4位双向移位寄存器CC40194，它既可右移，也可左移，既可串行输入输出，也可并行输入输出。改变ST_1、ST_2的状态可实现多种功能。

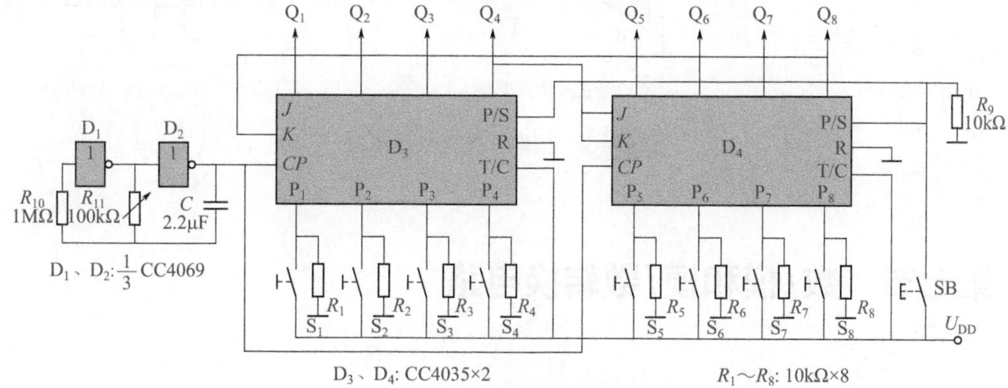

(a) 彩灯控制电路

ST_1	ST_2	功能
1	1	置数
1	0	右移
0	1	左移
0	0	保持

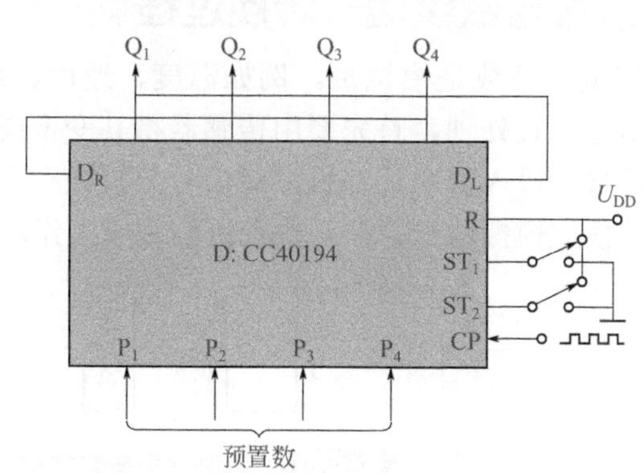

(b) 4位双向移位寄存器

图5-75　移位寄存器应用

六、开关电路中门电路的应用

模拟开关用CMOS电子电路模拟开关的通断，无机械触点，输入输出可互换，具有功耗低、速度快、体积小、寿命长等特点。图5-76（a）为常开型，图5-76（b）为常闭型，图中e点为开关控制端。

图5-76（c）为四双向模拟开关组成的数控放大器电路，放大器的放大倍数由S_1～S_4控制，可在20、60、80、100倍中选择。

图5-76（d）为双4路模拟开关CC4052构成的立体声放大器音源选择电路，A、B为音源输入控制端，立体声由L_o、R_o输出至放大电路。

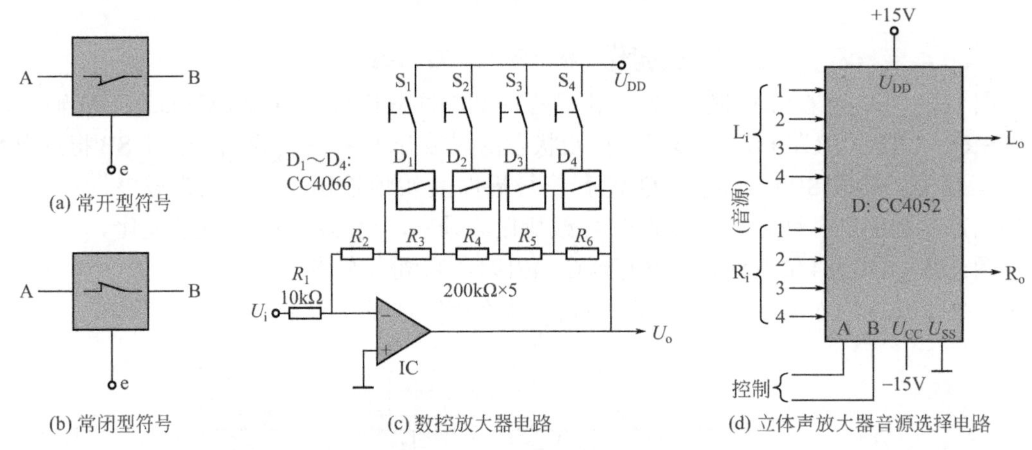

图5-76 模拟开关符号及电路

第七节 数/模和模/数转换电路

一、模拟信号与数字信号转换过程

各种物理量，多数是模拟量。例如温度、速度、压力、位移等，它们都是非电模拟量。对这类信号进行处理，首先要由传感器将其变换成模拟电信号，放大后经过特定电路转换成数字信号，进入数字计算机，对信号分析处理后再输出一个数字信号。然后再由特定电路将其转换成模拟信号，控制执行机构完成工作。上述过程如图5-77所示。

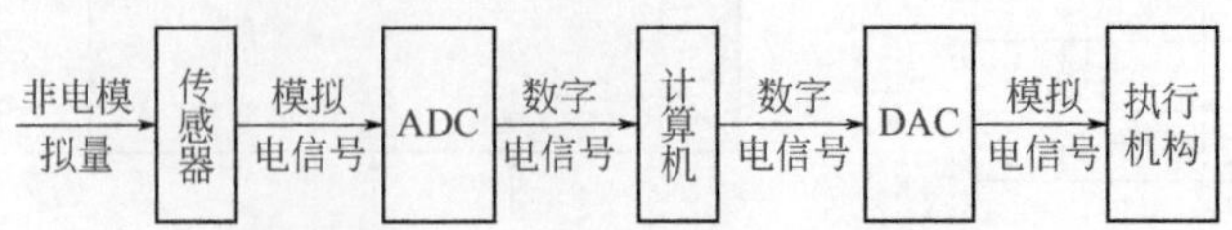

图5-77 模拟信号与数字信号的转换

将模拟信号转换成数字信号的过程称作模数转换，或A/D转换。能够完成这种转换的电路称作模数转换器，或ADC。

将数字信号转换成模拟信号的过程称作数模转换，或D/A转换。能够完成这种转换的电路称作数模转换器，或DAC。

随着现代新技术的发展，各种DAC与ADC不断出现，本章只介绍各种常用的转换电路和基本概念。由于D/A转换相对比较简单，而且在A/D转换中也经常用到D/A转换，所以首先介绍D/A转换。

二、D/A转换原理

D/A转换是将输入的数字信号转换为与其成正比的模拟量（电压或电流）。输入的数字信号是一种二进制编码。通过转换，按每位权的大小换算成相应的模拟量，然后将代表各位的模拟量相加，所得的和就是与输入的数字量成正比的模拟量。图5-78所示为一个n位DAC组成框图。可见，它由参考电压源、输入寄存器、模拟开关、电阻译码网络、求和运算放大器等几部分组成。由于经常是将输入数字量的各位同时进行D/A转换，有时也将其称作并行DAC。

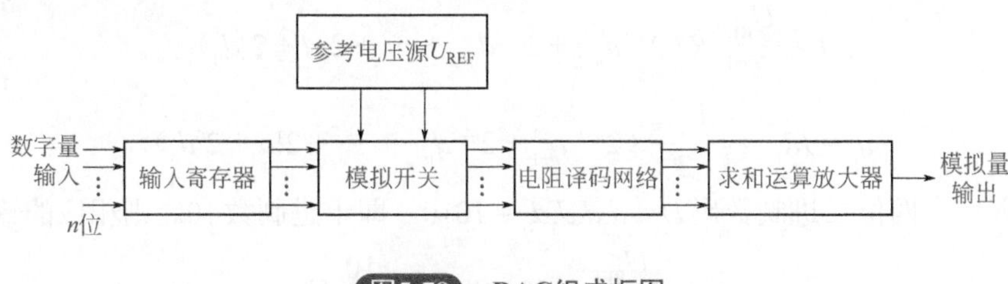

图5-78　DAC组成框图

DAC输出电压u_o与输入数字量N之间的关系可表示为

$$u_o = kN$$

式中，k为比例系数；N为输入的n位二进制代码；$N=\sum_{i=0}^{n-1} d_i 2^i$。

三、DAC常见电路

1. 权电阻网络DAC

图5-79所示为四位权电阻网络DAC。由参考电压源U_{REF}、电子模拟开关S_0～S_3、四位电阻译码网络、求和运算放大器四部分组成。设有一个四位二进制代码$D=d_3d_2d_1d_0$，电子开关是受d_3、d_2、d_1、d_0控制的双向开关。若$d_i=1$，则开关S_i接至参考电压源U_{REF}；若$d_i=0$，则开关S_i接地。

由图5-79可知，流入求和运算放大器输入端的电流为：

$$I = I_3 + I_2 + I_1 + I_0 = \frac{U_{REF}}{R}d_3 + \frac{U_{REF}}{2R}d_2 + \frac{U_{REF}}{2^2R}d_1 + \frac{U_{REF}}{2^3R}d_0$$

$$= \frac{U_{REF}}{8R}（2^3d_3 + 2^2d_2 + 2^1d_1 + 2^0d_0）$$

设电路中求和运算放大器的反馈电阻为$R_F=\frac{R}{2}$，则电路的输出电压为：

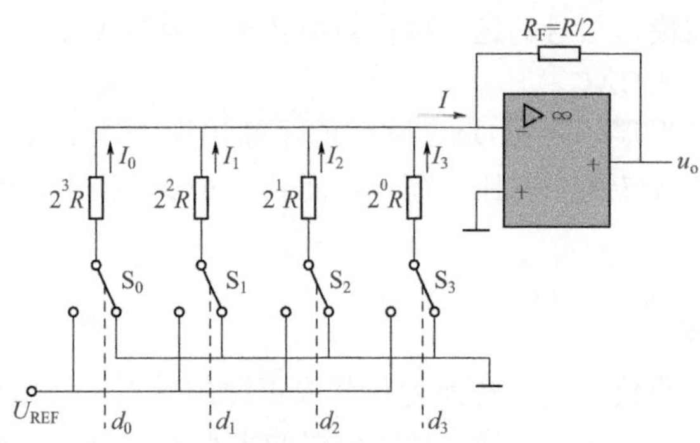

图5-79 四位权电阻DAC

$$u_o = -IR_F = -\frac{U_{REF}}{2^4}(2^3d_3 + 2^2d_2 + 2^1d_1 + 2^0d_0)$$

依此可以求出n位权电阻DAC的求和运算放大器输入端的电流和输出电压表达式：

$$I = \frac{U_{REF}}{2^{n-1}}R(2^{n-1}d_{n-1} + 2^{n-2}d_{n-2} + \cdots + 2^1d_1 + 2^0d_0)$$

$$u_o = IR_F = -\frac{U_{REF}}{2^n}(2^{n-1}d_{n-1} + 2^{n-2}d_{n-2} + \cdots + 2^1d_1 + 2^0d_0)$$

若输入一个四位二进制数码$D = d_3d_2d_1d_0 = 1010$，即十进制数10。则相应的输出为：

$$u_o = -\frac{U_{REF}}{2^4}(2^3 + 2^1) = -\frac{10}{16}U_{REF}$$

可见二者成正比。

对于n位二进制数码，其取值为00…0到11…1，相应输出电压u_o的取值范围从0到$-\frac{2^{n-1}}{2^n}U_{REF}$。

该电路因为各位同时进行转换，因此速度较快，并且电路结构比较简单。但电阻网络中电阻取值较复杂。位数越多，所需权电阻越多。因为电阻取值范围大，对该电路的集成化造成一定困难，所以该电路用的较少，主要用在输入为BCD码的DAC中。

2. T形电阻网络DAC

图5-80所示为四位T形电阻网络DAC，它与权电阻网络DAC的主要区别是电阻网络不同。T形电阻网络仅有取值为R和$2R$的两种电阻组成，克服了电阻阻值大、取值分散的缺点。

该电路的结构特点是从任一节点向左或右看的等效电阻均为$2R$，从任一开关到地的等效电阻均为$3R$。电子模拟开关S_0～S_3受输入二进制代码d_0～d_3的控制。

当某位数码d_i为1时，参考电压U_{REF}在该支路中产生的电流为$\frac{U_{REF}}{3R}$，此电流在流向运放输入端的过程中，每经过一个节点，电流被分成相等的两路。例如：

当$d_3d_2d_1d_0 = 0001$时，S_0接U_{REF}，其余开关均接地。流经开关S_0支路的电流为$\frac{U_{REF}}{3R}$，在流向运放的过程中，共需经过A、B、C、D四个节点，经过一个节点被均分一次，最终

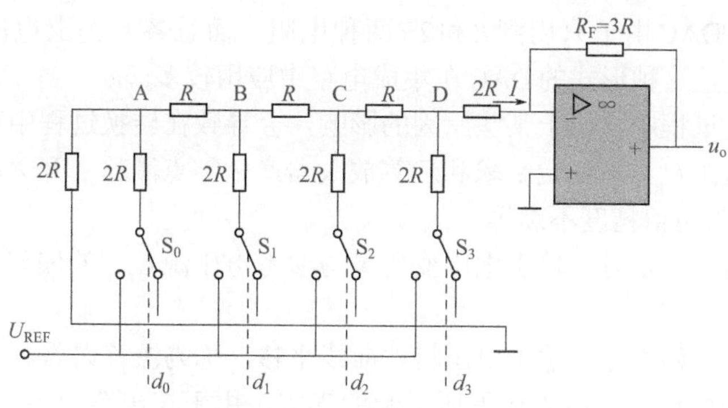

图5-80　四位T形电阻网络DAC

流向运放的电流为$I_0=\frac{1}{2^4}\times\frac{U_{REF}}{3R}$。

当$d_3d_2d_1d_0=0010$时，S_1接U_{REF}，其余开关均接地。同样流经开关S_1支路的电流为$\frac{U_{REF}}{3R}$，在流向运放的过程中，共需经过B、C、D三个节点，经过一个节点被均分一次，最终流向运放的电流为$I_1=\frac{1}{2^3}\times\frac{U_{REF}}{3R}$。

同样，当$d_3d_2d_1d_0=0100$、1000时，流入运放的电流分别为$I_2=\frac{1}{2^2}\times\frac{U_{REF}}{3R}$和$I_3=\frac{1}{2^1}\times\frac{U_{REF}}{3R}$。

当$d_3d_2d_1d_0=1111$时，根据叠加原理，流入运放输入端的总电流为：

$$
\begin{aligned}
I&=I_3+I_2+I_1+I_0\\
&=\frac{1}{2^1}\times\frac{U_{REF}}{3R}+\frac{1}{2^2}\times\frac{U_{REF}}{3R}+\frac{1}{2^3}\times\frac{U_{REF}}{3R}+\frac{1}{2^4}\times\frac{U_{REF}}{3R}\\
&=\frac{U_{REF}}{3R}\left(\frac{1}{2^1}+\frac{1}{2^2}+\frac{1}{2^3}+\frac{1}{2^4}\right)
\end{aligned}
$$

考虑开关受输入二进制代码$d_3d_2d_1d_0$的控制，根据输入取值的不同，I可表示为：

$$
\begin{aligned}
I&=\frac{U_{REF}}{3R}\left(\frac{d_3}{2^1}+\frac{d_2}{2^2}+\frac{d_1}{2^3}+\frac{d_0}{2^4}\right)\\
&=\frac{1}{2^4}\times\frac{U_{REF}}{3R}(2^3d_3+2^2d_2+2^1d_1+2^0d_0)
\end{aligned}
$$

设电路中求和运算放大器的反馈电阻为$R_F=3R$，则输出电压为：

$$u_o=-IR_F=-\frac{U_{REF}}{2^4}(2^3d_3+2^2d_2+2^1d_1+2^0d_0)$$

依此可以求出n位T形电阻网络DAC运放输入端电流及输出电压的表达式：

$$I=\frac{1}{2^n}\times\frac{U_{REF}}{3R}(2^{n-1}d_{n-1}+2^{n-2}d_{n-2}+\cdots+2^1d_1+2^0d_0)$$

$$u_o=-IR_F=-\frac{U_{REF}}{2^n}(2^{n-1}d_{n-1}+2^{n-2}d_{n-2}+\cdots+2^1d_1+2^0d_0)$$

T形电阻网络DAC由于只用到R和$2R$两种电阻，而且各开关上电流均相同，给产品制造带来很大方便，这种形式的DAC在集成电路中应用较多。

在数模转换的过程中，由于某些原因的影响，会导致在转换过程中存在误差。这些原因主要是参考电压源U_{REF}不稳定；求和运算放大器产生零点漂移；开关电路不理想，接通时压降不为0；电阻阻值精度不高等。

当输入数字信号一定时，输出电压变化量与参考电压源U_{REF}的偏差成正比，称为比例系数误差。

运放由于零点漂移将导致输出电压特性曲线平移，称为漂移误差。

开关接通时产生压降及电阻偏差所引起的误差，由于在电路中各自所处的位置不同，使输出电压的变化不是常数，这种误差称为非线性误差。

以上误差均属于转换误差。

此外，由于电路中寄生电容充放电的影响，将产生传输延迟，使得各信号到达运放输入端的时间不一致，其结果将在电路输出端产生尖峰效应。为了消除这种有害的现象，并进一步提高D/A转换速度，可以采用使每个支路中流过的电流保持恒定的方法，以从根本上消除产生尖峰脉冲的原因，这种电路称为倒T形电阻DAC。

3. 倒T形电阻DAC

四位倒T形电阻DAC见图5-81所示，它与T形电阻DAC的区别是接入开关的位置不同。不管输入数码d_i的状态如何，对应的模拟开关分别接地或虚地。各节点对地的等效电阻均为R。

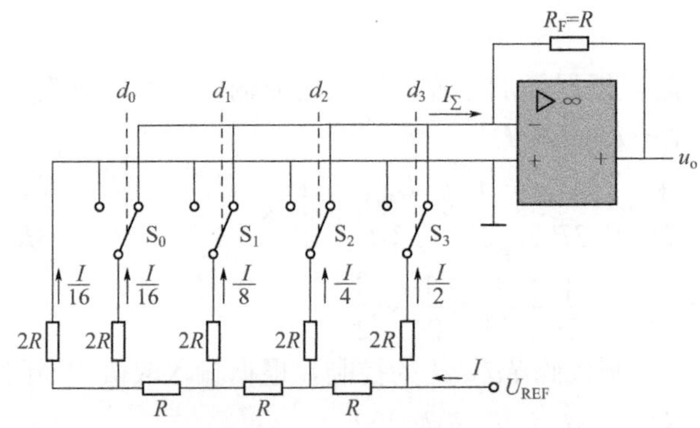

图5-81 四位倒T形电阻DAC

类似于上面的分析，可以求出流入求和运放输入端的电流为：

$$I_\Sigma=\frac{1}{2^4}\times\frac{U_{REF}}{R}(2^3d_3+2^2d_2+2^1d_1+2^0d_0)$$

若反馈电阻为$R_F=R$，则输出电压为

$$u_o=-I_\Sigma R_F=-\frac{U_{REF}}{2^4}(2^3d_3+2^2d_2+2^1d_1+2^0d_0)$$

输出电压u_o与输入数字信号成正比，完成了数模转换。

4. 权电容DAC

四位权电容DAC如图5-82所示，它是利用电荷在电容器上再分配的原理实现D/A转

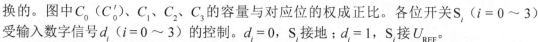

换的。图中C_0（C_0'）、C_1、C_2、C_3的容量与对应位的权成正比。各位开关S_i（$i=0\sim3$）受输入数字信号d_i（$i=0\sim3$）的控制。$d_i=0$，S_i接地；$d_i=1$，S_i接U_{REF}。

根据图5-82，并参考前面的分析方法，可以求出：

$$u_o=(d_3C_3+d_2C_2+d_1C_1+d_0C_0)\ U_{REF}/C_\Sigma$$
$$=\frac{U_{REF}}{2^4}(d_32^3+d_22^2+d_12^1+d_02^0)$$

式中，$C_\Sigma=C_0+C_0'+C_1+C_2+C_3$。

该电路输出电压的精度与各电容器容量比例有关，与其绝对值无关，便于集成。该电路的转换精度较高。

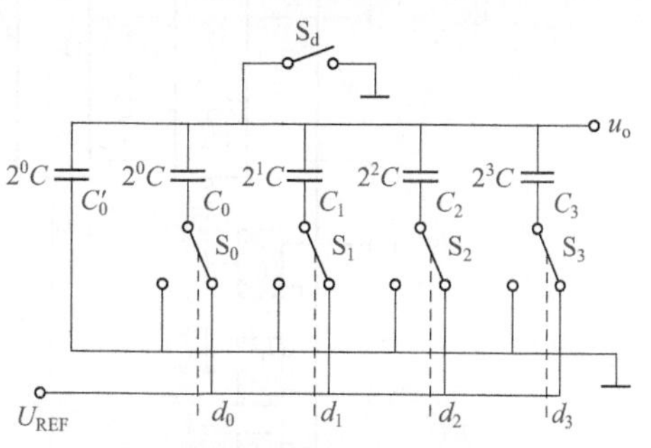

图5-82　四位权电容DAC

四、DAC技术指标

1.分辨率

指最小输出电压（即对应输入数字量只有最低有效位为1）与最大输出电压（即对应输入数字量所有有效位全为1）的比值。对于n位DAC，分辨率为$\frac{1}{2^{n-1}}$。位数越多，分辨率越高。

2.非线性误差

指DAC偏离理想输入-输出特性的偏差与满刻度输出之比。它的大小表示DAC的线性度。

3.转换误差

转换误差是指包含非线性误差、比例系数误差、温漂误差等的综合误差。

一般是分别给出各项误差，而不是给出综合的转换误差。

4.温度系数

在满刻度输出的条件下，温度每变化一度，输出变化的百分数定义为温度系数。

5.输出建立时间

从加入数字信号起，到输出信号达到稳定值所需要的时间，称为输出建立时间。也可以将输出信号上升到满刻度的某一百分比所需要的时间称作输出建立时间。有时也将其称作转换时间。

6.电源抑制比

在DAC中，要求开关电路及运放所用电源电压变化时，对输出电压无影响。将输出电压的变化与相对应的电源电压变化之比称作电源抑制比。

五、集成电路DAC

随着集成技术的发展，中、大规模的D/A转换电路不断涌现，由于它们将电阻网络和电子开关都集成在同一片芯片上，使得应用非常方便。目前芯片的型号非常多，有8位和12位的转换器件，DAC0832是一种8位的CMOS型的D/A转换电路。

图5-83所示为DAC0832的结构框图及外引线功能图。

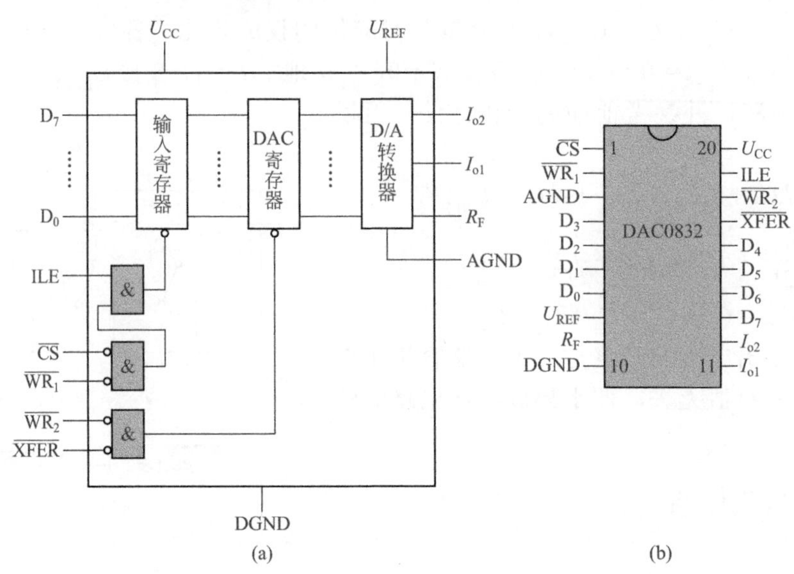

图5-83 DAC0832的结构框图及外引线功能图

由图5-83可知，该芯片共有20个引脚，分别为：

- D_0 ～ D_7：8位数据输入端，D_0为最低位，D_7为最高位。
- I_{o1}：模拟电流输出端1，当DAC寄存器全为1时，输出最大；全0时，输出最小。
- I_{o2}：模拟电流输出端2，$I_{o1}+I_{o2}$=常数，使用时一般将其接地。
- R_F：外接反馈电阻端。
- U_{REF}：基准参考电压端，取值范围为-10 ～ +10V。
- U_{CC}：电源电压端；取值范围为5 ～ 15V。
- DGND：数字地。
- AGND：模拟地。
- $\overline{CS}$：低电平有效的片选信号。
- ILE：高电平有效的输入锁存使能端，它与$\overline{WR_1}$、$\overline{CS}$共同控制输入寄存器选通。
- $\overline{WR_1}$：写信号1，低电平有效，当$\overline{CS}$ = 0，ILE = 1时，$\overline{WR_1}$才能将数据线上的数据写入寄存器中。
- $\overline{WR_2}$：写信号2，低电平有效，它$\overline{XFER}$与配合，当二者均为0时，将输入寄存器中的值写入DAC寄存器中。
- $\overline{XFER}$：控制传输信号输入端，低电平有效，控制$\overline{WR_2}$选通DAC寄存器。

该芯片由于内部采用双缓冲寄存器，可以方便地实现多个D/A转换器同时工作；在满足一定精度的前提下，还可以用作12位D/A转换器。

六、A/D转换原理

ADC的主要作用是将输入的模拟信号转换成数字信号。实现信号的A/D转换需经过采样、保持、量化、编码四个过程。如图5-84所示。

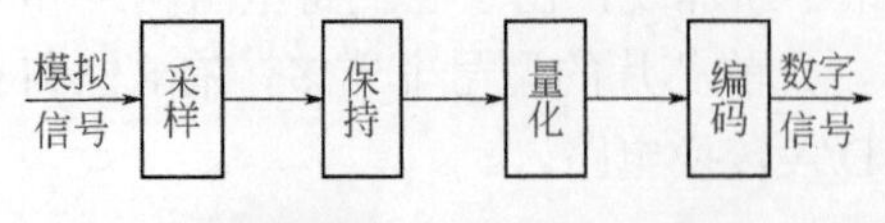

图5-84 A/D转换过程

1. 采样与保持

采样就是将时间上连续变化的模拟信号定时加以检测，取出某一时刻的值，得到时间上断续的信号。采样过程如图5-85所示。u_i是输入的模拟信号，采样器是一个受脉宽为t_w、周期为T的采样脉冲$s(t)$控制的模拟开关。在t_w期间，开关闭合，输出信号$u_o'(t)=u_i(t)$；而在两个采样脉冲信号之间，开关断开，$u_o'(t)=0$。

为了使采样后的信号$u_o'(t)$能够正确地反映输入信号$u_i(t)$而不丢失信息，需对采样脉冲信号提出一定的要求，即采样脉冲信号必须满足采样定理：

$$f_s \geqslant 2f_{max}$$

式中，f_s为采样脉冲信号的频率；f_{max}为输入模拟信号$u_i(t)$中频谱的最高频率。一般取$f_s=(2.5\sim3)f_{max}$。

为了得到一个稳定的值，以便对采样信号进行后面的量化与编码工作，要求将采样后所得到的模拟信号保持一段时间，直到下一个采样脉冲信号的到来。即保持后所获得的不再是一串脉冲，而是一个阶梯脉冲信号。

实际上采样与保持往往一次完成，如图5-86所示。

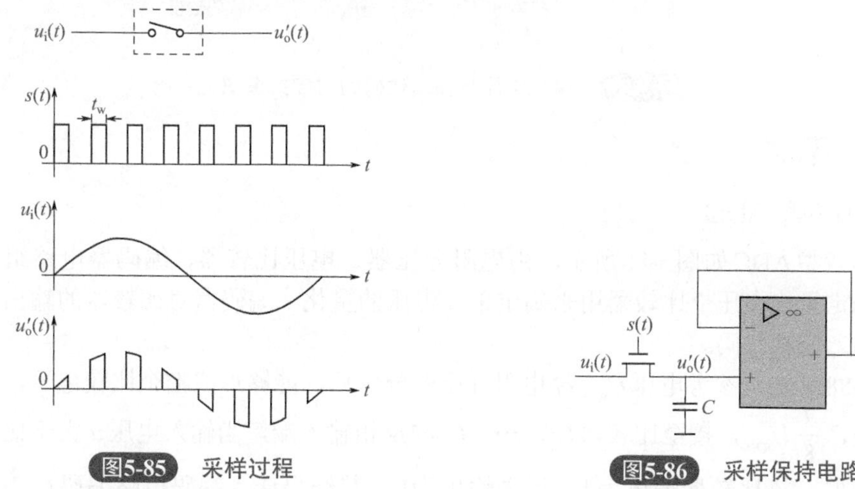

图5-85　采样过程

图5-86　采样保持电路

2. 量化与编码

量化就是将采样保持后所获得的时间上离散、幅度上连续变化的模拟信号取整变为离散量的过程。即将采样保持后的信号转换为某个最小单位电压Δ整数倍的过程。

量化后的信号数值用二进制代码表示，即为编码。编码后的结果即ADC的输出。

由于n位二进制代码只可能表示2^n种状态，因此采样保持后的信号不可能与最小量化单位Δ的整数倍完全相等，只能接近某一量化电平。量化方法有两种：一种是只舍不入法；一种是有舍有入法。

只舍不入法：当$0\leqslant u_o<\Delta$时，u_o的量化值取0；当$\Delta\leqslant u_o<2\Delta$时，$u_o$的量化值取$1\Delta$，当$2\Delta\leqslant u_o<3\Delta$时，$u_o$的量化值取$2\Delta$，依此类推。例如：取$\Delta=\frac{1}{8}$V，用三位二进制代码表示，则输入模拟电压与输出二进制代码的关系如图5-87（a）所示。可见，最大量化误差为$\Delta=\frac{1}{8}$V。

有舍有入法：当$0 \leqslant u_o < \frac{1}{2}\Delta$时，$u_o$的量化值取0；当$\frac{1}{2}\Delta \leqslant u_o < \frac{3}{2}\Delta$时，$u_o$的量化值取$\Delta$，当$\frac{3}{2}\Delta \leqslant u_o < \frac{5}{2}\Delta$时，$u_o$的量化值取$2\Delta$，依此类推。其关系图如图5-87（b）所示，最大量化误差为$\frac{1}{2}\Delta$。有舍有入法的误差比只舍不入法误差要小。很明显，量化单位Δ不同，分成的量化级别就不同。

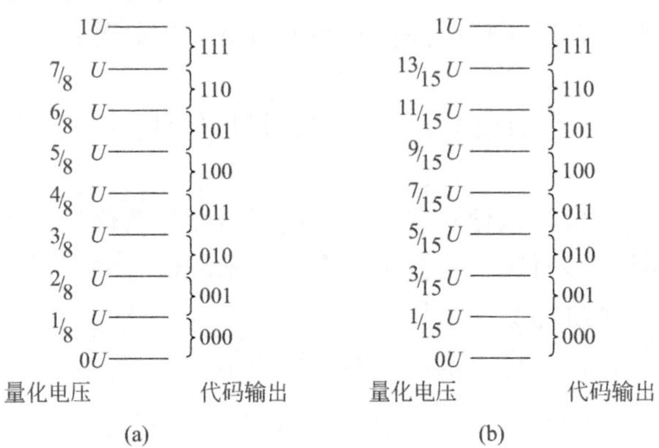

图5-87 量化电压与输出代码的对应关系图

七、ADC电路

1.并行比较型ADC

并行比较型ADC如图5-88所示，由电阻分压器、电压比较器、编码器电路组成。分压器用来确定量化电压；比较器用来确定采样电压的量化；编码器对比较器的输出进行编码，并输出二进制代码。

由图5-88可知，参考电压U_{REF}经电阻分压器分压后，能够形成七个比较电平，分别是$\frac{1}{8}U_{REF}$，…，$\frac{7}{8}U_{REF}$，接至比较器C_1，…，C_7的反相输入端，当输入电压u_i大于比较器的比较电压值时，该比较器输出为1，反之输出为0。其结果送入编码电路编码后，输出二进制代码。根据输入电压u_i（即采样电压）的不同取值，列出u_i与各比较器的输出及编码器的输出$Q_2Q_1Q_0$三者之间的关系表，如表5-32所示。

表5-32 并行比较型ADC关系表

采样电压u_i	比较器输出							编码		
	C_7	C_6	C_5	C_4	C_3	C_2	C_1	Q_2	Q_1	Q_0
$U_{REF} \geqslant u_i > 7U_{REF}/8$	1	1	1	1	1	1	1	1	1	1
$7/8U_{REF} \geqslant u_i > 6U_{REF}/8$	1	1	1	1	1	1	0	1	1	0
$6/8U_{REF} \geqslant u_i > 5U_{REF}/8$	1	1	1	1	1	0	0	1	0	1
$5/8U_{REF} \geqslant u_i > 4U_{REF}/8$	1	1	1	1	0	0	0	1	0	0
$4/8U_{REF} \geqslant u_i > 3U_{REF}/8$	1	1	1	0	0	0	0	0	1	1
$3/8U_{REF} \geqslant u_i > 2U_{REF}/8$	1	1	0	0	0	0	0	0	1	0
$2/8U_{REF} \geqslant u_i > U_{REF}/8$	1	0	0	0	0	0	0	0	0	1
$U_{REF}/8 \geqslant u_i > 0$	0	0	0	0	0	0	0	0	0	0

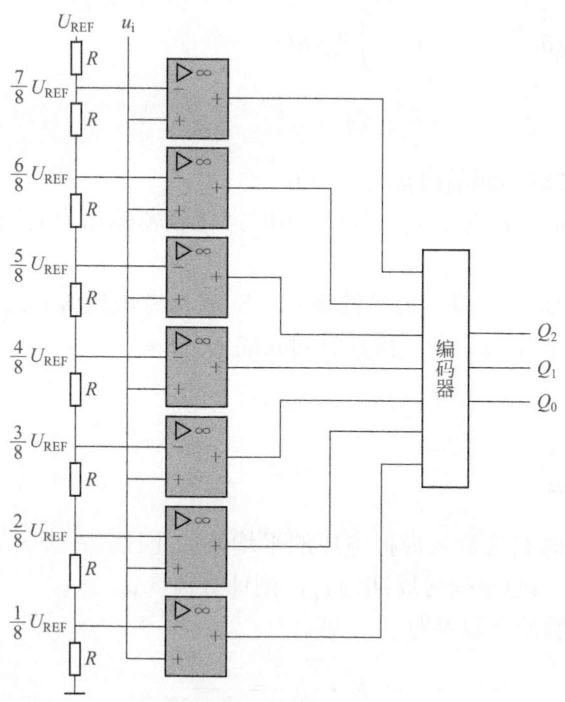

图5-88　并行比较型ADC

该电路的特点是：并行转换，转换速度受比较器、触发器、编码器延迟时间的影响，工作速度较快；若需输出n位二进制代码，则需用2^n-1个比较器。

2.双积分型ADC

双积分型ADC是一种首先将输入的模拟信号变换成与其成正比的时间间隔，然后再在这段时间间隔内对固定频率的时钟脉冲信号进行计数的A/D转换器，所获得的计数值就是正比于输入模拟信号的数字量。

该电路由积分器、比较器、计数器、逻辑控制及CP信号几部分组成。电路组成框图如图5-89所示。波形图如图5-90所示。

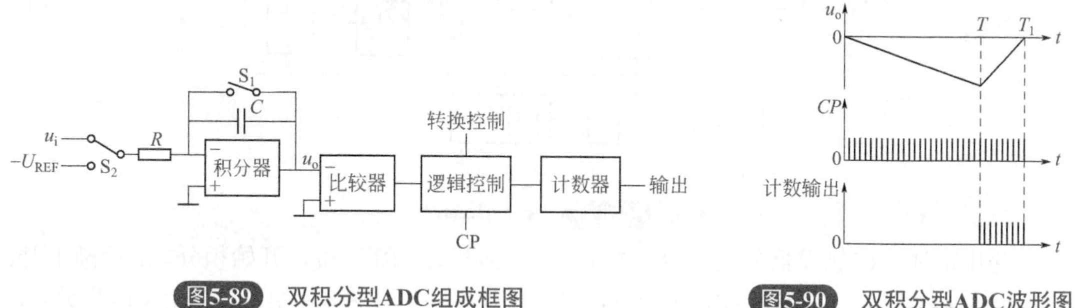

图5-89　双积分型ADC组成框图

图5-90　双积分型ADC波形图

电路工作时，首先使开关S_1闭合，电容C放电，同时计数器清零。

第一阶段为采样阶段。开关S_2接输入模拟信号u_i，u_i通过R对C充电，积分器输出u_o由0下降，积分器对u_i在0～T时间内积分。当$t=T$时：

$\because \quad u_o = -\frac{1}{RC}\int_0^T u_i \mathrm{d}t \qquad \overline{u_i} = \frac{1}{T}\int_0^T u_i \mathrm{d}t$

$\therefore \quad u_o = -\frac{T}{RC}\overline{u_i}$

式中，$\overline{u_i}$为0～T时间间隔内u_i的平均值。

通过上式可见，u_o与$\overline{u_i}$成正比。当u_o＜0时，比较器输出为1，控制电路允许在CP信号控制下计数。

第二阶段为量化编码阶段。采样结束后，S_2接参考电压源$-U_{REF}$，通过R对C反向充电，u_o逐渐上升，T_1时刻，$u_o = 0$，积分时间间隔为T_1～T。

$\because \quad \frac{T_1-T}{RC}u_R = \frac{T}{RC}\overline{u_i}$

$\therefore \quad T_1 - T = \frac{T}{u_R}\overline{u_i}$

即该段反向积分时间与输入模拟电压的平均值成正比。在T～T_1时间内，将CP脉冲信号送入计数器计数，设CP信号周期为T_C，则计数值$\propto \overline{u_i}$。

计数器中存放的脉冲个数N为

$$N = \frac{T_1-T}{T_C} = \frac{T\overline{u_i}}{T_C u_R}$$

由上式可知：计数所获得的数字量正比于输入模拟电压平均值$\overline{u_i}$。

该电路的特点是输出数字量与积分器时间常数无关，对积分元件精度要求不高。同时对叠加在输入信号上的干扰信号（如工频干扰）抑制能力较强。缺点是转换速度较慢。该电路常见于对速度要求不高的场合，例如数字电压表中。

3. V-F型ADC

V-F型ADC如图5-91所示，它包括反相器、积分器、比较器、触发器、比较器等。

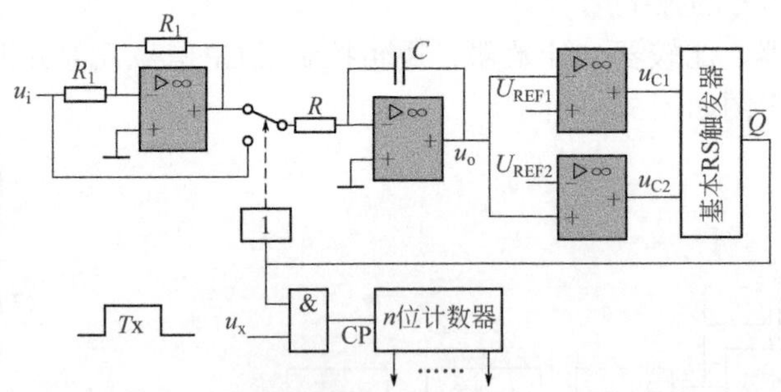

图5-91　V-F型ADC

设开始时，RS触发器的输出$Q = 0$，$\overline{Q} = 1$，则开关S接至$-u_i$，开始积分，u_o逐渐上升。u_o上升至$u_o \geqslant U_{REF1}$时，$u_{C1} = 0$，$u_{C2} = 1$，$Q = 1$，$\overline{Q} = 0$，开关S接至u_i，开始反向积分，u_o逐渐下降。当u_o降至$u_o \leqslant U_{REF2}$时，$u_{C1} = 1$，$u_{C2} = 0$，$Q = 0$，$\overline{Q} = 1$，开关S接至$-u_i$，开始积分，u_o逐渐上升，如此重复，使触发器不断翻转，在Q、$\overline{Q}$端得到频率随u_i变化的脉冲信号，工作波形如图5-92所示。

由图5-92知，若设正向积分时间为T_1，u_o此时的幅度变化为$U_{REF1} - U_{REF2}$，积分时间

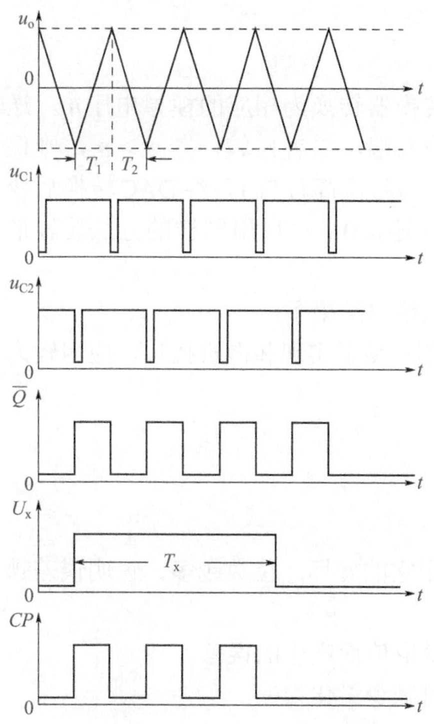

图5-92　V-F型ADC工作波形

常数为$\tau = RC$，可得：

$$T_1 = \frac{U_{REF1} - U_{REF2}}{u_i} = RC$$

设反向积分时间为T_2，则$T_1 = T_2$。

Q端的脉冲信号的周期为：

$$T_1 = T_1 + T_2 = 2\frac{U_{REF1} - U_{REF2}}{u_i}RC$$

输出脉冲频率为：

$$f = \frac{1}{T} = \frac{u_i}{2(U_{REF1} - U_{REF2})RC}$$

上式表明输出脉冲信号的频率与u_i成正比。

若在规定的时间T_x内对输出脉冲信号计数，得到的脉冲个数为：

$$N = \frac{T_X}{T} = -\frac{T_X}{2(U_{REF1} - U_{REF2})RC}u_i$$

计数器输出的代码即与u_i成正比的二进制代码。

该电路的优点是抗干扰能力较强，缺点是转换精度与速度较低。

4.逐次逼近型ADC

逐次逼近型ADC的转换原理与天平称物的原理十分相似。

设现在有10g、5g、2.5g、1.25g、0.625g五种天平砝码，一个物体G的质量为15.45g，用天平称重的过程如下：

第一次，该物体与10g的砝码比较，由于$G>10$g，保留此砝码，记为1；

第二次，添加5g砝码与G比较，由于$G>(10+5)$g，保留该砝码，累计记为11；

第三次，添加2.5g砝码与G比较，由于$G<(10+5+2.5)$g，去掉该砝码，累计记为110；

第四次，添加1.25g砝码与G比较，由于$G<(10+5+1.25)$g，去掉该砝码，累计记为1100；

第五次，添加0.625g砝码与G比较，由于$G>(10+5+0.625)$g，保留此砝码，累计记为11001。

将所有砝码试用比较后，则可以得到用二进制代码表示的物体G的质量为$G=11001$，换算为十进制数为15.625g。由于物体的实际质量为15.45g，所以测量后误差为0.175g。

根据上述天平称物的原理设计出了逐次比较型ADC。

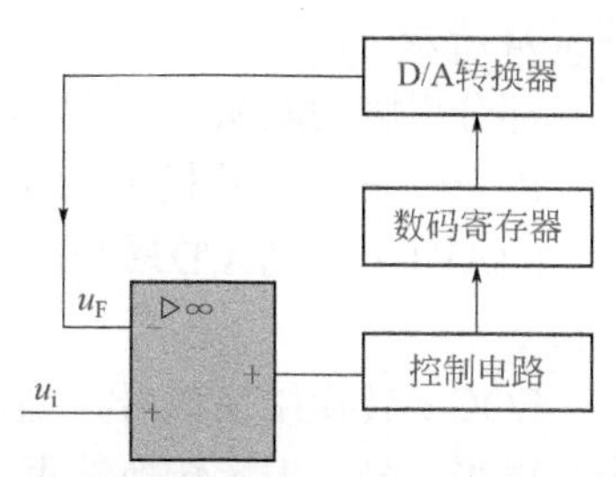

图5-93　逐次比较型ADC组成框图

逐次比较型ADC电路组成框图如图5-93所示。该电路由控制电路、数码寄存器、D/A转换器、电压比较器四部分组成。

假设要进行三位A/D转换。

首先控制电路使数码寄存器输出为100，经D/A转换器转换为相应的模拟电压u_F，送至比较器反相输入端，采样电压u_i送至比较器同相输入端，二者比较，若$u_i > u_F$，则保留最高位1；反之，将最高位清除为0。接着，控制电路将次高位置1，经DAC转换后变为相应的电压u_F，再次与u_i比较，以决定该位输出为1还是0；最后用同样的方法比较最低位。

此时，数码寄存器中保存的数码就是A/D转换后的输出结果了。

该电路的特点是转换精度高，转换速度快，集成芯片易于实现和微机接口，应用较为广泛。

八、ADC技术指标

1.分解度与量化误差

分解度也叫分辨率。用输出二进制代码的位数表示它的好坏。位数越多，说明误差越小，转换精度越高。

量化误差是指由于用有限数字对模拟数值进行离散取值而产生的误差。

量化误差理论上为一个单位分解度，提高分辨率可减少量化误差。

2.转换速度

完成一次A/D转换操作所需要的时间。一般是指从接到转换控制信号到输出端得到稳定的数字信号输出所经过的时间。

3.温度系数

指输入不变时，在允许的温度变化范围内，每改变一度引起的输出相对变化量。也可以用输出变化的绝对值表示。

4.电源抑制

指输入模拟电压不变时，转换电路的电源电压变化对输出信号的影响。一般用输出数字信号的绝对变化量表示。

九、集成电路ADC

集成的A/D转换电路很多，其中ADC0809是一种逐次逼近型的A/D集成电路。其外引线功能图如图5-94所示。

部分引脚功能为：

$IN_0 \sim IN_7$：八路模拟输入；

START：启动A/D转换，当其为高电平时，开始转换；

EOC：转换结束信号，当完成A/D转换时发出一个高电平信号，表示转换结束；

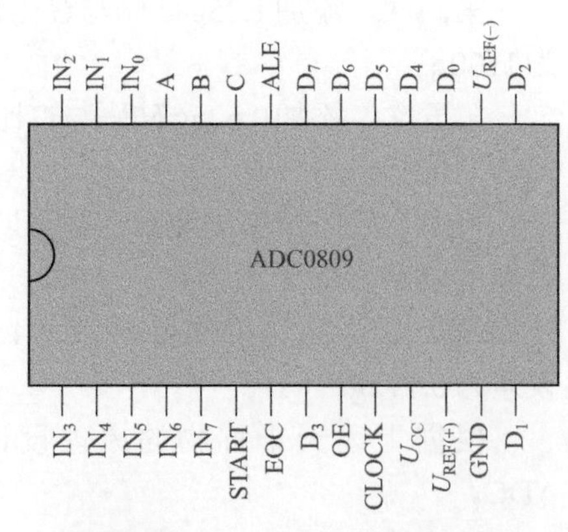

图5-94 ADC0809外引线功能图

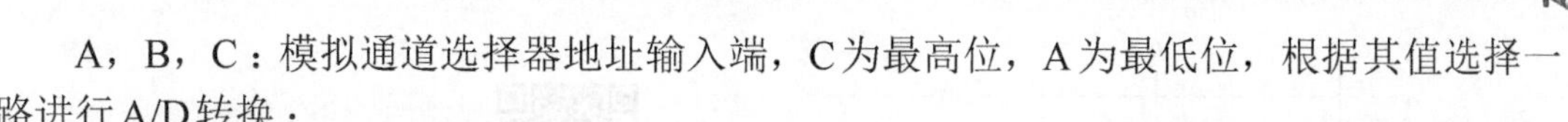

A，B，C：模拟通道选择器地址输入端，C为最高位，A为最低位，根据其值选择一路进行A/D转换；

ALE：地址锁存信号，高电平有效，当ALE = 1时，选中CBA选择的一路，并将其代表的模拟信号接入A/D转换器之中；

D_0 ～ D_7：八路数字量输出；

$U_{REF(+)}$，$U_{REF(-)}$：参考电压端，提供D/A转换器权电阻的标准电平，$U_{REF(+)}=5V$，$U_{REF(-)}=0V$；

U_{CC}：电源端，$U_{CC}=5V$；

GND：地。

第八节　555时基集成电路及应用

一、认识555时基集成电路

555定时器是一种模拟和数字功能相结合的中规模集成器件，是美国Signetics公司1972年研制的用于取代机械式定时器的中规模集成电路，因输入端设计有三个5kΩ的电阻而得名，此电路后来竟风靡世界。一般用双极性工艺制作的称为555，用CMOS工艺制作的称为7555，它们的功能和外部引脚的排列完全相同。除单定时器外，还有对应的双定时器556（双极型）和7556（CMOS型）。555定时器的电源电压范围宽，可在4.5～16V范围内工作，7555可在3～18V范围内工作，输出驱动电流约为200mA，因而其输出可与TTL、CMOS或者模拟电路电平兼容。

555定时器成本低，性能可靠，只需要外接几个电阻、电容就能极方便地构成多谐振荡器、单稳态触发器和施密特触发器。由于使用灵活、方便，555定时器在波形的产生与变换、家用电器、电子玩具、电子测量及自动控制等许多领域都得到了应用。

图5-95所示是国产双极性定时器CB555的电路结构。它由比较器C_1和C_2、基本RS触发器、集电极开路的放电三极管VT和三个5kΩ电阻组成的分压器4个部分组成。图5-96所示是555定时器的引脚图。

各引脚引线端的功能如下。

- 1为接地端。
- 8为电源端。可在5～16V范围内使用。
- 5为控制电压输入端。当U_{CO}悬空时，比较器C_1和C_2的参考电压（电压比较的基准）U_{R1}和U_{R2}由U_{CC}经三个5kΩ电阻分压给出，比较器C_1的参考电压$U_{R1}=2U_{CC}/3$，比较器C_2的参考电压$U_{R2}=U_{CC}/3$；如果U_{CO}外接固定电压，则$U_{R1}=U_{CO}$，$U_{R2}=U_{CO}/2$。U_{CO}端不用时，一般经0.01μF的电容接“地”，以防止干扰的引入。
- 3为输出端。可直接驱动继电器、发光二极管、扬声器、指示灯等。
- 6为比较器C_1的输入端（也称阈值端，用TH标注）。当$u_{i1}<U_{R1}$时，比较器C_1的输出为高电平；当$u_{i1}>U_{R1}$时，比较器C_1的输出为低电平。

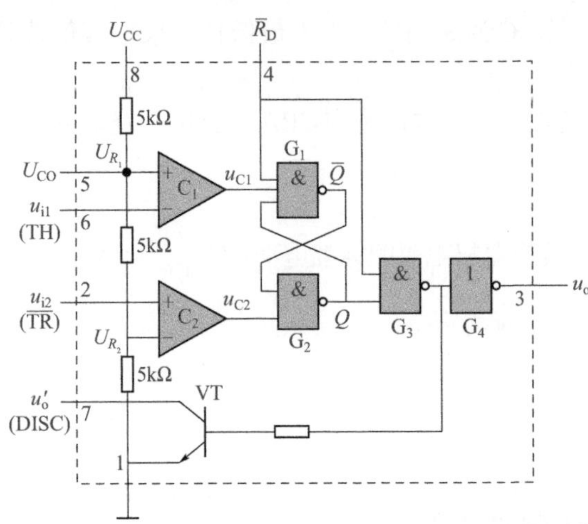

图5-95　CB555的电路结构

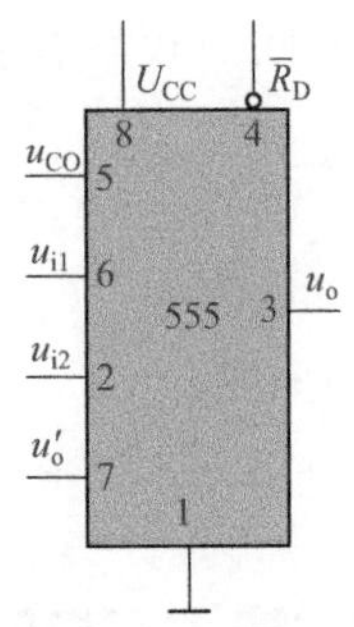

图5-96　555定时器引脚图

- 2为比较器C_2的输入端（也称触发端，用$\overline{TR}$标注）。当$u_{i2}<U_{R2}$时，比较器C_2的输出为低电平；当$u_{i2}>U_{R2}$时，比较器C_2的输出为高电平。
- 4为复位端。只要在$\overline{R}_D$端加上低电平，输出端u_o便立即被置成低电平，不受其他输入端状态的影响。正常工作时必须使$\overline{R}_D$处于高电平。
- 7为放电端。当$Q=0$时，放电晶体管VT导通，外接电容元件通过VT进行放电。

由图5-95可知，当$u_{i1}>U_{R1}$、$u_{i2}>U_{R2}$时，比较器C_1的输出$u_{C1}=0$、比较器C_2的输出$u_{C2}=1$，基本RS触发器被置0，VT导通，同时u_o为低电平。

当$u_{i1}<U_{R1}$、$u_{i2}>U_{R2}$时，$u_{C1}=1$、$u_{C2}=1$，触发器的状态保持不变，因而VT和输出的状态也维持不变。

当$u_{i1}<U_{R1}$、$u_{i2}<U_{R2}$时，$u_{C1}=1$、$u_{C2}=0$，故触发器被置1，u_o为高电平，同时VT截止。

当$u_{i1}>U_{R1}$、$u_{i2}<U_{R2}$时，$u_{C1}=0$、$u_{C2}=0$，触发器处于$Q=\overline{Q}=1$的状态，u_o处于高电平，同时VT截止。这样我们就得到了表5-33所示的CB555的功能表。

表5-33　CB555的功能表

$\overline{R}_D$	输入		输出	
	u_{i1}	u_{i2}	u_o	VT状态
0	×	×	低	导通
1	$>\frac{2}{3}U_{CC}$	$>\frac{1}{3}U_{CC}$	低	导通
1	$<\frac{2}{3}U_{CC}$	$>\frac{1}{3}U_{CC}$	不变	不变
1	$<\frac{2}{3}U_{CC}$	$<\frac{1}{3}U_{CC}$	高	截止
1	$>\frac{2}{3}U_{CC}$	$<\frac{1}{3}U_{CC}$	高	截止

二、555定时器组成的单稳态、双稳态及无稳态电路分析

1. 由555定时器组成的多谐振荡器

（1）电路组成　将555定时器的阈值端TH与触发端$\overline{TR}$连在一起再外接电阻R_1、R_2和电容C便构成了多谐振荡器，如图5-97所示。

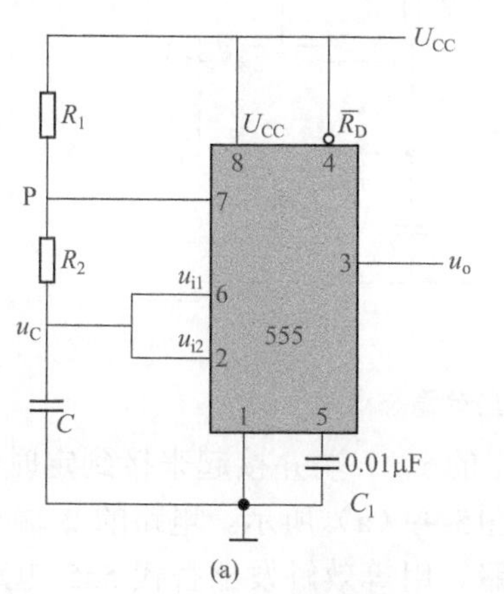

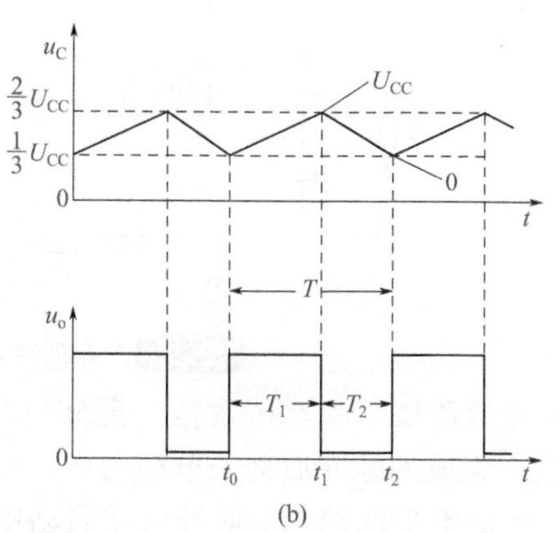

图5-97　由555定时器构成的多谐振荡器

（2）工作原理　与单稳态触发器比较，它是利用电容器的充放电来代替外加触发信号，所以，电容器上的电压信号应该在两个阈值之间按指数规律转换。接通电源，设电容电压$U_{CC}=0$，此时相当于输入是低电平，输出是高电平，电源对电容充电，充电回路是：

$$U_{CC}\rightarrow R_1\rightarrow R_2\rightarrow C\rightarrow 地$$

随着充电过程的进行，电容电压u_C上升，当上升到$\frac{2}{3}U_{CC}$时，即输入达到高电平时，电路的状态发生翻转，输出为低电平，电容器开始放电，放电回路是：

$$C\rightarrow R_2\rightarrow 放电管VT\rightarrow 地$$

随着放电过程的进行，电容电压u_C下降，当下降到$\frac{1}{3}U_{CC}$时，电路的状态又开始翻转。如此不断循环，电路形成自激振荡。电容器之所以能够放电，是由于有放电端 7 脚的作用，因 7 脚的状态与输出端一致，7 脚为低电平电容器即放电。

2. 由555定时器组成的单稳态触发器

（1）人工启动型单稳态触发器　将 555 电路的6、2 端并接起来接在RC定时电路上，在定时电容C_T两端接按钮开关 SB，就成为人工启动型 555 单稳电路，如图 5-98（a）所示。用等效触发器替代 555，并略去与单稳态触发器工作无关的部分后画成的等效图如图5-98（b）所示。下面分析它的工作状态。

❶ **稳态**　接上电源后，电容C_T很快充到U_{DD}，从图5-98（b）中看到，触发器输入$R=1$，$\overline{S}=1$，从功能表中查到输出$U_o=0$，这是它的稳态。

❷ **暂稳态**　按下开关SB，C_T上电荷很快放到零，相当于触发器输入$R=0$，$\overline{S}=0$，输出立即翻转成$U_o=1$，暂稳态开始。开关放开后，电源又向C_T充电，经时间t_d后，C_T上电

压升到＞$2U_{DD}/3$时，输出又翻转成$U_o=0$，暂稳态结束。t_d就是单稳电路的定时时间或延时时间，它和定时电阻R_T和定时电容C_T的值有关；$t_d=1.1R_TC_T$。

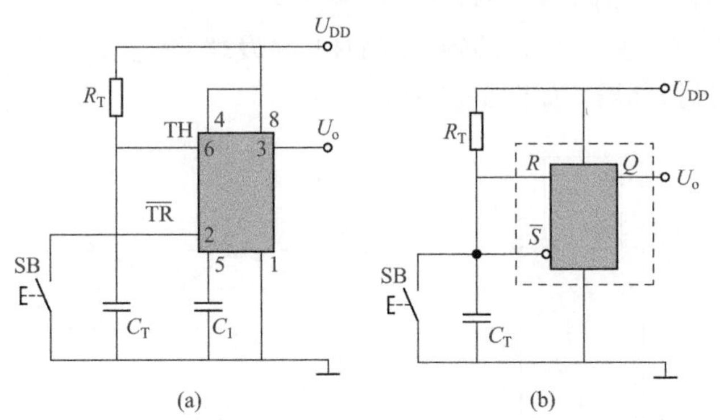

图5-98 人工启动型单稳态电路

（2）脉冲启动型单稳态触发器　把555电路的6、7端并接起来接到定时电容C_T上，用2端作输入就成为脉冲启动型单稳电路，如图5-99（a）所示。电路的2端平时接高电平，当输入接低电平或输入负脉冲时才启动电路。用等效触发器替代555电路后的等效图如图5-99（b）所示。这个电路利用放电端使定时电容能快速放电。下面分析它的工作状态。

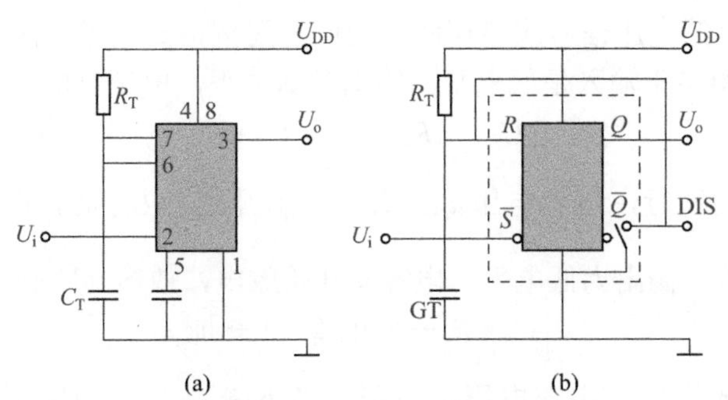

图5-99 脉冲启动型单稳态电路

❶ 稳态　通电后，$R=1$，$\overline{S}=1$，输出$U_o=0$，DIS端接地，C_T上电压为0即$R=0$，输出仍保持$U_o=0$，这是它的稳态。

❷ 暂稳态　输入负脉冲后，输入$\overline{S}=0$，输出翻转成$U_o=1$，DIS端开路，电源通过R_T向C_T充电，暂稳态开始。经过t_d后，C_T上电压升到＞$2U_{DD}/3$，这时负脉冲已经消失，输入又成为$R=1$，$\overline{S}=1$，输出又翻转成$U_o=0$，暂稳态结束。这时内部放电开关接通，DIS端接地，C_T上电荷很快放到零，为下一次定时控制做准备。电路的定时时间$t_d=1.1R_TC_T$。

这两种单稳态电路常用作定时延时控制。

3. 555双稳态电路

（1）RS触发器型双稳态电路　把555电路的6、2端作为两个控制输入端，7端不用，就成为一个RS触发器。要注意的是两个输入端的电平要求和阈值电压都不同，如图5-100（a）所示。有时可能只有一个控制端，这时另一个控制端要设法接死，根据电路要求可以

把R端接到电源端，如图5-100（b）所示，也可以把S端接地，用R端作输入。

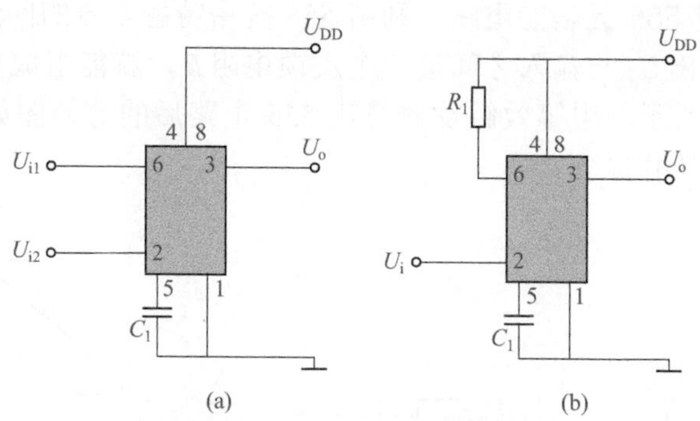

图5-100　RS触发器型双稳态电路

有两个输入端的双稳态电路常用作电机调速、电源上下限告警等用途，有一个输入端的双稳态电路常作为单端比较器用作各种检测电路。

（2）由555定时器组成的施密特触发器

❶ **电路组成**　将555定时器的阈值端TH与触发端$\overline{TR}$连在一起作为信号输入端便构成了施密特触发器，如图5-101所示。

❷ **工作原理**　当$u_i < \frac{1}{3}U_{CC}$时，u_{o1}输出高电平，电路处于第一稳态；只有当u_i上升到略大于$\frac{2}{3}U_{CC}$时，u_{o1}输出低电平，电路进入第二稳态；此后当u_i由$\frac{2}{3}U_{CC}$继续上升，u_{o1}保持不变；只有当u_i下降到略小于$\frac{1}{3}U_{CC}$时，电路输出跳变为高电平，触发器回到第一稳态。

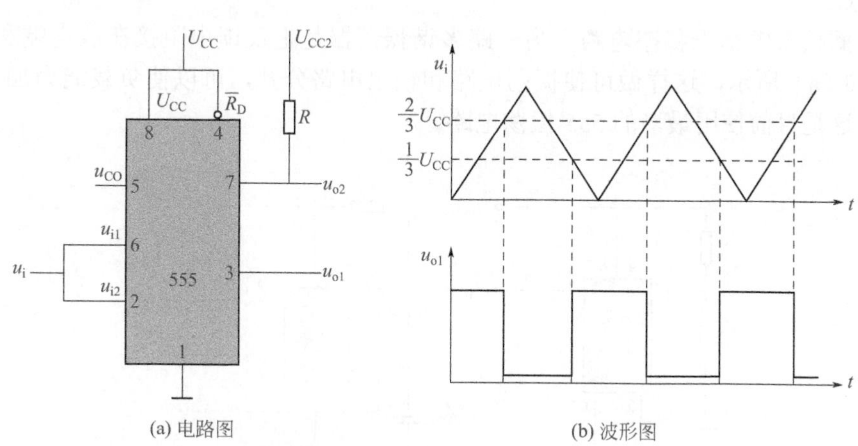

图5-101　555定时器构成的施密特触发器

4.无稳态电路

无稳态电路有2个暂稳态，它不需要外触发就能自动从一种暂稳态翻转到另一种暂稳态，它的输出是一串矩形脉冲，所以它又称为自激多谐振荡器或脉冲振荡器。555的无稳态电路有多种，这里介绍常用的两种。

（1）直接反馈型 555 无稳态电路 利用 555 施密特触发器的回滞特性，在它的输入端接电容C，再在输出U_o与输入之间接一个反馈电阻R_f，就能组成直接反馈型多谐振荡器，如图5-102（a）所示。用等效触发器替代 555 电路后的等效图如图5-102（b）所示。现在来看看它的振荡工作原理。

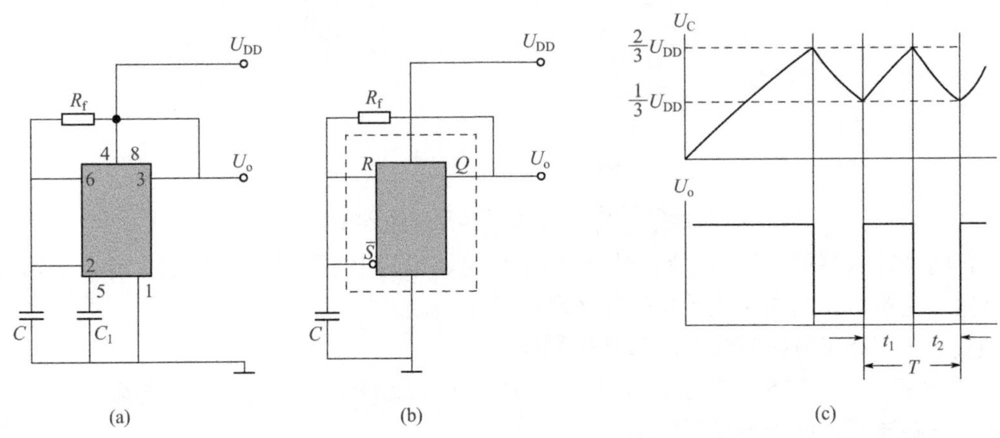

图5-102 直接反馈型 555 无稳态电路

刚接通电源时，C上电压为零，输出$U_o = 1$。通电后电源经内部电阻、U_o端、R_f向C充电，当C上电压升到$> 2U_{DD}/3$时，触发器翻转$U_o = 0$，于是C上电荷通过R_f和U_o放电入地。当C上电压降到$< U_{DD}/3$ 时，触发器又翻转成$U_o = 1$。电源又向C充电，不断重复上述过程。由于施密特触发器有2个不同的阈值电压，因此C就在这2个阈值电压之间交替地充电和放电，输出得到的是一串连续的矩形脉冲，如图5-102（c）所示。脉冲频率$f = 0.722/（R_fC）$。

（2）间接反馈型无稳态电路 另一路多谐振荡器是把反馈电阻接在放电端和电源上，如图5-103（a）所示，这样做可使振荡电路和输出电路分开，可以使负载能力加大，频率更稳定。这是目前使用最多的 555 振荡电路。

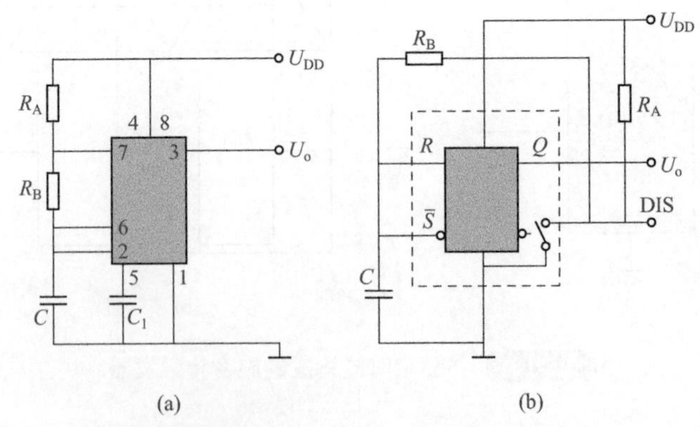

图5-103 间接反馈型无稳态电路

图5-103（b）所示电路在刚通电时，$U_o = 1$，DIS 端开路，C的充电路径是：电

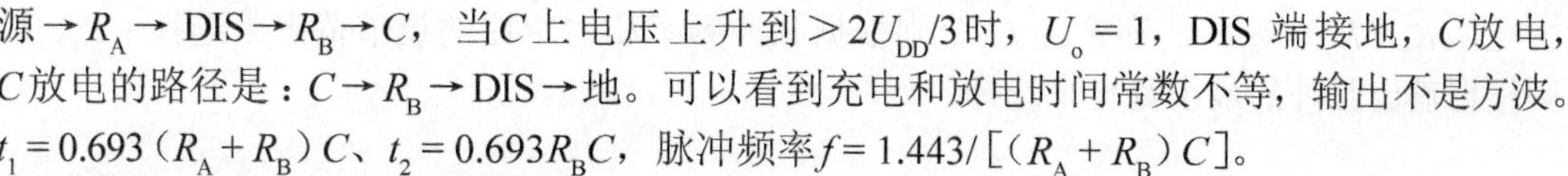

源 → R_A → DIS → R_B → C，当C上电压上升到 $> 2U_{DD}/3$时，$U_o = 1$，DIS 端接地，C放电，C放电的路径是：C → R_B → DIS → 地。可以看到充电和放电时间常数不等，输出不是方波。$t_1 = 0.693\,(R_A + R_B)\,C$、$t_2 = 0.693R_BC$，脉冲频率$f = 1.443/[(R_A + R_B)\,C]$。

三、双555脉冲发生器

555定时器是一种多用途的单片中规模集成电路。该电路使用灵活、方便，只需外接少量的阻容元件就可以构成单稳态、多谐和施密特触发器，因而在波形的产生与变换、测量与控制、家用电器和电子玩具等许多领域中得到了广泛的应用。

目前生产的定时器有双极型和CMOS两种类型，其型号分别有NE555（或5G555）和C7555等多种。通常，双极型产品型号最后三位数码都是555，CMOS产品型号的最后四位数码都是7555，它们的结构、工作原理以及外部引脚排列基本相同。

一般双极型定时器具有较大的驱动能力，而CMOS定时电路具有低功耗、输入阻抗高等优点。555定时器工作的电源电压很宽，并可承受较大的负载电流。双极型定时器电源电压范围为5～16V，最大负载电流可达200mA；CMOS定时器电源电压变化范围为3～18V，最大负载电流在4mA以下。

在某些控制电路中需要使用占空比和频率均可改变的方波脉冲，且两者的改变互不影响，如采用在555多谐振荡器的充放电路中加入两个二极管，以分别调节互不影响的要求，且调节范围有限。

如果采用两片555时基电路，则可以很容易地实现二者大范围内的调节，且互不影响，电路如图5-104所示，IC_1构成多谐振荡器，其频率可变，通过调节R_{P1}来实现。IC_2构成单稳态电路，其占空比通过调节R_{P2}来改变。由于单稳态电路要求输入脉冲宽度小于输出脉冲宽度，故必须将IC_1的输出脉冲宽度变窄以后再输入IC_2，这由R_3、C_3组成的微分电路来实现。图中VD的作用是滤去微分电路产生的正尖峰脉冲。电阻R_1、R_2、R_4、R_5用来限制流入555中引脚7的电流，当电源的电压比较低（< 12V）或脉冲频率不太高时，可省

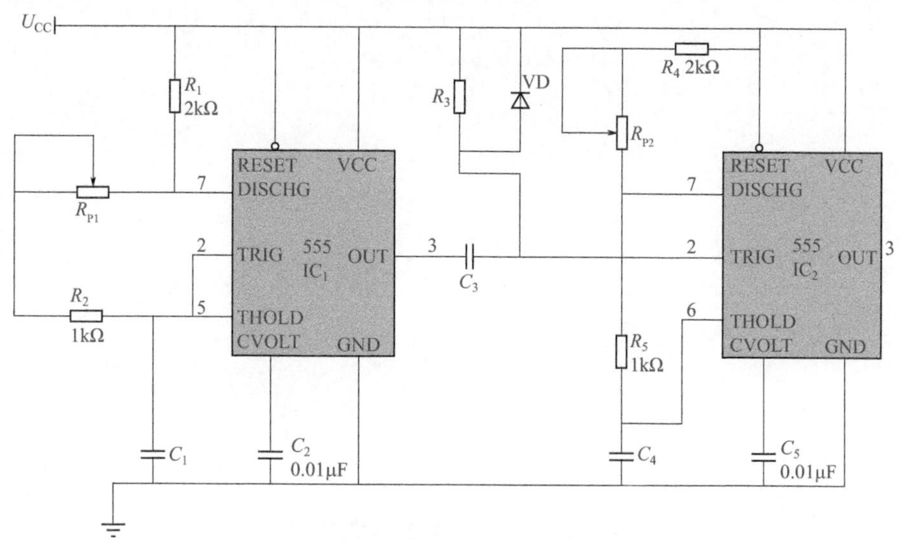

图5-104　脉冲发生器

去电阻R_2、R_5。R_{P_1}、C_1和R_{P2}、C_4分别根据脉冲频率和占空比的调节范围来选择；R_3、C_3则根据输出脉冲的最小宽度来选择。

第九节　单片机微处理器电路

单片机运行起来所必须具有的硬件系统一般包括电源、晶振、复位电路等。为便于读者学习、下载，单片机的构成与常用型号、最小系统应用与编程等内容做成了电子版，读者可以扫描二维码下载学习。

单片机微处理器电路

第六章
数字电路分析

第一节　多种门电路集成电路

一、常用TTL（74系列）数字集成电路型号及引线排列

常用TTL（74系列）数字集成电路型号及引线排列如图6-1所示。

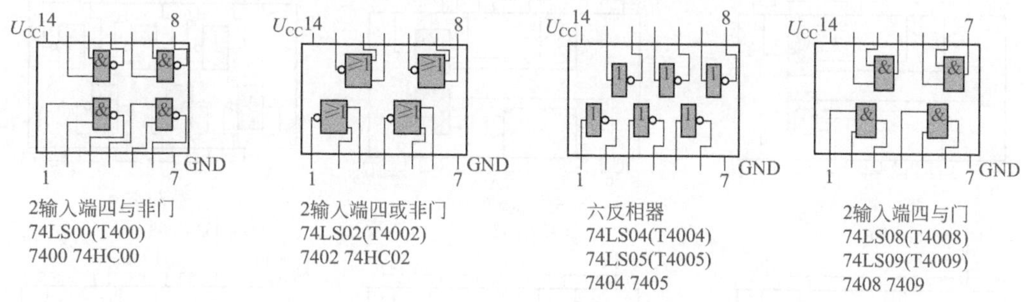

2输入端四与非门
74LS00(T400)
7400 74HC00

2输入端四或非门
74LS02(T4002)
7402 74HC02

六反相器
74LS04(T4004)
74LS05(T4005)
7404 7405

2输入端四与门
74LS08(T4008)
74LS09(T4009)
7408 7409

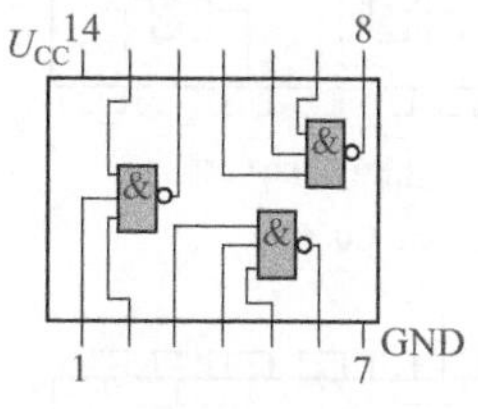

3输入端三与非门
74LS10(T4010)
74LS12(T4012)
7410 7412

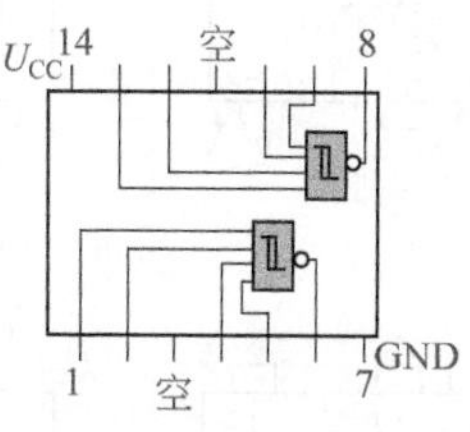

4输入端双与非施密特触发器
74LS13(T4013)
74LS18(T4018)
7413 7418

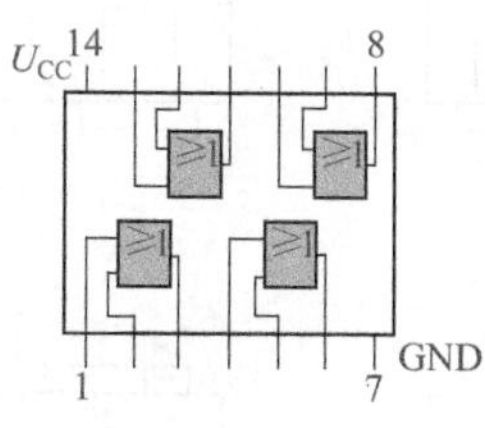

2输入端四或非门
74LS32(T032)
7432

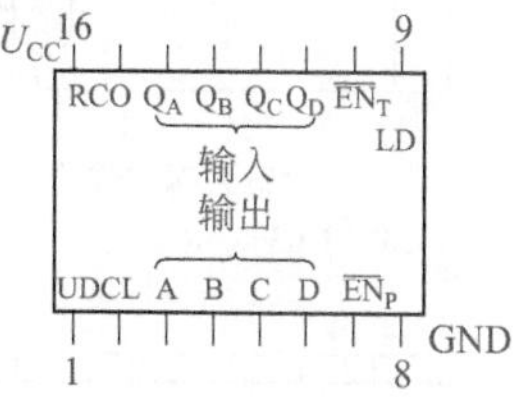

二进制(十进制)四位
加/减同步计数器
74LS168(T4168)(十进制)
74LS169(T4169)(二进制)

图6-1

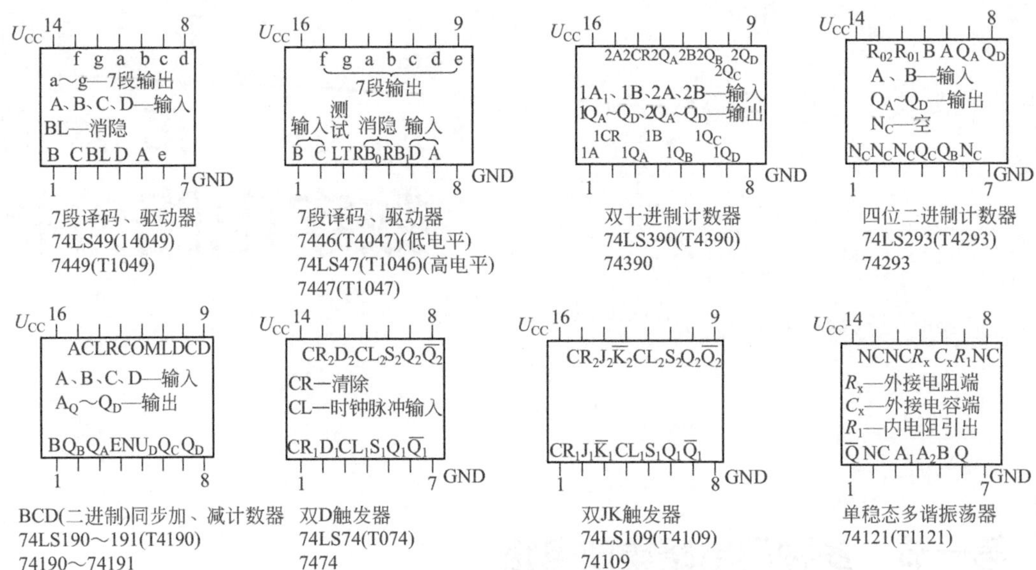

图6-1 常用TTL（74系列）数字集成电路型号及引线排列

二、常用CMOS（C000系列）数字集成电路型号及引线排列

常用CMOS（C000系列）数字集成电路型号及引线排列如图6-2所示。

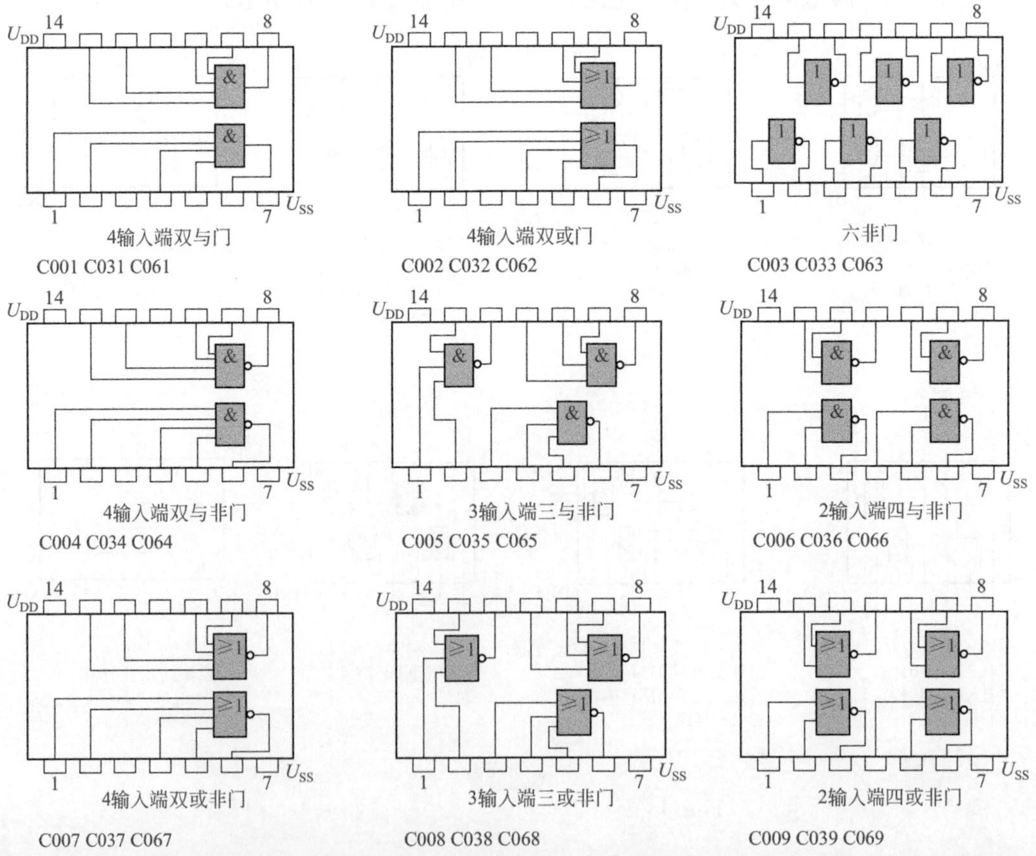

4输入端双与门
C001 C031 C061

4输入端双或门
C002 C032 C062

六非门
C003 C033 C063

4输入端双与非门
C004 C034 C064

3输入端三与非门
C005 C035 C065

2输入端四与非门
C006 C036 C066

4输入端双或非门
C007 C037 C067

3输入端三或非门
C008 C038 C068

2输入端四或非门
C009 C039 C069

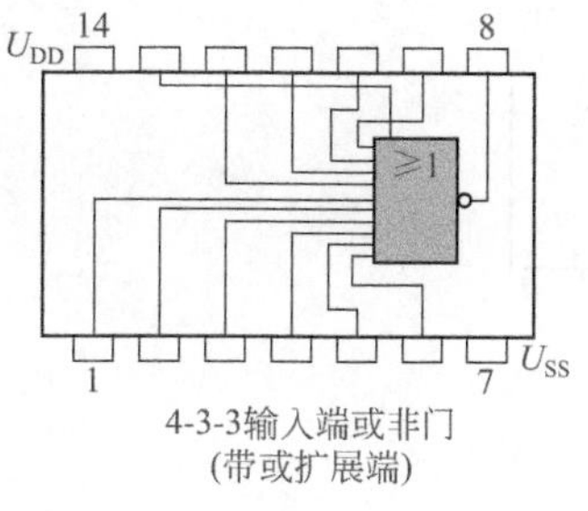

4-3-3输入端或非门
（带或扩展端）
C010 C040 C070

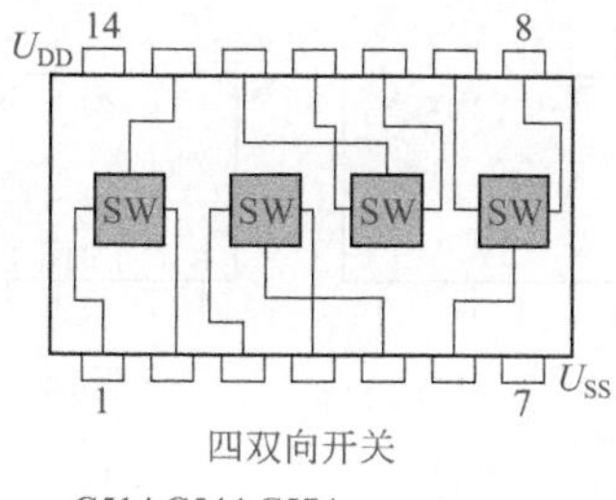

四双向开关
C514 C544 C574

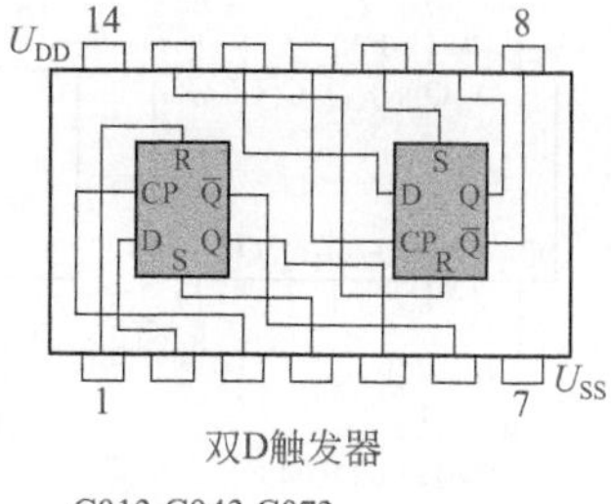

双D触发器
C013 C043 C073

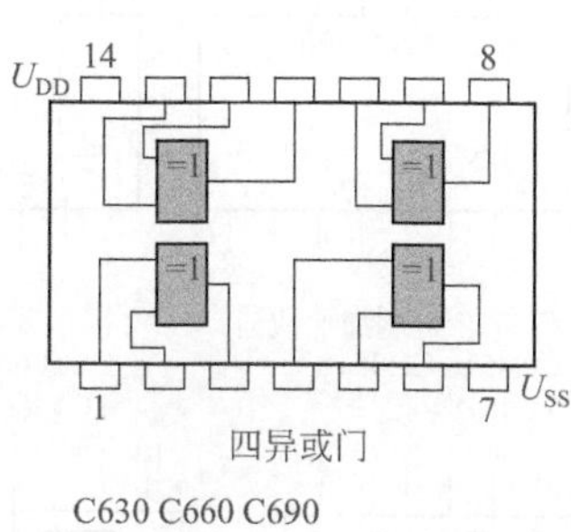

四异或门
C630 C660 C690

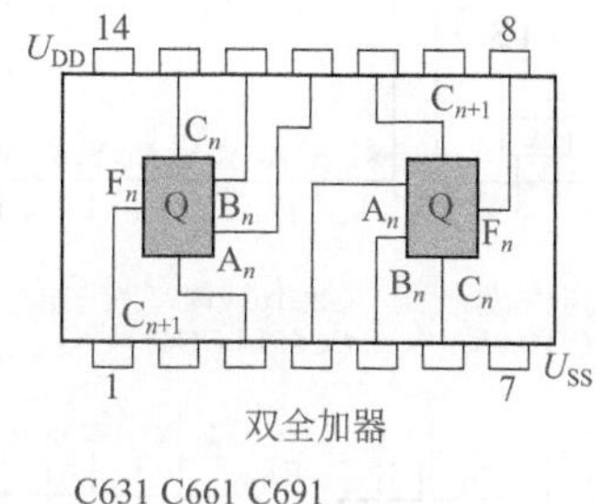

双全加器
C631 C661 C691

图6-2 CMOS（C000系列）数字集成电路型号及引线排列

三、常用CMOS（CC4000系列）数字集成电路国内外型号对照及引线排列

常用CMOS（CC4000系列）数字集成电路国内外型号对照及引线排列如图6-3所示。

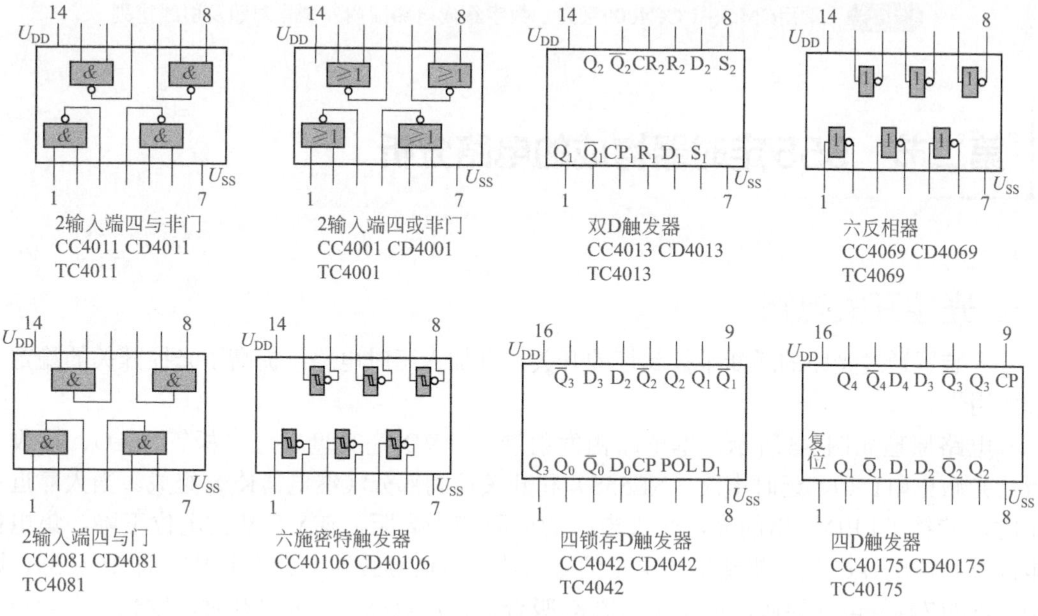

图6-3

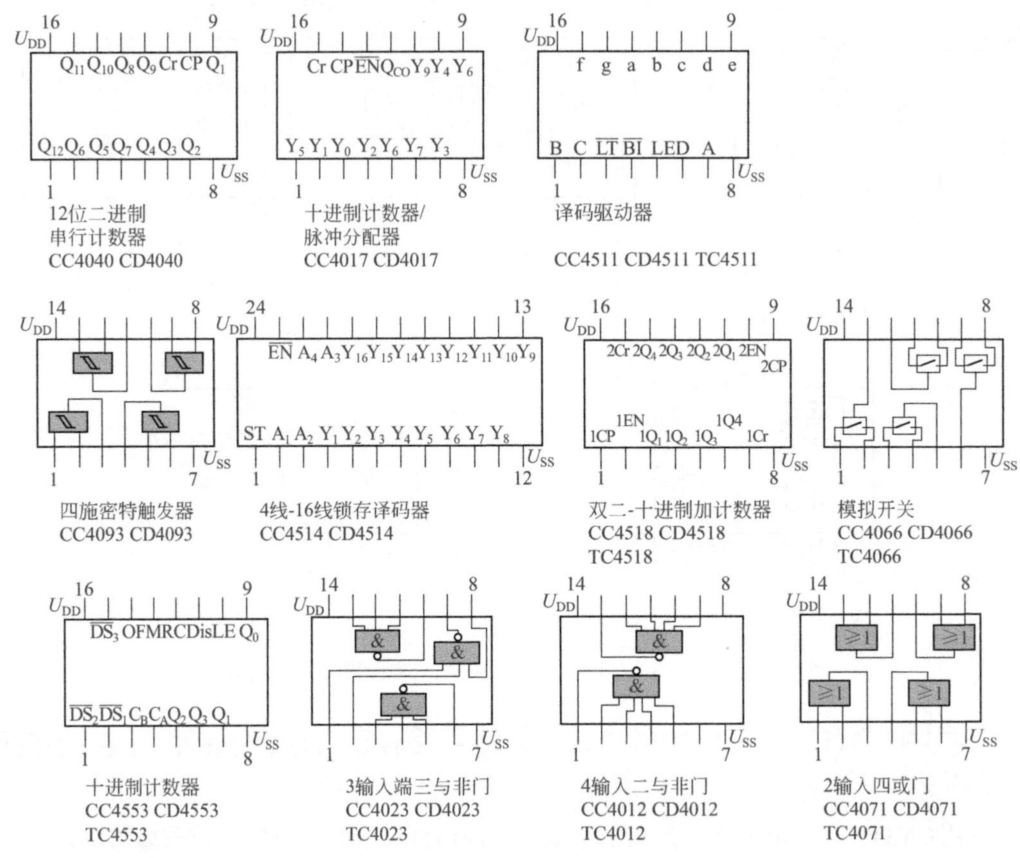

图6-3 常用CMOS（CC4000系列）数字集成电路国内外型号对照及引线排列

第二节 555定时器构成的电路分析

一、光控开关电路

本装置通过光路的通断来控制灯的开关，并加入延时电路，提高了光控开关的稳定性和实用性。

电路原理如图6-4所示，本电路由发射装置（VD_1高亮度发光二极管LED）、接收装置（光敏电阻LR）、延时电路（NE555）和开关控制部分（继电器K_1）组成。当人靠近桌子时，遮挡了LED发出的光，光敏电阻的内阻变为高阻，使VT_1基极电位下降，集电极电位升高，电容C_1发射极输出高电平信号（此电平信号必须大于等于4V，即$2U_{CC}/3$），则NE555的7脚放电管导通，从而继电器K_1吸合，台灯点亮。当人离开时，发光二极管与光敏电阻之间的光路通畅，VT_1基极电位升高，集电极电位下降，电容C_1放电，使VT_2发射极电位缓慢下降。当下降到2V时，NE555的7脚放电管截止，继电器释放，台灯熄灭。电路设定延时1min，这样可以避免因为人的短暂离开或偶尔的身体移动使光路通畅，导致继电器释放，台灯熄灭，从而带来不便。

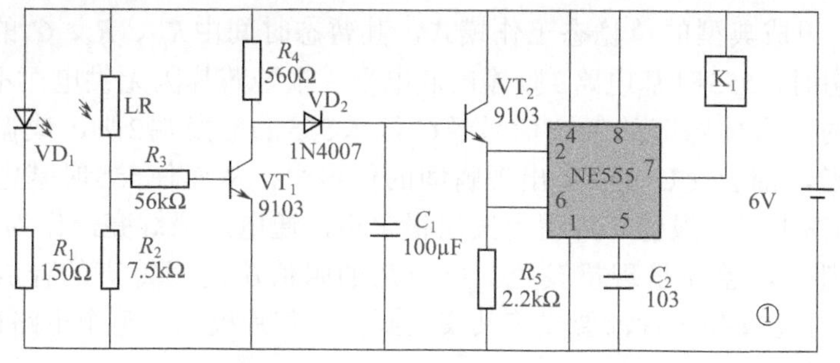

图6-4　简易光控开关电路原理图

二、红外反射报警器

红外线反射式防盗报警器的电路如图6-5所示，它由红外线发射电路、红外线接收电路、放大及频率译码电路、单稳态延时电路、警报发生电路及转换电路六部分组成。

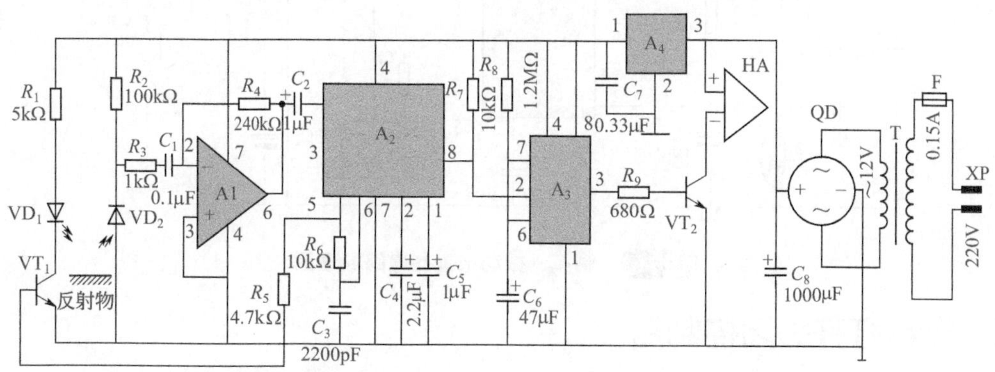

图6-5　红外线反射式防盗报警器电路图

接通电源，由音频译码集成电路A_2及外接电阻R_6、电容C_3产生40kHz左右振荡信号，一方面作为本身谐振需要；另一方面通过A_2的5脚（幅值约6V）、R_5加至三极管VT_1基极，经VT_1电流放大后驱动红外发光二极管VD_1向周围空间发射红外光脉冲。平时，红外光敏二极管VD_2接收不到VD_1发出的红外光脉冲，A_2输出端8脚处于高电平，由A_3及外围阻容元件构成的典型单稳态电路处于复位状态，VT_2无偏流截止，报警电喇叭HA断电不发声。当人或物接近VD_1时，由VD_1发出的红外线被人体或物体反射回来一部分，被VD_2接收并发出相同频率的电信号，经运放A_2放大后，输入到A_2的3脚，通过A_2内部进行识别译码后，使其8脚输出低电平。该低电平信号直接触发A_3构成的单稳态电路置位，使A_3的3脚输出高电平，VT_2获偏流饱和导通，HA通电发出响亮的报警声。人或物离开VD_1监视区域后，虽然VD_2失去红外光信号使A_2的8脚恢复高电平，但由于存在单稳态电路的延迟复位作用，HA将持续发声一段时间（≤60s），然后自动恢复到待报警状态。

三、触摸、振动报警器

如图6-6所示，该触摸、振动报警器由触摸触发电路、振动触发电路和报警电路组成，555时基电路U_1组成典型的单稳态工作模式，其暂态时间由R_{P1}、R_2、C_2的数值决定。平时电路处于稳态时，555时基电路3脚输出低电平，报警芯片因无供电而不报警。当人手触碰电极片P_1时，人体感应的杂波信号经C_1注入555的触发端2脚，或振动传感器S_1受振动而瞬间接通，都会使U_1的2脚出现瞬间的低电平，从而使555时基电路翻转进入暂态，3脚突变为高电平，报警芯片得电发出报警声，通电后绿灯亮，作为电源指示灯用，报警时红绿灯都亮，整体呈现橙黄色。电阻R_5的阻值决定报警声的释放速度，一般取180～240kΩ，注意安装芯片前要先将其安装到报警芯片板上，整个电路DC3～6V均可以工作。

触摸、振动报警器电路

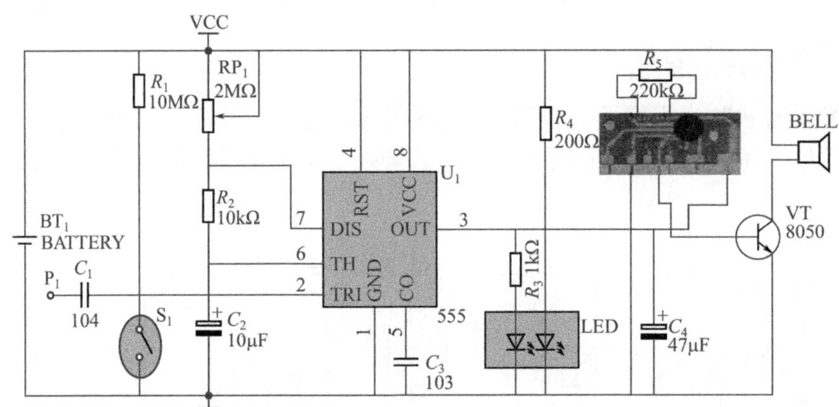

图6-6 触摸、振动报警器电路原理图

四、窗帘打开关闭控制器

该电路使用晶体管、集成电路和一个继电器的混合电路，并且用于自动打开和关闭窗帘。使用开关S_3还允许手动控制，使窗帘只留部分打开或关闭。该电路控制一个连接到一个简单的滑轮机构的马达，以移动窗帘。

电路原理图如图6-7所示。自动操作该电路可分为三个主要部分，一个双稳锁存器，一个定时器和一个换向电路。拨动开关S_3确定手动或自动模式。图6-7所示的电路设置在自动位置，并操作如下。双稳态内置VT_1和VT_2以及相关电路和控制继电器的A/2左右。S_1用于打开窗帘，S_2用于关闭窗帘。上电正脉冲通过C_2加到VT_2的基极，激活继电器A/2。C_3和R_4的网络形成用于中继-低电流保持电路。继电器A/2是一个12V继电器与500Ω的线圈。一旦继电器已动作，通过线圈的电流减少，节省电力消耗。当VT_2关断时，C_3将被解除，但在VT_2被激活（无论是在开关电源或按S_1）后，电容C_3将通过继电器线圈快速充电。初始充电电流足以激发R_4继电器，足以使其保持通电。

五、红外倒车雷达

红外倒车雷达电路原理图如图6-8所示。该电路由多谐振荡电路、红外信号发射与接收电路、红外信号放大及电压比较电路构成，具有电路简单、成本低、电路工作稳定的特

点，广泛应用于各种测距场合。

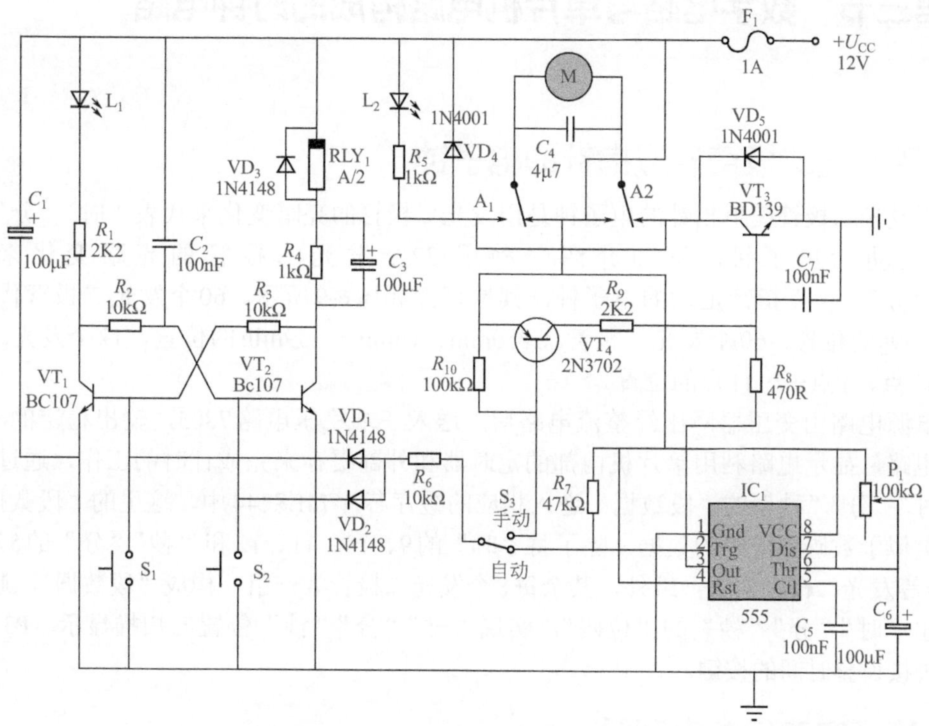

图6-7　窗帘打开关闭控制器电路原理图

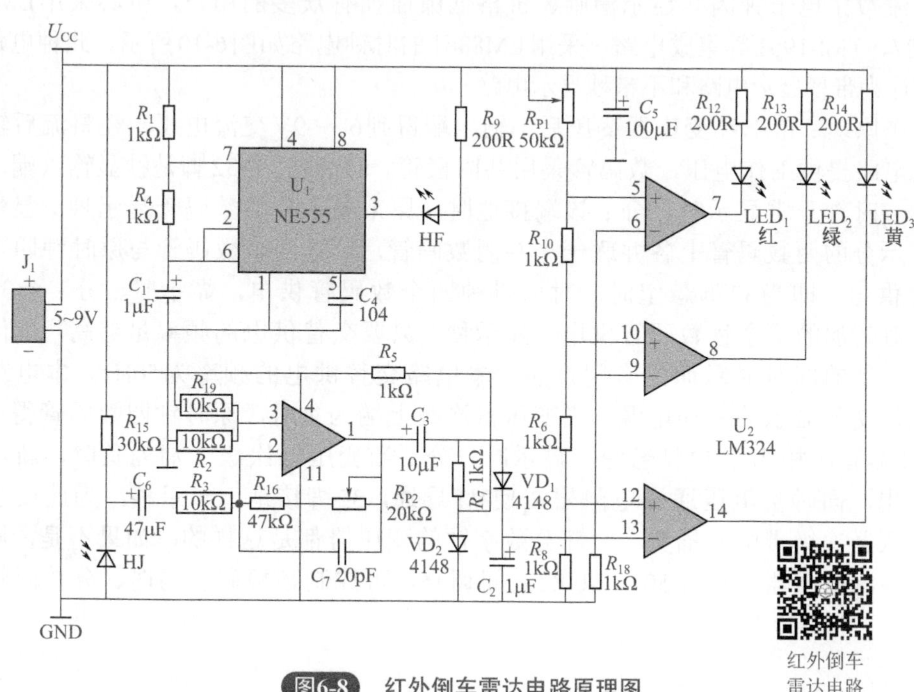

图6-8　红外倒车雷达电路原理图

红外倒车
雷达电路

第三节　数字电路与单片机电路构成的时钟电路

一、用发光二极管模拟指针的电子钟

用发光二极管模拟指针的电子钟是用发光二极管的亮暗变化来代表“时”“分”“秒”指针走动的电子钟，下面介绍一种用132个发光二极管的亮暗变化来代表“时”“分”“秒”指针走动的电子钟，其原理图如图6-9所示。60个发光二极管代表0s、1s……59s的位置，60个发光二极管代表0min、1min……59min的位置，12个发光二极管代表12点、1点……11点的位置。

电源电路由变压器降压经整流电路后，送入三端稳压电路7805，输出稳定的+5V电压供电路，显示电路利用单片机内部的定时器和外部缓存来完成计时的工作，通过PO口把“时”“分”“秒”的“段数据”送入相应的缓存芯片74LS244中，这里的“段数据”是一种类似于数码管段码的数据，除了将“时”的9、10、11、12和“秒”“分”的57、58、59，0等发光二极管构成一组外，其余每8个发光二极管为一组，构成“段数据”，通过P1口送出“时”“分”“秒”的“位码”，实现“时”“分”“秒”位置的扫描显示。P3口的3个引脚接调整时间的按键。

二、普通交流供电电子钟

交流数字电子钟因其显示清晰、价格低廉而拥有众多的用户，机芯采用LM8361、MM5387、TMS1951等集成电路，采用LM8361的时钟电路如图6-10所示。此种电路可以任意设计为带秒显示电路和不带秒显示电路。

工作原理：市电经变压器变压后，输出端得到6～9V交流电压，经整流后输入电路，经电路提供工作电压，数码管采用共阴极管。LM8361的32脚是秒显输入端，该端悬空时，时钟正常显示时、分；该端接地时，原来显示分的数码管显示秒。显然，如果在显示分的两数码管上各并联一个共阴数码管，对这两个数码管与原时钟四个数码管交替供电，即当32脚悬空时，对原时钟四个数码管供电，显示时、分；当32脚接地时，对新加的两个秒数码管供电，显示秒。只要交替供电的频率足够高，就能实现时、分、秒的同时显示而没有闪烁感。本电路交替供电的频率为50Hz。本电路用交流电源作交替显示的驱动电源。当变压器次级上端为负时，原时钟四数码管得电，三极管VT截止，相当于32脚悬空，显示时、分；当变压器次级下端为负时，新增两数码管得电，同时负电压通过电阻器R_4使VT导通，32脚接地，显示秒。为此要求时钟电源变压器次级带中心抽头，大部分数字钟的变压器都是这样的，如果不是，则需换一个。限流电阻器R_2可在50～300Ω之间调整，可控制秒数码管与时、分数码管亮度一致。

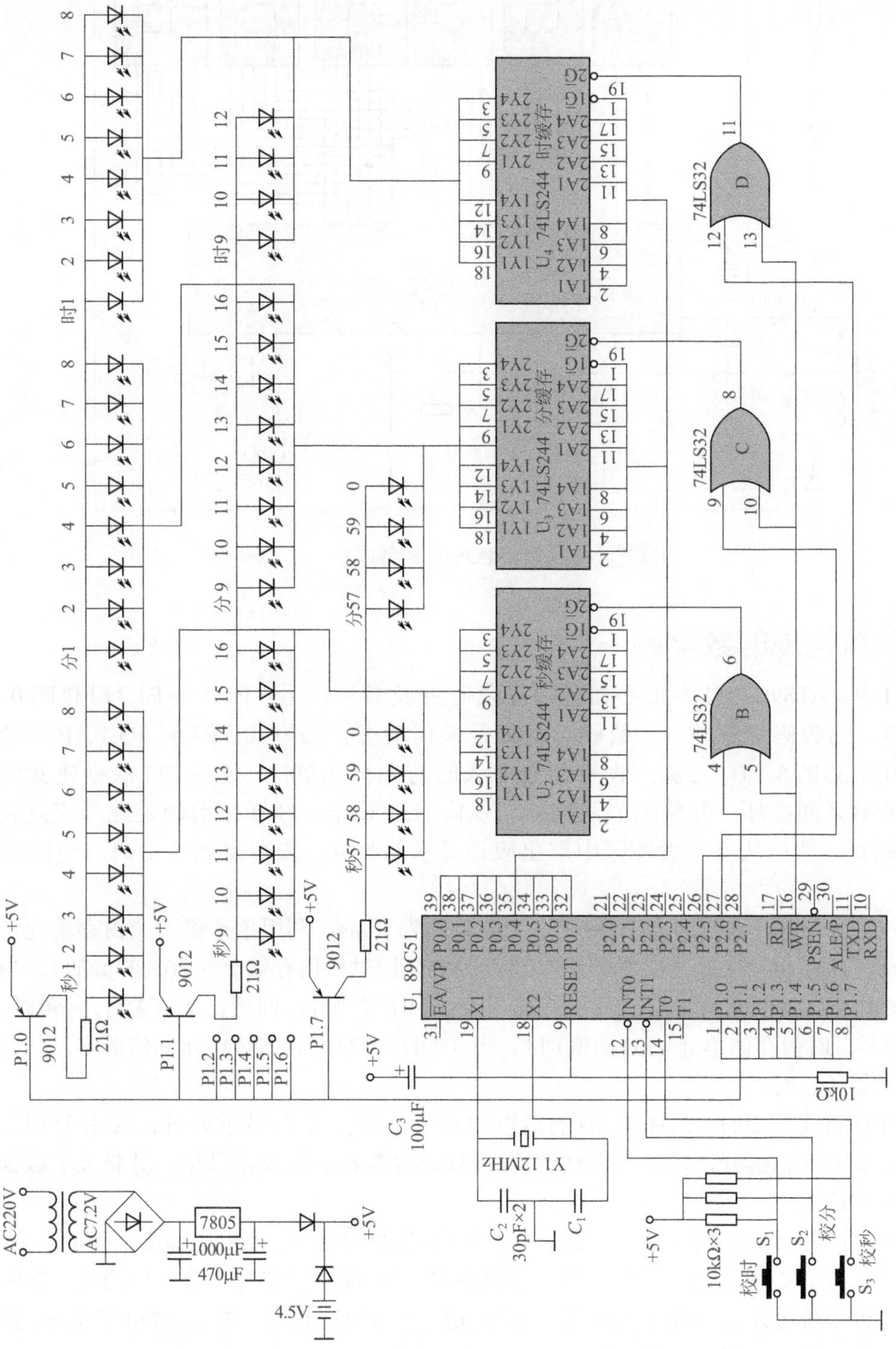

图6-9　用发光二极管模拟指针的电子钟原理

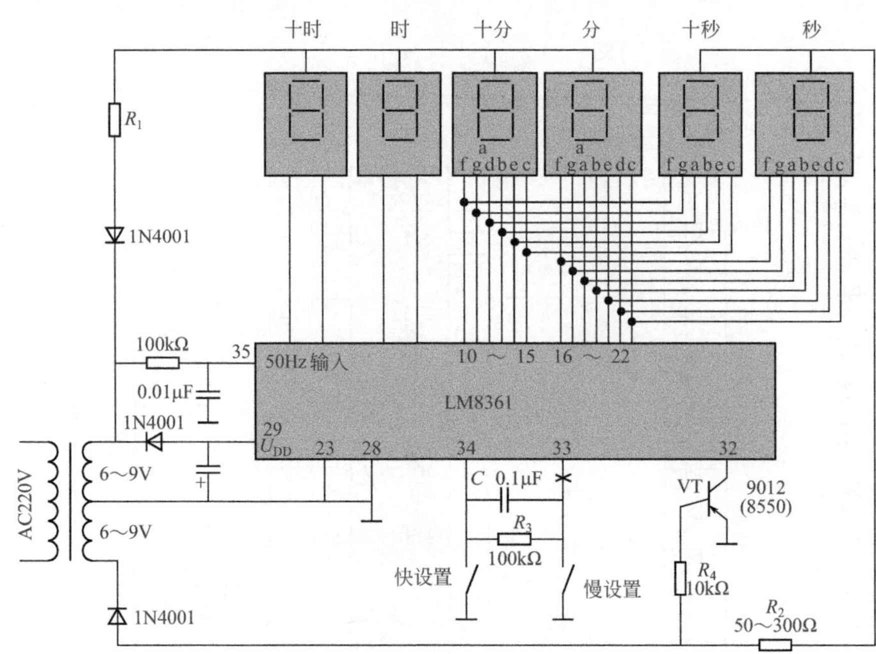

图6-10 采用LM8361的时钟电路

三、单片机构成的数字钟

图6-11中，AT89C2051为核心器件，提供时钟及显示信号，P1.0 ～ P1.7口和P3.0、P3.1及P3.7口为数码管驱动口，数码管的显示采用动态扫描方式。P3.0、P3.1、P3.7分别接SN74LS138的A、B、C脚，程序累加器A的初始值为00H，使用加1指令使其值在00H ～ 05H之间循环，并将该值从P3.0、P3.1、P3.7输出，经译码后确定此刻应点亮哪一个数码管，然后从显示缓冲区中取出应该显示的数据，查表得到字形码，送P1口显示。

时钟秒信号由芯片内定时器T0提供，定时时间为50ms，利用单片机一个内存单元作为计数单元，T0溢出一次计一次数，计数20次为1s，同时秒值存储单元20H的值加1。当（20H）=60时，将20H单元清零，分值存储单元21H的值加1。同理，当（21H）=60时，21H单元清零，时值存储单元22H的值加1。当（22H）=24时，22H单元的值清零，从而实现24小时循环计时。

显示程序首先将20H、21H、22H的值取出进行小数点是否显示处理，然后分别将20H、21H、22H的值拆开，进行十进制调整，形成6个数码管的显示数据，并将显示数据送显示缓冲区保存。

K_0 ～ K_4分别接P3.2、P3.3、P3.4、P3.5口，构成调时电路。K_0接RST脚实现按键复位。正常工作时，按下K_4键，时钟暂停走时，继续按K_4键可选择调整时、分、秒的值，对应的时、分、秒个位显示的小数点被点亮，按K_1键可实现加1操作，按K_2键可实现减1操作。调整完毕，按K_3键确认，时钟恢复走时。

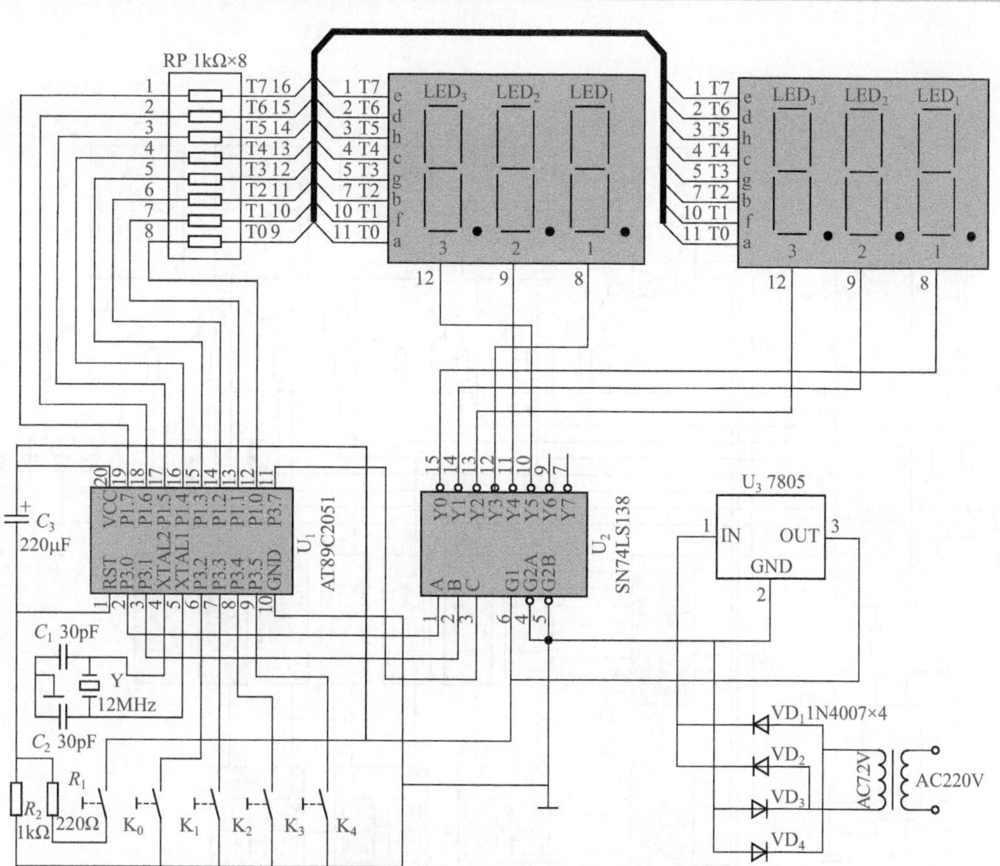

图6-11　具有调时功能的电子钟

四、电子万年历

AT89C2051单片机为控制块的LED电脑万年历电路是一种通用万年历机芯，其电路原理图如图6-12所示。

本万年历采用20脚的AT89C2051单片机作为控制块，内部含有FLASH 2KB程序存储器，共有15个I/O口P1、P3口能吸收20mA电流两个16位定时计数器，P1.0～P1.7为8位双向口线，P3.0～P3.5和P3.7为7位双向口线。该机软件内部编程的原程序没有检查，但从操作过程中，可以看出该源程序设计还是非常合理的，这里显示部分采用21个LED数码管，单片机P1.0～P1.7通过排线电阻器经8个PNP三极管到LED位选信号，千年与十时、+10℃相连；百年与时、℃相连；十年与星期、十月（农历）相连；年与十分、月（农历）相连；十月与分及十日（农历）相连；月与十秒及日（农历）相连；日与4个二极管相连到时间e脚及b脚作秒闪信号。

段选信号通过三块74LS164八位串行输入/并行输出集成电路构成，三块74LS164串联运行，第一块带千年、百年、十年、年、十月、月、十日，第二块带十时、时、星期、十分、分、十秒、秒，第三块带+10℃、℃、（农历）十月、月、十日、日。第一块的A、B脚由单片机AT89C2051的2脚（P3.0）输入。该块13脚输出到第二块的A、B脚，8脚

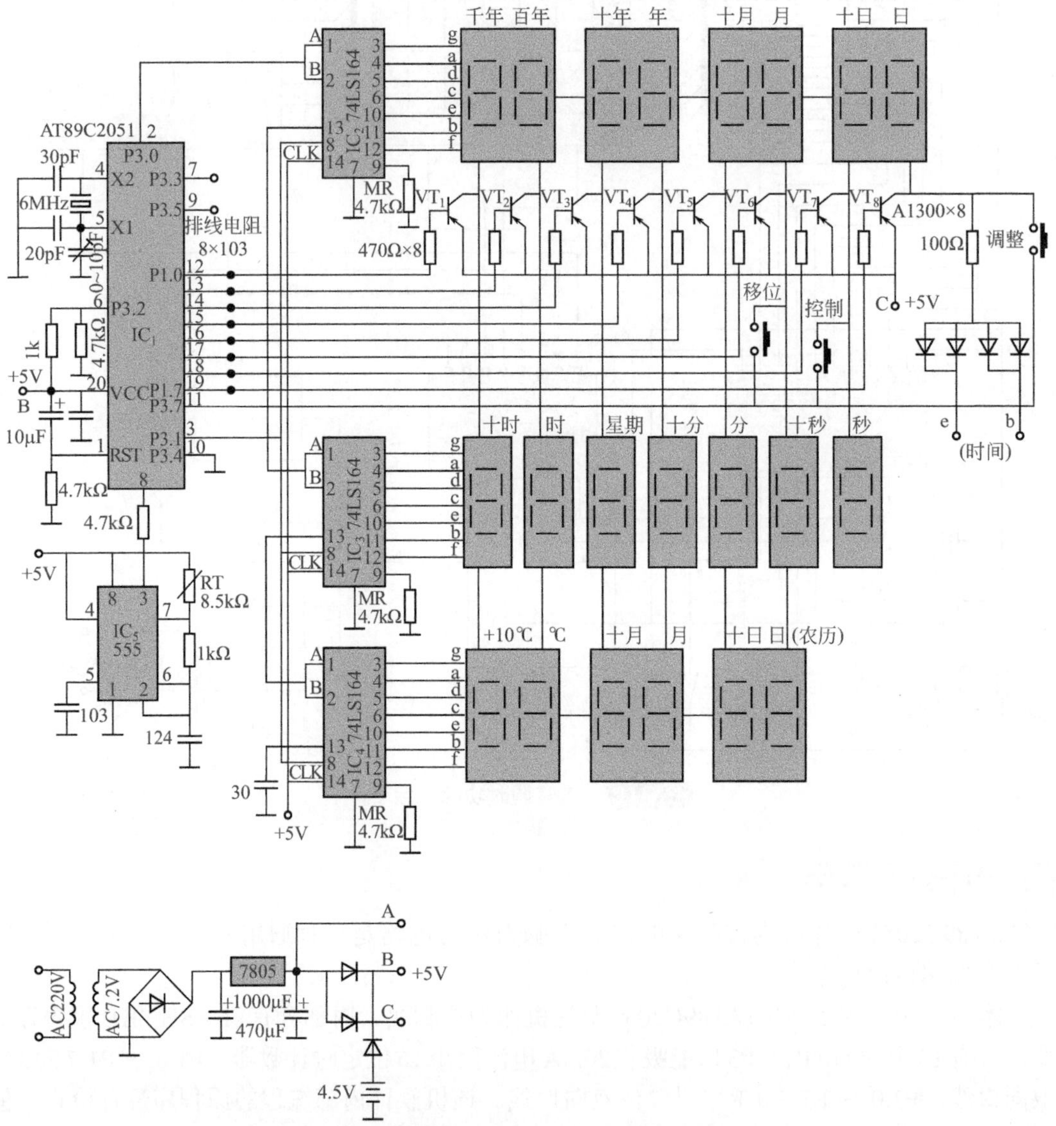

图6-12 电子万年历电路原理图

（CLK）时钟信号并联后连到AT89C2051的3脚。74LS164的a、b、c、d、e、f、g输出连到对应LED数码管各段，每块74LS164可带动LED各段并联在一起。

温度指示采用NE555构成单稳态电路，用热敏电阻器RT与电容器构成单稳态电路，再经单片机对脉冲宽度计数，查表可得到对应温度，P3.4为单稳脉冲输入口，AT89C2051的4脚与5脚振荡器外接晶振，5脚为内部时钟发生器输入，4脚为反向放大器输出，晶振采用6MHz，5脚外接一个20pF电容器及半可变电容器，可调整时间日误差。

整机电源采用一个变压器经整流及7805三端稳压后输出+5V供电，为了保证芯片在

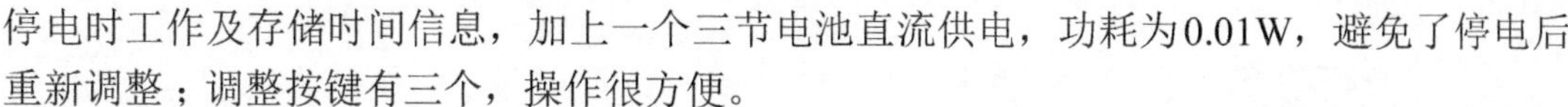

停电时工作及存储时间信息，加上一个三节电池直流供电，功耗为0.01W，避免了停电后重新调整；调整按键有三个，操作很方便。

第四节　综合数字电路

一、由门电路集成电路KA3524构成的开关电源电路

此集成电路是专为开关电源研制出来的振荡控制器件（图6-13）。使用16脚双列直插式塑料封装结构，由一个振荡器、一个脉宽调制器、一个脉冲触发器、两个交替输出的开关管及过流保护电路构成，其内部方框图如图6-14所示。

（1）基准源　从KA3524的10脚输出5V基准电压，输出电流达20mA，芯片内除非门外，其他部分均由其供电。此外，还作为误差放大器的基准电压。

（2）锯齿波振荡器　振荡频率由接于6脚的R_{107}和7脚的C_{115}来决定，其大小近似为$f=1/R_{107}C_{115}$。在C_{115}两端可得到一个在0.6～3.5V变化的锯齿波，振荡器在输出锯齿波的同时还输出一组触发脉冲，宽度为0.5～5μs。此触发脉冲在电路中有两个作用。一是控制死区时间。振荡器输出的触发脉冲直接送至两个输出级的或非门作为封闭脉冲，以保证两组输出三极管不会同时导通，所谓或非门又称非或门，其逻辑关系为：输入有1（高电平），输出为0（低电平）；输入全部为0，输出为1。二是作为触发器的触发脉冲。

（3）误差放大器　基准电压加至误差放大器的2脚同相输入端。电源输出电压经反相到1脚反相输入端，当1脚电压大于2脚电压时，误差放大器的输出使或非门输出为零。

（4）电流限制电路　当4脚与5脚之间的电位差大于20mV时，放大器使9脚电位下降，迫使输出脉冲宽度减小，限制电流的增加。此电路可作为保护电路使用，应用时通常是将5脚接地、4脚作为保护电路输入端。

（5）比较器　7脚的锯齿波电压与误差放大器的输出电压经过比较器比较，当C_{115}电压高于误差放大器输出电压时，比较器输出高电平，或非门输出低电平，三极管截止；反之，C_T电压低于误差放大器输出电压时，比较器输出低电平，使三极管导通。

二、反相器CD4069构成的区分客人与家人的门铃制作

区分客人与家人的门铃电路如图6-15所示。非门（反相器CD4069）引脚排列如图6-16所示，Ⅰ～Ⅲ与晶体二极管VD_1和VD_2、电容器C_1和C_2、电阻器R_2等组成了一个短脉冲信号鉴别电路，其输出高电平用于触发模拟声集成电路A_1。非门Ⅳ～Ⅵ与晶体二极管VD_3、电容器C_3、电阻器R_3等组成了一个长脉冲信号鉴别电路，其输出高电平用于触发语音集成电路A_2。

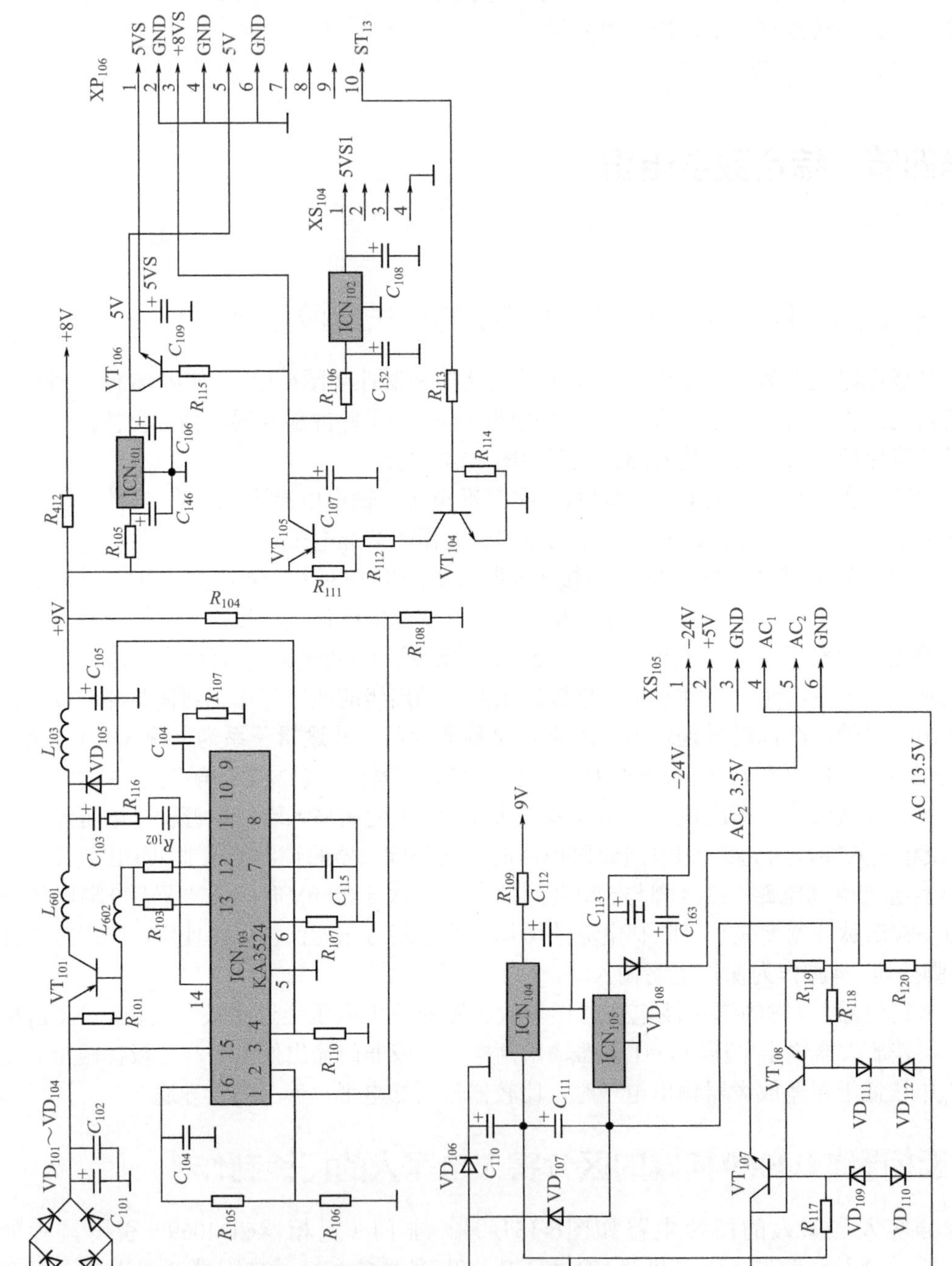

图6-13 KA3524构成的电源电路

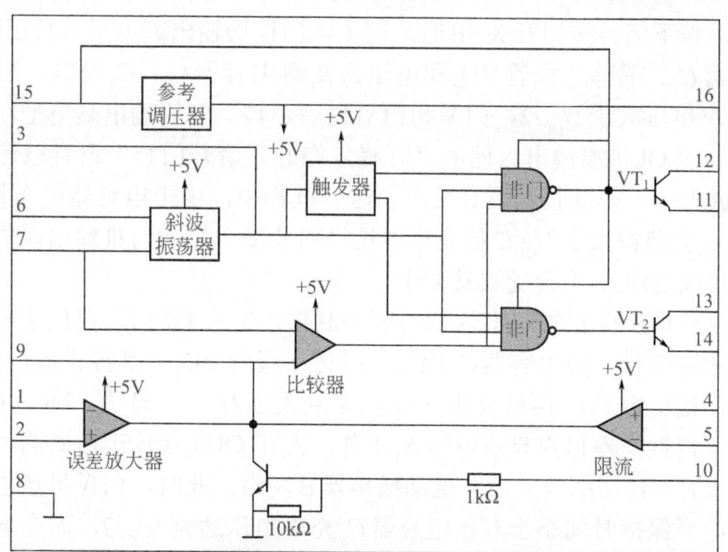

图6-14　**KA3524内部结构电路**

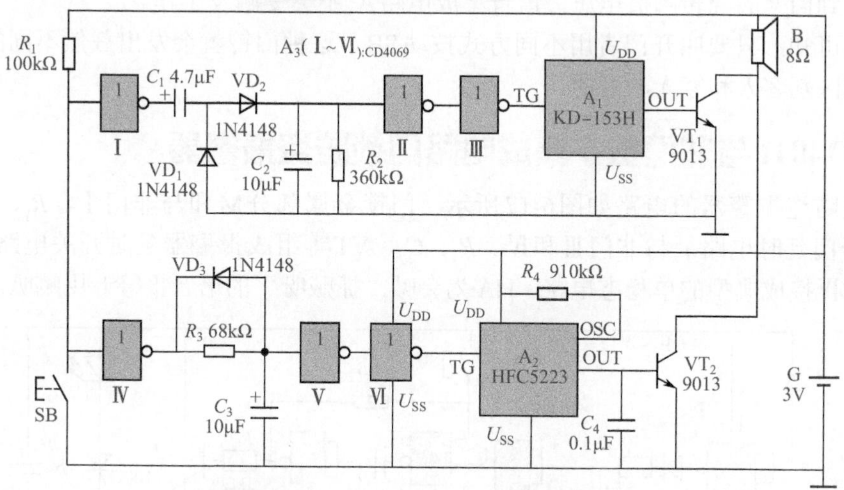

图6-15　区分客人与家人的门铃电路图

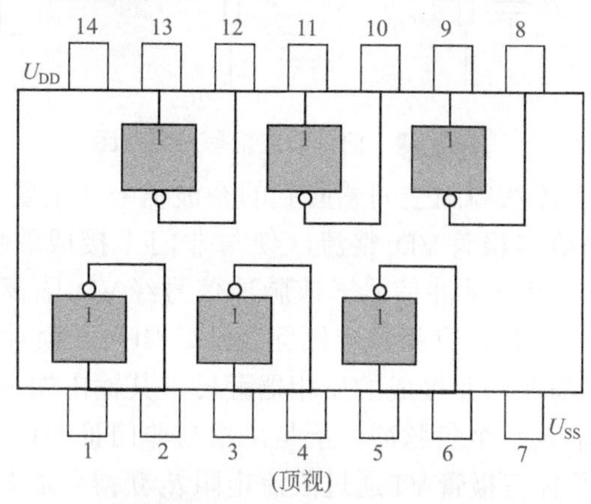

图6-16　**CD4069的引脚排列**

当客人来访按下门铃按钮开关SB时，门Ⅰ、门Ⅳ均输出高电平（长正脉冲信号），并分别通过电容器C_1、晶体二极管VD_2和电阻器R_3对电容器C_2、C_3充电，约经1s时间，电容器C_3两端充电电压大于$U_{DD}/2$，门Ⅴ和门Ⅵ先后翻转，门Ⅵ输出高电平，语音集成电路A_2受触发工作，其OUT端输出内储的“叮咚，您好！请开门！”语音电信号，经晶体三极管VT_2功率放大后，推动扬声器B发声。这一过程中，由于电容器C_1的隔直流电作用，电容器C_2两端不会获得大于$U_{DD}/2$的充电电压，门Ⅱ输入端和门Ⅲ输出端仍保持原来低电平，故模拟声集成电路A_1不会受触发工作。

当家人以每秒钟至少1次的速度连续按动SB按钮3～4次时，在门Ⅰ输出端就会连续输出短促的正脉冲信号，经电容器C_2耦合（晶体二极管VD_1为其提供放电回路）、晶体二极管VD_2隔离，使电容器C_2两端充电电压积累到大于$U_{DD}/2$，于是门Ⅱ、门Ⅲ先后翻转，门Ⅲ输出高电平，触发模拟声集成电路A_1工作，A_1的OUT端输出内储的“叮咚”声电信号，经晶体三极管VT_1功率放大后，推动扬声器B发声。此时，门Ⅳ虽然也输出高电平脉冲，但每次高电平保持时间小于1s，电容器C_3充电电压达到$U_{DD}/2$，而在下一个正脉冲到来之前，C_3又通过晶体二极管VD_3、门Ⅳ输出端快速地泄放掉了充电电荷，故C_3两端电压一直达不到门Ⅴ的翻转阈值电压，语音集成电路A_2不会受触发工作。

由上可知，只要叫开门者用不同方式按动SB，这种门铃就会发出截然不同的音响来，从而达到区别客人和家人的目的。

三、CD4011与非门数字集成电路门锁防盗报警器

门锁防盗报警器的电路如图6-17所示。门锁金属部分M和与非门Ⅰ、R_1、C_1等组成触摸式开门延时电路；与非门Ⅲ和Ⅳ、R_3、C_2、VT等组成报警器延时开关电路，其中与非门Ⅲ和Ⅳ接成典型的单稳态电路。HA为会喊“抓贼呀”的语音报警专用喇叭。

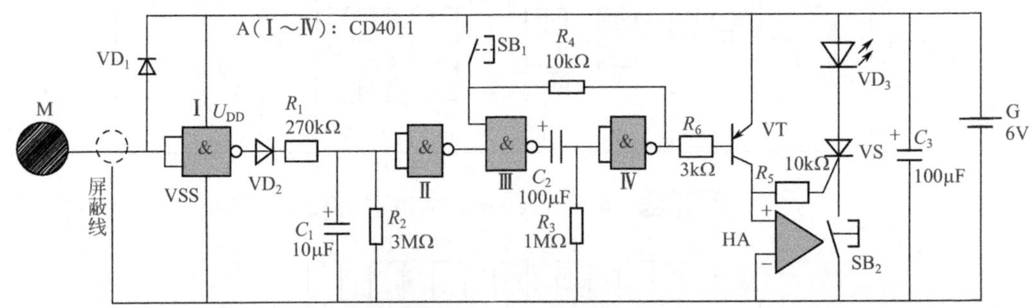

图6-17 门锁防盗报警器电路图

当有人开门锁时，人体从周围空间感应到的杂波信号（主要为50Hz交流电信号）经门锁钥匙和锁体M传递给二极管VD_1整流，使与非门Ⅰ接成的反相器输入端获得负脉冲信号，其输出端输出一串正脉冲信号。该脉冲信号经VD_2隔离、R_1限流后，缓慢地向C_1充电。如果开锁时间不到8s，则报警电路无反应。如果开锁时间超过8s，则C_1充电电压＞1/2电源电压，由于与非门Ⅱ接成的反相器翻转，其输出端由原来的高电平变为低电平，等于给单稳态电路输入一个负脉冲。于是，由与非门Ⅲ和Ⅳ构成的单稳态进入暂态，与非门Ⅳ输出负脉冲，晶体三极管VT通过限流电阻R_5获得合适偏流而饱和导通（实测管压降≤0.3电源电压），语音报警喇叭HA通电工作，反复发出洪亮的“抓贼呀”喊声来。

约经70s，单稳态电路由暂态返回，VT截止，HA继电器启动停止发声。

闪烁发光二极管VD_3、单向晶闸管VS、限流电阻R_6和常闭型按钮开关SB_2组成了报警记忆电路。在报警喇叭尚未工作时，VS无触发电压截止，VD_3无电不工作。一旦HA通电工作，VS就会经R_6从HA两端获得触发电压而导通，使VD_3通电闪闪发光。报警结束后，由于VS的自保特性，VD_3将一直闪光，直到主人按动一下SB_2复位按钮，才能解除VD_3的闪光状态。这样，主人回家后根据VD_3闪光与否，就可判断出小偷是否来撬过门锁，并采取相应防范措施。

电路中，VD_1除用于对人体感应杂波信号整流外，平时还利用其高反向电阻将门Ⅰ的输入端置于高电平。单稳态电路的暂态时间（即延时报警时间）由C_2和R_3数值大小确定，约为0.7倍的它们的乘积。因此，当C_2的电容值为100μF、R_3的阻值为1MΩ时，暂态时间约为70s。SB_1是报警后的复位按钮，主要用于检验报警后马上中止警报声。R_2是C_1的放电电阻。

四、镍镉电池脉冲充电器

镍镉电池脉冲充电器的电路如图6-18所示，被充电电池的型号有单3、单2两种，并可同时对两节电池充电。如果要同时对两节以上的电池充电，则根据电路图再制作一套即可。该充电器的结构如图6-19所示，由基准电压模块、时钟发生模块、充电控制模块和恒电流模块组成。

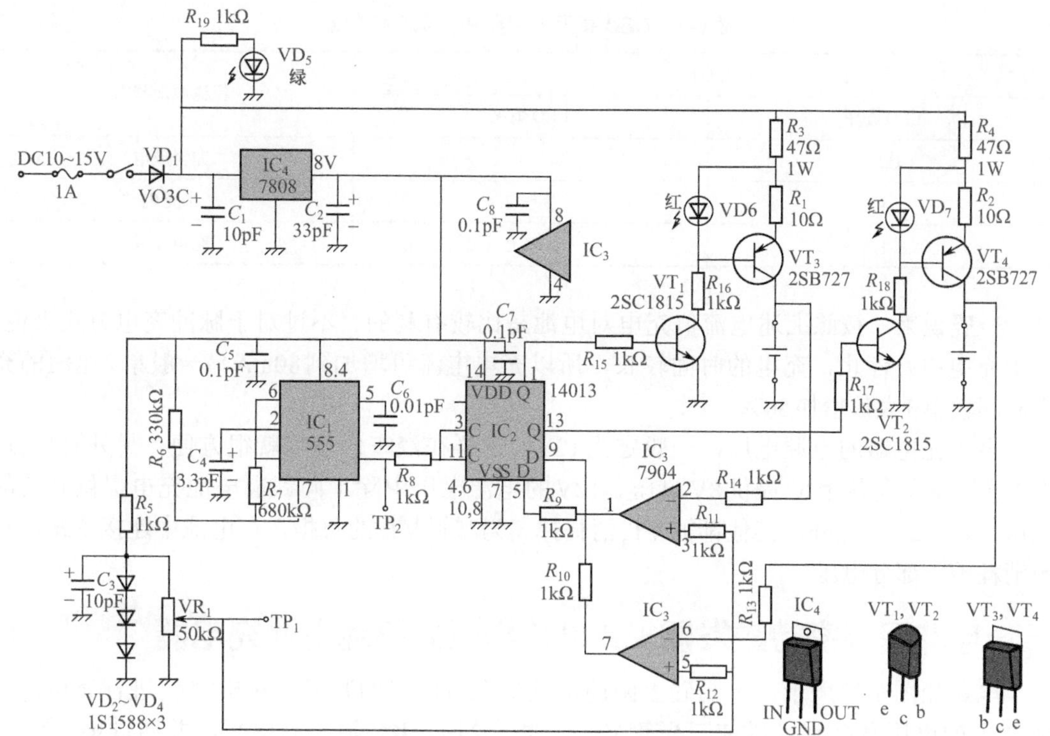

图6-18　镍镉电池脉冲充电器电路

下面来简要地说明它的工作原理。把3Hz左右的时钟脉冲接入延时触发器（D-FF），

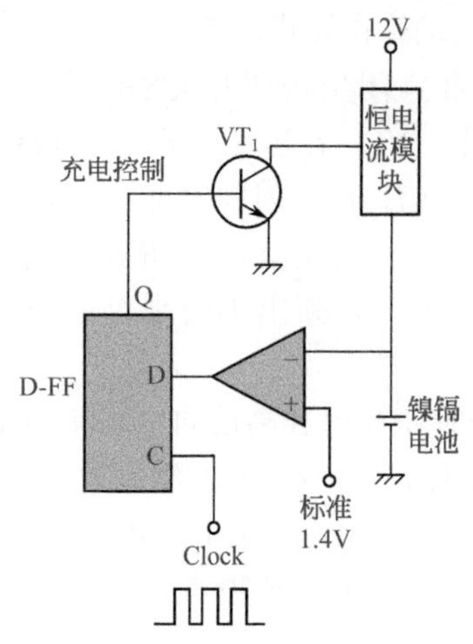

图6-19 镍镉电池脉冲充电器结构框图

当引脚D输入为“H”时，引脚Q输出也为“H”，于是控制晶体管（VT_1）处于“ON”状态。VT_1一旦导通，利用发光二极管的基准电压产生的恒电流电路就对镍镉电池进行充电。

当被充电电池的电压超过1.4V后，运算放大器的输出为“H”。而当Data输入端（运算放大器的输出端）为“H”时，即使时钟脉冲仍然存在，D-FF的Q输出端也仍为“H”不变。

当被充电电池的电压超过基准电压后，运算放大器的输出变为“1”。在经过一定时间后，一旦脉冲到来，引脚Q的输出即变为“1”。

当引脚Q的输出变为“1”后，VT_1转换成“OFF”状态，于是充电停止，电池电压下降，直至电池电压下降到运算放大器变为“H”后，等到时钟脉冲再次到来，引脚Q的输出转换为“H”，才导致充电过程重新开始。

如果镍镉电池全部放完电，那么电池电压会比基准电压低，所以充电将连续进行。如果电池仅仅少量放电，或充电处于尾声，由于电池电压较高，充电停止的时间也会比较长，充电过程变得比较平缓。充电状态可用表6-1所示的发光二极管亮灭时间表示。

表6-1 LED亮灭占空比和充电完成判断

占空比		镍镉电池状态
LED点亮	LED熄灭	
连续		完全放电
1	1～2	半充电
1	3以上	充电完成

一般说来，按照上述电流值充电对电池是比较有利的。不过对于脉冲充电方式来说，由于充电中有停止，充电的时间较长，所以充电电流可增加到80mA。一般单2电池的充电时间较单3大致增加50%。

至于充电器的电源电压，一般定为12V，这样在汽车内使用就很方便。另外有IC_4这个3端稳压器向各个IC提供8V电压。12V的电源电压中除了向镍镉电池充电提供必需的电压（1～2V）之外，其他都被VT_3消耗掉。为减轻VT_3的负担，在电池中连接了R_3，它也消耗掉一部分电压。

五、与非门施密特触发器CD4093构成太阳能电池充电器

电路如图6-20所示，单晶硅太阳能电池板在有阳光的时候，对电容C_1进行充电，直至C_1上的电压升高到足以使三极管VT_2导通。这时，IC_{1a}输出高电平，并通过IC_{1b}保持。IC_{1a}输出的高电平使VT_4导通，并将C_1的电能通过VT_4输送给电感线圈L_1。定时电路R_4、C_4决定IC_{1a}输出高电平的持续时间，从而决定了VT_4对L_1充电的时间。这个时间应小于L_1

和C_2谐振周期的1/4，这样，VT_4就能在电压、电流达到峰值之前关断。VT_4关断，电流通过VD_3进入电容C_3。C_3的容量一般为100～200μF，以减小纹波系数。电阻器R_4和电容器C_3、C_4组成一个π形滤波器，对充电电流进行滤波。

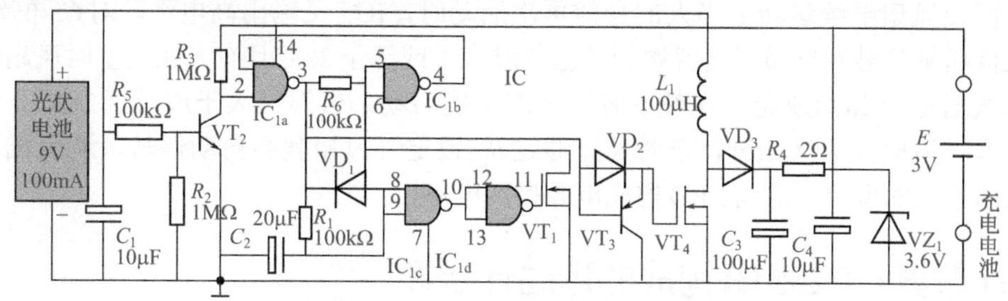

图6-20　太阳能电池充电器电路原理

六、74LS00构成的风扇运转自动控制电路

电路如图6-21所示。

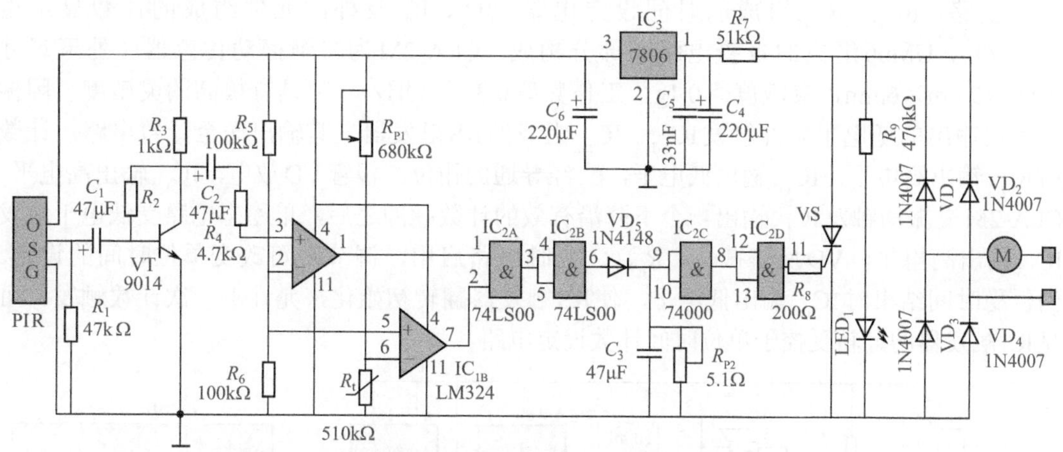

图6-21　风扇运转自动控制电路图

（1）电源电路　市电经VD_1、VD_4整流，R_7降压、限流，7806稳压后给各控制电路供电。

（2）感应人体红外线　当热释电红外线传感器PIR探测到室内人体辐射出的红外线信号时，该传感器的2脚输出微弱的电信号，经C_1耦合，三极管VT放大后再经C_2、R_4输入到运算放大器LM324的IC_{1A}中，因IC_{1A}、R_5、R_6、C_2、R_4等元件构成比较器，当3脚电位大于2脚电位时，1脚输出高电平，送入IC_2（74LS00）四-二输入与非门的IC_{2A}的1脚。

（3）温度检测电路　R_5、R_6、RP_1、R_t构成电桥电路，用于温度的变化，R_t为负温度系数的热敏电阻，通过调节R_{P1}，使气温等于或大于28℃时，IC_{1B}的6脚电位低于5脚电位，IC_{1B}的7脚输出高电平，送到IC_{2A}的2脚。

（4）驱动与延时　IC_2主要起驱动作用。对IC_{2A}，在上述条件下，两输入端为高电平，故输出低电平，经IC_{2B}反相后输出高电平，VD_5导通，C_3被充电，当C_3上的电位上升到高电平时，经IC_{2C}、IC_{2D}两级反相后输出高电平触发晶闸管使其导通，风扇M得电启动运转。

（5）延时的作用 当人体坐着身子不动时，IC_{1A}输出低电平，则IC_{2B}输出也为低电平，C_3经R_{P2}放电，因R_{P2}较大，C_3放电较慢，故可保持高电平一段时间，使晶闸管导通一段时间，从而使风扇继续运转；当人的身体再次活动时，IC_{2B}又输出高电平，对C_3再次充电，从而保持晶闸管触发导通，这就做到了当气温大于或等于28℃且有人在教室时风扇保持运转；当气温低于28℃或无人在教室时，风扇不能启动；气温虽大于或等于28℃，但当人离开教室一段时间后（如5s，延时长短通过R_{P2}设定）风扇就会自动停转，避免低温或人走后风扇不关的现象。R_9与LED构成电源指示电路。

七、计数器CD4553B构成的运动计步器

该运动计步器可以帮助散步或跑步的人随时掌握运动量。其主要功能有：利用振动传感器感知散步或跑步状态；设定某一时间单位进行计步；电路具有显示、报警及节电功能。

电路原理如图6-22所示。其电路由振动传感器CLA-2M、IC_{1-1}、IC_{1-2}组成的传感触发电路，IC_{1-3}、IC_{1-4}组成的时间设定电路，IC_2、IC_3及外围元件组成的计数显示电路及VT_1、UM66组成的报警电路四部分构成。CLA-2M为二维振动传感器（外形尺寸9mm×9mm×6mm，灵敏度＞0.1g，工作频率0.3～20Hz）。它具有极高的灵敏度，因振动使它输出的低电平脉冲触发IC_{1-1}、IC_{1-2}组成的RS触发器，其输出送至计数电路。计数前IC_{1-2}输出高电平，IC_{1-3}输出低电平，C_4经导通的钳位二极管VD放电，IC_{1-4}输出高电平。CLA-2M受振动触发IC_{1-2}输出一个下降沿有效的计数脉冲之后，单稳态电路受低电平触发IC_{1-3}输出高电平，VD反偏截止，R_P、C_4延时电路启用，调节R_P可改变单位时间的设定。当暂稳时间结束时IC_{1-4}输出低电平，使RS触发器翻转初始化，允许下一次计数触发。可见RS触发器的翻转受控于单位时间计数设定电路。

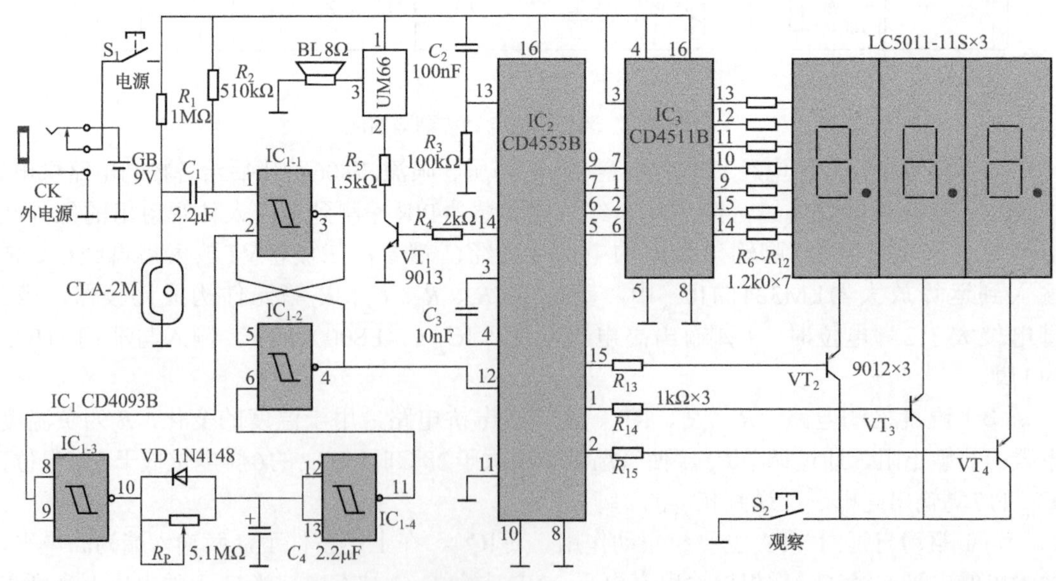

图6-22 电路原理图

IC_2使用单片BCD计数器（CD4553B），自动复位电路C_2、R_3使IC_2加电初始化，C_3为IC_2内时钟振荡器的定时电容，12脚输入负沿触发计数脉冲，9、7、6、5脚输出BCD计数信号，由七段锁存/译码，驱动器IC_3（CD4511B）驱动3位共阴极数码管LC5011-11S的a～g七个笔段，IC_2的15、1、2脚则输出位驱动信号，使VT_2、VT_3、VT_4分时导通。由3位数码管显示运动计步数值。

VT_1、音乐三极管UM66、扬声器BL等组成超速报警电路，当运动过快时，IC_2的14脚输出溢出正脉冲信号，VT_1导通，UM66驱动扬声器BL发出音乐声。R_5为限流电阻，使UM66获得合适的工作电压（典型值为3V）。

八、数字显示电容表整机电路

本例介绍一种测量范围为10pF～99.9μF的数字显示电容表。图6-23是电容表的电路原理图。图中定时电路所用的IC_3为NE556，内含两个555定时器，$S_{1\text{-}b}$所接的5个高精度电阻与要测量的电容器组成定时电路。这样，所测电容器的容量大小就转换成了定时器的时间长短。

当定时器输出为高电平时，使NE556余下部分组成的振荡电路起振，这样电容量转换成振荡的脉冲数，然后利用三位计数电路IC_1（MC14553），转换成三位十进制数值，用MC14511B进行7段LED显示。晶体管VT_1～VT_3（A1015）进行数位转换，这样就可把电容器的容量表示成三位数的值。

若数值在三位（999）以上，把溢出信号送到由两个施密特与非门（MC14093B）组成的触发电路，使溢出信号LED点亮。

在测量控制电路中，R_0（15kΩ）电阻和C_0（0.0022μF）电容器使计数器IC_1的复位信号稍稍延迟，这样，可以减少电路和布线电容的影响。

九、多路抢答器控制电路

抢答器的电路组成框图如图6-24所示。接通电源后，主持人将开关拨到“清除”状态，抢答器处于禁止状态，编号显示器灯灭，定时器显示设定时间；主持人将开关置“开始”状态，宣布“开始”，抢答器工作，定时器倒计时；选手在定时时间内抢答时，抢答器完成优先判断，编号锁存，编号显示，扬声器提示；当一轮抢答之后，定时器停止，禁止二次抢答，定时器显示剩余时间。如果再次抢答必须由主持人再次操作“清除”和“开始”状态开关。

（1）抢答、显示电路（抢答核心部分） 此电路由两部分组成，即抢答核心电路和显示组号电路，如图6-25所示。四组抢答电路由74LS175（四D触发器）芯片构成。D触发器的输入端连接一个控制开关，作为抢答键，由抢答人控制。抢答时按下按键，“1”电平送入触发器的D输入端；否则“0”电平送入。

显示电路由译码器（74LS148）、编码器（CD4511）、共阴极LED数码显示器组成，显示抢答时抢答有效的组号。74LS148、CD4511功能见表6-2。

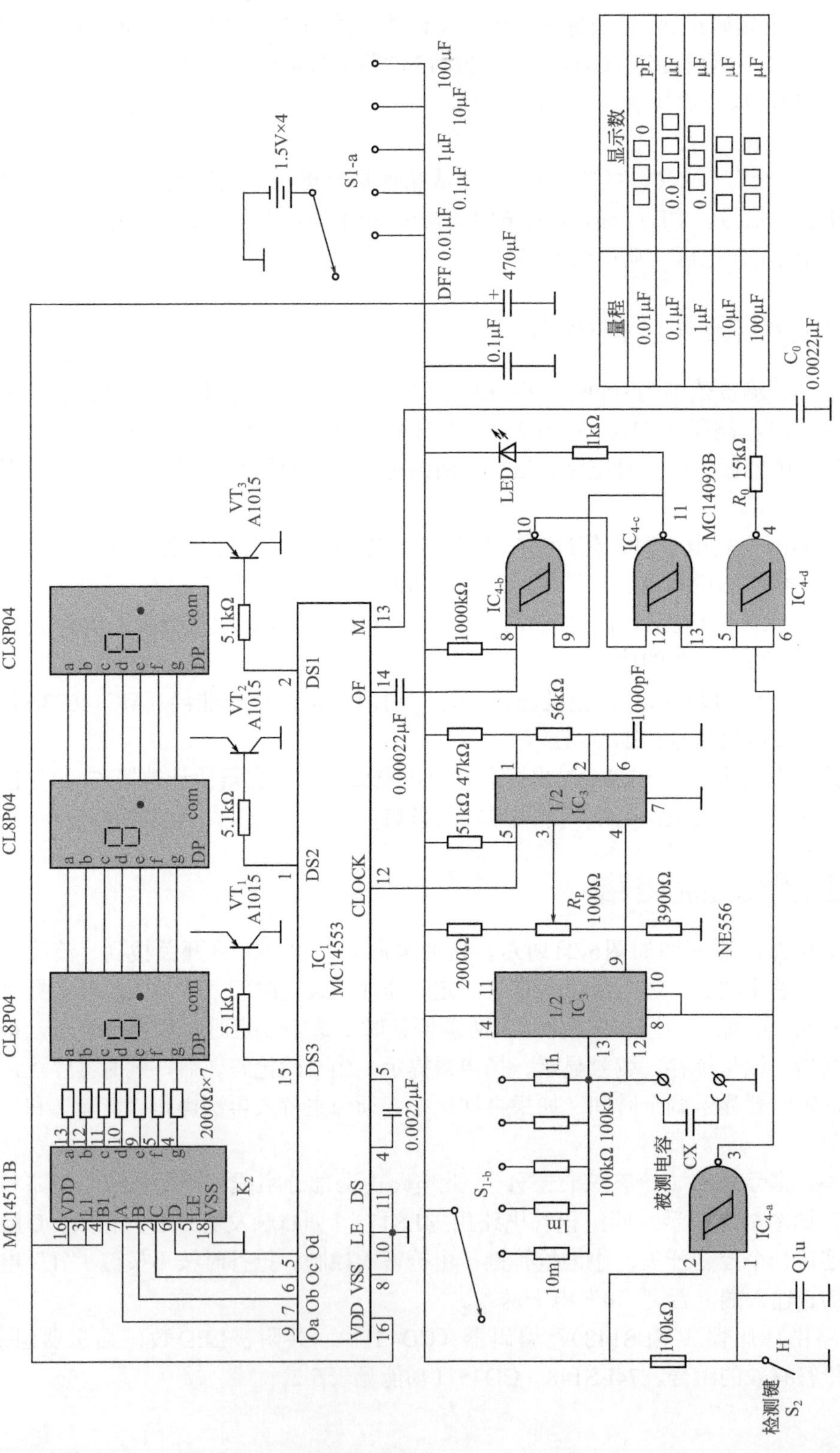

量程	显示数
0.01μF	□□□0 pF
0.1μF	0.0□□□ μF
1μF	0.□□□ μF
10μF	□ □□ μF
100μF	□□ □ μF

图6-23 电容表电路原理图

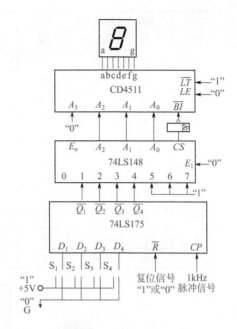

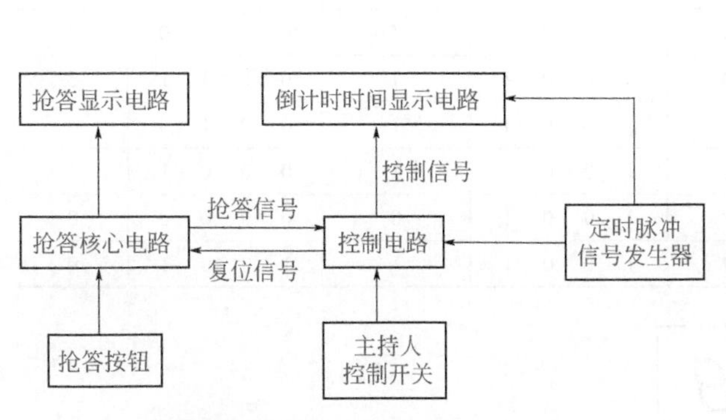

图6-24　数字抢答器电路组成框图

图6-25　抢答、显示电路

表6-2　74LS148、CD4511功能

编码器74LS148功能				译码器CD4511功能					
E_1	输入	输出		输入			$\overline{BI}$	输出	数字
	0 1 2 3 4 5 6 7	A_2 A_1 A_0	CS E_o	LE	$\overline{LT}$	A_3 A_2 A_1 A_0		a b c d e f g	
0	××××0 1 1 1	1 0 0	0 1	0	1	0 1 0 0	1	0 1 1 0 0 1 1	4
0	×××0 1 1 1 1	0 1 1	0 1	0	1	0 0 1 1	1	1 1 1 1 0 0 1	3
0	××0 1 1 1 1 1	0 1 0	0 1	0	1	0 0 1 0	1	1 1 0 1 1 0 1	2
0	×0 1 1 1 1 1 1	0 0 1	0 1	0	1	0 0 0 1	1	0 1 1 0 0 0 0	1
0	0 1 1 1 1 1 1 1	0 0 0	0 1	0	1	0 0 0 0	1	1 1 1 1 1 1 0	0

（2）倒计时时间显示电路　该电路记录抢答时间，在主持人按下复位键后，抢答进入有效计时时间，本抢答有效时间规定为10s，因此倒计时设计从9s开始，当倒计时从9s计数到0s时，有效抢答时间结束。再按抢答键抢答无效。电路设计由可逆计数器CD4516、译码器CD4511、LED数码显示器组成，如图6-26所示。

主持人控制复位信号，按下开关，抢答开始，发出“1”电平信号，送给可逆计数器CD4516的预置控制端（$LD=1$），计数器此时将输入端的数据1001预置到输出端，使计数器的初始计数值为9。1Hz脉冲信号作为计数器的时钟信号，使计数周期为10s。因此，计数器从9开始倒计数到0，共计时了10s，CD4516减法计数的功能见表6-3。

表6-3　CD4516可逆计数器10s倒计时功能

时钟	计数	加/减计数	清零	预置	数据输入	进/借位输出	数据输出	数码显示
CP	$\overline{CI}$	$U/\overline{D}$	CR	LD	D_0 D_1 D_2 D_3	$\overline{C}/\overline{B}$	Q_3 Q_2 Q_1 Q_0	十进制数
×	0	0	0	0	1 0 0 1	1	1 0 0 1	9
↑	0	0	0	0	1 0 0 1	1	1 0 0 0	8
↑	0	0	0	0	1 0 0 1	1	0 1 1 1	7
↑	0	0	0	0	1 0 0 1	1	0 1 1 0	6
↑	0	0	0	0	1 0 0 1	1	0 1 0 1	5
↑	0	0	0	0	1 0 0 1	1	0 1 0 0	4
↑	0	0	0	0	1 0 0 1	1	0 0 1 1	3
↑	0	0	0	0	1 0 0 1	1	0 0 1 0	2
↑	0	0	0	0	1 0 0 1	1	0 0 0 1	1
↑	0	0	0	1	1 0 0 1	0	0 0 0 0	0
×	0	0	0	0	1 0 0 1	1	1 0 0 1	9

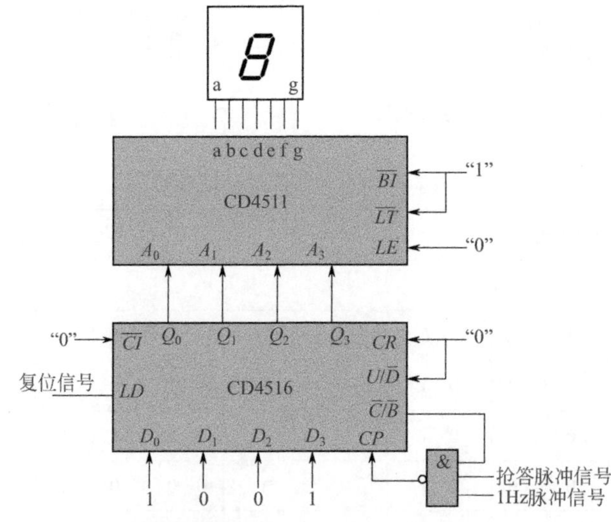

图6-26　倒计时时间显示电路

(3)控制电路与复位电路　如图6-27所示，该电路产生抢答器的控制信号与抢答复位信号。当四个抢答人在规定的有效抢答时间内有人按下抢答键时，本次抢答成功，74LS175所对应的$\overline{Q}$输出端送出低电平，通常把它定义为“抢答信号”，该“抢答信号”将两个时钟脉冲信号封住，使74LS175和CD4516两个芯片停止工作，竞赛处于抢答成功答题阶段。

另外，当四个抢答人在规定的有效抢答时间内无人按下抢答键时，倒计时器将完成全部倒计时到0数值时，CD4516的$\overline{C}/\overline{B}$端送出低电平信号，该低电平信号也会将两个时钟脉冲信号封住，使74LS175和CD4516两个芯片停止工作，竞赛处于抢答未成功主持人讲话阶段。

(4)定时脉冲信号发生器　本电路采用可以产生1Hz和1kHz时钟脉冲信号的脉冲信号发生器。

(5)总体电路图　总体电路图如图6-28所示。

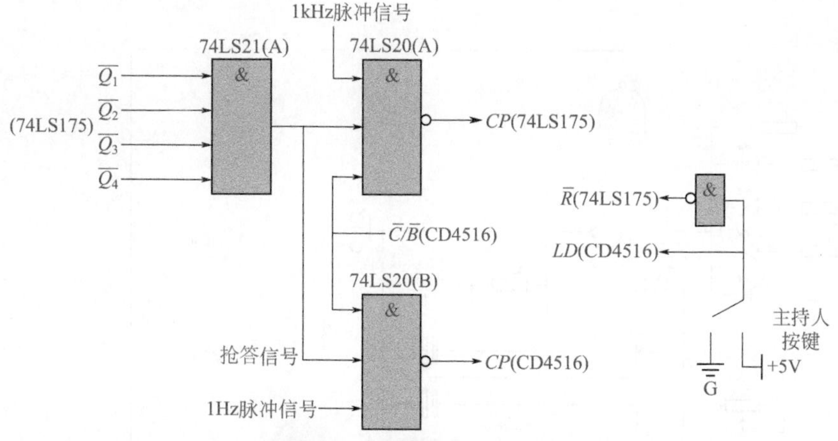

图6-27　控制电路与复位电路

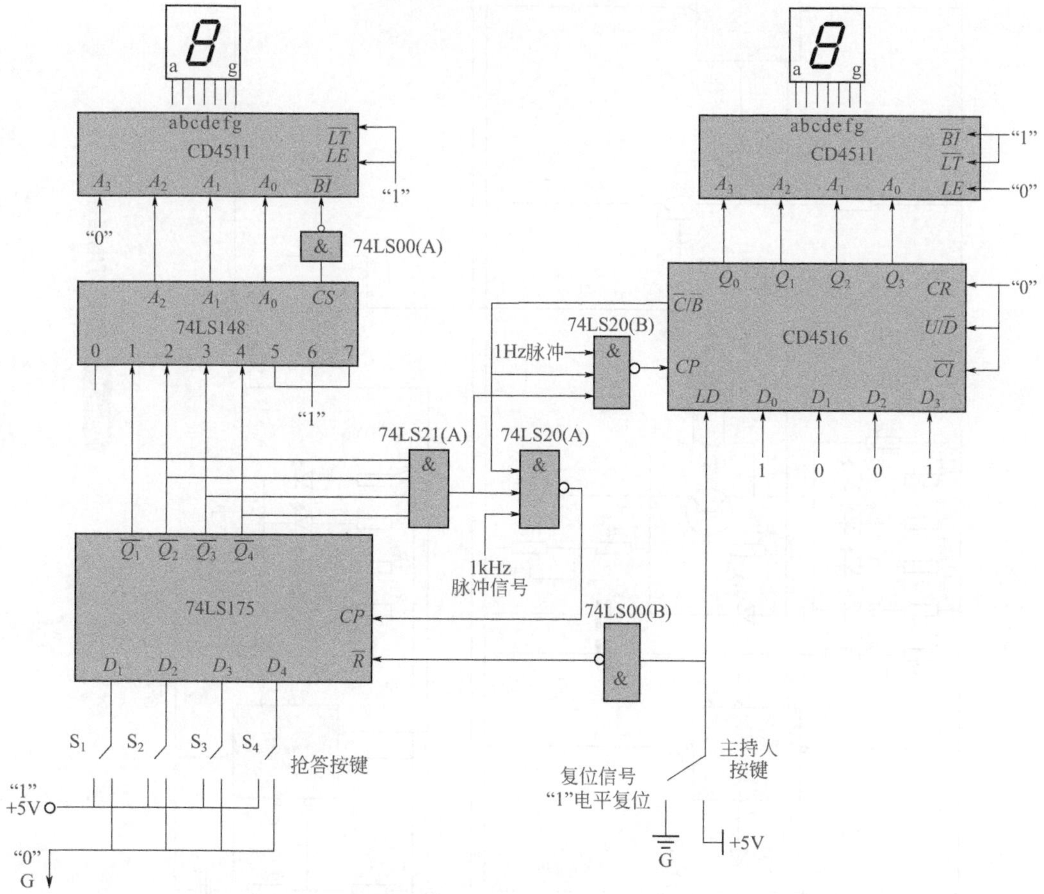

图6-28　竞赛抢答器总体电路

十、交通灯控制电路

这是一个模拟十字路口交通灯控制的实验电路。可以设置东西通行和南北通行的时间，以及黄灯闪烁。电路原理如图6-29所示。电路板如图6-30所示。

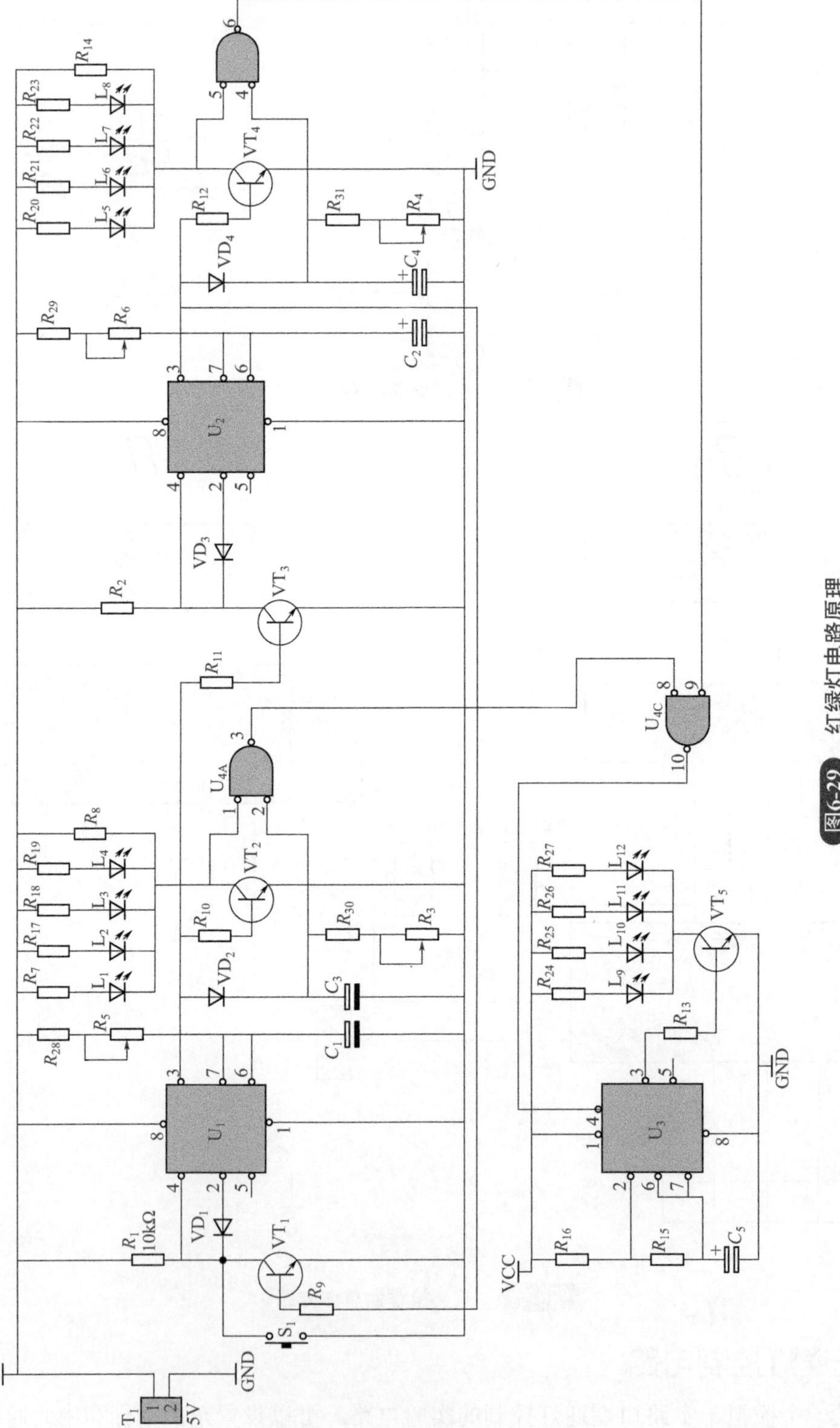

图6-29 红绿灯电路原理

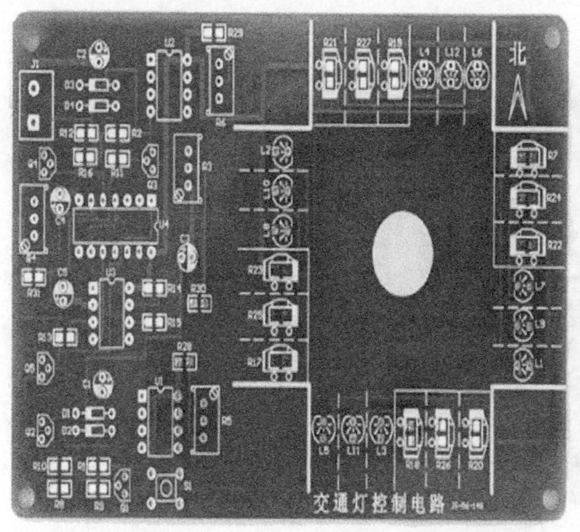

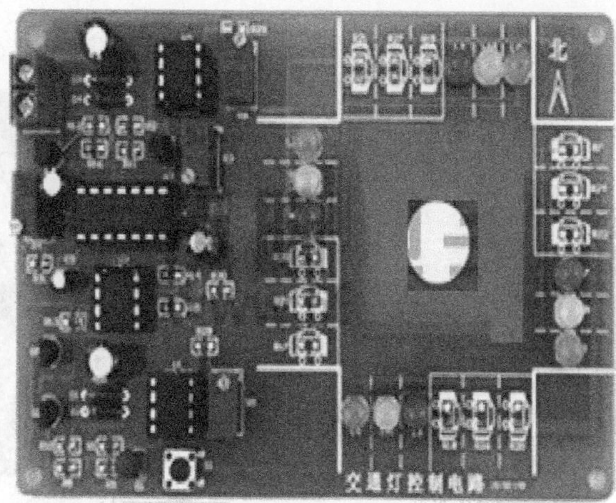

图6-30　组装好的交通灯电路板

❶ 电路刚上电时，所有LED灯都不亮，此时按下S_1，U_1的2、4脚同时为低电平，U_1的3脚也输出低电平，再松开S_1时，U_1的4脚变为高电平，而此时U_1的2、6脚都为低电平，所以U_1的3脚输出高电平，三极管VT_2导通，于是L_1、L_2、L_3、L_4全部点亮，即允许东西通行，禁止南北通行。同时，三极管VT_3也导通，U_2的2、4脚同时为低电平，U_2的3脚也输出低电平，三极管VT_4截止，L_5、L_6、L_7、L_8都不亮。

❷ 在U_1的3脚输出高电平期间，它通过VD_2向C_3充电，使得U_{4A}的2脚输入高电平，同时电源VCC通过R_{28}和R_5向C_1充电，U_1的6脚电压逐渐升高，当超过VCC时，U_1的3脚电压变为低电平，VT_2截止，L_1、L_2、L_3、L_4全部熄灭，U_{4A}的3脚输出低电平，U_{4C}的10脚输出高电平，U_3启动振荡，3脚输出高低跳变的电平，使得VT_5交替工作在导通和截止的状态，L_9、L_{10}、L_{11}、L_{12}四个黄灯亮灭闪烁。同时，VT_3截止，U_2的4脚变为高电平，3脚也输出高电平，VT_4导通，L_5、L_6、L_7、L_8全部点亮，即允许南北通行，禁止东西通行。

❸ 在黄灯闪烁期间，C_3将通过R_{30}和R_3放电至低电平，使得U_{4A}的2脚变为低电平，3脚输出高电平，U_{4C}的10脚输出低电平，U_3停振，黄灯停止闪烁。

❹ 在南北通行期间，电源VCC通过R_{29}和R_6向C_2充电，U_2的6脚电压逐渐升高，当超过VCC时，U_2的3脚电压变为低电平，VT_4截止，L_5、L_6、L_7、L_8全部熄灭，同时黄灯亮灭闪烁，L_1、L_2、L_3、L_4全部点亮，又开始允许东西通行，禁止南北通行，周而复始，一直循环下去。

十一、单片机控制的智能避障车电路

单片机控制智能避障车实物图如图6-31所示。

1.功能

❶ 前方位红外循迹模块实现智能寻迹功能（可走黑线或白线）。

❷ 前方左右两对红外反射探头实现智能防撞（避障）功能和机器人走迷宫，板载避障处理芯片，使得避障距离更远。

❸ 前方左右两对红外反射探头实现智能机器人走迷宫实验。

图6-31 单片机控制智能避障车实物

❹ 前方左右两对红外反射探头实现智能机器人物体跟踪功能。

❺ 将红外接收二极管改为光敏为机器人增加了白天黑夜识别功能，也可以作为寻光机器人使用（寻光和红外避障不同时使用）。

❻ 板载串口在线程序下载接口，串口通信与电脑软件的结合，给予电脑控制机器人的方法，串口库的开放实现自由电脑编程控制，笔记本电脑也可以使用。

❼ 按键中断与查询的加入也成为控制小车的又一方法。

❽ 电机驱动芯片为电机控制提供了最优的方法，让软件编写变得简单可行，增加了PWM调速功能，让机器人按照编程随时改变运行速度。

❾ 本机最大特点，完全实现ISP（IAP）在线编程，让用户不用再为购买编程器而担心，完全不需要编程。

❿ 完全支持C语言与汇编语言开发与在线调试。

提示：由于源程序太大，限于篇幅，本书中不在列写源程序，在购买套件时芯片中都已烧录好程序，一般还配有配套软件及相关资料，可自行下载应用。

2.机器人寻光

主要是通过主板左右两个光敏传感器感应光照，当右边光敏传感器检测到光照而左边没有检测到时，小车则向右转弯，当两个光敏传感器同时检测到光照时，小车则前进，当光源移动时，若左边光敏传感器检测到光照，右边没有检测到，则小车左转，当左右两个传感器同时检测到光照，则小车前进，周而复始。智能机器人电路如图6-32所示。

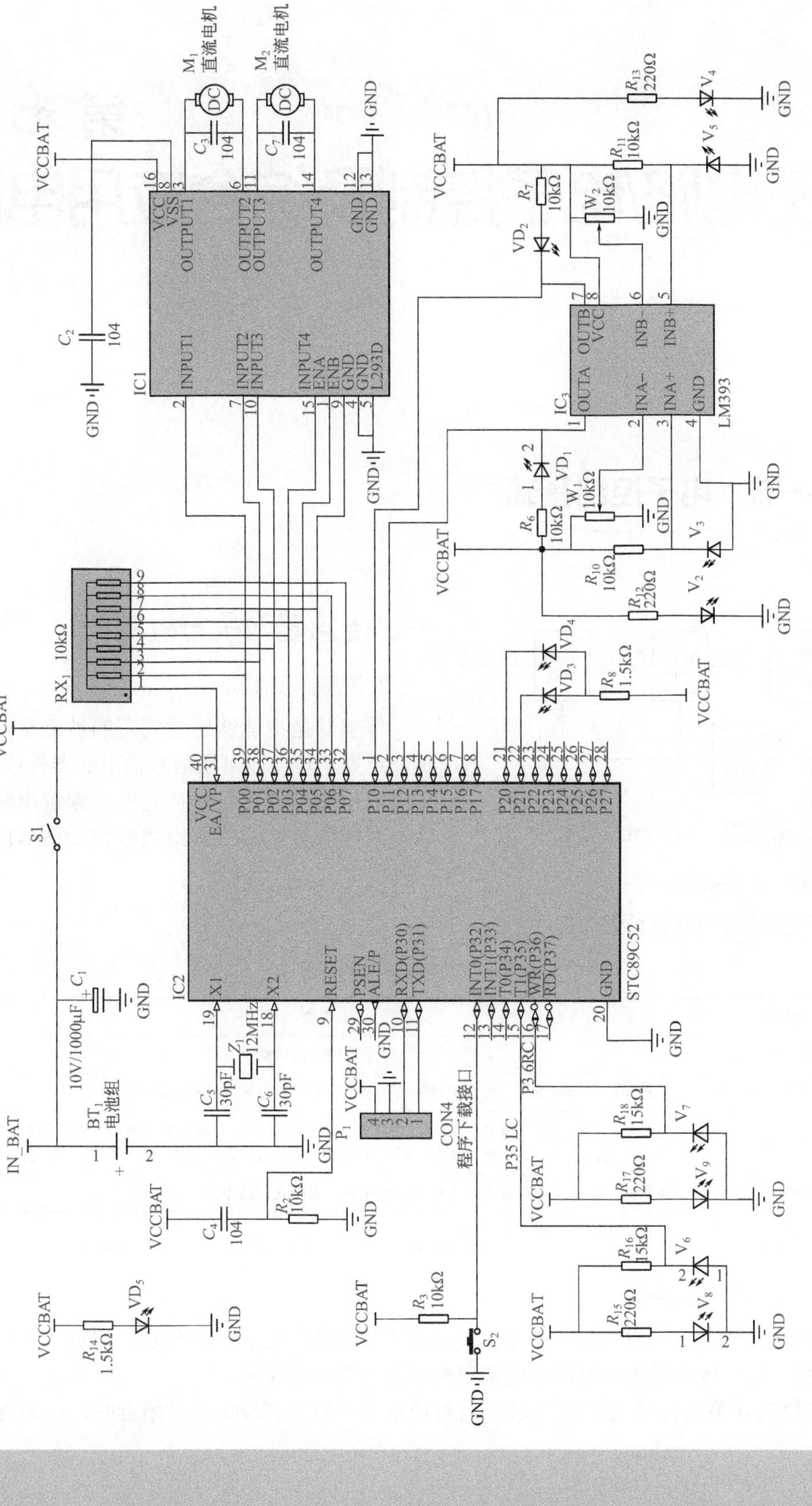

图6-32　智能机器人电路

第 七 章

电子电路/电子控制及综合应用电路

第一节 电子控制基础

一、传感器与执行机构

1.传感器及组成

传感器是指能够感受规定的被测量，并按照一定规律转换成可用信号输出的器件或装置。传感器由敏感元件、转换元件、测量电路和辅助电源四部分组成，其组成框图如图7-1所示。

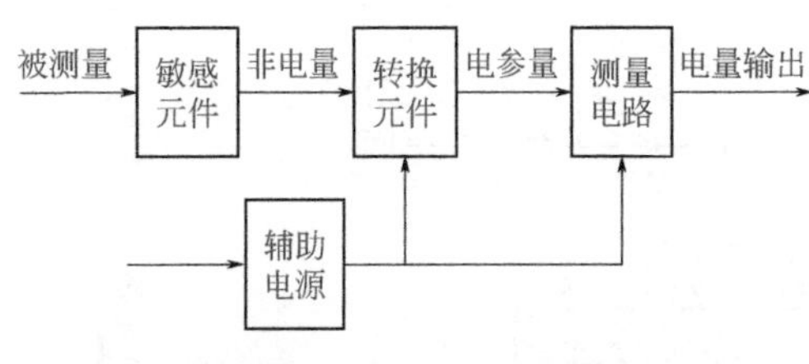

图7-1 传感器组成框图

2.常用传感器的分类

常用传感器的分类见表7-1。

表7-1 常用传感器的分类

分类标准	类型
按能量关系分类	主动型，被动型
按信号转换关系分类	一种非电量转换成另一种非电量的传感器，同种非电量转换成电量的传感器
按输入量分类	位移传感器，速度传感器，加速度传感器，角位移传感器，角速度传感器，力传感器，力矩传感器，压力传感器，真空度传感器，温度传感器，电流传感器，气体成分传感器，浓度传感器
按工作原理分类	电阻式，电容式，应变式，电感式，光电式，光敏式，压电式，热电式
按输出信号分类	模拟式传感器，数字式传感器

3.传感器与测量电路

在传感器技术中，通过测量电路把传感器输出的信号进行加工处理，以便于显示、记录和控制。通常传感器测量电路有模拟电路和开关型测量电路。

图7-2为开关型传感器测量电路。当被控量（位置）微动开关S闭合时，电源通过偏

置电阻器R向三极管VT注入较弱的基极电流I_B，控制集电极电流I_C有较强的变化，这时集电极-发射极饱和压降U_{CE}很小，使三极管饱和导通，负载有电流流过，形成输出信息。

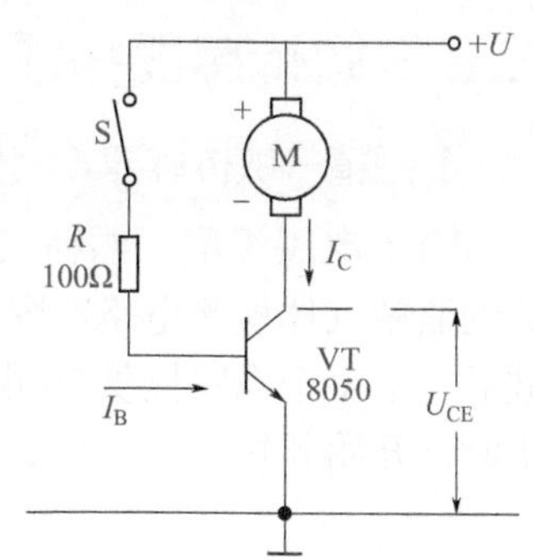

图7-2 开关型传感器测量电路

4. 蓄电池液面正常和下降时的电路分析

传感器（即铅棒）浸入蓄电池电解液中产生电动势，晶体管VT_1处于导通状态。蓄电池电流从正极经过点火开关晶体管VT_1流入蓄电池负极。由于晶体管VT_2处于截断状态，警告灯不亮，见图7-3。

当蓄电池液量不足时，由于此时传感器未浸入蓄电池电解液中，不能产生电动势，晶体管VT_1处于OFF状态，同时，VT_2得到正压而导通，电流流过晶体管VT_2基极，从而使VT_2处于ON状态，警告灯亮，见图7-4。

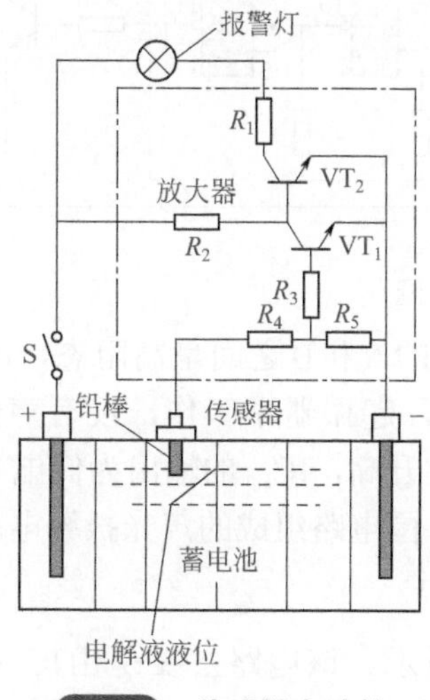

图7-3 传感器电动势

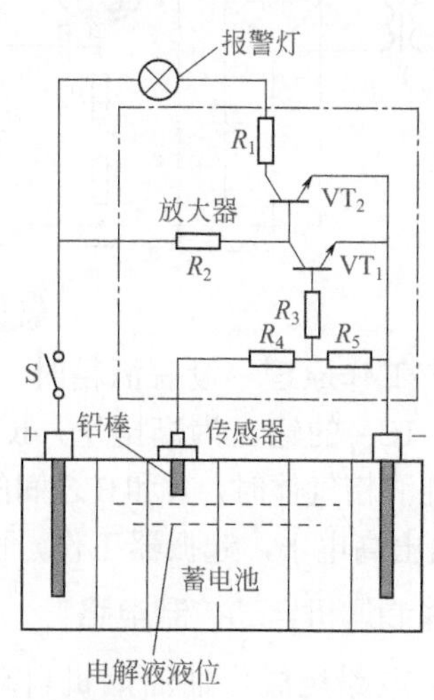

图7-4 蓄电池液量不足

5. 热敏铁氧体温度传感器的工作原理

如图7-5所示，在散热器的冷却系统中，舌簧开关的闭合使冷却风扇的继电器断开，进而使冷却风扇停止工作；反之，冷却风扇则工作，其中热敏铁氧体的规定温度为0～130℃。

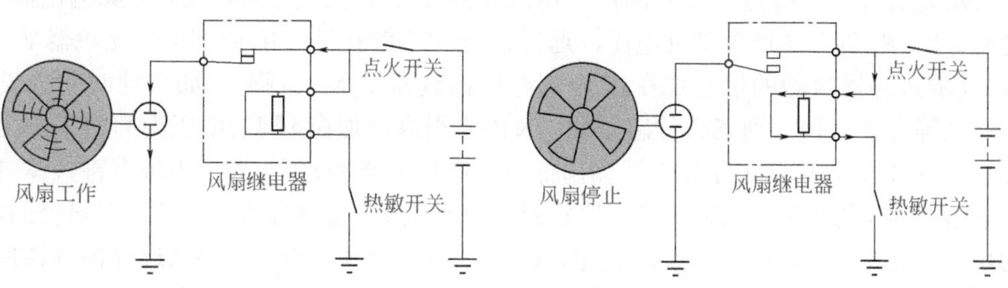

图7-5 热敏铁氧体温度传感器的工作原理

二、气敏传感器构成的自动控制电路

1.酒精气敏传感器（气体传感器）检测电路

（1）电路组成 酒精气体检测电路如图7-6所示。该电路是由气体传感器QM-NJ9组成的酒精气体检测电路。图7-6中，220V交流电经变压器降压、桥式电路整流、电容C_1滤波后，给整个电路提供5V电压。IC_{1-2}和IC_{1-3}组成的是振荡电路，当IC_{1-2}的4脚输出为高电平时，开始起振。

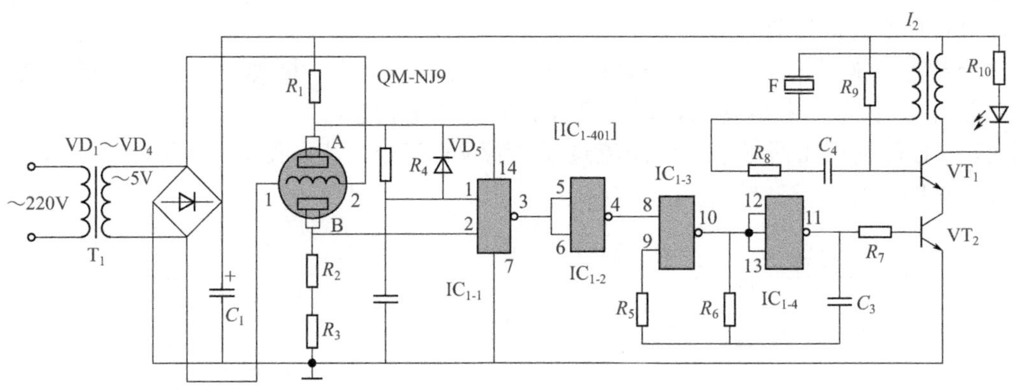

图7-6 酒精气体检测电路图

（2）工作原理 没有酒精时，气体传感器QM-NJ9的A和B之间呈高阻态，B点电位比较低，IC_{1-1}的输出为高电平，IC_{1-2}的4脚输出低电平，起振器不工作，没有声光报警。当检测到酒精气体时，A和B之间的电阻变小，B点电位升高，IC_{1-1}的输出为低电平，IC_{1-2}的4脚输出高电平，起振器工作，由VT_1和VT_2以及其外围电路组成的声光报警电路报警。

2.抽油烟机自动控制电路

（1）电路组成 抽油烟机自动控制电路如图7-7所示。该电路主要是由IC（E0227）集成电路、电源电路、开关电路、报警发声电路、燃气检测电路等组成的。220V的市电经变压器降压，桥式整流电路整流，电容C_{21}滤波，再经过集成稳压电源7806稳压，为整个电路提供6V电压。

（2）工作原理 电源接通时，IC（E0227）内部电路自动清零，其16脚输出低电平，自动状态指示灯LED_1亮，表明现在是工作在自动模式。此时，接在IC的7脚的电容C_8通过电阻R_8进行充电，经过一段时间后，电压充到IC的转换电平时，IC的6脚输出高电平，经过R_{12}、R_P、R_{11}的分压产生基准电压，通过R_P的中心触点供给IC内部电压比较器V_+端（5脚）。气敏传感器检测的信号加在IC内部电压比较器V_-端（4脚）。如果此时室内没有油烟、煤气等有害气体，则气敏传感器MQ-N内阻很高，加在4脚的电压为高电平，由于比较器的V_-大于V_+，内部电压比较器输出低电平，报警器YD不报警。出现有害气体时，气敏传感器MQ-N的B端呈低阻，电压比较器输出高电平，报警器YD报警。在报警的同时，IC的8脚输出高电平，对电容器C_9充电，C_9上的电压上升到自动、手动选择控制转换电平值时，IC的10脚、11脚输出高电平，可控制外接左右风机运转，排除有害气体。经过一段时间，有害气体排除干净，MQ-N内阻又很高，输出电压回升到V_+以上时，IC内部电压比较器翻转，输出低电平，报警器停止工作。自动关机延时电路通过R_{10}放电，然后左右风机自动关闭。开关K_1可控制11脚右风机的通断，K_2控制10脚左风机的通断。K_3为自动手动转换，K_4控制17脚照明灯的亮灭。

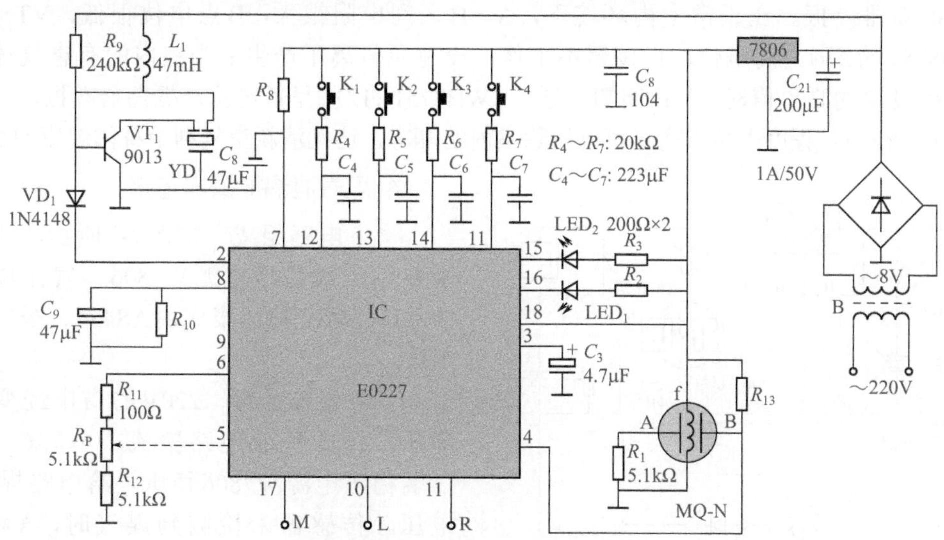

图7-7　抽油烟机自动控制电路

3.空气自动清新器电路

（1）电路组成　空气自动清新器电路如图7-8所示。该电路主要是由电源电路、空气检测开关电路、负氧离子发生器三部分组成。

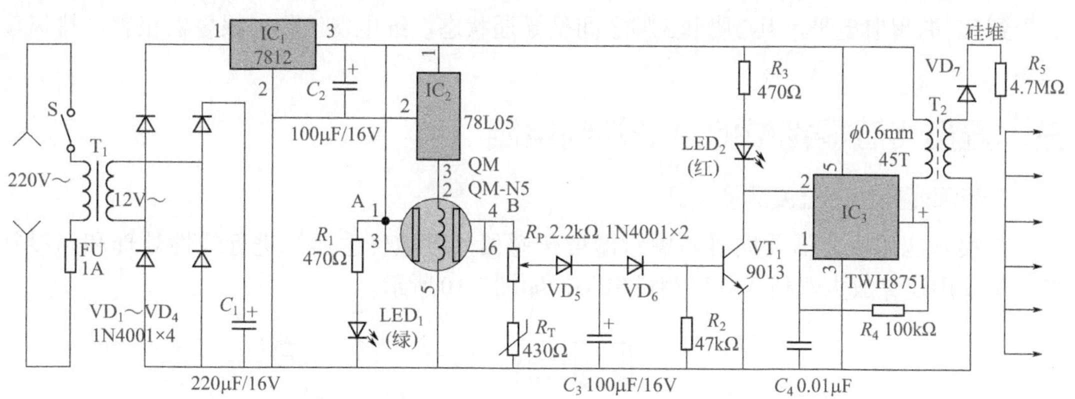

图7-8　空气自动清新器电路

（2）工作原理

❶ **电源电路**　220V的市电经12V的变压器T_1变压，桥式整流器整流，集成稳压电源7812稳压，为整个电路提供12V的电压。

❷ **空气检测开关电路**　由以QM-N5为中心元件的电路组成，它可以检测可燃气体。当室内的有害气体达到一定浓度时，由于B点电位升高使VT_1饱和导通，起到了检测开关的作用。R_T为负温度系数热敏电阻，用来补偿QM-N5由于温度变化引起的偏差。

❸ **负氧离子发生器** 由以TWH8751为中心器件的电路组成，其振荡频率约为1kHz，在T_2次级可得到5kV左右的高压。放电端采用开放式，大大提高了负氧离子的浓度，减小了臭氧的浓度，使到达外面的负氧离子增加，TWH8751的2脚即同相输入端为高电位时，振荡器停振。在正常室内环境下，A、B之间电阻很大，B点电位很低，VT_1截止，TWH8751的2脚为高电位，振荡器不工作，没有负氧离子产生；当室内的有害气体浓度超过R_P设定的临界值时，VT_1饱和导通，TWH8751的2脚呈低电位，振荡器起振，产生负氧离子。在一定程度上负氧离子可以消除室内的烟雾，达到清新空气利于身体健康的目的。

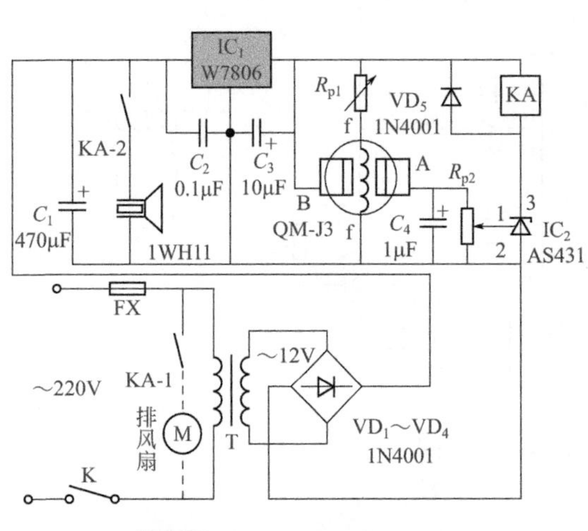

图7-9 煤气泄漏报警器电路

4.煤气泄漏报警器电路

（1）电路组成 如图7-9所示，该电路主要由集成稳压电源W7806、气体传感器QM-J3、精密稳压集成块AS431、报警器等组成。

（2）工作原理 220V的市电经变压器降压，桥式整流电路整流，电容C_1滤波，三端稳压电源W7806稳压，给电路提供6V电压。传感器未检测到煤气时，A和B之间的电阻很大，A点的输出电压使R_{P2}中心抽头的电位达不到IC_2的阈值电平（2.5V左右），其2脚和3脚之间呈阻断状态，因此，继电器不工作，报警器和排风扇不工作。当气体传感器检测到煤气泄漏时，A和B之间的电阻迅速减小，R_{P2}中心抽头的电位大于到IC_2的阈值电平，其2脚和3脚之间呈导通状态，继电器工作，报警器报警，排风扇工作。

三、湿度传感器构成的自动控制电路

1.带温度补偿的湿度测量电路

在实际应用中，需要同时考虑对湿度传感器（湿敏传感器）进行线性处理和温度补偿，常采用运算放大器构成湿度测量电路，如图7-10所示。

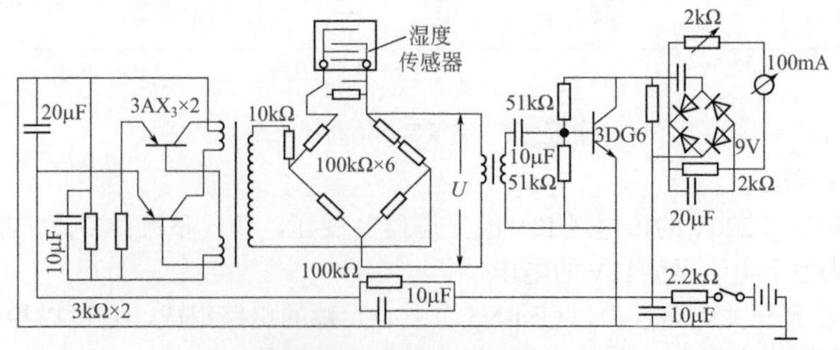

图7-10 电桥湿度测量电路

（1）电路组成 图7-11所示电路为带温度补偿的湿度测量电路，它包括温度补偿电路、线性化电路、放大电路和输出特性变换电路。其中R_t是热敏电阻器（20kΩ，B = 4100K）；R_H为H204C型湿度传感器，运算放大器型号为LM2904。该电路的湿度电压特性及温度特性表明，在（30%～90%）RH、15～35℃范围内，输出电压表示的湿度误差不超过3%RH。

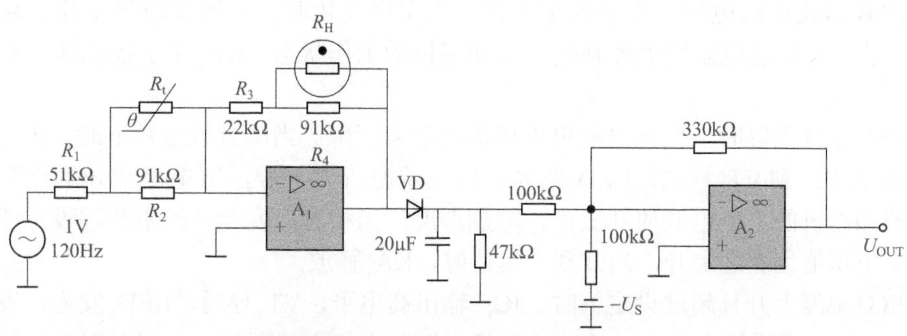

图7-11 带温度补偿的湿度测量电路

（2）工作原理 图7-11所示电路中热度电阻R_t与R_2并联，再与R_1串联，构成运算放大器A_1的输入电阻，实现温度补偿。在一定湿度条件下（50%RH）选取R_1、R_2，能使15℃和35℃时放大器的输出与25℃时的输出相同。因湿度传感器具有非线性特性，为获得与湿度成比例的输出，通过R_3和R_4构成的线性化电路进行线性化处理。从A_1输出的信号经VD检波、电容滤波后，与U_S减法处理后，经放大，输出与湿度成比例的电压信号。

2.湿度自动控制电路

（1）电路组成 图7-12所示电路是由湿度传感器KSC-6V构成的湿度控制电路，适用于需要对湿度进行控制且控制在一定范围之内的场所，如房间湿度控制。该电路主要由运算放大器LM358，湿度传感器KSC-6V，晶体管VT_1、VT_2，继电器KA_1、KA_2，显示及其驱动电路等组成。

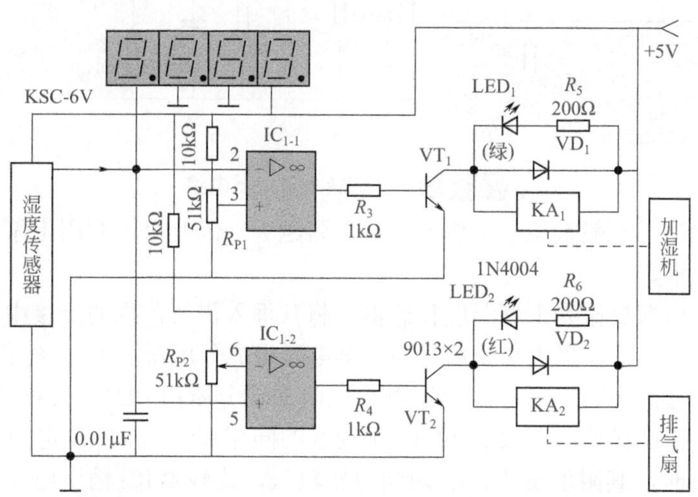

图7-12 由湿度传感器KSC-6V构成的湿度控制电路

（2）工作原理 KSC-6V所测的相对湿度值为0～100%时所对应的输出信号为0～100mV。该信号分为3路分别加到LM358的IC_{1-1}反相输入端2脚、IC_{1-2}同相输入端5脚以及显示器的正输入端。在电路中LM358运算放大器连接成电压比较电路，R_{P1}与R_{P2}可调电阻分别是这两个电压比较器的基准电压设定的调节元件，分别设定基准电压，两个基准电压的差值也标志着湿度的控制范围。当湿度传感器输出电压处于两个基准电压之间时，两个电压比较器输出低电平，继电器不工作。当湿度变化时，电压比较器工作，从而控制继电器工作。KA_1继电器用于控制超声波加湿机的工作状态，KA_2用于控制排气扇的工作状态。

当相对湿度下降时，传感器输出电压值也随着下降。当降到设定数值时，IC_{1-1}输出端将变为高电平，使VT_1导通，LED_1发光，以表示空气太干燥，继电器常开触点吸合，接通超声波加湿机的工作电源使其工作，增加湿度。当相对湿度上升但未超过设定值时，传感器输出电压值也随之上升，当升到一定值时，KA_1释放。

当相对湿度上升且超过设定值时，IC_{1-2}输出高电平，VT_2导通，LED_2发光，表示空气太潮湿。KA_2继电器触点吸合，接通排气扇，驱除空气中的潮气。当相对湿度降到一定值时，湿度传感器输出电压随之下降，降到一定值时，KA_2释放。

上述控制过程周而复始，从而可使相对湿度控制在一定范围之内。

3.土壤缺水自动报警灌溉电路

（1）电路组成 图7-13所示电路为土壤缺水告知器电路。该电路主要由传感器极板、振荡器（IC_{1-1}、R_1和C_1）、整流电流（VD_2、R_4和C_3）、比较器（IC_2）等组成。

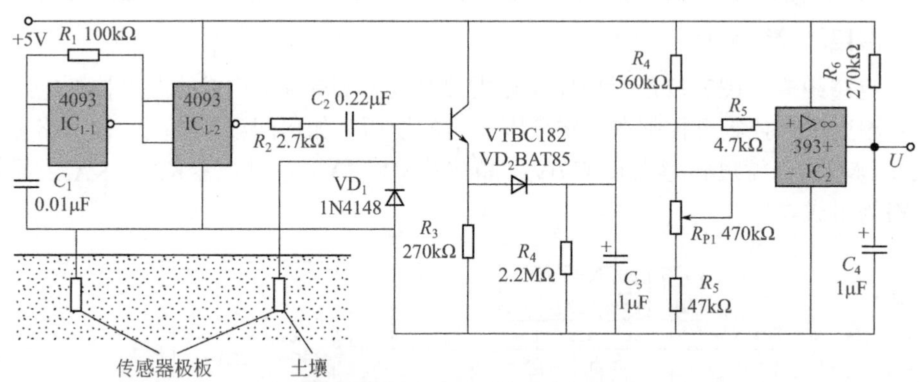

图7-13 土壤缺水告知器电路

（2）工作原理 一般来说，土壤越干，电阻越大。因此可以利用土壤电阻值的变化来判断土壤是否缺水。

采用一对金属探板作为土壤湿度传感器，将其埋入需要监视的土壤中。为了防止土壤中的极板发生极化现象，采用交变信号与土壤电阻组成分压器。IC_{1-1}、R_1和C_1构成振荡器，IC_{1-2}为振荡器的缓冲电路。R_2与传感器测得电阻形成分压由VD_1削去负半部分，经VT缓冲并由VD_2、R_4和C_3整流，经R_5送至IC_2比较器的同相端，与RP_1设定的基准电压进行比较。当土壤潮湿时，其阻值变小，C_3两端电压较低，比较器IC_2输出电压U为低电平；当土壤缺水干燥时，C_3两端电压高于设定的基准电压，比较器IC_2输出电压U为高电平。输出电压U可对指示报警或灌溉泵电路进行控制，达到土壤缺水告知或自动灌溉的目的。

四、温度传感器构成的自动控制电路

1. 集成温度传感器AD590构成的数字温度计

（1）电路组成　电路由一片AD590、单片A/D转换器ICL7106及外围电阻组成，外接LCD显示器，即可构成$3\frac{1}{2}$位液晶显示的数字温度计，电路如图7-14所示。

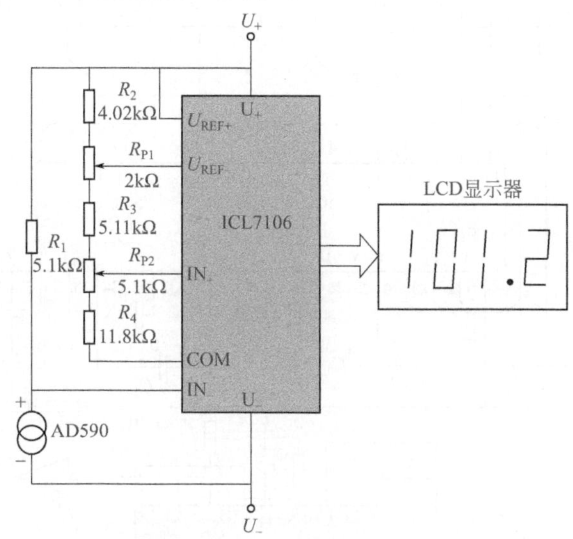

图7-14　由AD590构成的数字温度计

（2）工作原理　AD590跨接在U_-与ICL7106的IN_-引脚之间，作为ICL7106转换器的输入。基准电压U_{REF}由可调电阻R_{P1}调整为500.0mV。

校正方法：用一个精密水银温度计监测温度，调整电位器R_{P2}使LCD显示值与被测温度t（℃）相等，测温范围为0～199.9℃。但受AD590所限制，最高温度不得超过150℃。图7-14中，R_2、R_{P1}、R_3、R_{P2}和R_4的总阻值应为28kΩ。

通过改变各电阻阻值，还可构成华氏（℉）数字温度计。取R_1 = 9kΩ，R_2 = 4.02kΩ，R_3 = 12.4kΩ，R_{P2}的阻值改为10kΩ，R_{P1}的阻值不变，去掉R_4（即R_4 = 0）。此时仪表测温范围变成0～199.9℉（对应-17.8～+93.3℃）。

2. 热电偶放大器构成的温度自动控制电路

（1）电路组成　图7-15为热电偶放大器AD594构成的热电偶温度计电路。该电路主要由具有基准点补偿功能的热电偶放大集成电路AD594、专用数字显示集成电路ICL7107CPL等组成。

（2）工作原理　在图7-15中，J型热电偶的一对导线末端点作为热电偶的连接点，它是AD594进行补偿的接点。该点必须与AD594保持相同的温度，AD594外壳和印刷板在1脚和14脚用铜箔进行热接触，热电偶的引线接到它的外壳引线上，保持均温。

当热电偶的一条或两条引线断开时，AD594的12脚变为低电平，通过TTL门电路IC_3就会控制报警电路发出报警声，提示用户热电偶出现了断线故障。

热电偶的温度每变化1℃，集成电路AD594的9脚将会有10mV的电压输出，该电压

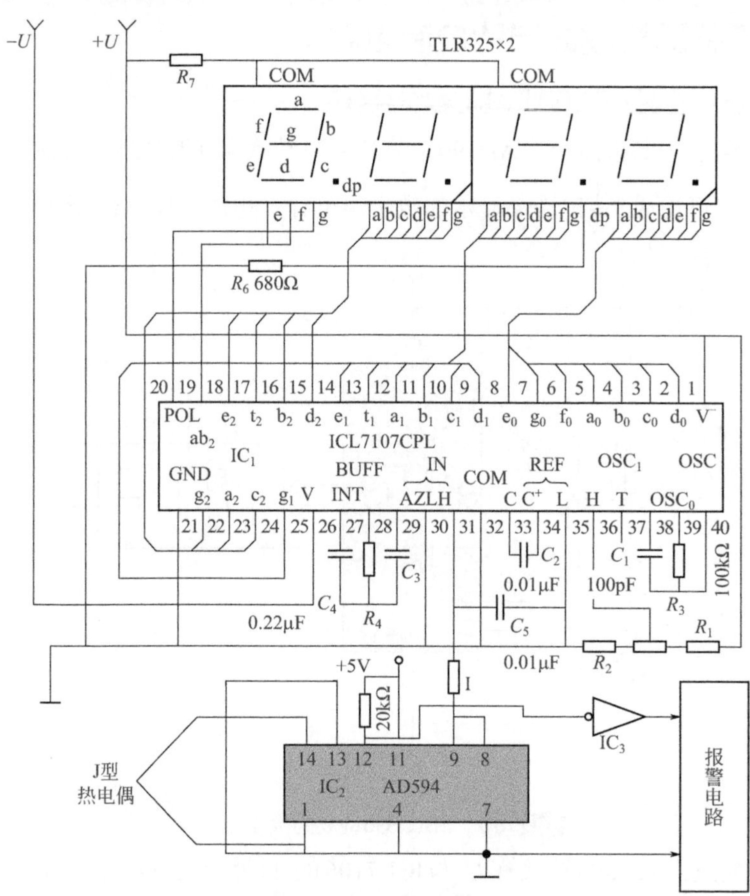

图7-15 由热电偶放大器AD594构成的热电偶温度计电路

经1Ω的电阻加至数字显示电路ICL7107CPL的31脚。

ICL7107CPL是一块显示器驱动控制的专用数字显示集成电路。ICL7107CPL将31脚输入的模拟量转换成数字量，经译码后输出驱动控制信号驱动LED显示器来显示当前检测到的温度。

（3）电路应用 该电路适用于电镀工艺流水线及温度测量范围在0～150℃的各种场合。

3.热敏电阻传感器构成的自动控制电路

（1）电路组成 图7-16是四线制Pt100铂电阻测温电路。电路由Pt100铂电阻、恒流源、传输导线、仪用放大电路及一些电阻组成。

（2）工作原理 测量回路的电流路径为$U_+ \rightarrow A_1 \rightarrow R_{W1} \rightarrow R_T \rightarrow R_{W4} \rightarrow$地，电源由线性较好的2mA的恒流源提供。由运算放大器A_1～A_3及外围电阻构成仪用放大器，R_T两端电压通过导线R_{W2}和R_{W3}接仪用放大器的输入端进行放大。

A_2、B_1可看作是仪用放大器的输入端子，由此看，放大器的输入阻抗非常高，流经两导线的电流也就近似为0。因此，两导线的电阻R_{W2}和R_{W3}对电路的影响可忽略不计。

放大器在高频工作时，运算放大器的共模抑制比会降低，R_1和C_1、R_2和C_2构成低通滤波器，用于补偿共模抑制比带来的影响。

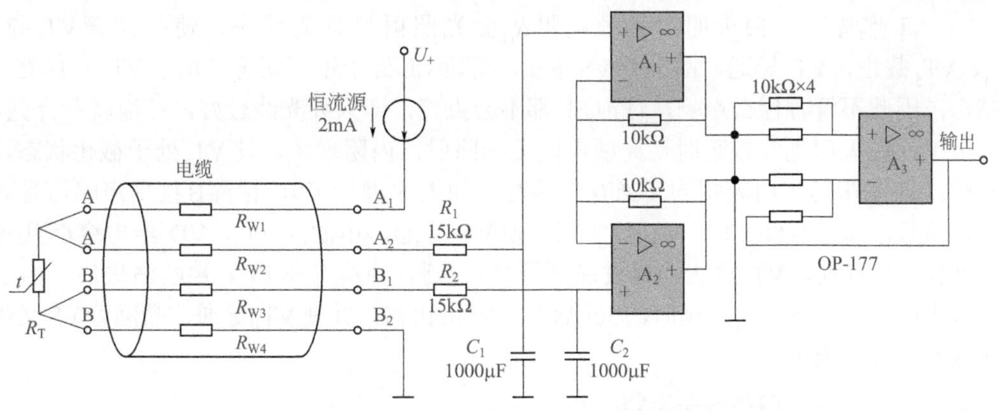

图7-16　四线制Pt100铂电阻测温电路

R_{W1}和R_{W4}除作为电流的通路以外，还用于限制恒流电路和放大器的工作电压范围，这并不影响接线端子A_2和B_1间的电位差，即不影响仪用放大器的输入信号。

五、光传感器构成的自动控制电路

1.光敏电阻构成的光控开关电路

图7-17所示电路采用MOS场效应管作为功率开关，开关的敏感器件可采用光敏电阻R_G，当有光线照射在光敏电阻时，R_G呈低阻性，VMOS管处于低电位截止，灯L不亮。暗时无光线照射到光敏电阻时，光敏电阻阻值高，VMOS管栅极电位高，导通使灯L亮。

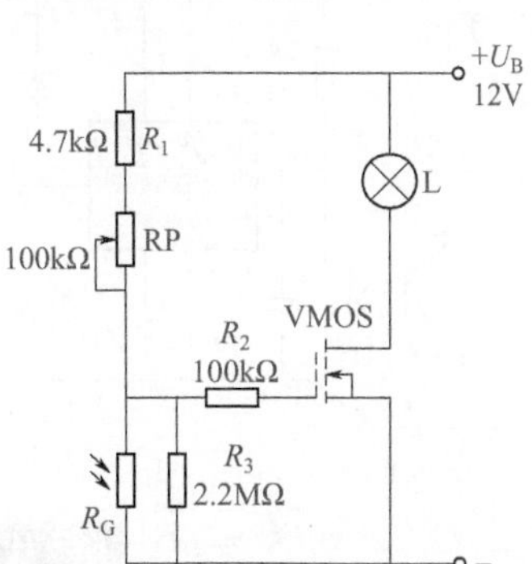

图7-17　采用光敏电阻的光控开关电路

2.声控照明自动控制开关

声控照明延时开关广泛应用于楼道、走廊、公厕等场合的照明自动控制。这种开关在白天呈关闭状态，在夜晚或光线较暗的情况下，只要有声响便可开启，延时45s后又自动关闭。

（1）电路组成　图7-18所示声控照明延时开关电路由光敏电阻R_G、晶体管VT_1～VT_6、话筒B、灯泡EL、二极管VD_1～VD_6及一些外围电阻电容等组成。

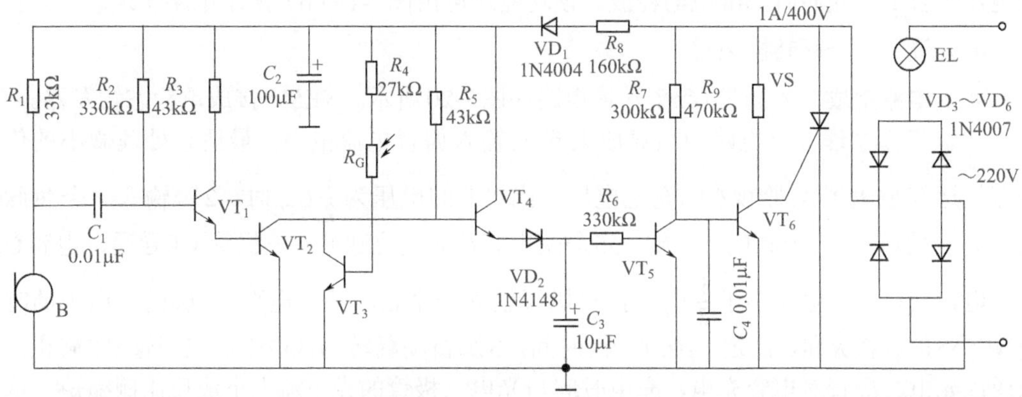

图7-18　声控照明延时开关电路

（2）工作原理 白天时，光敏电阻R_G受光照射呈低阻状态，使晶体管VT_3导通，VT_4、VT_5截止，VT_6导通，晶闸管VS截止，灯泡EL处于熄灭状态。由于VT_3一直处于导通状态，因此不管有什么声响，灯泡EL都不会点亮，即只要光线较好，灯泡就不会亮。

天黑或白天但光线较暗时，光敏电阻无光照射，内阻增大，使VT_3处于截止状态，如无声响，则电路仍与白天相同。当有声响时（如人的脚步声），话筒B接受声响信号并转换为电信号，该信号经VT_1、VT_2放大后，使VT_4导通，电源经VT_4、VD_2给电容C_3迅速充电，并使VT_5导通，VT_6截止，触发晶闸管VS导通，点亮灯泡EL。声响消失后，由于C_3缓慢放电的作用，使VT_5在延时约30s后转为截止状态，并使VT_6导通，晶闸管VS又恢复截止状态，灯泡熄灭。

3.光敏管构成的自动开关电路

（1）电路组成 图7-19（a）所示为光敏三极管构成的灵敏光控开关电路。由555定时器组成多谐振荡器。

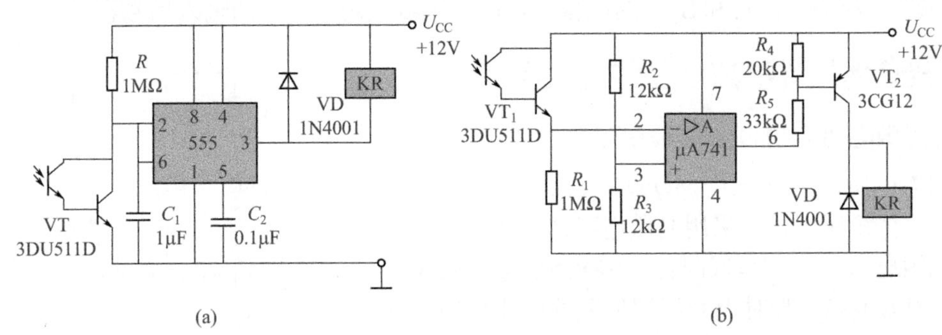

图7-19 光敏三极管构成的灵敏光控开关电路

（2）工作原理 由2脚电位决定3脚的输出。由于采用了达林顿型光敏三极管作敏感元件，所以对弱光较敏感，适用于对反射光信号的检测。当无光照射时，达林顿型光敏管内阻较大，2脚的电位大于$\frac{1}{3}U_{CC}$，3脚输出低电平，继电器KR吸合。电路中当达林顿型光敏管受到光照后，其内阻减小，使2脚电位下降，当降为$\frac{1}{3}U_{CC}$时，3脚输出高电平，这时继电器KR释放。如果达林顿型光敏管与电阻R位置交换，就可把该电路修改为光照时，继电器吸合；无光照时，继电器释放。该功能还可由图7-19（b）所示电路实现。

4.光通亮-频率转换电路

（1）电路组成 光通量-频率转换电路如图7-20所示。NE555接成单稳态触发器。

（2）工作原理 该电路的运算放大器A_1输入偏置电流很小，最适宜处理微小的信号电流。运算放大器A_1监视C的充电电压。当C上的电压为$\frac{1}{2}U_{CC}$时，2脚输入一个负脉冲低电平，3脚输出一个高电平，NE555产生电容C的复位脉冲，三极管VT导通，电容C对地放电，当C上的电压小于$\frac{1}{2}U_{CC}$时，2脚又输入一个正脉冲高电平，3脚的高电平的时间由NE555的外接R和C决定，经过一段时间，3脚自动翻转为低电平，三极管VT截止，电源通过光电二极管对电容充电，充电时间与光电二极管的光电流大小成反比例缩短，这样光强度与频率成比例关系。

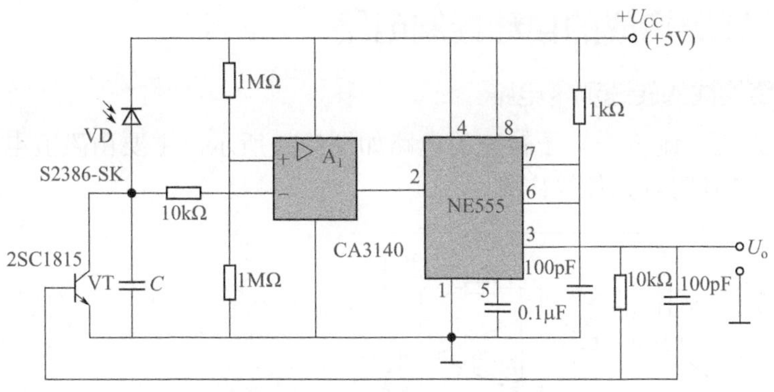

图7-20 光通量-频率转换电路

5.光电耦合器构成的双向计数器

由光耦合器件构成的双向计数器如图7-21所示。该电路可自动识别物体的不同运动方向，并按不同方向进行自动加减计数。例如在某栋大楼门口，可对进入大楼的人进行加计数，对离开大楼的人进行减计数，从而计数器始终显示大楼内的总人数。

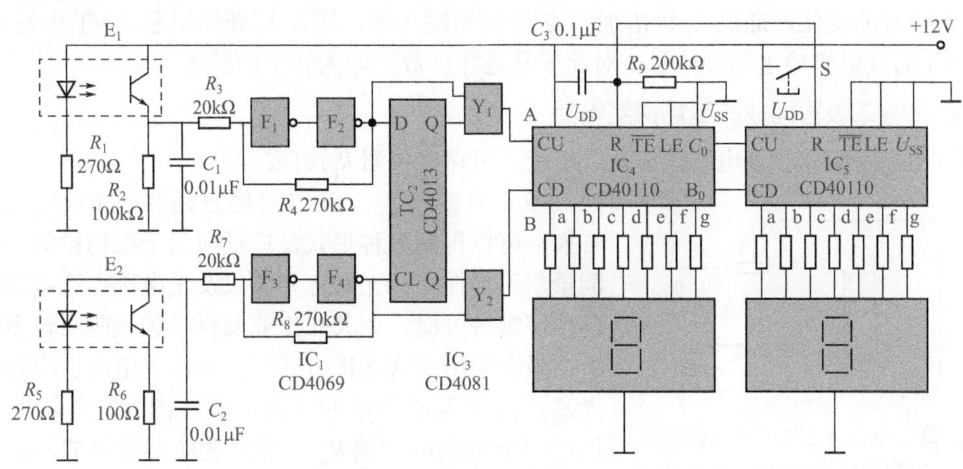

图7-21 光耦合双向计数器电路

（1）电路组成 光耦合器件由红外发光二极管和光敏晶体管成35°夹角封装在一体构成，其交点在距光耦合器5mm处。工作时红外发光二极管发出920μm波长的红外光，当发出的红外光被前方的物体遮挡时，光线被反射回来，反射光线被光敏晶体管接收而使其导通；若光耦合器件前方没有物体时，光敏晶体管便处于截止状态。双向计数器就是由两个如上所述的光耦合器件组成的，电路如图7-21所示。

（2）工作原理 两个光耦合器件沿着被测物体运动方向并排安装在一起，当被测物体从光耦合器件前经过时，假定先遮挡住光耦合器件E_1，进而将E_1和E_2一起遮挡，然后仅遮挡住E_2，最后物体离去，则A点输出一个计数脉冲。同理，若物体反方向经过时，B点便输出一个计数脉冲。电路中A点和B点分别与计数电路中的时钟脉冲输入端CU和CD相连。当CU端有上跳脉冲输入时，该计数器做加法计数；当CD端有上跳脉冲输入时，该计数器做减法计数，从而实现了根据物体的不同运动方向可自动进行加减计数的双向计数功能。

六、磁敏传感器构成的自动控制电路

1.磁敏电路构成的转速测量电路

(1)电路组成 测量磁转子转速的电路如图7-22所示，主要由磁敏电路R_M、集成运放A_1、晶体管VT及阻容元件等构成。

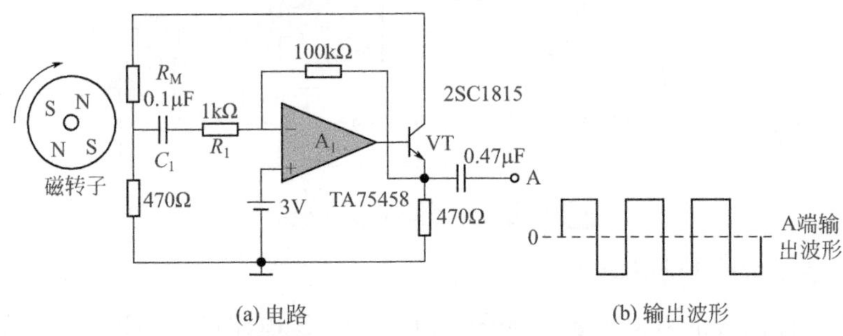

图7-22 测量磁转子转速的电路

(2)工作原理 磁转子转动时，磁场发生变化，磁敏电阻R_M的阻值发生变化，表现为电压信号的变化，通过C_1和R_1加到A_1的反相输入端，经A_1比较输出驱动VT开关工作，则在VT的发射极输出脉冲信号，对此信号进行计数，即为转子的转速。

2.磁敏二极管构成的磁场探测电路

(1)电路组成 该电路由磁敏二极管、可调电位器R_{P1}组成。

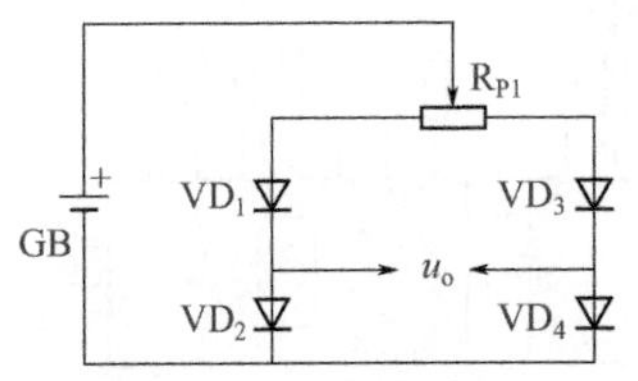

图7-23 由磁敏二极管构成的具有平衡调整的全桥式磁场探测电路

(2)电路应用 该电路经过适当的扩展、组合、转换，可以得到多种形式，广泛应用于磁场检测、电流测量、无损探伤、无触点开关以及无电刷直流电动机的自动控制等方面，尤其在工业及科研领域应用较多。磁敏二极管采用桥式连接方式时，其供电电源也应相应地提高，为了保证电桥的平衡，可按图7-23所示的方法加设一个可调电位器R_{P1}，用来进行平衡调节，由此可使加至两支路的电源保持一致，使桥路保持平衡。

3.磁敏三极管构成的负载接口电路

(1)电路组成 该电路由4CCM型磁敏三极管、可调电位器R_P等组成。

(2)电路应用 图7-24是由磁敏三极管构成的有源负载接口电路，可用来检测磁场强度、电流、压力、流量、压差、液位，还可作为接近开关、精确定位、限位开关等装置。

电路中，VT_3与VT_4、R_1～R_3、R_4～R_6共同构成了VT_1与VT_2的集电极恒流源负载。由于采用了该恒流措施，故由磁敏三极管检测到的磁场变化而引起的集电极电流的变化，就可在负载上产生较高的输出电压。

4.霍尔传感器构成的转速检测电路

图7-25所示是采用霍尔元件的转速检测电路，当磁转子M旋转时，霍尔电压的正负极性随着外加磁场的NS极性变化而变化，运放接成差动输入形式，可以除去霍尔电压中共模电压成分，而将1、3点之间的差值进行放大，通过检测输出电压即可得到磁转子M

的转速。由于运算放大器有较大的放大作用，霍尔元件输出很小也不会有问题，这时，多采用输出电压小、温度特性非常好的GaAs的霍尔元件。

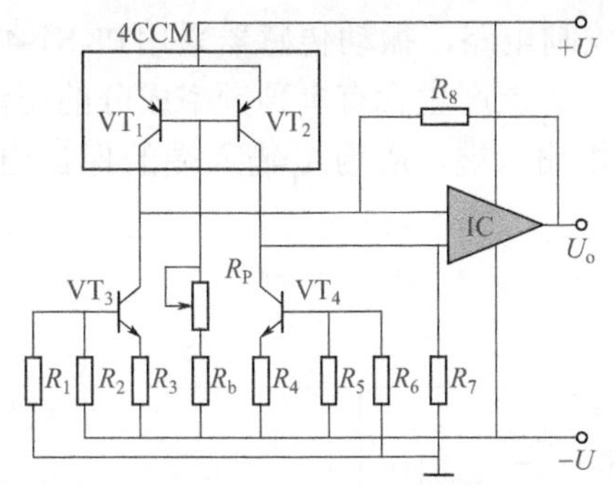

图7-24　由磁敏三极管构成的有源负载接口电路

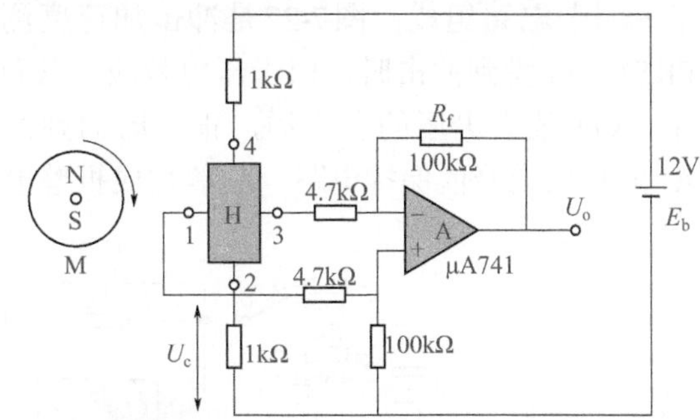

图7-25　采用霍尔元件的转速检测电路

七、振动与加速度传感器构成的自动控制电路

1. 振动传感器构成的汽车防盗报警电路

（1）电路组成　图7-26所示电路是由振动传感器YTS9512A构成的车辆防盗报警电路，该电路适用于汽车、摩托车等的防盗。该电路主要由振动传感器YTS9512A、双D触发器CD4013、音乐集成块KD-9561、继电器KA等组成。继电器KA的一组触点KA_1控制音乐集成块，另一组触点KA_2控制车辆的点火线圈。

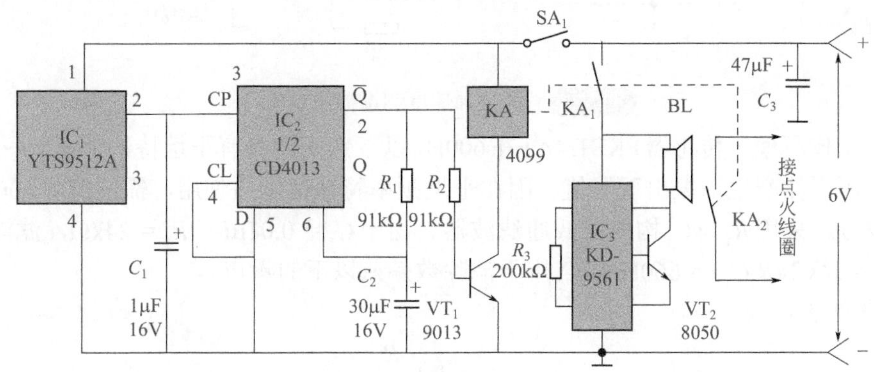

图7-26　由振动传感器YTS9512A构成的车辆防盗报警电路

（2）工作原理　当合上点火开关、拔出钥匙时，SA_1开关闭合。在SA_1闭合瞬间，IC_1（YTS9512A）2脚输出高电平，触发由IC_2（CD4013）构成的单稳态电路，其2脚输出的高电平使VT_1导通，继电器KA得电吸合，其KA_1接通由IC_3（KD-9561）音乐集成块组成的报警电路，BL发出报警声，提示车主车辆进入警戒状态。单稳态电路延时结束后（约3s），继电器KA释放，报警声随即停止。

当无振动时，IC_1处于静态，其2脚恢复低电平，单稳电路IC_2的2脚保持低电平；当车辆受到振动时，IC_1的2脚输出一个高电平脉冲，触发IC_2，其2脚输出的高电平使VT_1导通，继电器KA得电吸合，BL发声报警；同时KA_2触点闭合后短路了车辆的点火线圈，使车辆无法启动。3s后，如振动还存在，则重复上述报警过程。

2.冲击加速度测量器控制电路

（1）电路组成 图7-27是冲击加速度测量器控制电路，振动传感器采用PKS1-4A1。PKS1-4A1受到冲击时，由于压电效应，其负载电阻R_1上产生含有多种频率成分的交流电压。VD_1截去电压的负半周，正半周加到A_1的同相输入端，R_2为A_1输入端的保护电阻。A_2和A_3构成峰值保持电路，A_4等构成报警电路。

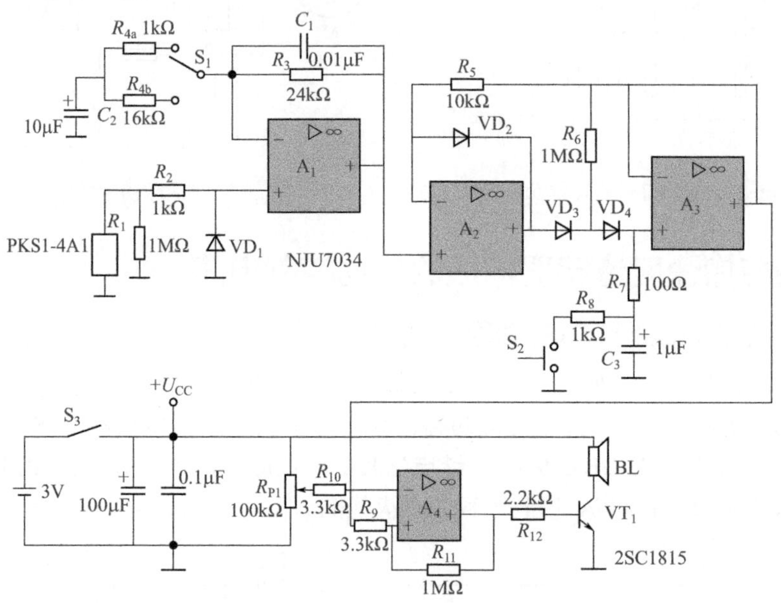

图7-27 冲击加速度测量器控制电路

（2）工作原理 传感器PKS1-4A1在600Hz以下频率时具有平坦特性，在1～3kHz范围内由于压电体产生谐振出现峰值。因在平坦频率特性范围内使用，需要滤除600Hz以上的高频成分，采用R_3与C_1构成的低通滤波器。由于C_1 = 0.01μF，R_3 = 24kΩ，滤波器的截止频率$f_c = 1/(2\pi R_3C_1) = 660$Hz。$C_2$用于滤除数赫兹以下的噪声。

A_1的增益A_V为

$$A_V = 1 + \frac{R_3}{R_4}$$

每1g冲击加速度时传感器输出约40mV，电路中，R_3 = 24kΩ，S_1接R_{4a}（1kΩ）时，增益为25倍，A_1输出电压1V对应1g的加速度；S_1接R_{4b}（16kΩ）时增益为2.5倍，A_1输出电压1V对应10g的加速度。这里，g表示单位冲击加速度，1g相当于9.8m/s^{2}的地球重力加速度，10g相当于地球重力加速度的10倍。

PKS1-4A1的耐冲击加速度可达到1000g，其输出电压也可达到50V以上。现制作的测量器用于25g以下较小的测量场合，加速度较大场合时可在传感器输出端采用电阻分压器进行分压即可。

A_2和A_3构成峰值保持电路，VD_3和VD_4二极管串联，A_3的输出电压经R_6对其进行偏置。当A_2的同相输入端电压低于A_3的输出电压时，VD_3截止，VD_4两端电压几乎相等，因此，无漏电流流通，可长时间保持峰值电压。当A_2的同相输入端电压高于A_3的输出电压时，VD_3和VD_4都导通，这时，二极管在负反馈环内，因此，二极管的正向电压不会引起误差。R_7为过大电流流经C_3的限流电阻，S_2为复位开关，R_8为C_3放电（复位）限流电阻。

A_4等构成报警电路，当A_3输出超过R_{P1}设定值时，A_4输出高电平，VT_1导通，BL发声报警。

八、超声波与微波传感器构成的自动控制电路

1.超声波障碍检测（测距）电路

图7-28所示电路为采用超声波的车后障碍物检测电路。

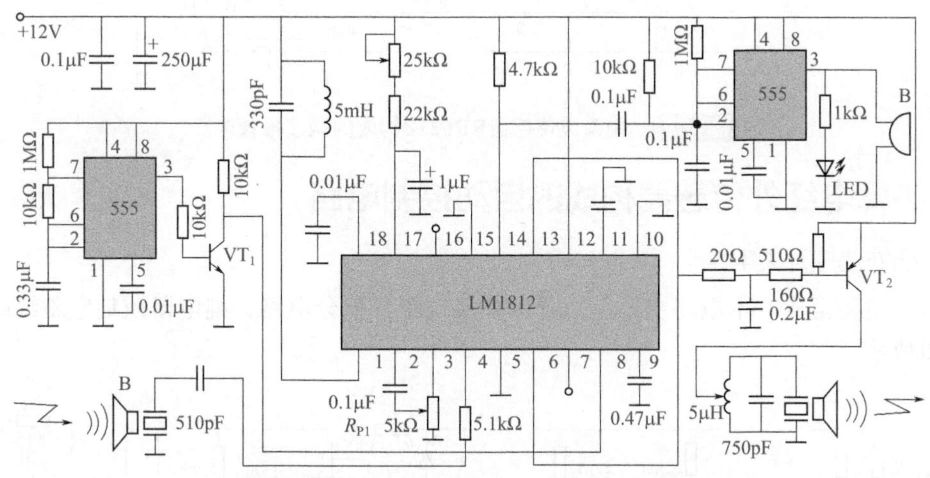

图7-28　采用超声波的车后障碍物检测电路

（1）电路组成　发射电路主要由LC谐振器、555时基电路、晶体管VT_2和发送器组成。接收电路主要由接收器和阻容耦合器构成。

（2）工作原理　LM1812具有发送和接收双重功能，收发时采用同一LC谐振电路。它以每秒4～5次比率，在1ms期间由发送器发送40kHz的超声波（由LM1812的1脚所接的LC谐振器产生），用另一超声波传感器接收其反射波，再经放大驱动LED闪亮，同时使蜂鸣器B发声。

电路中采用接收部分的增益调整电位器R_{P1}用来改变检测距离，最大检测距离也因喇叭辐射体的形状与方向不同而异，一般可在2～3m范围内调节。

2.微波报警电路

（1）电路组成　该电路由微波传感模块RD627B，放大、延时、光控选择模块RD618，继电器及三极管VT构成的控制单元组成。

（2）工作原理　图7-29所示是RD627的典型应用电路。该电路采用了RD627的最新改进型号RD627B，RD627B与RD627的功能大致相同。但是，它的电源工作电压由原来的12V改为6V，输出端也由原来的第6脚改为第3脚。图7-29中采用了与RD627B相配套的RD618集成电路，RD618内部含有稳压6V电压输出、带通放大器、比较放大器及输出延迟、光控选择器等。RD627B所需的6V直流电压直接取自RD618的2脚，电位器R_P用

来调节输出灵敏度，VD_1为光敏二极管，利用它可在低阻值时锁定输出端以使其无信号输出，从而控制其在白天或阴天时的工作状态。如果拆除光敏管VD_1，并在7脚与地之间加接一个10kΩ电阻器，即可使光控电路失效。

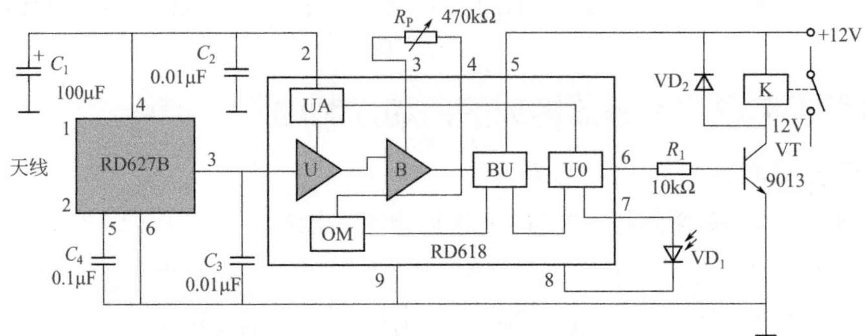

图7-29 由微波传感器RD627B构成的微波报警电路

九、热释电红外传感器构成的自动控制电路

1.红外遥控开关电路

（1）电路组成 本电路主要是由降压整流电路、积分电路、继电器控制电路组成，如图7-30所示。

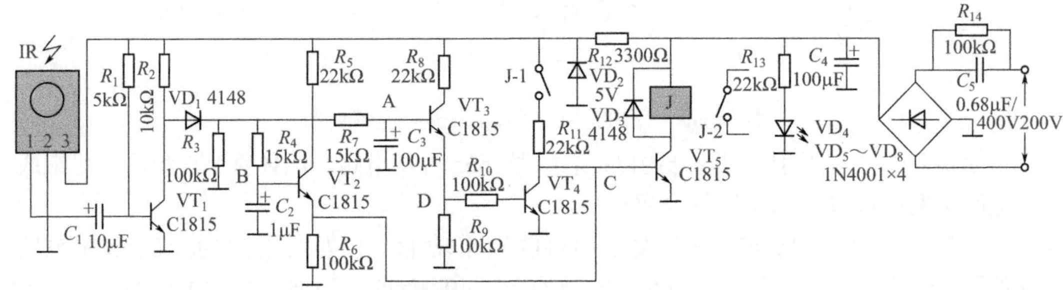

图7-30 红外遥控开关电路

（2）工作原理 电路中IR为红外遥控接收头，未接收到红外线信号时，1脚输出高电平；接收到红外线信号时，1脚输出一连串低电平脉冲。降压整流电路：由电容R_{14}、C_5、VD_5～VD_8组成。积分电路：由R_4、C_2和R_7、C_3组成两个积分电路。继电器控制电路：由VT_4、VT_5和J组成。

平时待机和上电后的初始状态为：VT_1导通，VT_2截止，VT_5截止，继电器J不工作。

❶ **遥控开机过程** 短按遥控器按钮不超过0.5s，在这较短的时间内，因C_3容量远大于C_2，故B点电位很快升到高电位（约1V），而A点电位上升不到0.6V，因此VT_3不能导通，只有VT_2导通，这样，C点为高电位，VT_5导通，继电器J动作，其接点J-1、J-2同时吸合，J-2接通电器电源。这时即使IR不再收到信号，因电源经R_{11}向VT_5提供偏置，故VT_5保持导通，J仍继续吸合，达到短按遥控器按钮实现开机的目的。

❷ **遥控关机过程** 长按遥控器按钮超过3s以上时，IR输出低电平脉冲使VT_1输出高

电平脉冲，经VD_1整流后送至A点、B点进行积分处理，最终使A点电位大于1V（实测为1.3V左右），VT_3导通，D点为高电平，VT_4导通，C点为低电平，致使VT_5截止，J释放，J-1、J-2断开，达到长按遥控器按钮实现关机的目的。松开遥控器按钮后，IR不再收到红外线信号，C_2、C_3放电，VT_2、VT_3截止，电路又进入等待状态。只有再次短按遥控器按钮，电路才会重新动作，重复遥控开机的过程。

2.热释电红外测温仪

常见的热释电红外传感器有p2613、p3782、p7187等。根据法拉第法则，人体的体温约为37℃，辐射最多红外线的波长是10μm左右，而p7187对7～20μm范围波长比较灵敏，它采用了2个热释电元件PZT板，PZT板表面吸收红外线，并在受光面的内外各自安装取出电荷的一对电极，能敏感捕捉到被测物体或光源，具有很高的灵敏度。这2个受光电极反向串联，可有效地防止背景波动以及干扰光照射时的误动作（一是环境变化引起的误动作，二是使用光调制器时的误动作）对传感器的影响，当2个受光电极同时受到红外线照射时，输出电压相互抵消而无输出，只有当人体移动时才有电压的输出，输出电压比较精确地反映了人体移动的情况。图7-31虚线框中是p7187等效电路。

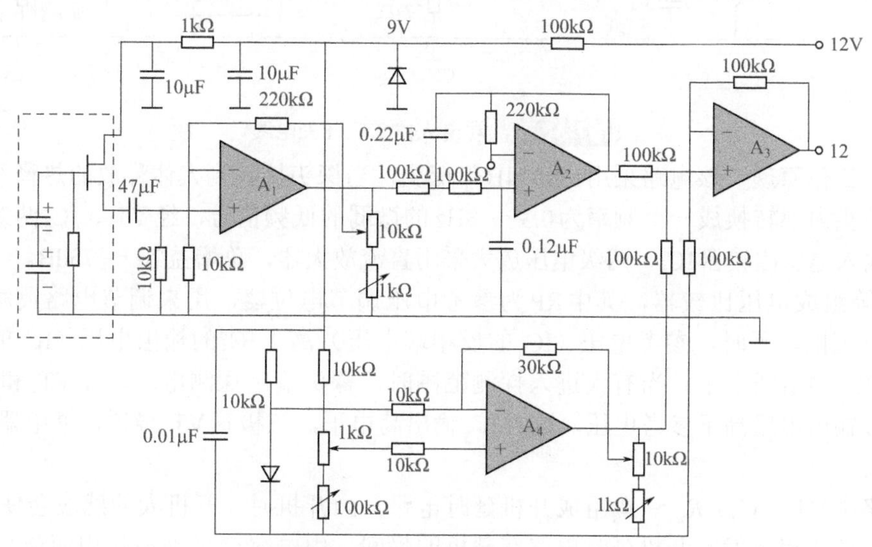

图7-31 p7187热释红外测温仪电路

传感器输出的信号经47μF电容耦合到同相放大器A_1，A_1的闭环增益为23～24。同时A_1还兼作高通滤波器，其截止频率为$f_L = 0.3Hz$。A_2是一个低通滤波器，其闭环增益约为1，截止频率为$f_H = 7Hz$。A_1、A_2分别把低于0.3Hz和高于7Hz的信号滤掉，使输出的信号仅是经过调制器调制的1Hz红外辐射信号。由温敏二极管和运算放大器A_4组成温度补偿部分，它检测调制器的温度T_α，利用温敏二极管的非线性作温度补偿。根据斯特藩-玻尔兹曼定律，当调制器装置温度为T_α、被测温体的温度为T_0时，红外传感器的输出电压为：$U_S = K(T_0^4 - T_\alpha^4)$。

由上式可知，要获得正比于待测物体的绝对温度的电压U，应将$U(T_\alpha) = KT_\alpha^4$信号加到上式中进行补偿。$U(T_\alpha)$由温度补偿电路提供，温度补偿曲线可近似地看成是四次方曲线，这个过程将在加法器A_3中完成。A_3的作用是将信号电压与温度校正部分的输出进行加法计算。

3.热释电人体感应开关

（1）电路组成 热释电人体感应开关电路如图7-32所示。热释红外探头选用LN074B型。IC_2、IC_3选用高输入阻抗的运算放大器CA3140。该电路采用结型场效应管作差分输入级，输入阻抗高达$1.5\times10^{12}\Omega$，输入失调电流仅0.5pA，频带宽达4.5MHz，转换速率为9V/μs，是一种性能十分优良的运算放大器，很适合于作微弱信号的放大级。

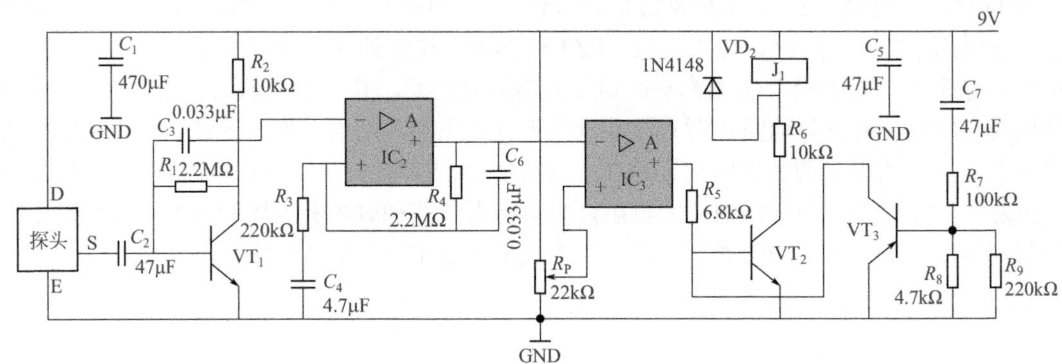

图7-32 热释电人体感应开关电路

（2）工作原理 该电路采用LN074B作探头，当探头接收到人体释放的热释红外信号后，由控头内部转换成一个频率为0.3～3Hz的微弱的低频信号，经VT_1、IC_2两级放大器放大后输入电压比较器IC_3。两级电压放大采用直流放大器，总增益70～75dB。

IC_3等组成电压比较器，其中RP为参考电压调节电位器，用来调节电路灵敏度，也就是探测范围。平时，参考电压（IC_3的反相端电压）高于IC_2的输出电压（IC_3的同相端电压），IC_3输出低电平。当有人进入探测范围时，探头输出探测电压，经VT_1和IC_2放大后使信号输出电压高于参考电压，这时IC_3输出高电平，三极管VT_2导通，继电器J_1吸合，接通开关。

电路中VT_3、C_7、R_7～R_9组成开机延时电路。当开机时，开机人的感应会使IC_3输出高电平，造成误触发。开机延时电路在开机的瞬间，由电容C_7的充电作用而使VT_3导通，这样就使IC_3输出的高电平经VT_3通地，VT_2可以保持截止状态，防止了开机误触发。开机延时时间由C_7与R_7的时间常数决定，约20s。

十、力敏传感器构成的自动控制电路

1.电子气压、血压检测电路

图7-33是数字血压计电路原理图。数字血压计具有使用方便、体积小、测量速度快、分辨率和精度高等特点。

（1）电路组成 传感器选用薄膜扁平受力面积大的硅半导体压力传感器2S5M型，初始电阻890Ω，接成全桥，因此灵敏度很高。为了减小非线性误差，传感器由A组成的恒流源供电。

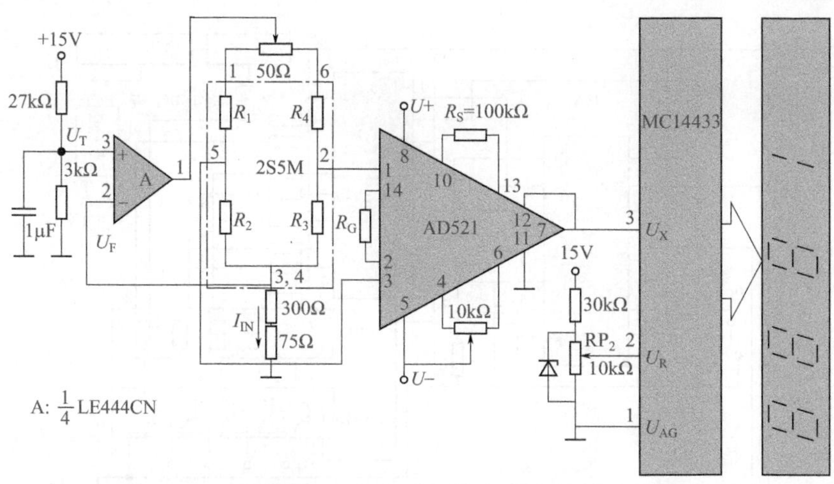

图7-33　数字血压计电路原理图

（2）工作原理　由图7-33可见，A的U_T输入端电压为

$$U_T=\frac{3k\Omega}{27k\Omega+3k\Omega}\times 15V=1.5V$$

设A为理想运放，其负输入端的电位为

$$U_F=U_T=1.5V$$

A的输出电流，即为传感器的输入电流I_{IN}为

$$I_{IN}=\frac{1.5V}{300\Omega+75\Omega}=4mA$$

此电流不随负载（传感器）电阻的变化而变化，是恒流源，保证了测量精度。

压力传感器的信号放大常选用差动电压放大器，以提高共模抑制比和测量精度。传感器的1脚与6脚间接50Ω电位器作为桥路零位调整。电位器RP_2为满度调整。AD521是测量放大器。A/D转换器选用双积分式$3\frac{1}{2}$位的MC14433，国产型号是5G14433，具有抗干扰能力强、精度高（相当于11位二进制数）、自动校零、自动极性输出、自动量程控制信号输出、动态字位扫描BCD码输出、单基准电压、外接元件少、价格低廉等特点，是广泛使用的最典型双积分A/D转换器。

2.压力传感器自动磅控制电路

（1）电路组成　图7-34所示电路是由力敏传感器构成的水泥包装自动磅控制电路。该电路由IC_1～IC_5共5块集成电路为主构成。IC_1为SC950型光电耦合器；IC_2的型号为DG6010，是一块CMOS四位半十进制计数器；IC_3的型号为CC4511B，为BCD-7段锁存/译码/驱动集成电路；IC_4为NPN达林顿晶体管阵列5G1413，属高电压大电流集成电路；IC_5为三端集成稳压器，型号为7805。

电子秤可采用成品件，也可采用压敏元件代用。

KAJ是一种具有两组触点的JRX-30F型直流继电器，其常闭触点KAJ用于控制包装电动机电源的接通与断开。KAJ继电器线圈的供电通路受VT_3的控制，VT_3又受VT_2、VT_1及电子秤中压力传感器检测到的压力信号控制。

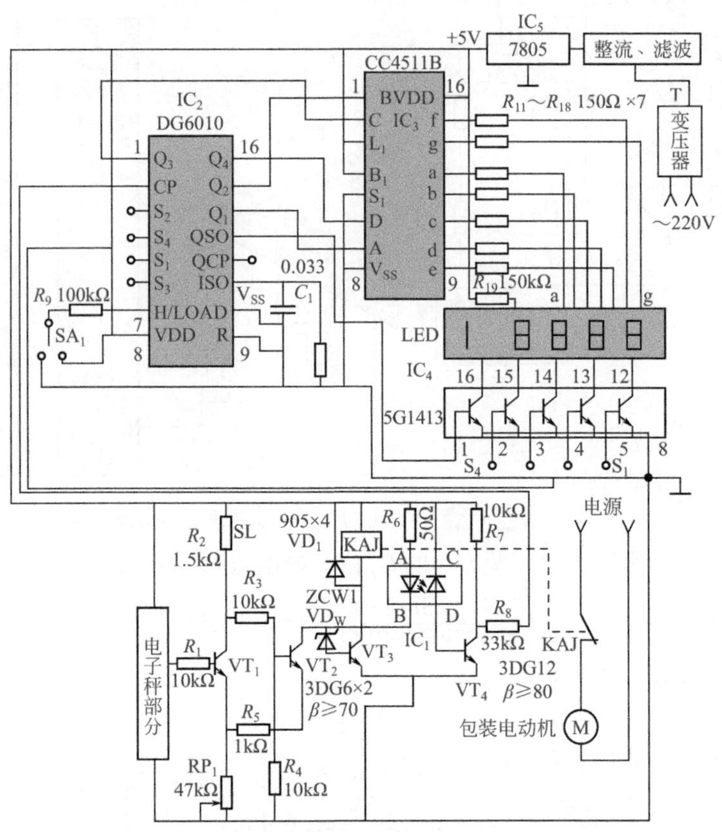

图7-34 由力敏传感器构成的水泥包装自动磅控制电路

SA_1为锁存与计数显示转换开关，当SA_1转换开关使IC_2的7脚为低电平时，IC_2进入计数状态；当SA_1转换使IC_2的7脚为高电平时，IC_2进入锁存数据状态。

（2）工作原理

❶ **供电电路** 220V交流电压经电源电压器T变压后，从其次级输出交流低压，低压再经桥式整流、滤波、稳压后输出直流5V工作电源。

❷ **压力转换控制电路** 这部分电路由电子秤、VT_1～VT_4、IC_1、VD_W、RP_1等构成。其中VT_1和VT_2及其外接电阻构成射极耦合触发器，起到鉴别输入电压的作用。

当袋重达不到预定值时，电子秤中压力传感器检测压力后输出的电压经R_1加至VT_1的基极，由于该电压不能驱使VT_1导通，故其集电极为高电平而使VT_2导通，VT_3则截止，KAJ继电器线圈电流通路无法形成，不会切断常闭触点，故可通过该常闭触点为电动机供电，其继续运转，执行包装工作。

当袋重达到预定值时，电子秤输出的电压使VT_1导通，VT_2截止，VT_2集电极为高电平，使VD_W稳压二极管发生齐纳击穿，使VT_3基极为高电平而导通，KAJ继电器线圈得电吸合，其常闭触点KAJ断开，电动机停转。

❸ **计数显示电路** 当袋重达不到预定值时，由于VT_2导通，等效于发光二极管的阴极经R_5、RP_1接地，从而使发光二极管导通发光，使IC_1内的光敏晶闸管导通，进而又使VT_4也导通，其集电极为低电平，即IC_2的2脚输出为低电平。

当袋重达到预定值后，由于VT_2截止，IC_1内的发光二极管截止，VT_4也截止，IC_2的2脚为高电平，计数电路IC_2自动加1，为下一轮包装做好准备。

IC_2的计数脉冲是由光电耦合器IC_1经VT_4提供给IC_2的2脚的。IC_2对输入信号进行译码处理后，从其Q_1～Q_4端（14脚、15脚、1脚、16脚）输出BCD码。该信号加至译码器的A～D端（7脚、1脚、2脚、6脚）译成七段驱动信号后，从a～f端（13～9脚、15脚、14脚）输出，加到LED数码管相应的阳极上。

与此同时，IC_2经对计数脉冲进行处理后，其QSO、S_4～S_1端（13脚、4脚、6脚、3脚、5脚）输出扫描显示信号加至IC_4的1～5脚，5位数字由高位到低位依次扫描，其扫描频率为50Hz。

IC_2的7脚用于锁存数据，锁存时不影响计数，但显示器不变化。当7脚为高电平时，IC_2处于锁存状态；当7脚为低电平时，IC_2处于计数状态。

IC_2的13脚为显示屏位显示最高位引脚控制信号输出端，从图7-34所示电路中可以看出，LED显示屏的最高位通过电阻R_{19}接在+5V电源上，所以当IC_2的13脚输出高电平时，LED显示屏将显示最大值“1”。

IC_2的9脚为置零端，由于电路中将其与地线直接相连，由此就可使IC_2在每次通电开机时进行自动清零，为重新计数做好准备。

十一、步进电动机及其控制电路

1. 步进电动机的控制原理

步进电动机是用电脉冲信号进行控制，将电脉冲信号转换成相应的角位移或线位移的微电机，广泛用于打印机等办公自动化设备以及各种控制装置。它与一般的电动机不同，只接电源时不能转动，每加一次脉冲信号后仅转动一定的角度。它可以精确地控制转动角度，其控制精度比较高。

（1）单相永磁式步进电动机的工作原理　图7-35为单相永磁式步进电动机的原理图。其转子是由永磁体制成的圆柱体形两极永磁转子，定子内圆与转子外圆有一定的偏心，因而气隙是不均匀的，在AA′处气隙最小，即磁阻最小。定子衔铁中套有一集中绕组，绕组两端由专用电源加入电脉冲信号。

定子绕组未通电时，电动机磁路中有永磁转子产生的磁通，此磁通将使转子磁极的轴线趋向于磁路中磁阻最小的位置，即转子稳定在图7-35所示位置。

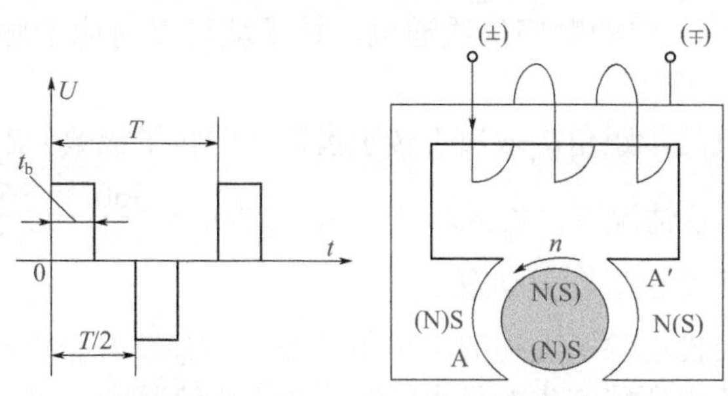

图7-35　单相永磁式步进电动机原理图

当电源给电动机绕组加入一正脉冲时，绕组中的电流方向如图7-35中箭头所示，使定子两个凸极形成图7-35所示的N、S磁极。此时，定子两磁极的极性与转子两磁极的极性正好是同极性相对，由于同极相斥、异极相吸的原理，转子就以箭头n的方向逆时针转过约180°，直到定子磁极与转子磁极的异性磁极相对为止。

在时间$t = T/2$，即经过半个脉冲周期时，电源给定子绕组加入一个方向相反的负脉冲，电流方向与之前相反，于是形成两个极性与前述相反的定子磁极，如图7-35中定子上的（N）和（S）。此时，定子磁极和转子磁极正好又是同极性相对，于是转子又向相同方向再向前转过约180°。

再经过半个脉冲周期，即$t = T$时，电源又提供一个正脉冲，与之前相同，转子又向前走一步。如此反复，电动机的转子在每加入一个脉冲时，走过一步。只要电源能提供持续不断的电脉冲，转子就可以连续步进。如果要使转子转过规定的转数，则可由此算出与之对应的步数，然后控制电源发出的脉冲数，就可以达到要求。

转子对应于一个脉冲所转过的角度，称为步进电动机的步距角，用θ_b表示。电源在一个通电循环内，绕组通电状态改变的次数用N表示。在图7-35所示情况下，电动机极对数$P = 1$，$N = 2$，所以，步距角θ_b为$\theta_b = \dfrac{360^\circ}{PN} = \dfrac{360^\circ}{1 \times 2} = 180^\circ$，即图7-35所示步进电动机的步距角为180°。

（2）三相反应式步进电动机的工作原理 图7-36是三相反应式步进电动机原理图。它的定子、转子都用硅钢片或其他导磁材料制成，定子上嵌有星形连接的三相绕组，每相绕组形成一对磁极，所以，定子共有6个磁极。转子上没有绕组，但有对应的凸极（实际上为转子齿），图7-36（b）中为两个极。

在晶体管开关电路的控制下，使定子三相绕组按一定的顺序依次通断。例如，在$t = t_{a1}$时，加入第一个脉冲，使A相绕组通电，而B相和C相绕组不通电。此时，绕有A相绕组的一对磁极被磁化，呈现如图7-36所示的N极和S极，并在电动机磁路中建立磁通。此磁通要将转子两个极拉到与A相磁极相对齐的位置，使磁路中的磁阻最小，即转子转动到如图7-36所示的位置，并处于稳定状态。接着，在时间$t = t_{b1}$时，电源加入第二个脉冲，此脉冲仅使B相磁极磁化，形成磁极，并在电动机磁路中建立磁通。在此磁通的牵引下，转子就从原来的A相绕组磁极下转动一个角度，直到与B相磁极对齐。同理，在$t = t_{c1}$时，C相绕组通电，A相和B相绕组不通电，转子又向前转动一步，到达与C相磁极对齐的位置。然后，在$t = t_{a2}$时，A相绕组又一次通电，转子又转动一步。如此反复，只要三相绕组按一定的顺序依次通电，转子就可以对应于脉冲个数一步步地向前步进。

反应式步进电动机的步距角θ_b取决于转子齿数（即转子极数）Z_R和绕组通电状态改变的次数N。在图7-36所示情况下，$Z_R = 2$，$N = 3$，θ_b为$\theta_b = \dfrac{360^\circ}{NZ_R} = \dfrac{360^\circ}{3 \times 2} = 60^\circ$。

2.步进电动机的主要性能与驱动方式

步进电动机的主要性能除了上述的步距角以外，还有最大静转矩，这是当电动机不转时，供给控制绕组直流电所能产生的最大转矩，绕组电流越大，最大静转矩也越大。还与同时通电的相数有关。启动频率是指转子在静止情况不失步时启动的最大脉冲频率，要求

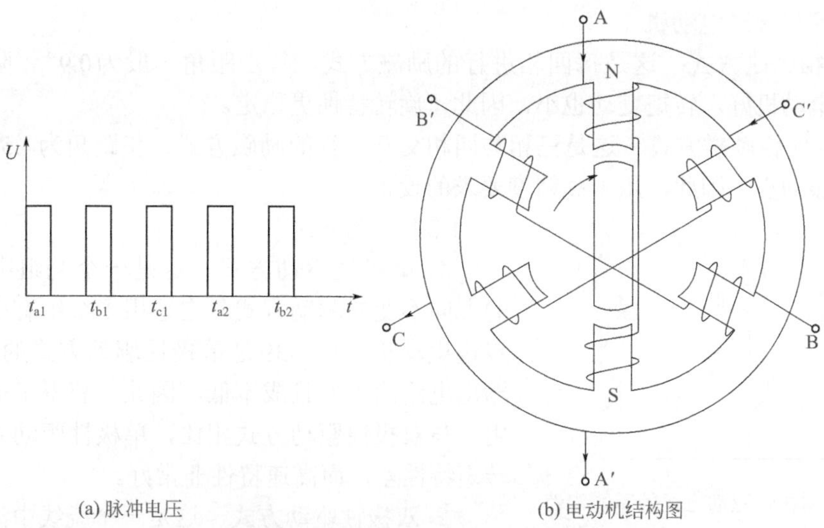

(a) 脉冲电压　　(b) 电动机结构图

图7-36　三相反应式步进电动机原理图

启动频率越高越好。运行频率越高，转速越快，其影响因数与启动频率相同。

步进电动机驱动系统框图如图7-37所示，它由需要控制电动机旋转方向与转速等的控制装置、将来自控制装置的信号转换为脉冲的脉冲发生器以及对各种绕组顺序分配脉冲电流的驱动电路等组成。

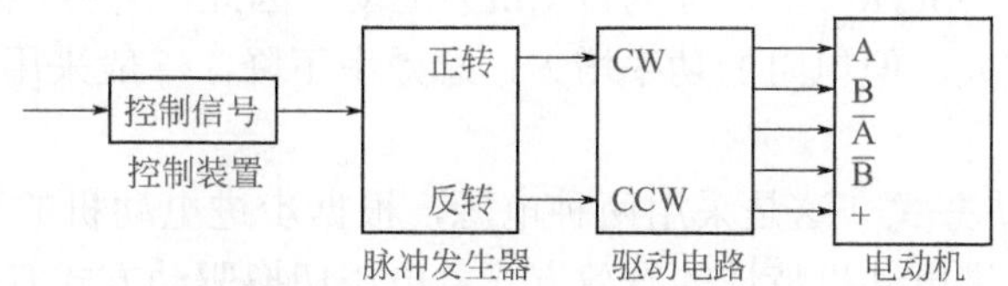

步进电动机的检测

图7-37　步进电动机驱动系统框图

驱动电路可按步进电动机的种类（二相、四相等）、励磁方式（一相励磁、二相励磁等）、驱动方式（单极性/双极性、恒压/恒流等方式）、输出功率（1.2A/相、2A/相）等进行分类。

（1）二相步进电动机

❶ **一相励磁**　通电的绕组只有一相，依次切换相电流产生旋转，步距角为1.8°。对于这种励磁方式，每个脉冲到来时旋转角的响应有振动，若频率增高，有时会产生失步现象。这种励磁方式的通电顺序如图7-38所示。

❷ **二相励磁**　二相同时流通电流，也采用依次切换相电流的方法。二相励磁的步距角也是1.8°。二相励磁的总电流增大2倍，则最高自启动频率增大，能获得高转速。另外，过渡特性也好，是通常采用的方式。

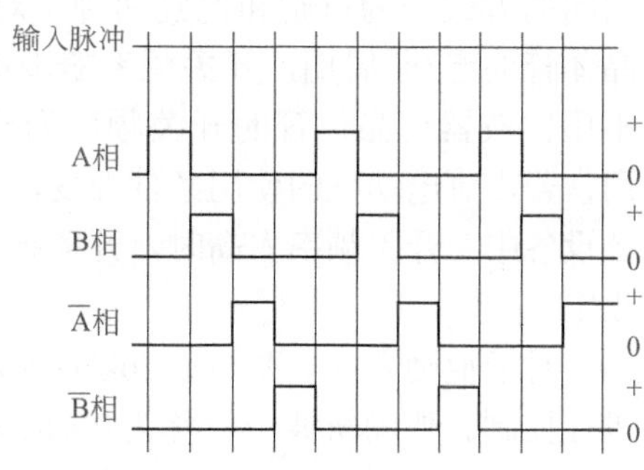

图7-38　一相励磁方式的通电顺序

（2）四相步进电动机

❶ **四相励磁方式** 这是每四相进行的励磁方式，其步距角一般为0.9°。阻尼效果比二相步进电动机好，转矩变动也小，因此，旋转特性更稳定。

❷ **三-四相励磁方式** 这是三相与四相交互进行的励磁方式，步距角为4.5°。由于分辨率高，振动小，因此，用于高精度要求的设备。

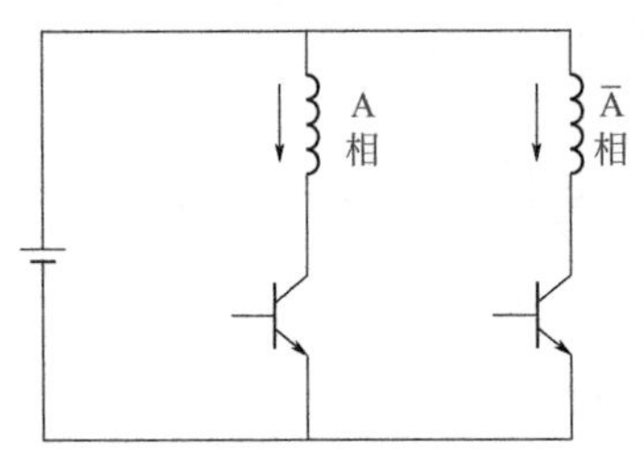

图7-39 单极性驱动方式的基本电路

（3）驱动方式

① **单极性驱动方式** 这是一个绕组中流经电流的方向不变的驱动方式，它适用于绕组有中心抽头的步进电动机。图7-39是单极性驱动方式的基本电路，输出电路简单而且成本低，因此，获得了最广泛的应用。与双极性驱动方式相比，单极性驱动方式低速时转矩特性差，而高速特性非常好。

② **双极性驱动方式** 这是一个绕线中流经电流的方向改变的驱动方式，其输出电路复杂而且成本高。但与单极性驱动方式相比，双极性驱动方式控制精度高，低速时可获得较大的转矩。双极性驱动的基本电路有单电源的全桥方式和双电源的半桥方式两种。

❸ **恒压驱动方式** 恒压驱动是常用的方式，超过电动机的额定电压时，要接入限制额定电流的电阻。采用恒压驱动时有很多优点，例如，由于外接电阻R_0和绕组直流电阻R_m构成的常数$n = 1 + (R_0/R_m)$，也称为$L/(nR)$驱动。因此，外接电阻值越大，电源电压越高，高速时转矩越大，但电阻的功率增大，总效率下降，一般采用$L/(5R)$以下的驱动方式。

❹ **电压切换驱动方式** 这是采用两种电源，根据步进电动机的运行情况进行电压切换，从而充分发挥步进电动机特性的有效方式。电压切换驱动方式有两种：双电源方式和单电源方式。对于任何方式都要注意步进电动机的温升问题。双电源切换有两种方式，一是停转或低速时与高速时进行切换，一般称为过电压驱动方式；另一种是输入脉冲后仅一定时间进行高电压驱动，一般为双电源驱动，可得到接近恒流驱动的特性。

❺ **恒流驱动方式** 恒流驱动方式就是使步进电动机的电流保持恒定。斩波电路是一种电路构成简单、高速特性好、效率高的电路。对于斩波驱动，按决定开关晶体管通/断周期的方式分为自励和他励两种。对于自励方式，根据步进电动机绕组电流的大小决定晶体管的通/断周期，开关频率随步进电动机的负载转矩、转速等不同而改变。一般调节电压比较器使晶体管的开关频率为5～20kHz，其电路构成简单，因此得到了广泛的应用，若步进电动机的使用条件改变，开关频率也随之改变，因此，适宜用于状态不变的办公设备中。开关频率太高时，开关损耗大，有可能损坏晶体管，因此，要注意基准电压的设定。

对于他励方式，要增设20kHz左右的基准振荡器，在其周期内改变晶体管的导通时间进行控制。他励斩波一般称为PWM方式，由于集成电路价格便宜，因此，这种方式得到了广泛的应用。

恒流驱动时，要注意步进电动机的温升情况，这是由于步进电动机高速运行时，加在

绕组上的电压升高，励磁切换频率也增高的缘故。

3.集成电路构成的驱动电路

随着集成电路的发展，出现了功率驱动模块化、前级控制电路集成化的各种电动机驱动电路。国外已做成小功率步进电动机用的专用集成电路驱动片，广泛应用于小型仪器仪表、计算机外围设备、机器人等领域。作为步进电动机的驱动元件，它使机器的体积减小，可靠性提高。特别是这种电路易于与微处理电路结合，对步进电动机作细分控制，使步进电动机的分辨率大大提高，动态运行性能显著改善，并易于实现步进电动机的闭环控制。在自制机器人的时候，选择一个合适的驱动电路也是非常重要的。最初，通常选用的驱动电路是由晶体管控制继电器来改变电动机的转向和进退，这种方法目前仍适用于大功率电动机的驱动，但是对于中小功率的电动机则极不经济，因为每个继电器要消耗20～100mA的电力。当然，也可以使用组合三极管的方法，但是这种方法制作起来比较麻烦，电路比较复杂，因此，采用集成电路构成的驱动电路是比较好的，结构简单，易于控制。下面介绍几种集成电路构成的驱动电路。

关于驱动电路，有很多种方式，例如：采用NJM3717D2的双相步进电动机驱动电路；采用STK672-050的步进电动机驱动电路；采用L297和L298集成电路构成的驱动电路；采用PBL3770A的双极性驱动电路；采用TD62803P集成芯片构成的驱动电路等。下面就其中的两种驱动电路进行介绍。

（1）采用L297和L298集成电路构成的驱动电路　L297是步进电动机控制器，适用于双极性两相步进电动机或单极性四相步进电动机的控制，可有半步、整步和波状三种驱动模式。片内PWM斩波电路允许开关式控制绕组电流。该器件的一个显著特点是仅需时钟、方向和模式输入信号。步进电动机所需相位由电路内部产生，大大减轻了CPU的负担。

L298是内含两个H桥的高电压大电流双全桥式驱动器，接收标准TTL逻辑电平信号，可驱动电压46V、每相2.5A及以下的步进电动机。每个桥都具有一个使能输入端，在不受输入信号影响的情况下允许或禁止器件工作。每个桥的两个桥臂低端三极管的发射极接在一起并引出，用以外接检测电阻。它设置了一附加电源输入端使逻辑部分在低电压下工作。

使用L297和L298可以做成两相双极性的步进电动机驱动电路，它采用定电流方式驱动，每相电流峰值可达2A。L297是步进电动机控制器，用来产生两相双极性驱动信号（A，B，C，D）与电动机电流设定。L298用来驱动步进电动机的电力输出，是双全桥接方式驱动，由于采用双极性驱动，因此电动机线圈完全利用，使步进电动机可以达到最佳的驱动。

当采用两片L297通过L298分别驱动步进电动机的两绕组，且通过两个D/A转换器改变每绕组对应的U_{ref}时，即组成了步进电动机细分驱动电路。L297+L298驱动接线原理如图7-40所示。P0～P4口分别接到L297的相应控制端，通过软件的合理编排，达到控制电动机按预期方向转动的目的。

另外，L297的1端为同步端，它可以连到另一组L297及L298驱动电路的1端，用以使两组驱动器同步，达到同时驱动多台电动机的效果。

（2）采用TD62803P集成芯片构成的驱动电路　随着集成电路事业的发展和新器件的出现，采用专用的脉冲分配器集成电路TD62803P具有电路简单、性能稳定、容易控制等特点，是步进电动机驱动控制的核心。其引脚功能如表7-2所示。TD62803P是专门用于步进电动机控制的脉冲分配器芯片，它是具有步进电动机控制器的多种功能的集成电路，各相最大输出电流为400mA，可直接驱动小型步进电动机，对应于三相、四相电动机，可设定一相励磁、二相励磁和一-二相励磁。

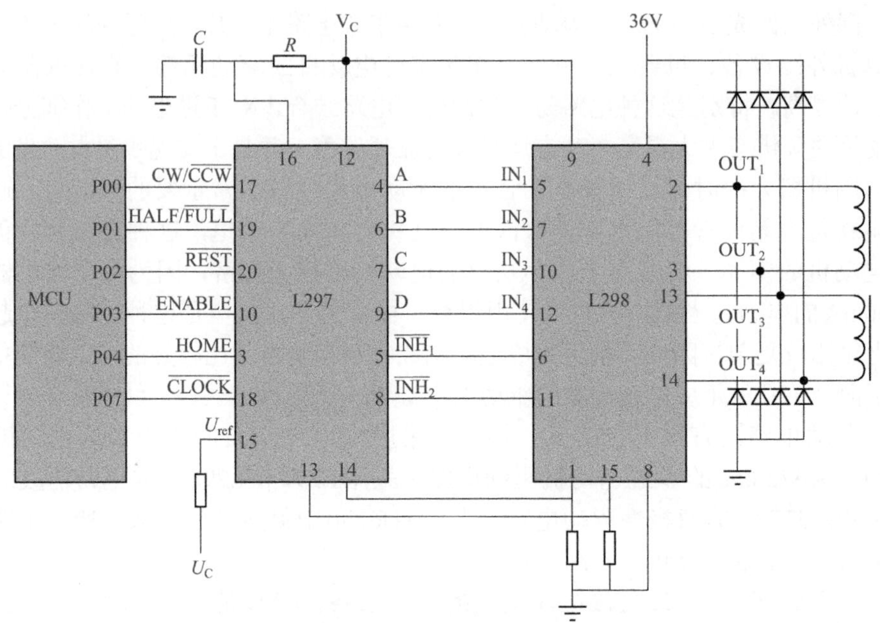

图7-40 L297+L298驱动接线原理图

表 7-2 TD62803P 引脚功能

引脚	符号	功能
1	CW/CCW	正转/反转输入控制端
2	E_A	励磁方式控制
3	E_B	励磁方式控制
4	3/4	3相/4相输入切换
5	$\overline{MO}$	初始状态检出，初始状态时为低电平
6	Φ_1	驱动器脉冲输出相1
7	Φ_2	驱动器脉冲输出相2
8	GND	地线
9	Φ_3	驱动器脉冲输出相3
10	Φ_4	驱动器脉冲输出相4
11	E	输出允许，E=1允许输出
12	CKOUT	时钟输出，它可以对步进脉冲进行记数
13	CK_1	时钟输入
14	CK_2	时钟输入

续表

引脚	符号	功能
15	$\overline{R}$	复位输入，低电平时复位
16	U_{CC}	+5V 电源

从TD62803P的引脚定义中可以看到，它是一个可控的多功能脉冲分配器。在相应引脚加不同控制电平，即可得到不同的控制功能，有关控制功能如表7-3和表7-4所示。

表7-3　TD62803P真值表（一）

CK_1	CK_2	CW/CCW	功能
脉冲前沿	高电平	低电平	正转
脉冲	低电平	低电平	禁止
高电平	脉冲前沿	低电平	反转
低电平	脉冲	低电平	禁止
脉冲前沿	高电平	高电平	反转
脉冲	低电平	高电平	禁止
高电平	脉冲前沿	高电平	正转
低电平	脉冲	高电平	禁止

表7-4　TD62803P真值表（二）

E_A	E_B	3/4	功能
低电平	低电平	低电平	四相一相励磁驱动
高电平	低电平	低电平	四相二相励磁驱动
低电平	高电平	低电平	四相一、二相励磁驱动
高电平	高电平	低电平	测试方式所有输出导通
低电平	低电平	高电平	三相一相励磁驱动
高电平	低电平	高电平	三相二相励磁驱动
低电平	高电平	高电平	三相一、二相励磁驱动
高电平	高电平	高电平	测试方式所有输出导通

表7-3中提出了以下几种控制步进电动机正反转的方法：

❶ CK_1输入步进脉冲，$CK_2=1$，用CW/CCW控制0/1-正/反；

❷ CK_2输入步进脉冲，$CK_1=1$，用CW/CCW控制0/1-反/正；

❸ CK_1或$CK_2=0$，禁止输出。

由TD62803P集成芯片构成的驱动电路如图7-41所示。对于图中TD62803P集成芯片，它的工作原理是当CK_2输入的一直是高电平，CK_1输入的脉冲将控制步进电动机产生步距角，当CW/CCW引脚输入高电平或低电平时，将控制步进电动机正反转。由于图中

E_A、E_B、3/4引脚输入的全部是低电平，由表7-4知，步进电动机采用的是四相一相励磁驱动，即是四相单四拍通电运行方式（按A→B→C→D→A的顺序不断使各相绕组轮流通电和断电）。对TD62803P与L297+L298构成的步进电动机驱动电路进行比较分析可知，TD62803P具有集成度高、可靠性好、响应快等优点，故本机器人控制电路采用TD62803P芯片构成的步进电动机驱动电路。

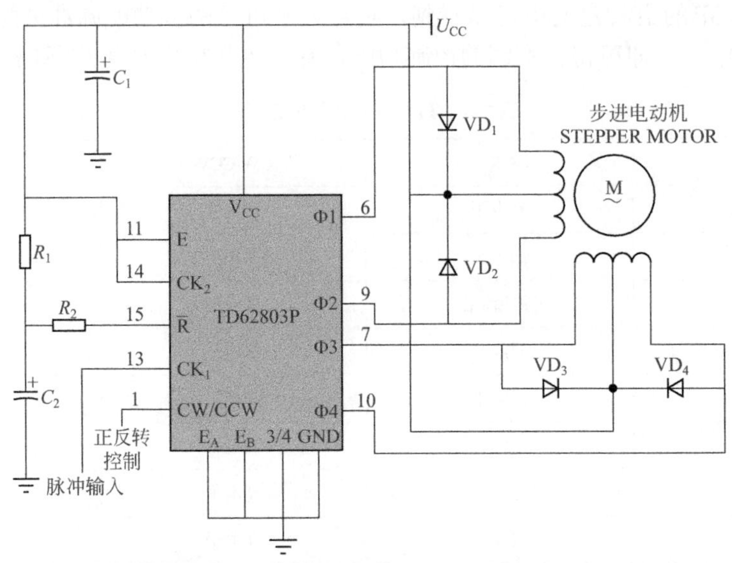

图7-41 TD62803P集成芯片构成的驱动电路

十二、伺服电动机驱动电路

1. 交流驱动器端口接线

本驱动器电源为三相200V、60Hz交流电源，配用电动机为50W，编码盘为2500脉冲/转（p/r）的编码器，上位机与控制器用26线连接器I/F和RS232串行接口SER连接，编码器接SIG接口。

松下AC伺服驱动器接口：面板连接器见图7-42。

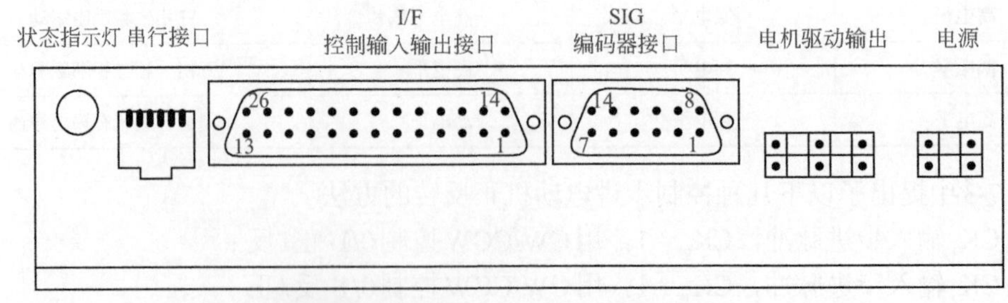

图7-42 MSD5A9P1E面板连接器分布图

（1）典型应用接线　典型应用接线见图7-43。

（2）松下AC伺服驱动器接口　CN_2 I/F各引脚的功能表如表7-5所示。

表 7-5　CN_2 I/F 各引脚的功能表

引脚号	符号	名称	典型连接
1	COM+	控制信号供电	12 ～ 24V+
2	SRV-ON	伺服开输入	开关常开接COM-
3	A-CLR	报警清除输入	开关常开接COM-
4	CL	计数器清零输入	开关常开接COM-
5	GAIN	增益开关输入，选择二次增益	开关常开接 COM-
6	DIV	控制分频开关输入，选择二次倍率	开关常开接COM-
7	CWL	正转驱动禁止输入	开关常闭接COM-
8	CCWL	反转驱动禁止输入	开关常闭接COM-
9	ALM	伺服报警输出	继电器线圈（50mA）接COM+
10	COIN	达到位置信号输出	继电器线圈（50mA）接COM+
11	SP	速度指示信号输出	4.7kΩ
12	IM	转矩指示信号输出	4.7kΩ
13	COM-	控制信号供电	12 ～ 24V-
14	GND	12 ～ 20线的屏蔽	
15	OA+	A相差动输出+	330Ω负载
16	OA-	A相差动输出-	
17	OB+	B相差动输出+	330Ω负载
18	OB-	B相差动输出-	
19	OZ+	Z相差动输出+	330Ω负载
20	OZ-	Z相差动输出-	
21	CZ	Z相输出 零相位输出	（集电极开路，30V、15mA）外接LED
22	CW+	顺时针脉冲输入+	命令脉冲串差动输入
23	CW-	顺时针脉冲输入-	
24	CCW+	逆时针脉冲输入+	命令脉冲串差动输入
25	CCW-	逆时针脉冲输入-	
26	FG	外壳地	

CN_1 SER编程串行接口，RS232标准，有RX、TX、GND三条信号线。

CN_3 SIG编码器接口，有差动输入的两条信号线和两条电源线。

（3）状态指示　状态指示灯，只有一个双色发光二极管指示灯，单独发光分别为绿和红，同时发光为黄。

绿长亮：电源开。

黄闪亮：亮1s灭1s，表示故障代码的开始，连续闪亮次数代表故障代码的十位数。

红闪亮：亮0.5s灭0.5s，连续闪亮次数代表故障代码的个位数。

例如：黄亮1s、黄灭1s，红亮0.5s、红灭0.5s，红共闪亮6次灭6次，最后灭2s，再循环，黄亮1次，红亮6次，表示故障代码是16，是过载报警。

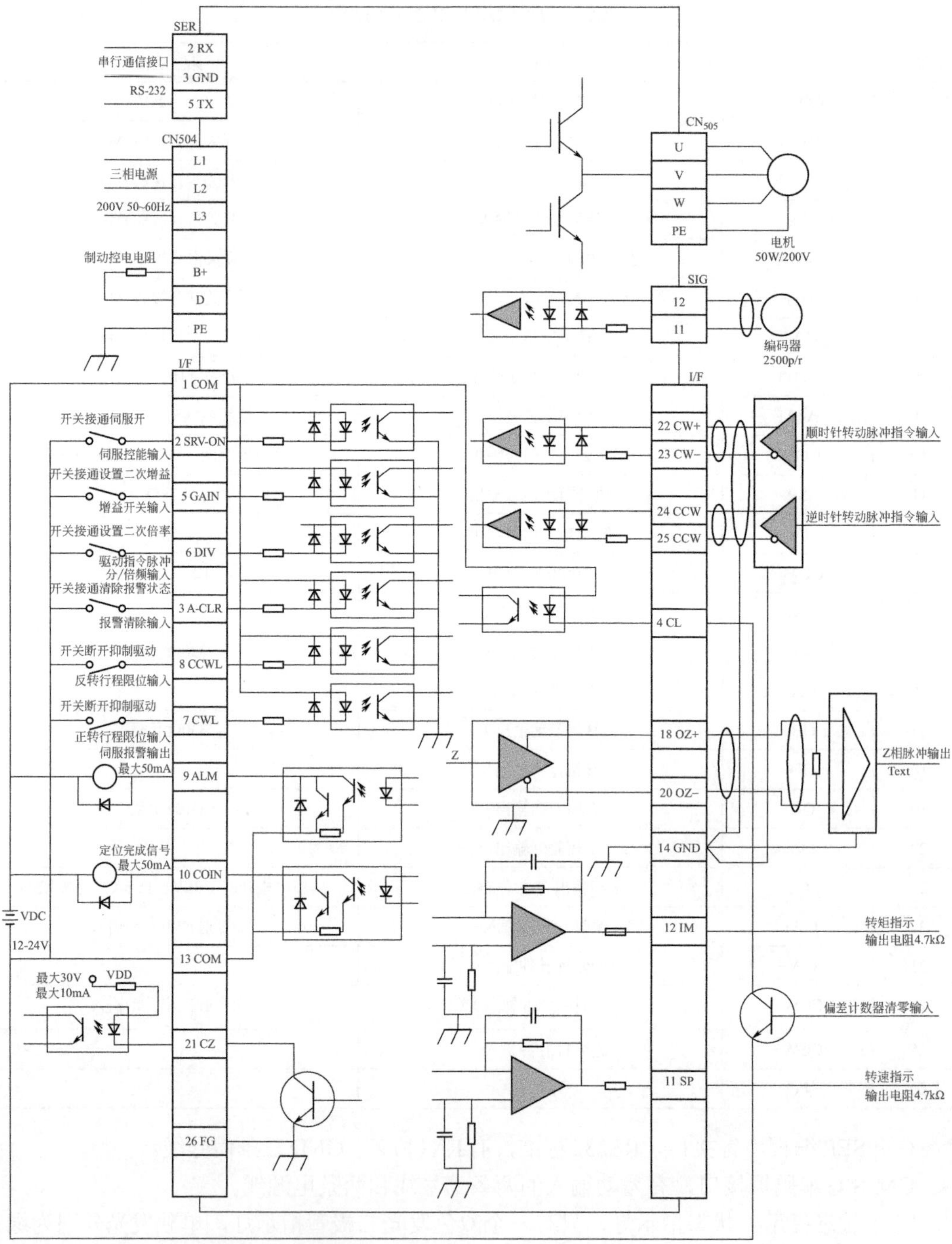

图7-43 MSD5A9P1E连接器典型接线图

（4）常见故障代码

11：电源电压低。

12：电源电压高。

14：过电流或对地漏电保护。

15：内部过热保护。

16：过载。

18：再生放电保护。

21：编码盘连接错误保护。

23：编码盘连接数据错误保护。

24：位置超过保护。

26：超速保护。

27：控制脉冲倍率错误保护。

29：距离计数脉冲丢失（打滑）保护。

34：软件限制。

36：EEPROM校验码错误。

37：EEPROM校验码错误。

38：超行程禁止保护。

44：绝对编码盘的一环计数器错误保护。

45：绝对编码盘的多环计数器错误保护。

48：编码盘Z相错误保护。

49：编码盘CS信号错误保护。

95：电动机自动识别错误保护。

2.电路原理

内有三块电路板：主控板、驱动板、功率板。功率板采用散热良好的金属电路板。驱动板的连接器CN_{501}、CN_{502}分别与功率板的连接器CN_1、CN_2连接，驱动板的CN_{503}与主控板的CN_4连接。

（1）功率板与驱动板电路原理　功率板与驱动板电路原理见图7-44。

功率板主要有VD_1～VD_6组成的三相电源的桥式整流电路、QN_1～QN_6等组成的三相SPWM输出的六个IGBT组成的桥式电路、开关电源的开关管QN_7，这些都是功率较大电路。驱动板为连接弱信号控制部分与高电压的功率板。

CN_{504}为外接电源连接器，CN_{504}的6脚、8脚、10脚接三相200V、60Hz交流电源，1脚接保护地，3脚、5脚外接制动电阻，压敏电阻ZNR_{504}、放电管DSA501可以释放瞬时高电压脉冲，保护内部电路。电容C_{554}、C_{555}、C_{556}滤掉交流电源对内部的干扰和对外部交流电源的干扰。三相交流电源的U相经过连接器CN_{502}、CN_2的27～30线，V、W相分别经过连接器CN_{501}、CN_1的1～4线、7～10线到功率板，每相都用四线可以适合大电流，不同相之间用空线加大间隔提高绝缘强度。三相电源经过VD_1～VD_6六个双二极管整流为直流电作为主电源Vb，正极经过连接器CN_2的1～4脚、CN_{502}的1～4脚到驱动板连接滤波电容C_{520}、C_{521}和CN_{504}外接的制动电阻，还有开关变压器TR_{501}的2脚，负极即地经过CN_1的13～16脚、CN_{501}的13～16脚到驱动板，其中13脚、15脚、16脚为滤波电容负极，14脚为信号地。六个IGBT管QN_1～QN_6将主电源逆变成SPWM的交流电从连接器CN_2的8脚、10脚、14脚、16脚、22脚、23脚、24脚到连接器CN_{502}，再通过电流取样电阻R_{535}、R_{536}到电动机连接器CN_{505}。逆变管的高边的QN_1、QN_3、QN_5的集电极接主电源正

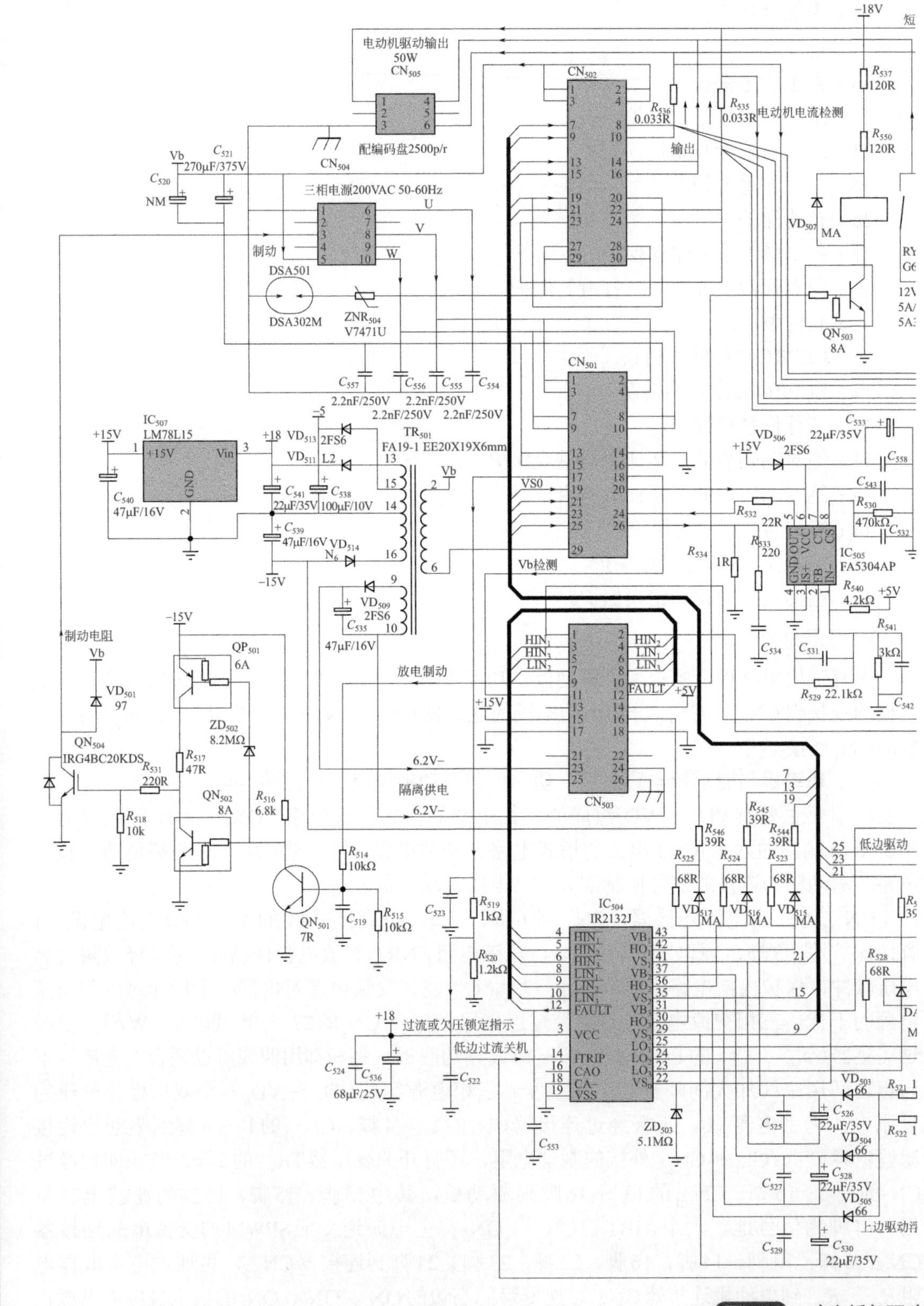

图7-44 功率板与驱动

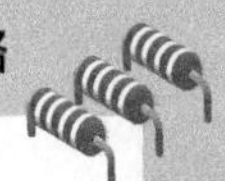

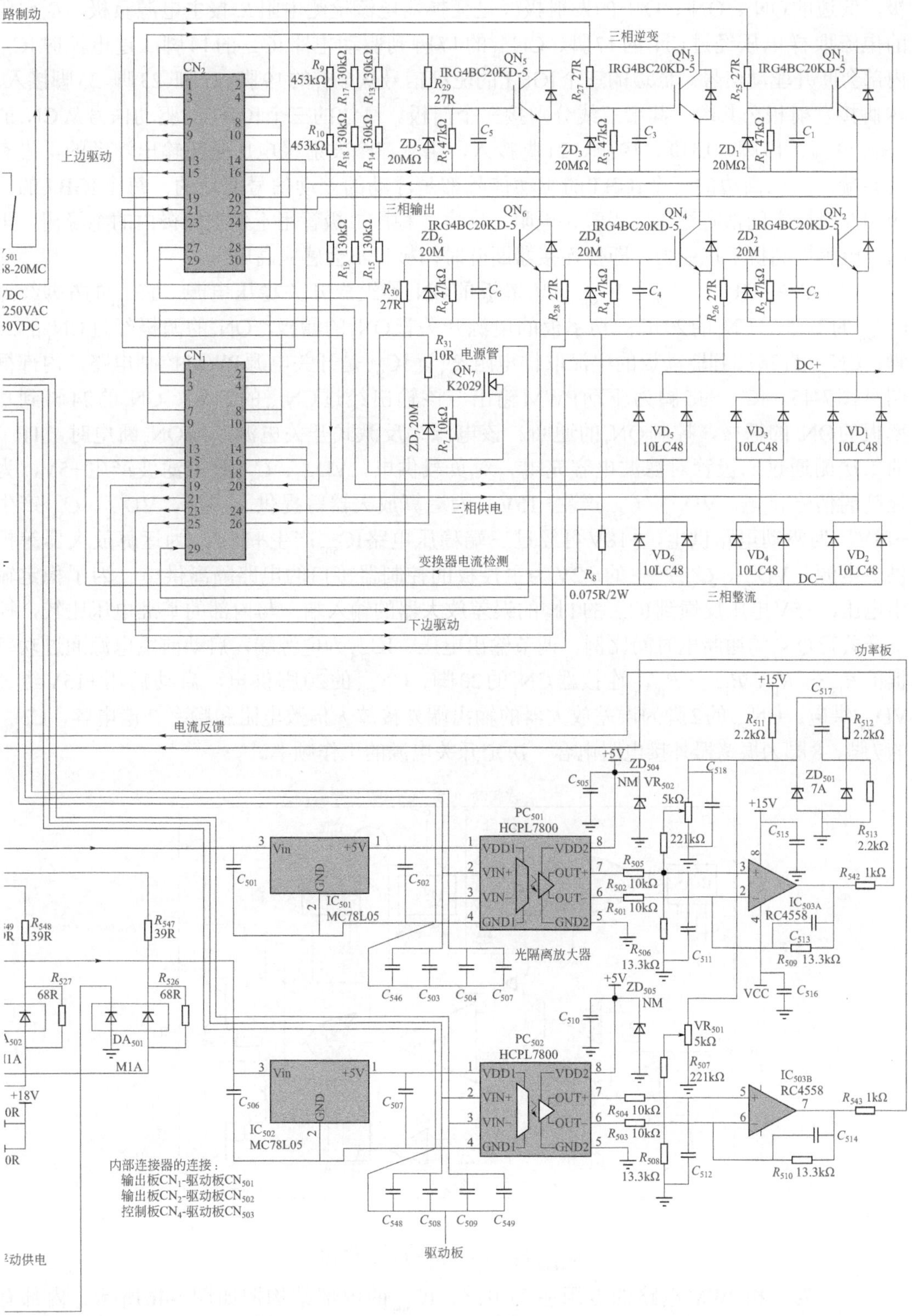

路制动
上边驱动
三相逆变
三相输出
电源管
三相供电
变换器电流检测
下边驱动
三相整流
功率板
电流反馈
光隔离放大器
驱动板
DC+
DC−
CN2
CN1
QN1 QN2 QN3 QN4 QN5 QN6
IRG4BC20KD-5
QN7 K2029
VD1 VD2 VD3 VD4 VD5 VD6
10LC48
R8 0.075R/2W
PC501 HCPL7800
PC502 HCPL7800
IC501 MC78L05
IC502 MC78L05
IC503A RC4558
IC503B RC4558
+15V
+5V
+18V
VCC
内部连接器的连接：
输出板CN1-驱动板CN501
输出板CN2-驱动板CN502
控制板CN4-驱动板CN503

板电路原理

极，低边的QN_2、QN_4、QN_6的发射极经过变换器电流检测电阻R_8接主电源负极，R_8电阻的电流取样电压经过CN_1的17脚、CN_{501}的17脚到驱动电路IC_{504}的14脚，过电流时IC_{504}内部会断开驱动信号。低边的三个IGBT的驱动信号从CN_1的19脚、21脚、23脚、25脚接入，19脚接发射极公共端，其余三线分别接三个门极。高边的三个IGBT的驱动信号从CN_2的7脚、9脚、13脚、15脚、19脚、21脚接入，由于三个发射极电压是随输出浮动的，没有公共端，所以高边的三个IGBT的驱动信号都是浮动的差动信号驱动的。每个IGBT的门极和发射极之间都有稳压二极管、电阻、电容，稳压二极管用于保护门极内的绝缘栅，电阻、电容提高抗干扰能力，即使连接器断开时门极也不会感应高电压。

驱动板的TR_{501}、IC_{505}、IC_{507}和功率板的QN_7等组成开关稳压电源。TR_{501}的6脚经过CN_{501}的29脚、CN_1的29脚接功率板的电源开关管QN_7的漏极，QN_7的源极经过CN_1的26脚、CN_{501}的26脚到驱动板的电流取样电阻R_{534}。IC_{505}是开关电源PWM控制电路，内部框图见图7-45。IC_{505}的5脚为驱动PWM输出，该输出经过CN_{501}的24脚、CN_1的24脚到功率板的QN_7的栅极，控制QN_7的通断。该电源为反激式开关电源，当QN_7断电时，TR_{501}的二次侧通过二极管对滤波电容充电、对负载供电。VD_{513}、C_{538}整流滤波产生+5V，为控制弱信号供电，VD_{514}、C_{539}产生-15V，为运算放大器等提供正电源，VD_{511}、C_{541}产生+18V，为驱动电路供电，+18V再经过三端稳压电路IC_{507}产生+15V，为运算放大器等提供负电源，VD_{509}、C_{535}产生的6.2V为主控板的控制器接口的电路隔离供电。为了稳定输出电压，+5V电压反馈到IC_{505}的1脚的误差放大器的输入端，与内部的基准电压比较，控制开关管QN_7的通断电时间比例，调节输出电压。IC_{505}为电源端，启动前主电源通过功率板的R_{13}～R_{15}、R_{17}～R_{19}，连接器CN_1的20脚、CN_{501}的20脚供电，启动后用+15V经过VD_{506}供电。CN_{501}的2脚为误差放大器的输出端外接放大倍数电阻和频率补偿电容，CN_{501}的7脚、8脚为振荡器外接电阻电容，决定开关电源的工作频率。

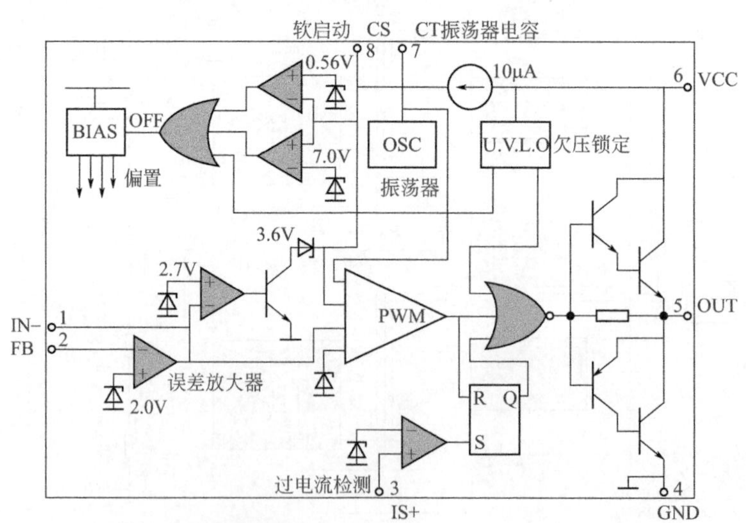

图7-45 FA5304AP内部框图

IC_{504}为三相PWM电路的专用驱动电路，IC_{504}的内部结构图如图7-46所示。内部有低边的三路普通驱动电路，有高边三路的高耐压的恒流驱动浮动输出电路，没有用光电耦合器浮动驱动。从主控板来的通过CN_{503}的6脚、7脚、8脚接入的低边驱动信号，进入IC_{504}的8脚、9脚、10脚，经过IC_{504}处理后从IC_{504}的25脚、24脚、23脚输出，驱动功率板的低边的三个IGBT管，IC_{504}的22脚VS_0为驱动信号的公共端，该端由ZD_{503}决定了比地高出5V，这样可以使IGBT的门极、发射极间反压关断。

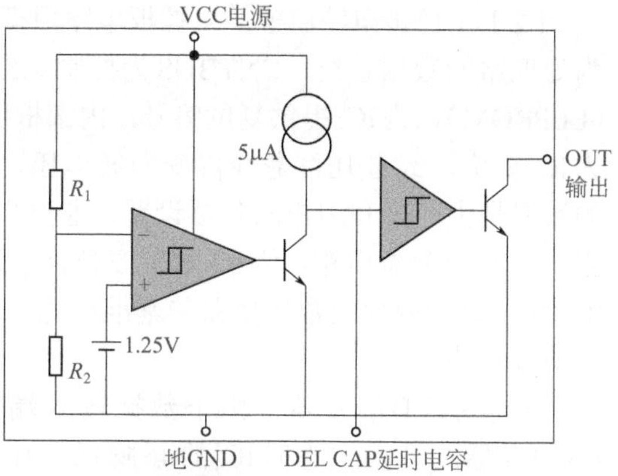

从主控板来的通过CN_{503}的3脚、4脚、5脚接入的高边驱动信号，进入IC_{504}的4脚、5脚、6脚，经过IC_{504}处理后从IC_{504}的42脚、41脚输出高边第一路驱动，HO_1、HO_2、HO_3分别为三路驱动的信号端，分别接三个高边IGBT的门极，VS_1、VS_2、VS_3分别接三个高边IGBT的发射极，为三路驱动的信号的参考端。每路驱动都是双线差动驱动。VB_1、VB_2、VB_3分别为三路驱动输出电路的浮动供电端，用+18V电源分别通过VD_{503}、VD_{504}、VD_{505}，对应为电容C_{526}、C_{528}、C_{530}储电，再为内部供电。SPWM驱动电路正常工作时三个高边IGBT的发射极会被对应的低边IGBT轮番接地，例如，当QN_2导通时，QN_1的发射极接地，对应的VS_1的C_{526}、C_{525}电容接地，+18V电源通过VD_{503}将C_{526}、C_{525}充电到18V。当QN_1导通时，QN_2截止时，QN_1的发射极电压为主供电Vb，即对应的VS_1的C_{526}、C_{525}电容接Vb，电容的正极电压比Vb高出+18V，VD_{503}承受反向的Vb，VB_1仍比VS高出18V，驱动电路得到了浮动供电。另外两路原理相同。每路驱动输出都串联了二极管与电阻的并联电路，这可以使IGBT开通时间很短，关断时间较长。VD_{503} ～ VD_{505}要用快恢复、高耐压的二极管。

图7-46　IC_{504}内部结构电路

从低边三个IGBT发射极电流取样电阻来的电流信号，经过CN_1的17脚、CN_{501}的17脚、电阻R_{519}和R_{520}分压，接到IC_{504}的14脚，作为低边过电流关断SPWM驱动信号的保护依据。IC_{504}的12脚输出过电流或驱动电源欠压指示信号，该信号经过CN_{503}的12脚到主控板。

CN_{503}的9脚为制动信号，从主控板来的制动信号经过QN_{501}放大，QP_{501}、QN_{502}驱动制动开关管QN_{504}，如果QN_{504}导通，外接制动电阻接到主电源Vb的正负极之间，对电源放电，防止电动机转速过高发电引起主滤波电容电压生高。CN_{503}的10脚也为制动信号，制动时高电压，继电器RY_{501}吸合，将电动机三相绕组短路，电动机惯性转动发电，又被短路，实现快速停止。

电动机驱动的三相电源的两相串联了电流取样电阻R_{535}、R_{536}，电阻两端的电压差代表输出到电动机的电流，该电压差信号经过光隔离放大器PC_{501}、PC_{502}放大，再经过双运算放大器IC_{503}反相放大，到连接器CN_{503}的1脚、2脚，到主控板。由于取样电阻的电压对地有很大浮动，即有很大的共模电压，所以采用了隔离差动放大。输入信号线采用了双侧屏蔽，减小干扰。隔离的输入输出两部分的电源也是隔离的，前端的电源用了高边驱动电源经过IC_{501}、IC_{502}稳压的5V电源。VR_{502}、VR_{503}为IC_{503}的调零电位器，确保输入为0V时输出也为0V。C_{511} ～ C_{514}起低通滤波作用。

(2)主控板电路原理 主控板电路原理见图7-47，IC_1、IC_2为控制微处理器，MCUBUS为处理器的数据总线，CNTBUS为控制总线。IC_4为有复位功能的可擦可编程只读存储器（EEPROM），为IC_2提供复位信号，内部框图见图7-48，在开机上电时，RESET为高电压，为IC_2复位，经过几百毫秒再变为低电压，复位完成，处理器开始执行程序。IC_4内存储的数据是生产厂和用户的各项设置，通过串行总线DO、DI、RD、SCK、CS与IC_2传送数据。IC_6也是复位电路，为IC_1提供复位，C_{31}为复位电容，该电容的充电时间决定复位时间。IC_1的86脚为内部模数转换器的基准电源，IC_1的87脚为主电源Vb电压检测，是模数转换器的输入端。

IC_{7B}为双D触发器，由于数据输入端D和时钟端CLK都接地，所以两个都接成了RS触发器。开机上电时IC_2的46脚低电压通过$\overline{CLR}$对这两个触发器复位，复位后同相输出端Q为低电压，反相输出端$\overline{Q}$为高电压。对于IC_{7B}，置位端$\overline{PRE}$接过电流和驱动欠电压信号，过电流或驱动欠电压时为低电压，IC_{7B}的9脚的Q为高电压，$\overline{Q}$为低电压，前者用于关断驱动信号和SPWM发生器，后者送到IC_1的65脚故障检测信号。对于IC_{7A}，置位端$\overline{PRE}$接IC_1的78脚，复位端$\overline{CLR}$接IC_2的46脚，两线共同控制其输出，其输出用于控制状态指示灯的发光、闪动，控制电动机的短路制动和通信接口。当IC_{7A}的5脚的Q为高电压时，关断LED_1内的红色指示灯，关断电动机的短路制动，通过光电耦合器PC_9使通信口CN_2的9脚与CN_2的13脚连接，$\overline{Q}$的低电压使LED_1内的绿色指示灯亮，IC_{7A}的5脚的Q为高电压说明IC_1判断为有故障。当IC_{7A}的5脚的Q为低电压时，LED_1内的红色指示灯受IC_1的2脚的控制，低电压时亮，电动机的短路制动受IC_1的110脚的控制，低电压时制动，通信口CN_2的9脚与CN_2的13脚是否连接，受IC_1的101脚的控制，高电压时不连接，当出现报警时驱动外接继电器，$\overline{Q}$的高电压使LED_1内的绿色指示灯受IC_1的1脚的控制，低电压时亮。IC_{8A}是译码器，B、A两位二进制数输入使四个Y输出端的一个为0，当$BA=00$时，Y_0为0，即Y_0输出低电压，其他输入时Y_0为高电压。当时Y_0为高电压时，或非门IC_{9C}的10脚输出低电压，通过IC_{10}、IC_{11}关断六路驱动信号，IC_{9C}的10脚输出的低电压还通过非门IC_{12E}、IC_{15E}关断SPWM信号发生器。当Y_0输出低电压，六路驱动信号和SPWM信号发生器是否关断，受IC_1的98脚的控制，高电压时关断。IC_{8A}的1脚是使能端，低电压有效，复位完成后IC_6、IC_{12A}使其一直有效。可见除了IC_1的98脚关断六路驱动信号和SPWM信号发生器外，过电流、驱动欠压、IC_{7A}使红灯亮、制动、CN_2的9脚与CN_2的13脚连接的任何一种情况也会关断六路驱动信号和SPWM信号发生器。LED_1是双色发光二极管，可以发红色、绿色、黄色（红色、绿色同时发光），通过发光颜色、不同颜色的闪动次数指示工作状态。

通信接口CN_2的22脚、23脚和CN_2的24脚、25脚是两路控制数据差动信号输入，通过高速光电耦合器PC_{14}、PC_{15}和非门IC_{12C}、IC_{12F}、IC_{15B}、IC_{15F}分别接IC_1的104脚、105脚。IC_1的109脚通过非门IC_{12D}反相后到驱动板，控制制动电阻，IC_1的109脚低电压时制动电阻为主电源放电。IC_1的103脚通过非门IC_{14B}反相后，通过光电耦合器PC_{10}将CN_2的10脚、13脚连接，IC_1的103脚高电压时连接，当速度达到一定值时驱动外接继电器。IC_1的108脚通过非门IC_{15D}反相后，通过高速光电耦合器PC_{21}输出串行数据，IC_1的107脚从高速光电耦合器PC_{20}输入串行数据，双向的串行数据经过IC_{19}转换成RS232标准电平信号，通过串行接口CN_1和外部控制器通信。IC_{19}是RS232电平转换专用电路ADM232，内部有将

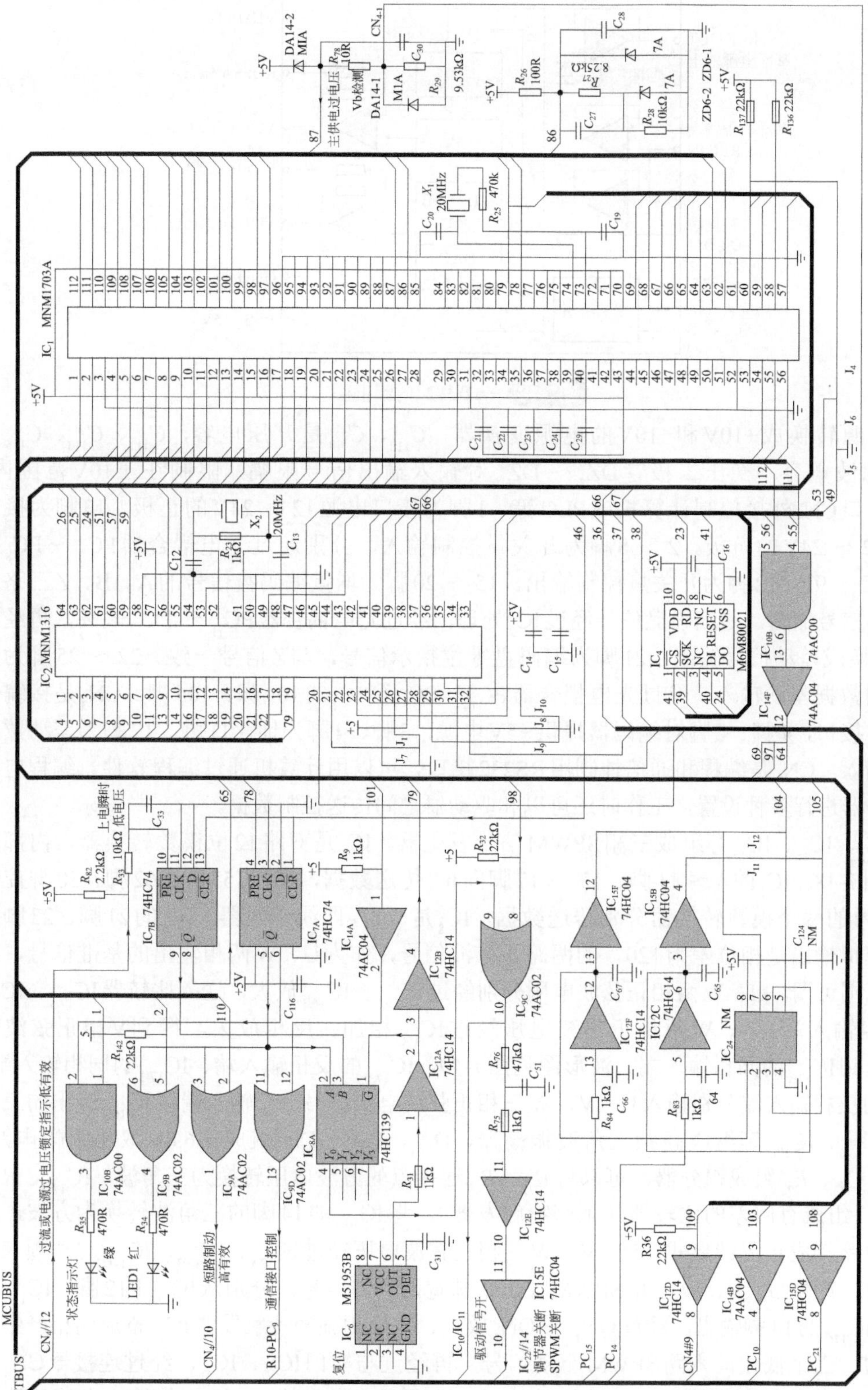

图7-47　主控板电路原理

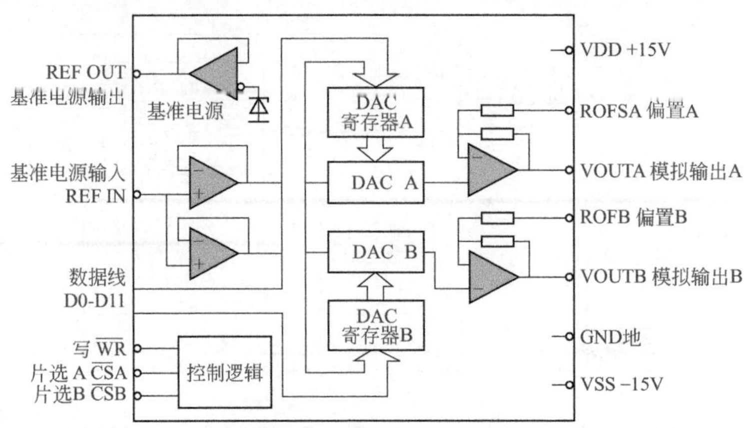

图7-48 AD3724内部框图

+5V电源转换成+10V和-10V的电源变换器，C_{112}、C_{114}是升压电容，C_{111}、C_{113}、C_{115}是电源滤波电容，稳压二极管DZ_7～DZ_{10}对输入输出信号限幅，限制在±10V范围内。

接口CN_2外接控制计算机或PLC等，1脚为接口电源12～24V的正极，13脚为接口电源12～24V的负极。2～8脚为开关量控制输入，分别通过光电耦合器PC_2～PC_8接IC_1、IC_2。9～12脚为开关量控制输出。15～20脚为增量编码盘信号的A、B、Z三路脉冲差动信号输出，是编码盘信号经过IC_2处理，经过光电耦合器PC_{11}～PC_{13}隔离，再经过IC_{16}转换成差动信号输出。21脚为编码盘零位指示信号，与Z信号一致。22～25脚为两路控制数据差动输入，经过光电耦合器PC_{14}、PC_{15}到IC_1的104脚、105脚。CN_3是接编码器通信接口，1脚、2脚对编码器提供+5V电源，3脚、4脚为地，11脚、12脚为差动数字信号输入。CN_1是编程和通信控制用RS232接口，可以用计算机通过编程软件、编程电缆对驱动器进行多种设置，工作时还可以和驱动器之间传送控制数据。

IC_5、IC_{16}、IC_{17}等组成三相SPWM信号发生器。IC_5是双路12位模数转换器，内部框图见图7-48。IC_1的4～11脚、13～17脚向IC_5传送数据，IC_1的57脚、62脚、30脚控制向IC_5内的两个模数转换器分别传送数据，IC_8是双二-四线译码器。IC_5的21脚、23脚的两路模拟输出是相位差为120°的两路正弦波信号，作为U、W两相输出的基准信号，频率大范围可调。U、W两相正弦波电压分别经过IC_{16A}、IC_{16B}放大，送入比较器IC_{17A}、IC_{17C}的反相输入端。U、W两相正弦波电压经过IC_{16C}相加、反相放大，得到V相正弦波电压，送到IC_{17B}的同相输入端、波形图见图7-49。IC_{17A}的反相输入端、IC_{17B}的同相输入端、IC_{17C}的反相输入端分别输入U、V、W三相正弦波电压，另一个输入端接IC_{16D}输出的三角波，IC_{16D}、IC_{17D}等组成高频三角波振荡器，DA_1、DA_2、DZ_5组成±6.8V双相限幅电路。IC_{16D}、C_{43}、R_{72}组成积分器，可以将R_{72}、R_{69}连接点的方波电压转换为三角波，IC_{17D}、R_{71}、R_{70}、R_{69}组成有回差的比较器（施密特触发器），将IC_{16D}的14脚的三角波转换为方波，两部分电路接成正反馈形式。U、V、W三相正弦波电压经过IC_{17A}、IC_{17B}、IC_{17C}与高频三角波比较，产生U、V、W三相SPWM（正弦脉宽调制）信号，分别从IC_{17A}的2脚、IC_{17B}的1脚、IC_{17C}的14脚输出，经过QN_1～QN_3放大、六反相施密特触发器IC_{13}整形倒相产生三个高边、三个低边的六路SPWM驱动信号，再经过与非门IC_{10}、IC_{11}，经过连接器CN_4输出到驱动板的驱动模块IC_{504}。另外通过CN_4的2脚、1脚来的U、W相的输出电流检测信号的负极性信号叠加到了模数转换器IC_5的输出端，引入了电流负反馈，使电动机绕组的电流波形按给定正弦波变化，而不是电压。电动机绕组是电感性的，如果电压不变而频率变化会导致高频时，电流过小，驱动力矩过小，低频时电流过大，按电流波形驱动使频率不同时电感电流不变，在一定频率以下，频率变化时驱动力矩不变，也不会过电流。

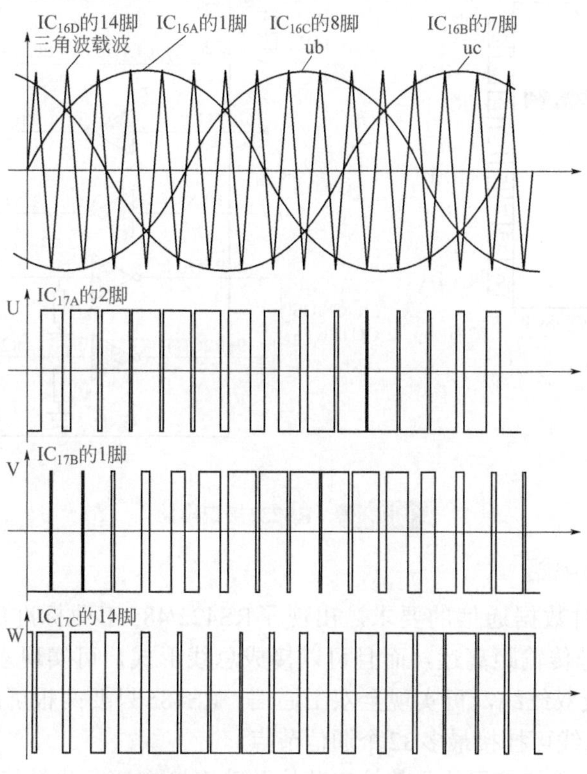

图7-49　三相SPWM电流信号的形成

如果出现故障，IC_1的98脚、IC_1的78脚、IC_{7B}的9脚等会通过IC_{15E}接六路SPWM信号输出与非门IC_{10}、IC_{11}的另一个输入端，关断输出，还会通过开关电路IC_{22}，将U、W两相的放大电路IC_{16A}、IC_{16B}的输入输出短路，输出为零。

IC_{23}是稳压电源，为接口部分供电，与内部电路隔离。

十三、接口电路-RS232/RS485转换电路

1. RS232接口电路

RS232串行通信的每一个接口信号都是负逻辑关系，即逻辑“1”用-5～-15V表示，逻辑“0”用+5～+15V表示，而内部TTL电路却是5V正逻辑，所以必须使用转换电路才可将两者兼容。图7-50就是工控电路中常见的RS232通信转换电路，此类芯片通过内部的振荡电路和外界电容组成电荷泵（Charge Pump）电路将芯片的电源增加到10V左右的电压，并将10V电压反转变换得到-10V电压，由此满足接口电路所需的电压条件。

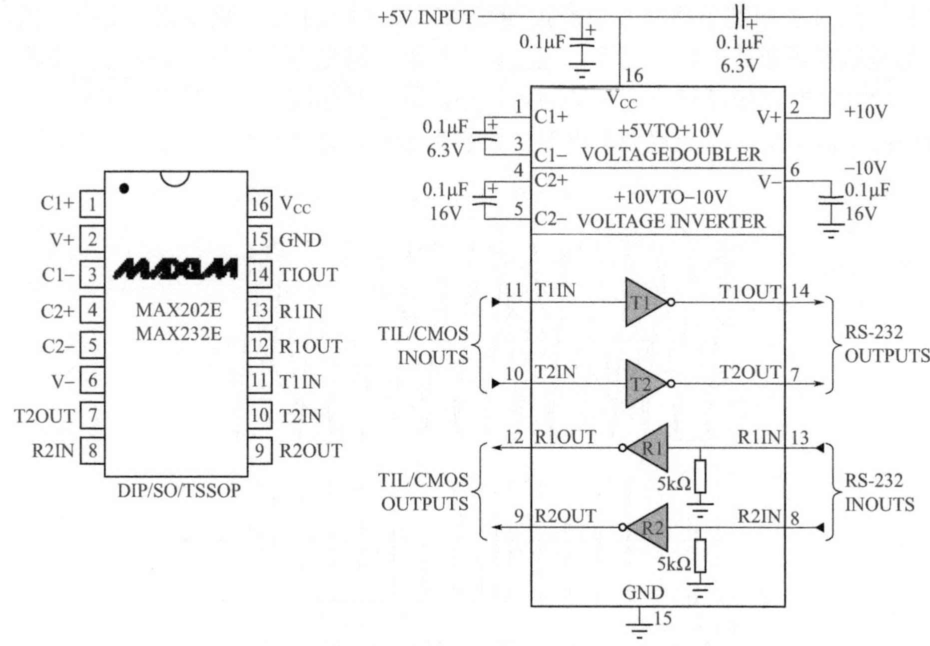

图7-50 RS232接口电路

2. RS422/485电路

随着智能仪表对数据通信的要求，出现了RS422/485工业标准的通信信口，其不但抗干扰能力强，信号传输距离远，而且可以接成总线形式，可实现多点之间的数据通信。RS422使用两对屏蔽双绞线，可实现全双工通信。RS485只要两根屏蔽双绞线，可实现半双工通信，RS485总线可挂接最多32个通信节点。

图7-51是半双工通信使用的几款接口芯片及其连接方法。此类芯片都是使用差动方式来收发数字信号的，即通过判断和输送两根双绞线A、B之间的电压差来决定信号是逻辑“1”还是逻辑“0”，此类芯片是半双工的，对每一个芯片来说，这两根线既要接收信号，又要发送信号，但不能同时进行，要通过处理器控制发送允许信号DE和接收允许信号RE来分时发送和接收。

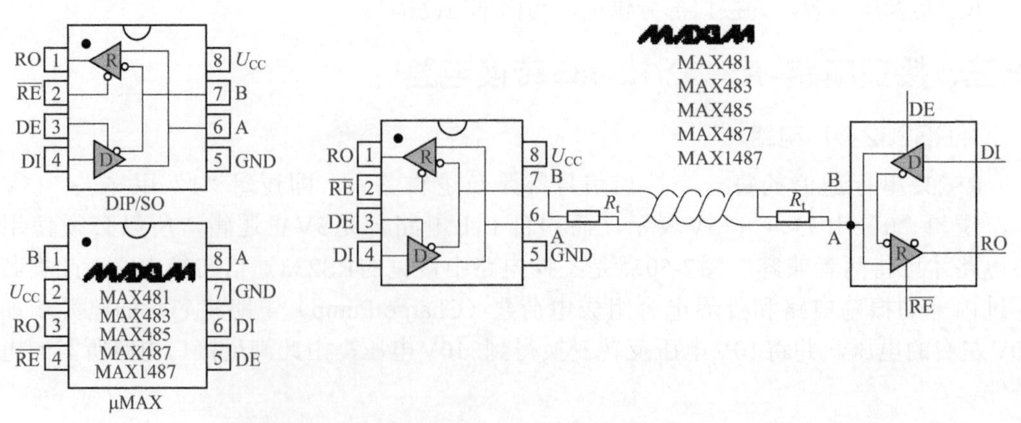

图7-51 半双工通信使用的RS422/485接口芯片及连接

图7-52是全双工的接口芯片，需要两对双绞线，分别用于接收和发送，接收和发送可以同时进行，互不干扰。

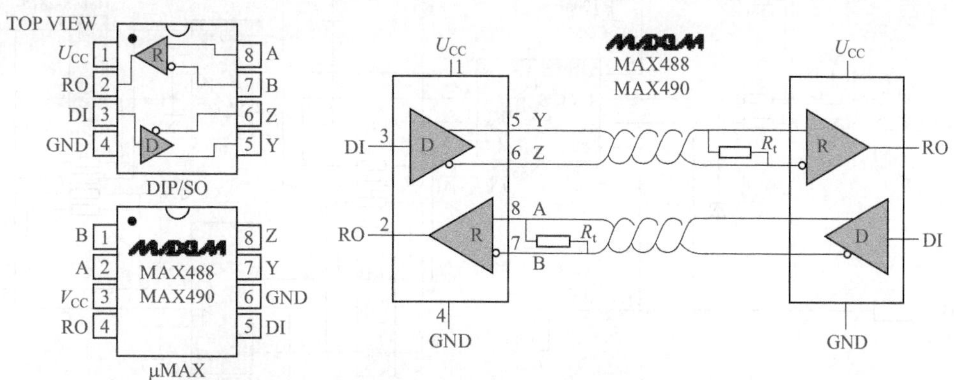

图7-52　全双工通信使用的RS422/485接口芯片及连接

图7-53是此类芯片的逻辑关系表，发送信号，如果想要输出逻辑“1”，内部将DI信号置“1”，则Y输出高电平，Z输出低电平；如果想要输出逻辑“0”，内部将DI信号置“0”，则Y输出低电平，Z输出高电平。接收信号，双绞线差分信号电压A－B≥+0.2V，则RO输出的逻辑“1”信号；A－B≤-0.2V，则RO输出逻辑“0”，图7-52中在双绞线上的靠近芯片收端一侧并联了一个电阻，此电阻是用于传输线路的阻抗的匹配，以消除信号的反射。

输入			输出	
$\overline{RE}$	DE	DI	Z	Y
X	1	1	0	1
X	1	0	1	0
0	0	X	High-Z	High-Z
1	0	X	High-Z①	High-Z①

①MAX481/MAZ483/MAX487有。
High-Z=高阻抗

(a) 发送

输入			输出
$\overline{RE}$	DE	A-B	RO
0	0	≥+0.2V	1
0	0	≤-0.2V	0
0	0	输入开	1
1	0	X	High-Z①

①Shutdown mode dor MAX481/MAX483/MAX487。
High-Z=高阻抗

(b) 接收

图7-53　RS422/485接口芯片逻辑关系表

图7-54是一个实用的RS422/485通信电路。半双工的收发器芯片MAX483E是通信电路的核心芯片，差分信号线A、B分别串联一个电阻和一个可自恢复熔丝连接到总线，串联电阻和可自恢复保险的目的是限制短路电流，当总线短路时不至于使得MAX483E的6、7引脚短路，当MAX483E的6、7脚节点短路时又不至于使得总线短路。齐纳二极管VD_{31}、VD_{32}起过压保护作用，当总线窜入过高电压，超过5.1V，二极管对地短路，防止高电压加至MAX483E，R_{61}是防止信号反射的阻抗匹配电阻，是否启用视工业现场的具体情况，可通过跳线J_2来设定。

接收总线信号时，RX-EN接地低电平设置为一直有效，EX一直有信号输出，信号通过排阻RB_{12}、保护二极管VD_{33}接光耦U_{22}的输入端，信号经光耦隔离从第7脚输出RXD_2信号，此信号送后级处理器处理。

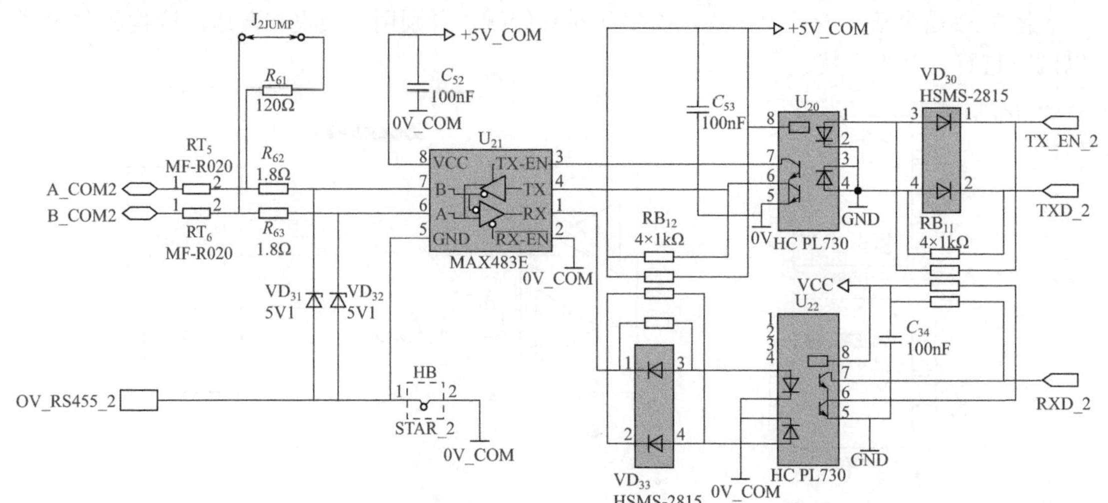

图7-54 RS422/485通信电路

发送信号时，由处理器来的发送使能信号TX_EN_2通过光耦U_{20}隔离后将U_{21}的使能端TX-EN置高，同时，输出信号TXD_2也通过光耦隔离后送U_{21}的发送信号端TX，差动输出端A、B便输出相应的差动信号去总线。

3. Canbus接口电路

图7-55是Canbus总线通信接口电路。

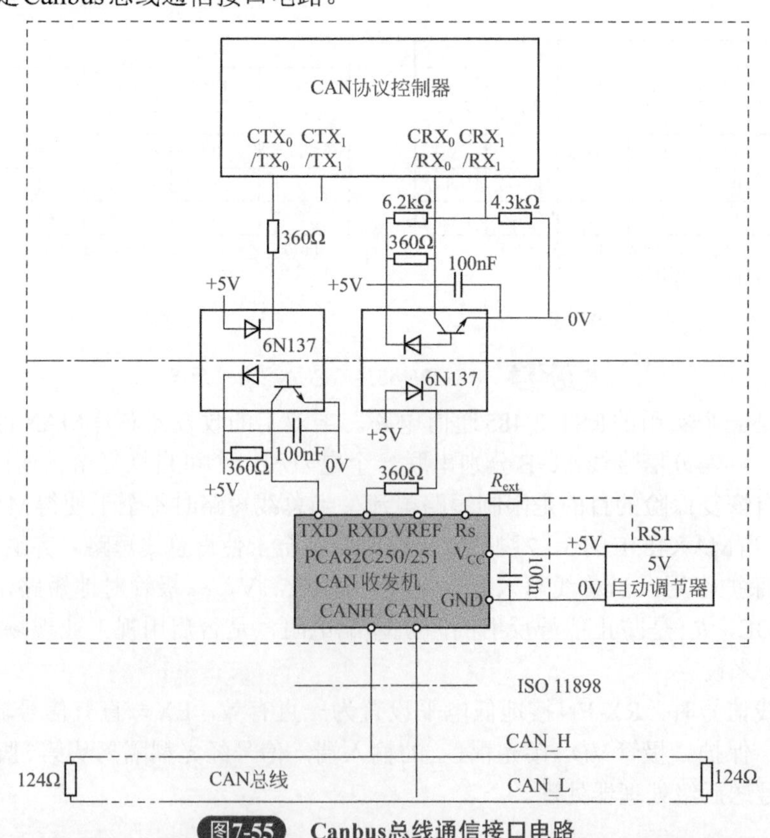

图7-55 Canbus总线通信接口电路

（1）发送数据的情形　Canbus协议控制器通过串行数据输出线TX_0和光耦输入端连接，如TX_0是逻辑“1”高电平，则光耦6N137内LED不导通发光，因为上拉电阻的作用，光耦输出高电平至收发器PCA82C250/251的TXD，此时，收发器的总线电平CANH = CANL = 2.5V；如TX_0是逻辑“0”低电平，则光耦6N137内LED导通发光，光耦输出低电平至收发器PCA82C250/251的TXD，此时，发收器的总线电平CANH=3.5V，CANL=1.5V，两根线有2V的电压差。

（2）接收数据的情形　如果总线上CANH=CANL=2.5V，RXD输出高电平，接收隔离光耦内部LED不导通发光，输出因为上拉电阻的作用为高电平，则Canbus协议控制器的RX_0脚收到逻辑“1”高电平；如果CANH和CANL之间超过一定的电压差，则通过光耦隔离传输后在Canbus协议控制器的RX_0脚收到逻辑“0”低电平。

PCA82C250/251的Rs端串接电阻后连接+5V或0V以对应不同传输速度的模式。网络两端的电阻是用来平衡电路阻抗，阻止信号反射的。

十四、A/D转换电路应用电路

ICL7106为美国Intersil公司的产品，是目前应用最广泛的一种单片$3\frac{1}{2}$位A/D转换器。其同类产品还有ICL7116、ICL7126和ICL7136。下面介绍其性能特点、工作原理及典型应用。

（1）ICL7106的引脚功能　ICL7106大多要用DIP-40双列直插式塑料或陶瓷封装，共40个引出端，外形尺寸为52mm×15.24mm×7mm。引脚排列如图7-56所示。各引脚的功能如下：

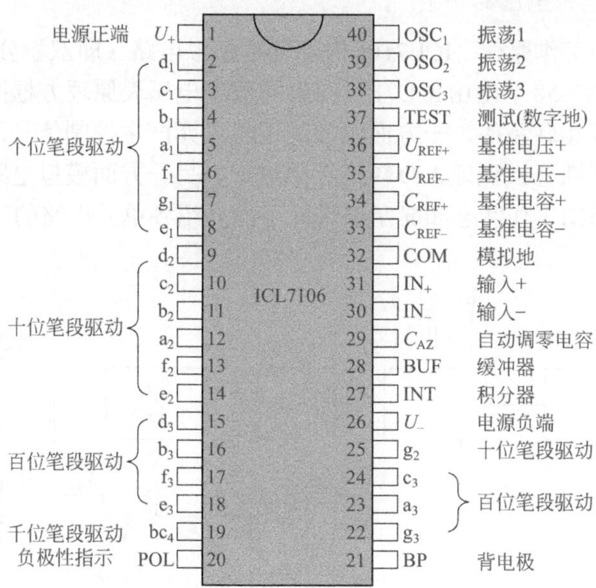

图7-56　ICL7106的引脚排列图

U_+、U_-——分别接9V电源 正、负端。

COM——模拟信号的公共端，简称“模拟地”，通常将IN_-、U_{REF-}端与COM端短接。

TEST——测试端，该端经内部500Ω电阻接数字电路的公共端（GND），因二者呈等电位，故也称数字地，该端有两个功能：①作测试指示，将它接U_+时LCD显示全部笔段1888、可检查显示器有无笔段残缺现象；②作为数字地供外部驱动器使用，以构成小数点及标识符的显示电路。

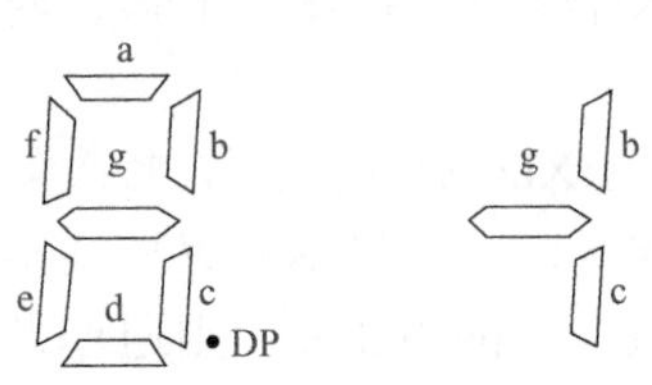

图7-57 LCD显示器的笔段

$a_1 \sim g_1$、$a_2 \sim g_2$、$a_3 \sim g_3$、bc4——个位、十位、百位、千位的笔段驱动端，接至LCD的相应笔段电极。千位b、c段在LCD内部连通。当计数值$N>1999$时显示器溢出，仅千位显示“1”，其余位消隐，以此表示仪表超量程（过载溢出），见图7-57，DP代表小数点。

POL——负极性指示的输出端，接图7-57（b）中的g段，当POL端输出的方波与背电极方波反相时，显示出负号。

BP——LCD背面公共电极的驱动端，简称“背电极”。

$OSC_1 \sim OSC_3$——时钟振荡器的引出端，外接阻容元件可构成两级反相式阻容振荡器。

U_{REF+}、U_{REF-}——分别为基准电压的正、负端，利用片内U_+-COM之间的+2.8V基准电压源进行分压后，可提供所需的U_{REF}值，也可选用外基准。

IN_+、IN_-——模拟电压输入端，分别接被测直流电压U_{IN}的正端与负端。

C_{AZ}——接自动调零电容C_{AZ}端，该端在芯片内部接至积分器和比较器的反相输入端。

BUF——缓冲放大器的输出端，接积分电阻R_{INT}。

INT——积分器输出端，接积分电容C_{INT}。

说明：ICL7106的数字地（GND）并未引出，但可将测试端（TEST）视为数字地，该端电位近似等于电源电压的一半。

（2）ICL7106的工作原理 ICL7106内部包括模拟电路（即双积分式A/D转换器）、数字电路两大部分。图7-58示出由ICL7106构成的数字电压表原理方框图。由图可见，模拟电路与数字电路是互相联系的，一方面由控制逻辑单元产生控制信号，按照规定的时序将各组模拟开关接通或断开，保证A/D转换正常进行，另一方面模拟电路中的比较器输出信号又控制着数字电路的工作状态和显示结果。下面介绍各单元电路的工作原理。

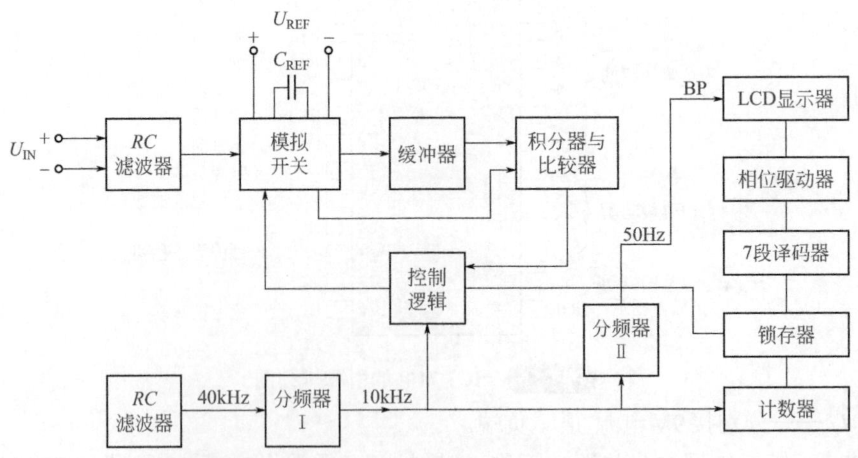

图7-58 由ICL7106构成的数字电压表原理方框图

❶ **双积分式A/D转换器** 双积分式A/D转换器的转换准确度高，抗串模干扰能力强，线路简单，成本低廉，适宜作低速A/D转换器。ICL7106的模拟电路（A/D转换器）如图7-59所示，主要由基准电压器、缓冲器、积分器、比较器和模拟开关所组成。积分器是A/D转换器的“心脏”，在一个测量周期内，积分器首先对输入信号进行正向积分，然后对基准电压反向积分，比较器将积分的输出信号与零电平进行比较，比较的结果就作为数字电路的控制信号。信号输入电路与积分器之间通过缓冲器进行隔离。

a.基准电压源。基准电压源最重要的技术指标是电压温度系数a_T，它表示由于环境温度变化而引起的输出电压漂移量，简称温漂，其单位用1×10^{-6}℃$^{-1}$来表示。

ICL7106内部采用简易基准电压源，电压温度系数$a_T=80\times10^{-6}$℃$^{-1}$，电压调整率为0.001%/V。电路由稳压二极管VD_z、硅二极管VD、电阻R_1和R_2组成。当接在U_+-U_-之间的电源电压$E\geqslant7V$时，VD_z被反向击穿，其稳定电压$U_z=6.2V$。U_z经过VD、R_1和R_2后，得到基准电压源$E_o=2.8V$（典型值），鉴于硅二极管正向电压U_F的温度系数为负值，约等于-2.1mV/℃，而电阻R_1和R_2上的电压具有正温度系数，因此二者互相抵消，可使温漂显著降低。

为提高COM端带负载的能力，E_o还经过一级缓冲器A_4接COM端，NMOS管加在COM与U_-端之间，可使COM端电位比U_-高4～6.4V，该电压与电池电压有关，当$E=9V$、$E_o=2.8V$时约为6.2V；E降至7V时约为4.2V。COM端电位比U_+低2.8V，考虑到工艺的离散性，E_o的允许范围是2.8V±0.4V，即2.4～3.2V，其输出阻抗约为35Ω。利用2.8V基准电压源E_o，不仅能向芯片提供基准电压U_{REF}，还为设计数字万用表的电阻挡、二极管挡和hFE挡提供了便利条件。

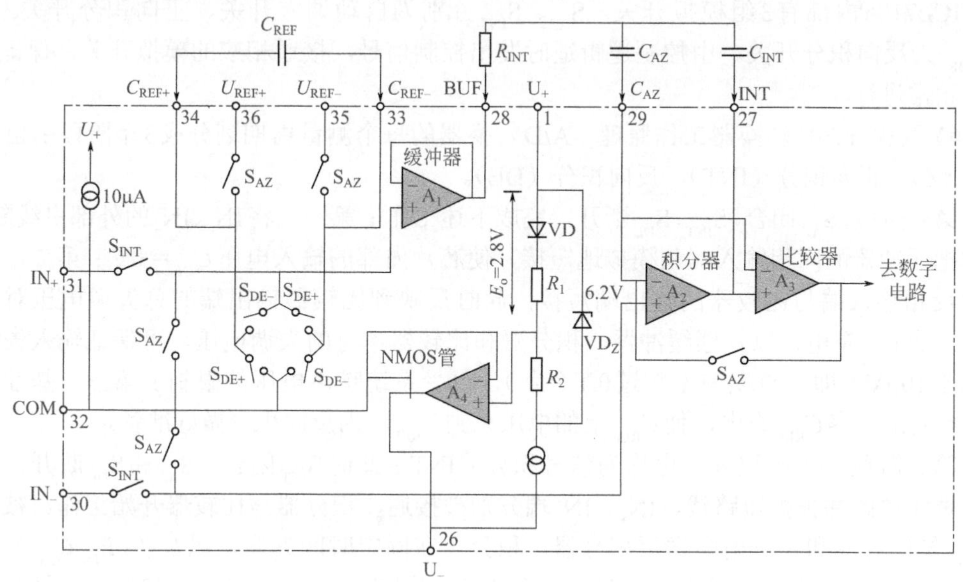

图7-59 ICL7106的模拟电路

在对温度漂移要求不高的情况下，可利用电阻器直接从E_o中获取U_{REF}，电路如图7-60（a）所示。分压器由固定电阻R和精密多圈电位器R_P组成，通过R_P可以精细地调节基准电压值。通常，当环境温度变化2～8℃时，大约产生1个字的误差。但在电源电压

降到7V以下时，VD_z不能被反向击穿，也就无法进入稳压状态，使基准电压源的性能变坏，芯片不能正常工作。

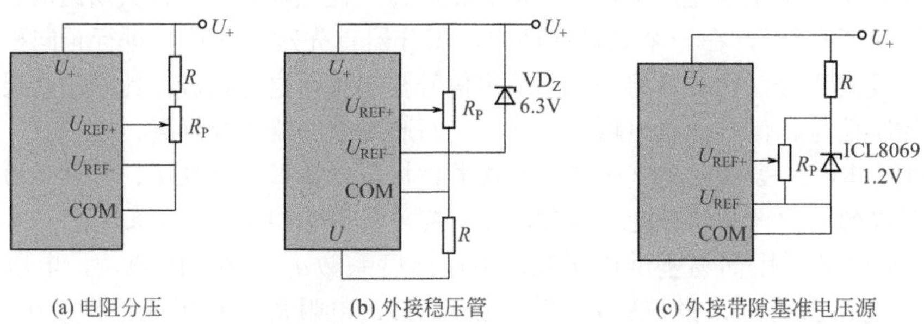

(a) 电阻分压　(b) 外接稳压管　(c) 外接带隙基准电压源

图7-60　获取基准电压的三种方法

设计精密测量仪表时，建议参照图7-60（b）、（c）所示电路，采用外部基准电压源。图7-60（b）中使用6.3V稳压管。图7-60（c）选用ICL8069型带隙基准电压源，能提供1.2V高稳定度电压，其电压温度系数可低至$10\times10^{-6}℃^{-1}$，温度漂移可忽略不计。设计电路时通常将COM与IN_端短接，否则二者电位不等，会产生一个共模电压，引起测量误差。

b.模拟开关。CMOS模拟开关具有电源电压范围宽、微功耗（低于1μW）、速度快（传输信号频率高达几十兆赫）、抗干扰能力强、无触点、寿命长等优点。其关断电阻与通态电阻之比$R_{OFF}/R_{ON}>10^5$，是较理想的开关器件。因为它属于电压控制型器件，控制电流极小，所以被传输信号应为电压信号。控制信号可将U_c反相后获得。

ICL7106内部有3组模拟开关。S_{AZ}、S_{INT}分别为自动调零开关、正向积分开关。S_{DE+}和S_{DE-}为反向积分开关。由控制逻辑适时发出控制信号，接通相应的模拟开关，保证A/D转换正常进行。

❷ 双积分A/D转换器工作原理　A/D转换器的每个测量周期划分成3个阶段：自动调零（AZ）、正向积分（INT）、反向积分（DE）。

第一阶段，S_{AZ}闭合，S_{INT}、S_{DE}断开，完成下述工作：第一，将IN_+、IN_-的外部引线断开，同时把缓冲器的同相输入端与模拟地短接，使芯片内部的输入电压$U_{IN}=0V$；第二，反积分器反相输入端与比较器的输出端短接，此时反映到比较器输出端的总失调电压对自动调零电容C_{AZ}充电，以补偿缓冲器、积分器和比较器本身的失调电压，可保证输入失调电压小于10μV（即零点误差不超过0.1个字），仅受系统噪声电压的限制；第三，基准电压U_{REF}向基准电容C_{REF}充电，使C_{REF}上的电压充到U_{REF}，为反向积分做好准备。

第二阶段，正向积分（也称为信号积分）INT：此时S_{INT}闭合，S_{AZ}和S_{DE}断开，切断自动调零电路并去掉短路线，IN_+、IN_-端分别被接通，积分器与比较器开始工作。被测电压U_{IN}经缓冲器和积分电阻送至积分器。积分器在固定时间T_1内，以$U_{IN}/(R_{INT}C_{INT})$的斜率对U_{IN}进行定时积分，令计数脉冲的频率为f_{cp}，周期为T_{cp}，则$T_1=1000T_{cp}$。当计数器计满1000个脉冲数时，积分器的输出电压为

$$U_o=\frac{K}{R_{INT}C_{INT}}\int_0^{T_1}U_{IN}dt=\frac{KT_1}{R_{INT}C_{INT}}U_{IN}$$

这里的T_1也称采样时间。在正向积分结束时，被测电压的极性即被判定。K是缓冲放大器的电压放大倍数。

第三阶段，反向积分，也称为解积分DE：在此阶段，S_{AZ}、S_{INT}断开，S_{DE+}和S_{DE-}闭合。控制逻辑在对U_{IN}的极性进行判断之后，接通相应极性的模拟开关，将C_{REF}上已充好的基准电压按照相反的极性来代替U_{IN}，进行反向积分，斜率变成$-U_{REF}/(R_{INT}C_{INT})$。经过时间$T_2$，积分器的输出又回到零点，参见图7-61。该图分别绘出对负极性输入电压（$U_{IN}<0$）和正极性输入电压（$U_{IN}>0$）的积分波形。

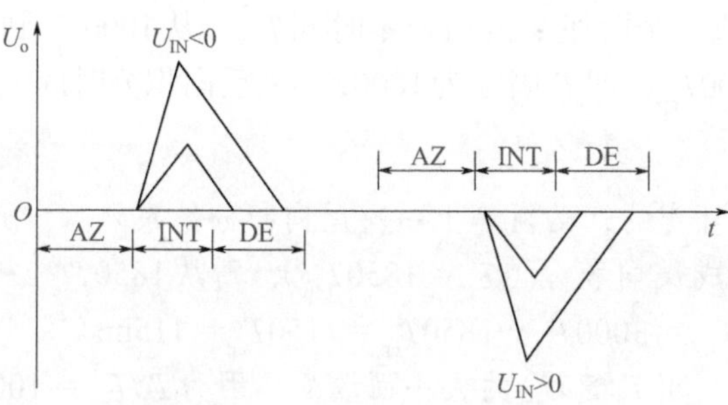

图7-61　双积分输出电压波形图

当反向积分结束时，有关系：

$$U_o - \frac{K}{R_{INT}C_{INT}}\int_0^{T_1} U_{REF}dt = U_o - \frac{KU_{REF}T_2}{R_{INT}C_{INT}} = 0$$

假定在T_2时间内计数值（即仪表的显示值，不考虑小数点）为N，则$T_2 = NT_{cp}$。代入式中可以得到

$$N = \frac{T_1}{T_{cp}U_{REF}}U_{IN}$$

分析上式可知，因为T_1、T_2和U_{REF}都是固定不变的，所以计数值N仅与被测电压U_{IN}成正比，从而实现了模拟量-数字量的转换。

在测量过程中，ICL7106能自动完成下述循环：

→自动调零→正向积分→反向积分→（循环）

下面介绍A/D转换过程的时间分配（即定时）。现假定时钟频率为40kHz。

40kHz时钟频率经过4分频后得到10kHz的计数脉冲CP，CP的周期T_{cp} = 0.1ms，以此作为时间基准。每个测量周期$T = 4000T_{cp} = 4000\times0.1\text{ms} = 0.4\text{s}$，所对应的测量速率为2.5次/s。由此推导出测量速率与时钟频率的关系式为

$$测量速率（MR）= \frac{1}{4000T_{cp}} = \frac{1}{4000}\times\frac{f_0}{16000}$$

利用上式，只要知道数字电压表的测量速率（一般在使用说明书中已给出），即可迅速求出时钟频率f_0，见表7-6。

表 7-6 测量速率与时钟频率的对应关系

测量速率 MR/（次/s）	测量周期 T/s	时钟频率 f_0/kHz	说明
1	1	16	f_0 = 16000× 测量速率 = 16000/MR
2.5	0.4	40	
3	0.33	48	
5	0.2	80	

每个测量周期分成三个阶段：自动调零时间 T_{AZ}（从 $1000T_{cp}$ 到 $3000T_{cp}$）；正向积分时间 T_1（从 $3000T_{cp}$ 至 $4000T_{cp}$，即 T_1 固定为 $1000T_{cp}$）；反向积分时间 T_2（从0到 $2000T_{cp}$）。

说明：

•自动调零时间是可变的，必须等上一次反向积分结束之后才开始。举例说明，若在 0 ～ $1850T_{cp}$ 时间内完成反向积分（$T_2 = 1850T_{cp}$），则从 $1850T_{cp}$ ～ $3000T_{cp}$ 的时间内自动调零。此时调零时间 $T_{AZ} = 3000T_{cp} - 1850T_{cp} = 1150T_{cp} = 115\text{ms}$。

•T_1 是固定不变的，但 T_2 随 U_{IN} 的大小而改变。因为 $T_1/T_{cp} = 1000T_{cp}/T_{cp} = 1000$，选基准电压 $U_{REF} = 100.0\text{mV}$，所以由式可得：

$$N = \frac{1000}{U_{REF}} U_{IN} = \frac{1000}{100.0} U_{IN} = 10U_{IN}$$

$$U_{IN} = 0.1N$$

只要将小数点定在十位后边，便可直接读结果。

满量程时 $T_2 = 2T_1$，$N = 2000$，$U_{IN} = U_M$，由上式可推导出满量程电压 U_M 与其准电压的关系式：

$$U_M = 2U_{REF}$$

显然，当 $U_{REF} = 100.0\text{mV}$，$U_M = 200\text{mV}$；$U_{REF} = 1.000\text{V}$ 时，$U_M = 2\text{V}$。上式对于ICL系列 $3\frac{1}{2}$ 位A/D转换器均适用。从本质上讲，基准电压等于满量程电压的一半，是由 $T_2 = 2T_1$ 的关系式而造成的。

$3\frac{1}{2}$ 位数字电压表最大显示值为1999，满量程时将显示过载符号“1”。上述定时关系是由ICL7106本身特性所决定的，外界无法改变。

为提高双积分式数字仪表抑制工频干扰的能力，所选采样时间 T_1 应为工频周期的整倍数。利用正向积分阶段对输入电压（含工频干扰）取平均的特点，即可消除外界引入的工频干扰，保证测量的准确度。我国采用50Hz交流电网，其周期为20ms，因此应选择：

$$T_1 = N \times 20\text{ms}$$

式中，$N = 1$，2，3，…，因此 T_1 可选40ms、80ms、100ms等。N 值愈大，对串模干扰的抑制能力愈强，但A/D转时间愈长，会使测量速率降低。取时钟频率 $f_0 = 40\text{kHz}$，$T_1 = 1000T_{cp} = 100\text{ms}$，恰好是20ms的5倍，能有效抑制50Hz干扰。

欧美国家采用60Hz交流电网，周期是（1/60）s=（1000/60）ms。若选 $T_1 = 100\text{ms}$，恰好为市电周期的6倍。因此，选 $f_0 = 40\text{kHz}$ 还能有效地抑制60Hz干扰。对于60Hz干扰，

还可选 f_0 = 33.33kHz、48kHz、60kHz、66.67kHz等。但时钟频率也不宜选得太高，以免超过ICL7106的响应速率，使仪表发生跳数现象。

实际上考虑到交流电网的频率会有一定的波动，例如可在50Hz±0.5Hz范围内变化，一般情况下，$3\frac{1}{2}$位A/D转换器并不要求时钟频率严格等于规定值，允许有一定偏差，但时钟频率的稳定性应尽量高。

最后将双积分A/D转换器的特点归纳如下：

a.积分元件 R_{INT}、C_{INT} 不影响转换准确度。

b.时钟频率的漂移不影响转换准确度。

c.抗干扰能力强。

双积分A/D转换器的主要缺点是转换速率低，基准电压的准确度直接影响到转换准确度，另外积分电容的介质损耗也会引入测量误差。尽管如此，它作为一种低速、高准确度、低成本的A/D转换器，在数字仪表及测试系统中仍获得广泛应用。

（3）数字电路　数字电路也称为逻辑电路，ICL7106的数字电路如图7-62所示。由图可见，它采用6.2V稳压管、MOS场效应管源极跟随器及恒流源来产生内部数字地

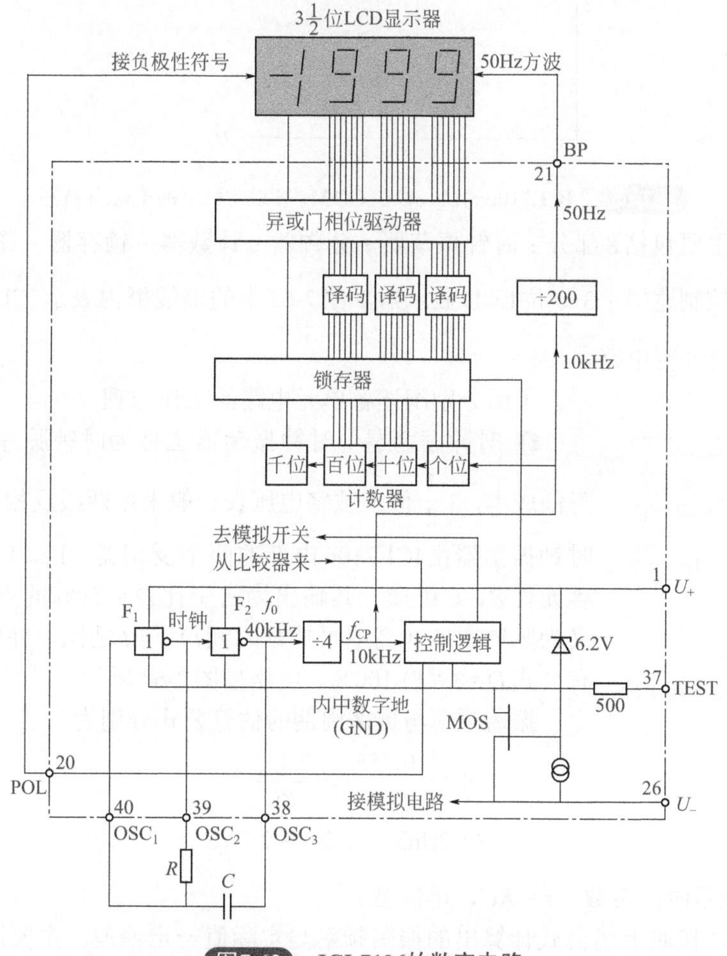

图7-62　ICL7106的数字电路

（GND）。数字地的电位U_{GND} =（U_+ − U_-）/2。若以U_-为参考电位（0V）并且设U_+ = 9V，则U_{GND} = 4.5V。当电源电压E = 9V时，ICL7106的U_+、U_-、COM、TEST引脚的电位分布如图7-63所示，需要指出，GND与COM端的直流电位不相等，因此这两个地不能短路。同样，U_-与COM端也不能短路，否则芯片无法正常工作。例如，在用一块$3\frac{1}{2}$位数字万用表的直流20V挡来检测内部9V叠层电池的电压时，仪表就不能正常工作了。原因在于数字万用表的黑表笔与ICL7106的COM端是连通的，此时若用黑表笔去测量内部9V叠层电池的负极，就意味着强迫使U_-端与COM端呈等电位，导致仪表无法正常工作。这表明不能用数字万用表来检测本身的电路，只能通过另外一块数字万用表来检测这块数字万用表的内部电压。

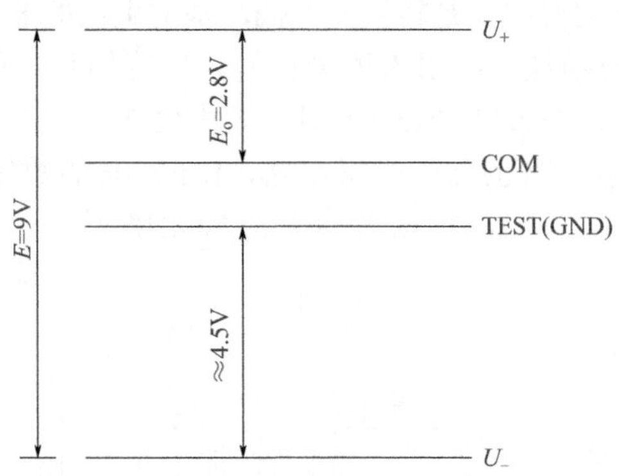

图7-63 ICL7106的U_+、U_-、COM、TEST引脚的电位分布图

数字电路主要包括8部分：时钟振荡器；分频器；计数器；锁存器；译码器；异或门相位驱动器；控制逻辑；$3\frac{1}{2}$位LCD显示器。图7-62中的虚线框内表示ICL7106的数字电路，虚线框外是外围电路。

下面分别阐述各单元电路的工作原理。

❶ **时钟振荡器** 时钟振荡器也称为时钟脉冲发生器。为了降低成本，$3\frac{1}{2}$位灵敏字电压表一般采用两级反相式阻容振荡器。时钟振荡器由ICL7106内部的两个反相器（F_1、F_2）以及外部阻容元件R、C组成。其输出为占空比D = 50%的方波，占空比定义为脉冲宽度（高电平持续时间t）与T之比，并用百分数表示。有公式D =（t/T）100%。电路如图7-64所示。

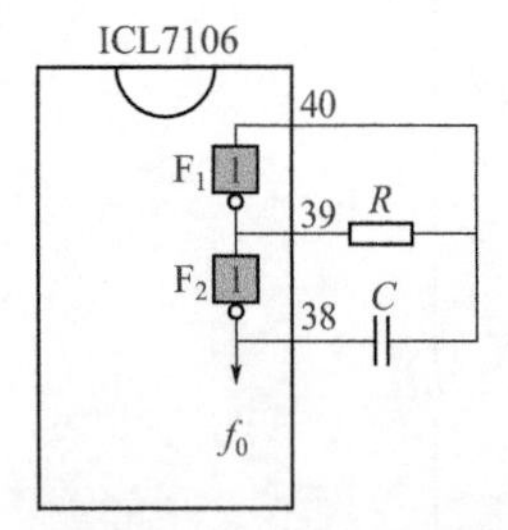

图7-64 时钟振荡器电路

振荡频率与振荡周期的估算公式分别为

$$f_0 \approx \frac{0.455}{\tau} = \frac{0.455}{RC}$$

$$T_0 \approx 2\tau \ln 3 \approx 2.2\tau = 2.2RC$$

式中，τ表示时间常数，$\tau = RC$，单位是s。

应当指出，按照上述公式计算出的振荡频率与实际值一定偏差。主要原因是ICL7106

的OSC_1端未接偏置电阻。若想提高振荡频率的准确度与稳定性，还可在OSC_1端串入一个几百千欧的偏置电阻。此外，反相器的转移电压U_T还存在一定的差异，U_T不一定恰好等于$U_+/2$，而且阻容元件也存在误差，因此上述公式为估算公式。

表7-7所示数值可作为选择时钟振荡器阻容元件的典型数值。需要说明的是，选取阻容元件的方案并非唯一，只要能满足时间常数的要求，R、C值可以适当搭配。但应注意两点：第一，一般要求$R \geqslant 1k\Omega$，$C \geqslant 10pF$，否则电路不易起振；第二，应尽量增大R值，减小C值。因为大容量电容器的体积较大，会给设计与安装印刷板带来不便。

表7-7 时钟振荡器阻容元件的选择

测量速率MR/（次/s）	R/kΩ	C/pF	τ/μs	f_0/kHz	T_0/μs
5	62	120	7.4	66.67	15
3	100	100	10	48	20.8
2.5	120	100	12	40	25
	56	220			
1	560	51	28.6	16	62.5

举例说明，对于$f_0 = 40kHz$，表7-7就给出了两种设计方案。取$R = 120k\Omega$, $C = 100pF$，代入式得到$f_0 = 37.9kHz$，可近似取40kHz，若选$R = 56k\Omega$，$C = 220pF$，则不难算出$f_0 = 36.9kHz = 40kHz$。则

测量速率（MR）$= 40 \times 10^3/16000 = 2.5$次/s。

如果取$R = 100k\Omega$，$C = 100pF$，那么$f_0 = 45.5kHz = 48kHz$，测量速率就提高到3次/s。

设计ICL7106的时钟振荡电路有以下三种方案：

a.在第38～40脚之间接入RC网络。其特点是外围电路的成本低，但频率稳定性较差。

b.在第39脚与40脚之间外接一个石英晶体JT，构成晶振电路，其特点是振荡频率的稳定度及准确度都很高，但成本会相应提高，适用于精密测量，如图7-65（a）所示。

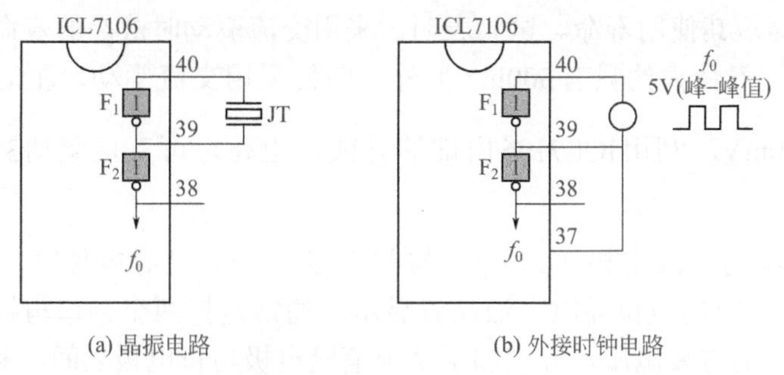

图7-65 两种时钟振荡电路

c.将外部时钟频率f_0接至第40脚。f_0可选16～48kHz，幅度约为5V（峰-峰值）。在巡回检测系统使用多片ICL7106时，采用外时钟输入方式不仅能简化总体设计，还能实现同步，即在同一时刻对多路输入电压进行采样。其电路如图7-65（b）所示。

❷ **分频器** 对时钟脉冲进行逐级分频，即可分别获得所需的计数频率f_{cp}和液晶显示

器背电极方波信号 f_{BP}。分频器由一级4分频、一级2分频和两级10分频组成。整个分频电路可完成800分频工作。其中的2分频器相当于一级触发器，4分频器等效于两级触发器，而10分频器的工作原理同二-十进制计数器。

对应于不同的时钟频率（如40kHz、48kHz），分频形式分别如图7-66（a）、（b）所示。图中的“÷4”代表4分频，余者类推。

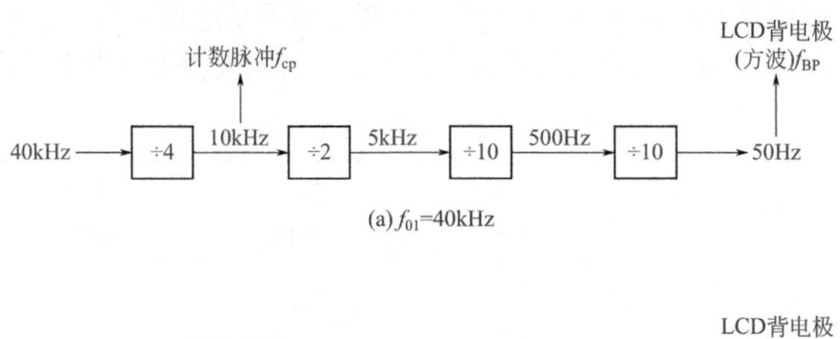

(a) f_{01}=40kHz

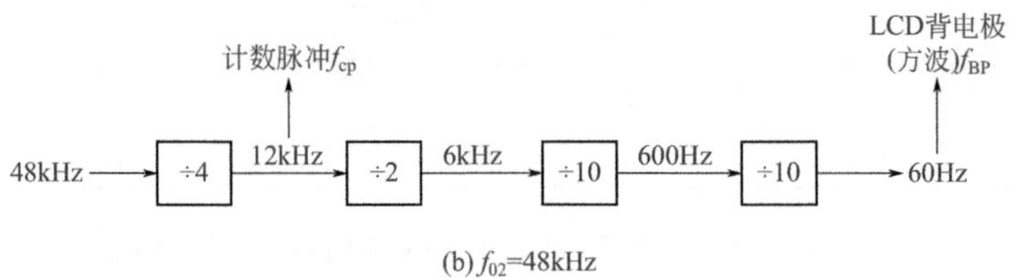

(b) f_{02}=48kHz

图7-66　两种分频形式

❸ **计数器**　采用CMOS电路二-十进制加法计数器，$3\frac{1}{2}$位数字电压表是准四位显示，因此ICL7106内部有3级二-十进制计数器（整位）；而千位（$\frac{1}{2}$位）只能显示数字1，单独用一个触发器即可。

❹ **译码器和异或门驱动器**　译码器的功能是将BCD码译成7段码，供7段数码管作显示用。译码器通常由门电路组合而成，它属于非时序电路。

液晶显示器必须采用交流驱动方式，若用直流驱动，会使液晶材料发生电解并产生气泡而变质，大大缩短其使用寿命。试验表明，采用交流驱动时液晶的寿命可达20000h，而采用直流驱动时的寿命大约只有500h。另外，即使采用交流驱动，驱动电压中的直流分量也不得超过100mV。利用ICL7106内部的异或门电路，可直接驱动$3\frac{1}{2}$位LCD数字显示器。

当液晶显示器的笔段电极（a～g）与背电极（BP）呈等电位时，液晶不显示（消隐）；当二者存在一定的电位差时，液晶就显示。通常是把两个频率与幅度相同而相位相反、占空比为50%的方波电压，分别加至某个笔段电极与背电极之间，利用二者的电位差来驱动该笔段显示。倘若这两端的电压为同相，电位差等于零，该笔段就消隐，方波频率范围是30～200Hz，低于30Hz会出现闪烁现象；高于200Hz时液晶的频率响应可能跟不上，而且显示器的功耗会增大。由ICL7106构成的数字万用表一般选50～60Hz的方波电压作驱动信号，电压幅度为4～6V，典型值为5V。

异或门的特点是当两个输入端的状态相异时输出高电平；反之输出低电平。异或门交流驱动的原理如图7-67所示。当异或门输入端$A=0$时，其输出端J的波形相位与BP端一致，因此笔段电极与背电极的相位相同，笔段两端的电位差为0V，使该笔段消隐。当$A=1$时，端波形的相位与BP端相反，即笔段电极两端存在电位差，使该笔段显示。显然，异或门的控制端为高电平时才有效。

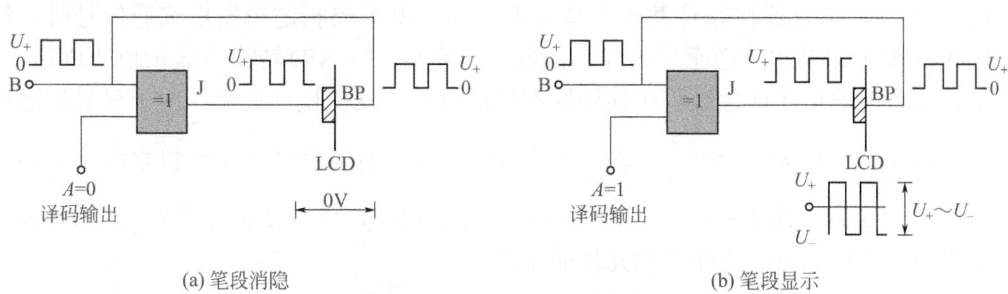

图7-67　异或门交流驱动的原理

7段LCD驱动电路示意图如图7-68所示。图中加在a、b、c笔段上的方波信号与背面公共电极（以下简称背电极）方波的相位相反，使这3个笔段发光。而d、e、f、g上的笔段信号和背电极方波属于同相位，都不显示，故显示数字为“7”，由图可见，只要在异或门的输入端加上控制信号（高电平或低电平），用来改变驱动器输出方波的相位，即可显示所需要的数字。但为了显示小数点（DP_1～DP_3）及低电压指示符号，尚需外加一片四异或门集成电路，典型产品为CD4030、CD4070。此外，还可采用异或非门来驱动LCD显示器，此时电路需作适当改动。

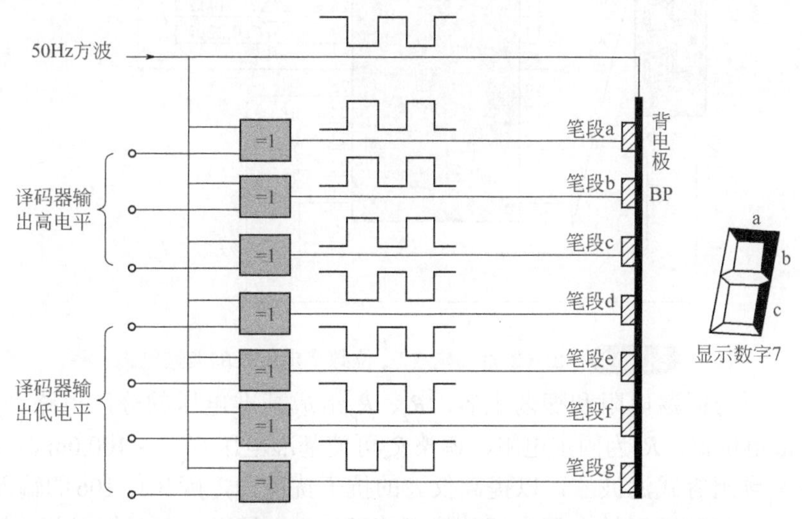

图7-68　7段LCD驱动电路示意图

需要注意的是，液晶显示器的笔段驱动信号波形应与背电极波形严格对称，并且方波的占空比$D=50\%$，以保证这两端的交流电压平均值接近于零伏，避免LCD早期失效。在简易DVM或DMM中，有时也采用晶体管与量程开关构成小数点及标识符驱动电路，目的是降低成本。

❺ **控制逻辑**　控制逻辑主要有以下三个作用：

a. 识别积分器的工作状态，适时地发出控制信号，使几组模拟开关按规定顺序接通或者断开，保证A/D转换正常地进行下去。

b. 判定输入电压的极性并控制LCD的负极性显示。

c. 当输入电压超量程时发出溢出信号，使千位数显示"1"，其余数码管全部消隐。

❻ **锁存器** 锁存器接在计数器与译码器之间，仅当控制逻辑发出选通信号时，计数器中的A/D转换结果才能送至译码器。因此，每完成一次A/D转换后显示值才刷新一次。增加锁存器可能避免在计数过程中显示器不停地跳数，减少视觉疲劳，便于观察和记录。

（4）由ICL7106构成的$3\frac{1}{2}$位数字电压表 由ICL7106构成$3\frac{1}{2}$位数字电压表的典型电路如图7-69所示。图中省略了小数点显示的控制电路，该仪表的量程U_M = 200mV，称为基本表或基本挡。下面介绍外围元件的作用。

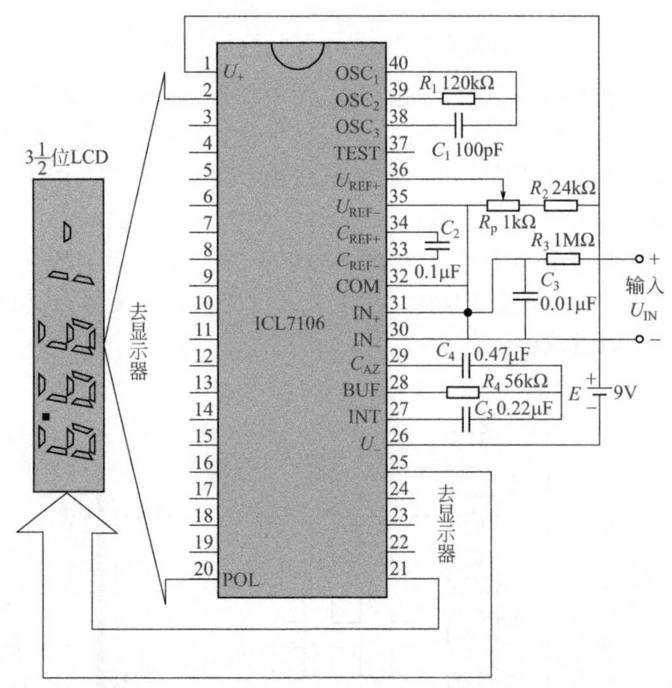

图7-69 由ICL7106构成$3\frac{1}{2}$位数字电压表的典型电路

R_1、C_1分别为振荡电阻和振荡电容。R_2、R_P组成基准电压的分压电路。其中，R_P宜采用精密多圈电位器，R_2为固定电阻，调整R_P可使基准电压U_{REF} = 100.0mV。R_3、C_3为模拟输入端的高频阻容式滤波器，以提高仪表的抗干扰能力，因ICL7106的输入阻抗很高，输入电流极小（在25℃时输入漏电流的典型值仅1pA，只引入1μV的误差），故可取R_3 = 1MΩ（R_3兼作限流电阻），C_3 = 0.01μF。C_2、C_4分别为基准电压与自动调零电容。R_4、C_5依次为积分电阻和积分电容。仪表采用9V叠层电池供电。电路中将IN₋、U_{REF}端与COM端短接。该仪表的测量速率约为2.5次/s。

ICL7106只有液晶笔段有电极驱动端，没有小数点驱动端。为显示小数点，需另加外围电路，如图7-70所示。对于固定小数点显示（只显示1个小数点且位置固定），可采用图7-70（a）所示电路，使用CMOS六反相器CD4069（现仅用其中一个反相器）。也可用NPN型小功率晶体管JE9013等代替反相器。对于位置可变的小数点，可采用CD4030或CD4070四异或门，电路见图7-70（b）。S为小数点选择开关，DP_1 ~ DP_3分别表示个、十、百位小数点的驱动端。LCD的背电极接BP。剩下一个异或门还可用来驱动低电压标识符。

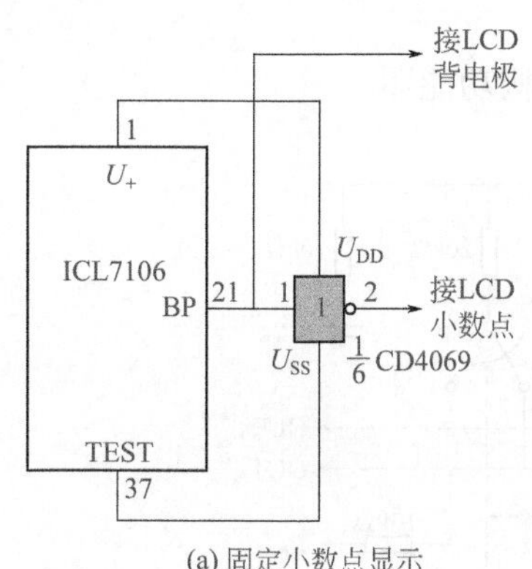

(a) 固定小数点显示

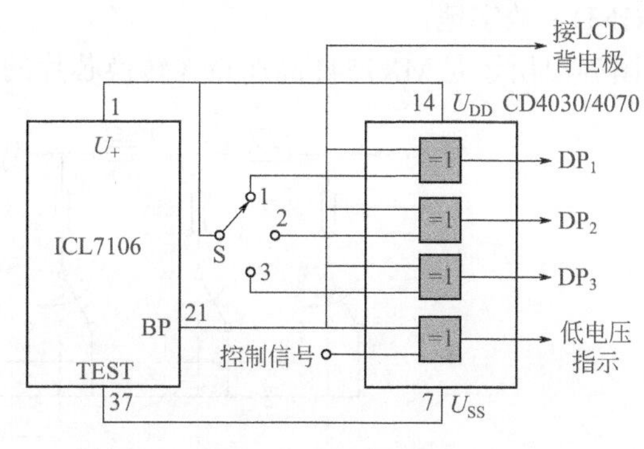

(b) 小数点可选择

图7-70　小数点显示器

十五、D/A转换电路应用电路

1. MX754系列D/A转换电路应用电路

（1）特点　将MX7541芯片用于高频波形发生器等电路做D/A转换，该芯片性能稳定，D/A转换线性良好，使用简单，另外，这种方法也同样适用于其他同类产品（如MX7542、MX7543、MX7545等芯片）。

MX7541是美国MAXIM公司生产的高速高精度12位数字/模拟转换器芯片，由于MX7541转换器件的功耗特别低，而且其线性失真可低达0.012%，因此，该D/A转换器芯片特别适合于精密模拟数据的获得和控制，此外，由于MX7541器件内部带有激光制作的精密晶片电阻和温度补偿电路以及NMOS开关，因而可充分保证MX7541具有12位的精度，还有一个重要特点是MX7541的所有输入均与CMOS和TTL电平兼容。

MX7541在电气和引脚上都与AD公司的AD7541芯片兼容，它们都采用标准的18脚封装，其主要电气特点如下：

❶ 转换时间：0.6μs。

❷ 具有12位线性输出（$\frac{1}{2}$LSB）。

❸ 准确度：1LSB。

❹ 功耗低，5V情况下通常为450mW。

❺ 可进行四象限乘法转换。

❻ 与TTL、CMOS电平兼容。

（2）引脚功能和内部结构　图7-71所示是MA7541的引脚排列图，各引脚功能如下。

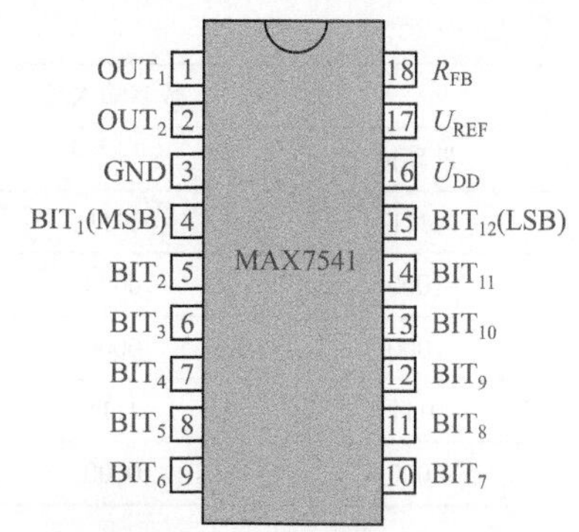

图7-71　MA7541的引脚排列

U_{REF}：D/A转换器的电压参考输入端，其电压值在

±25V之间。

R_{FB}：反馈电阻接入端，在双极模式时与外置运算放大器输出相连。

OUT_1、OUT_2：电流输出，I_1+I_2为常数。

BIT_1 ～ BIT_{12}：数字量输出。BIT_1为最高位。

U_{DD}：电源输入，范围为+5 ～ +17V。

GND：数字地。

图7-72所示是MX7541高速D/A转换芯片的内部结构功能图。

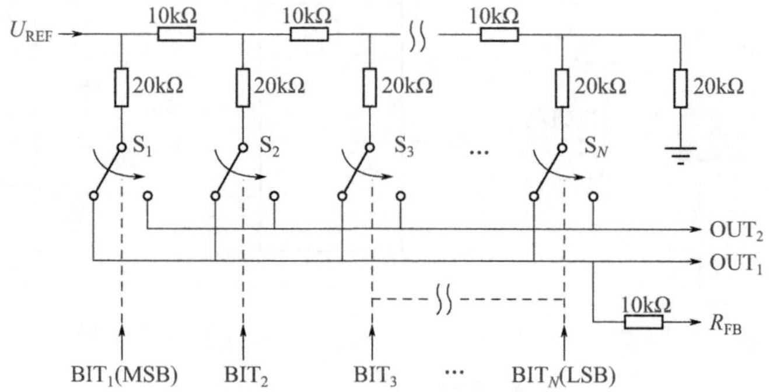

图7-72 MX7541内部结构功能图

（3）MX7541的输入与输出　MX7541有两种输入方式，即单极性输出和双极性输出，两种方式的电路连接如图7-73和图7-74所示。两种输出方式的输入输出对应关系分别列于表7-8和表7-9。

表7-8 单极性输入输出关系

数字输入量			模拟量输出
最高位		最低位	
1111	1111	1111	$-U_{REF}$（4095/4096）
1000	0000	0000	$-U_{REF}$（2048/4096）= -1/2 - U_{REF}
0000	0000	0001	$-U_{REF}$（1/4096）
0000	0000	0000	0V

表7-9 双极性输入输出关系

数字输入量			模拟量输出
最高位		最低位	
1111	1111	1111	$+U_{REF}$（2047/2048）
1000	0000	0001	$+U_{REF}$（1/2048）
1000	0000	0000	0V
0111	1111	1111	$-U_{REF}$（1/2048）
0000	0000	0000	$-U_{REF}$（2048/2048）= $-U_{REF}$

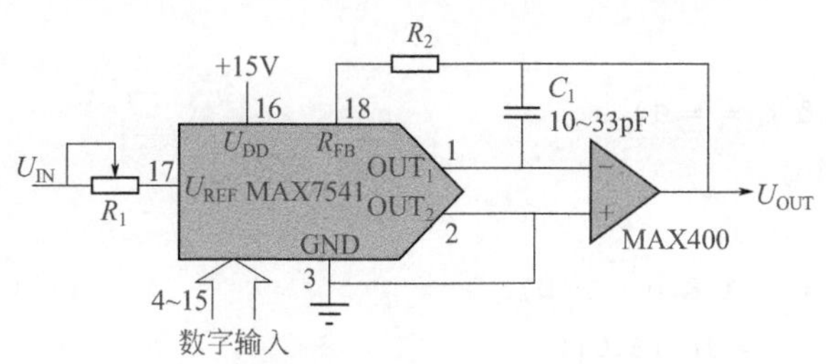

图7-73　单极性输出电路

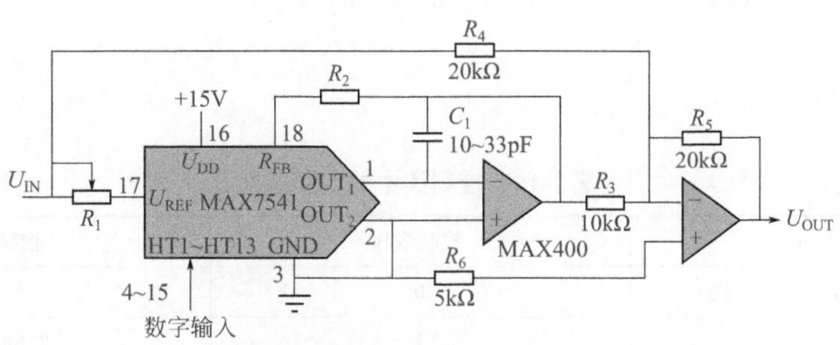

图7-74　双极性输出电路

（4）MX7541与单片机的连接　由于MX7541是12位数字输入，因此它必须与16位以上的单片机相连，当其与MCS-96单片机进行连接时，其电路非常简单，只需把单片机的数据线直接与MX7541的输入线相连即可，程序也很简单，只要不停地向其发送数据即可。

（5）与CPLD的连接　由于目前8位单片机应用比较多，再加上MX7541是高速D/A转换器，用单片机来控制MX7541不是很方便，为此，本节介绍一种运用可编程逻辑器件（这里以ALTERA公司的MAX7000系列中的MAX7128S为例），来控制MX7541的方法，该方法进而可推广到其他高速D/A转换芯片。

这种控制方法的基本思想是利用CPLD连接8位单片机与12位D/A转换器，其中单片机与CPLD之间采用两根控制线来进行通信，同时用它们来决定数据线中数据的种类，表7-10给出了控制线中的数据意义，但应注意：该方案的输入时钟周期应小于单片机的指令周期。下面给出的是利用VERILOOG语言所编写的程序：

```
module mx7541(clk.a.b.in.out);
output out;
input a.b.clk;
input [7..0]in;
reg [7..0]out;
reg [7..0] di;
reg [7..0] gao;
always @(negedge clk)
```

```
begin
  if (a = = 0 & b = = 1)
      di < = in;
      else
        if (a = = 1 & b = = 0)
           gao < = in [3:0];
           else
              if (a = = 1 & b = = 1)
              out < = { gao [3:0],di [7:0]};
end
end module
```

表7-10 控制线中的数据意义

控制线A	控制线B	控制意义
0	0	不工作
0	1	低8位数据
1	0	高8位数据
1	1	输出到D/A转换器

其仿真输出波形如图7-75所示。

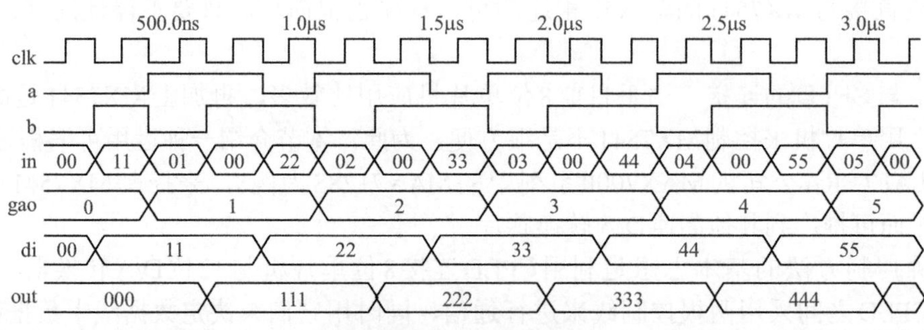

图7-75 仿真输出波形

2. 8位D/A转换器DAC0832

DAC0832是使用非常普遍的8位D/A转换器，可以直接与单片机接口。DAC0832以电流形式输出，当需要转换为电压输出时，可外接运算放大器。

(1) DAC0832主要特性

❶ 分辨率8位；

❷ 电流建立时间1μs；

❸ 数据输入可采用双缓冲、单缓冲或直通方式；

❹ 输出电流线性度可在满量程下调节；

❺ 逻辑电平输入与TTL电平兼容；

❻ 单一电源供电（+5 ～ +15V）；

❼ 低功耗：20mW。

（2）DAC0832引脚及内部结构　如图7-76所示，DAC0832由8位输入寄存器、8位D/A转换器及逻辑控制单元组成。D/A转换器采用2^8 = 256级的倒T形R-2R电阻译码网络，基准电压U_{REF}，D/A转换器输出为电流，经过一个外接的运算放大器转换为电压输出。DAC0832电路结构图如图7-77所示。

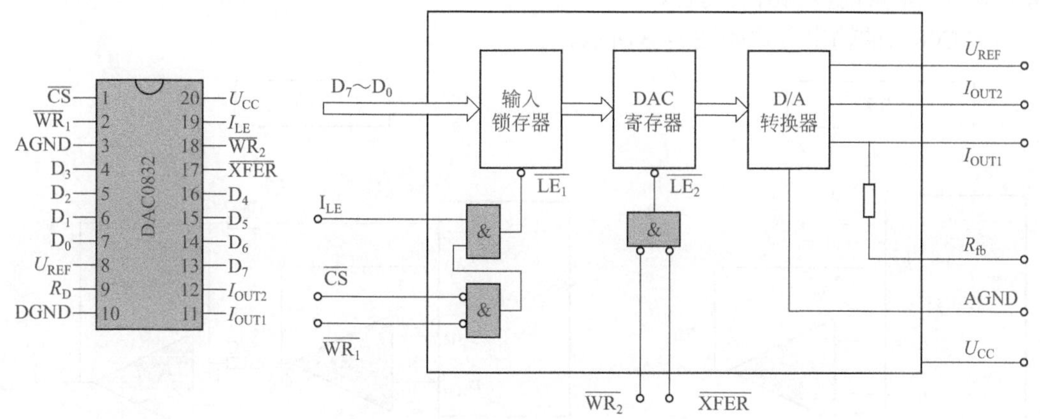

图7-76　DAC0832引脚及内部结构

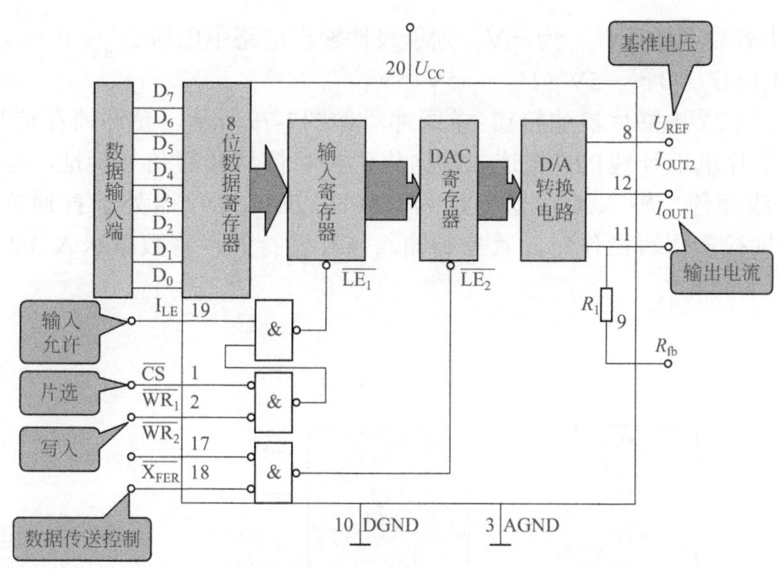

图7-77　DAC0832电路结构图

（3）DAC0832的工作方式

❶ 直通方式　将输入锁存器和DAC寄存器的有关控制信号都置为有效状态，当数字量送到数据输入端时，不经过任何缓冲立即进入D/A转换器进行转换。这种方式一般不用于单片机控制系统。

❷ 单缓冲器方式　将输入锁存器或DAC寄存器的任意一个置于直通方式而另一个受CPU控制，当数字量送入时只经过一级缓冲就进入D/A转换器进行转换。这种方式适用于只有一路模拟量输出或有几路模拟量输出但不要求同步的系统。

❸ 双缓冲方式　输入锁存器和DAC寄存器分别受CPU控制，数字量的输入锁存和D/A转换分两步完成。当数字量被写入输入锁存器后并不马上进行D/A转换，当CPU向DAC寄存器发出有效控制信号时，才将数据送入DAC寄存器进行A/D转换。这种方式适用于多路模拟量同步输出的场合。

DAC0832的输出方式如图7-78所示。

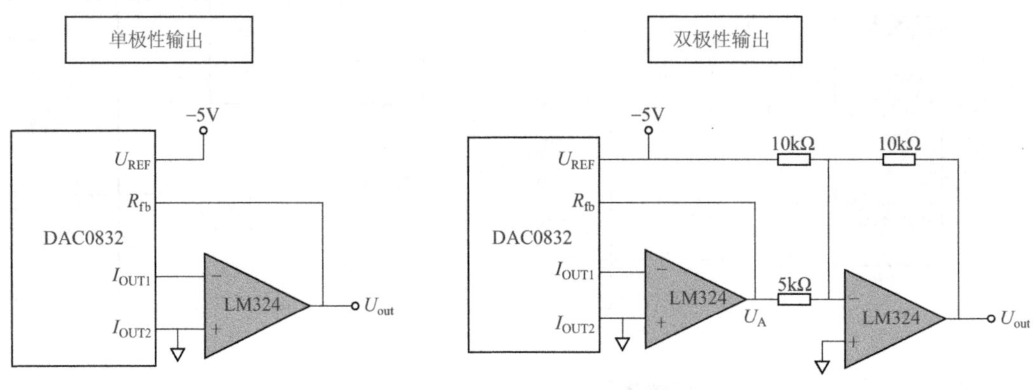

图7-78　DAC0832的输出方式

图7-78中若参考电压U_{REF}为−5V，则单极性输出电路中电压U_{out} = 0 ～ +5V；双极性输出电路中电压U_A = 0 ～ +5V，U_{out} = −5V+5V。

（4）DAC0832与单片机的接口-单缓冲　如图7-79所示，允许锁存信号I_{LE}接+5V，片选信号与单片机地址线P2.7相连，数据传送控制信号和写信号接地，写信号与单片机的写信号线相连，输入锁存器地址为7FFFH，DAC寄存器处于直通方式，当CPU对DAC0832执行一次写操作时，就控制输入锁存器打开，将数据送入D/A转换器进行转换。

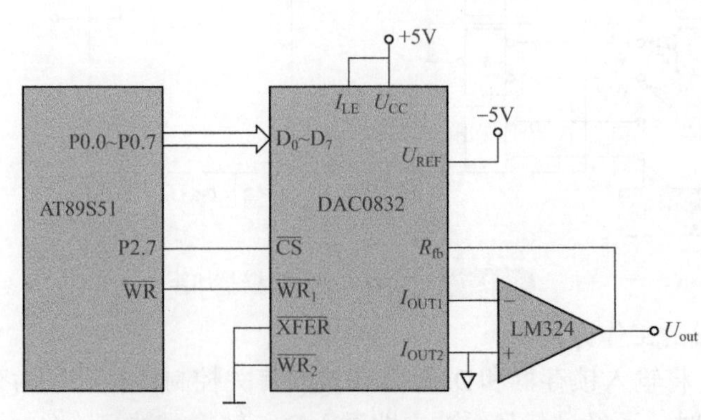

图7-79　DAC0832与单片机的接口-单缓冲

利用图7-79所示电路，在U_{out}端产生锯齿波信号输出。

参考程序如下：

```
START: MOV DPTR, #7FFFH
             ：送DAC0832的地址
       MOV A, #00H
             ：装入待转换的数据
LOOP: MOVX @DPTR, A
             ：启动A/D转换
       INC  A
       AJMP LOOP
```

（5）DAC0832与单片机的接口-双缓冲　如图7-80所示，允许锁存信号I_{LE}接+5V，两个写信号和都接到单片机的写信号线上，数据传送控制信号都接到单片机P2.7上，用于控制同步转换输出，分别接单片机P2.5和P2.6上，实现输入锁存控制，DAC0832输入锁存器的地址分别为DFFFH和BFFFH，DAC寄存器具有相同的地址7FFFH。

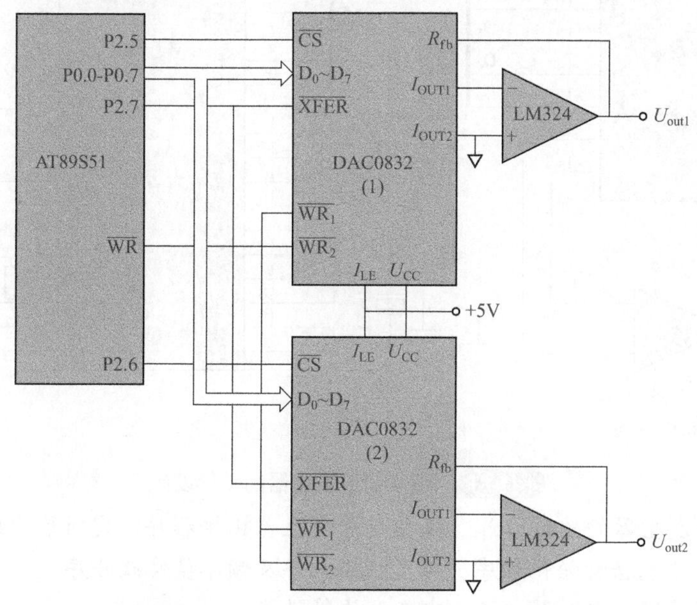

图7-80　DAC0832与单片机的接口-双缓冲

利用图7-80所示电路实现两路模拟量同步输出。

参考程序如下：

```
MOV   DPTR,  #0DFFFH; 送DAC0832（1）的地址
MOV   A, #data1
MOVX  @DPTR, A       ; 将data1送DAC0832（1）的输入锁存器
MOV   DPTR, #0BFFFH ; 送DAC0832（2）的地址
MOV   A, #data2
```

```
MOVX  @DPTR, A       ; 将data2送DAC0832（2）的输入锁存器
MOV   DPTR, #7FFFH   ; 送两片DAC0832的DAC寄存器地址
MOVX  @DPTR, A       ; 进行两路数据同步转换输出
```

（6）DAC0832低频信号发生器电路　由于输出信号的频率较低，可使用单片机作为控制器产生各种波形，对于方波，可以直接由51单片机的端口输出，而正弦波和三角波可以由DAC0832进行转换实现。

a.低频信号发生器的硬件设计　如图7-81所示。

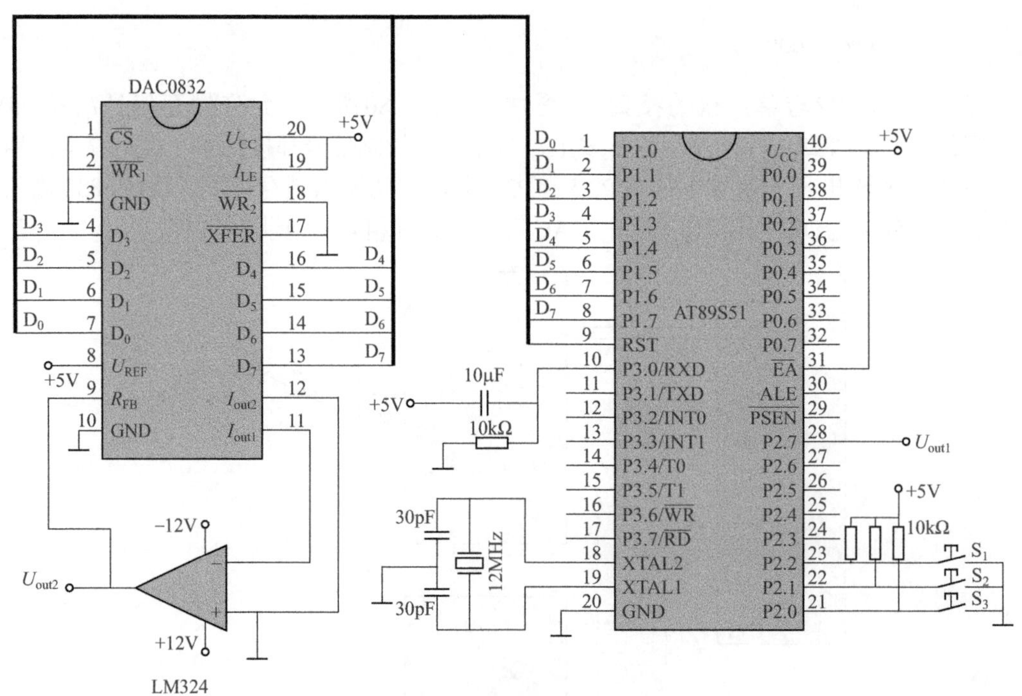

图7-81　低频信号发生器的硬件设计

b.低频信号发生器的软件设计　低频信号发生器由主程序、定时器中断子程序等部分组成。主程序主要包括初始化程序、键盘扫描程序及频率值修改程序。

- 初始化程序进行定时器初值、中断允许等设置。
- 键盘扫描程序主要对三个按键进行检测，以判断是否要进行频率调整及波形调整。
- 频率值修改程序主要进行定时器定时值的加减操作。

定时器中断子程序主要进行方波输出及正弦波、三角波的输出。

- 方波的输出可以直接在定时溢出中断时，对输出端口取反即可实现。
- 对正弦波和三角波，为了避免复杂的程序设计算法，设计了正弦波和三角波的波形数据表，将一个周期的正弦波或三角平均分解为256个数据点，在进行波形输出时，将波形数据表中的值依次查出，并送入DAC0832中进行转换，得到正弦波或三角波。

低频信号发生器的软件设计流程图见图7-82。

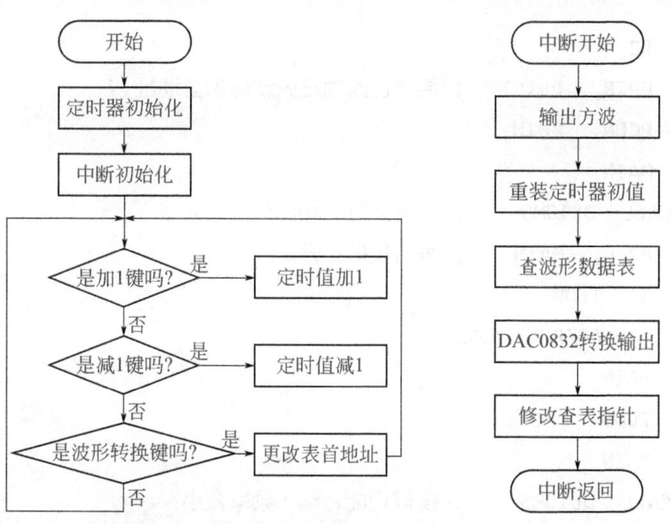

图7-82　低频信号发生器的软件设计流程图

参考程序如下：

```
        SINP  DATA    30H      ; 正弦波查表指针
        THOD  DATA    32H      ; 定时器初值存放（高8位）
        TLOD  DATA    33H      ; 定时器初值存放（低8位）
        ORG   0000H
        LJMP  START
        ORG   000BH
        LJMP  INTT0
        ORG   0060H
START: MOV   SP,   #70H
        MOV   SINP,  #00H
        MOV   TMOD,  #11H
        MOV   THOD,  #0FFH     ; 定时器初值，决定波形频率
        MOV   TLOD,  #00H
        MOV   TH0,  THOD
        MOV   TL0,  TLOD
        MOV   DPTR,  #LIST     ; 设置表首初值，即输出正弦波
        SETB  ET0              ; 开中断
        SETB  EA
        SETB  TR0              ; 启动定时器
MAIN: JNB   P2.0, INCKEY     ; 按键扫描
        JNB   P2.1, DECKEY
        JB    P2.2, L1
        MOV   DPTR,  #LIST1    ; 将表首改为三角波码表首地址
```

```
     SJMP  L2
L1:  MOV   DPTR,  #LIST   ; 将表首改为正弦波码表首地址
L2:  ORL   PCON,  #01H
     LJMP  MAIN
INCKEY: LCALL  DL10MS     ; 按键功能，输出频率增大
     JB    P2.0,  MAIN    ; 等待按键松开
     MOV   A,  TLOD
     CJNE  A,  #0FFH,  INC1
     LJMP  MAIN
INC1:INC   TLOD
     LJMP  MAIN
DECKEY: LCALL  DL10MS     ; 按键功能，输出频率减小
     JB    P2.1,  MAIN
     MOV   A,  TLOD
     CJNE  A,  #00H,  DEC1
     LJMP  MAIN
DEC1:DEC   TLOD           ; 定时器初值减小
     LJMP  MAIN
INTTO: PUSH ACC           ; 定时器T0中断程序
     CPL   P2.7           ; 方波输出，作辅助功能用
     MOV   THO, THOD
     MOV   TLO, TLOD
     MOV   A, SINP
     MOVC  A, @A+DPTR
     MOV   P1, A          ; 正弦波从P1口输出
     INC   SINP
     POP   ACC
     RETI
DL512: MOV  R7,  #0FFH    ; 10ms延时程序
LOOP: DJNZ  R7, LOOP
     RET
DL10MS: MOV  R6,  #14H
LOOP1: LCALL DL512
     DJNZ  R6,  LOOP1
     RET
LIST:......               ; 正弦函数表（共256个点，每点1.40625°）
LIST1:......              ; 三角波函数表
```

第二节　机器人电子电路及智能控制电路

一、迎宾机器人电路

电子迎宾机器人装置，机器人会说话，会向人行礼鞠躬，它安放在门内两边，在进、出方向分别设有两个传感器，它能自动识别人员的进出，当有客人进来时，它会向客人行礼鞠躬及伸手示意，并说出“欢迎光临”等一类的迎宾语言，当客人出去时，它又会说“欢迎下次再来”等送客语言。这套电子迎宾机器人装置不但成本低廉，而且还能为消费者提供感官上的人性化服务。迎宾机器人主要由以下几部分模块电路组成：开关电源电路、人员进出判别电路、语言控制模块电路、机器人动作控制电路等。

1. 开关电源电路

开关电源电路主要由交流滤波、桥式整流、滤波电路、自激振荡电路、稳压控制电路、整流输出电路等组成，输出12V直流电压，供人员进出判别电路、语言控制模块电路、机器人动作控制电路等使用。

2. 人员进出判别电路

人员进出判别电路主要由红外光信号发射电路、光电检测电路及进出鉴别电路组成，人员进出判别电路有两套，电路是完全一样的。

红外光信号发射电路如图7-83所示，主要由电阻R_1～R_4，电容器C_1、二极管VD_1与VD_2、红外线发射二极管DL_1及定时器电路555等组成，其振荡频率为：$f = 1.443/[(R_1 + R_2 + R_3) C_1]$。

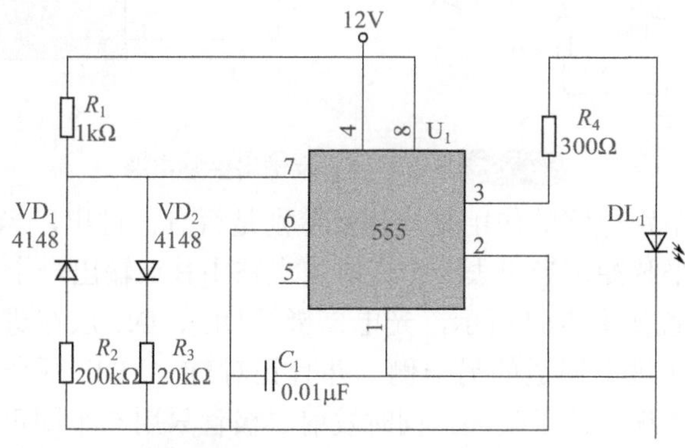

图7-83　红外光信号发射电路

由555型时基集成电路组成的多谐振荡器，其振荡脉冲由555的3脚输出，输出的脉冲信号经R_4后可直接驱动红外线发射二极管DL_1向外发射控制信号。为了增加输出发射功率，DL_1也可用两个红外发射管串联工作。

由于进出鉴别电路的需要，接收端有两个光敏接收三极管DL_2和DL_3，为了传感器的安装方便，两个光敏接收二极管紧紧连在一起，如图7-84所示。

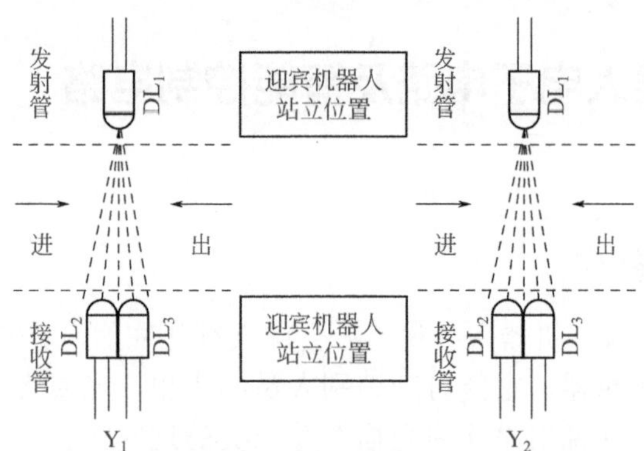

图7-84 光电检测传感器设置

两个光电检测及进出鉴别电路模块A与B是完全一样的，其原理图如图7-85所示，现介绍其中一个的工作过程。

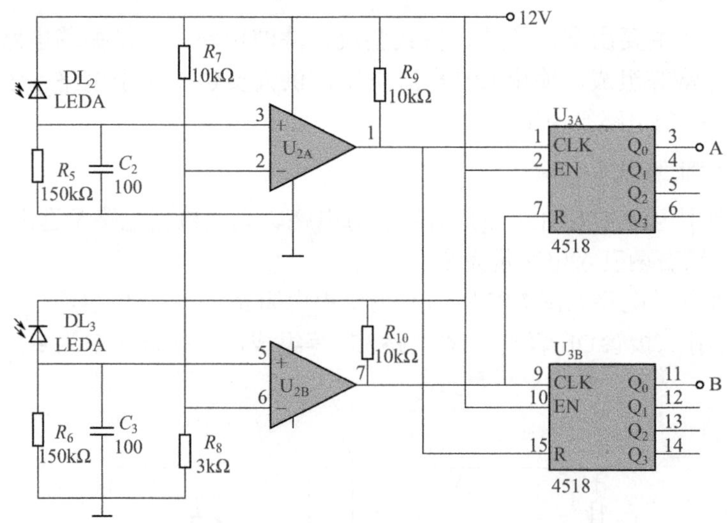

图7-85 信号检测及进出鉴别电路

光电检测及进出鉴别电路的作用是检测及鉴别是否有人进出，当进来一个人时，电路中A点输出一个高电平脉冲，当出去一个人时，电路中B点输出一个高电平脉冲。

光电传感器的设置如图7-84所示，光电二极管DL_2、DL_3放在进出通道的一侧，红外线发射二极管DL_1放在进出通道的另一侧，并且正对DL_2、DL_3两个光电二极管紧挨在一块，这样不仅可缩小体积，便于安装，同时发射二极管只用一个即可。

当无人走过信号检测区的进出通道时，DL_1的红外线同时照射在DL_2与DL_3上，DL_2与DL_3内阻减小，虽然DL_1发射的是脉冲光，但由于R_5与R_6与C_3的时间常数较大，因此U_{2A}的3脚与U_{2B}的5脚电平均高于2脚与6脚电平，故U_{2A}的输出端1脚与U_{2B}的输出端7脚也为高电平，U_{2A}的1脚与U_{3A}的5脚电平均高于2脚与6脚，故U_{2A}的输出端1与U_{2B}的输出端7脚也为高电平，U_{2A}的1脚与U_{3A}的5脚电平均高于2脚与6脚电平，故U_{2A}的输出端1脚与U_{2B}的输出端7脚也为高电平。U_{2A}的1脚与U_{3A}的时钟端1脚及U_{3B}的复位端15脚相连，此时15脚为高电平（复位状态），故U_{3B}输出端均为低电平，B点也为低电平，U_{3A}的

7脚与U_{3B}的9脚相连，此时为高电平，因此U_{3A}输出端均为低电平，A点也为低电平。

当有人进来时，方向如图7-84中箭头所示，身体挡住DL_1照射到DL_2上的光线，此时U_{2A}的3脚电平低于其2脚电平，U_{2A}输出端1脚变为低电平，与其相连的U_{3B}的15脚由原来的复位状态变为计数状态，此时U_{3B}的9脚如果输入一个高电平脉冲，其输出端计一个数，即B点即输出高电平，当继续前进，此时人体同时挡住DL_1照射到DL_2与DL_3的红外线，U_{2B}的5脚电平低于其6脚电平，U_{2B}的7脚也变为低电平，与其相连的U_{3A}的7脚由原来的复位状态变成计数状态，此时如果U_{3A}的1脚输入一个高电平脉冲，其输出端即可计一个数，即A点输出高电平，继续前进，人体离开DL_1照射到DL_2上的红外光线，U_{2A}的3脚变成高电平，其1脚也变为高电平，由于U_{3A}的7脚此时仍为低电平，其时钟DL_1发出的红外光又同时照射到DL_2与DL_3上时，计数器U_{3A}与U_{3B}均处于复位状态，输出端为低电平，A点的高电平也消失，这样，每当有人进来，走过信号检测区时，A点输出一个高电平脉冲，出去时，B点输出一个高电平脉冲，出去时的工作过程按照逆向分析。

3.语言控制模块电路

语言控制模块电路主要由语音存储芯片ISD1820、功率放大芯片LM386、录音按钮（REC）及放音喇叭（SP）等组成，电路如图7-86所示。

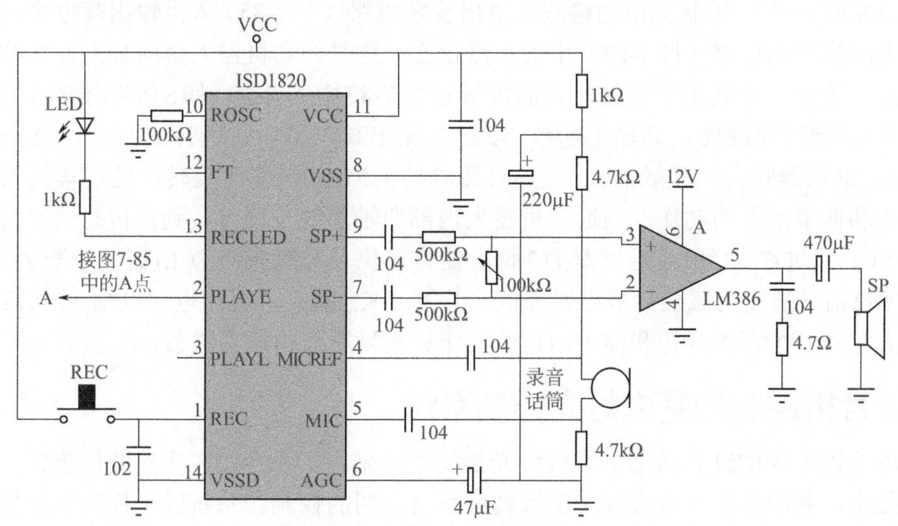

图7-86 语言控制模块电路

语音存储芯片中有两个电路，语言电路M和语言电路N。语言电路M存储的是语言，受光电传感器Y_1控制。当有客人进来时，受Y_1控制的光电检测及进出鉴别电路（图7-85）A点输出高电平，它与语言电路M（图7-86）中的A点相连，这时迎宾机器人会通过喇叭发出“欢迎光临”一类的迎宾语言。语言电路N存储的是送客语言，当有客人出去时，受Y_2控制的光电检测及进出鉴别电路（图7-85）B点输出高电平，它与语言电路N（图7-86）中的A点相连，迎宾机器人会通过喇叭发出“欢迎下次再来”等一类的送客语言。

语音存储芯片中存储的语音可以随时更改，当需要更改语音信号时，用手按住图7-86所示电路中的“REC”按钮，对着录音话筒讲话，语音信号即可录入芯片ISD1820中，在录音的同时LED会发光，表示正在录音，录完后松开按钮即可。

4.迎宾机器人动作控制电路

迎宾机器人动作控制电路主要由RS触发器U_{6A}、继电器K_{1A}、到位传感器Y等组成，电路如图7-87所示。

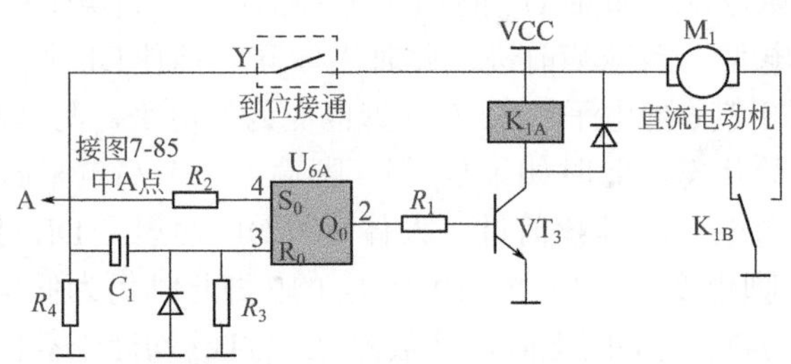

图7-87 迎宾机器人动作控制电路

迎宾机器人弯腰行礼和伸手示意的动作，是通过机器人内部的机械传动机构完成的，内部曲轴旋转一周，带动传动机构，完成一个弯腰和伸手动作，曲轴的旋转是由一个带减速器的直流电动机M_1驱动的。

直流电动机是由继电器K控制的，K_1由三极管VT_3控制，VT_3由RS触发器控制，当有客人进来时，受Y_1控制光电的检测及进出鉴别电路（图7-85）A点输出高电平，它与迎宾机器人动作控制电路（图7-87）中的A点相连，这时迎宾机器人会向客人行礼鞠躬，图7-85中A点输出一个高电平脉冲，该脉冲通过图7-87中的R_2加到RS触发器的4脚控制端的S_0，使RS触发器翻转，其输出端Q_0（2脚）输出高电平，三极管V_3导通，继电器线圈K_{1A}得电，继电器吸合，其触点K_{1B}接通直流电动机M_1，M_1得电旋转，使迎宾机器人做出弯腰行礼和伸手示意的动作。当迎宾机器人内部曲轴旋转一周时，到位传感器Y闭合，将高电平VCC通过C_1加到RS触发器的3脚，使其复位，其输出端Q_0由高电平变为低电平，三极管VT_3由导通变为截止，继电器释放，其触点K_{1B}断开，直流电动机M_1停止旋转，迎宾机器人完成一个弯腰行礼和伸手示意的动作后恢复原来的站立状态。

二、单片机控制的室内灯光控制系统

以单片机AT89C51为核心的室内灯光控制系统采用了当今比较成熟的传感技术和计算机控制技术，利用多参数来实现对学校教室室内照明的控制。系统以单片微型计算机为核心外加多种接口电路组成，共有六个主要部分：AT89C51芯片、光信号采集电路、人体信号采集电路、时钟控制电路DS12887、输出控制电路、定时监视器电路。

1.主控制器

主控制器采用AT89C51单片机作为微处理器，AT89C51是美国ATMEL公司生产的低电压、高性能CMOS 8位单片机，片内含4KB的可反复擦写的Flash只读程序存储器和128B的随机存取数据存储器（RAM），器件采用ATMEL公司的高密度、非易失性存储技术生产，兼容标准MCS-51指令系统，片内置通用8位中央处理器（CPU）和Flash 存储单元。主控制器系统的外围接口电路由键盘、数码显示及驱动电路、晶振、看门狗电路、通信接口电路等几部分组成。主控制器系统的硬件电路原理图如图7-88所示。

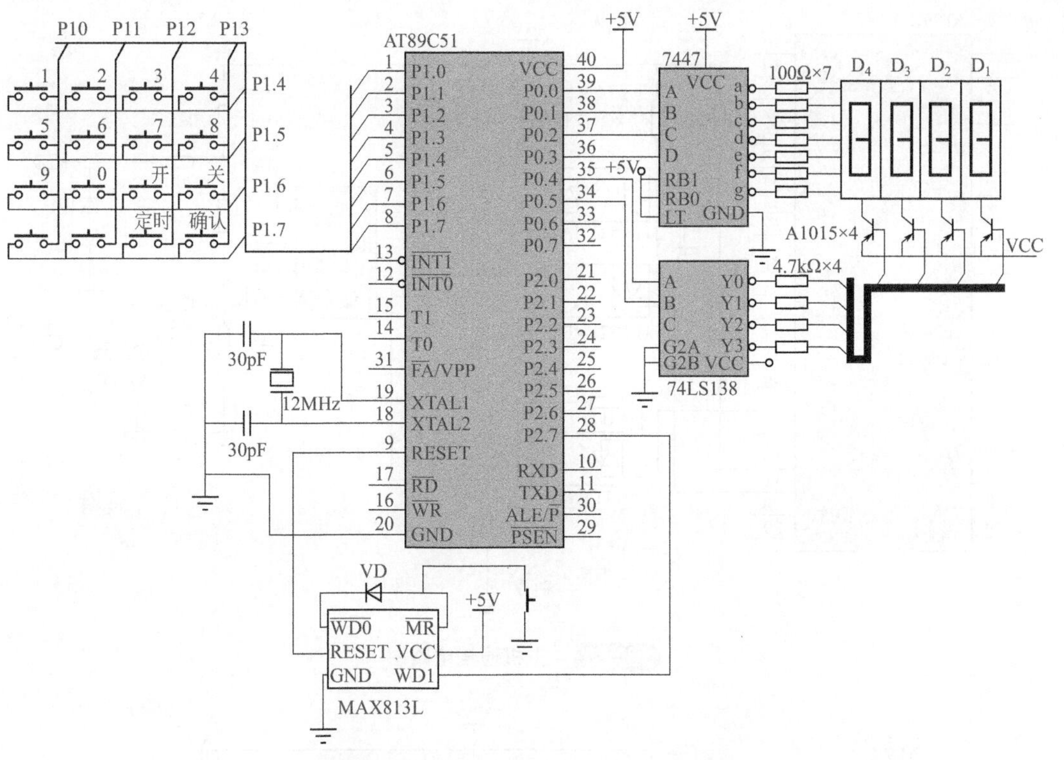

图7-88　主控制器系统的硬件电路原理图

2. RS485通信电路

在各种分布式集散控制系统中，往往采用一台单片机作为主机，多个单片机作为从机，主机控制整个系统的运行；从机采集信号，实现现场控制；主机和从机之间通过总线相连，如图7-89所示。主机通过TXD向各个从机（点到点）或多个从机（广播）发送信息，而各个从机也可以向主机发送信息，但从机之间不能自由通信，其必须通过主机进行信息传递。

本系统的有线通信方式采用RS485总线进行通信，RS485标准支持半双工通信，只需三根线就可以进行数据的发送和接收，同时具有抑制共模干扰的能力，接收灵敏度可达±200mV，大大提高了通信距离，在100kbps速率下通信距离可达1200m，如果通信距离缩短，最大速率可达10Mbps。在这里使用的是主从式通信方式，主机由主控制器充当，从机为分控制器。主机处于主导和支配地位，从机以中断方式接收和发送数据，主机发送的信息可以传送到所有的从机或指定的从机，从机发送的信息只能为主机接收，从机之间不能直接通信。主机与从机的通信电路图分别如图7-89与图7-90所示。

3. 从机通信与光信号取样电路设计

主机与从机选用的RS485通信收发器芯片为MAX485，它是MAXIM公司生产的用于RS485通信的低功率收发器件，采用单一电源+5V工作，额定电流为300μA，采用半双工通信方式。它完成将TTL电平转换为RS485电平的功能。MAX485芯片内部含有一个驱动器和接收器。RO和DI端分别为接收器的输出和驱动器的输入端，与单片机连接时只需分

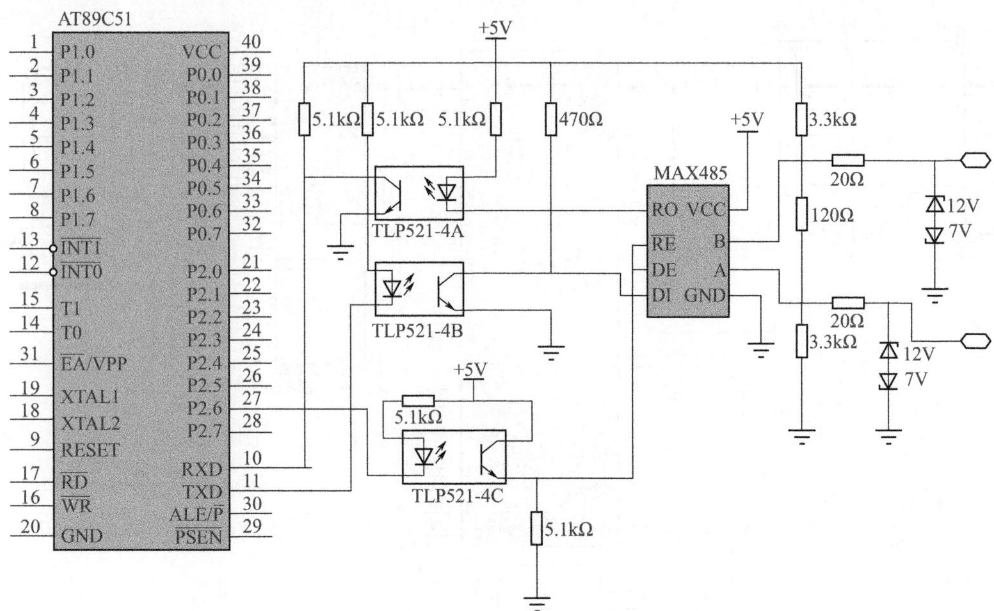

图7-89　主机通信电路图

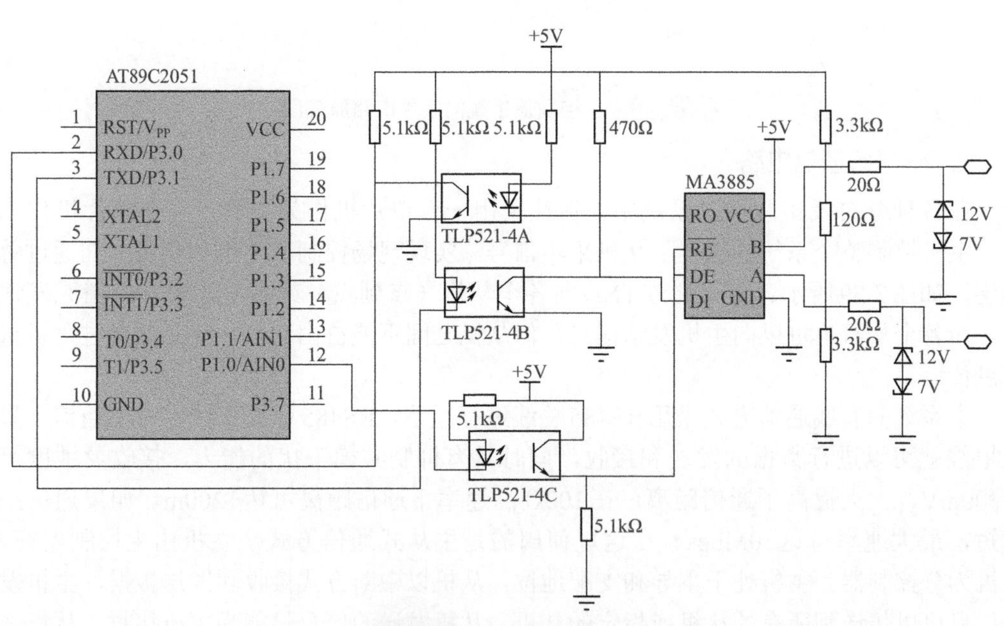

图7-90　从机通信电路图

别与单片机的RXD和TXD相连即可。$\overline{\text{RE}}$和DE端分别为接收和发送的使能端，当$\overline{\text{RE}}$端为逻辑0时，器件处于接收状态；当DE端为逻辑1时，器件处于发送状态，因为MAX485工作在半双工状态，所以只需用单片机的一个引脚控制这两个引脚即可，主机与从机分别使用P2.6与P1.0脚进行控制。A端和B端分别为接收和发送的差分信号端，当A引脚的电平高于B引脚时，代表发送的数据为1；当A引脚的电平低于B引脚时，代表发送的数据为0。在进行通信时只需要一个信号控制MAX485的接收和发送即可。同时将A端和B端

之间加匹配电阻，这里选用120Ω的电阻。

为了提高系统的抗干扰能力，采用光电耦合器TLP521对通信系统进行光电隔离。从机使用单片机的P1.0控制通信收发器MAX485的工作状态，平时置P1.0为低电平，使从机串行口处于侦听状态。当有串行中断产生时判别是否是本机号，若为本机地址则置P1.0为高电平，发送应答信息，然后再置P1.0为低电平接收控制指令，继续保持P1.0为低电平，使串行收发器处于接收状态；若不是本机地址，使P1.0为低电平，使串行收发器处于接收侦听状态。

4. 光信号取样电路

光信号取样电路如图7-91所示，图中主要由光信号采集电路和A/D模数转换电路组成，其中模数转换是电路的核心。信号经过采集送入A/D转换电路，通过单片机处理后，最终作为系统应用程序进行开关灯判断的依据。A/D转换器的位数应根据信号的测量范围和精度来选择，使其有足够的数据长度，保证最大量化误差在设计要求的精度范围内。本系统中，信号的测量范围为0.00～9.99V，精度为0.01V。在本次设计中选用了带串行控制的10位模数转换器TLC1549。它是由德州仪器（Texas Instruments，TI）公司生产的。它采用CMOS工艺，具有自动采样和保持、采用差分基准电压高阻抗输入、抗干扰性能好、可按比例量程校准转换范围、总不可调整误差达到（±）1LSB Max、芯片体积小等特点。同时它采用了Microwire串行接口方式，故引脚少，接口方便灵活。与传统的并行方式接口A/D转换器（例ADC0809/0808）相比，其单片机的接口电路简单，占用I/O口资源少。

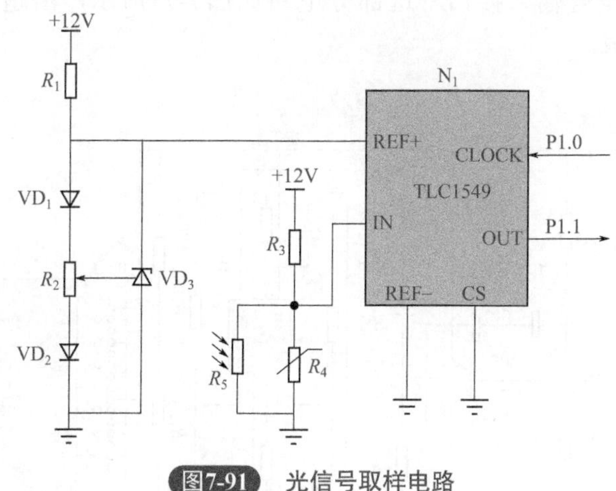

图7-91 光信号取样电路

三、无线智能电话防盗报警系统

1. 防盗报警系统组成

无线智能防盗报警系统由报警主机和各种前端探测器组成。前端探测器包括门磁探测器、窗磁探测器、红外探测器、煤气探测器、烟感探测器、紧急报警按钮等。每个探测器组成一个防区，当有人非法入侵，或出现煤气泄漏、火灾警情以及病人老人紧急求救时将会触发相应的探测器，家庭报警主机会立即将报警信号传送到主人指定的电话上，主人可进行监听、通知四邻以及向公安部门报警。如果是住宅小区，只要与小区管理中心联网，则报警信息还会同时传送到小区管理中心，以便保安人员迅速出警，同时小区管理中心的报警主机将会记录下这些信息，以备查阅。

2.防盗报警系统的工作原理

无线智能防盗报警系统的整机方框图如图7-92所示。

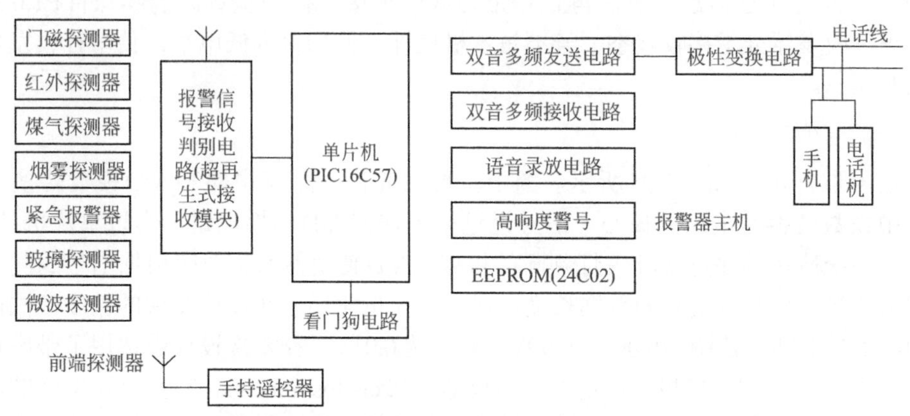

图7-92 无线智能防盗报警系统的整体方框图

由图7-92所示报警器的方框图可知，整个系统由前端探测器和主机构成，其中前端探测器中的各种报警探头都采用无线方式。下面着重对主机的电路作一些分析。

（1）传感器与信号输入接口 这部分电路如图7-93所示，由超再生式接收模块和PT2272解码电路组成。

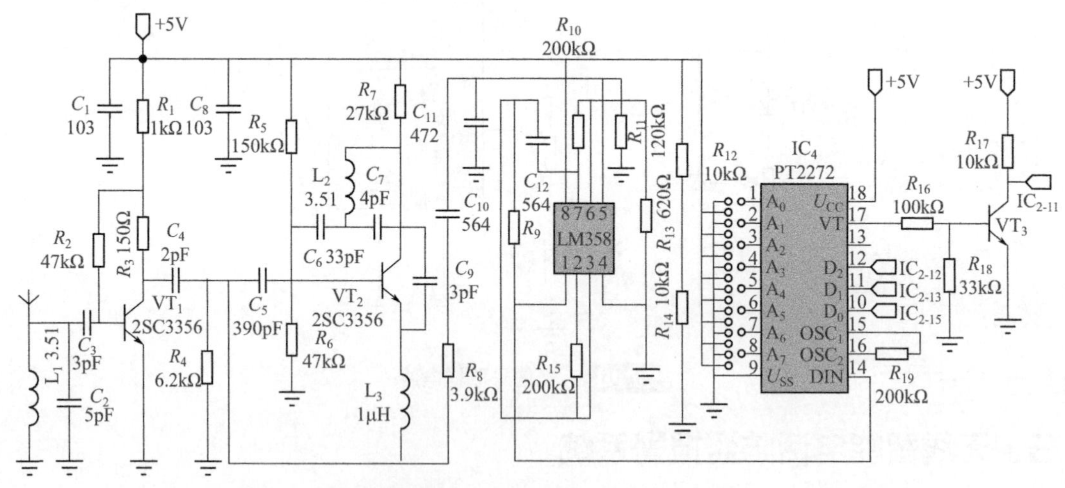

图7-93 传感器与信号输入接口

超再生式接收模块是近些年广泛使用的一种收发组件，此外还有一种超外差式接收模块，这两种模块各有优缺点。超再生式接收模块价格低廉、经济实惠，而且接收灵敏度高，但是缺点也很明显，就是频率受温度漂移大，抗干扰能力差。超外差式接收模块采用进口高性能无线遥控及数传专用集成电路R×3310A，并且采用316.8MHz的声表谐振器，所以频率稳定、抗干扰能力强、缺点是灵敏度比超再生式低，价格远高于超再生接收式模

块，而且近距离强信号时有阻塞现象。

超再生式接收模块采用SMD贴片工艺生产，它内含放大整形及解码电路，使用极为方便。它有4个引出端，分别为正电源、输出端、输出端和地，其中正电源端为5V供电端，输出端信号是供解码电路PT2272（SC2272）解码的。

在超再生式接收模块中天线输入端有选频电路，而不依赖1/4波长天线的选频作用，控制距离较近时可以剪短甚至去掉外接天线。接收电路自身辐射极小，加上电路模块背面网状接地铜箔的屏蔽作用，可以减少自身振荡的泄漏和外界干扰信号的侵入。接收机采用高精度带骨架的铜芯电感将频率调整到315MHz后封固，这与采用可调电容调整接收频率的电路相比，温度、湿度稳定性及抗机械振动性能都有极大改善。可调电容调整精度较低，只有3/4圈的调整范围，而可调电感可以做到多圈调整。可调电容调整完毕后无法封固，因为无论导体还是绝缘体，各种介质的靠近或侵入都会使电容的容量发生变化，进而影响接收频率。另外，未经封固的可调电容在受到振动时定片和动片之间发生位移；温度变化时热胀冷缩会使定片和动片间距离改变；湿度变化时介质变化改变容量；长期工作在潮湿环境中还会因定片和动片的氧化改变容量。这些都会严重影响接收频率的稳定性，而采用可调电感就可解决这些问题，因为电感可以在调整完毕后进行封固，绝缘体封固剂不会使电感量发生变化，而且因为采用贴片工艺，所以即使强烈振动也不必担心接收频点漂移，接收电路的接收带宽约500kHz，产品出厂时已经将中心频率调整在315MHz，接收芯片上的微调电感约有5MHz频率的可调范围。

平时超再生式接收模块在没有接收到315MHz的信号时，输出的是干扰信号，解码集成电路PT2272输出端D_0～D_2均为低电平，当由各种前端探测器发出的经调制后的315MHz的高频调幅信号由超再生接收模块的天线接收下来后，经由VT_1构成的高频放大器电路放大，再经变频、滤波、整形等处理后输出控制信号。VT_2本振电路采用LC并联谐振，VT_1、VT_2采用高频管2SC3356，L_1为3.5mm×0.7mm×2.5T空心线圈，L_2为5mm×5mm×3.5T模压可调线圈，L_3为0307固定色码电感。LM358为双运放集成电路，起放大整形作用，放大整形后的信号从1脚送入IC_4的14脚DIN信号输入端，只有当主机中的PT2272的地址端与发射部分的地址端完全一致时，对应的D_0～D_2数据端才有高电平输出，同时17脚VT解码有效确认端也输出高电平，经VT_3反相送入单片机11脚，D_0～D_2数据端的数据信号也送入单片机的15脚、13脚、12脚进行相应处理。

IC_4为PT2272，是台湾普城公司的CMOS工艺低功耗低价位的通用解码集成电路，它与编码集成电路PT2262配对使用。表7-11为PT2272编码集成电路的功能表。

表7-11 PT2272编码集成电路功能表

名称	引脚	说明
A_0～A_{11}	1～8、10～13	地址端，用于进行地址编码，可置为0、1、F（悬空），必须与PT2262一致，否则不解码
D_0～D_5	7～8、10～13	地址或数据端，当作为数据端时，只有在地址码与PT2262一致，数据端才能输出与PT2262数据端对应的高电平，否则输出为低电平，锁存型只有在接收到下一数据才能转换
U_{CC}	18	电源正端（+）
U_{SS}	9	电源负端（-）
DIN	14	数据信号输入端，来自接收模块输出端

续表

名称	引脚	说明
OSC_1	16	振荡电阻输入端，与OSC_2所接电阻决定振荡频率
OSC_2	15	振荡电阻振荡器输出端
VT	17	解码有效确认，输出端（常低）解码有效变成高电平（瞬态）

PT2272解码芯片不同的后缀，表示不同的功能，有L4/M4/L6/M6之分，其中L表示锁存输出，数据只要成功接收就能一直保持对应的电平状态，直到下次遥控数据发生变化时改变。M表示非锁存输出，数据脚输出的电平是瞬时的，而且和发射端是否发射相对应，可以用于类似点动的控制。后缀的6和4表示有几路并行的控制通道，当采用4路并行数据时（PT2272-M4），对应的地址编码应该是8位，如果采用6路的并行数据时（PT2272-M6），对应的地址编码应该是6位。

主机中的PT2272集成电路采用8位地址码、4位数据码，这样共有$3^8=6561$个不重复的编码，此外，除了必须保证发射部分和接收部分的频率一致及编解码集成电路的地址码相同外，还必须使编码集成电路的振荡电阻匹配，否则传输是无效的。为了保证主机的可靠性，主机在出厂时已将每台主机设置了一个唯一的主机编码号，具体做法是将PT2272的1～8脚地址端处设置三排焊盘，中间的8个焊盘分别与PT2272解码集成电路的1～8脚相连，两边的焊盘分别与地和正电源相连，所谓的设置地址码就是用焊锡将中间的焊盘与两边相邻的焊盘用焊锡桥搭短路起来，当然也可以什么都不接，这样表示该脚悬空。如果对主机的编码不清楚可以打开主机观察，PT2272的地址码的编码方式也可以重新进行设置。

（2）主机信号处理电路 这部分功能比较复杂，但由于采用单片机进行处理，通过软件进行设置，使得硬件相对简单，如图7-94所示。

主机中的单片机采用美国Microchip公司生产的PIC16C57，该公司生产的PIC系列单片机采用精简指令集，具有省电、I/O端口有较大的输入输出负载能力（输出拉电流可达25mA）、价格低、速度快等特点。其中的PIC16C57为28脚DIP双列塑料封装，内有20个I/O端口，内带2KB的12位EEPROM存储器及80个8位RAM数据寄存器，但由于PIC16C57的片内存储量仍然不足，所以外接ATMEL公司的24C02，用以保存诸如用户设置的电话号码等各类参数、采存到的数据等。它是一种低功耗CMOS串行EEPROM，它内含256B×8位存储空间，具有工作电压宽（2.5～5.5V）、擦写次数多（大于10000次）、写入速度快（小于10ms）等特点。

当经PT2272进行识别后的报警信号进入到单片机中的RB_1、RB_2、RB_3、RB_5端后，经比较确认无误，立即从RB_7端输出高电平，驱动LED_2报警指示发光二极管发光，同时经VT_5反相后使得VT_5集电极为低电平，高响度警号得电发出高达120dB的报警信号。为了减小主机的体积和提高可靠性，高响度警号采用外接方式，使用时只需将高响度警号的插头插入到主机的相应插孔即可。高响度警号内部有电源电路及放大电路，实际上主机控制的是高响度警号的电源。

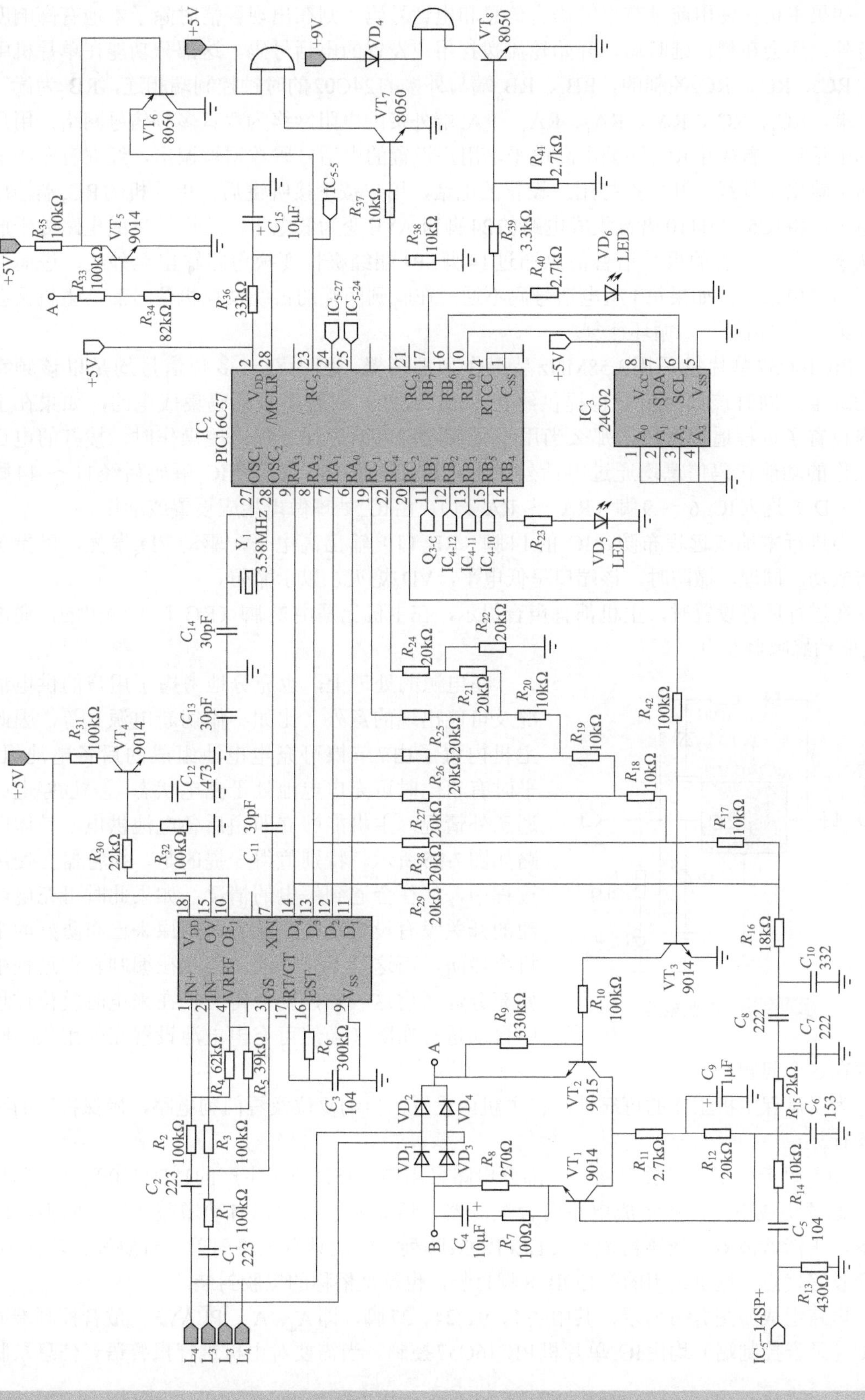

图7-94 主机信号处理电路

如果主机在使用前录有报警语音信息和电话号码，则在出现警情时除了本地有高响度警音外，还会在稍作延时后，开始轮流拨打用户设置的电话号码。这部分功能在单片机中是由RC_2、RC_5、RC_7控制的，RB_0、RB_6端与外接的24C02的时钟控制端相连，RB_6为读写数据端，RC_4、RC_1、RA_0、RA_1、RA_2、RA_3端外接的电阻网络为双音多频信号网络，用户接到电话后，首先由RC_2端输出高电平，用户设置的电话号码数据被调出，经双音多频电阻网络输出至外线，开始拨打用户设置的电话，用户按下接听键后，单片机的RC_7端输出低电平，将IC5ISD1110语音集成电路的24脚PLAYE变为低电平，这样该集成电路处于放音状态，其中录有的报警语音信息通过14脚SP+端经极性变换电路输出至外线，进而传输到用户电话中，如果第1组电话号码不通，在收到回馈的占线及挂机信号后，主机又会拨打第2组电话号码，循环往复。

PIC16C57单片机采用3.58MHz晶振作为振荡器，因为双音多频信号均是以该频率值为标准，同时该振荡信号也提供给IC_1（MT8870）双音多频解码集成电路，如果在主机内设置了远程遥控密码，那么当用手机或固定电话进行远程遥控操作时，拨打的电话及操作的功能代码信息均通过电话外线进入IC_1的1脚和2脚，经IC_1解码后经11～14脚（D_0～D_3）送入IC_2 6～9脚（RA_0～RA_3口），由IC_2处理做出相应设置或动作。

当进行本地或远程布防，IC_2的14脚（RB_4口）输出高电平，驱动VD_5发光，以指示布防成功。同理，撤防时，该端口呈低电平，VD_5熄灭，以示撤防。

在进行所有设置时，主机都有声音提示，在主机上是由21脚（RC_3口）输出的，通过VT_7驱动蜂鸣器发声。

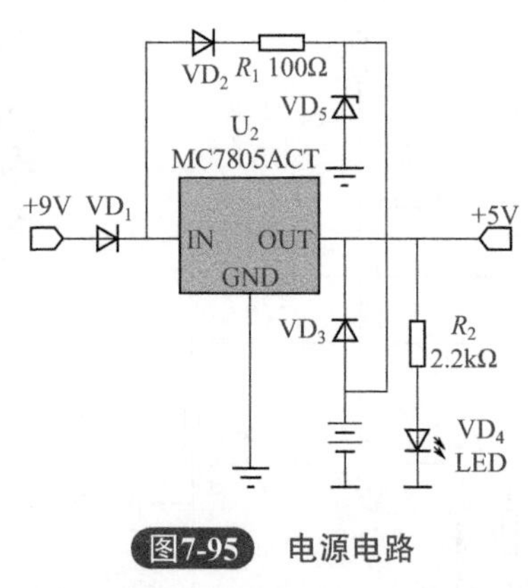

图7-95 电源电路

在电源的处理上，也充分地考虑了用户的供电情况及可能出现的意外（比如小偷切断电源）等，因此主机内置了由7节镍可充电电池组成的后备电池组，平时有市电时可充电电池处于充电状态，一旦停电或遇意外情况，主机能够立即由后备电池供电，具体电路如图7-95所示。特别值得一提的是，报警器在使用过程中，往往会遇到停电的情况，如果此时可充电电池的开关没有设置在使用状态，则原来已布防好的主机会撤防，而这是不允许的，因此在编制软件过程中要充分地考虑这一点，要使得主机在来电时复位过程中自动进行布防（当然可充电电池设置在使用状态时不存在这个问题）。

为了确保主机工作的可靠性，在主机内设置了自动复位及看门狗电路，确保程序的正常运行。

（3）语音控制与录放电路 这部分电路采用美国ISD公司生产的ISD1110高品质单片语音处理集成电路。该集成电路内含振荡器、话筒前置放大、自动增益控制、防混淆滤波器、平滑滤波器、扬声器驱动及EEPROM阵列，因此具有电路简单、音质好、功耗小、寿命长等优点。这里采用的是COB28脚封装，也就是俗称的黑胶封装。

电路组成如图7-96所示，其中的1、9、24、27脚，即A_4、A_6、$\overline{\text{PLAYE}}$（放音控制端）、$\overline{\text{REC}}$（录音控制端）均由IC_2单片机PIC16C57控制。当需要对主机进行报警语音信息录制

时，只要按住SW键不放，对着话筒说话即可将其内容写入芯片内。当报警时，主机发出控制命令，使得IC_5（ISD1110）语音集成电路的24脚PLAYE变为低电平，这样该集成电路处于放音状态，其中录有的报警语音信息通过14脚SP+端经极性变换电路输出至外线，进而传输到用户电话中。

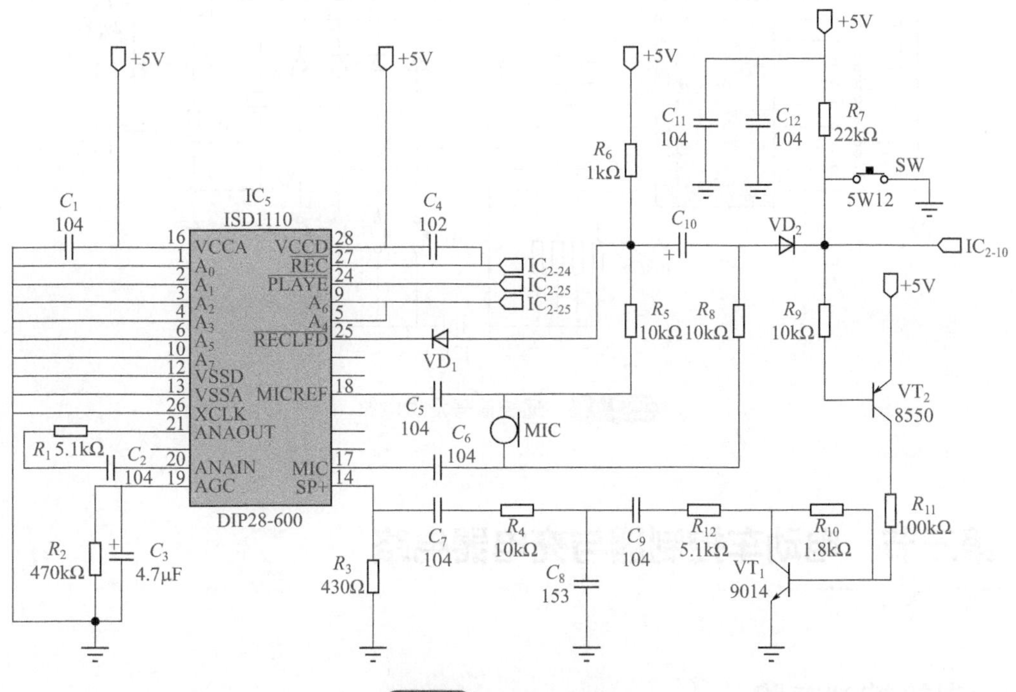

图7-96 语音处理电路

（4）双音多频发送与接收电路 双音多频电话号码信号由单片机控制保存在IC_3（24C02）EEPROM中，发送时，由单片机发出控制指令，由单片机外接的电阻网络经电话外线发送出去。接收时，由IC_1（MT8870）双音多频集成电路解码器解码，再送入IC_2单片机处理。

（5）遥控信号发送电路 为了方便用户进行布防和撤防，主机配备有遥控器。这种遥控手柄的体积非常小巧玲珑，可以很方便地挂在钥匙圈上，面板上有4个不同图标的操纵按键及1个红色的发射指示灯。为了缩小体积，内部的编码芯片采用宽体贴片的SC2262S。电池也是用更小的A27遥控专用12V小电池，发射天线也是内藏式的PCB天线。遥控器的电路组成如图7-97所示。内部采用进口的声表谐振器稳频，所以频率的稳定度很高。当遥控器没有按键按下时，PT2262不接通电源，其12脚为低电平，所以315MHz的高频发射电路不工作。当有按键按下时，PT2262得电工作，其17脚输出经调制后的串行数据信号。在17脚为高电平期间，315MHz的高频发射电路起振并发射等幅高频信号，当17脚为低电平期间，315MHz的高频发射电路停止振荡，所以高频发射电路完全受控于PT2262的17脚输出的数字信号，从而对高频电路完成幅度键控（ASK调制）相当于调制度为100%的调幅，这样对采用电池供电的遥控器来说是很有利的。

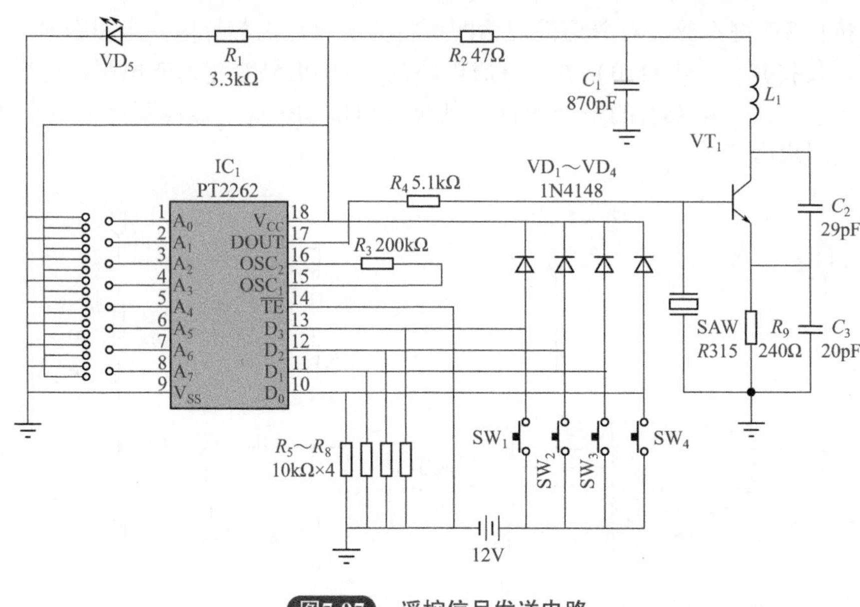

图7-97　遥控信号发送电路

第三节　电动车控制器与充电器电路

一、电机控制电路

1. 24V/180W有刷电机控制器

该控制器电路较简洁，其核心为一个LM339四运放，具备了振荡、速度调节、限速巡行、减速/刹车、过流保护和欠电压保护等控制功能。其电路如图7-98所示。

（1）振荡电路　24V电池电压一路经VD_1、降压电阻R_1、VD_3（15V）稳定后为控制电路供电。控制电路由四运放LM339及外围元件构成。其中，IC-b构成自激振荡电路，通电即起振（振荡频率为12.5kHz左右的方波）。振荡信号经R_9、C_8积分形成锯齿波送至IC-a的8脚。当同相端9脚未得到来自调速器的高于1.2V的启动电压时，14脚无激励脉冲输出，保证处于空挡。

（2）速度调节　调速电路由IC-a和霍尔调速器构成。若转动调速器，霍尔调速器输出电压超过1.2V，使9脚电位高，当其超过8脚锯齿波初始段电位时，14脚开始输出脉宽较窄的激励脉冲（R_3为IC-a的14脚的输出上拉电阻），触发V_1、V_2轮流导通/截止，并从两者的中点O输出驱动脉冲触发V_3（N沟道绝缘栅场效应管6AP402），使之工作于脉宽较窄的开关状态，加在电机上的直流电压平均值较低，电机慢速旋转。

随着调速电压的增高，9脚比8脚电压高的时间增长，14脚输出的脉冲增宽（脉宽调制最宽能达到100%），V_1导通时间增长，V_2截止时间增长，进而使V_3导通时间增长，电机两端平均电压增高，转速升高。这样，在1.2～4V之间平滑调节9脚电压，即可平滑调

节电机的转速。

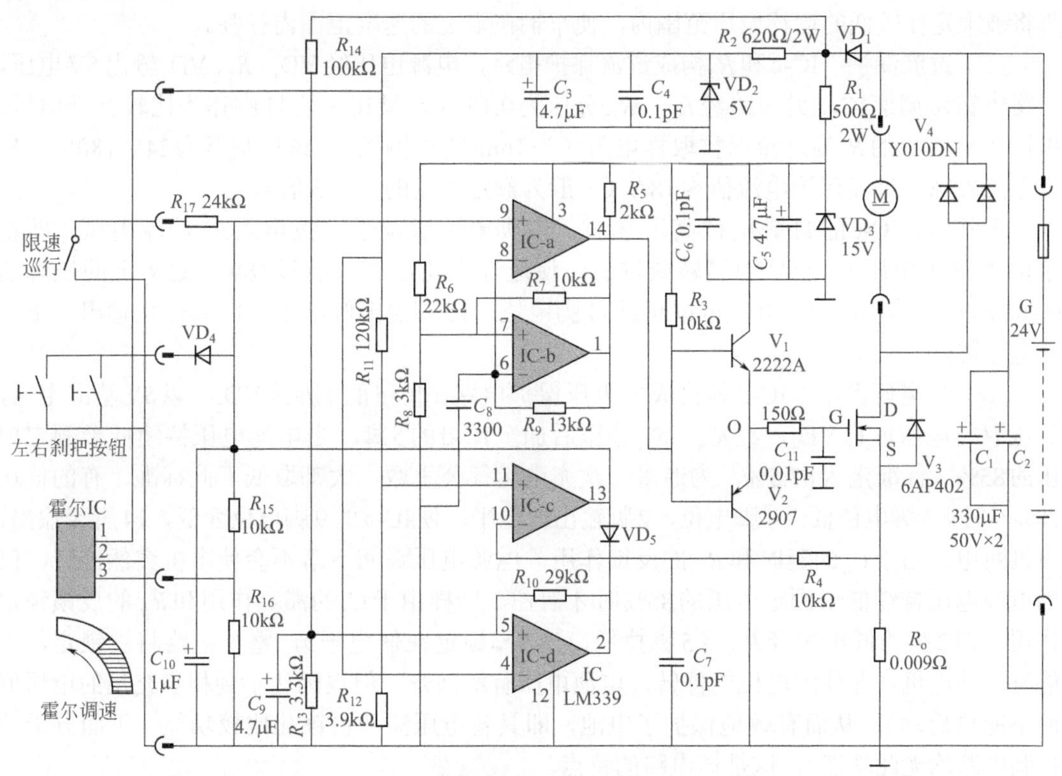

图7-98　有刷控制器

早期采用简单的位线式电位器调节9脚电压，寿命和可靠性都很差，已被淘汰，现在大多采用非接触式的霍尔调速器。

霍尔调速器工作原理：在调速转把基盘上固定有一片线性霍尔效应IC，其1脚接U_{CC}（5V）；2脚接地；3脚为输出端，在外界无磁场时输出电压典型值为$U_{CC}/2$（称为“零”电压）。当外界在磁场，但为负磁场（N极）时，3脚输出电压低于$U_{CC}/2$，负磁场愈强，输出电压愈低。调速器中的永磁铁为圆弧形，由扭簧将永磁铁N极磁场的最强端定位在霍尔IC块处，作为调速起始端，此时输出电压最低（＜1.2V，实测一款为0.95V，具体电压值因结构误差、磁钢强弱而有所不同），旋转调速转把，弧形磁铁转动，N极负磁场逐渐减弱，霍尔器件3脚输出电压逐渐上升。当永磁铁中心位置对准霍尔IC时（此时为磁场零位），输出为$U_{CC}/2$；再旋转至使磁铁S端正磁场最强端对准霍尔IC时，其8脚输出电压最高（约4V）。调速器采用的是线性霍尔IC，其输出电压正比于磁场变化，因而能线性平滑调速。圆弧形永磁铁与霍尔IC之间有约0.5mm的间隙，是非接触式调速器，其寿命和可靠性很高。

（3）减速/刹车　刹车或减速操作左/右刹车闸把时，首先使与刹把联动的微动开关触点接地，经VD_4使9脚电位降为0.7V，14脚停止脉冲输出，V_1～V_3截止，电机断电停转，此时才抱闸刹车。所以，电动车刹车与自行车一样，是靠人操作的，左/右刹把开关的作用是在刹车抱闸前使电机断电。对于速度和重量远大于常见自行车的电动车，这种类似于自行车的制动功能，是值得关注的。不过，在断电刹车或减速、电机还未停转期间，电机会输出“再生”反相电流，给电池充电，同时起到一定的制动作用。

（4）限速巡行　电动车启动行驶后，无论调在任何速度，只要接通限速巡行开关，9脚将被限定在较低的运行电压范围内，使车辆在限定的速度范围内行驶。

（5）过流保护　IC-c和R_o构成过流保护电路，电源电压经VD_1、R_2、VD_2输出5V电压，一路供霍尔调速IC，另一路经R_{11}、R_{12}分压为0.157V，供IC-c的11脚作为比较基准电压。串接在V_3 S极的R_o为过流保护取样电阻（为1mm的康铜丝）。该控制器为24V/180W，额定电流7.5A，过流保护电流值为18A（一般为额定电流的2～3倍）。

正常时，IC-c的11脚电位高于10脚，13脚电位取决于上拉电阻R_{15}的端电压（即霍尔IC的输出电压）。一旦因堵转或过载，使运行电流达到或超过18A，则R_o上的压降达0.162V以上，使IC-c的10脚电位超过11脚电位，13脚输出低电平，14脚停止输出，电机断电停转。

（6）欠电压保护　IC-d等构成欠电压保护电路。IC-d的4脚接VD_2，以5V基准电压，欠压取样电压取自VD_1，经R_{14}、R_{13}分压后加至IC-d的5脚。当电池电压持续低于额定电压的85%（标准定为87.5%，为追求一次充电运行公里数，大都取低于此标准，有的低达78%）时，5脚电位低于4脚电位，2脚输出低电平，使IC-a的9脚电位变低，14脚无输出，电机断电。由于C_9的延时和R_{10}的反馈作用，电源电压瞬间下落不会使电机突然停转，仅当电源电压持续低于额定电压的85%时才启控。同样由于C_9的滞延作用和R_{10}的反馈锁定作用（即2脚的低电平经R_{10}将5脚拉低，使5脚锁定在低电平），整个电路将被锁定，不能再启动电机（即使因电机的停转，电池电压有所回升，但也因达不到相当充足的电压值而不能再启动），从而有效地保护了电池，即具备电压滞环自锁化比较功能（下面分析的控制电路均无此功能），这是该电路的特点。

图7-98中的V_4在V_2关断时起续流保护作用，使V_3在关断时，电机感性负载产生的反峰电压及电刷的电火花都不致损坏V_3。此外，还可减小电刷和换向器之间的电火花。

VD_5的作用：有了VD_5，在电机堵转或过载，IC-c启控时，13脚的低电平就不会影响IC-d的2脚的电平，整个电路也就不会被锁定，只要堵转解除或将负载减至正常，电路即可正常运行。VD_1为极性保护二极管，防止因电池接反损坏控制器。

2. 36V/180W无刷电机控制器

（1）控制芯片简介　该控制器电路采用摩托罗拉无刷直流电机专用控制芯片MC33033DW，该芯片为贴片装20脚微型芯片，是由全功能MC33034和MC33035控制芯片改进后的第二代高性能、有限功能、能开环控制三或四相电机的单片无刷直流电机控制器。芯片内部电路框图如图7-99（a）所示，其引脚功能见表7-12，片内有电机转子定位解码器、温度控制器、频率可编程锯齿波振荡器、可存状态误差放大器、脉宽调制比较器、3个集电极开路驱动器以及适合于驱动MOS场效应管的3个大电流射极驱动器等。但没有制动（刹车）输入。其主要功能为：

表7-12　MC33033DW引脚功能

引脚	符号	功能
1、2、20	B_T、A_T、C_T	这三个处于开路的集电极驱动输出端，用来驱动外部的电源开关晶体管
3	正/反转	正/反输入端，用来改变电动机旋转方向
4、5、6	S_A、S_B、S_C	三个传感器的输入端，可控制驱动输出排序

续表

引脚	符号	功能
7	基准输出	该端为振荡器定时电容器C_T提供充电电流；并为误差放大器提供基准；为传感器提供电源
8	振荡器	根据所选定时元件R_T和C_T的值，对振荡器频率编程
9	误差放大器正向输入	此输入端通常连接速度调节电位器
10	误差放大器反向输入	此端连接开环应用的误差放大器输出
11	误差放大输出/PWM输入	在闭环应用时此端起补偿作用
12	电流传感器正向输入	此端输入的传感器信号超过100mV时，终止输出开关激励信号。此脚常与电流取样电阻器的上端相连
13	GND	以电源地为基准的接地端
14	U_{CC}	IC电源供应端，U_{CC}范围从10～30V
15、16、17	C_B、B_B、A_B	此三端为射极驱动输出，直接驱动外部射极输出功率开关晶体管
18	60°/120°选择	此端的带电状态与控制电路相配，以规定多个位置传感器相位角为60°（高电平）；120°（低电平）
19	输出使能	此端的逻辑高使电动机运转，而逻辑低使电动机停转

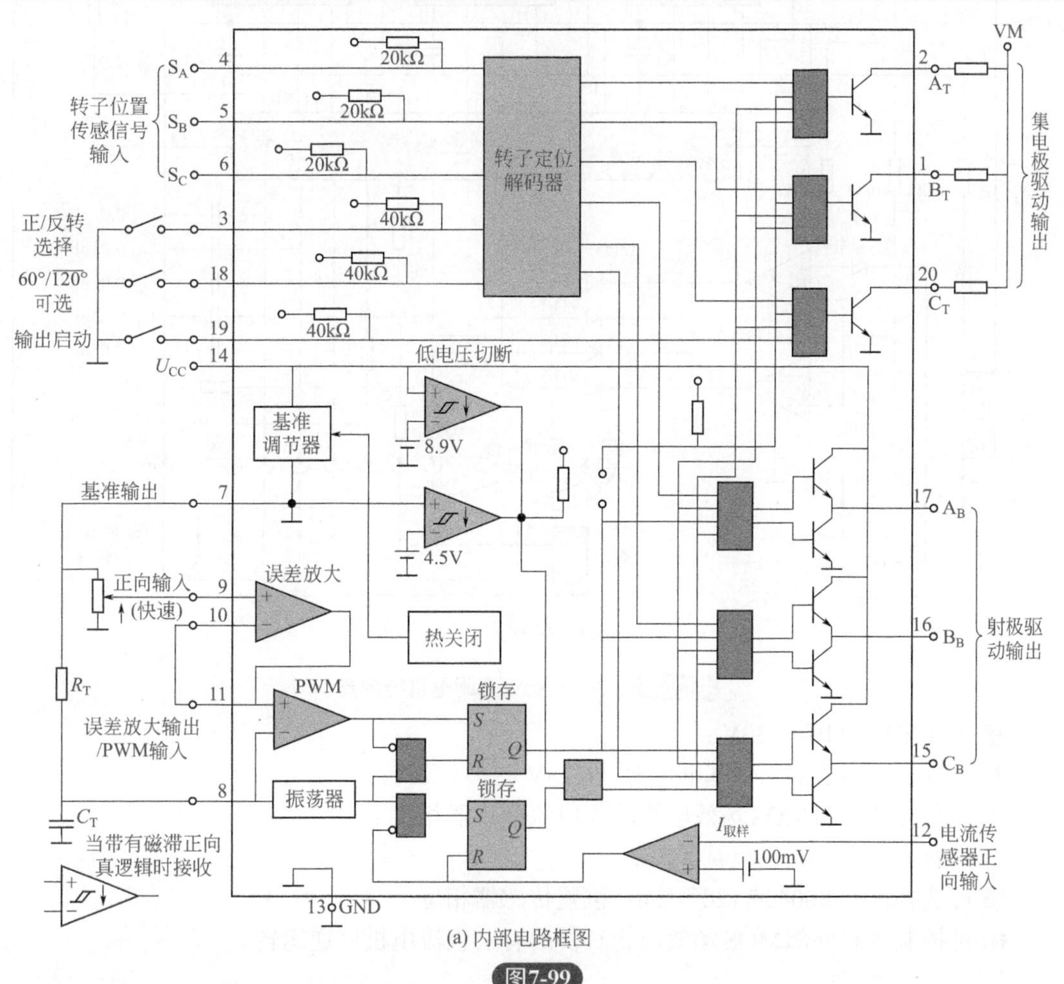

(a) 内部电路框图

图7-99

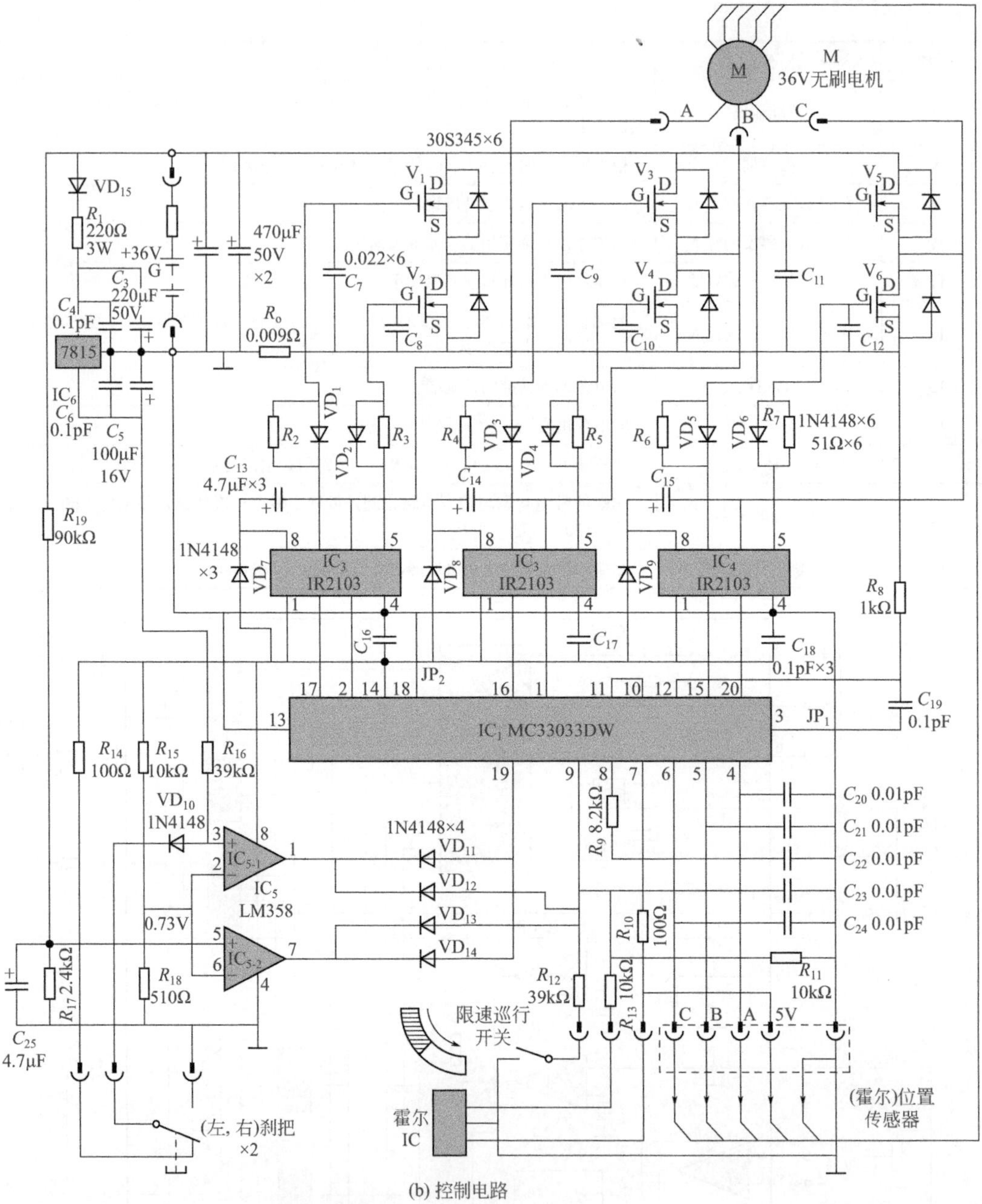

(b) 控制电路

图7-99 36V/180W无刷电机控制器

❶ 工作电压为10～30V；

❷ 可提供传感器的工作基准电源（6.25V）；

❸ 控制外部三相MOS场效应管的大电流驱动器相位；

❹ 具有欠压、过流、超温保护；

❺ 可选择60°/300°或120°/240°位置传感器相位；

❻ 可控制带有外部MOS场效应管H桥的有刷直流电机可逆运转；

❼ 可选择控制无刷电机正转或反转。

（2）控制电路原理　电路图如图7-99（b）所示。电池36V电压经VD_{15}极性保护，R_1降压限流，IC_6（7815）稳压后输出15V电压IC_1～IC_5供电。IC_1的8脚为振荡脚，R_9、C_{22}为定时元件，产生12.5kHz锯齿波。

当IC_1的19脚为高电平，4～6脚输入电机三相霍尔效应（为开关型霍尔器件）位置传感信号（脉冲）时，经片内转子定位解码器解码后，从17脚和2脚、16脚和1脚、15脚和20脚三组引脚输出驱动信号，顺序推动IC_2～IC_4（低压快速MOSFET驱动器IR2103），进而推动V_1～V_6按逻辑顺序导通/截止，驱动M旋转。例如，V_1和V_4导通，其他各管截止时，为A、B相通电；以此序使AB、BC、CA……循环通电，形成旋转磁场，使电机运转。改变调速电压，可改变各相输出脉冲的宽度，进而改变V_1～V_6的导通和截止时间，改变电机各相绕组通电时间（即调节平均电压），调节转速。调速信号和限速巡行控制均由IC_1的9脚输入控制。

VD_1～VD_6与R_2～R_7接在IC_1～IC_4的输出回路中，与C_7～C_{12}构成积分电路。这样，可以保证V_1～V_6先截止后导通，以免发生交越瞬间短路。实际上，IC_1的集电极驱动输出和射极驱动输出之间是有交互间隙的，但考虑外部电路与其他因素，在最后环节增加此防护电路，犹如双保险，确有可取之处。

R_o为过流保护取样电阻（为1mm的康铜丝），取样电压经R_8送入IC_1的12脚。当发生堵转或负载电流超过12.5A时，R_o上的压降超过0.1V即实施保护，关断各相的输出激励信号。

该电路置IC_1的3脚为零电平，即反转状态，改变跳线JP_1可选择正/反转。此外，由于IC_1的18脚接零电平，所以此控制器适用于电枢绕组和位置传感器呈120°布置的无刷直流电机。改变跳线JP_2，使18脚接正电平或接地，可选择60°或120°。

（3）减速/刹车　减速/刹车电路由$IC_{5\text{-}1}$的LM358构成，其2脚为基准电压，左/右刹把开关之一接零电平，使1脚输出低电平，经VD_{11}、VD_{12}将IC_1的9脚、19脚电平位低，从而关闭输出激励脉冲。

（4）欠电压保护　R_{19}、R_{17}取样分压和$IC_{5\text{-}2}$等组成欠压保护电路，其中C_{25}起滞延作用。当电池电压持续低于27V时，取样分压电压使$IC_{5\text{-}2}$的5脚电位低于6脚电位，7脚输出低电位，经VD_{13}、VD_{14}将IC_{11}的19脚、9脚电位拉低，关闭输出激励脉冲，调速R_{15}可调节欠压保护取值。根据电路元件取值可见欠压保护取值为额定电压的78%。这除了对电机和电池例外，当电池电压低于额定电压的87%运行时，还将影响车子的爬坡能力。

二、充电电路

1. LM393、TL431、TL3842电路充电电路

充电器电路如图7-100所示。它主要由开关场效应管VT_1、开关变压器T_2、电源控制IC_1（TL3842）、充电转折电流鉴别比较IC_2（LM393）、三端误差放大器IC_3（TL431）和光电耦合器IC_4等元件构成，其电路工作原理如下。

（1）整流滤波电路　充电器接通电源后，市电220V电压经过FU熔断器，由C_1、C_2、T_1组成线路滤波器滤除市电电网中的高频干扰信号，经VD_1～VD_4组成的桥式电路整流，C_2滤波后即在C_{12}的两端产生+300V左右的直流电压。

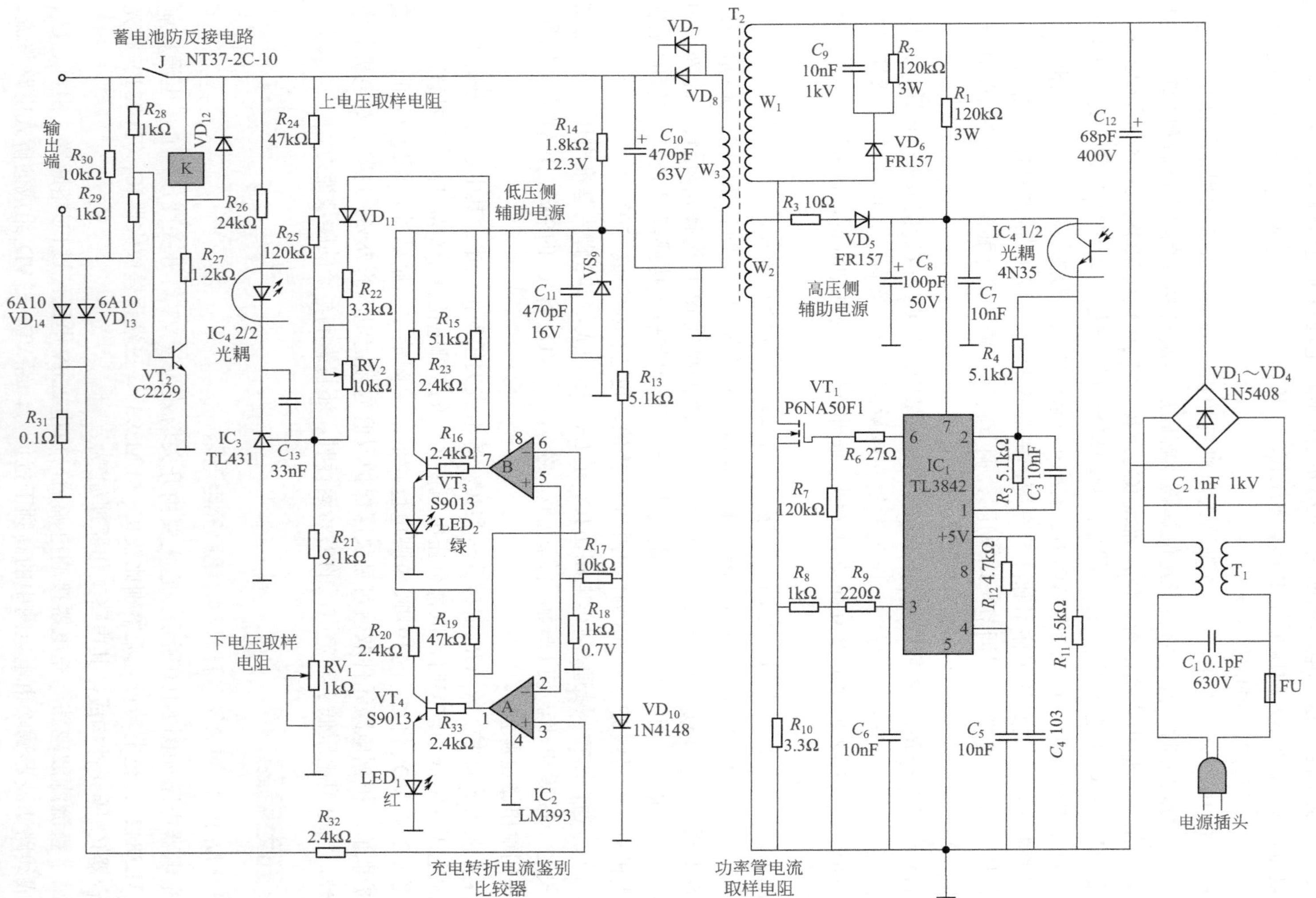

图7-100 LM393、TL431、TL3842构成的充电器电路

(2) 开关电源电路　+300V电压一路经开关变压器T_2的W_1绕组到达开关管VT_1的D极，另一路经启动电阻R_1到电源控制IC_1的7脚（供电脚），提供18V左右的工作电压。IC_1内部的+5V基准电压发生器向振荡器、误差放大器等供电并由8脚输出。IC_1的4脚外接R_{12}、C_5与内部振荡器开始工作，在C_5两端产生锯齿波脉冲信号。该信号经由IC_1内部的PWM调制器产生矩形脉冲激励信号，放大后从IC_1的6脚输出，由R_6限流后，接到开关管VT_1的G极，控制开关管VT_1工作在开关状态，开关变压器T_2的其他绕组开始输出交流电压。

T_2的W_2绕组输出的交流电压经R_3限流，VD_5、C_8整流滤波后得到20V左右的高压侧辅助电源，一路向IC_1的7脚供电，另一路向光电耦合器IC_{41}/2供电。

T_2的W_3绕组输出的主电压，经VD_7、VD_8、C_{10}整流滤波后得到+44V左右的充电电压。一路经继电器J接到充电插座，另一路由R_{14}降压，并经稳压管VS_9将电压以12.3V左右，形成低压侧的辅助电源。第三路向由R_{24}、R_{25}、R_{21}、RV_1和R_{26}、IC_4 2/2（发光端）、IC_3三端误差放大器组成的稳压控制电路供电。

(3) 稳压控制　当负载过大或市电电网电压较低时，C_{10}两端电压降低，光电耦合器IC_4发光管两端电压降低，R_{24}、R_{25}、R_{21}、RV_1分压后的取样电压降低，经IC_3放大后使IC_4发光管负极电位升高，发光程度降低，感光管导通程度降低，IC_1的2脚的电位也降低，使IC_1输出的激励脉冲脉宽加大，VT_1的导通时间延长，从而提高开关电源的输出电压。

若充电器输出电压过高，是一个相反的控制过程。

VT_1导通时，R_{10}两端形成一定的电压，由R_8、R_9、C_6去除干扰脉冲后加到IC_1的3脚。当VT_1导通电流过大时，IC_1的3脚电压超过1V，6脚输出低电平而使VT_1截止，防止VT_1因过流而损坏。

(4) 充电控制电路　充电器开始充电时，由于蓄电池电压较低，充电电流较大，充电电流取样电阻R_{31}上端形成较高压降，经R_{32}加到IC_2的3脚，使IC_2的1脚输出高电平，VT_4导通，LED_1红色发光二极管点亮。当IC_2的6脚比5脚电压较高时，7脚输出低电平，VT_3截止，绿色发光二极管不发光。同时，因为电源负载较重，输出电压较低，通过稳压控制电路使开关管导通时间延长，使充电器工作在大电流的恒流充电状态。

经过一段时间的恒流充电，蓄电池两端电压上升到44V左右时，开始进入恒压充电。这时，仍有较大的充电电流，故IC_2的3脚依旧是高电平，红色充电指示灯发光。

随着恒压充电的进行，蓄电池两端电压不断升高，充电电流进一步减小到转折电流时，R_{31}两端的电压不足以使IC_2的3脚维持高电平，1脚输出低电平，VT_4截止，LED_1红灯熄灭。同时因IC_2的6脚为低电平，7脚输出高电平，一路使VT_3导通，LED_2绿灯点亮。另一路通过VD_{11}、R_{22}、RV_2到三端误差放大器，使IC_4发光管负极电位降低，发光程度增强，开关管导通时间缩短，开关电源输出电压降低，为蓄电池提供较低的涓流充电。

(5) 防蓄电池反接电路　由于蓄电池插座极性连接不同，为防止蓄电池接入充电器时极性接反，而烧毁充电器，本充电器设有防蓄电池反接电路，由继电器J、VT_2等元件构成。

继电器触点处于常开状态，当充电器向蓄电池充电时，若极性正确，蓄电池上的极柱通过R_{28}、R_{29}分压向VT_2基极提供偏置电压，使VT_2导通，+44V电压通过继电器线圈，R_{27}

限流电阻，VT_2的CE结接地形成闭合回路。这时，继电器触点吸合，充电器开始对蓄电池充电。若蓄电池极性接反，则VT_2基极得不到导通电压，继电器不工作，充电器停止对蓄电池充电。VD_{12}为续流二极管，避免VT_2损坏。

VD_{13}、VD_{14}串接在蓄电池负极与接地端之间，用来防止充满电后因蓄电池电压较高，对充电器进行反向充电。

2. SG3524半桥式整流他励式开关电源充电器电路

KGC充电器属于半桥式整流蓄电池启动和他励式开关电源，其电路如图7-101所示。该电路主要由市电整流滤波电路，开关变压器T_1、T_2、T_3，开关管VT_1、VT_2，PWM脉宽调速IC_2（SG3524），充电控制器IC_1（LM324）等部分组成。

（1）市电整流滤波电路 市电交流220V经FU（熔断器）-R_1（压敏电阻）-VD_1-VD_4桥式整流-R_2限流保护-C_1、C_2滤波-R_3两端产生+300V电压。其中R_1为市电过压保护电阻，当市电电压过高时击穿而熔断器熔断，保护后级电路。R_2为负温度系数热敏电阻，常温下为9Ω左右，通电后阻值可下降到0Ω左右，它串联在供电线路中，可有效限制开机瞬间C_1、C_2充电时产生大电流冲击。

（2）主电源电路 本充电器与其他充电器电路的最大区别是启动方式不同。即充电端口接蓄电池，充电器充电后无法启动，必须依靠电池的残余电压经过W_1、VD_{11}、R_{36}接到辅助电源整流输出端，给IC_2（SG3524）的供电端15脚供电电源才能启动。

IC_2得到供电后，基准电源产生+5V基准电压给内部振荡器、比较器、误差放大器、触发器等供电，并由16脚输出。IC_2的6脚、7脚外接的定时元件R_{21}、C_7与IC_2内部振荡器开始振荡产生锯齿波脉冲电压。该电压控制PWM比较电路产生矩形激励脉冲，再由RS触发器产生两个极性相反并对称的激励信号，经内部两个驱动管VTA、VTB放大后从12、13脚输出。然后经过T_1耦合，T_1次级绕组产生的电压分别由C_9、R_{23}、C_{10}、R_{26}输送到VT_1、VT_2的基极，驱动开关管VT_1、VT_2轮流导通。在VT_2截止、VT_1导通期间，+300V经过VT_1的CE结，开关变压器T_3、T_2的初级绕组到滤波电容C_2对地形成闭合回路。回路电流在T_2初级绕组产生上负下正的电动势，在T_3的初级绕组上产生左负右正的电动势，在VT_1截止、VT_2导通期间，C_2两端的电压经T_2、T_3的初级绕组，VT_2的CE结对地放电。放电电流在T_2初级绕组上产生上正下负的电动势，在T_3初级绕组上产生左正右负的电动势。通过VT_1、VT_2交替的导通、截止，在T_2、T_3的次级绕组产生相应的脉冲电压，经过整流滤波后向各自的负载供电。

T_2的次级绕组W_2上感应的脉冲电压，经VD_{18}、VD_{17}整流，C_8滤波，产生+18V左右的电压，代替蓄电池向IC_2、IC_1等电路供电。T_2的次级绕组W_3上产生的脉冲电压一路经VD_{12}半波整流、R_{37}限流使充电指示灯LED_1点亮。另一路由VD_9全波整流，W_1、C_2滤波产生主电源电压，给蓄电池充电。

T_3的次级绕组产生的脉冲电压经过VD_{10}、C_{11}整流滤波产生的功率电流取样电压再通过R_{33}、R_{28}、R_{29}分压输送到IC_2的4脚，进行充电电流控制。

（3）稳压控制电路 当市电电压升高或其他原因造成主电源滤波电容C_{12}两端电压升高时，C_{12}两端的电压经R_{32}、R_{31}、R_{30}取样后输送到IC_2的1脚与2脚的基准电压进行比较放大输出误差电压。因电容C_{12}两端电压升高，引起IC_2的1脚电压高于2脚。误差放大器

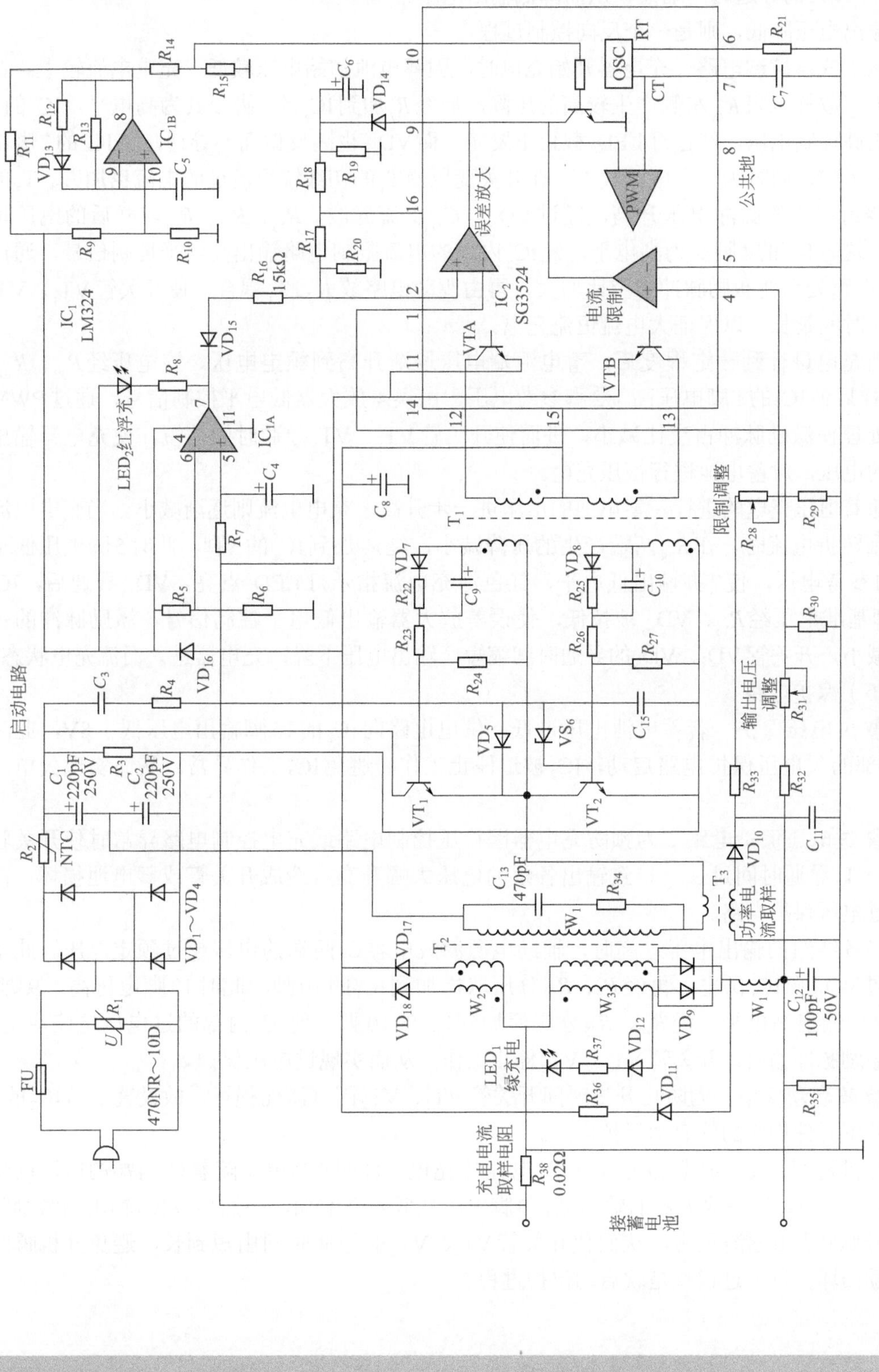

图7-101　KGC充电器电路

输出低电平控制信号，经过PWM脉宽控制电路使激励脉冲的占空比减小，通过驱动电路放大，由开关变压器耦合到次级，然后经C_9、R_{23}、C_{10}、R_{26}输送到开关管VT_1、VT_2的基极，使VT_1、VT_2的导通时间缩短，从而降低输出电压。

输出电压降低，则是一个反向控制过程。

（4）充电控制电路 充电器开始充电时，因蓄电池初始电压较低，充电电流较大。在充电电流取样电阻R_{38}左侧产生较高的压降，后经R_7加到IC_1的5脚使其为高电平，IC_1的7脚输出高控制电压，红色灯LED_2截止不发光。而VD_{15}也因反偏而不导通，使IC_2的2脚电压不受影响，同时因充电电流较大，在开关变压器T_3的初级绕组流过的电流也加大。T_3的次级绕组产生的脉冲电压升高，经过VD_{10}、C_{11}整流滤波，R_{33}、R_{28}、R_{29}取样后的电压也升高。这时IC_2的4脚变为高电平，经IC_2内部的电流限制电路输出高电平控制信号，通过PWM电路处理使激励脉冲中空比增大，再由驱动电路放大，T_1耦合，使开关管VT_1、VT_2的导通时间延长，以保证大电流恒流充电。

当充电进行到一定程度后，蓄电池端电压逐渐升高到额定电压。该电压经R_{32}、R_{30}、R_{31}取样后使IC_2的1脚电压高于2脚参考电压，由误差放大器低电平控制信号，通过PWM电路处理使激励脉冲占空比减小，进而使开关管VT_1、VT_2导通时间缩短，使充电器输出设定的电压，对蓄电池进行恒压充电。

随着恒压充电的进行，蓄电池的电压进一步升高，充电电流则逐渐减小。当充电电流减小到转折电流时，在R_{38}两端产生的压降减小，经R_7加到IC_1的5脚。此时5脚电压低于6脚的参考电压，使7脚输出低电平，红色浮充电流指示灯LED_2点亮。VD_{15}导通后，IC_2的2脚基准电压经R_{16}、VD_{15}被拉低，使误差放大器输出低电平控制信号，激励脉冲的占空比减小，开关管VD_1、VD_2的导通时间缩短，输出电压下降，充电器进入涓流充电状态。

（5）保护电路

❶ 欠电压保护 若蓄电池电压过低，供电电路向IC_2的15脚输出电压低于8V，此时IC_2内部的欠电压保护电路启动，IC_2被迫停止工作，避免IC_2工作异常，从而实现欠电压保护。

❷ 过电压保护电路 为预防充电器因稳压控制电路或充电控制电路异常时使开关管VT_1、VT_2导通时间过长，导致输出各组的电压大幅升高，造成开关管或蓄电池损坏，而设置过电压保护电路。

当各绕组的输出电压过高时，辅助电源滤波电容C_8两端的电压超过预定电压。此电压通过VD_{16}向IC_1供电，再经R_9、R_{10}分压取样加到IC_1的10脚，此时10脚电压高于9脚，于是8脚输出高电平，经R_{14}、R_{15}分压后加到IC_2的10脚，使IC_2内部的过电压电路启动，停止激励脉冲输出，开关管VT_1、VT_2停止工作，从而实现过电压保护。

❸ 软启动保护 为防止开机瞬间开关管VT_1、VT_2因过激而损坏，故设置了由IC_2的9脚内外围元件构成的软启动保护电路。

开机瞬间，IC_2的9脚通过VD_{14}对电容C_6充电。此时9脚电压随着C_6两端的电压同步上升，因9脚是误差放大器的输出端，9脚电压从低到高增加，必然导致IC_2输出的激励脉冲信号脉宽从0逐渐正常，从而使开关管VT_1、VT_2的导通时间由短到长，避免开机瞬间过激励损坏。以上过程就是软启动保护过程。

3. 大功率智能充电机

LKG智能充电机是一款货运三轮常用的大功率带环牛变压器的充电机，其电路原理如图7-102所示。

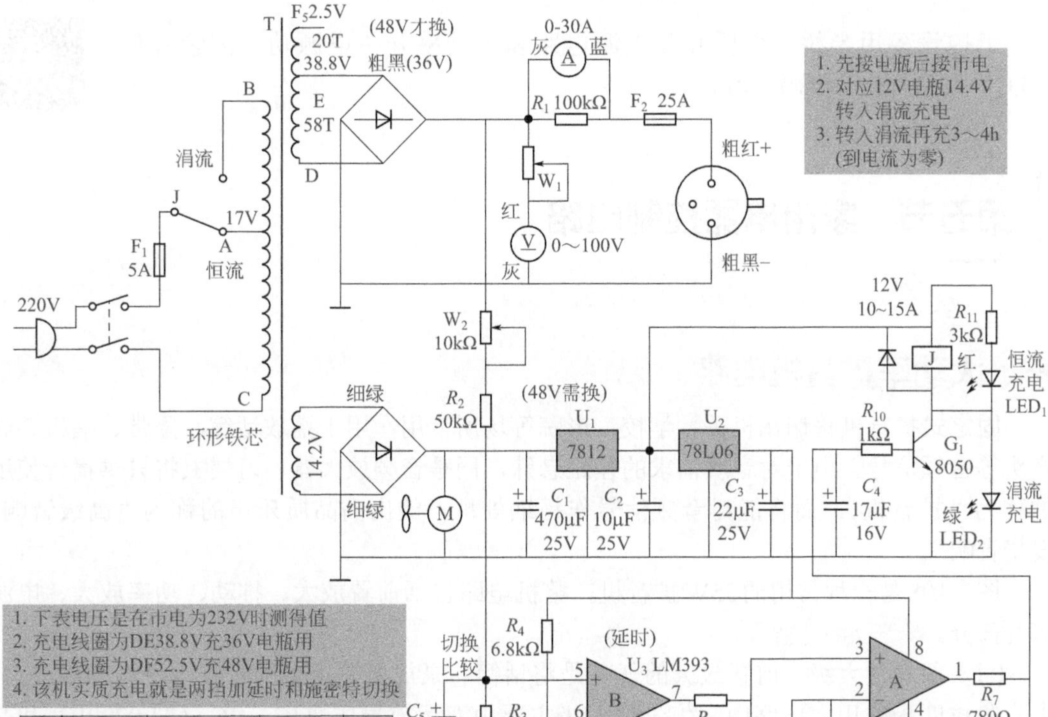

1. 先接电瓶后接市电
2. 对应12V电瓶14.4V转入涓流充电
3. 转入涓流再充3～4h（到电流为零）

1. 下表电压是在市电为232V时测得值
2. 充电线圈为DE38.8V充36V电瓶用
3. 充电线圈为DF52.5V充48V电瓶用
4. 该机实质充电就是两挡加延时和施密特切换

电池	恒流终止电压	涓流充电电压	恢复恒流电压	延时秒
24V	28.8V	25～28.8V	<25V	30s
36V	43.2V	37.5～43.2V	<37.5V	30s
48V	57.6V	50～57.6V	<50V	30s

图7-102　大功率电动车充电机电路

变压器T初级有一个抽头，次级有两个独立绕组，下边12.2V是辅助电源绕组，给控制电路供电；上边充电绕组有一个抽头，供36V电瓶使用（未用）。市电通过继电器常闭触点接在初级抽头A上时，是恒流充电位置，输出为43.2V；通过继电器常开触点接在初级上端B时，是涓流充电位置，输出为37.5～43.2V。

U_3、G_2组成滞后型电瓶电压检测电路，电瓶电压通过电压取样电阻W_2、R_2和R_3加到U_{3B}的5脚，当电瓶电压升到43.2V时，U_{3B}翻转，7脚输出高电平，U_{3A}翻转，其1脚输出高电平，导致G_2导通，使U_3基准电位下降，产生滞迟闭锁效应。此时由于U_{3A}的1脚输出高电平，G_1导通，继电器J得电，继电器常开触点接在B点上，进入涓流充电位置，输出为37.5～43.2V。调整W_2可以改变切换电压。R_6、C_6是积分电路，延时1min左右。

该充电器用于48V电瓶充电时，只需做两处改动：充电主绕组由抽头改接到上半部分（F点），更换电压表头（视实际情况而定）。

第四节　工控设备开关电源电路

工控设备用半桥、全桥开关电源电路和大功率开关电源功率因素补偿（PFC）电路可扫二维码学习。

工控设备开关电源电路

第五节　家用电器控制电路

一、大功率扩音机电路

固定式扩音机普遍在机关、学校、影院等场所使用，用于播放话筒、磁带、唱机、收音头等音频信号。由于对音质需求的差距悬殊，同是音频放大器，习惯上将只供播音使用的称为“扩音机”，而将能对音频信号作精细处理，放出高品质乐声的称为“高级音响、发烧音响”。

图7-108是一种常用的25W扩音机，整机电路包括前置放大、推动、功率放大、电源等几部分。

（1）前置放大级　前置放大的任务是将话筒、录放机等送来的音频信号作初步放大，兼有阻抗匹配作用。电路中，信号输入级主要由双运放集成块IC_1、IC_2（TL0720P）和晶体管$3V_1$等组成。TL0720P共有8个引脚，其功能是3、5脚为同相输入，2、6脚为反相输入端，1、7脚为输出端，8脚为电源输入端，4脚接地。IC_1对话筒送来约4mA的音频信号进行电压放大，输出电压约200mV。

运放集成块的输入阻抗高、输出阻抗低，与话筒信号能良好匹配，通频带宽，性能稳定。晶体管$3V_1$等组成射极跟随器，则作为收录机、唱机拾音等送来约200mV的音频信号进行缓冲放大，实现前后级阻抗匹配功能。

双运放IC_2（TL0720P）组成混合放大级，具有选择、混合、音量/音质调节放大等功能。其中IC_2的1～3脚组成反相比例运放，5～7脚组成缓冲放大级，实现前后级的阻抗匹配。

（2）推动级　推动级的作用是将前置放大级送来的电信号分为大小相等、相位相反的两部分，并进行放大，满足相位和幅度条件，以推动后面的功率放大级工作。

电路中，$4V_1$～$4V_4$组成双级差动放大电路，将单路音频信号放大，并转换成两路相位相反的音频信号，再分别通过电容$4C_6$、$4C_7$耦合送往后级电路。$4V_7$、$4V_9$及$4V_8$、$4V_{10}$分别组成复合管，对推动前级送来的音频信号进行电流放大。

（3）功率放大级　功率放大级是扩音机的最主要电路，可以将推动级送来的音频信号放大到一定功率，推动喇叭，发生洪亮的声音。此型扩音机中，功率放大级采用推挽放大电路，由成对大功率管（$4V_{12}$、$4V_{13}$）、反馈电阻（$4R_{34}$、$4R_{35}$）及输入变压器等组成。

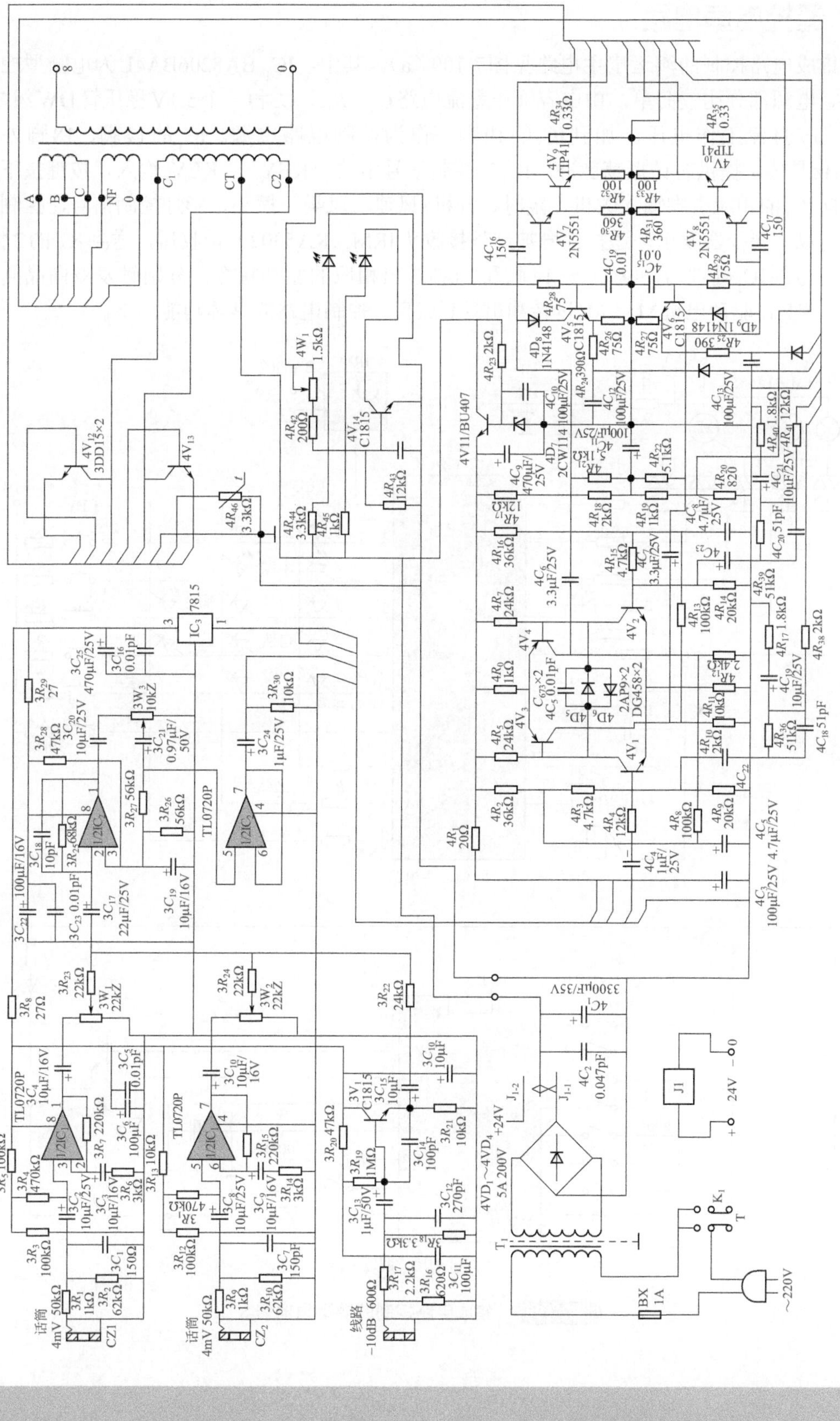

图7-108 扩音机电路

二、遥控电扇电路

集成电路控制的鸿运扇主电路见图7-109（a）。其中，IC_1 BA8206BA4L为电脑型控制电路。电源部分比较简单，由电容降压整流电路C_9、R_{18}、C_8和一个5.1V稳压管DW组成，输出−5V直流工作电压，加到IC_1的19脚，作为控制电路电源。IC_1的17脚、18脚外接455kHz晶体，提供时钟振荡脉冲。IC_1的控制信号由按键KEY_1 ～ KEY_6输入，按键按下时分别向IC_1的相应引脚输入关机、定时、开机/风速、风类、摆头、彩灯控制信号，控制信号也可以由遥控器发出，遥控信号被红外接收头IRM（RA5302）接收后，送到IC_1的2脚，控制信号经IC_1处理后，从11 ～ 14脚和20脚送出相应的驱动指令，分别触发双向晶闸管VT_1 ～ VT_5，驱动电机M_1、M_2运转和电灯L点亮。控制电路的具体功能如下。

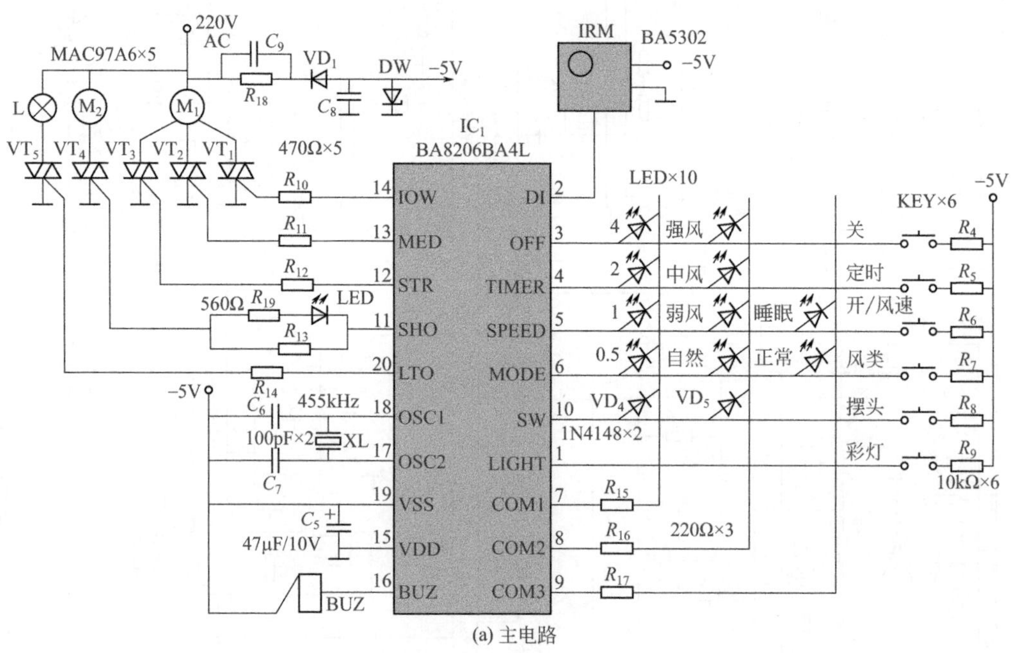

(a) 主电路

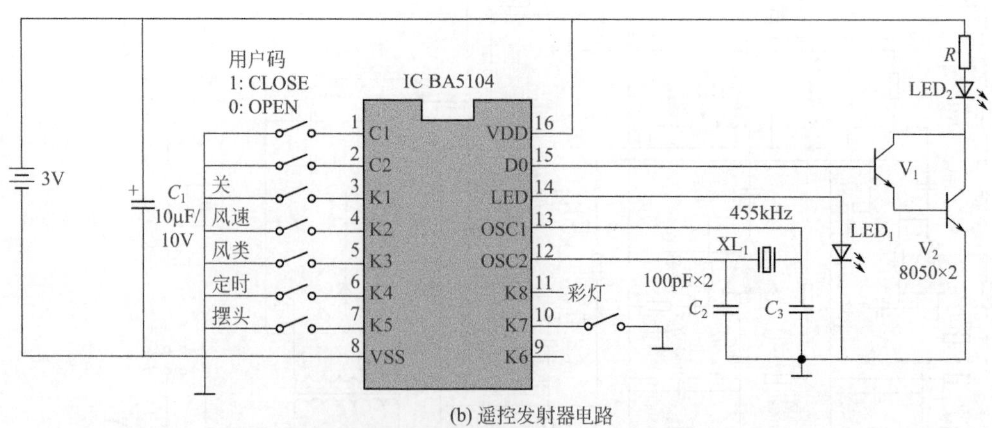

(b) 遥控发射器电路

图7-109 集成电路控制的鸿运扇电路

按“关”键时，切断电机电源，风扇停止运转，控制电路恢复静止状态，并记忆关机前的运行模式，待下次开机时便会按记忆状态运行。

按“开/风速”键时，当风扇静止时，此键为启动键，风扇中风启动运行3s，随后按设定的弱风状态（第一次开机）或被记忆的风速状态运行。当风扇转动时，此键为风速选择键，按弱→中→强3挡循环式选择，相对应的发光二极管同时被点亮。

按“风类”键时，选择风扇转运的类型，按正常风→自然风→睡眠风3挡循环式选择，相对应的发光二极管同时被点亮。若用户选用正常风，风扇按设定的强、中、弱风恒速运转；若用户选中自然风，风扇电机按预编电脑程序作不规则运转，配合风速键的设定，可分强自然风、中自然风、弱自然风、模仿大自然风4种效果，风力更柔和舒适；若用户选中睡眠风，风扇电机进入自然风电脑程序控制，随着入睡后人的体温会慢慢下降，风扇的风量也会慢慢减弱，避免入睡后着凉。

按“定时”键，可分别设置0.5h、1h、2h、4h四段累进计时，相应的发光二极管被点亮。当这4个发光二极管都被点亮时，最大定时为7.5h。当风扇在定时状态中运转时，LED发光二极管会随时间的延长逐个熄灭，剩下的被点亮的发光二极管则显示预置剩余时间，可清楚地显示风扇还能运行多长时间。

按“摆头”键时，可控制摆头电机M_2运转。风扇停止时，此键不动作。“彩灯”键只控制彩灯的开与关，此键与风扇运转无关。

风扇的红外遥控发射器电路如图7-109（b）所示。它主要由编码集成电路BA5104组成，遥控指令由其15脚输出，经V_1、V_2三极管放大后驱动红外发光二极管LED_2发出已调制的红外光。LED_1为电源工作指示灯。BA5104的1脚、2脚为用户码选择端，它对应于主控制电路IC_1中的二极管VD_4、VD_5。实际应用中，此两个引脚悬空，控制电路中的VD_4、VD_5也可不接。

三、微波炉电路

微波炉是用高频高压电流，在磁控管中产生谐振，向外发射高频电磁波（微波）。这种“微波”对食品有较强穿透力，能进入食品内引起食物分子振荡，产生热量将食物煮熟。所以，任何型号微波炉的主要功能都是获得高频高压，通过磁控管发射高能量微波。

图7-110所示为一种常用的微波炉电路，图7-110（a）是微波炉的主功能电气接线图，图7-110（b）是它的控制电路。

220V交流电经高压变压器TH变换，在次级获得到3.4V灯丝电压和1.8kV的高压，3.4V灯丝电压直接加至磁控管V的灯丝（阴极），1.8kV高压经R、C、VD_1、VD_2等组件作倍压整流后，升成约4kV的直流高压加至磁控管阳极，磁控管向炉内发射频率为2450MHz的微波。

关闭炉门后，炉门开关S_1闭合，S_3从AC接点转换到AB接点，S_2闭合接地，创设了控制条件。这时图7-110（b）中电源管VT_3因基极变为低电位而导通，+5V电压经VT_3、R_7分压加至电脑芯片CPU（TMP47C400BN-RH31）的13脚，CPU检测到闭门信号后，处于等待工作指令状态。当需要微波工作时，通过键盘控制使CPU的15脚由高电平变为低电平，VT_4的基极由高电位变为低电位而正偏导通，与此同时，CPU的14脚也输出

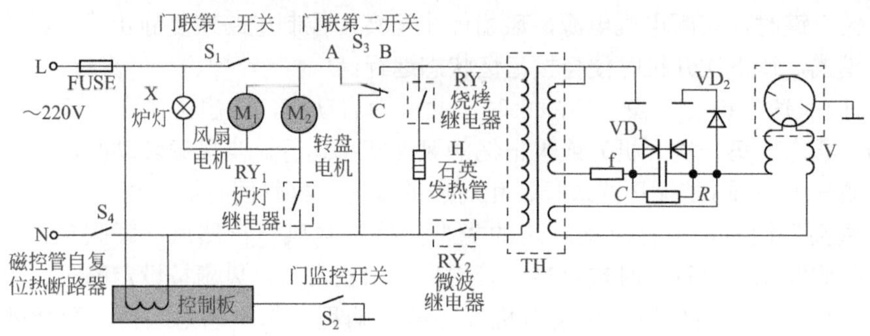

(a) 主功能电气接线图

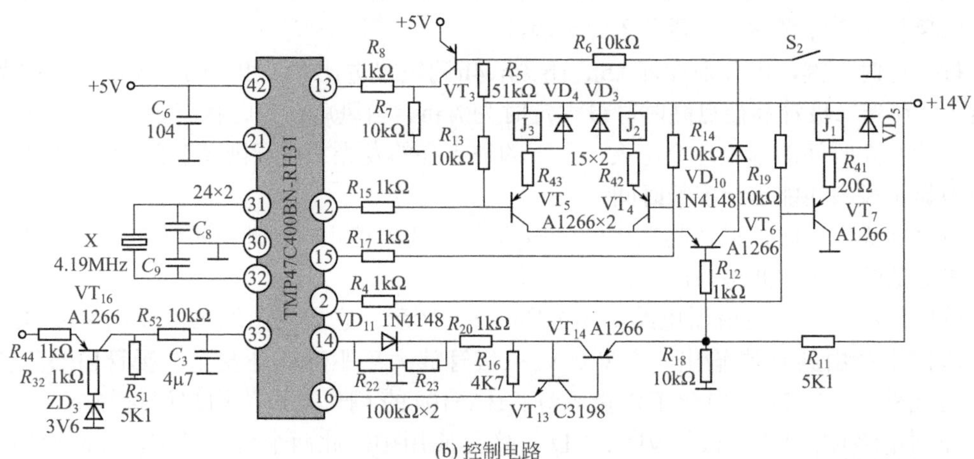

(b) 控制电路

图7-110 微波炉电路

一脉冲信号，经VD_{11}整流，R_{23}、R_{20}分压加至VT_{13}的基极，触发VT_{13}导通，VT_{13}导通又使VT_{14}正偏导通，+14V电压经R_{11}、R_{18}分压后通过VT_{14}加至VT_{13}的基极，这一结果又使VT_{13}进一步导通，也即VT_{13}、VT_{14}与CPU的16脚共同构成锁定状态。由于VT_{14}的导通，也使VT_6的基极由高电位变为低电位而导通，此时，电流经继电器J_2、R_{42}、VT_4、VT_6、VD_{10}、S_2到地，J_2吸合，也即微波继电器RY_2触点接通，变压器TH通电工作，微波射出。

当需要烧烤时CPU的15脚恢复高电平，停止微波工作部分的工作；12脚输出低电平，控制VT_5导通，J_3吸合，触点RY_3接通，220V交流电直接加至石英发热管进行加热。

在微波炉进入工作状态时，CPU的2脚会自动输出低电平信号给VT_7，使VT_7导通，继电器J_1吸合，触点RY_1接通，使制式灯点亮，转盘、风扇电机同时转动。

参考文献

[1] 张伯虎．开关电源设计与维修从入门到精通．北京：化学工业出版社，2019．

[2] 张校铭．从零开始学电子元器件——识别·检测·维修·代换·应用．北京：化学工业出版社，2017．

[3] 张校铭．一学就会的130个电子制作实例．北京：化学工业出版社，2017．

[4] 张振文．电工电路识图、布线、接线与维修．北京：化学工业出版社，2018．

[5] 张校珩．从零开始学万用表检测、应用与维修．北京：化学工业出版社，2019．

[6] 张振文．电工手册．北京：化学工业出版社，2018．

[7] 赵家贵．电子电路设计．北京：中国计量出版社，2005．

[8] 朱正涌．半导体集成电路．北京：清华大学出版社，2001．

[9] 刘光祜．模拟电路基础．成都：电子科技大学出版社，2003．

[10] 马洪涛．开关电源制作与调试．北京：中国电力出版社，2014．

[11] 王健强．精通开关电源设计．北京：人民邮电出版社，2015．

[12] 陈永真．反激式开关电源设计、制作、调试．北京：机械工业出版社，2014．

[13] 王晓刚．开关电源手册．北京：人民邮电出版社，2012．

[14] 刘凤君．开关电源设计与应用．北京：电子工业出版社，2014．

[15] 宁武．反激式开关电源原理与设计．北京：电子工业出版社，2014．

[16] 刘炳海．从零开始学电子电路设计．北京：化学工业出版社，2019．

视频教学

——电子电路基础、识图、检测与应用

11页-电子线路图的识读技巧

12页-电阻器的检测

25页-电容器的检测

31页-电感器的检测

34页-变压器的应用

37页-二级管的检测

43页-三极管的检测

53页-单向晶闸管的检测

54页-双向晶闸管的检测

56页-场效应管的检测

63页-IGBT的检测

67页-集成运算放大器的检测

75页-温度传感器的检测与应用

81页-光电耦合器的检测

85页-LED数码管的应用

88页-石英晶振的检测

93页-LC供电滤波电路

93页-RC阻容降压供电电路

93页-低通、高通、带通、带阻滤波电路

94页-串联谐振电路

95页-并联庇振电路

96页-两级阻容耦合放大电路

97页-变压器耦合放大电路

97页-直接耦合放大电路

98页-光电耦合放大电路

100页-甲类功率放大电路

101页-乙类功率放大电路

102页-OTL放大电路

102页-甲乙类功率放大电路

105页-OCL放大电路

109页-BTL放大电路

110页-多种集成电路放大器电路

113页-反馈电路

114页-电压、电流、串联、并联反馈电路

115页-反馈电路的快速判断方法

119页-震荡条件及变压器耦合振荡电路

120页-电容三点式振荡器

122页-多谐振荡器电路

123页-石英晶体压控振荡器电路

125页-鉴频鉴相器APFC电路

130页-运算放大器的快速理解

140页-半波整流电路原理

140页-开关电源检修注意事项

140页-桥式整流电路原理

140页-认识多种开关电源实际线路板

146页-三端稳压器的检测

163页-收音机调试维修

163页-收音机工作过程与原理

174页-串联开关电源检修

174页串联开关电源原理

179页-数字电路中应用的数制

181页-与、或、非基本门电路

185页-与非、或非逻辑门电路

186页-与或非逻辑门电路

222页-深度理解数字电路译码器电路

238页-检测555集成电路

239页-神奇的555电路

244页-单片机微处理器电路

250页-触摸、振动报警器电路

251页-红外倒车雷达电路

297页-步进电机的检测

364页-工控设备开关电源电路